NEUROANATOMIA
APLICADA

O GEN | Grupo Editorial Nacional – maior plataforma editorial brasileira no segmento científico, técnico e profissional – publica conteúdos nas áreas de ciências humanas, exatas, jurídicas, da saúde e sociais aplicadas, além de prover serviços direcionados à educação continuada e à preparação para concursos.

As editoras que integram o GEN, das mais respeitadas no mercado editorial, construíram catálogos inigualáveis, com obras decisivas para a formação acadêmica e o aperfeiçoamento de várias gerações de profissionais e estudantes, tendo se tornado sinônimo de qualidade e seriedade.

A missão do GEN e dos núcleos de conteúdo que o compõem é prover a melhor informação científica e distribuí-la de maneira flexível e conveniente, a preços justos, gerando benefícios e servindo a autores, docentes, livreiros, funcionários, colaboradores e acionistas.

Nosso comportamento ético incondicional e nossa responsabilidade social e ambiental são reforçados pela natureza educacional de nossa atividade e dão sustentabilidade ao crescimento contínuo e à rentabilidade do grupo.

NEUROANATOMIA
APLICADA

Murilo S. Meneses

Neurocirurgião.
Mestre e Doutor, Université de Picardie, França.
Professor do Departamento de Anatomia, Universidade Federal do Paraná.
Chefe das Unidades de Neurocirurgia Funcional e Endovascular,
Instituto de Neurologia de Curitiba (PR).

4ª edição

- O autor deste livro e a editora empenharam seus melhores esforços para assegurar que as informações e os procedimentos apresentados no texto estejam em acordo com os padrões aceitos à época da publicação, *e todos os dados foram atualizados pelos autores até a data do fechamento do livro.* Entretanto, tendo em conta a evolução das ciências, as atualizações legislativas, as mudanças regulamentares governamentais e o constante fluxo de novas informações sobre os temas que constam do livro, recomendamos enfaticamente que os leitores consultem sempre outras fontes fidedignas, de modo a se certificarem de que as informações contidas no texto estão corretas e de que não houve alterações nas recomendações ou na legislação regulamentadora.

- Data do fechamento do livro: 19/12/2023.

- O autor e a editora se empenharam para citar adequadamente e dar o devido crédito a todos os detentores de direitos autorais de qualquer material utilizado neste livro, dispondo-se a possíveis acertos posteriores caso, inadvertida e involuntariamente, a identificação de algum deles tenha sido omitida.

- **Atendimento ao cliente: (11) 5080-0751 | faleconosco@grupogen.com.br**

- Direitos exclusivos para a língua portuguesa
  Copyright © 2024 by
  EDITORA GUANABARA KOOGAN LTDA.
  Uma editora integrante do GEN | Grupo Editorial Nacional
  Travessa do Ouvidor, 11
  Rio de Janeiro – RJ – CEP 20040-040
  www.grupogen.com.br

- Reservados todos os direitos. É proibida a duplicação ou reprodução deste volume, no todo ou em parte, em quaisquer formas ou por quaisquer meios (eletrônico, mecânico, gravação, fotocópia, distribuição pela Internet ou outros), sem permissão, por escrito, da EDITORA GUANABARA KOOGAN LTDA.

- Capa: Bruno Sales

- Imagem da capa: iStock (©Christoph Burgstedt)

- Editoração eletrônica: Eramos Serviços Editoriais

- Ficha catalográfica

M499n
4. ed.

Meneses, Murilo S.
  Neuroanatomia aplicada / Murilo S. Meneses. - 4. ed. - Rio de Janeiro : Guanabara Koogan, 2024.
  28 cm.

  Inclui bibliografia e índice
  ISBN 978-85-277-4007-4

  1. Neuroanatomia. I. Título.

23-87187   CDD: 611.8
                                CDU: 611.8

Meri Gleice Rodrigues de Souza - Bibliotecária - CRB-7/6439

Sobre o autor

O professor Murilo S. Meneses é médico formado pela Universidade Federal do Paraná, onde ingressou classificado em primeiro lugar no concurso vestibular para Medicina, entre todos os candidatos. Especializou-se em Neurocirurgia nos Hospitais Universitários de Caen, Rouen e Lariboisière de Paris, França, obtento o grande diploma da Sociedade Francesa de Neurocirurgia e tornando-se membro titular da Sociedade de Língua Francesa de Neurocirurgia e da Sociedade Brasileira de Neurocirurgia, além de diversas outras entidades. Cursou pós-graduação em Anatomia na Université de Picardie, França, obtento os títulos de Mestre e de Doutor, com menção *très honorable*, ambos revalidados no Brasil.

Antes de retornar ao Brasil, o professor Murilo S. Meneses trabalhou como docente no Departamento de Anatomia da Faculté de Médecine des Saints-Pères, em Paris, sob a chefia da saudosa professora Geneviève Hidden, que gentilmente escreveu o prefácio desta obra. O autor se tornou membro da Société Anatomique de Paris, fundada por Henri Rouvière e com sede nesse departamento de Anatomia, e, mais tarde, da Sociedade Brasileira de Anatomia.

O professor é membro fundador do Instituto de Neurologia de Curitiba, onde é chefe das Unidades de Neurocirurgia Funcional e Endovascular, e foi professor titular, chefe de departamento e coordenador da disciplina de Neuroanatomia, do Departamento de Anatomia da Universidade Federal do Paraná.

Com inúmeros trabalhos publicados e apresentados no Brasil e no exterior, ele recebeu o título honorífico de *Maître Ès-Sciences Médicales*, publicado no Diário Oficial da República Francesa. Entre seus diversos trabalhos, estão os livros *Doença de Parkinson: Aspectos Clínicos e Cirúrgicos* e *Doença de Parkinson* (ambos publicados pela Guanabara-Koogan), *Técnicas de Estudo do Sistema Nervoso Central* (publicado pela editora da UFPR) e *Tratado de Neurocirurgia Funcional e Estereotáxica* (publicado pela INC Publisher, com o apoio de diversas sociedades de Neurocirurgia).

Dedico este livro à minha mãe, Sra. Ana Luiza, que nos deixou um exemplo de alegria, generosidade e coragem para sempre continuar seguindo em frente; ao meu pai, Sr. Amir, que nos mostrou o caminho da honestidade, do trabalho e da perseverança; à minha esposa, Ana Paula; às minhas filhas, Cláudia e Carol; e ao meu neto, Romeo, que tanta alegria me tem proporcionado.

Com todo meu carinho, amor e afeto.

Colaboradores

Dr. Adelmar Afonso de Amorim Júnior
Médico Veterinário e Professor Titular de Anatomia do Curso de Medicina da Faculdade Integrada Tiradentes (FITS). Graduado em Medicina Veterinária, com Especialização em Neuropsicologia. Doutor em Medicina Veterinária pela Universidade de São Paulo (USP). Área de concentração: Anatomia dos animais domésticos.

Prof. Dr. Alfredo Luiz Jacomo
Médico e Professor Associado (livre-docência) do Departamento de Cirurgia da Faculdade de Medicina da Universidade de São Paulo (USP). Graduado em Medicina pela USP, com Especialização em Anatomia pela USP. Doutor em Ciências Biomédicas pela USP. Membro da Faculdade de Medicina da USP.

Dra. Ana Paula Bacchi de Meneses
Psiquiatra do Instituto de Neurologia de Curitiba (PR). Graduada em Medicina pela Universidade Federal do Paraná (UFPR), com Residência Médica em Psiquiatria pelo Complexo do Hospital de Clínicas (CHC) da UFPR. Membro da Associação Brasileira de Psiquiatria (ABP) e da Associação Americana de Psiquiatria (APA).

Profa. Dra. Ana Paula Marzagão Casadei
Professora associada da Universidade Federal de Santa Catarina (UFSC). Graduada em Fisoterapia pela Universidade Federal de São Carlos (UFSCar). Mestre em Engenharia pela Universidade de São Paulo (USP). Doutora em Biomateriais pela UFSC.

Dr. André Giacomelli Leal
Médico Neurocirurgião e Neurorradiologista Intervencionista. Graduado em Medicina pela Universidade Federal de Santa Catarina (UFSC), com Especialização em Neurocirurgia pelo Instituto de Neurologia de Curitiba (PR). Mestre em Cirurgia pela Pontifícia Universidade Católica do Paraná (PUCPR). Doutor em Tecnologia em Saúde pela PUCPR. Membro da Sociedade Brasileira de Neurologia (SBN).

Profa. Dra. Andrea Jackowski
Bióloga. Professora Associada da Universidade Federal de São Paulo – Escola Paulista de Medicina (UNIFESP-EPM). Graduada em Ciências Biológicas pela Universidade Federal do Paraná (UFPR). Mestre em Neurociências pela Universidade Federal do Rio Grande do Sul (UFRGS). Doutora em Ciências Médicas pela UFRGS, com pós-doutorado em Neuroimagem pela Yale University (EUA).

Prof. Dr. Antonio Carlos Huf Marrone
Médico, Professor Titular de Neuroanatomia da Universidade Federal do Rio Grande do Sul (UFRGS) e Professor Adjunto de Neurologia da Faculdade de Medicina da Pontifícia Universidade Católica do Rio Grande do Sul (PUCRS). Graduado em Medicina pela UFRGS, com Especialização em Neurocirurgia pela Sociedade Brasileira de Neurologia (SBN). Mestre em Ciências Biológicas pela UFRGS. Doutor em Medicina e em Ciência da Saúde pela PUCRS. Membro da SBN.

Profa. Dra. Arlete Rita Penitente Barcelos

Professora Adjunta da Universidade Federal de Ouro Preto (UFOP) e Professora Associada do Departamento de Neurologia/Neurociência da Universidade Federal de São Paulo – Escola Paulista de Medicina (UNIFESP-EPM). Graduada em Farmácia pela UFOP. Mestre em Fisiologia Cardiovascular pela UFOP. Doutora em Biologia Celular e Estrutural pela Universidade Federal de Viçosa (UFV). Membro da Sociedade Brasileira de Anatomia (SBA).

Dr. Bernardo Corrêa de Almeida Teixeira

Médico Neurorradiologista. Graduado em Medicina pela Universidade Positivo, com Especialização em Radiologia e Diagnóstico por Imagem pelo Complexo do Hospital de Clínicas da Universidade Federal do Paraná (CHC-UFPR). Doutor em Ciências da Saúde pela UFPR. Com Certificado de Área de Atuação em Neurorradiologia pela Associação Médica Brasileira/Congresso Brasileiro de Radiologia (AMB/CBR) e Diploma Europeu de Neurorradiologia pela Sociedade Europeia de Neurorradiologia (ESNR).

Dr. Bruno Augusto Telles

Médico. Graduado em Medicina pela Universidade Federal do Paraná (UFPR), com Especialização em Neurorradiologia pelo Hospital Beneficência Portuguesa de São Paulo.

Dr. Carlos Alberto Parreira Goulart

Neurologista, Neurocirurgião, Neurotraumatologista. Graduado em Medicina pela Universidade Estadual de Londrina (UEL), com Especialização em Neurocirurgia pela Associação Médica Brasileira (AMB) e Sociedade Brasileira de Neurocirurgia (SBN). Professor Titular de Neuroanatomia e Professor Assistente de Neurologia e de Neurocirurgia da Pontifícia Universidade Católica do Paraná (PUCPR). Membro da SBN.

Dr. Daniel Benzecry Almeida

Médico. Graduado em Medicina pela Universidade Federal do Paraná (UFPR), com Especialização e Mestrado em Neurocirurgia pela Universidade Federal de São Paulo (UNIFESP). Membro da Sociedade Brasileira de Neurologia (SBN). Diretor para a América Latina da International Neuromodulation Society.

Profa. Dra. Djanira Aparecida da Luz Veronez

Professora Associada da Universidade Federal do Paraná (UFPR) e Pesquisadora. Graduada em Biomedicina pela Universidade de Mogi das Cruzes (UMC), com Especialização em Saúde Pública pela Universidade São Camilo (USC). Mestre em Anatomia pela Universidade Estadual de Campinas (UNICAMP). Doutora em Ciências Médicas pela UNICAMP. Membro da Sociedade Brasileira de Anatomia (SBA).

Prof. Dr. Edison Luiz Prisco Farias

Médico Veterinário e Professor Associado da Universidade Federal do Paraná (UFPR). Graduado pela UFPR, com Mestrado pela Universidade Federal de Santa Maria (UFSM) e Doutorado pela Universidade Federal de São Paulo – Escola Paulista de Medicina (UNIFESP-EPM). Membro da Sociedade Brasileira de Anatomia (SBA) e da Associação Brasileira de Neurologia Veterinária (ABNV).

Profa. Dra. Elisa Cristiana Winkelmann Duarte

Professora Associada IV de Medicina da Universidade Federal de Santa Catarina (UFSC) e Coordenadora do Laboratório de Antropologia Forense da UFSC. Graduada em Ciências Biológicas pela Universidade Regional do Noroeste do Estado do Rio Grande do Sul (UNIJUI). Mestre em Ciências Biológicas/Neurociências pela Universidade Federal do Rio Grande do Sul (UFRGS). Doutora em Ciências Biológicas/Fisiologia pela UFRGS. Membro da Associação Brasileira de Antropologia Forense (ABRAF).

Dr. Emilio José Scheer Neto

Médico. Graduado em Medicina pala Universidade Federal do Paraná (UFPR), com Especialização em Nerurologia pela Academia Brasileira de Neurologia (ABN). Mestre em Educação pela Pontifícia Universidade Católica do Paraná (PUCPR).

Prof. Dr. Guilherme Carvalhal

Médico e Professor Associado (livre-docência) da Faculdade de Medicina da Universidade de São Paulo (FMUSP). Graduado em Medicina pela Universidade Federal de São Paulo – Escola Paulista de Medicina (UNIFESP-EPM), com Especialização em Neurocirurgia pela Sociedade Brasileira de Neurocirurgia (SBN). Doutor em Neurologia/Neurocirurgia pela FMUSP. Membro da Sociedade Brasileira de Neurocirurgia (SBN).

Dr. Gustavo Simiano Jung

Neurocirurgião. Graduado em Medicina pela Universidade do Sul de Santa Catarina (UNISUL), com Especialização em Neurocirurgia e Cirurgia de Base do Cérebro pelo Instituto de Neurologia de Curitiba (PR). Membro da Sociedade Brasileira de Neurocirurgia (SBN).

Prof. Dr. Hélio Afonso Ghizone Teive

Médico, Professor Titular de Neurologia da Universidade Federal do Paraná (UFPR), *Editor-in-chief* de Arquivos de Neuropsiquiatria e Coordenador da Ataxia Study Group/MDS. Graduado em Medicina pela UFPR, com Especialização em Neurologia pela UFPR. Mestre e Doutor em Medicina Interna/Neurologia pela UFPR. Membro da Academia Brasileira de Neurologia (ABN) e da American Academy of Neurology, International Parkinson and Movement Disorders Society.

Dr. Henrique Mitchels Filho

Médico e Professor Aposentado de Neuroanatomia da Universidade Federal do Paraná (UFPR) e da Universidade Tuiuti do Paraná (UTP).

Dr. Jerônimo Buzetti Milano

Médico. Graduado em Medicina pela Universidade Federal do Paraná (UFPR), com Especialização em Neurocirurgia pelo Instituto de Neurologia de Curitiba (PR). Doutor em Ciências/Neurologia pela Faculdade de Medicina da Universidade de São Paulo (FMUSP). Membro da Sociedade Brasileira de Neurocirurgia (SBN).

Dr. João Victor de Oliveira Souza

Médico. Graduado em Medicina pela Universidade Federal do Paraná (UFPR), com Especialização em Radiologia e Diagnóstico pelo Complexo do Hospital de Clínicas (CHC) da UFPR.

Dr. Joel F. Sanabria Duarte

Médico. Graduado em Medicina pela Universidad Nacional de Asunción (UNA), com Especialização em Neurocirurgia pelo Instituto de Neurologia de Curitiba (PR).

Dr. Juan Carlos Montano Pedroso

Médico, Cirurgião Plástico, Professor Associado e Orientador do Mestrado Profissional da Universidade Federal de São Paulo (UNIFESP). Graduado pela Universidade Federal do Paraná (UFPR), com Especialização/Residência Médica em Cirurgia Geral e em Cirurgia Plástica pela Santa Casa de Misericórdia de São Paulo. Mestre e Doutor em Cirugia pela UNIFESP. (Doutorado concluído "com louvor" pelo Programa de Pós-graduação em Cirurgia Translacional da UNIFESP). Membro da Sociedade Brasileira de Cirurgia Plástica (SBCP). Autor de artigos publicados em revistas nacionais e internacionais de alto impacto, tal como a revista de Hematologia da Lancet (*The Lancet Haematology*).

Dra. Leila Elizabeth Ferraz

Médica. Graduada em Medicina pela Universidade Federal do Paraná (UFPR), com Especialização em Medicina Interna, Neurologia e Neurofisiologia Clínica pelo Complexo do Hospital de Clínicas (CHC) da UFPR. Membro da Sociedade Brasileira de Neurofisiologia Clínica (SBNC). *Ex-fellow* do Departamento de Neurologia, Divisão de Neurofisiologia Clínica, da Universidade de Minnesota (EUA).

Dr. Léo Coutinho

Médico. Graduado em Medicina pela Universidade Federal do Amapá (UNIFAP), com Especialização em Neurologia pela Universidade Estadual de Londrina (UEL). Especialista em Distúrbios de Movimento (R4) pela Universidade Federal do Paraná (UFPR). Doutorando em Medicina Interna pela UFPR.

Dr. Leonardo Kami

Médico Radiologista. Graduado em Medicina pela Universidade Positivo, com Especialização em Radiologia e Diagnóstico por Imagem pelo Complexo do Hospital de Clínicas da Universidade Federal do Paraná (CHC-UFPR). Cursando *Fellowship* em Neurorradiologia pelo Instituto de Neurologia de Curitiba (PR).

Dra. Marcela F. Cordellini
Médica. Graduada em Medicina pela Universidade Federal do Paraná (UFPR), com Especialização em Neurologia pelo Instituto de Neurologia de Curitiba (PR).

Dr. Matheus Kahakura F. Pedro
Médico e Neurorradiologista Intervencionista pelo Instituto de Neurologia de Curitiba (PR). Graduado em Medicina pela Universidade Federal do Paraná (UFPR), com Especialização em Neurologia pelo Instituto de Neurologia de Curitiba (PR). Mestre em Tecnologia em Saúde pela Pontifícia Universidade Católica do Paraná (PUCPR). Membro da Academia Brasileira de Neurologia (ABN), da American Academy of Neurology e da European Stroke Organization.

Dr. Maurício Coelho Neto
Médico. Graduado em Medicina pela Universidade Federal do Paraná (UFPR), com Especialização em Neurocirurgia pelo Instituto de Neurologia de Curitiba (PR). Membro da Equipe de Neurocirurgia do Instituto de Neurologia de Curitiba (PR).

Dr. Mauro Guidotti Aquini
Neurocirurgião, Neurologista e Professor Adjunto da Universidade Federal do Rio Grande do Sul (UFRGS). Graduado em Medicina pela Universidade Federal de Pelotas (UFPEL), com Especialização em Neurocirurgia e Neurologia. Mestre em Neurociências pela UFRGS.

Prof. Dr. Paulo Henrique Ferreira Caria
Cirurgião-Dentista e Professor Associado da Universidade Estadual de Campinas (UNICAMP). Graduado em Odontologia pela Universidade Estadual de Londrina (UEL), com Especialização em Odontologia Legal e Deontologia pela Faculdade de Odontologia de Piracicaba da Universidade Estadual de Campinas (FOP-UNICAMP). Mestre em Biologia Celular e Estrutural pelo Instituto de Biologia da Universidade Estadual de Campinas (IB-UNICAMP). Doutor em Biologia e Patologia Buco-Dental pela FOP-UNICAMP.

Dr. Pedro André Kowacs
Médico, Eletroencefalografista, Coordenador do Ambulatório de Cefaleia e da Residência em Dor do Complexo Hospitalar de Clínicas da Universidade Federal do Paraná (CHC-UFPR). Chefe do Serviço de Neurologia do Instituto de Neurologia de Curitiba (PR). Graduado em Medicina pela Universidade Federal de Ciências da Saúde de Porto Alegre (UFCSPA), com Especialização em Neurologia pelo Hospital São Lucas, Pontifícia Universidade Católica do Rio Grande do Sul (PUCRS). Mestre em Medicina Interna pela UFPR. Membro da Academia Brasileira de Neurologia (ABN).

Prof. Dr. Ricardo Ramina
Médico e Professor do Curso de Pós-graduação em Cirurgia da Pontifícia Universidade Católica do Paraná (PUCPR). Professor da Universidad de Concepción-Chile. Editor-chefe do Jornal Brasileiro de Neurocirurgia (*Brazilian Journal of Neurosurgery*). Coordenador da Comissão de Ensino da Sociedade Brasileira de Neurocirurgia e Chefe do Serviço de Neurocirurgia do Instituto de Neurologia de Curitiba (PR). Especialista em Neurocirurgia pelas Sociedades Brasileira e Alemã de Neurocirurgia. Mestre em Cirurgia pela Universidade Federal do Paraná (UFPR). Doutor em Neurocirurgia pela Universidade Estadual de Campinas (UNICAMP).

Dra. Rúbia Fátima Fuzza Abuabara
Médica Neonatologista da Associação Beneficente Evangélica de Joinville (Hospital e Maternidade Dona Helena, Joinville, SC) e Pediatra Ambulatorial. Graduada em Medicina pela Universidade Federal do Paraná (UFPR), com Especialização/Residência Médica em Pediatria e Neonatologia pela UFPR.

Victor Frandoloso
Médico. Graduado em Medicina pela Universidade do Planalto Catarinense (UNIPLAC), com Especialização em Neurocirurgia pelo Instituto de Neurologia de Curitiba (PR).

Agradecimentos

A todos os amigos do Instituto de Neurologia de Curitiba, pelo apoio irrestrito.

Aos colegas da Universidade Federal do Paraná, pelo incentivo constante.

Aos colaboradores que participaram desta edição, trazendo sua grande experiência para esta obra e enriquecendo-a com conteúdo de altíssimo nível.

Aos funcionários e às secretárias que tanto nos auxiliam.

Aos estudantes, residentes e profissionais, razão de ser deste trabalho.

Apresentação à 4ª edição

Apresentamos ao leitor a 4ª edição de *Neuroanatomia Aplicada*. Trata-se de um livro abrangente, que engloba todo o conteúdo da disciplina Neuroanatomia de um modo extremamente claro e objetivo.

O texto desta edição, organizada didaticamente em 27 capítulos, foi integralmente revisto, atualizado e acrescido de novas informações, mas mantendo o enfoque na clínica, uma das grandes qualidades desta obra.

Além disso, esta edição conta com novos colaboradores, textos inéditos e imagens detalhadas e de alta qualidade que facilitam a compreensão do leitor sobre os temas abordados. Merece destaque o novo capítulo composto de vídeos de cirurgias do sistema nervoso.

Esperamos que tenham uma boa leitura!

Prefácio

Quando um estudante de Medicina, depois de estar familiarizado com o corpo humano, seus diversos aparelhos, órgãos ou regiões, aborda o estudo do sistema nervoso, ele se encontra em frente a um outro mundo, inicialmente desconcertante. É verdade que a descrição da medula espinal e do encéfalo, suas relações com as estruturas vizinhas, seus envoltórios e sua vascularização são acessíveis, do mesmo modo que as diferentes partes do corpo humano. Mas, se é fácil entender a função a partir da forma de um músculo, de um osso ou de uma articulação, aqui nada é comparável. Como encontrar, entre essas vias de condução entrecruzadas na substância branca, esses núcleos de substância cinzenta aferentes, eferentes ou coordenadores, esses centros hierarquizados que são somente distintos pelos seus conteúdos celulares?

Os nervos periféricos, tão familiares durante as dissecações, recebem então um novo significado: veículos coletivos de funções motoras, sensitivas diversas e de aferências e eferências vegetativas. A forma não representa mais a função. É um mundo abstrato que se apresenta sob o olhar do estudante, às vezes fascinado, mas frequentemente desorientado e inquieto.

O sistema nervoso é realmente fascinante, como nos mostra, nos seres vivos, o progresso da imagem médica, morfológica, cada vez mais funcional. Essas magníficas imagens, ilustrando as doenças degenerativas, tumorais ou de origem vascular, não devem fazer esquecer que, antes de mais nada, é o exame clínico que determina o local da lesão e evoca a etiologia. Ter em mente o encaminhamento e as etapas percorridas por uma ordem vinda de uma área cortical específica em direção a uma extremidade do corpo é poder voltar no sentido inverso do problema funcional até sua origem. Muito grosseiramente, é agir como um eletricista que procura, com método, a origem de um defeito. Aqui, porém, o circuito é mais complexo.

É natural que, após vários anos de ensino e de pesquisas anatômicas, um eminente médico neurocirurgião decida fornecer aos estudantes um guia completo para estudo de tão importante disciplina. O lugar dado à clínica em cada capítulo é uma das grandes qualidades desta obra: é lembrar, como se fosse necessário, que o diagnóstico médico tem por fundamento o perfeito conhecimento da Anatomia.

Esta obra, elaborada sob a direção e com a competência do professor Murilo S. Meneses, constituirá, sem dúvida, um guia precioso para todos os futuros médicos.

Professora Geneviève Hidden (*In memoriam*)
Ex-Chefe do Departamento de Anatomia
Faculté de Médecine des Saints-Pères
Paris – França

Sumário

1 Introdução, *1*
Murilo S. Meneses

2 Neurônio e Tecido Nervoso, *3*
Ana Paula Marzagão Casadei

3 Conceitos Básicos de Embriologia do Sistema Nervoso, *19*
Murilo S. Meneses

4 Anatomia Comparada do Sistema Nervoso, *27*
Edison Luiz Prisco Farias

5 Nervos Periféricos, *39*
Djanira Aparecida da Luz Veronez • Murilo S. Meneses

6 Plexos Nervosos, *49*
Alfredo Luiz Jacomo • Djanira Aparecida da Luz Veronez • Paulo Henrique Ferreira Caria

7 Meninges, *61*
Murilo S. Meneses • Ricardo Ramina

8 Liquor, *69*
Murilo S. Meneses • Ana Paula Bacchi de Meneses

9 Medula Espinal, *77*
Jerônimo Buzetti Milano • Murilo S. Meneses

10 Tronco do Encéfalo, *95*
Henrique Mitchels Filho • Leila Elizabeth Ferraz • Jerônimo Buzetti Milano

11 Formação Reticular, *113*
Adelmar Afonso de Amorim Júnior

12 Nervos Cranianos, *121*
Carlos Alberto Parreira Goulart • Emilio José Scheer Neto

13 Sistema Nervoso Autônomo, *147*
Maurício Coelho Neto • Jerônimo Buzetti Milano

14 Sistema Nervoso Entérico, *159*
Djanira Aparecida da Luz Veronez

15 Cerebelo, *163*
Arlete Rita Penitente Barcelos • Djanira Aparecida da Luz Veronez

16 Diencéfalo: Epitálamo e Subtálamo, *179*
Daniel Benzecry Almeida • Marcela F. Cordellini

17 Tálamo, *183*
Murilo S. Meneses

18 Hipotálamo, *193*
Matheus Kahakura F. Pedro • Pedro André Kowacs

19 Sistema Piramidal, *203*
Antonio Carlos Huf Marrone

20 Núcleos da Base, Estruturas Correlatas e Vias Extrapiramidais, *211*
Hélio Afonso Ghizone Teive • Léo Coutinho

21 Telencéfalo, *225*
Guilherme Carvalhal

22 Sistema Límbico, *257*
Elisa Cristiana Winkelmann Duarte

23 Vias da Sensibilidade Especial, *279*
Antonio Carlos Huf Marrone • Mauro Guidotti Aquini • Murilo S. Meneses

24 Vascularização do Sistema Nervoso Central, *295*
Murilo S. Meneses • Andrea Jackowski • André Giacomelli Leal

25 Cortes de Cérebro (Técnica de Barnard, Robert & Brown), *317*
Murilo S. Meneses • Juan Carlos Montano Pedroso • Rúbia Fátima Fuzza Abuabara

26 Imagens de Ressonância Magnética, *329*
Bernardo Corrêa de Almeida Teixeira • Bruno Augusto Telles • Leonardo Kami • João Victor de Oliveira Souza

27 Cirurgia do Sistema Nervoso, *339*
Gustavo Simiano Jung • Victor Frandoloso • Joel F. Sanabria Duarte

Índice Alfabético, *343*

Introdução

Murilo S. Meneses

A compreensão da anatomia do sistema nervoso depende de dedicação, pois suas estruturas são complexas. Pesquisas em neuroanatomia e em campos correlatos têm sido realizadas continuamente, trazendo novos conhecimentos de modo muito rápido. Apesar do grande número de informações, é possível tornarmos interessante, e mesmo agradável, o estudo da neuroanatomia, revelando descobertas excitantes do funcionamento do sistema mais fascinante do mundo biológico.

As diferentes áreas da neurobiologia (anatomia, fisiologia, biologia celular, química etc.) devem ser estudadas em conjunto, uma vez que as pesquisas e o conhecimento encontram-se associados. O estudo, porém, sem um objetivo de aplicação torna-se desinteressante e cansativo.

O desenvolvimento de técnicas de neuroimagem e o uso rotineiro da tomografia computadorizada e da ressonância magnética tornaram a neuroanatomia muito importante para os profissionais da área da saúde. Atualmente, um exame rápido por esses métodos possibilita a visualização das estruturas do sistema nervoso e o diagnóstico de um número considerável de patologias. Para esse fim, o conhecimento da neuroanatomia é indispensável.

Este livro é destinado ao curso de graduação, servindo como referência para a disciplina de Neuroanatomia e introdução ao estudo de outras disciplinas, como Clínica Médica, Neurologia, Neurocirurgia e Psiquiatria. Existe uma tendência lógica na educação de ciências da saúde em evitar um volume muito grande e desnecessário de informações, que tornam o estudo confuso, desinteressante e extenuante. Por essa razão, tivemos o objetivo de apresentar um conteúdo claro, evitando controvérsias e descrições detalhadas de estudos experimentais. Os capítulos específicos se iniciam com a apresentação da macroscopia, seguida dos estudos das vias e conexões. Por outro lado, julgamos indispensável uma discussão da aplicação clínica desses conhecimentos. Não é objetivo desta obra ensinar Neurologia ou outras disciplinas, mas servir como introdução a elas – demonstrando o que causa diferentes alterações nas estruturas do sistema nervoso – e estimular o interesse pela Neuroanatomia. Finalmente, selecionamos em cada capítulo a Bibliografia complementar, indicando trabalhos da literatura para aqueles que desejam empreender estudo detalhado.

A Anatomia em geral e a Neuroanatomia em particular devem ser estudadas de modo progressivo, possibilitando uma memorização adequada e uma sedimentação dos conhecimentos. O sistema nervoso apresentou uma evolução, chamada filogenética, com as espécies na escala animal. O estudo da anatomia comparada permite melhor análise da função das estruturas neuroanatômicas, demonstrando o desenvolvimento desse sistema e, inclusive, uma verdadeira hierarquia nas vias e conexões. Da mesma maneira, o estudo da embriologia é importante para a compreensão do desenvolvimento do sistema nervoso, ao explicar diversos fenômenos anatômicos, sendo ainda utilizado na determinação de uma divisão chamada embriológica. Uma revisão de anatomia comparada e outra de embriologia foram incluídas no início do livro para facilitar o estudo dos demais capítulos.

Para facilitar a identificação das estruturas do sistema nervoso, aparecem, nos diferentes capítulos, ilustrações por desenhos e fotos. Separadamente, no fim do livro, encontram-se cortes de encéfalo nos planos coronal e horizontal.

Nesta quarta edição, procedeu-se a uma revisão ampla dos capítulos. Seguindo sugestões de professores, de diferentes profissionais da área da saúde e de estudantes, várias modificações no texto, nas ilustrações e na estrutura do livro foram feitas. Os Capítulos 2, *Neurônio e Tecido Nervoso*; 15, *Cerebelo*; 18, *Hipotálamo*; 22, *Sistema Límbico*; e 26, *Imagens de Ressonância Magnética*, são novos e foram feitos para esta edição. Os outros, por exemplo, o Capítulo 9, *Medula Espinal*, foram atualizados. Com esse mesmo objetivo, foram incluídos capítulos independentes: 14, *Sistema Nervoso Entérico*; e 27, *Cirurgia do Sistema Nervoso*. Este último composto de vídeos de cirurgia, reforça o interesse da aplicação prática dos conhecimentos adquiridos, como no caso da neurocirurgia.

2 Neurônio e Tecido Nervoso

Ana Paula Marzagão Casadei

INTRODUÇÃO

O corpo humano pode ser estudado pelo princípio da organização em sistemas. Para a ciência, em Anatomia, sistemas são um conjunto de órgãos e estruturas que se integram para executar funções específicas e correlacionadas. O **sistema nervoso (SN)** é o responsável por gerenciar todas as funções internas do nosso corpo, bem como a integração do nosso corpo com o meio externo. Está organizado em órgãos centrais, que recebem informações vindas dos meios externo e interno do corpo, decodifica essas informações, processa, integra e gera respostas, as quais serão transmitidas a órgãos efetores (músculos e glândulas).

Anatomicamente, podemos dividir o SN em **sistema nervoso central (SNC)**, formado pelo encéfalo e pela medula espinal, e **sistema nervoso periférico (SNP)**, formado por nervos, terminações nervosas e gânglios. Funcionalmente, podemos dividir o SN em **sistema nervoso somático**, que regula a integração do corpo ao meio externo, e **sistema nervoso visceral**, que regula as funções internas das vísceras.

O SN está constituído por células especializadas, conhecidas como **neurônios**, e pelas **células gliais ou neuróglia**. Essas células e sua organização no tecido nervoso serão estudadas neste capítulo.

NEURÔNIOS

Os **neurônios** são células especializadas e constituem a unidade estrutural e funcional do SN. São responsáveis por receber, integrar, transformar e transmitir informações codificadas. São células excitáveis, ou seja, capazes de gerar e propagar potenciais elétricos através da sua membrana celular, chamados, em última instância, **potencial de ação (PA)**.

Em geral, vários neurônios estão envolvidos no envio de impulsos de uma parte a outra do sistema nervoso, formando o que chamamos de **cadeia neuronal**. Essa cadeia neuronal é responsável por construir uma rede integrada de comunicação denominada "rede" ou **circuito neural**. A comunicação entre os neurônios se faz por meio de contatos especializados chamados **sinapses**. A comunicação por sinapses também pode acontecer entre os neurônios e as células efetoras (células musculares e glandulares).

Do ponto de vista morfológico, os neurônios estão constituídos por um corpo celular, ou soma, e por prolongamentos celulares, ou neuritos. Tanto o corpo celular como seus prolongamentos são recobertos por membrana celular excitável (Figura 2.1).

O corpo celular é o centro metabólico da célula. No seu interior fica localizado seu núcleo diploide, envolto em citoplasma especializado, e diversas organelas, que serão descritas mais adiante. Os corpos celulares dos neurônios podem variar em tamanho, indo desde microneurônios com corpos em torno de 7 μm até neurônios com corpos celulares de 120 μm. Também podem variar quanto à forma, podendo ser estrelados, piramidais, fusiformes, piriformes, entre outras.

Os prolongamentos celulares são processos citoplasmáticos ramificados que se estendem por distâncias variadas a partir do corpo celular. Os prolongamentos que conduzem potencial de ação (PA) em direção ao corpo celular são chamados **dendritos**, enquanto os que conduzem PA para longe do corpo celular são chamados **axônios**. Vale ressaltar que um neurônio pode possuir vários dendritos ligados ao corpo celular, mas apenas um axônio, que surge de uma região cônica do corpo celular chamada **cone axonal**. Um axônio ocasionalmente pode emitir um ramo colateral ao longo do seu comprimento, mas todos os axônios se ramificam intensamente em sua extremidade terminal, podendo formar centenas a milhares de terminais axônicos. Geralmente os dendritos são prolongamentos mais curtos, ao passo que os axônios são os prolongamentos mais longos nos neurônios. Os prolongamentos celulares também podem apresentar comprimentos variados, com axônios medindo até

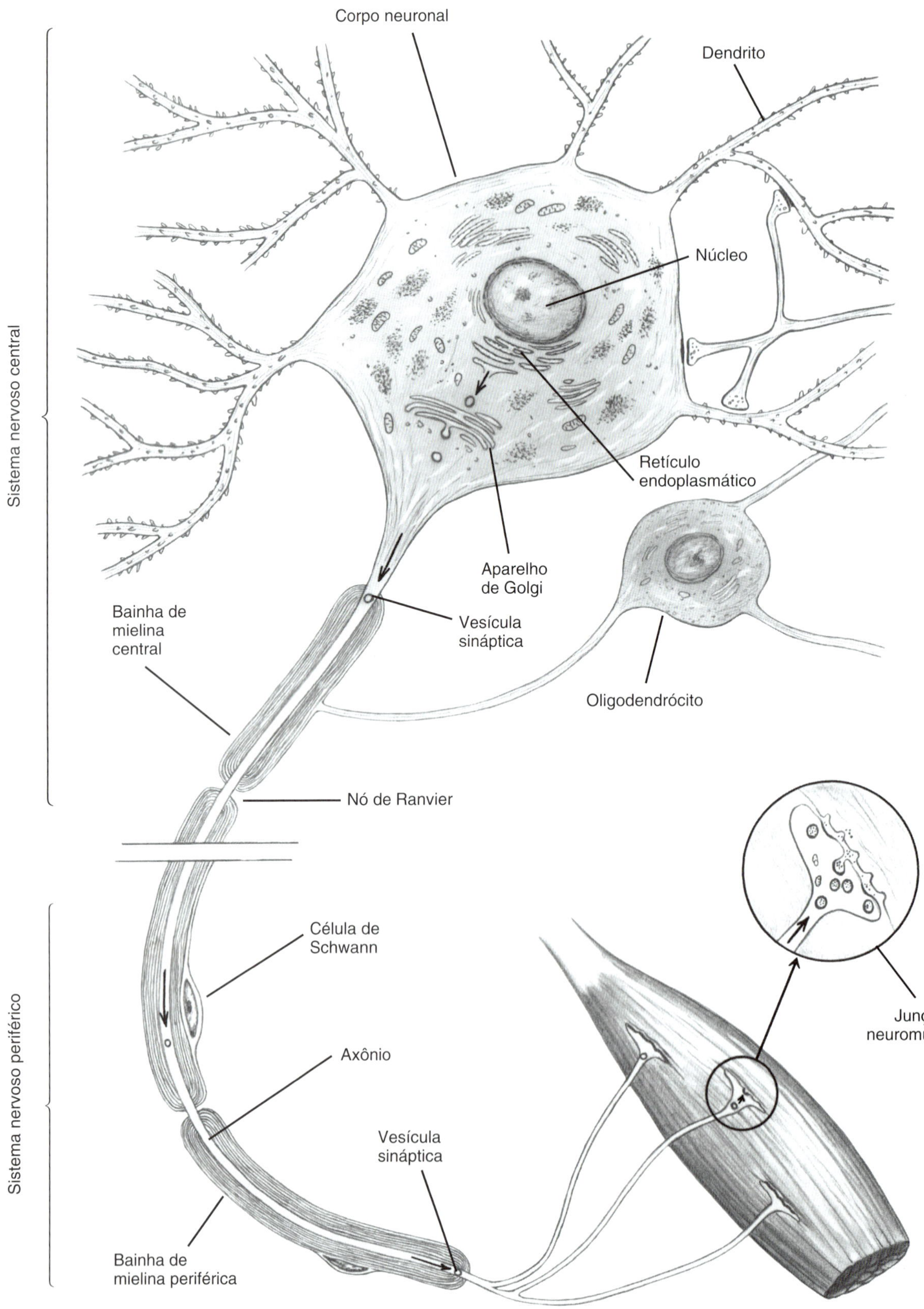

FIGURA 2.1 Neurônio. O axônio pode ser ou não envolto por uma bainha de mielina.

aproximadamente 1 metro de comprimento. Os axônios, em sua grande maioria, são ainda envolvidos por uma bainha, chamada **bainha de mielina**, formada por células ricas em lipídios e que são responsáveis por aumentar a velocidade de condução do potencial de ação nos neurônios (Figura 2.2).

Classificação dos neurônios

Os neurônios podem ser classificados segundo vários critérios: morfológicos, funcionais ou de acordo com suas substâncias neurotransmissoras.

Quanto à forma, os neurônios podem variar de acordo com o número de prolongamentos que se ligam ao corpo celular. Assim, há axônios **unipolares**, com apenas um prolongamento celular se ramificando do corpo celular, e também várias ramificações tanto dendríticas quanto axonais derivadas de tal prolongamento. Em alguns casos, existe uma única ramificação do corpo que se bifurca em "T", dando origem a dois prolongamentos, sendo um dendrítico e um axonal. Nesse caso, os neurônios, embora unipolares em sua essência, são chamados **pseudounipolares**. Podemos encontrar esses neurônios formando os gânglios sensoriais das vias sensoriais periféricas. Quando ocorrem duas ramificações em seus polos, os neurônios podem ser **bipolares**; esse tipo de neurônio está presente na retina. Os dendritos de muitos neurônios uni ou bipolares ou estão em contato sináptico com células receptoras periféricas especializadas, ou eles próprios funcionam como receptores especializados por meio de seus terminais dendríticos. Entretanto, grande parte dos neurônios são **multipolares**, ou seja, têm múltiplas ramificações presentes. Estes últimos são a maioria no SNC (encéfalo e medula espinal) (Figura 2.3).

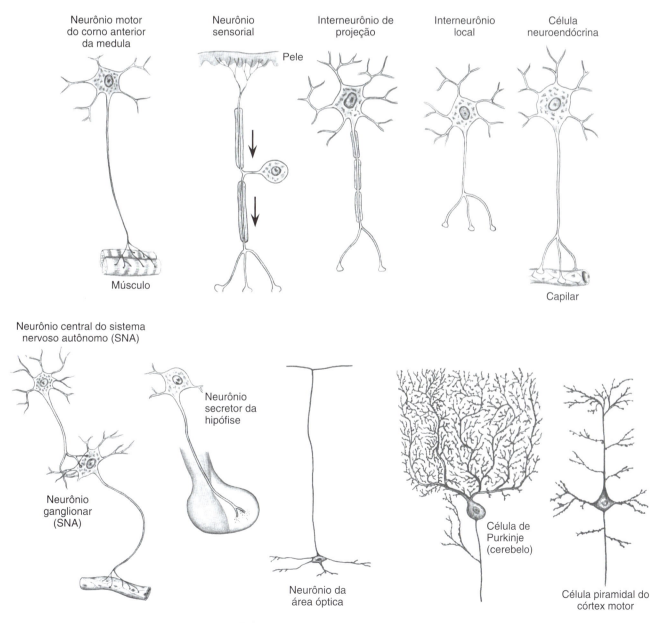

FIGURA 2.2 Alguns tipos de neurônios.

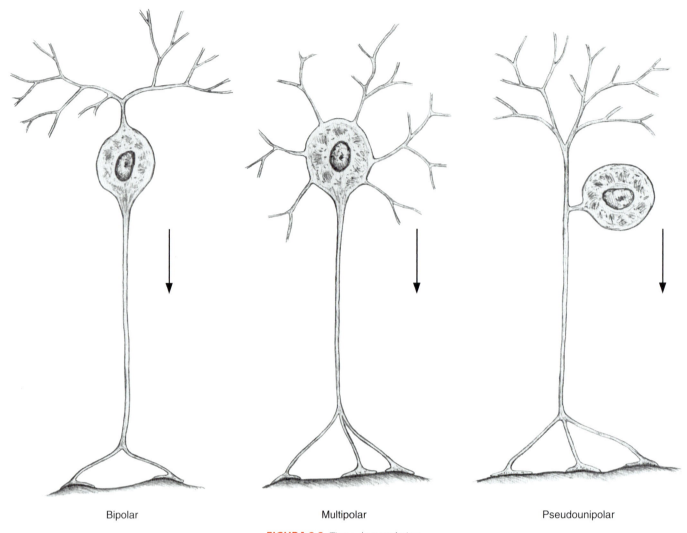

Bipolar   Multipolar   Pseudounipolar

FIGURA 2.3 Tipos de neurônios.

Do ponto de vista funcional, os neurônios podem ser classificados como **neurônios sensoriais ou aferentes**, que são os neurônios responsáveis por levar informações de fora para o interior do SN. Essas informações serão decodificadas, integradas e irão produzir respostas, que deverão ser executadas por órgãos efetores, localizados fora do SN. Os neurônios responsáveis por levar essas informações até os órgãos efetores, e, portanto, para fora do SN, são classificados como **neurônios motores ou eferentes**. Todo processo de integração e comunicação interna entre diferentes neurônios no interior do SN se dá por meio de **neurônios de associação**, também chamados **interneurônios** (Figura 2.4). O circuito neuronal mais simples do corpo humano, constituído por um neurônio aferente, um interneurônio e um neurônio eferente, é **o arco reflexo**. Ele pode ser observado nos testes de reflexos tendíneos, como o reflexo patelar (Figura 2.5).

Estrutura interna dos neurônios

Os corpos celulares dos neurônios típicos apresentam um **núcleo** caracteristicamente grande, redondo e eucromático, com um ou mais nucléolos proeminentes, como acontece nas células envolvidas em grande atividade de síntese proteica. Seu **citoplasma** é rico em **retículos endoplasmáticos granular e agranular**, e em **polirribossomos livres**, os quais, quando observados em microscopia eletrônica de transmissão (MET), geralmente aparecem agrupados junto ao retículo endoplasmático granular. Quando se observa ao microscópio de luz, o que se visualiza são agregados de grânulos basófilos chamados "corpúsculos de Nissl" (devido ao seu constituinte RNA). Numerosas **mitocôndrias** também estão presentes e atuam como fontes de energia para as atividades celulares. Existem poucos **lisossomos**, e os **complexos de Golgi** estão agrupados próximos das bases dos dendritos principais e opostos ao cone axonal. No corpo celular, podemos encontrar ainda **neurofilamentos e microtúbulos** em grande quantidade que se estendem ao longo dos dendritos e axônios. Os neurofilamentos e microtúbulos são importantes tanto para a manutenção do formato da célula, formando seu esqueleto celular, quanto pelo transporte de substâncias ao longo dos prolongamentos, constituindo o **transporte axoplasmático**.

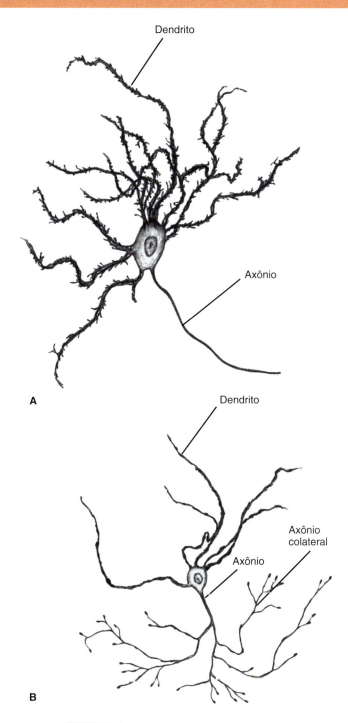

FIGURA 2.4 Interneurônios. **A.** Tipo I. **B.** Tipo II.

Os dendritos possuem as mesmas características dos corpos celulares, contendo microtúbulos, neurofilamentos, mitocôndrias, uns poucos lisossomos, ribossomos, retículo endoplasmático agranular e algumas vezes granular. Os axônios são semelhantes aos dendritos, exceto pela ausência de ribossomos. Geralmente os dendritos são mais ricos em microtúbulos que os axônios, que podem ser quase preenchidos por neurofilamentos.

Transporte axoplasmático

O citoplasma dos neurônios está em contínuo movimento, transportando materiais recém-sintetizados do corpo para os terminais, e também no sentido contrário, formando uma corrente bidirecional. Trata-se de transporte, tanto de moléculas quanto de informações, realizado por microtúbulos e filamentos intermediários, garantindo, dessa maneira, a comunicação intracelular entre o corpo celular e o axônio. Quando o fluxo segue a direção do corpo celular para o axônio, ele é descrito como **transporte anterógrado**, e quando segue do axônio em direção ao corpo celular é chamado **transporte retrógrado** (Figura 2.6).

Do ponto de vista de velocidade de fluxo, pode-se distinguir dois tipos principais de sistemas de transporte: um **sistema de transporte lento**, cuja velocidade pode variar entre 0,2 e 4 mm/dia, o qual é mais volumoso, acontece apenas na direção anterógrada e transporta materiais estruturais como proteínas citoesqueléticas, moléculas de actina e proteínas que formam neurofilamentos; e um **sistema de transporte rápido**, que conduz substâncias em ambas as direções, com velocidade variando entre 20 e 400 mm/dia. O **transporte rápido anterógrado** transporta organelas delimitadas por membranas, como vesículas sinápticas e mitocôndrias, além de compostos de baixo peso molecular como açúcares, aminoácidos, alguns neurotransmissores e cálcio. Já o sistema de **transporte rápido retrógrado** transporta basicamente os mesmos materiais, além de proteínas e outras moléculas, que sofreram endocitose no terminal axônico. O sistema de transporte rápido nos dois sentidos é dependente de ATP, que é utilizado pelas proteínas transportadoras ligadas aos microtúbulos. Um tipo semelhante de transporte também ocorre nos dendritos.

Sinapses

A comunicação entre os neurônios se faz por meio de **sinapses**, que são contatos intercelulares especializados. Elas possibilitam a transmissão dos impulsos de um neurônio (pré-sináptico) para outro (pós-sináptico), sendo responsáveis por definir a direção em que os sinais nervosos irão se distribuir no SN. Entre os neurônios, as sinapses podem acontecer de várias formas, sendo as mais comuns aquelas entre axônios e dendritos, chamadas **axodendríticas**, e aquelas entre axônios e o corpo celular ou soma, chamadas **axossomáticas**. Também podem ocorrer sinapses **axoaxônicas**, entre os axônios. Um mesmo neurônio pode realizar dezenas ou até milhares de sinapses com outros neurônios (Figura 2.7).

As sinapses podem ser elétricas ou químicas. As **sinapses elétricas** são como junções comunicantes que possibilitam a troca direta de íons entre as membranas de duas células. São mais comuns nos invertebrados, podendo aparecer em algumas regiões específicas do SNC de mamíferos.

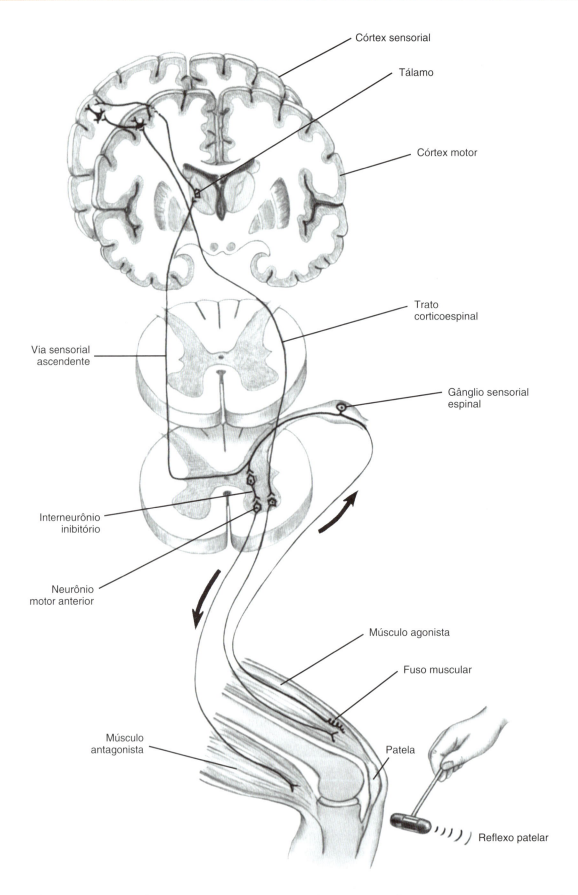

FIGURA 2.5 Reflexo patelar. O arco reflexo monossináptico estabelece também conexões aferentes sensoriais talamocorticais (percepção consciente da percussão patelar). Igualmente, o mesmo reflexo pode sofrer influências supraespinais por meio do trato corticoespinal e do sistema motor gama, aqui não representado.

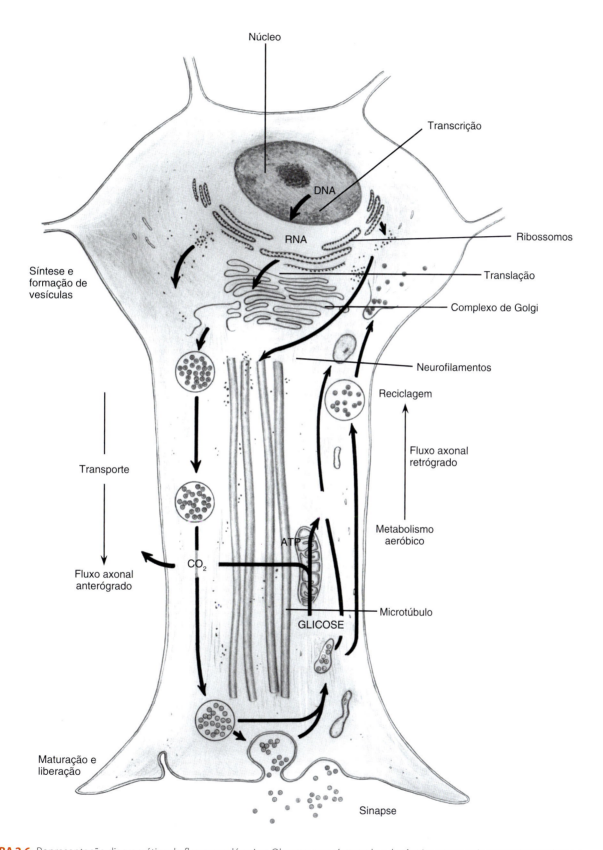

FIGURA 2.6 Representação diagramática do fluxo axoplásmico. Observa-se a síntese de substâncias estruturais e neurotransmissoras no corpo celular neuronal. Substâncias da periferia (p. ex., toxinas, vírus) podem ser levadas da periferia para o corpo celular.

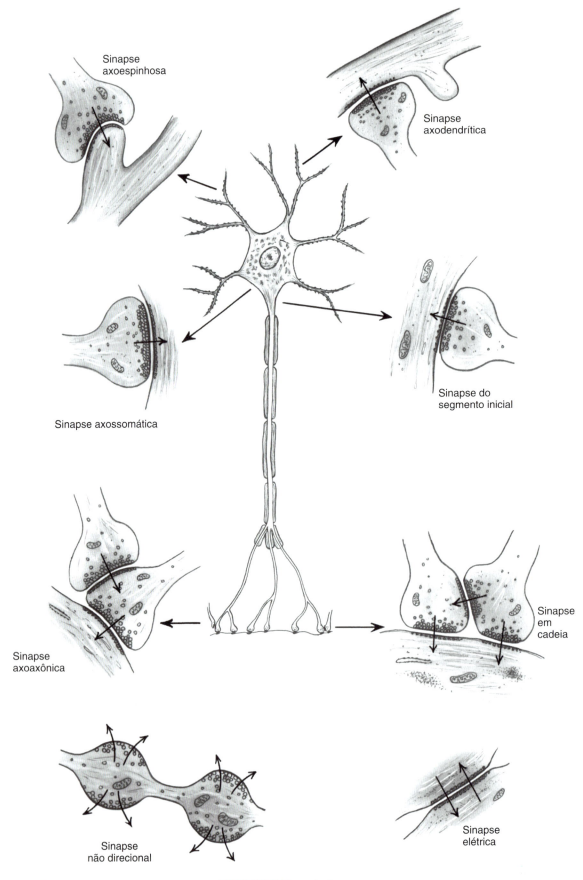

FIGURA 2.7 Tipos de sinapses.

As **sinapses químicas** são a grande maioria das sinapses no SN e envolvem a liberação de substâncias químicas chamadas "neurotransmissores", que estimulam a permeabilidade da membrana celular para determinados íons, alterando a condição elétrica da célula. Nas sinapses químicas existe a presença de uma membrana pré-sináptica que irá liberar o neurotransmissor, uma fenda sináptica onde esse neurotransmissor será liberado e uma membrana pós-sináptica, que será ativada ou inibida pelo neurotransmissor liberado.

Existem dezenas de neurotransmissores importantes já identificados atualmente. Alguns dos mais conhecidos são a acetilcolina, a norepinefrina, a epinefrina, a histamina, o ácido gama-aminobutírico (GABA), a glicina, a serotonina e o glutamato.

Uma característica importante desse tipo de sinapse é conhecida como "princípio da condução unidirecional", ou seja, os sinais são transmitidos sempre em uma única direção. Existe um neurônio pré-sináptico que libera o neurotransmissor na fenda sináptica, e este, por sua vez, irá atuar em um neurônio pós-sináptico.

Do ponto de vista funcional, as mudanças elétricas se dão por um fluxo rápido de íons através da membrana plasmática, alterando um estado natural e estável de diferença de potencial elétrico, definido como potencial de repouso da célula, para um estado de completa reversão da polaridade, gerando em última instância o **potencial de ação PA**.

No caso dos neurônios, o potencial de repouso é de aproximadamente –65 mV no lado interno da membrana. O PA é desencadeado por um fluxo de íons positivos para o lado interno da membrana, gerando um estado de reversão completa da polaridade para um estado positivo. Logo após o disparo do PA, essa troca iônica é revertida devolvendo a célula a uma situação de repouso. O PA se propaga ao longo do axônio, despolarizando porções vizinhas da membrana celular que ainda estejam com carga positiva. Esse processo acontece ao longo de toda a membrana até a extremidade distal do axônio, e pode demorar de 1 a 2 ms em algumas células nervosas. Após um intervalo muito breve de tempo (período refratário), o neurônio estará pronto para gerar um novo PA. Todo o processo de geração do potencial de ação, retorno ao repouso mais o período refratário pode durar cerca alguns milissegundos (Figura 2.8).

Bainha de mielina

A bainha de mielina é uma camada envoltória rica em lipídios que recobre a maior parte do axônio da maioria dos neurônios. É formada pelas **células de Schwann** no **SNP** e pelos **oligodendrócitos** no **SNC**, que são células da neuróglia, a serem estudadas na sequência. O processo de mielinização dos neurônios do SNC é diferente do processo de mielinização no SNP. A bainha de mielina é segmentada, criando lacunas onde o impulso elétrico é regenerado e favorecendo uma propagação em alta velocidade ao longo do axônio. Esse local é denominado **nó de Ranvier**, e nele o axônio está em contato com o meio extracelular (Figura 2.9).

A presença da bainha de mielina em concentrações de axônios no SNC dá a essa região uma aparência esbranquiçada, motivo pelo qual é chamada **substância branca**. Já regiões onde se concentram corpos celulares dos neurônios, que são desprovidos de bainha de mielina, recebem a denominação **substância cinzenta**. No SNC é possível identificar macroscopicamente áreas de concentração de corpos celulares (coloração acinzentada) e áreas de concentração de feixes de axônios que são em sua grande maioria mielinizados (coloração esbranquiçada).

Essa organização obedece a um padrão: no encéfalo, corpos celulares se concentram na periferia do cérebro e do cerebelo, formando uma faixa cinzenta chamada **córtex cerebral e cerebelar**, respectivamente. Também é possível encontrar concentrações de corpos celulares envoltos em feixes de axônios, que recebem o nome de **núcleos**. Já na medula espinal o padrão encontrado é o oposto, ou seja, os corpos celulares se concentram no centro da medula, formando o **"H" medular**, enquanto os feixes de axônios aparecem na periferia da medula espinal. Os feixes de axônios constituintes da substância branca, por sua vez, formam os tratos ou lemniscos, que são agrupamentos de axônios ligando neurônios de diferentes áreas no SNC. Um exemplo é o "trato corticoespinal", que liga o córtex cerebral a neurônios da medula espinal, e o "trato espinotalâmico", que liga a medula espinal ao tálamo (Figura 2.10)

CIRCUITOS NEURAIS

A comunicação interna entre os neurônios no SN se faz, como já foi dito anteriormente, por meio de uma cadeia neuronal, que pode variar de 2 a 3 neurônios, como nos arcos reflexos, até milhares de neurônios, por meio de cadeias neuronais que formam os circuitos neuronais e, em última instância, o que se pode chamar de rede neural.

Os circuitos neurais envolvem vários neurônios responsáveis por processar e transmitir uma informação, a partir de dois mecanismos: **o de convergência**, em que vários neurônios excitatórios ou inibitórios fazem sinapse com um único neurônio, determinando a condição final desse neurônio, que pode ser de excitação ou inibição; e o **de divergência ou dispersão**, no qual ocorre o oposto, ou seja, a ativação de um único neurônio que por meio de suas ramificações pode atuar sobre vários neurônios em diferentes locais do SN (Figura 2.11).

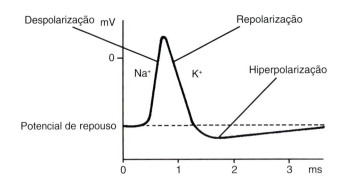
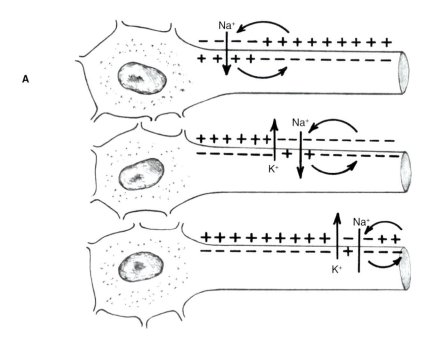
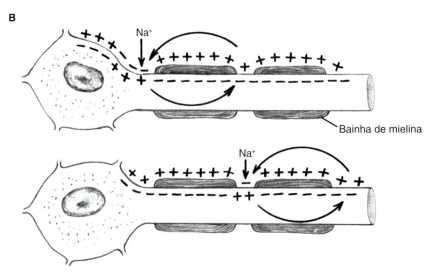

FIGURA 2.8 Potencial de ação. **A.** Condução de impulso nervoso em uma fibra não mielinizada. **B.** Condução saltatória do impulso nervoso na fibra mielinizada.

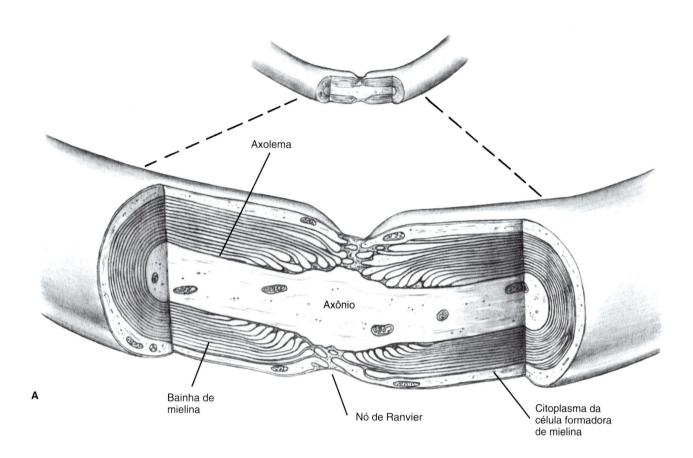
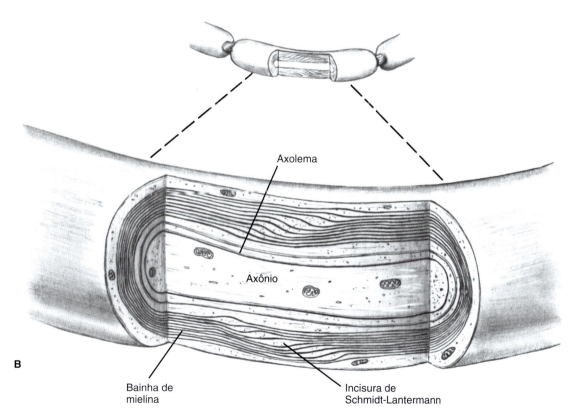

FIGURA 2.9 A. Estrutura do nó de Ravier. **B.** Estrutura de uma fibra mielinizada.

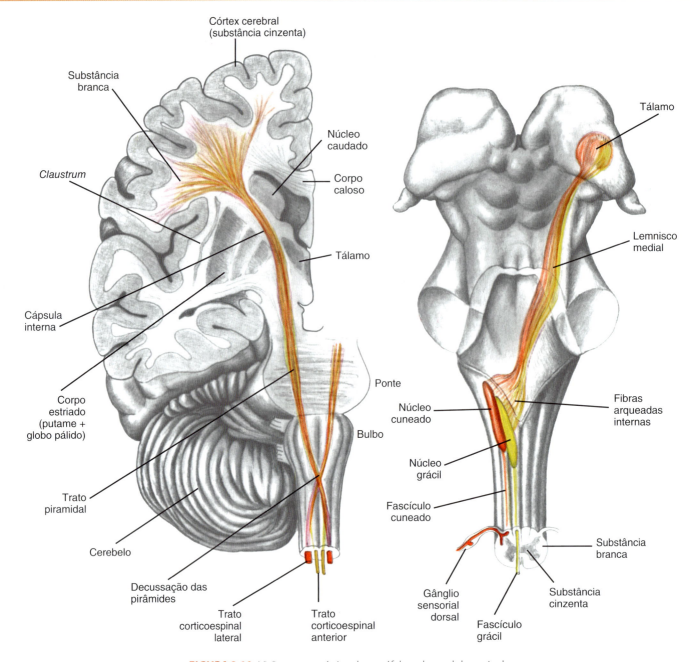

FIGURA 2.10 Visão macroscópica do encéfalo e da medula espinal.

NEURÓGLIA

Além dos neurônios, no SN há um grande número de células não condutoras que ficam próximas aos neurônios e atuam como suporte à atuação destes. Essas células são conhecidas como **células de sustentação, células gliais ou neuróglia**. Estão presentes tanto no SNC, onde são chamadas **neuróglia central**, quanto no SNP, onde são chamadas **neuróglia periférica**. Embora as células da glia se assemelhem estruturalmente aos neurônios (ambos têm prolongamentos celulares), estas não são capazes de transmitir impulsos nervosos, função exclusiva dos neurônios. Porém, as células gliais apresentam a capacidade de se dividirem, ao passo que a maioria dos neurônios perde essa habilidade. Por isso a maioria dos tumores cerebrais são gliomas.

As células gliais presentes no SNC podem ser de quatro tipos: astrócitos, oligodendrócitos, micróglia e células ependimárias. As células gliais presentes no SNP são as células de Schwann, células-satélite e algumas outras células associadas a órgãos específicos.

Do ponto de vista de **origem embrionária**, as células gliais têm origens diferentes e recebem uma classificação em função dessa origem. São chamados **macróglia** os astrócitos, os oligodendrócitos, as células ependimárias e outras células como os glioblastos (células-tronco pré ou pós-natais), que se originam da lâmina neural, com os neurônios. Já o conjunto

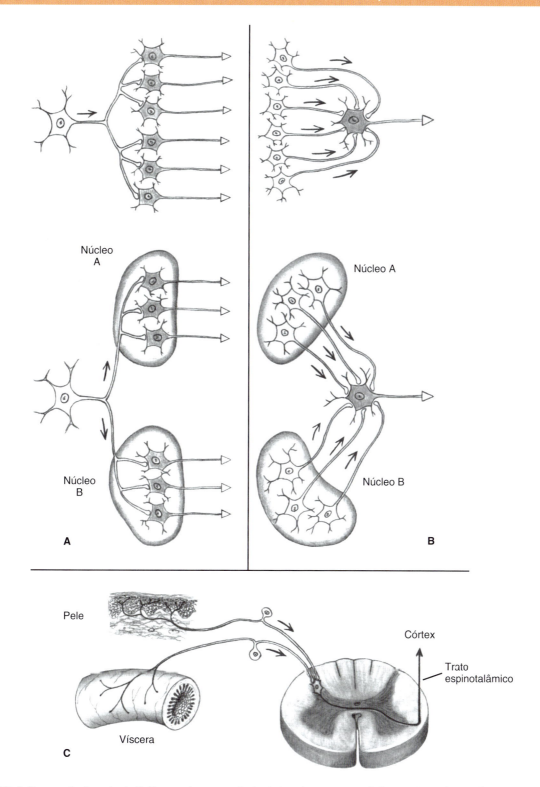

FIGURA 2.11 A. Sistema de divergência. **B.** Sistema de convergência de impulsos nervosos. **C.** Convergência de vias aferentes sensoriais viscerais e somáticas (pele) pode explicar a dor referida. O cérebro é incapaz de distinguir a fonte real do estímulo doloroso e o identifica erroneamente como de origem periférica (p. ex., a dor referida na *angina pectoris*).

de células conhecidas como **micróglia** é constituído por células menores, originárias de tecidos mesodérmicos, localizados no entorno do SN e que se desenvolvem tardiamente. Essas células, como será descrito mais adiante, são consideradas células de atividade fagocitária e estão presentes no SNC.

Astrócitos

Os **astrócitos** constituem a maior parte das células da neuróglia central. Estão presentes em abundância, correspondendo a quase metade do tecido neural. Apresentam formato estrelado, com numerosos prolongamentos se ligando diretamente aos neurônios. Existem dois tipos de astrócitos: os protoplasmáticos, encontrados no meio da substância cinzenta, e os fibrosos, presentes na substância branca (Figura 2.12). Atuam como ancoragem para os neurônios e funcionam como linha de suprimento de nutrientes. Os astrócitos formam uma barreira viva entre os neurônios e os capilares sanguíneos, ajudando a determinar a permeabilidade capilar e a troca de nutrientes entre eles. Nesse sentido, ajudam a proteger os neurônios contra substâncias nocivas, que devem permanecer no sangue. Os astrócitos também ajudam a controlar quimicamente o tecido nervoso, recolhendo íons potássio liberados, além de recaptar neurotransmissores liberados no meio extracelular. Os astrócitos participam da barreira hemoencefálica, impedindo que várias substâncias nocivas passem do sangue para o tecido nervoso.

Oligodendrócitos

Os **oligodendrócitos** são células gliais menores e com número menor de prolongamentos que os astrócitos. Envolvem firmemente as fibras nervosas produzindo um revestimento isolante lipídico, conforme já citado anteriormente, que é a bainha de mielina (Figura 2.13). Cada oligodendrócito emite vários prolongamentos em direção aos axônios e, portanto, múltiplos prolongamentos de um único podem ser responsáveis pela mielinização de mais de um neurônio.

Enquanto os oligodendrócitos revestem os axônios de neurônios do SNC, no SNP esse revestimento acontece por meio das células de Schwann.

Células de Schwann

As células de Schwann são células-satélite responsáveis por formar a bainha de mielina no SNP. Desenvolvem-se a partir da crista neural e produzem uma camada rica em lipídios que circunda os axônios, formando a bainha de mielina. Várias células de Schwann são responsáveis pela mielinização de um único axônio, e o intervalo entre elas forma o nó de Ranvier, já citado neste capítulo. O cone axônico e as terminações axonais não são revestidas por mielina. Os neurônios não mielinizados também são envolvidos por essas células. Nesse caso, as células de Schwann se alinham ao longo dos axônios, podendo envolver até cerca de 20 axônios separadamente, por sulcos em sua membrana. Suas funções estão relacionadas com o suprimento metabólico dos neurônios, o auxílio na limpeza de resíduos do SNP e a participação na orientação do crescimento dos axônios. A espessura da camada de mielina que envolve os axônios é definida pelo neurônio, estando relacionada com a espessura do axônio.

Micróglia

A **micróglia** são as menores células da glia. Constitui um conjunto de células fagocitárias, semelhantes a aranhas que monitoram a saúde dos neurônios próximos, atuando no descarte de resíduos, incluindo células cerebrais mortas e bactérias. Sua origem mesodérmica difere das outras células da neuróglia, e é tardia, podendo chegar ao SNC no final do período pré-natal e no início do período pós-natal.

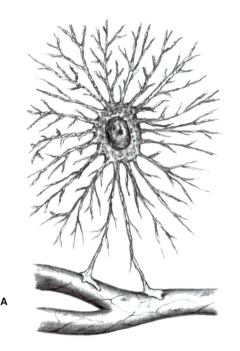
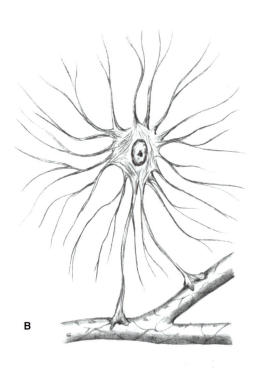

FIGURA 2.12 **A.** Astrócito protoplasmático. **B.** Astrócito fibrilar.

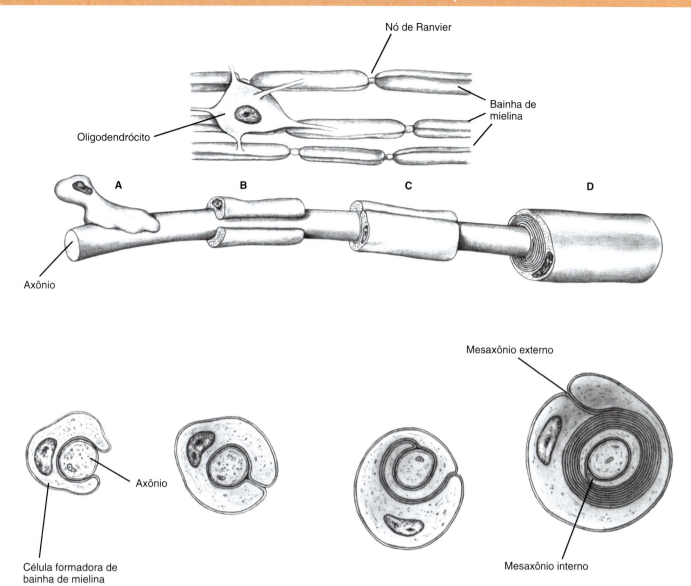

FIGURA 2.13 Processo de mielinização. Há uma migração inicial pela célula formadora de mielina (aqui, o oligodendrócito) (A, B, C, D) ao longo do axônio e posterior formação da bainha de mielina.

Células ependimárias

As **células ependimárias** são células gliais que se alinham na superfície interna das cavidades encefálicas e do canal central da medula. Seus movimentos ciliares auxiliam na movimentação do líquido cérebro-espinhal, que preenche as cavidades encefálicas.

NERVOS

Os **nervos** são definidos como um feixe de fibras nervosas, ambos (nervos e fibras) envoltos por tecido conjuntivo. Uma fibra nervosa é o prolongamento do neurônio que percorre diferentes regiões do corpo conectando estruturas ao SNC e vice-versa. Podemos encontrar nervos que derivam de diferentes regiões do encéfalo, e nesse caso são chamados **nervos cranianos**, ou nervos que se ligam à medula espinal, por isso denominados **nervos espinais**. Esses feixes têm diferentes níveis de envoltórios. O envoltório mais externo é o **epineuro**, constituído por tecido conjuntivo rico em vasos. O segundo envoltório é o **perineuro**, formado por tecido conjuntivo denso ordenado e células epiteliais lamelares ou achatadas distribuídas em várias camadas ao longo do tecido conjuntivo. O perineuro divide grupos de fibras nervosas em fascículos. O epineuro com seus vasos sanguíneos penetra entre os vários fascículos. O terceiro e mais interno envoltório é o **endoneuro**, formado por delicadas fibras colágenas denominadas "fibras reticulares" que envolvem cada fibra nervosa. O endoneuro, em sua face interna, está em contato com a membrana basal das células de Schwann.

BIBLIOGRAFIA COMPLEMENTAR

Cserép C, Pósfai B, Dénes, Á. Shaping neuronal fate: functional heterogeneity of direct microglia-neuron interactions. **Neuron** 2021, 109(2):222-240.

Kim YS, Choi J, Yoon BE. Neuron-glia interactions in neurodevelopmental disorders. **Cells** 2020, 9(10):2176.

Luo L. Architectures of neuronal circuits. **Science** 2021, 373(6559):eabg728.

McNamara NB, Munro DAD, Bestard-Cuche N *et al*. Microglia regulate central nervous system myelin growth and integrity. **Nature** 2023, 613(7942):120-129.

Nosi D, Lana D, Giovannini, MG *et al*. Neuroinflammation: integrated nervous tissue response through intercellular interactions at the "whole system" scale. **Cells** 2021, 10(5):1-20.

Ohno N, Ikenaka K. Axonal and neuronal degeneration in myelin diseases. **Neuroscience Research** 2019, 139:48-57.

Pease-Raissi SE, Chan Jr. Building a (w)rapport between neurons and oligodendroglia: reciprocal interactions underlying adaptive myelination. **Neuron** 2021, 109(8):1258-1273.

Ross MH, Pawlina W. **Histologia: texto e atlas**: correlações com biologia celular e molecular. 8ª ed. São Paulo: Guanabara Koogan, 2021.

Xin W, Chan Jr. Myelin plasticity: sculpting circuits in learning and memory. **Nature Reviews Neuroscience** 2020; 21(12):682-694.

3 Conceitos Básicos de Embriologia do Sistema Nervoso

Murilo S. Meneses

FORMAÇÃO DO TUBO NEURAL

O sistema nervoso se desenvolve a partir do ectoderma, que é o folheto ou camada mais externa do embrião, desde o décimo oitavo dia de desenvolvimento. Nesse momento, o estágio inicial de gastrulação está completo e o embrião passa a apresentar três folhetos: ectoderma, mesoderma e endoderma. A notocorda é um cordão com eixo craniocaudal, situado na região posterior do embrião, responsável pelo desenvolvimento da coluna vertebral. No adulto, os discos intervertebrais e outras estruturas, como a sincondrose esfeno-occipital do clivo, são resquícios da notocorda. No embrião, a notocorda tem função indutora na formação de um espessamento do ectoderma, chamado **placa neural** (Figura 3.1). Essa placa neural, situada posteriormente à notocorda, vai apresentar progressivamente uma invaginação que formará um sulco e, então, a **goteira neural** (Figura 3.2). Esse processo, chamado **neurulação**, leva ao fechamento posterior da goteira, criando o **tubo neural** (Figura 3.3), responsável pela origem do sistema nervoso central, que, após sua formação definitiva, será protegido pelas cavidades ósseas do canal vetebral e do neurocrânio. O ectoderma se fecha posteriormente, separando-se do tubo neural por mesoderma, que dará origem aos músculos e aos ossos. O início do fechamento do tubo neural ocorre no nível da futura medula espinal cervical e progride nos sentidos cranial e caudal. Os polos superior e inferior são chamados **neuróporos anterior e posterior**.

Células neuroectodérmicas primitivas do tubo neural vão proliferar e diferenciar-se nos neurônios, astrócitos, oligodendrócitos e células ependimárias. Seguindo o código genético, essas células vão se dirigir aos seus locais predeterminados e formar suas conexões. A parede do tubo neural (Figura 3.4) é dividida, no plano transversal, pelo **sulco limitante**, que separa as **lâminas alares**, dorsal ou posteriormente, das **lâminas basais**, anterior ou ventralmente. Entre as lâminas alares, encontra-se a **lâmina do teto**, que é mais fina. Da mesma forma, entre as lâminas basais encontra-se a **lâmina do assoalho**.

Os neurônios situados nas lâminas alares dão origem a estruturas sensitivas que formam vias aferentes. No nível das lâminas basais, os neurônios formam estruturas motoras e vias eferentes. As regiões próximas ao sulco limitante, tanto na lâmina alar como na lâmina basal, contêm neurônios relacionados com funções vegetativas, isto é, que controlam o meio interno do organismo, sendo responsáveis pela homeostase. Os neurônios situados à distância do sulco limitante originam estruturas responsáveis pela vida de relação, ou somática, que mantém o indivíduo em relação com o meio ambiente.

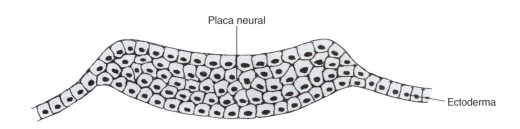

FIGURA 3.1 Placa neural.

20 Neuroanatomia Aplicada

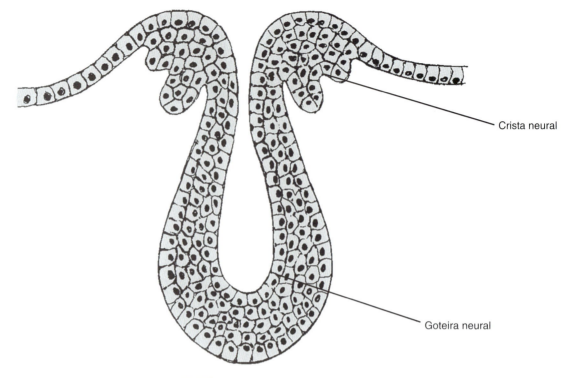

FIGURA 3.2 Goteira neural.

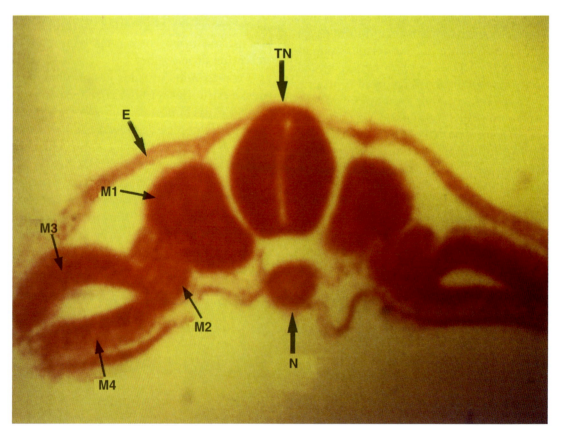

FIGURA 3.3 Micrografia de corte transversal de embrião mostrando na fase somítica a notocorda (N) e o tubo neural (TN) formado, relacionando-se externamente com o ectoderma (E) e o mesoderma paraxial (M1), intermediário (M2), somático (M3) e esplâncnico (M4). (Imagem cedida gentilmente pelo Professor Leonel Schutzenberger, da Universidade Federal do Paraná.)

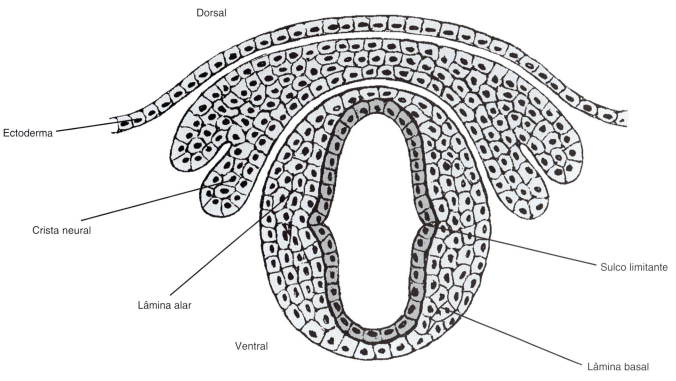

FIGURA 3.4 Tubo neural (corte transversal).

Do ponto de vista filogenético, os neurônios localizados próximo à cavidade central do tubo neural relacionam-se, em geral, com funções mais antigas, apresentando conexões difusas ou multissinápticas. Os neurônios localizados à distância da cavidade central são, em geral, filogeneticamente recentes e apresentam conexões mais diretas. Esses conhecimentos têm grande importância, pois essa disposição é encontrada em diferentes partes do sistema nervoso de um adulto.

No nível da união posterior da goteira para formar o tubo neural, uma formação existente em cada lado, chamada **crista neural**, vai dar origem ao sistema nervoso periférico.

CRISTA NEURAL

As duas projeções originadas posteriormente ao tubo neural, uma de cada lado, vão se fragmentar e formar estruturas do sistema nervoso periférico. Os **gânglios sensoriais** dos nervos espinais e dos nervos cranianos têm origem na crista neural. Os neurônios dos gânglios dos nervos espinais são chamados "pseudounipolares" e fazem a união entre o nervo periférico e a medula espinal. Os axônios distais dirigem-se a diferentes partes do organismo para receber informações sensitivas que serão transmitidas pelos axônios proximais às estruturas derivadas das lâminas alares. Os **gânglios viscerais** do sistema nervoso autônomo derivam das cristas neurais. Eles contêm neurônios multipolares e células de sustentação chamadas "anfícitos". Esses neurônios, denominados pós-ganglionares, fazem a conexão entre o sistema nervoso central e as vísceras. As **células de Schwann**, também derivadas das cristas neurais, localizam-se ao longo dos axônios periféricos e são responsáveis pela formação da bainha de mielina, que recobre a maioria das fibras nervosas dando-lhes um aspecto branco. A porção **medular da glândula suprarrenal** difere da porção cortical por ter origem nas cristas neurais.

DIVISÃO DO TUBO NEURAL E CAVIDADE CENTRAL

Tubo neural

O tubo neural apresenta um desenvolvimento diferente nas suas porções cranial e caudal (Figura 3.5). Inferiormente, na futura medula espinal, as modificações são menores. Superiormente, há um aumento irregular de volume com a formação das vesículas primitivas, isto é, **prosencéfalo**, **mesencéfalo** e **rombencéfalo**. Estas se subdividem em outras cinco que persistem no sistema nervoso maduro. O prosencéfalo forma o **telencéfalo** e o **diencéfalo**. O rombencéfalo dá origem ao **metencéfalo** e ao **mielencéfalo**. O mesencéfalo não se subdivide (Figura 3.6).

O telencéfalo nos seres humanos apresenta um grande desenvolvimento e envolve o diencéfalo, formando

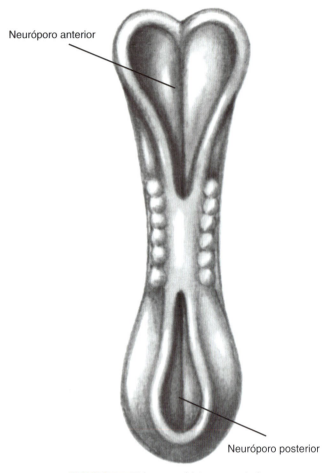

FIGURA 3.5 Tubo neural (vista posterior).

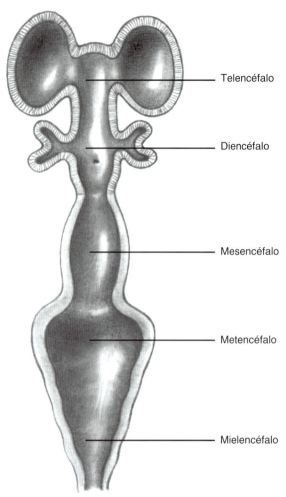

FIGURA 3.6 Divisão do encéfalo primitivo em cinco vesículas.

os hemisférios cerebrais com os núcleos da base, a lâmina terminal e as comissuras. O telencéfalo apresenta inicialmente duas extensões nas paredes laterais que têm um crescimento rápido. No eixo anteroposterior, esse desenvolvimento causa um aspecto de ferradura ou C nas estruturas cerebrais, com o centro no diencéfalo. Na face externa ou lateral do hemisfério cerebral, seguindo os lobos frontal, parietal, occipital e temporal, encontramos essa forma em C, que esconde o lobo da ínsula no interior do sulco lateral. Na face medial ou interna, o mesmo ocorre ao seguirmos o giro do cíngulo, em sentido posterior, que se continua com o giro para-hipocampal inferiormente. Esse conjunto foi chamado, por alguns autores, "lobo límbico" (*limbus* = contorno). Como consequência, outras estruturas vão apresentar esse aspecto, como os ventrículos laterais, o núcleo caudado e o fórnix. O corpo caloso, importante feixe de fibras que faz a comunicação entre áreas dos dois hemisférios cerebrais, desenvolve-se mais tardiamente e apresenta parcialmente uma forma de ferradura.

O diencéfalo permanece nas paredes do terceiro ventrículo, dando origem às vias ópticas, ao hipotálamo, ao tálamo, ao subtálamo e ao epitálamo. O mesencéfalo, parte do tronco do encéfalo, forma os pedúnculos cerebrais, o tegmento com o núcleo rubro e a substância negra, assim como o teto com os colículos. O metencéfalo é responsável pelo desenvolvimento da ponte e do cerebelo, incluindo suas estruturas internas. Da mesma forma, o mielencéfalo origina o bulbo, ou medula oblonga.

Com o aparecimento do córtex cerebral e dos núcleos de substância cinzenta do telencéfalo e do diencéfalo, as fibras que compõem a substância branca vão formar as vias de associação entre diferentes áreas intra e inter-hemisféricas, assim como as vias de projeção que permitem a comunicação com estruturas do tronco do encéfalo e da medula espinal. A cápsula interna é uma importante via de projeção que passa entre os núcleos da base, lateralmente ao núcleo caudado e ao tálamo e medialmente ao núcleo lentiforme.

Cavidade central

Inicialmente, o tubo neural apresenta uma **cavidade central**, que recebe um revestimento interno de epêndima e que vai apresentar modificações durante o desenvolvimento embrionário. No nível da medula espinal, a cavidade central torna-se virtual e forma o **canal central** do epêndima. Posteriormente à porção alta do bulbo e da ponte e anteriormente ao cerebelo, a cavidade central dá origem ao **quarto ventrículo**. No nível do mesencéfalo, forma-se um canal chamado **aqueduto cerebral**, que faz a comunicação entre o **quarto** e o **terceiro ventrículo**, correspondente à cavidade do diencéfalo. Finalmente, nos hemisférios cerebrais, encontram-se os **ventrículos laterais**, formados no telencéfalo, que se comunicam com o terceiro ventrículo pelos forames interventriculares.

FLEXURAS (FIGURA 3.7)

Modificações importantes vão ocorrer na extensão do tubo neural, principalmente na extremidade cefálica, entre a terceira e a quinta semana de desenvolvimento embriológico. Três processos são responsáveis por essas alterações: aparecimento de flexuras, desenvolvimento de estruturas especiais da cabeça e crescimentos localizados em ritmos diferentes.

Três curvas ou flexuras aparecem no tubo neural. A **flexura cervical** é formada entre a medula espinal cervical e o mielencéfalo, com concavidade ventral. A **flexura pontina** ocorre no metencéfalo, com convexidade ventral. A **flexura do mesencéfalo** aparece nessa vesícula com concavidade ventral. Essas flexuras aumentam as dimensões do rombencéfalo no plano transverso, com afastamento lateral das lâminas alares, formando o quarto ventrículo. No encéfalo adulto permanecem somente leves curvas nas junções medulo-mielencefálica e mesencefalodiencefálica (Figura 3.8).

APLICAÇÃO CLÍNICA

Alterações no desenvolvimento embriológico podem causar as malformações do sistema nervoso. Durante a terceira e a quarta semana da embriogênese, podem ocorrer defeitos genéticos ou adquiridos na formação do tubo neural. Como o fechamento posterior do tubo neural inicia-se em posição intermediária e evolui cranial e caudalmente, as malformações nesse período ocorrem mais frequentemente nas extremidades. A notocorda, tendo papel indutor na formação do tubo neural, está envolvida nessas malformações.

Diferentes graus de gravidade podem ocorrer nos chamados "disrafismos". No nível da coluna lombossacra, a **espinha bífida oculta** é um defeito de fechamento ósseo do arco posterior de uma ou mais vértebras sem comprometimento do sistema nervoso. Nesse caso, não há necessidade de nenhum tratamento. Na **meningocele** (Figura 3.9), além da ausência de fechamento ósseo, uma bolsa meníngea salienta-se e faz protrusão na região lombossacra, contendo liquor e raízes medulares, mas sem malformação do sistema nervoso e podendo não haver comprometimento clínico. Nesse caso há necessidade de correção cirúrgica, para evitar que a bolsa se rompa, possibilitando o aparecimento de uma infecção (meningite). Nos casos de **mielomeningocele**, além da abertura óssea, há defeito na formação do tubo neural. A medula espinal penetra na bolsa meníngea, ocasionando comprometimento clínico grave com várias alterações, inclusive paraplegia.

Na região cranial, apesar de bem menos frequentes, podem ocorrer defeitos semelhantes, como **crânio bífido**, **meningocele craniana**, **meningoencefalocele** e, mesmo, a agenesia encefálica (**anencefalia**). Em algumas situações, a malformação é muito grave, tornando-se incompatível com uma sobrevida.

Durante a quinta e a sexta semana de embriogênese, os defeitos atingem principalmente o telencéfalo. As **deformidades craniofaciais** podem ocorrer também nesse período.

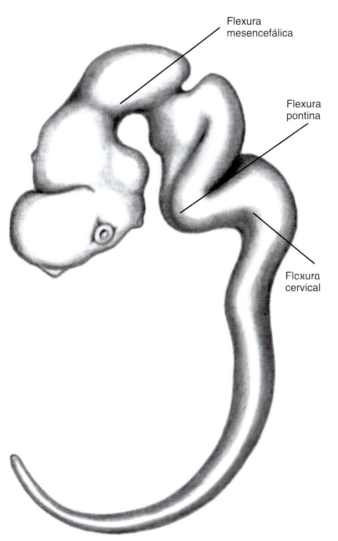

FIGURA 3.7 Flexuras.

Várias outras anomalias podem aparecer durante o desenvolvimento embriológico, como formação do cérebro com tamanho anormal (macro ou microcefalia), alterações com aumento dos giros cerebrais (paquigiria) ou diminuição (microgiria) ou, mais simplesmente, defeitos no número ou forma das sinapses entre os neurônios, causando deficiência intelectual.

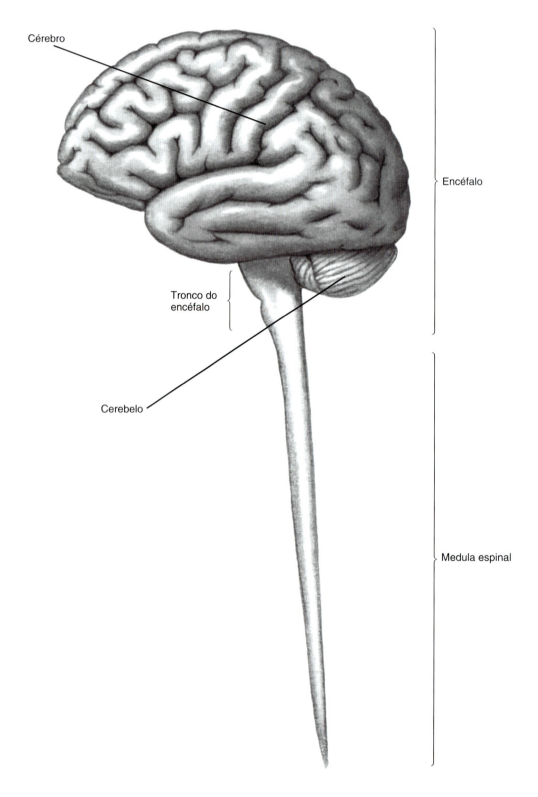

FIGURA 3.8 Sistema nervoso central (desenvolvido).

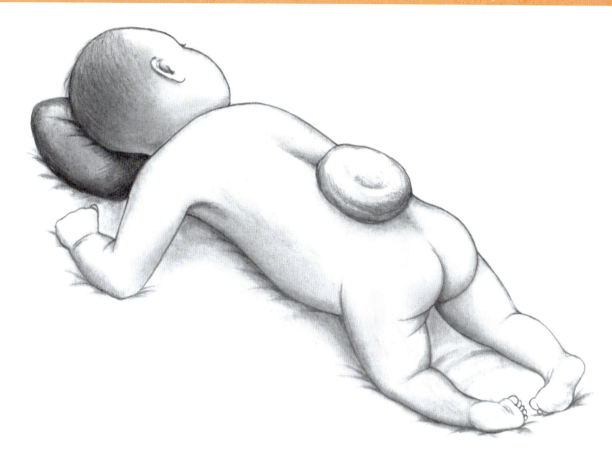

FIGURA 3.9 Meningocele.

BIBLIOGRAFIA COMPLEMENTAR

Bartelmez GW, Dekaban AS. The early development of the human brain. **Contrib Embryol** 1962, 37:13.

Brody BA *et al.* Sequence of central nervous system myelination in human infancy: I. An autopsy study of myelination. **J Neuropath Exp Neurol** 1987, 46:283.

Cowan WM. The development of the brain. **Sci Am** 1979, 241(3):112.

Crelin ES, Netter FH, Shapter RK. Development of the nervous system: a logical approach to neuroanatomy. **Clin Symp** 1974, 26(2):1.

Karfunkel P. The mechanisms of neural tube formation. **Int Rev Cytol** 1974, 38:245.

Müller F, O'Rahilly R. The human chondrocranium at the end of the embryonic period, proper, with particular reference to the nervous system. **Am J Anat** 1980, 159:33.

O'Rahilly R, Müller F. Neurulation in the normal human embryo **Ciba Found Symp** 1994, 181:70-82.

Shatz CJ. The developing brain. **Sci Am** 1992, 26(3):61.

Sohal GS. Sixth annual Stuart Reiner memorial lecture: embryonic development of nerve and muscle. **Muscle & Nerve** 1995, 18:2-14.

Anatomia Comparada do Sistema Nervoso

Edison Luiz Prisco Farias

A conservação da vida e a reprodução são ações comportamentais presentes em todos os animais. Assim, um indivíduo ou uma espécie devem permanecer viáveis durante todo o período de sua evolução e ser capazes, também, de sobreviver à competição à qual são continuamente expostos. A excitabilidade ou irritabilidade deve ser considerada uma propriedade indispensável a todo organismo animal, pois lhe permite responder a estímulos que promovem a sobrevivência e, por isso, esses estímulos mantêm-se preservados durante a evolução.

A existência de uma espécie fundamentou-se na necessidade de adaptação às alterações ocorridas durante o desenvolvimento evolutivo, não somente em termos de unidade individual, mas também em relação à sobrevivência do todo à medida que as células reuniram-se em tecidos e estes em órgãos, formando os aparelhos e sistemas que constituíram os organismos. A exclusão de uma célula, de um tecido e mesmo de um órgão deu-se em função de respostas inadequadas, pois a evolução foi modelada pelas necessidades de o indivíduo interagir com o ambiente.

O aumento de tamanho dos organismos, por meio da mudança de um plano unicelular para outro pluricelular, fez com que ocorresse uma maior necessidade de integração e coordenação, com determinadas células intensificando sua propriedade de excitabilidade e propiciando o surgimento da condutibilidade em função da maior necessidade de informações. Especializadas, as células tornaram-se tão organizadas que se desenvolveu uma divisão de trabalho capaz de captar mudanças no ambiente (tanto dentro como fora do organismo), conduzir, integrar e associar informações e de iniciar respostas. Essas células diferenciaram-se no sistema nervoso, permitindo progressivamente a incorporação e a ordenação de novas estruturas e conexões.

A evolução do sistema nervoso necessitou acima de 1 bilhão de anos desde a irritabilidade até a aquisição de componentes sensoriais. Em relação aos mamíferos, foram precisos mais de 200 milhões de anos para que ocorressem aumentos de volume em partes do encéfalo, primariamente, graças à evolução de extensas camadas de corpos de neurônios sobre a superfície de um tronco do encéfalo primitivo.

Um breve estudo do reino animal, dos protozoários aos seres humanos, revela alterações anatômicas que têm ocorrido em função das alterações ambientais e fisiológicas mais complexas. Embora as diferenças anatômicas e funcionais possam ser apontadas para o sistema nervoso de vários animais, as propriedades básicas e fundamentais do protoplasma e do mecanismo neural servem para uma compreensão da evolução do sistema nervoso.

ANIMAIS SEM NEURÔNIOS

Os protozoários (animais unicelulares) são capazes de sobreviver sem neurônios, mas não sem manifestar uma atividade relacionada à célula nervosa, pois o protoplasma é capaz de desempenhar todas as atividades essenciais à vida por meio de uma única célula individual e isolada. No reino animal, do mais simples ao mais complexo, as propriedades gerais e inerentes ao protoplasma são mantidas, em alguma extensão, a todas as células. As propriedades essenciais do protoplasma são agrupadas como respiração, contratilidade, crescimento, reprodução, excreção, secreção, absorção, assimilação, irritabilidade e condutibilidade. Destas, a irritabilidade e a condutibilidade são as atividades primordiais do sistema nervoso. Como exemplo, os protozoários podem reagir a estímulos nocivos, como evitar calor e obstruções mecânicas, primariamente devido à irritabilidade e à condutibilidade.

INTRODUÇÃO DE NEURÔNIOS E PLEXOS

Os integrantes do *Phylum coelenterata* foram os primeiros em que se identificaram verdadeiras células nervosas, plexos e a presença de sinapses. Esses animais aquáticos diploblásticos foram os primeiros, também, a apresentar um certo nível de organização tecidual, cujo estudo permitiu a compreensão de um sistema neuronal primitivo, precursor dos plexos e sinapses encontrados nas espécies superiores. A sinapse primitiva apresenta uma polaridade dinâmica em que o impulso pode percorrer qualquer direção, ao contrário dos vertebrados, em que o impulso nervoso, por meio das sinapses, dá-se em um único sentido.

CENTRALIZAÇÃO E CEFALIZAÇÃO

Os *Platyhelminthes* são o próximo *Phylum* de importância para introdução dos avanços da atividade neural. O aumento da complexidade de organização compreende: (1) a introdução de um sistema nervoso central composto de gânglios e de dois cordões nervosos ventrais longitudinais e interligados; (2) a introdução de uma cabeça e de órgãos dos sentidos; (3) a formação de uma terceira camada germinativa (mesoderma) entre o ectoderma e o endoderma; (4) simetria bilateral do corpo; e (5) um nível elevado de organização entre órgão e sistema. Tais avanços anatomofisiológicos permitem uma locomoção independente, mais rápida com respostas mais complexas aos estímulos e variantes de comportamento quando comparados aos dos *Coelenterata*. A escolha para localização de gânglios parece depender da configuração do corpo e do proveito em colocar estações de relé em regiões onde se realizam atividades grandes e especiais. Explica-se a localização frontal dos gânglios por ser a extremidade que primeiro está exposta às variações do ambiente e na qual grande número de órgãos sensoriais devem estar ligados ao sistema nervoso. Essa porção permanece dorsal em relação ao canal alimentar, ao passo que o restante é ventral. Os gânglios cefálicos dos nemátodos de vida livre são bem desenvolvidos em comparação aos dos vermes parasitos, cestódeos e trematódeos, cujos órgãos sensoriais são pouco numerosos.

SEGMENTAÇÃO E DESENVOLVIMENTO DOS REFLEXOS

O *Phylum annelida* ilustra os avanços dos mecanismos neurais e de outros componentes corporais em relação aos dos animais já mencionados. Apresenta grande número de gânglios: dois na região cefálica e um para cada segmento corporal, os quais integram centros para as vias aferente (sensorial) e eferente (motora). Os gânglios segmentares apresentam todos os componentes de um arco reflexo simples, permitindo habilidade de respostas segmentares e involuntárias aos estímulos. Há evidências de reflexos intra e intersegmentares. Embora sejam mecanismos primitivos, formam a base para as interconexões neuronais mais sofisticadas encontradas nos mamíferos. A segmentação corporal (metamerismo) desses animais sugere um padrão para o corpo dos vertebrados, cujo melhor exemplo é demonstrado pela medula espinal e nervos espinais.

ESPECIALIZAÇÃO DOS ÓRGÃOS DOS SENTIDOS E DO APARELHO NEUROMUSCULAR

No *Phylum arthropoda*, os órgãos dos sentidos, sobretudo os olhos, tornaram-se muito especializados, servindo de modelo para o desenvolvimento dos animais superiores. Os sentidos visual, olfatório e tátil passaram a ser especialmente diferenciados. O olho composto, o melhor sistema visual desenvolvido pelos invertebrados, com a possível exceção do olho dos cefalópodos, pode ser deficiente em acuidade visual, percepção de forma e visão de cores em comparação com o olho dos vertebrados, mas é superior na percepção de movimentos rápidos, um atributo de valor adaptativo considerável devido à velocidade com a qual muitos insetos se locomovem. O sentido do olfato rivaliza-se com o dos vertebrados, assim como os proprioceptivos, a fim de manter o sistema nervoso informado sobre as posições das muitas partes do corpo altamente articulado. Os atos de locomoção, feitos por membros articulados e/ou de voos, dependem de autorritmicidade ganglionar, seguida de uma sequência complexa de contrações musculares. A cefalização é mais complexa, pois apresenta uma massa ganglionar no interior da cabeça que interage como um centro com as demais partes corporais. O mecanismo para a coordenação de movimentos dos membros estabelece uma base para o entendimento do mecanismo neuromuscular. O sistema nervoso central dos crustáceos é caracterizado por um pequeno número de células e interneurônios, complexos, que preenchem a função de tratos nos vertebrados.

Entre os invertebrados, os cefalópodos têm os maiores cérebros, formados pela associação de gânglios compostos de cerca de 168 milhões de células. Mais importante do que o tamanho é a grande versatilidade de comunicações entre as células nervosas. Estudos realizados por meio de estimulação elétrica demonstraram multiplicidade e refinamento com grande subdivisão de função, em que 14 lobos principais foram identificados mediando funções diferentes. Os lobos anatomicamente inferiores regulam apenas funções simples. Os lobos sensoriais (lobos ópticos) recebem, discriminam e analisam estímulos do ambiente e ativam apropriadamente os centros motores. Os centros mais altos recebem atividade dos sensoriais regulando todo o sistema. Os lobos basais são centros motores superiores que podem assemelhar-se ao cérebro médio dos vertebrados, iniciando movimentos finos da cabeça e dos membros. O lobo vertical é, em parte, um sistema de memória.

SISTEMA NERVOSO DOS VERTEBRADOS

Passando aos vertebrados, encontramos uma nova especialização no desenvolvimento evolutivo do sistema nervoso, pois esses animais com coluna vertebral têm um só cordão nervoso dorsal, que termina anteriormente (rostralmente) em uma grande massa ganglionar, o encéfalo (Figura 4.1). As tendências observadas nos invertebrados persistem nos vertebrados como uma concentração de tecido nervoso, devido tanto ao aumento do número de células nervosas como ao da complexidade e extensão de suas interconexões.

Medula espinal

Ao tomarmos em primeiro lugar a medula espinal, teremos a oportunidade de observar a organização de um segmento mais simples do sistema nervoso central que talvez tenha passado pela menor mudança na filogenia, embora as conexões celulares e as relações funcionais sejam complicadas (Figura 4.2). Em todos os vertebrados, a medula espinal tem duas funções principais. Uma é a integração do comportamento reflexo que ocorre no tronco e nas extremidades, e a outra é a condução de impulsos nervosos para o encéfalo e a partir dele. A estrutura é a de um tubo com uma porção interna de substância cinzenta e uma camada externa de substância branca. A medula espinal recebe informações sensoriais, transmite-as e as integra a outros segmentos do sistema nervoso central, conduzindo informações motoras dos centros superiores.

Primitivamente, a medula espinal tinha autonomia considerável, mesmo em movimentos como a natação. Os peixes sempre produziram movimentos natatórios coordenados, sendo o encéfalo separado da medula espinal. O caminho evolutivo dos vertebrados foi o da formação de circuitos mais complexos na medula espinal e entre esta e o encéfalo. Com essas conexões, aparecem dependências sempre crescentes das funções da medula espinal pelo controle de centros superiores do sistema nervoso central (Figura 4.3).

Anfioxos

A medula espinal é um tubo bilateral com um canal achatado lateralmente. Os nervos sensoriais e motores correspondem em posição ao septo de tecido conjuntivo entre os miótomos, conectando-os com as paredes da medula espinal. As raízes dorsais não têm gânglios espinais verdadeiros, pois os corpos celulares das fibras sensoriais situam-se dentro da parte dorsal da medula espinal. Ocasionais células bipolares no interior das raízes dorsais podem ser o início dos verdadeiros gânglios espinais. As células sensoriais fazem sinapse com as células gigantes na linha mediana dorsal da medula espinal e constituem o principal mecanismo dos reflexos. As fibras comissurais cursam dorsal e ventralmente, permitindo a integração em outros níveis. As fibras motoras que suprem os miótomos divergem como ramos colaterais, correndo longitudinalmente ao longo do eixo da medula espinal. Assim, as cadeias para os reflexos estão arranjadas longitudinalmente e atuam somente com reações motoras somáticas.

Ciclóstomos

A medula espinal é achatada dorsoventralmente. A substância cinzenta é uma massa sólida sem colunas ou cornos. As células dos gânglios espinais situam-se parcialmente dentro da parede dorsal da medula espinal e no interior dos nervos dorsais. As células motoras estão na porção ventral da substância cinzenta. As raízes dorsais contêm fibras viscerais e sensoriais somáticas.

Peixes

A substância cinzenta apresenta colunas dorsais e ventrais. A coluna dorsal é uma massa sólida que se estende lateralmente. Nos elasmobrânquios, os gânglios da raiz dorsal estão fora da medula espinal. Nos teleósteos, existem poucos gânglios sensoriais no seu interior. A raiz dorsal apresenta fibras aferentes somáticas e viscerais, e a ventral apresenta fibras motoras somáticas e viscerais. Na extremidade cranial (anterior) da medula espinal, as raízes dorsais dos nervos espinais parecem cursar em nível mais alto do que as fibras do XII nervo craniano, ao passo que as raízes ventrais são pequenas ou ausentes.

Anfíbios

A medula espinal dos anfíbios lembra a dos peixes, pois apresenta intumescências cervical e lombar. A substância cinzenta apresenta colunas dorsais e ventrais, e os gânglios sensoriais estão completamente isolados da medula espinal. Os neurônios motores situam-se nas colunas ventrais.

Répteis

A medula espinal dos répteis assemelha-se à dos mamíferos. Os répteis têm apêndices bem desenvolvidos, apresentando intumescências cervical e lombar, à exceção das cobras. As raízes sensoriais e motoras apresentam fibras viscerais e somáticas.

Aves

A medula espinal das aves apresenta grandes intumescências cervical e lombar, das quais emergem os plexos braquial e lombar para as asas (membros torácicos) e membros pélvicos, respectivamente. O tamanho relativo dessas intumescências está diretamente relacionado

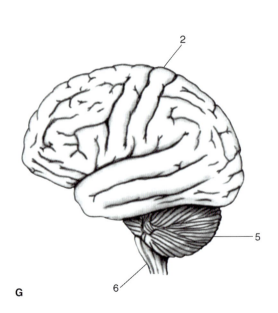

FIGURA 4.1 Anatomia comparada do encéfalo. Vista lateral: (1) lobo olfatório; (2) cérebro; (3) lobo óptico; (4) mesencéfalo; (5) cerebelo; (6) medula oblonga: (**A**) ciclóstomo; (**B**) tubarão; (**C**) anfíbio; (**D**) réptil; (**E**) ave; (**F**) equino; (**G**) ser humano.

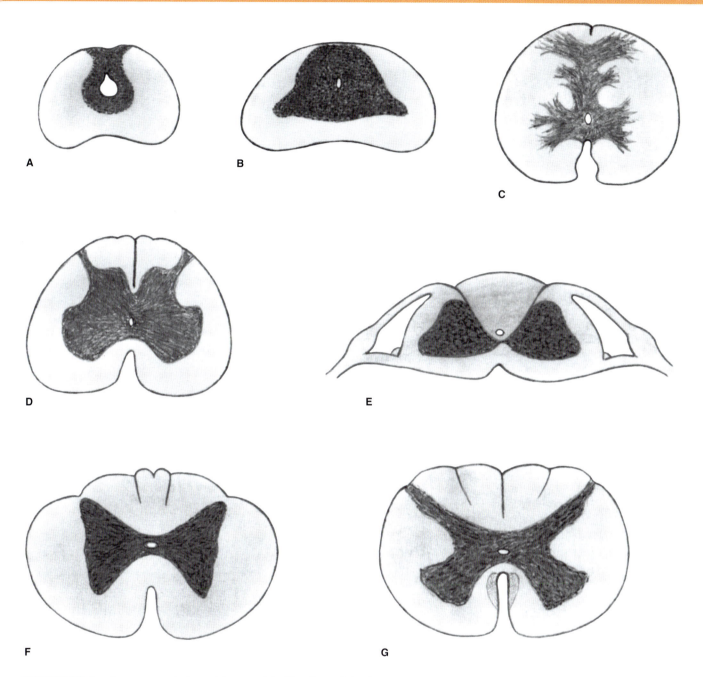

FIGURA 4.2 Secções transversais da medula espinal de: (**A**) anfioxos; (**B**) ciclóstomo; (**C**) peixe ósseo; (**D**) anfíbio; (**E**) ave; (**F**) felino; (**G**) ser humano.

com o grau de desenvolvimento de um ou mais apêndices. O seio lombossacral, dilatação na região sacral encontrada somente nas aves, está associado às raízes sensoriais. A substância cinzenta está diferenciada como nos mamíferos.

A intumescência lombossacral difere acentuadamente em relação aos mamíferos, pois, nas aves, as duas metades dorsais da medula espinal, nessa região, são deslocadas lateralmente, produzindo uma depressão alongada no seio romboide em forma de losango. Essa parte mais alargada da medula espinal é ocupada pelo corpo gelatinoso, que se salienta acima do nível das bordas do seio. O intumescimento lombossacral da medula espinal também é marcado pela presença de protrusões ou lobulações segmentares e laterais (lobos acessórios), que ocupam a distância entre a emergência de cada dois nervos consecutivos. Nas aves galiformes, há 41 pares de nervos espinais ao longo da medula espinal. O primeiro nervo espinal emerge do canal vertebral entre o osso occipital e o atlas. Os demais deixam o canal vertebral por intermédio dos forames intervertebrais. As raízes que compõem o plexo lombossacral são menores do que as do plexo braquial.

Entretanto, mais raízes nervosas estão envolvidas na inervação do membro pélvico em relação ao membro torácico.

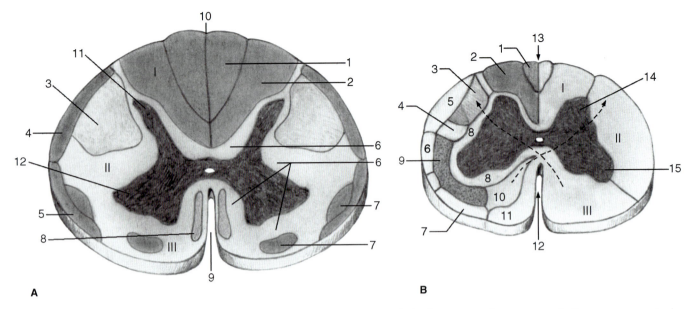

FIGURA 4.3 Secção transversal da medula espinal com a localização aproximada de alguns tratos. As setas curvas indicam o cruzamento dos tratos piramidais. (**A**) ser humano: (I) funículo posterior; (II) funículo lateral; (III) funículo anterior; (1) fascículo grácil; (2) fascículo cuneiforme; (3) trato corticoespinal lateral; (4) trato espinocerebelar posterior; (5) trato espinocerebelar anterior; (6) fascículo próprio; (7) tratos espinotalâmicos lateral e anterior; (8) trato corticoespinal anterior; (9) fissura mediana anterior; (10) sulco mediano posterior; (11) coluna posterior; (12) coluna anterior. (**B**) Cão: (I) funículo dorsal; (II) funículo lateral; (III) funículo ventral; (1) fascículo grácil; (2) fascículo cuneiforme; (3) trato corticoespinal lateral; (4) trato rubroespinal; (5) trato espinocerebelar dorsal; (6) trato espinocerebelar ventral; (7) tratos espino-olivar e olivoespinal; (8) fascículo próprio; (9) trato espinotalâmico; (10) trato corticoespinal ventral; (11) trato vestibuloespinal; (12) fissura mediana ventral; (13) sulco mediano dorsal; (14) coluna dorsal; (15) coluna ventral.

Meninges

O encéfalo e a medula espinal estão cobertos com meninges, que os suportam, protegem e permitem a passagem de suprimento sanguíneo.

Peixes têm uma simples camada contínua denominada "meninge primitiva". Nos peixes com esqueleto cartilaginoso, aparece um espaço perimeningeal entre a meninge e o pericôndrio. Nos peixes ósseos, o espaço é denominado "perióstes", no qual circula um líquido semelhante ao líquido cérebro-espinhal.

Nos anfíbios, as meninges apresentam duas camadas, uma fibrosa e mais externa, denominada "dura-máter", e outra que permanece em contato com o tecido nervoso, chamada "pia-máter", com o líquido cérebro-espinhal circulando entre elas, no espaço subdural.

Nos mamíferos encontramos mais uma membrana, com aspecto esponjoso ou de teia de aranha, situada entre a dura-máter e a pia-máter: a aracnoide. O espaço entre a aracnoide e a pia-máter, denominado "subaracnoide", encontra-se cheio de líquido cérebro-espinhal. A dura-máter encefálica está aderida aos ossos do crânio, apresentando dois folhetos, interno e externo, o que a diferencia da dura-máter espinal, que contém somente um, contínuo com o folheto interno da dura-máter encefálica.

Encéfalo

Apesar da complexidade, os princípios básicos da estrutura do encéfalo são compreendidos facilmente. O encéfalo é o principal centro dos órgãos dos sentidos e da locomoção. As aves de grandes e aguçados olhos apresentam um encéfalo que está grandemente desenvolvido para coordenar os impulsos visuais. Animais com habilidade para movimentos em mais de um plano espacial apresentam um grande cerebelo, assim como animais lentos e vagarosos geralmente o possuem de forma pouco desenvolvida. Os lobos (bulbos) olfatórios permanecem ao lado do aparelho olfatório e são as porções mais anteriores e, provavelmente, mais antigas do encéfalo. São muito desenvolvidos nos vertebrados inferiores, porém seu tamanho diminui com o aumento progressivo do encéfalo. As vesículas telencefálicas ou hemisférios cerebrais começam a se desenvolver nos répteis. As células nervosas migram para a superfície externa do telencéfalo e diferenciam-se no córtex cerebral, cuja superfície nos vertebrados abaixo dos mamíferos é lisa, não apresentando sulcos e giros, os chamados "lisencéfalos". Os hemisférios cerebrais dos mamíferos, cujo córtex apresenta sulcos e giros e, por isso, são denominados "girencéfalos", comunicam-se por três comissuras: a anterior e a hipocampal, que permitem a união entre as porções mais antigas (arquipálio) dos hemisférios, como as áreas olfatórias, e o corpo caloso, que conecta as áreas de aparecimento mais recente (neopálio).

Anfioxos

O encéfalo é uma pequena vesícula na extremidade anterior (rostral) do tubo neural, sem nenhum aumento de volume e sem separações. Em secção transversal, o encéfalo é triangular, semelhante ao tubo neural dos embriões dos vertebrados.

Ciclóstomos

O pequeno encéfalo lembra os dos peixes e anfíbios mais primitivos. A medula oblonga forma uma grande parte do encéfalo.

Peixes

O ambiente aquático tem imposto aos peixes poucas modificações durante o seu desenvolvimento. Mecanismos olfatórios e gustatórios são altamente desenvolvidos, assim como órgãos acústicos. As espécies que habitam águas rasas e lamacentas desenvolveram centros gustatórios, olfatórios e um pequeno cerebelo, em comparação com os peixes, que nadam livremente. Essas espécies são dotadas de centros olfatórios e gustatórios pouco expressivos e um cerebelo tão desenvolvido quanto o das aves. Peixes que dependem mais da visão que do olfato apresentam áreas ópticas maiores, como os anfíbios, os répteis e as aves. O encéfalo é uma estrutura alongada e estreita, facilmente dividida em componentes, e sua forma é moldada pelas conexões com os órgãos dos sentidos. As paredes do encéfalo contêm os centros dos nervos e tratos em conexão com os nervos cranianos e órgãos dos sentidos. A medula oblonga é grande para o controle do V, VII e X nervos cranianos. Os bulbos olfatórios são conectados com o prosencéfalo. O tálamo, um segmento estreito e que liga o cérebro com o mesencéfalo, tem uma dilatação ventral bem desenvolvida, denominada "hipotálamo". Os tratos ópticos terminam em dois lobos ópticos do mesencéfalo. O tamanho dos lobos ópticos varia com o grau de acuidade visual, sendo maior nos peixes ósseos do que nos cartilaginosos. Os lobos ópticos são provavelmente comparáveis aos colículos rostrais do mesencéfalo dos mamíferos. Os nervos oculomotor e troclear originam-se do assoalho do mesencéfalo ou tegmento. O cerebelo é altamente desenvolvido, o que é compreensível, pois sua principal função é controlar o equilíbrio enviando impulsos motores para a coordenação dos movimentos dos músculos esqueléticos. A grande medula oblonga apresenta um par de lobos vagais com centros para a gustação não encontrados nos vertebrados superiores. As sensações gustativas, após alcançarem o hipotálamo, são liberadas para os lobos olfatórios que estão relacionados com o sentido do olfato e também com a gustação e a iniciação dos movimentos oculares, operculares (para respiração) e alimentação. Os lobos ópticos coordenam a orientação espacial. O cerebelo e o aparelho vestibular regulam o equilíbrio e as funções cinestésicas.

Anfíbios

O encéfalo dos anfíbios encontra-se entre os peixes pulmonados, répteis e aves. Os dois hemisférios cerebrais estão interligados rostralmente com os bulbos olfatórios. O prosencéfalo dos anfíbios, como o dos peixes, é principalmente um órgão para receber e intensificar os impulsos olfatórios e transmiti-los para o sistema motor. O prosencéfalo é consideravelmente avançado em relação aos peixes, com vesículas que lembram vestígios de um cérebro, porém sem tecido nervoso. Existem duas pequenas vesículas cerebelares unidas por uma comissura cerebelar.

Répteis

O encéfalo dos répteis é pequeno, estreito e alongado. O prosencéfalo é maior do que o dos anfíbios e está unido aos bulbos olfatórios e estruturas do tálamo. Um grande corpo estriado ou núcleo basal é uma característica do encéfalo dos répteis. Isso parece ser um centro sensorimotor para as conexões aferentes com os lobos ópticos e com o tálamo. Há vesículas cerebrais, porém rudimentares, que se evaginam do prosencéfalo.

Aves

O encéfalo das aves é maior e mais curto do que o dos répteis. O avanço principal está no grande desenvolvimento do prosencéfalo, com redução dos lobos, bulbos e nervos olfatórios. Os hemisférios do prosencéfalo são mais amplos e longos. O prosencéfalo consiste em um lobo olfatório rudimentar e corpo estriado. O mesencéfalo tem grandes lobos ópticos. O cerebelo apresenta uma parte média com circunvoluções divididas em rostral, média e um lobo caudal, com um pequeno lobo lateral de cada lado. As aves desempenham movimentos complexos, e um cerebelo desenvolvido controla tais movimentos. A ampla medula oblonga exibe uma flexura pontina. Os olhos são os órgãos dos sentidos mais desenvolvidos. No encéfalo, o corpo estriado e os lobos ópticos participam ativamente da integração visual.

Mamíferos

O grande desenvolvimento dos hemisférios cerebrais e sua dominância no controle do comportamento é talvez a principal característica do encéfalo nos mamíferos. Com um encéfalo bem elaborado, várias de suas partes, como o cerebelo, apresentaram aumento de volume, tornando-se mais complexas, com centros mais numerosos para o controle de várias funções de partes do corpo e permitindo ampla interconexão com as demais áreas encefálicas.

Medula oblonga

A medula oblonga faz parte do encéfalo e é uma das que menos modificações sofrem durante a evolução do sistema nervoso, não evidenciando diferenças significativas entre os animais domésticos e o ser humano.

Cerebelo

O tamanho e a forma do cerebelo estão correlacionados com o modo de movimento dos membros, com o centro de gravidade e com a postura de cada espécie. Répteis e pássaros que exibem movimentos simétricos dos membros durante a locomoção têm geralmente uma parte mediana do cerebelo bem desenvolvida, que corresponde ao verme (*vermis*). Essa área é maior em aves que voam do que nas terrestres. Nos mamíferos que apresentam movimentos independentes dos membros, os hemisférios cerebelares são maiores. Nos primatas, com a adoção progressiva da postura ereta aliada aos movimentos independentes dos membros, os hemisférios cerebelares e o sistema corticopontocerebelar alcançaram grande progresso. A evolução do cerebelo também demonstra a amplitude de algumas áreas relacionadas com a especificidade de cada espécie, como a língula cerebelar, mais elaborada nos animais dotados de grande cauda, como os ratos, em oposição àqueles de caudas insignificantes, como os suínos. O paraflóculo diferencia-se nos mamíferos aquáticos que apresentam movimentos sincronizados dos músculos axiais e apendiculares.

O cerebelo pode ser dividido em três partes, tendo como base a filogenia. O **arquicerebelo** ou vestibulocerebelo consiste no lobo floculonodular, que compreende o nódulo do verme e seu apêndice flocular lateral. Filogeneticamente, essa porção é a mais antiga e está separada do corpo do cerebelo pela fissura caudo(postero)lateral. O **paleocerebelo** ou espinocerebelo está representado pelo verme do lobo rostral com a pirâmide, úvula e paraflóculos. Os lobos rostral e caudal estão separados pela fissura prima, considerada a segunda fissura a desenvolver-se embriologicamente. O **neocerebelo** ou pontocerebelo consiste nas porções laterais do cerebelo e nas porções médias do verme. Essa divisão está mais bem diferenciada nos mamíferos superiores, como os primatas e os seres humanos, nos quais existe a maior porção do cerebelo.

A correlação das lesões pode basear-se no desenvolvimento filogenético dos segmentos cerebelares. Lesões que envolvem a porção caudal do verme cerebelar e o lobo flóculo resultam em síndrome arquicerebelar, evidenciando sinais vestibulares, nistagmo e alteração do equilíbrio. O envolvimento do paleocerebelo, principalmente do lobo anterior, resulta em efeito inibitório sobre o tônus muscular, com rigidez extensora e alteração da postura. O neocerebelo, por ser a mais nova aquisição, correlaciona-se com a modulação de movimentos finos das extremidades. Como sinais de lesão, são observados dismetria, ataxia, tremores intencionais e alteração da coordenação motora. O córtex cerebelar apresenta três camadas microscópicas: granular, de Purkinje e molecular. O crescimento e a maturação apresentam velocidades diferentes, determinando maior ou menor habilidade de locomoção logo após o nascimento. O grau de desenvolvimento cerebelar ao nascimento está correlacionado com a quantificação da coordenação da função motora encontrada nos animais neonatos. As espécies equina e bovina têm movimentos que permitem a locomoção minutos após o nascimento, porque o cerebelo é mais desenvolvido nesse período, em comparação com as espécies canina e felina, cuja ambulação se dá em torno de 20 a 25 dias. O ser humano ambula em torno do primeiro ano de vida. Nos bovinos, a formação dos neurônios de Purkinje completa-se em torno dos 100 dias de gestação. O corpo medular do cerebelo apresenta nos mamíferos, como os animais domésticos, coleções de corpos de neurônios organizados em três pares de núcleos, denominados "fastigial", "interposital" e "lateral" (denteado).

Mesencéfalo

Nos vertebrados inferiores, a parte dorsal do mesencéfalo, o teto, participa como centro dominante dos estímulos ópticos e auditivos em comparação com o cérebro. As demais áreas mesencefálicas comportam-se de maneira similar às dos humanos.

Diencéfalo

O diencéfalo, com o telencéfalo, forma o cérebro. Consiste, nos animais domésticos, em quatro regiões bilateralmente simétricas sobre cada lado do terceiro ventrículo: o epitálamo, o tálamo, o hipotálamo e o subtálamo.

O epitálamo é considerado uma estrutura do sistema límbico, e o subtálamo, do sistema extrapiramidal.

O tálamo, na espécie canina, está relacionado com o hipotálamo ventralmente e com a cápsula interna e o núcleo caudado, lateral e dorsalmente. Está composto de numerosas massas nucleares parcialmente separadas por finas lâminas de axônios mielinizados, denominadas "lâminas medulares" externa e interna. A lâmina medular interna divide o tálamo, de cada lado, em metades medial e lateral, e a fina lâmina medular externa forma o limite externo da metade lateral do tálamo, separando-o da cápsula interna por uma estreita massa nuclear, o núcleo reticular do tálamo. Como resultado dessas divisões, um grupo de núcleos pode ser identificado como rostral, medial, lateral, caudal, intralaminar e reticular.

O hipotálamo estende-se em direção rostral, desde a lâmina terminal e quiasma óptico até os corpos mamilares situados caudalmente. Na superfície ventral do hipotálamo, localiza-se o túber cinéreo, área onde se encontra o infundíbulo, que permite a conexão com a hipófise. O hipotálamo pode ser dividido, transversalmente, em grupos de núcleos rostral (quiasmático), intermédio (tuberal) e caudal (mamilar). A aferência e a eferência em relação ao hipotálamo podem ser resumidas por meio do telencéfalo, diencéfalo, mesencéfalo e do trato mamilotalâmico, via mamilotegmental e trato hipotálamo-hipofisário, respectivamente.

Telencéfalo

Para fins didáticos, o telencéfalo pode ser dividido em três grandes partes: o córtex cerebral, que apresenta sulcos e giros na sua superfície; os núcleos da base, também denominados "corpo estriado"; e o centro branco medular do cérebro.

O córtex cerebral pode, por sua vez, ser subdividido em três componentes, de acordo com a filogênese: neocórtex, paleocórtex e arquicórtex. O arquicórtex dará origem ao hipocampo, considerado o maior componente do sistema límbico, e o paleocórtex formará o lobo piriforme, constituinte olfatório do rinencéfalo. Antigamente, as estruturas relacionadas com a olfação e com as emoções eram agrupadas no rinencéfalo. Hoje, sabe-se que o arquicórtex relaciona-se somente com o sistema límbico (emoção), e o paleocórtex tem função olfatória. O hipocampo, uma área motora do córtex primitivo (arquicórtex), localizado no assoalho dos ventrículos laterais, está envolvido no controle da expressão motora da emoção e agressividade e também nos processos de aprendizado, memória e instinto. O neocórtex, área mais recente desenvolvida durante a filogênese, separa-se do córtex olfatório pelo sulco rinal, expandindo-se e provocando o deslocamento do paleocórtex e arquicórtex para uma situação ventral. Nos animais domésticos, a posição ventrolateral do sulco rinal indica a grande superfície adquirida pelo neocórtex em comparação com o córtex áreas são olfatório. O neocórtex na espécie canina compreende 84,2% de toda a área hemisférica, na qual o paleocórtex e o arquicórtex juntos dispõem de 15,8%. Sua dominância permitiu habilidades e qualidades relacionadas com o pensamento, com a comunicação, memória, associação e com a análise de informações, tendo seu maior progresso no homem. Os animais domésticos, principalmente as espécies canina e felina, apresentam um neocórtex suficientemente bem desenvolvido para tais habilidades, porém em extensão bem inferior à espécie humana. As áreas que mais avançaram em desenvolvimento foram denominadas áreas de "projeção" e de "associação", responsáveis pela recepção de informações, distribuição com base em sua importância, comparação com experiências prévias, seleção de respostas adequadas e previsão de consequências.

Pode-se dividir o córtex cerebral em áreas de projeção (somestésica, visual, auditiva e motora), áreas rinencefálicas (olfatórias e límbicas) e áreas de associação. Em coelhos e ratos, o córtex cerebral consiste somente em áreas de projeção e rinencefálicas. No cão e gato, estima-se que 80% do córtex estejam associados às áreas de projeção e rinencefálicas, e 20%, às de associação. Nos humanos, 85% do córtex pertencem às áreas de associação, e somente 15% às de projeção e rinencefálicas.

Os núcleos basais correspondem a grupos de corpos de neurônios no interior do centro branco medular do cérebro. Estão divididos por feixes de substância branca, ora mais finos, ora mais espessos, como as cápsulas externa e interna, respectivamente. Os núcleos são caudado, lentiforme (putame e globo pálido), *claustrum*, corpo amigdaloide e núcleo *accumbens*. Os núcleos caudado e lentiforme, com sua divisão em globo pálido e putame, formam o corpo estriado e atuam no sistema extrapiramidal. O corpo amigdaloide participa do sistema límbico. Filogeneticamente, a amígdala, ou corpo amigdaloide, é o núcleo mais antigo. O globo pálido desenvolveu-se do diencéfalo, sendo denominado "paleoestriado". Os núcleos caudado e putame, derivados do telencéfalo, formam o neoestriado.

Sistemas piramidal e extrapiramidal

Essas duas vias descendentes motoras, embora anatomicamente distintas, atuam de forma conjunta. Filogeneticamente, o sistema extrapiramidal é mais antigo, constituindo-se em neurônios que se originam do córtex cerebral e incluem a área motora e as vias descendentes do tronco do encéfalo pelos núcleos basais. Sua importância é maior em mamíferos inferiores e animais domésticos. Um grande número de sinapses ocorre nos núcleos basais e núcleos do tronco do encéfalo, principalmente no núcleo rubro do mesencéfalo. As vias extrapiramidais dirigem-se à medula espinal por diferentes tratos.

O desenvolvimento do sistema piramidal está diretamente relacionado com a capacidade de o animal desempenhar movimentos finos e precisos. Nos primatas, suas terminações na medula espinal são mais densas nas áreas das porções laterais da coluna ventral de substância cinzenta, nas quais estão localizados os corpos celulares dos neurônios motores inferiores, eferentes somáticos gerais para os músculos dos dedos. Tal desenvolvimento tem sido observado nos primatas e no quati, duas espécies não relacionadas, dotadas de considerável habilidade com os dedos dos membros torácicos. Esse sistema está pouco desenvolvido na medula espinal dos animais domésticos, especialmente nos equinos, bovinos e ovinos.

Na espécie equina, tem uma contribuição importante para os músculos faciais, responsáveis pelos movimentos dos lábios, sugerindo que tais músculos desempenham a principal atividade de movimentos finos nesses animais. O corpo celular do neurônio do sistema piramidal localiza-se no córtex cerebral, mais precisamente na área motora do lobo frontal ou no lobo parietal. Nos primatas, envolve o giro pré-cruzado e, nos carnívoros, está sobreposto à área sensorial e limitado aos giros pós-cruzado e suprassilviano. Em ungulados, localiza-se medialmente ao longo do lobo frontal na região do giro pré-cruzado. Nos carnívoros, o giro pós-cruzado está relacionado com a inervação dos músculos apendiculares e o giro suprassilviano com a função motora dos músculos cervicais e de áreas específicas da cabeça. Muitos desses corpos celulares são grandes e referidos como células piramidais gigantes ou células de Betz, localizadas na lâmina V do córtex cerebral motor. Os axônios dessas células descem por intermédio da substância branca do cérebro (coroa radiada e cápsula interna do telencéfalo e diencéfalo), das fibras longitudinais da ponte e pirâmides da medula oblonga, caudal ao óbex. Nesse ponto, aproximadamente 75% dos axônios decussam as pirâmides e passam através da substância cinzenta para a parte dorsal do funículo lateral, descendo como trato corticoespinal lateral, medial aos tratos espinocerebelares ascendentes. No cão, aproximadamente 50% desses axônios terminam na substância cinzenta da medula espinal cervical, 20% na substância cinzenta torácica e 30% na substância cinzenta lombossacral. Os 25% restantes descem sem cruzar os funículos adjacentes à fissura mediana ventral como trato corticoespinal ventral. Esse trato não é tão bem definido como o trato lateral. Os axônios do trato corticoespinal ventral descem pela medula espinal até a metade da região torácica, com a grande maioria das fibras cruzando para o lado oposto. Nos ungulados, todo o sistema piramidal está confinado à medula espinal cervical (Figura 4.4).

Nervo óptico e quiasma óptico

No que concerne à inervação periférica, a título de ilustração, serão resumidamente comentadas algumas diferenças em relação às vias aferentes do sistema visual, em particular as relacionadas com o quiasma óptico do II nervo craniano.

No quiasma óptico dos animais domésticos, a maioria dos axônios decussa com a finalidade de influenciar os hemisférios cerebrais (área visual no córtex occipital) contralaterais. Tal fato permite afirmar que há uma correspondência na distribuição de modalidades aferentes (propriocepção geral e aferência somática geral) representadas contralateralmente no encéfalo.

Na maioria dos peixes e aves, todos os axônios do nervo óptico cruzam o quiasma óptico. Nos mamíferos, ocorre uma decussação parcial em relação ao desenvolvimento de um campo visual binocular, com posicionamento frontal dos globos oculares, e também devido à habilidade para movimentos oculares conjugados e coordenados, incluindo convergência.

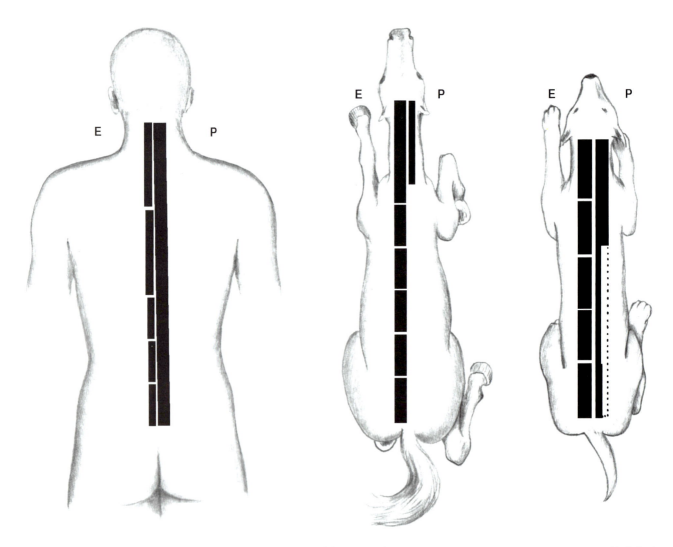

FIGURA 4.4 Comparação dos sistemas piramidal (P) e extrapiramidal (E) no ser humano, no equino e no cão. A composição multissináptica do sistema extrapiramidal é indicada pela coluna interrompida, e a espessura das colunas demonstra a importância nas espécies. (Adaptada de Dyce, Sack, Wensing. Textbook of Veterinary Anatomy, 1996.)

Nos primatas, o grau de decussação está mais desenvolvido, sendo levemente superior a 50%. Estima-se que, no cão e no gato, o grau de decussação ocorra entre 65 e 75%; e, nos equinos, bovinos, ovinos e suínos, entre 80 e 90%.

Desse modo, conclui-se que, quanto mais complexo for o sistema visual, proporcionando uma visão binocular, menos decussação deve ocorrer no quiasma óptico (Figura 4.5).

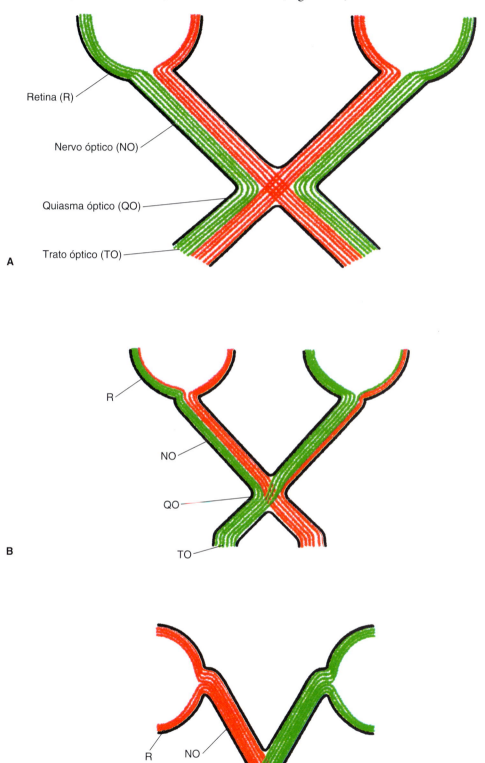

FIGURA 4.5 Decussação das fibras do nervo óptico. **A.** Ser humano (decussação parcial – 50%). **B.** Gato (decussação parcial – 65%). **C.** Ave (decussação completa – 100%).

BIBLIOGRAFIA COMPLEMENTAR

Baumell JJ. Sistema nervoso das aves. In: Getty R. **Anatomia dos animais domésticos**. 5ª ed. Interamericana, Rio de Janeiro, 2 v, 1981, pp. 1890-1930.

Buttler AB. The evolution of the dorsal thalamus of jawed vertebrates, including mammals – cladistic analysis and a new hypothesis. **Brain Res Reviews** Jan 1994, 19(1):29-65.

Caster GS. The mammalian reorganization structure. **Structure and habit in vertebrate evolution**. Washington: University of Washington, 1971, pp. 18, 404-460.

Chevigneau J. Système nerveux. In: Grassé PP. **Traité de Zoologie**. Paris: Masson, 7 v, 1994, pp. 237-293.

De Lahunta A. Upper motor neuron system. **Veterinary neuroanatomy and neurological clinical**. 2nd ed. Philadelphia: WB Saunders, 1983, pp. 130-155.

Diether VG, Stellar E. **Comportamento animal**. 3ª ed. São Paulo: Universidade de São Paulo, 1973, 147 p.

Dorit RL, Walker WF Jr, Barnes RD. The nervous system. **Zoology**. Philadelphia: Saunders College Publishing, Capítulo 17, 1991, pp. 371-395.

Dyce KM, Sack WO, Wensing CJ. The nervous system. **Textbook of veterinary anatomy**. 2nd ed. Philadelphia: WB Saunders, Capítulo 8, 1996, pp. 259-324.

Jenkins TW. Evolution and anatomic organization of the nervous system. **Functional mammalian neuroanatomy**. Philadelphia: Lea & Febiger, Capítulo 1, 1978, pp. 3-11.

Kent GC. Nervous system. **Comparative anatomy of the vertebrates**. Iowa: Wm C Brown Publishers, Capítulo 16, 1987, pp. 544-586.

King S. **Physiological and clinical anatomy of the domestic mammals central nervous system**. Oxford: Oxford University Press, 1987, p. 309.

Machado A. Alguns aspectos da filogênese do sistema nervoso. **Neuroanatomia funcional**. São Paulo: Atheneu, Capítulo 1, 1993, pp. 1-14.

Medina L, Reiner A. Neurotransmitter organization and connectivity of the basal ganglia in vertebrates: implications for the evolution of basal ganglia. **Brain Behav Evol** 1995, 46(4-5):235-258.

Montagna W. The nervous system. **Comparative anatomy**. Capítulo 13. Nova York: John Wiley & Sons, 1959, pp. 315-354.

Nieuwenhuys R. Comparative neuroanatomy: place, principles, practice and programme. **Eur J Morphol** 1994, 32(2-4):142-155.

Orr RT. Sistema nervoso das aves. **Biologia dos vertebrados**. 5ª ed. São Paulo: Rocca, Capítulo 6, 1992, pp. 140-191.

Pough HF, Heiser JB, McFarland WN. As características dos mamíferos. In: **A vida dos vertebrados**. São Paulo: Atheneu, Capítulo 21, 1993, pp. 677-739.

5 Nervos Periféricos

Djanira Aparecida da Luz Veronez • Murilo S. Meneses

INTRODUÇÃO

O sistema nervoso, central e periférico, integra-se com a função de permitir o ajuste do corpo humano aos meios interno e externo. Para exercerem tal função, as células nervosas – os neurônios – contam com duas propriedades fundamentais: a irritabilidade, também denominada "excitabilidade", e a condutibilidade.

Irritabilidade é a capacidade que uma célula tem de responder a estímulos internos ou externos. A resposta emitida pelos neurônios assemelha-se a uma corrente elétrica transmitida ao longo de um fio condutor. Uma vez excitados pelos estímulos, os neurônios transmitem essa onda de excitação, chamada "impulso nervoso", por toda a sua extensão, em grande velocidade e em curto espaço de tempo. Esse fenômeno se deve à propriedade de condutibilidade.

Ademais, os impulsos nervosos, que nada mais são do que informações, frequentemente se originam no interior das células nervosas, como resultado de atividades de estruturas sensitivas, os receptores (Figura 5.1). Estes são ativados por mudanças nos meios interno e externo do corpo celular. Assim, os estímulos que se iniciam nas células nervosas sensitivas são transportados por essas células até a medula espinal.

As informações recebidas podem ser distribuídas para várias regiões do corpo, onde células nervosas motoras são estimuladas e novos impulsos nervosos são gerados. Estes são, então, encaminhados a estruturas efetuadoras, tais como células musculares e secretoras endócrinas. Desta forma, a condutibilidade irá ocorrer para que haja a transmissão dos impulsos nervosos tanto sensitivos quanto motores, por meio de nervos periféricos.

Os nervos podem ser constituídos por axônios de neurônios sensitivos para formar o nervo sensitivo, podem apresentar apenas axônios de neurônios motores na formação de um nervo puramente motor ou possuir axônios sensitivos e motores como feixe de um nervo misto.

Os axônios são extensões citoplasmáticas longas condutoras de impulsos elétricos para um determinado órgão-alvo. Tais extensões encontram-se envolvidas por uma camada de tecido conjuntivo, o endoneuro (Figura 5.2). Nessa constituição, existem conjuntos de axônios de neurônios envolvidos por outra membrana conjuntiva, denominada "perineuro", para formar os fascículos.

Os grupos de fascículos encontram-se contidos no interior de um nervo periférico incluído pelo epineuro, camada de tecido conjuntivo encontrada externamente.

Tais nervos periféricos apresentam um sistema próprio de irrigação sanguínea por meio da *vasa nervorum*, vasos sanguíneos com disposição longitudinal que se anastomosam ao longo da trajetória do nervo.

NERVOS PERIFÉRICOS

O sistema nervoso periférico é estruturalmente constituído pelos nervos, que conectam as estruturas corporais e seus receptores com o sistema nervoso central, e pelos gânglios, que são grupos de corpos de células nervosas associadas aos nervos.

Inclui 12 pares de nervos cranianos, que se originam em diferentes locais do encéfalo, e 31 pares de nervos espinais, que têm origem na medula espinal e deixam o canal vertebral por meio dos forames intervertebrais.

Os nervos cranianos são as principais estruturas responsáveis pelas funções sensoriais e motoras da cabeça e do pescoço. Eles podem ser classificados como nervos sensitivos, nervos motores ou mistos, o que significa que os axônios nesses nervos se originam dos gânglios sensoriais externos ao crânio e dos núcleos motores dentro do tronco encefálico. Os axônios sensoriais entram no encéfalo para fazer sinapses em um determinado núcleo, ao passo que os axônios motores se conectam aos músculos esqueléticos da cabeça ou do pescoço. Três pares dos nervos cranianos são compostos, exclusivamente, de fibras nervosas sensitivas (os nervos olfatório, óptico

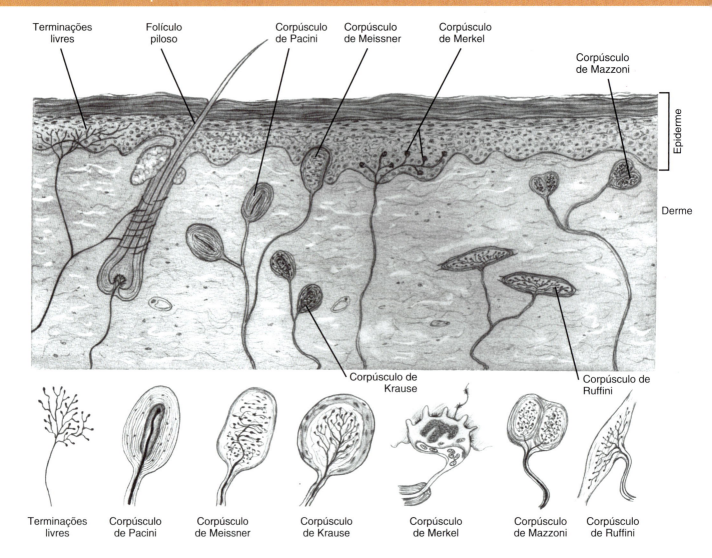

FIGURA 5.1 Receptores sensoriais cutâneos.

e vestibulococlear); cinco pares de nervos cranianos são estritamente motores (os nervos oculomotor, troclear, abducente, acessório e hipoglosso); e os quatro pares restantes são nervos mistos (os nervos trigêmeo, facial, glossofaríngeo e vago).

O nervo olfatório e o nervo óptico são responsáveis pela condução de estímulos relacionados com olfato e visão, respectivamente. O nervo oculomotor é responsável pela inervação de músculos que movimentam os olhos. Também é responsável por levantar a pálpebra superior quando os olhos se dirigem para cima e pela constrição pupilar. O nervo troclear e o nervo abducente trabalham em conjunto com o nervo oculomotor fazendo a inervação de músculos que movimentam os olhos. O nervo trigêmeo conduz diferentes informações sensitivas provenientes da face e controla os músculos da mastigação. O nervo facial é responsável pela inervação dos músculos envolvidos nas expressões faciais, bem como por parte da condução do paladar e da produção de saliva. O nervo vestibulococlear se encontra envolvido com os sentidos da audição e do equilíbrio. O nervo glossofaríngeo faz o controle dos músculos da cavidade oral e da parte superior do istmo da garganta, bem como de parte da condução do paladar e da produção de saliva. O nervo vago contribui para o controle homeostático dos órgãos das cavidades torácica e abdominal superior. O nervo acessório, em conjunto com alguns nervos espinais cervicais, faz a inervação de determinados músculos do pescoço. Por fim, o último par de nervos cranianos, o nervo hipoglosso é responsável pelo controle dos músculos da língua e da região cervical.

Os nervos oculomotor, facial e glossofaríngeo contêm fibras nervosas que se interligam a gânglios autonômicos. As fibras oculomotoras iniciam a constrição pupilar, enquanto as fibras faciais e glossofaríngeas iniciam a salivação. O nervo vago tem como alvo principal os gânglios autonômicos localizados nas cavidades torácica e abdominal superior.

Já os pares dos nervos espinais, que totalizam 31, comumente incluem: oito nervos cervicais; doze nervos torácicos; cinco nervos lombares; cinco nervos sacrais e um par de nervos coccígeos.

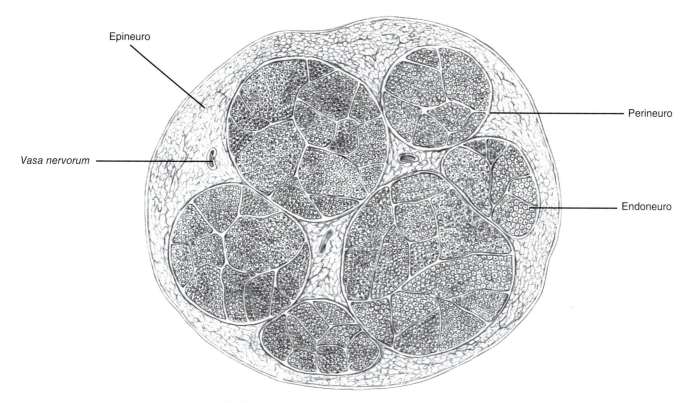

FIGURA 5.2 Corte esquemático de um nervo periférico.

Os nervos espinais são nomeados de acordo com o nível da medula espinal de que emergem. Existem oito pares de nervos cervicais nomeados de C1 a C8, doze nervos torácicos designados de T1 a T12, cinco pares de nervos lombares declarados de L1 a L5, cinco pares de nervos sacrais designados de S1 a S5 e um par de nervos coccígeos.

Os nervos são numerados da posição superior à inferior e cada um emerge da coluna vertebral por meio do forame intervertebral em seu nível. O primeiro nervo, C1, emerge entre a primeira vértebra cervical e o osso occipital. O segundo nervo, C2, entre a primeira e a segunda vértebra cervical. O mesmo ocorre para C3 a C7, entretanto, C8 surge entre a sétima vértebra cervical e a primeira vértebra torácica. Para os nervos torácicos e lombares, cada um emerge entre a vértebra que tem a mesma designação e a vértebra inferior da coluna. Os nervos sacrais emergem do forame sacral ao longo do comprimento dessa única vértebra.

Cada nervo espinal apresenta um componente aferente (sensitivo) e um eferente (motor). O componente aferente é formado por células nervosas sensitivas somáticas que levam informações de receptores localizados na pele, nas fáscias, nos músculos e em torno das articulações ao sistema nervoso central. Para mais, o componente eferente possui células nervosas motoras somáticas que levam impulsos do sistema nervoso central aos músculos estriados esqueléticos.

Denominam-se "nervos espinais" aqueles conectados à medula espinal (Figura 5.3). Sua disposição é mais regular que a dos nervos cranianos. Todos os nervos espinais possuem axônios sensitivos e motores conjugados que se separam em duas raízes nervosas. Os axônios sensitivos entram na medula espinal como a raiz dorsal do nervo espinal. As fibras motoras, somáticas e autonômicas, emergem como a raiz ventral do nervo espinal.

Os centros relacionados com a sensibilidade estão localizados na porção dorsal da substância cinzenta da medula espinal. Aqueles relacionados com a motricidade estão localizados na região ventral. Logo, todas as informações sensitivas ou aferentes chegam à medula espinal pela sua região dorsal por meio da raiz dorsal do nervo espinal, que apresenta, como característica, o gânglio sensitivo de raiz dorsal de nervo espinal, onde estão situados os corpos celulares dos neurônios sensitivos.

Ademais, denomina-se raiz ventral ou motora de um nervo espinal o conjunto de fibras eferentes que se destacam da porção ventral da medula espinal até se juntarem àquelas que constituem a raiz sensitiva. Assim, todos os nervos espinais são mistos, constituídos por uma raiz dorsal sensitiva e outra ventral motora.

Como a sensibilidade pode ser proveniente de todo o território corporal e vísceras, na raiz dorsal do nervo espinal distinguem-se as fibras nervosas somatossensitivas que vão compor os dermátomos (Figuras 5.4 e 5.5) e as fibras nervosas viscerossensitivas.

Os centros nervosos relacionados com a motricidade estão localizados na porção ventral ou anterior da substância cinzenta da medula espinal. Desse local,

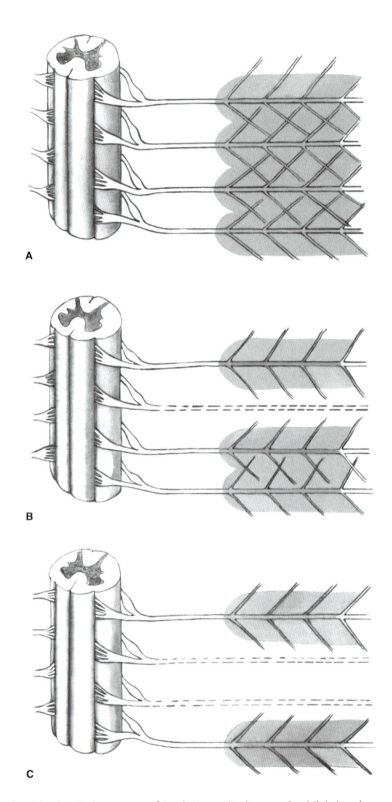

FIGURA 5.3 A. O padrão em "espinha de peixe" representa a faixa de inervação da sensação tátil dada pelo respectivo nervo espinal e que se sobrepõe ao dermátomo vizinho superior e inferior. As áreas sombreadas correspondem à sensibilidade dolorosa e não há uma sobreposição igualmente significativa. **B.** Após a secção de um único nervo espinal, pode-se não detectar perda do tato correspondente a ele devido à sobreposição territorial dos dermátomos vizinhos. **C.** Com a destruição de dois nervos espinais consecutivos, surge uma faixa de anestesia tátil-dolorosa. Note que a faixa de perda da sensação dolorosa é mais longa do que a de perda do tato.

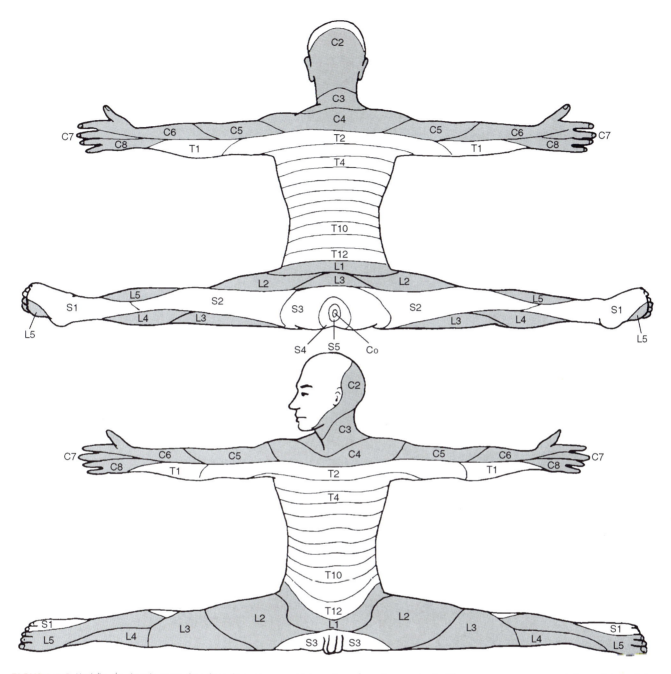

FIGURA 5.4 Padrão de distribuição dos dermátomos e sua inervação pelas raízes espinais. Observe como os nervos intercostais torácicos de T2 a T12 enviam fibras sensoriais e motoras a apenas um somito. Já os nervos espinais que formam os plexos nervosos (cervical, braquial, lombossacro) e que inervam os membros superiores e inferiores apresentam uma distribuição complexa correspondente à formação dos diferentes nervos periféricos de cada plexo.

partem as fibras nervosas motoras, destinadas aos órgãos efetuadores do sistema nervoso somático, o qual é responsável pela percepção consciente do ambiente e pelas respostas voluntárias a essa percepção por meio dos músculos esqueléticos.

CLASSIFICAÇÃO DAS FIBRAS NERVOSAS

As fibras nervosas periféricas são classificadas de acordo com o diâmetro da fibra, a velocidade de condução ou sua característica funcional.

Algumas fibras nervosas são classificadas como A, B e C, dependendo da velocidade de condução do estímulo nervoso.

As fibras nervosas do grupo A são subdivididas em subgrupos α, β, δ e γ: o diâmetro da fibra e a velocidade de condução são proporcionais na maioria das fibras (Figura 5.6).

As fibras do grupo Aα são as maiores e conduzem mais rapidamente, sendo as fibras do grupo C as menores e de transmissão mais lenta. Os maiores axônios aferentes (fibras Aα) inervam mecanorreceptores cutâneos

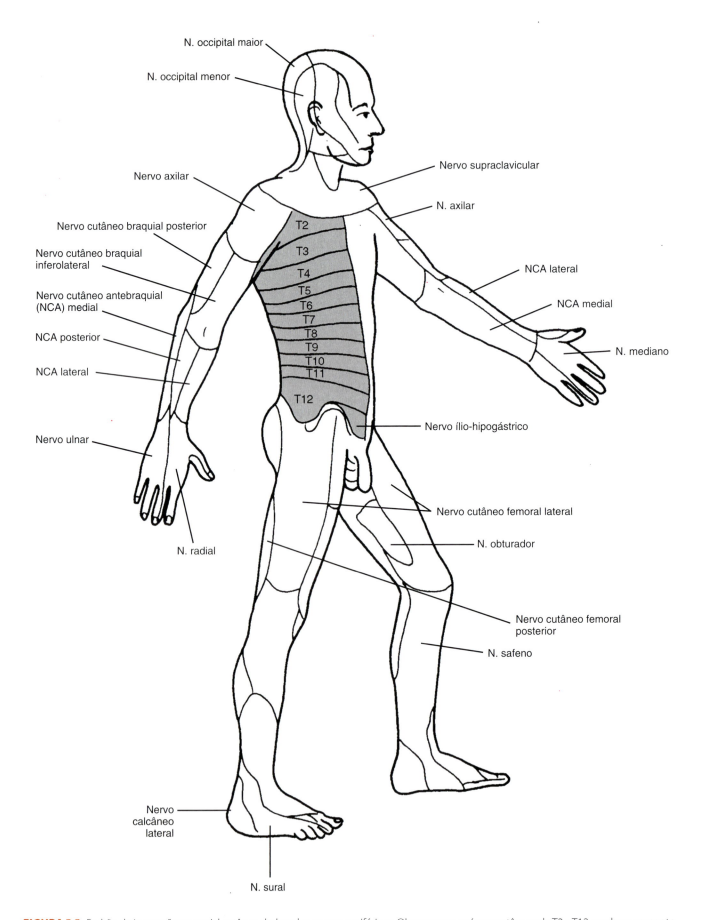

FIGURA 5.5 Padrão de inervação sensorial cutânea dada pelos nervos periféricos. Observe que as áreas cutâneas de T2 a T12 recebem somente números, não nomes, e correspondem aos respectivos nervos espinais torácicos.

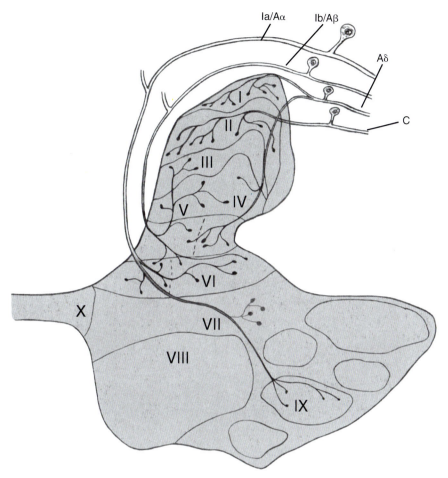

FIGURA 5.6 Regiões terminais das fibras aferentes dorsais. Fibras Ia/Aα, dos fusos musculares e órgãos tendinosos, terminam nas partes mais profundas do corno dorsal da medula (lâmina VI de Rexed) e anteriores (lâminas VII e X). Fibras mielinizadas dos mecanorreceptores cutâneos e órgãos tendinosos de Golgi (Ib/Aβ) terminam nas lâminas III, IV, V e VI. Fibras nociceptoras e de temperatura (Aγ/C) terminam nas lâminas I e II (substância gelatinosa de Clarke) e em parte da lâmina V.

encapsulados, órgãos tendinosos de Golgi e fusos neuromusculares (Figura 5.7) e alguns enteroceptores alimentares.

As fibras nervosas Aβ constituem terminações secundárias em algumas fibras de fusos neuromusculares (fibras intrafusais) (Figura 5.8) e também inervam mecanorreceptores cutâneos e de cápsulas articulares (Figura 5.9). As fibras Aδ inervam termorreceptores, terminações livres sensíveis a estiramento, receptores nos pelos e nociceptores, incluindo aqueles na polpa dentária, na pele e no tecido conjuntivo.

As fibras Aγ são exclusivamente fusomotoras para terminações de placa e de rastro sobre fibras musculares intrafusais.

As fibras B são fibras eferentes pré-ganglionares autônomas mielinizadas. Já as fibras C são não mielinizadas, com funções termorreceptivas, nociceptivas e interoceptivas, incluindo a percepção de dor lenta e em queimação e de dor visceral. Esse esquema pode ser aplicado às fibras dos nervos espinais e cranianos, em que as fibras formam um grupo unicamente pequeno e lento.

As maiores fibras eferentes somáticas (Aα) têm até 20 μm de diâmetro. Elas inervam exclusivamente fibras musculares extrafusais (em placas motoras) e conduzem a um máximo de 120 m/s. As fibras para músculos de contração rápida são maiores que aquelas para músculo de contração lenta. Fibras menores (Aγ) dos neurônios motores gama e as fibras eferentes autônomas pré-ganglionares (B) e pós-ganglionares (C) conduzem, em ordem, de forma progressivamente mais lenta (40 m/s – menos de 10 m/s).

Outra classificação divide as fibras em grupos I a IV com base no seu calibre; os grupos I a III são mielinizados, e o grupo IV é não mielinizado. As fibras do grupo I são grandes (12 a 22 μm) e incluem fibras sensitivas primárias de fusos neuromusculares (grupo Ia) e fibras menores de órgãos tendinosos de Golgi (grupo Ib). As fibras do grupo II são as terminações sensitivas secundárias dos fusos neuromusculares, com diâmetros de 6 a 12 μm. As fibras grupo III, de 1 a 6 μm de diâmetro, possuem terminações sensitivas livres nas bainhas de tecido conjuntivo, em torno e dentro dos músculos, e são nociceptivas e, na pele, também são termossensitivas. As fibras do grupo IV não

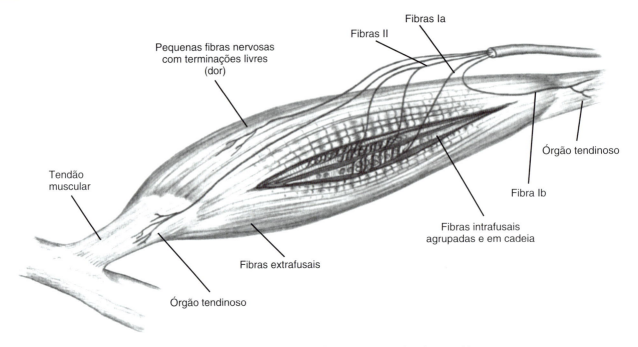

FIGURA 5.7 Fuso muscular e órgão tendinoso em um músculo esquelético.

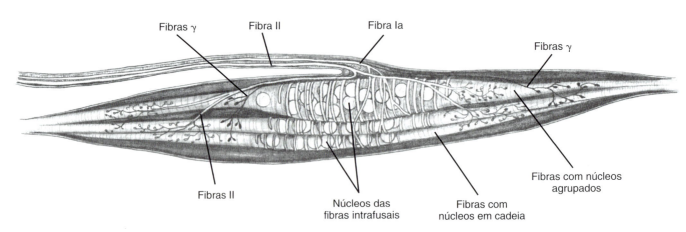

FIGURA 5.8 Anatomia do fuso muscular. São observados dois tipos de fibras intrafusais: fibras com núcleos agrupados e fibras com núcleos em cadeia. As fibras eferentes gama (γ) inervam os dois tipos de fibras intrafusais. As fibras Ia enviam impulsos aferentes decorrentes do estiramento das fibras intrafusais, principalmente quando as fibras γ são ativadas. As fibras II enviam estímulos aferentes quando as fibras intrafusais são estiradas passivamente com as fibras musculares esqueléticas extrafusais, durante a fase ativa e/ou estática do estiramento.

são mielinizadas, com diâmetros de menos de 1,5 μm: elas incluem terminações nervosas livres na pele e nos músculos, e são principalmente nociceptivas.

GÂNGLIOS NERVOSOS

Um gânglio corresponde a um grupo de corpos celulares de neurônios localizados na periferia. Os gânglios podem ser categorizados como gânglio sensitivo de raiz dorsal de nervo espinal ou gânglio motor autonômico, referindo-se às suas funções primárias.

As células do gânglio sensitivo de raiz dorsal do nervo espinal são classificadas como neurônios unipolares.

O denominado "gânglio sensitivo de raiz dorsal de nervo espinal" corresponde ao conjunto dos corpos celulares dos neurônios com axônios que estão associados a terminações sensoriais na periferia, como na pele, e que se estendem para o sistema nervoso central por meio da raiz nervosa dorsal. Morfologicamente, o gânglio se apresenta como um alargamento da raiz dorsal do nervo espinal. Em análise microscópica, podem ser vistos os corpos celulares dos neurônios sensitivos, bem como feixes de fibras que são da raiz dorsal do nervo espinal.

Outro tipo de gânglio sensitivo é o gânglio do nervo craniano. Isso é análogo ao gânglio da raiz dorsal de nervo espinal, exceto pelo fato de se encontrar associado a um nervo craniano em vez de a um nervo espinal. Como os neurônios sensitivos associados à medula espinal, os neurônios sensitivos dos gânglios dos nervos cranianos têm forma unipolar com células-satélite associadas.

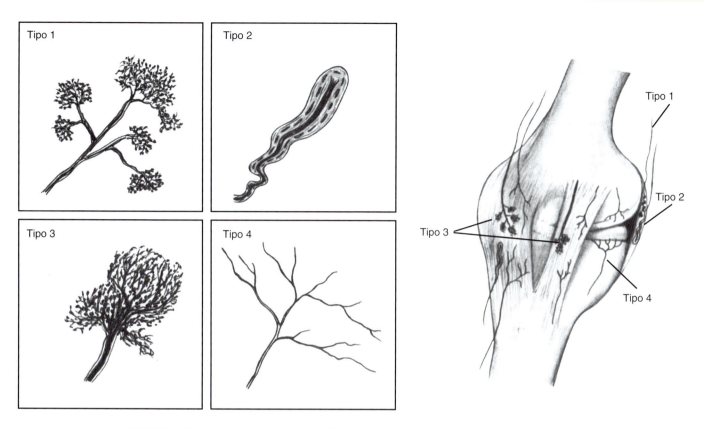

FIGURA 5.9 Inervação sensorial articular. À esquerda, os quatro tipos principais de receptores.

O gânglio motor, mais conhecido como gânglio autonômico, pertence ao sistema nervoso autônomo, podendo fazer parte dos sistemas nervosos simpático e parassimpático. Os gânglios motores da cadeia simpática constituem uma fileira de gânglios ao longo da coluna vertebral que recebem entrada central do corno lateral da medula espinal torácica e porção lombar alta. Na extremidade superior dos gânglios da cadeia estão três gânglios paravertebrais na região cervical. Três outros gânglios autonômicos relacionados com a cadeia simpática são os gânglios pré-vertebrais, localizados fora da cadeia, mas com funções semelhantes. Eles são chamados "pré-vertebrais" porque são anteriores à coluna vertebral. Os neurônios desses gânglios autônomos têm forma multipolar, com dendritos se irradiando ao redor do corpo celular, onde as sinapses dos neurônios da medula espinal são feitas. Os neurônios da cadeia, gânglios paravertebrais e pré-vertebrais se projetam então para órgãos na cabeça e no pescoço e nas cavidades torácica, abdominal e pélvica para regular o aspecto simpático dos mecanismos homeostáticos.

Outro grupo de gânglios autonômicos são os gânglios terminais, que recebem informações centrais dos nervos cranianos ou nervos espinais sacrais, sendo responsáveis por regular as respostas parassimpáticas dos mecanismos homeostáticos. Esses dois conjuntos de gânglios, simpáticos e parassimpáticos, muitas vezes se projetam para os mesmos órgãos – uma entrada dos gânglios da cadeia e uma entrada de um gânglio terminal – para regular a função geral de um órgão. Os gânglios terminais que recebem estímulos dos nervos cranianos estão localizados no território da cabeça e pescoço, bem como nas cavidades torácica e parte superior do abdome, ao passo que os gânglios terminais que recebem estímulos sacrais encontram-se na cavidade pélvica e parte inferior do abdome.

RECEPTORES E TERMINAÇÕES NERVOSAS LIVRES

Diferentes tipos de estímulos de diversas fontes são recebidos e transformados em sinais elétricos no sistema nervoso. Esse processo, denominado "transdução sensorial", ocorre quando um estímulo é detectado por um receptor que gera um potencial graduado em um neurônio sensitivo. Dependendo da intensidade do estímulo, o potencial graduado faz com que o neurônio sensitivo produza um potencial de ação que é transmitido para o sistema nervoso central, onde é integrado com outras informações sensoriais – e às vezes funções cognitivas superiores – para se tornar uma percepção consciente desse estímulo.

Descrever a função sensorial com o termo "sensação" ou "percepção" é uma distinção deliberada. "Sensação" é a ativação de receptores sensoriais no nível do estímulo, e "percepção" é o processamento central dos estímulos sensoriais em um padrão significativo que envolve a consciência. A percepção depende da sensação, mas nem todas as sensações são percebidas. Receptores são as estruturas que detectam as sensações. Um receptor, ou célula receptora, é alterado diretamente por um estímulo. Um receptor de proteína transmembrana é uma proteína na membrana celular que medeia uma mudança fisiológica em um neurônio, mais frequentemente por meio da abertura de canais iônicos ou de mudanças nos processos de sinalização celular.

Alguns receptores transmembrana são ativados por produtos químicos chamados "ligantes". Por exemplo, uma molécula em um alimento pode servir como um ligante para receptores gustativos. Outras proteínas transmembrana, que não são chamadas "receptores com precisão", são sensíveis a mudanças mecânicas ou térmicas. Mudanças físicas nessas proteínas aumentam o fluxo de íons por meio da membrana e podem gerar um potencial graduado nos neurônios sensoriais.

Os receptores podem ser classificados de acordo com a natureza do estímulo que são capazes de captar, sendo divididos em: quimiorreceptores, termorreceptores, mecanorreceptores e fotorreceptores. Além disso, os receptores podem ser classificados também de acordo com o local onde captam estímulos: exterorreceptores, proprioreceptores e interorreceptores.

Quanto à natureza dos estímulos, os quimiorreceptores têm a capacidade de detectar substâncias químicas como, por exemplo, os receptores gustativos. Em seres humanos os receptores gustativos encontram-se rodeados por células de suporte e basais, formando uma papila gustativa; as células basais têm origem nas células epiteliais e dão origem a novos receptores; cada receptor tem um tempo de vida de aproximadamente 10 dias. Na língua de um homem adulto existe cerca de três mil papilas cada uma com 100 células receptoras. Para mais, sabe-se que cada célula receptora (quimiorreceptor) reage a um estímulo particular e que cada classe de estímulos gustativos ativa uma via celular distinta.

Os termorreceptores são receptores que captam estímulos de natureza térmica, distribuídos por toda a pele, estando mais concentrados em regiões da face, dos pés e das mãos. Trata-se de estruturas de adaptação lenta que detectam a temperatura da pele, divididas em dois tipos: os receptores de frio e os receptores de calor. Cada tipo funciona em uma determinada faixa de temperatura, com alguns se sobrepondo na faixa de temperatura moderada. Devido a essa sobreposição, o corpo humano tem dificuldade em referenciar a temperatura com exatidão. Ou seja, a sensação térmica percebida é proveniente da estimulação de receptores sensíveis para diferentes quantidades de calor, e não há receptores para o frio absoluto. O reconhecimento da sensação de calor ou frio ocorre em função do modo como os receptores térmicos – terminações nervosas livres que detectam variações térmicas sutis – respondem.

Os mecanorreceptores são estruturas que captam estímulos mecânicos. Esses receptores possibilitam reconhecer sensações como tato protopático (tato grosseiro), tato epicrítico (tato discriminativo), pressão e vibração. Cada mecanorreceptor possui uma peculiaridade na maneira de responder à frequência de estimulação e conta com campos receptivos de tamanhos diferentes. Ademais, as sensações mecânicas oriundas da pele dependem de como os diferentes receptores se encontram distribuídos pelo corpo e de como respondem aos estímulos. Os corpúsculos de Meissner correspondem a receptores encapsulados encontrados na pele glabra, mais precisamente nas pontas dos dedos, nos lábios e em outras localizações onde a discriminação tátil é especialmente apurada. Eles têm pequenos campos receptivos. Os corpúsculos de Pacini apresentam-se como receptor encapsulado, semelhante aos corpúsculos de Meissner, encontrados na pele glabra e no músculo estriado esquelético. Esse tipo de receptor pode detectar variações na velocidade do estímulo e codificar a sensação de vibração. Os corpúsculos de Ruffini se encontram localizados na derme, camada abaixo da epiderme, em regiões pilosas e glabras, e nas cápsulas articulares. Eles têm grandes campos receptivos, sendo estimulados quando a pele é estirada. Já os corpúsculos de Merkel são um tipo de receptor de adaptação lenta, sendo encontrado principalmente na pele glabra, e têm campos receptivos muito pequenos. Esses receptores detectam indentações da pele, e suas respostas são proporcionais à intensidade do estímulo. Já os discos táteis são similares, mas encontrados apenas na pele glabra. Os fotorreceptores captam estímulos luminosos, como, por exemplo, os cones e bastonetes na retina.

Outro importante receptor sensorial é o nociceptor. Ele comumente envia sinal que causa a percepção da dor em resposta a um estímulo com potencial de dano. Nociceptores são terminações nervosas (muitos são terminações nervosas livres) responsáveis pela nocicepção, termo que se refere aos mecanismos neurológicos por meio dos quais se detecta um estímulo lesivo. "Dor" e "nocicepção" não são termos sinônimos. A nocicepção é o mecanismo de percepção e condução do estímulo lesivo, enquanto a dor é a interpretação do estímulo.

Por fim, a classificação dos receptores com base no local onde captam estímulos estabelece a discriminação dos exterorreceptores, receptores localizados na superfície do território corporal, especializados em captar estímulos como luz, calor, sons e pressão. Os proprioreceptores se encontram localizados em músculos, tendões, articulações e órgãos internos, e assumem a responsabilidade de captar estímulos do interior do corpo humano. Por fim, os interorreceptores correspondem a receptores que constatam as condições internas do corpo, como o pH, a pressão osmótica, a temperatura e a composição química do sangue.

BIBLIOGRAFIA COMPLEMENTAR

Bear MF, Connors BW, Paradiso MA. O sistema sensorial somático. In: **Neurociências**: desvendando o sistema nervoso. 2ª ed. Porto Alegre: Artmed, 2002, pp. 396-435.

Burnstock G. Pathophysiology and therapeutic potential of purinergic signaling. **Pharmacol Rev** 2006, 58(1):58-86.

Kandel ER, Schwartz JH. **Princípios da neurociência**. 4ª ed. São Paulo: Manole, 2002.

Nolte J. **The human brain**: an introduction its to functional anatomy. 5th ed. Edimburgo: Mosby, 2002, pp. 197-222.

Siegel A, Sapru HN. **Essential neuroscience**. 3rd ed. Holanda: Wolters Kluwer, 2015.

Plexos Nervosos

Alfredo Luiz Jacomo • Djanira Aparecida da Luz Veronez • Paulo Henrique Ferreira Caria

INTRODUÇÃO

Os plexos nervosos cervical, braquial e lombossacral correspondem a três redes nervosas formadas bilateral e paralelamente à coluna vertebral a partir da anastomose de alguns ramos anteriores dos nervos espinais de onde partem ramos terminais para inervação da pele, de estruturas articulares e músculos.

PLEXO CERVICAL

O plexo cervical é formado por uma série irregular de ramos comunicantes entre os ramos anteriores (maiores que os dorsais) dos quatro primeiros nervos cervicais, cada qual conectado com um ou mais ramos comunicantes cinza do gânglio simpático cervical superior.

Alguns ramos comunicantes emergem próximos à coluna vertebral, entre os músculos pré-vertebrais, e outros partem dos tubérculos posteriores dos processos transversos e seguem superiormente para os ramos do plexo posteromedial e para a veia jugular interna recobertos pelo músculo esternocleidomastoide.

Ramos cutâneos do plexo cervical

Esses nervos aparecem no triângulo posterior do pescoço, formado pelos músculos esternocleidomastoide e pelo trapézio, um pouco acima do ponto médio da borda posterior do músculo esternocleidomastoide. O nervo occipital menor, formado pelos ramos anteriores de C2 e C3, é variável no tamanho e, às vezes, duplo. Para mais, esse nervo passa posterior e profundamente ao músculo esternocleidomastoide e conecta-se abaixo do nervo acessório, e a borda posterior do músculo ascende ao longo daquela borda para perfurar a fáscia profunda no ápice do triângulo posterior do pescoço. Nesse ponto, ele se divide em ramos que inervam a pele e a fáscia muscular: 1) da parte lateral do pescoço; 2) da superfície cranial da orelha externa e do processo mastoide; 3) adjacente ao couro cabeludo. Quando duplo, ele geralmente é o ramo menor que está em contato com o nervo acessório.

O nervo auricular magno, constituído pelos ramos anteriores de C2 e C3 ou somente do C3, é geralmente o maior ramo cutâneo do plexo cervical, mas seu tamanho e território variam reciprocamente com o nervo occipital menor. Em seu trajeto, o nervo auricular magno contorna a borda posterior do músculo esternocleidomastoide e passa sobre a superfície anterossuperior desse músculo, continuando profundamente ao platisma, em direção à parte inferior da orelha externa. Nesse ponto ele se divide em três ramos: 1) **ramo posterior**, que ascende sobre o processo mastoide, comunicando-se com o nervo occipital

QUADRO 6.1 Ramos nervosos do plexo cervical.

RAMOS CUTÂNEOS
C2, C3
    Ascendente para a cabeça:
        Nervo occipital menor
        Nervo auricular maior
    Para o pescoço:
        Nervo transverso do pescoço
C3, C4
    Descendente para a área lateral do pescoço, ombro e porção anterior do tórax e região supraclavicular medial, intermédia e lateral

RAMOS MUSCULARES
Lateral
    Músculo esternocleidomastoide sensorial (C2)
    Músculo trapézio (C3, C4), sensorial
    Músculo levantador da escápula (C3, C4)
    Músculos escalenos médio e posterior (C3, C4)
Medial
    Músculos pré-vertebrais (C1, C2, C3, C4)
    Músculo gênio-hióideo (C1)
    Músculos infra-hióideos (C1, C2, C3, por intermédio da alça cervical)
    Músculo diafragma (C3, C4, C5 – nervo frênico)

RAMOS COMUNICANTES
Lateral
    Com o nervo acessório (C2, C3, C4)
Medial
    Nervos vago e hipoglosso (C1 ou C1 e C2)
    Simpático (ramo cinza para C1, C2, C3 e C4)

menor e o nervo auricular posterior e fornecendo inervação para a pele e fáscia dessa região; 2) **ramo intermédio**, que passa a suprir a parte inferior da orelha externa em ambas as superfícies; 3) **ramo anterior**, que passa pelo conteúdo da glândula parótida e sobre o ângulo da mandíbula, para inervar a pele e a fáscia sobre a parte posteroinferior da face. Nesse ponto, apresenta comunicação com o nervo facial (VII par craniano) na glândula parótida e pode enviar ramos para o osso zigomático.

O nervo cervical transverso, formado pelos ramos anteriores de C2 e C3, contorna horizontalmente as porções posterior e lateral do músculo esternocleidomastoide, e continua profundamente ao músculo platisma e externamente à veia jugular. Divide-se em dois ramos, superior e inferior, próximos à margem inferior do músculo esternocleidomastoide, emitindo ramos que inervam a pele e a fáscia do triângulo posterior do pescoço. O ramo posterior encontra a área de abrangência do nervo trigêmeo, na borda inferior do corpo da mandíbula, e comunica-se com o ramo cervical do nervo facial.

O nervo supraclavicular, constituído pelos ramos anteriores de C3 e C4, surge na borda posterior do músculo esternocleidomastoide como um grande tronco que descende pela parte inferior do triângulo posterior do pescoço e se divide nos nervos supraclaviculares medial, intermédio e lateral. Esses nervos perfuram a fáscia cervical profunda acima da clavícula, inervando a pele e a fáscia da parte inferior lateral do pescoço, e descem superficialmente ao que corresponde ao terço medial da clavícula, profundamente ao platisma, para inervar a pele e a fáscia no nível do ângulo esternal. O nervo medial também supre a articulação esternoclavicular, ao passo que o nervo lateral o faz com a articulação acromioclavicular. Os ramos do nervo intermédio e lateral podem produzir um sulco ou perfurar a clavícula, mas somente alguns ramos do nervo lateral geralmente passam profundamente ao músculo trapézio e o perfuram para alcançar a pele.

Ramos musculares do plexo cervical

Estes partem com os outros ramos do plexo cervical profundamente ao músculo esternocleidomastoide e passam também lateralmente em direção ao triângulo posterior do pescoço ou medialmente em direção ao triângulo anterior do pescoço, formado pelos músculos esternocleidomastoides.

Ramos laterais

A partir do ramo anterior do segundo nervo cervical, um ramo sensitivo penetra na superfície profunda do músculo esternocleidomastoide, promovendo comunicação com o nervo acessório profundo ao músculo.

A partir do terceiro e quarto ramos anteriores do nervo cervical, os ramos cruzam o triângulo posterior do pescoço para penetrar na superfície profunda do músculo trapézio. Então suprem com fibras sensitivas aquele músculo e se comunicam com o nervo acessório. Ramos distintos inervam o músculo levantador da escápula pela entrada lateral no triângulo posterior do pescoço e suprem os músculos escalenos médio e superior.

Ramos mediais

O nervo cervical ou suboccipital é formado desde o contorno que une os ramos anteriores do primeiro e segundo ramos cervicais até o arco posterior do atlas e inferior à artéria vertebral. Inerva os músculos reto posterior da cabeça e oblíquos superior e inferior, além de ramos para o semiespinal reto posterior menor da cabeça. Um pequeno ramo se junta à divisão dorsal do segundo nervo cervical para o músculo oblíquo inferior.

Há divisões: o ramo une o nervo hipoglosso à medida que este emerge do crânio. Poucas fibras sensitivas desse ramo passam superiormente ao nervo hipoglosso para inervar o crânio e a dura-máter da fossa craniana posterior (ramos meníngeos). A maioria das fibras desce no nervo hipoglosso, formando três ramos daquele nervo, os quais provavelmente não contêm nenhuma fibra nervosa do próprio nervo hipoglosso: a) ramo para a tireoide, b) ramos gênio-hióideos, c) a raiz superior da alça cervical parte anteriormente do nervo hipoglosso para artéria carótida interna. Desce na frente da artéria carótida interna e comum e se junta à raiz inferior da alça cervical para formar esse contorno superficial para artéria carótida. A alça envia ramos para os músculos esterno-hióideo, esternotireóideo e omo-hióideo. A raiz superior da alça cervical pode ocasionalmente partir do nervo vago. Nesse caso as fibras dos ramos anteriores dos dois primeiros nervos cervicais passam por meio da comunicação com o nervo vago, e não com o nervo hipoglosso. Um ramo pequeno inerva o músculo reto lateral e anterior da cabeça e o músculo longo da cabeça.

Dos ramos anteriores do segundo e terceiro ramos cervicais, cada um desses envia um fino ramo em direção caudal, com a veia jugular interna, para se unir na sua superfície anterior. Estes formam a alça cervical com a raiz superior e inervam os músculos infra-hióideos, exceto o músculo tireo-hióideo. Desse modo, os ramos mediais dos três primeiros ramos anteriores dos nervos cervicais se comunicam para suprir a faixa paramediana dos músculos, desde o queixo até o esterno, e também se comunicam com o nervo hipoglosso, nervo motor da língua, imediatamente superior a essa faixa.

A partir do segundo, terceiro e quarto ramos anteriores dos nervos cervicais, pequenos ramos suprem os músculos intertransverso, longo do pescoço e longo da cabeça.

A partir do terceiro, quarto e quinto ramos anteriores dos nervos cervicais, o nervo frênico parte principalmente do quarto, mas recebe ramos do terceiro (diretamente ou por meio do nervo esterno-hióideo) e do quinto (diretamente ou a partir do nervo subclávio como acessório do nervo frênico). O nervo frênico desce junto ao músculo escaleno anterior, posterolateralmente à veia jugular interna, passando anteriormente para a pleura cervical, entre a artéria e a veia subclávia (anterior para a primeira parte da artéria subclávia à esquerda e a segunda parte para a direita), e desvia medialmente em frente da artéria torácica interna (ocasionalmente posterior a ela para a esquerda).

Os nervos descem por meio do tórax para o músculo diafragma, separando-se da cavidade pleural somente pela pleura mediastinal. No mediastino superior, o nervo esquerdo está entre a artéria carótida comum e a artéria subclávia e cruza o arco aórtico anterior em direção ao nervo vago; o nervo direito está situado junto à veia braquiocefálica direita e à veia cava superior e não está em contato com o nervo vago. Ambos os nervos passam abaixo do mediastino médio entre a pleura e o pericárdio, na base do pulmão, e logo alcançam o músculo diafragma com a veia cava inferior. A maioria das fibras dos nervos frênicos perfura o diafragma e inerva-o na superfície inferior, mas somente passa sobre a superfície pleural.

Ramos do nervo frênico
1. Muscular para o diafragma.
2. Sensitivo para a pleura mediastinal e diafragmática e para o pericárdio (ramo pericardial).
3. Sensitivo para peritônio diafragmático e provavelmente para o fígado, vesícula biliar e inferior à veia cava para o ramo frênico abdominal.

Um acometimento por ruptura do nervo frênico causa paralisia da metade correspondente do músculo diafragma.

O nervo frênico acessório parte do quinto ou do quinto e sexto ramos anteriores dos nervos cervicais e passa profunda e inferomedialmente ao músculo esternocleidomastoide para se juntar ao nervo principal, na parte inferior do pescoço ou do tórax. Parte comumente para o músculo subclávio, mas pode ser ausente. Além disso, para esse nervo, o nervo frênico pode receber fibras nervosas da alça cervical e do tronco simpático cervical. No abdome, o nervo frênico se comunica com o plexo celíaco.

Ramos comunicantes do plexo cervical

Para as fibras que partem do plexo cervical em direção aos nervos acessório e hipoglosso, no contorno entre o primeiro e o segundo ramos anteriores dos nervos cervicais, parte um ramo para o nervo vago, e outro ramo comunicante cinza passa do gânglio cervical superior do tronco simpático do primeiro ao quarto ramo anterior.

PLEXO BRAQUIAL

Os nervos do membro superior originam-se do plexo braquial (Figura 6.1), estendem-se da região cervical para a axila e fornecem fibras motoras e sensitivas.

APLICAÇÃO CLÍNICA

Lesões do plexo cervical

Lesões que afetam a raiz do plexo cervical podem provocar síndrome dolorosa. O espaço discal C3-C4 é o mais comumente envolvido, mas a compressão da raiz de C5 também pode causar dor na região facial-auricular ou retroauricular. A inervação motora do diafragma também pode ser afetada, e até o espaço discal de C2-C3 pode ser envolvido. São raros os relatos clínicos desses casos, embora a limitação sensitiva nessas áreas de inervação do plexo cervical tenha sido observada. Em mil casos de compressão discal (anterior e posterior) ou processos similares, somente 10 ocorrências dessa síndrome foram encontradas.

Parestesia ou episódios de dor em forma de choques afetaram a orelha externa, a região pré-auricular, a occipital inferior e áreas da mandíbula, com queixas principalmente durante a rotação ou extensão da cabeça como as mais comuns. A análise dos forames de onde emergem os nervos C2 e C3 de pacientes com compressão da raiz de C3 e do gânglio indicou dor irradiada e alteração de sensibilidade do dermátomo C3. O couro cabeludo e a área sobre a orelha externa e o ângulo da mandíbula também foram afetados. O diagnóstico pode ser obtido pelo exame físico, que apresenta analgesia ou hipoalgesia na área do dermátomo C3. Estudos de imagem são sugestivos, mas inconclusivos. Relatos cirúrgico-patológicos apresentam a raiz de C3 e a porção medial do gânglio achatados pelas vértebras C2, C3 ou comprimidos por um esporão da articulação vertebral ou a parte lateral do gânglio fica esticada e achatada devido à artrose que atinge C2 e C3.

O tratamento proposto é a descompressão obtida pela facetectomia completa da raiz de C3 e do gânglio. A compressão da raiz do C3 e do gânglio, embora incomuns, pode ocorrer. Dor de cabeça associada a lesões cervicais é chamada "cefaleia cervicogênica" e envolve a região occipital, mas não a região orofaríngea. Porém, alguns pacientes ocasionalmente apresentam associação entre as duas. Essa relação foi avaliada, e exames radiográficos e de ressonância magnética revelaram alterações no pescoço de alguns pacientes. Para identificar a origem da dor orofacial, bloqueou-se inicialmente o nervo sensitivo periférico, com posterior injeção de anestésico local ao redor da região da dor orofacial, nos pontos-gatilho dos músculos da mastigação e cervicais superficiais e ao redor do plexo cervical. A anestesia local na região da dor orofacial foi insuficiente para a removê-la, enquanto a injeção nos pontos-gatilho removeu a dor significativamente. No entanto, o alívio da dor gerada pelo bloqueio do plexo cervical foi o mais significativo. Desse modo, o bloqueio profundo do plexo cervical pode ser útil no diagnóstico diferencial de certos tipos de dor orofacial oriundos de estruturas cervicais.

A porção supraclavicular do plexo braquial está localizada no trígono lateral do pescoço, enquanto a porção infraclavicular está na axila. O plexo braquial (ver Figura 6.1) é formado pela união dos ramos anteriores dos nervos espinais de C5 a C8 e T1 e situa-se entre os músculos escalenos anterior e médio. Por vezes, há uma pequena contribuição de C4 na formação plexular.

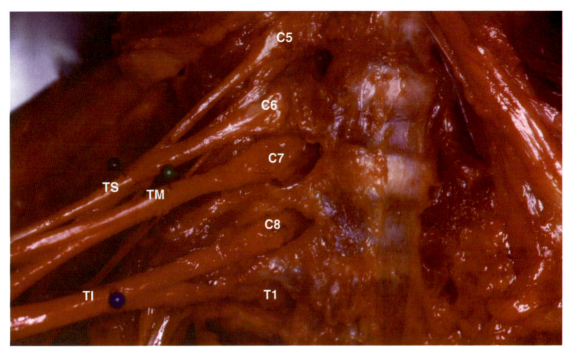

FIGURA 6.1 Plexo braquial. Tronco inferior (TI); tronco médio (TM); tronco superior (TS).

Esses ramos anteriores, a partir de suas origens, apresentam um entrelaçamento de fibras nervosas constituindo-se um verdadeiro emaranhado, o que permite denominá-los plexo.

Raízes do plexo braquial

As raízes do plexo braquial são os ramos anteriores dos nervos espinais. A raiz do quinto nervo espinal cervical (C5) forma o nervo dorsal da escápula que inerva os músculos romboides maior e menor. As raízes de C5, C6 e C7 formam o nervo torácico longo que se dirige para inervar o músculo serrátil anterior. Por fim, a raiz de T1 emite o primeiro nervo intercostal, que acompanha a primeira costela e inerva os músculos intercostais. E, ainda, de todas as raízes originam-se ramos terminais que se dirigem para inervar os músculos escalenos e longo do pescoço.

Assim, é possível constatar que o plexo braquial não inerva somente o membro superior, mas também músculos da região cervical, torácica, bem como alguns da região dorsal.

Troncos do plexo braquial

Os ramos anteriores de C5 e C6 unem-se para formar o tronco superior. O ramo anterior de C7 segue como tronco único e forma o tronco médio, e os ramos anteriores de C8 e T1 formam o tronco inferior, localizado superiormente à primeira costela e posteriormente à artéria subclávia. Do tronco superior ocorre a formação dos nervos subclávio e supraescapular, que se dirigem para os músculos subclávio, supraespinal e infraespinal.

Cada um dos três troncos se bifurca em uma divisão anterior e posterior, dorsalmente à clavícula. As três divisões posteriores unem-se para formar o fascículo posterior (Figura 6.2), que inerva as estruturas da parte posterior do membro superior, ou seja, extensoras, e ainda músculos da cintura escapular.

As divisões anteriores dos troncos superior e médio unem-se e formam o fascículo lateral; por conseguinte, a divisão anterior do tronco inferior formará o fascículo medial, que irá inervar as porções anteriores, flexoras do membro superior.

Fascículos do plexo braquial

Os fascículos são denominados "lateral", "medial" e "posterior" devido à sua relação topográfica com a artéria axilar, posicionando-se, assim, lateral, medial e posterior a essa estrutura vascular. Os ramos terminais produzidos pelos fascículos são infraclaviculares. Temos os seguintes fascículos: **fascículo lateral** do plexo braquial, que apresenta três ramos (nervo peitoral lateral, nervo musculocutâneo e raiz lateral do nervo mediano); **fascículo medial** do plexo braquial, que apresenta cinco ramos (nervo peitoral medial, nervo cutâneo medial do braço, nervo cutâneo medial do antebraço, nervo ulnar [Figura 6.3] e raiz medial do nervo mediano); e **fascículo posterior** (Figura 6.2) do plexo braquial, que apresenta cinco ramos (nervo subescapular superior, nervo toracodorsal, nervo subescapular inferior, nervo axilar e nervo radial).

Ramos terminais do plexo braquial
Do fascículo lateral

O nervo peitoral lateral supre o músculo peitoral maior e envia um ramo para o nervo peitoral medial, que inerva o músculo peitoral menor.

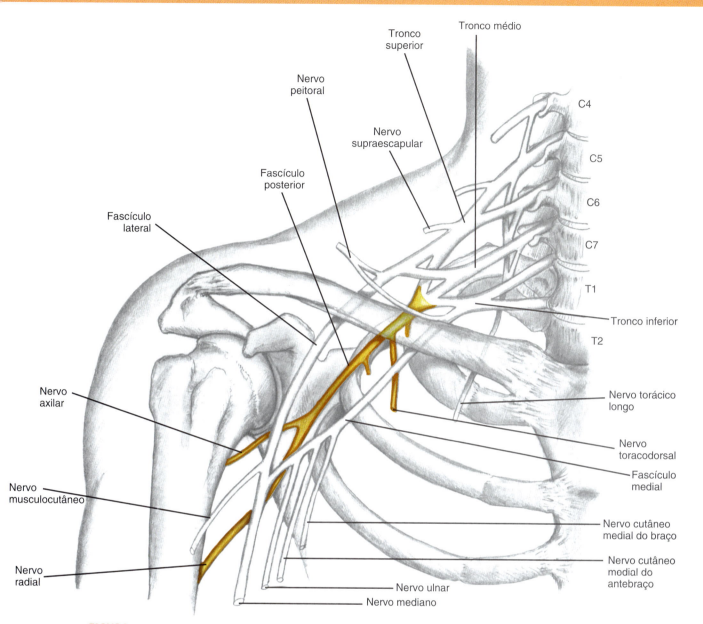

FIGURA 6.2 Formação esquemática do plexo braquial e seus ramos. O fascículo posterior aparece em amarelo.

O nervo musculocutâneo, constituído pelos ramos anteriores de C5 e C6 do fascículo lateral, perfura o músculo coracobraquial e segue entre os músculos bíceps braquial e braquial, inervando-os, e, finalmente, emerge lateralmente ao tendão do músculo bíceps braquial. Próximo do cotovelo, o nervo musculocutâneo segue lateralmente ao tendão do musculo bíceps braquial e cruza a veia cefálica para dar origem ao ramo cutâneo denominado "nervo cutâneo lateral do antebraço".

O nervo cutâneo lateral do antebraço é formado a partir do ramo anterior de C5 do fascículo lateral. É responsável pela inervação da pele que recobre a região anterior e lateral do antebraço, inferiormente ao epicôndilo lateral até a altura do processo estiloide do rádio. Esse ramo pode sofrer lesão durante punções venosas, o que leva à sensação de formigamento na região lateral do antebraço.

O nervo mediano, constituído pelos ramos anteriores de C5, C6, C7, C8 e T1, é formado pela unificação entre os fascículos lateral e medial. Dessa maneira, a raiz lateral do fascículo lateral se junta à raiz medial do fascículo medial para formar o nervo mediano, lateralmente à artéria axilar. No braço, esse nervo situa-se lateralmente à artéria braquial e posteriormente à borda medial do músculo bíceps braquial, na porção distal dessa região, e posiciona-se medialmente à referida artéria, após cruzá-la anteriormente – cabe ressaltar que, nesse segmento do membro superior, não emite ramos. No antebraço, passa posteriormente à aponeurose bicipital e lança um ramo para o músculo pronador redondo; em seguida, aloja-se posteriormente ao músculo flexor superficial dos dedos até emitir um ramo para inervá-lo. Para mais, o nervo mediano emite o nervo interósseo anterior. Este inerva os músculos flexor longo do polegar, pronador quadrado e a porção lateral do músculo flexor profundo dos dedos. Assim, nota-se que o nervo mediano inerva os músculos anteriores (flexores) e pronadores

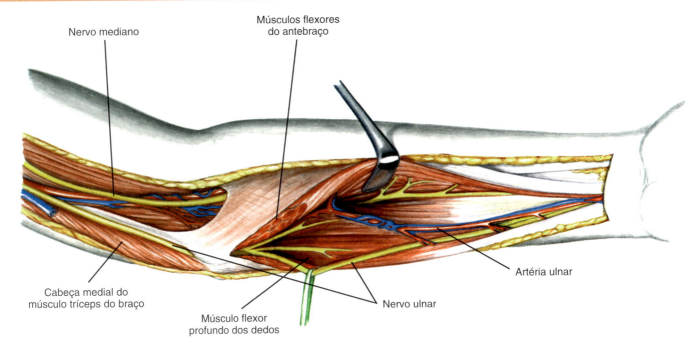

FIGURA 6.3 Trajeto do nervo ulnar.

do antebraço, exceto o músculo flexor ulnar do carpo e a metade medial do flexor profundo dos dedos. Ele inerva ainda cinco músculos situados na mão, a saber: abdutor curto do polegar, flexor curto do polegar, oponente do polegar e os lumbricais, primeiro e segundo, e sua porção sensitiva. Na mão, inerva, por meio de um ramo palmar sensitivo, a metade lateral da palma, a face palmar dos dedos primeiro, segundo, terceiro e metade do quarto e, finalmente, a face dorsal das falanges média e distal dos dedos segundo, terceiro e metade lateral do quarto.

O nervo mediano pode sofrer lesão na região da axila seja por deslocamento anterior da articulação do ombro, seja por compressão por uso de gesso. Ademais, o nervo mediano encontra-se acometido na síndrome do túnel do carpo. Além disso, a neuropatia do nervo mediano próximo da articulação do cotovelo pode provocar incoordenação motora ou fraqueza muscular do primeiro ao quarto dedo.

Do fascículo medial

O nervo peitoral medial, que supre o músculo peitoral menor e parte do músculo peitoral maior.

O nervo cutâneo medial do braço, que se dirige à pele da região medial do braço e parte proximal e medial do antebraço. Na maioria das vezes, esse nervo se comunica com o nervo intercostobraquial suprindo a pele do assoalho da axila e regiões proximais do braço.

O nervo cutâneo medial do antebraço está localizado entre os vasos axilares e supre a pele da face medial do antebraço.

O nervo ulnar, constituído pelos ramos anteriores de C8 e T1 do fascículo medial, que se encontra no braço, medialmente à artéria braquial, atravessa o septo intermuscular medial e segue distalmente em íntimo contato com a artéria colateral ulnar superior. O nervo ulnar (Figura 6.3), que segue medial e posteriormente ao epicôndilo medial, passa no sulco do nervo ulnar em direção ao antebraço, alojando-se entre os músculos flexor ulnar do carpo, que o recobre, e o flexor profundo dos dedos, inervando o primeiro e a metade medial do segundo. Alcança a mão, passando anteriormente ao retináculo dos flexores e, em seguida, divide-se em dois ramos terminais superficial e profundo. O ramo profundo supre a maioria dos músculos da mão, tais como músculo adutor do polegar, porção profunda do flexor curto do polegar, interósseos, lumbricais terceiro e quarto, abdutor do quinto dedo, flexor curto do quinto e oponente do quinto. O ramo superficial, formado por fibras nervosas sensitivas, faz a inervação da margem ulnar distal da região palmar. Além disso, esse ramo terminal divide-se em três ramos palmares digitais para inervar o quinto dedo e a metade ulnar do quarto dedo.

Acometimentos do nervo ulnar podem ser causados por radiculopatia dos ramos anteriores de C8 e T1, neuropatia ulnar no nível do cotovelo, compressão do túnel ulnar e compressão do ramo profundo distal à inervação dos músculos da eminência tenar.

Do fascículo posterior

O nervo subescapular superior inerva o músculo subescapular.

O nervo toracodorsal segue inferolateralmente e se dirige para o músculo latíssimo do dorso (grande dorsal).

O nervo subescapular inferior, que passa profundamente aos vasos subescapulares, envia ramos para os músculos subescapular e redondo maior.

O nervo axilar, constituído a partir dos ramos anteriores de C5 e C6 do fascículo posterior (ver Figura 6.1), dirige-se para a face posterior do braço pelo espaço quadrangular, com os vasos circunflexos posteriores do úmero, curva-se ao redor do colo cirúrgico do úmero e logo se distribui aos músculos deltoide e redondo menor. Emite um nervo cutâneo, o nervo cutâneo lateral superior do braço, para inervar a pele que recobre o músculo deltoide.

Em casos de lesão do nervo axilar, o paciente poderá apresentar fraqueza muscular e atrofia do músculo deltoide, representadas pela diminuição da força na abdução da região do braço.

O nervo radial, constituído a partir dos ramos anteriores de C5, C6, C7, C8 e T1 do fascículo posterior, que contorna o úmero, passa no sulco radial, acompanhado da artéria braquial profunda, e emite ramos para os músculos tríceps braquial e ancôneo. Próximo ao epicôndilo lateral, divide-se em ramos superficial e profundo. O ramo superficial segue sob o músculo braquiorradial, atinge o dorso da mão, inervando a metade lateral, e se distribui no dorso do polegar e região das falanges proximais dos dedos indicador e médio. Por outro lado, o ramo profundo perfura o músculo supinador, inervando-o, e, em seguida, inerva os músculos extensor dos dedos, extensor do dedo mínimo, extensor do indicador, extensor ulnar do carpo, extensor longo do polegar, extensor curto do polegar e abdutor longo do polegar. É importante ressaltar que os músculos braquiorradial e os extensores radiais longo e curto do carpo recebem inervação do radial antes da divisão em ramos superficial e profundo.

Além dos ramos musculares, o nervo radial emite três ramos cutâneos: o nervo cutâneo lateral inferior do braço, o nervo cutâneo posterior do braço e o nervo cutâneo posterior do antebraço. O nervo cutâneo lateral inferior do braço emerge inferiormente ao sulco do nervo radial para inervar o território cutâneo localizado abaixo do músculo deltoide. O nervo cutâneo posterior do braço surge superiormente ao sulco do nervo radial para fazer a inervação da pele da região posterior do braço. E o nervo cutâneo posterior do antebraço emerge inferiormente ao sulco do nervo radial para inervar a pele da região posterior do antebraço.

O nervo radial pode ser acometido por injeções, exercícios físicos intensos, fratura do úmero, uso de torniquetes, entre outras situações clínicas.

PLEXO LOMBOSSACRAL

O plexo lombossacral é constituído pelas raízes anteriores dos nervos espinais de T12, L1, L2, L3, L4, L5, S1, S2, S3 e S4. Na sua trajetória, subdivide-se em uma porção lombar (plexo lombar, Figura 6.4), formada de T12 a L4, e uma porção sacral (plexo sacral, Figura 6.5), constituída de L4 a S4.

APLICAÇÃO CLÍNICA
Lesões do plexo braquial

Os traumatismos correspondem à causa mais frequente de lesão do plexo braquial. Independentemente do local da lesão, o tipo de paralisia apresentada é sempre flácido.

As disfunções do plexo braquial, geralmente, são classificadas como paralisias do plexo braquial superior e paralisias do plexo braquial inferior, caracterizadas respectivamente por lesões dos ramos anteriores de C5 e C6 e dos ramos anteriores de C8 e T1. O ramo anterior de C7 geralmente não é comprometido em nenhum dos tipos de paralisia.

Nas paralisias que comprometem os ramos anteriores dos nervos espinais provenientes do quinto e do sexto nervo cervical, ocorrem disfunções dos músculos rotadores laterais e abdutores da articulação glenoumeral, bem como perda de função dos músculos flexores do braço, antebraço e músculos supinadores. Paralelamente, pode ocorrer paralisia parcial dos músculos extensores da articulação do cotovelo, da articulação do punho e da mão.

As lesões do plexo braquial inferior que afetam as raízes anteriores dos nervos espinais do oitavo nervo cervical e do primeiro nervo espinal torácico são representadas por disfunções dos músculos flexores longos dos dedos da mão e dos músculos flexores do carpo. Geralmente, o indivíduo adquire mão em garra causada pela atrofia dos músculos intrínsecos da mão. As lesões podem vir acompanhadas de distúrbios de sensibilidade na região medial do antebraço e da mão.

Plexo lombar

O plexo lombar (Figura 6.4), localizado no interior do músculo psoas maior, corresponde à porção superior do plexo lombossacral. É comumente constituído pelas divisões anteriores dos quatro primeiros nervos lombares, podendo receber uma contribuição do último nervo torácico em 50% dos casos.

Distribuição dos ramos terminais
Nervo ílio-hipogástrico

O nervo ílio-hipogástrico é constituído pelas raízes anteriores dos nervos espinais de T12 e L1, ou apenas L1. Na sua trajetória, o nervo ílio-hipogástrico passa lateralmente em torno da crista ilíaca entre os músculos transverso e oblíquo interno do abdome, dividindo-se em um ramo ilíaco (lateral) que se dirige à pele da parte lateral do quadril e em um ramo hipogástrico (anterior) que desce anteriormente para a inervação da pele da parede anterolateral do abdome e dorso.

Nervo ilioinguinal

O nervo ilioinguinal é formado apenas pela raiz anterior do primeiro nervo lombar (L1). Na sua trajetória, segue inferiormente ao nervo ílio-hipogástrico, com o qual pode se comunicar. O nervo ilioinguinal segue junto ao

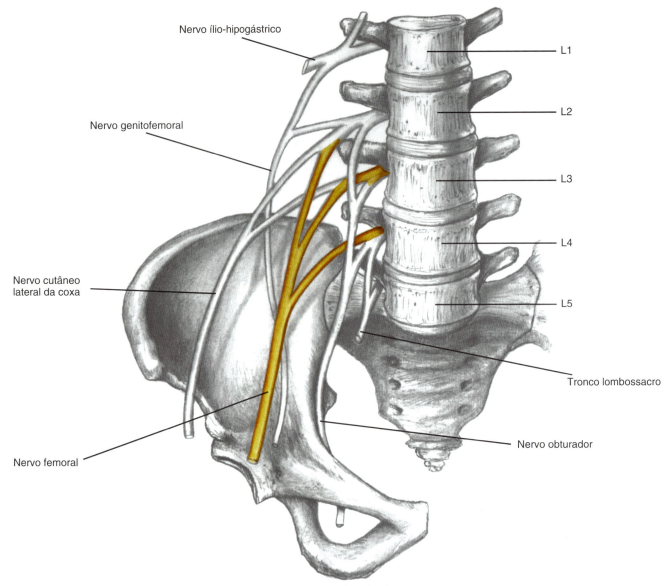

FIGURA 6.4 Plexo lombar.

funículo espermático por meio do canal inguinal para a inervação da pele da região inguinal, de órgãos genitais externos e da face medial da coxa.

Nervo genitofemoral

O nervo genitofemoral, constituído pelos ramos anteriores de L1 e L2, emerge da superfície anterior do músculo psoas maior, percorre oblíqua e inferiormente sobre a superfície desse músculo até dividir-se em um ramo genital, em direção ao músculo cremaster, para suprir a pele do escroto, no homem, ou seguindo ao pudendo feminino, e outro ramo femoral para a pele da parte superior e anterior da coxa e a pele do trígono femoral.

Nervo cutâneo femoral lateral

O nervo cutâneo femoral lateral, formado pela junção das raízes anteriores dos nervos espinais L2 e L3, passa obliquamente cruzando o músculo ilíaco até dividir-se em vários ramos distribuídos à pele da região anterolateral da coxa.

Nervo femoral

É formado próximo ao músculo psoas maior, inferiormente ao processo transverso da quinta vértebra lombar (L5). É o maior ramo do plexo lombar (Figura 6.4) originado a partir da divisão posterior das fibras nervosas sensitivas e motoras, provenientes dos ramos anteriores do segundo (L2), terceiro (L3) e quarto (L4) nervos lombares. Emerge da borda lateral do músculo psoas maior, segue inferiormente até entrar no trígono femoral, lateralmente à artéria e à veia femoral, onde se divide em ramos terminais. Os ramos motores acima do ligamento inguinal destinam-se à inervação dos músculos da face anterior da coxa, do músculo quadríceps da coxa, dos músculos sartório e pectíneo, além da inervação dos músculos psoas maior, ilíaco e iliopsoas. Os ramos sensitivos compreendem os ramos cutâneos anteriores da coxa para inervação da superfície anterior e medial da coxa, bem como o nervo safeno para a face medial da perna e do pé.

O nervo femoral, em conjunto com o nervo obturatório, representa os ramos terminais do plexo lombar.

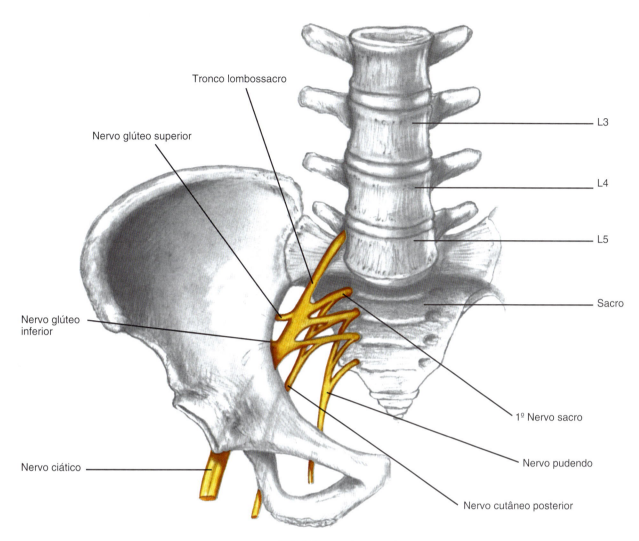

FIGURA 6.5 Plexo sacral.

Nervo obturatório

O nervo obturatório se origina por meio das três divisões anteriores do plexo lombar a partir da junção dos ramos anteriores do segundo, terceiro e quarto nervos lombares. Emerge da borda medial do músculo psoas maior, próximo ao rebordo pélvico. No seu trajeto, passa lateralmente aos vasos hipogástricos e ureter, descendo por meio do canal obturatório em direção ao lado medial da coxa. No canal, o nervo obturatório divide-se em ramos anterior e posterior. Os ramos motores da divisão posterior inervam o músculo obturador externo, o músculo obturador interno e o músculo adutor magno. Os ramos motores da divisão anterior inervam os músculos adutor longo, adutor curto, pectíneo e o músculo grácil. Os ramos sensitivos do ramo anterior do nervo obturatório destinam-se à inervação da articulação do quadril e uma pequena área de pele sobre a parte interna média da coxa.

Para mais, como um fator de variação anatômica pode haver o nervo obturatório acessório, constituído pelos ramos anteriores de L2, L3 e L4, para auxiliar na inervação motora do músculo psoas maior.

Tronco lombossacral

O ramo anterior e o inferior de L4 unem-se ao ramo anterior de L5 para formarem o tronco lombossacral. Os ramos motores colaterais formados destinam-se à inervação do músculo quadrado lombar, dos músculos intertransversais a partir de L1 e L4 e do músculo psoas maior a partir de L2 e L3.

Plexo sacral

A porção sacral do plexo lombossacral localiza-se anteriormente ao músculo piriforme sobre a parede posterior da pelve. É constituído pelo tronco lombossacral e pelas raízes anteriores dos nervos espinais S1, S2, S3 e S4.

Nervo glúteo superior

O nervo glúteo superior, constituído pelos ramos anteriores dos nervos L4, L5, S1, passa superiormente ao músculo piriforme, por meio do forame isquiático maior em direção às nádegas, onde inerva o músculo glúteo médio, o músculo glúteo mínimo e o músculo tensor da fáscia lata.

Nervo glúteo inferior

O nervo glúteo inferior, formado pelos ramos anteriores dos nervos L5, S1 e S2, estende-se lateral e inferiormente para a região glútea. Passa inferiormente ao músculo piriforme por meio do forame isquiático maior. O nervo glúteo inferior atravessa o ligamento sacrotuberal e distribui-se para a região glútea medial inferiormente para a inervação do músculo glúteo máximo.

Nervo cutâneo posterior da coxa

O nervo cutâneo femoral posterior corresponde a um ramo colateral com raízes oriundas das divisões anterior e posterior de S1, S2 e das divisões anteriores de S2 e S3 para a inervação da pele da face posterior da coxa.

Nervo pudendo

O nervo pudendo, formado pela junção das raízes anteriores dos nervos espinais S2, S3 e S4, é responsável por emitir o ramo perineal que faz a inervação dos músculos bulboesponjoso, isquiocavernoso, esfíncter da uretra e diafragma urogenital. Além disso, forma nervos anais inferiores que inervam o músculo esfíncter externo do ânus e o nervo dorsal do pênis/clitóris que faz a inervação sensitiva tanto do pênis quanto do clitóris, respectivamente.

Ramos musculares

As raízes anteriores dos nervos L4, L5 e S1 constituem um nervo responsável pela inervação do músculo gêmeo inferior.

A raiz anterior de S2 constitui o nervo para o músculo piriforme.

Ademais, o nervo para o músculo obturador interno, formado pelos ramos anteriores de L5, S1 e S2, faz a inervação do músculo obturador interno e do músculo gêmeo superior.

Os ramos anteriores de S3 e S4 constituem o nervo isquiococcígeo para inervação do músculo isquiococcígeo e músculo levantador do ânus.

Nervo isquiático (nervo ciático)

O nervo isquiático, popularmente conhecido como nervo ciático, é o maior nervo do corpo humano. É formado pelas raízes anteriores dos nervos espinais L4, L5, S1, S2 e S3. Consiste em dois nervos reunidos por uma mesma bainha: o nervo fibular comum, formado pelas quatro divisões posteriores superiores do plexo sacral (ver Figura 6.5); e o nervo tibial, formado por todas as cinco divisões anteriores. O nervo isquiático deixa a pelve por meio do forame isquiático maior, inferiormente ao músculo piriforme e desce entre o trocanter maior do fêmur e a tuberosidade isquiática ao longo da superfície posterior da coxa para a fossa poplítea, onde termina nos nervos tibial e fibular comum. No trajeto pela face posterior da coxa, emite ramos musculares para inervação dos músculos isquiotibiais: músculo semimembranáceo, músculo semitendíneo, cabeça longa do músculo bíceps femoral, além do músculo adutor magno.

Nervo tibial

O nervo tibial é formado pelos cinco primeiros ramos anteriores do plexo sacral, L4, L5, S1, S2 e S3 (ou L5, S1 e S2), recebendo, assim, fibras dos dois segmentos lombares inferiores e dos três segmentos sacrais superiores da medula espinal. O nervo tibial constitui o maior componente do nervo isquiático na face posterior da coxa. Geralmente inicia seu trajeto próprio na porção superior da fossa poplítea e desce verticalmente por meio desse espaço e da face posteromedial da perna para a superfície dorsomedial do tornozelo, a partir do qual seus ramos terminais, nervos plantares, medial e lateral, continuam em direção ao pé. Os ramos motores do nervo tibial estendem-se para os músculos gastrocnêmio medial, gastrocnêmio lateral, plantar, sóleo, poplíteo, tibial posterior, flexor longo dos dedos do pé e flexor longo do hálux. Um ramo sensitivo, o nervo cutâneo medial da sura, reúne-se ao nervo cutâneo lateral da sura, ramo do nervo fibular comum para formar o nervo sural, formado por S1 e S2, responsável pela inervação da pele da face posterior da perna e face lateral do pé. Os ramos articulares se dirigem para as articulações do joelho e do tornozelo.

Os dois ramos terminais emitidos pelo nervo tibial são: nervo plantar medial e nervo plantar lateral. Os ramos motores do nervo plantar medial inervam os músculos flexor curto dos dedos, abdutor do hálux, flexor curto do hálux e primeiro lumbrical; e seus ramos sensitivos seguem para a face medial da planta do pé, as superfícies plantares dos três dedos mediais e as falanges distais do hálux, segundo, terceiro e quarto dedos dos pés.

O nervo plantar lateral emite ramos motores para todos os pequenos músculos do pé, como os músculos abdutor do dedo mínimo, quadrado plantar, segundo, terceiro e quarto lumbrical, abdutor do hálux, flexor curto do dedo mínimo, interósseos dorsais e interósseos plantares. Os ramos sensitivos seguem para inervar a face lateral da planta do pé, superfície plantar do primeiro e metade do segundo dedos laterais e para as falanges distais do quarto e quinto dedos dos pés. Outrossim, a maior parte da planta do pé é inervada por ramos calcâneos e nervos plantares.

Nervo fibular comum

O nervo fibular comum, constituído pela junção das quatro divisões posteriores do plexo sacral – L4, L5, S1 e S2, deriva suas fibras dos dois segmentos lombares inferiores e dos dois segmentos sacrais superiores da medula espinal. Com o nervo tibial, corresponde a um dos componentes do nervo isquiático até a porção superior da fossa poplítea. Nesse local, emite ramos sensitivos pelos nervos articular superior e articular inferior para a articulação do joelho e o nervo cutâneo lateral da sura, que se junta ao nervo cutâneo medial da sura, do nervo tibial, para formar o nervo sural, responsável pela inervação da pele da face posteroinferior da perna e a face lateral do pé e do quinto dedo.

Ainda na fossa poplítea o nervo fibular comum inicia seu trajeto independente, descendo inferiormente ao longo da face posterior do músculo bíceps femoral, cruzando obliquamente a face posterior do joelho em direção à face lateral da perna onde se curva anteriormente entre o músculo fibular longo e a cabeça da fíbula, dividindo-se em três ramos terminais: o nervo recorrente articular e os nervos fibulares superficial e profundo. O nervo articular recorrente acompanha a artéria tibial anterior recorrente, sendo responsável pela inervação da articulação tibiofibular e do joelho, além de emitir um ramo para o músculo tibial anterior. O nervo fibular superficial desce ao longo do septo intermuscular para emitir ramos motores para os músculos fibulares longo e curto e ramos sensitivos para a face anteroinferior da perna e ramos cutâneos terminais para o dorso do pé, parte do hálux e lados adjacentes do segundo ao quinto dedos até as segundas falanges. O nervo fibular profundo segue inferiormente em direção ao compartimento anterior da perna, onde emite ramos motores que se dirigem para os músculos tibial anterior, extensor longo dos dedos, extensor longo do hálux e fibular terceiro. Os ramos articulares inervam as articulações tibiofibular inferior e do tornozelo. Os ramos terminais dirigem-se para a pele dos lados adjacentes dos dois primeiros dedos e para o músculo extensor curto dos dedos do pé.

APLICAÇÃO CLÍNICA
Lesões do plexo lombossacral

Lesões da medula espinal e da cauda equina podem comprometer os nervos do plexo lombossacral. Como esse plexo situa-se protegido na profundidade da cintura pélvica, suas lesões são menos comuns do que as do plexo braquial, mais próximo da superfície. Com isso, as lesões do plexo lombossacral são raras, porém podem ser decorrentes de fraturas do anel pélvico, fraturas do osso sacro, ferimentos por arma de fogo, tuberculose das vértebras, abscesso do músculo psoas maior e pressão decorrente de tumores pélvicos, lesões das articulações do quadril e como consequência de implante de prótese do quadril.

As lesões dos nervos ílio-hipogástrico, ilioinguinal e genitofemoral apresentam pouca importância clínica; entretanto, a perda da sensibilidade ou dor em sua distribuição pode ter valor na localização de lesões da medula espinal e lesões nas raízes nervosas dos nervos espinais.

Sintomas como insensibilidade, formigamento e dor sobre a superfície externa e anterior da coxa, mais intensa durante a deambulação ou a permanência de pé, são encontrados nas lesões do nervo cutâneo femoral lateral. A importância clínica desse quadro justifica-se pelo frequente acometimento desse nervo, sede de parestesia e ocasionalmente de dor (meralgia parestésica de Roth).

Disfunções do nervo femoral são a manifestação clínica mais importante entre as lesões do plexo lombar. As lesões periféricas podem resultar de tumores pélvicos, abscessos do músculo psoas maior, fraturas da pelve e extremidade proximal do fêmur, uso de fórceps durante o parto e redução de luxação congênita do quadril, pressão exercida durante intervenções cirúrgicas prolongadas quando as coxas são fortemente abduzidas, ferimentos à bala e por armas brancas, aneurismas da artéria femoral e neurite, particularmente decorrente do diabetes melito. Lesões do nervo femoral frequentemente comprometem também o nervo obturatório.

O nervo obturatório pode ser comprometido pelas mesmas causas que afetam o nervo femoral, sendo rara a paralisia isolada. Não é incomum a pressão exercida pelo útero gravídico e lesão durante o trabalho de parto complicado. Os sintomas característicos são rotações externa e adução da coxa prejudicadas, acompanhadas da dificuldade de cruzar as pernas.

As disfunções do nervo isquiático com seus dois ramos principais, nervo tibial e nervo fibular comum, igualmente comprometidos, representam o sintoma clínico mais importante entre as lesões que afetam o plexo sacral. Lesão do nervo isquiático pode resultar de uma herniação do disco intervertebral, luxações do quadril, lesão no parto, fraturas da pelve, tumores, ferimentos por armas de fogo ou brancas, introdução de drogas injetáveis no nervo ou próximo a ele. Podem ocorrer polineurites alcoólicas, infecciosas ou por chumbo e arsênio, bem como mononeurite causada por osteoartrite da coluna vertebral ou articulação sacroilíaca. Há disfunções dos músculos flexores plantares, músculos extensores do pé e dos dedos, além de distúrbios de sensibilidade que podem ocorrer na face posterior da coxa, da perna e do pé. A paralisia tibial isolada frequentemente se deve a lesão decorrente de ferimentos por armas de fogo ou brancas, acidentes automobilísticos ou fraturas da perna. Em razão de sua localização mais profunda, a lesão do nervo tibial é menos comum do que a lesão do nervo fibular. As lesões do nervo fibular comum podem resultar de traumatismo direto, principalmente na região proximal da fíbula, fraturas da perna, compressão das pernas em posição de repouso, entre outras causas.

BIBLIOGRAFIA COMPLEMENTAR

Brown MJ, Asbury AK. Diabetic neuropathy. **Ann Neurol** 1984, 15(1):2-12.

Dyck PJ, Thomas PK, Lambert EH, Bunge R. **Peripheral neuropathy**. 2nd ed. Philadelphia: Saunders, 1985.

Herringham WP. The minute anatomy of the brachial plexus. **Porc Roy Soc BB** 1986, 41,423.

Kessler LA, Abla A. Syndrome of the cervical plexus caused by high cervical nerve root compression. **Neurosurgery** 1991, 28(4):506-509.

Meneses MS, Casero LG, Ramina R *et al*. Lesões do plexo braquial. Considerações anatomocirúrgicas. **Arq Bras Neurosurg** 1990, 9(3):123-133.

Noback CR, Strominger NL, Demarest RJ. **Neuroanatomia**: estrutura e função do sistema nervoso humano. São Paulo: Premier, 1999.

Shinozaki T, Sakamoto E, Shiiba S *et al*. Cervical plexus block helps in diagnosis of orofacial pain originating from cervical structures. **Tohoku J Exp Med** 2006, 210(1):41-47.

Young PA, Young PH. **Basic Clinical Neuroanatomy**. Baltimore: Williams & Wilkins, 1997.

Meninges

Murilo S. Meneses • Ricardo Ramina

INTRODUÇÃO

O sistema nervoso central é revestido por membranas, chamadas "meninges", formadas por tecido conjuntivo. As meninges recobrem e protegem o tecido nervoso, determinando espaços com importância anatomoclínica.

A meninge mais externa, ou **dura-máter**, é mais resistente e se relaciona com o crânio e o canal vertebral, sendo também denominada "paquimeninge". A **aracnoide** é a meninge intermediária, situada internamente à dura-máter. A **pia-máter** recobre diretamente o tecido nervoso. A aracnoide e a pia-máter são meninges mais delicadas e, juntas, são chamadas "leptomeninge" (Figura 7.1).

Os espaços extradural ou epidural, subdural e subaracnóideo, criados pelas meninges, contêm diferentes estruturas e são muito importantes no estudo das patologias do sistema nervoso central. Estudos recentes descrevem outra membrana, que seria a quarta meninge, subdividindo o espaço subaracnóideo. Essa membrana subaracnóidea teria funções parecidas com as do sistema linfático, com semelhanças com a membrana mesotelial que recobre órgãos periféricos e cavidades do corpo.

Ao se remover o encéfalo da caixa craniana de cadáveres, a dura-máter pode ser lesionada. Com o passar do tempo, a dura-máter vai ficando mais aderida ao crânio, e, em pessoas mais idosas, essa remoção é mais delicada. A mesma dificuldade é enfrentada pelos neurocirurgiões nos acessos às estruturas intracranianas. A dura-máter espinal não está aderida ao canal vertebral, e, consequentemente, o seu descolamento é mais simples.

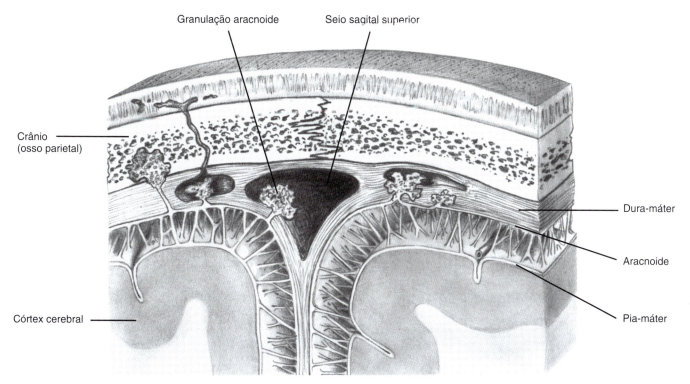

FIGURA 7.1 Meninges em corte coronal centrado sobre seio sagital superior.

PIA-MÁTER

A pia-máter é a meninge mais interna que mantém contato íntimo com o tecido nervoso, acompanhando-o nos sulcos e fissuras. É uma membrana muito fina e translúcida.

No nível medular, a pia-máter forma, abaixo do cone medular, uma estrutura de fixação chamada **filamento terminal**. Esse filamento se dirige inferiormente e, ao passar pela dura-máter, continua com essa meninge com a denominação de **ligamento da dura-máter**, indo inserir-se no cóccix como **ligamento coccígeo** (Figura 7.2). Lateralmente à medula espinal, a pia-máter apresenta prolongamentos com forma triangular entre as raízes espinais, também com função de fixação (Figura 7.3). Essas estruturas, chamadas **ligamentos denticulados**, fazem inserção bilateralmente junto à aracnoide e à dura-máter. Esses ligamentos são importantes parâmetros anatômicos utilizados em cirurgias realizadas em pacientes com dores intratáveis, chamadas "cordotomias".

Os vasos arteriais que se dirigem ao tecido nervoso penetram na pia-máter. Nesse nível, a pia-máter

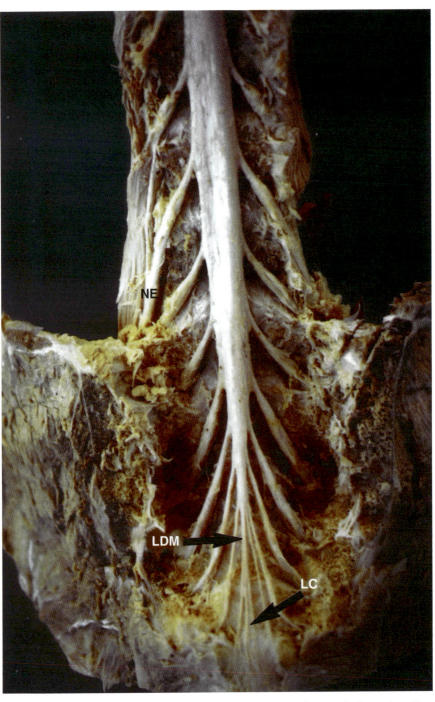

FIGURA 7.2 Visão posterior mostrando a região da medula espinal e da cauda equina coberta pela dura-máter. Observam-se os nervos espinais (NE) e os ligamentos da dura-máter (LDM) e coccígeo (LC).

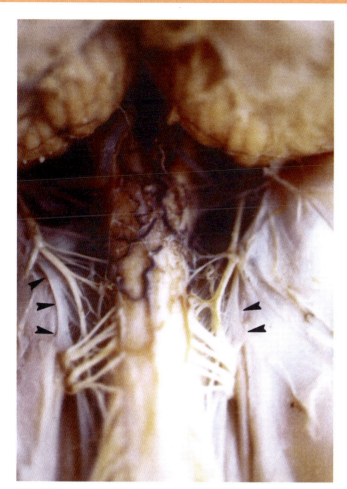

FIGURA 7.3 Visão posterior da medula espinal cervical alta após a abertura da dura-máter mostrando ligamentos denticulados (pontas de seta).

acompanha inicialmente os vasos, formando os **espaços perivasculares** (de Virchow-Robin). Externamente à pia-máter, existe o espaço subaracnóideo, que é preenchido pelo liquor ou líquido cérebro-espinhal. Os espaços perivasculares, que contêm liquor, diminuem o impacto das pulsações das artérias sobre o tecido nervoso, tendo a função de proteção.

A pia-máter acompanha o encéfalo em toda a sua extensão. No nível da fissura transversa do cérebro, essa meninge reveste o tecido nervoso sob o corpo caloso. A pia-máter forma a tela coroide do terceiro ventrículo e, com o epêndima e vasos, forma o plexo coroide, responsável pela produção do líquido cérebro-espinhal ou liquor. O plexo coroide do terceiro ventrículo passa aos ventrículos laterais pelos forames interventriculares. No teto do quarto ventrículo, a tela coroide forma o plexo coroide de forma independente.

ARACNOIDE

A aracnoide localiza-se internamente e em contato com a dura-máter. Forma trabéculas que se dirigem à pia-máter, apresentando um aspecto de teia de aranha; daí seu nome aracnoide.

No nível dos seios da dura-máter, principalmente do seio sagital superior, a aracnoide apresenta projeções chamadas **granulações aracnóideas**, local onde o liquor é absorvido e passa para a corrente sanguínea pela drenagem venosa cerebral. Progressivamente, essas granulações aumentam de volume, formando cavidades no crânio, chamadas **corpos de Pacchioni**; estes são bem conhecidos dos neurocirurgiões por causa do sangramento que ocorre na sua abertura.

A aracnoide delimita externamente o espaço subaracnóideo, onde encontramos liquor. Como a pia-máter acompanha o tecido nervoso, inclusive onde existem depressões, há a formação de espaços denominados **cisternas**, que contêm maior quantidade de liquor. As cisternas do espaço subaracnóideo serão estudadas no Capítulo 8, *Líquor*.

DURA-MÁTER

A dura-máter é a meninge mais externa, formada por dois folhetos, sendo um externo, aderido ao osso na região intracraniana, e outro interno, com projeções que formam septos e que têm continuidade com a dura-máter espinal (Figura 7.4).

A dura-máter é a meninge mais resistente e espessa, apresentando características especiais. A inervação da dura-máter, principalmente na dependência do nervo trigêmeo, é rica, e sua sensibilidade dolorosa tem grande importância anatomoclínica. Na região intracraniana, somente a dura-máter, alguns nervos cranianos e os vasos apresentam sensibilidade. Essa inervação explica a origem de diferentes tipos de cefaleias, inclusive as causadas por hipertensão intracraniana, como nos casos de tumores cerebrais. Como o tecido cerebral pode ser manipulado sem o aparecimento de dor, por não ter terminações nervosas, certas cirurgias intracranianas podem ser realizadas sob anestesia local do couro cabeludo e do epicrânio. A incisão da dura-máter é insensível, porém sua tração ou compressão provocam fenômenos dolorosos.

A vascularização arterial da dura-máter é realizada principalmente pela artéria meníngea média (Figura 7.5), ramo da artéria maxilar do sistema carotídeo externo, ao penetrar no crânio pelo forame espinhoso. Essa irrigação é importante, e a ruptura desses vasos pode provocar um hematoma, como descreveremos mais adiante em "Aplicação clínica".

O folheto externo corresponde ao periósteo, permanecendo aderido à face interna do crânio. Com o avançar da idade, essa adesão torna-se mais evidente, dificultando sua separação. Apesar de não formar calo ósseo, como o periósteo de outras regiões, tem importante função no fechamento de falhas ósseas. O folheto interno está aderido

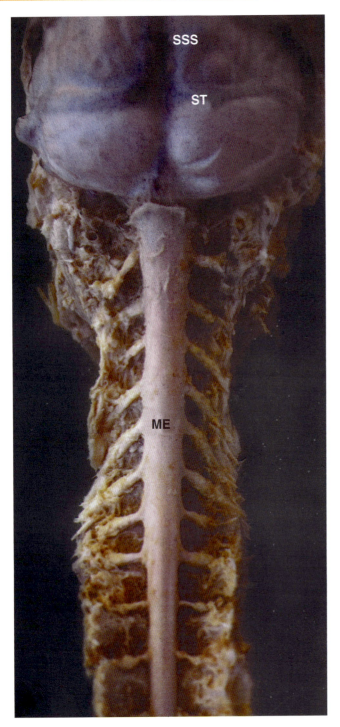

FIGURA 7.4 Visão posterior do encéfalo e da medula espinal (ME) recobertos pela dura-máter. Observam-se os seios sagital superior (SSS) e transverso (ST).

ao externo, mas, em certas áreas, projeta-se para formar as estruturas chamadas **pregas da dura-máter** (Figuras 7.6 e 7.7) em número de cinco, que são as seguintes:

a) **foice do cérebro**;
b) **tenda do cerebelo**;
c) **foice do cerebelo**;
d) **diafragma da sela túrcica**; e
e) **cavo trigeminal**.

A foice do cérebro é um septo que separa parcialmente os dois hemisférios cerebrais no plano sagital, localizado no eixo anteroposterior na fissura longitudinal do cérebro. Inicia-se anteriormente ao nível da *crista galli*, indo posteriormente até a protuberância occipital interna. Sua porção anterior é mais estreita que a posterior; esta última ocupa toda a extensão da linha mediana da tenda do cerebelo, no nível do seio reto. Superiormente à foice do cérebro, situa-se o seio sagital superior, que se dirige à confluência dos seios, e, inferiormente, o seio sagital inferior, que se dirige ao seio reto. A foice do cérebro apresenta normalmente pequenas falhas na sua extensão. É relativamente comum a calcificação da foice do cérebro em adultos, facilmente visualizada em tomografias computadorizadas e, até mesmo, em exames radiológicos simples.

A tenda do cerebelo, ou **tentório**, separa parcialmente, no plano horizontal, o conteúdo da fossa posterior do restante da cavidade intracraniana. As estruturas situadas abaixo do tentório são chamadas "infratentoriais", e as situadas acima, supratentoriais. Essa denominação é muito empregada em clínica médica. O tentório apresenta sua porção mediana mais elevada, em relação às inserções lateroposteriores, por onde passa o seio reto em direção à confluência dos seios. Posteriormente, o tentório se insere no nível da confluência dos seios e dos seios transversos. Lateralmente, está fixado à parte petrosa do osso temporal sobre o seio petroso superior. Anteriormente, duas bordas livres, curvas, com convexidade posterior, chamadas **incisuras tentoriais**, permitem a passagem das estruturas do mesencéfalo e diencéfalo, havendo comunicação entre os compartimentos infra e supratentoriais. As incisuras tentoriais se dirigem aos processos clinóideos anteriores e posteriores do osso esfenoide para fixação. Acima do tentório, situam-se os lobos occipitais e, abaixo, o cerebelo.

A foice do cerebelo é um septo formado pelo folheto interno da dura-máter que separa parcialmente os dois hemisférios cerebelares nas suas partes posteriores, a partir do seio occipital, tendo como limite superior o tentório. O seio occipital dirige-se superiormente, no plano sagital, à confluência dos seios.

A sela túrcica é o local onde se aloja a glândula hipófise, que, por meio do infundíbulo e do túber cinéreo, comunica-se com o hipotálamo. O diafragma, ou tenda da sela túrcica, separa esse compartimento do restante da cavidade intracraniana, no plano horizontal, com inserção lateral nos processos clinóideos anteriores e posteriores, anterior no tubérculo da sela e posterior no dorso selar. Lateralmente, o diafragma selar continua com a parede lateral do seio cavernoso. Existe um orifício de passagem do infundíbulo. Os tumores localizados na sela túrcica (adenomas da hipófise) podem ser abordados, superiormente, por acesso transcraniano ou, inferiormente,

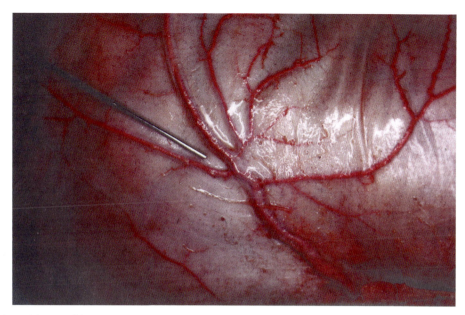

FIGURA 7.5 Visão lateral do encéfalo recoberto pela dura-máter. A agulha aponta para os ramos da artéria meníngea média, injetada com látex vermelho.

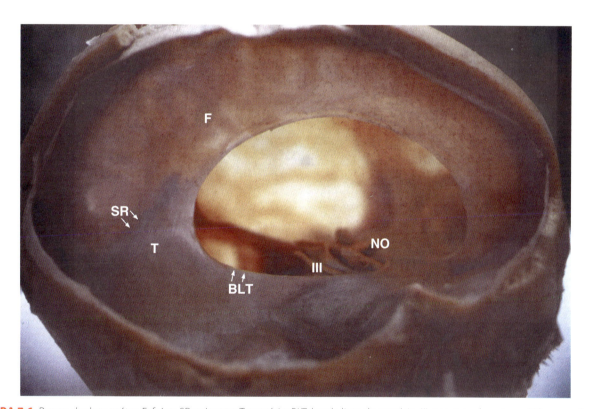

FIGURA 7.6 Pregas da dura-máter. F: foice; SR: seio reto; T: tentório; BLT: borda livre do tentório; III: nervo oculomotor; e NO: nervo óptico.

por acesso transesfenoidal. Nesse caso, a remoção pode ser realizada sem abertura da região intracraniana propriamente dita.

O gânglio sensorial do nervo trigêmeo (gânglio de Gasser) localiza-se sobre a parte petrosa do osso temporal, em uma depressão rasa chamada "impressão trigeminal". O folheto interno da dura-máter recobre esse gânglio, acompanhando os três ramos do nervo trigêmeo no sentido anterior, como três dedos de luva. A cobertura desse gânglio pela dura-máter é chamada "cavo trigeminal". Anterior e superiormente, a dura-máter forma o seio cavernoso.

O folheto interno, ao se projetar para formar as pregas da dura-máter, delimita os seios da dura-máter, que serão descritos no Capítulo 24, *Vascularização do Sistema Nervoso Central*.

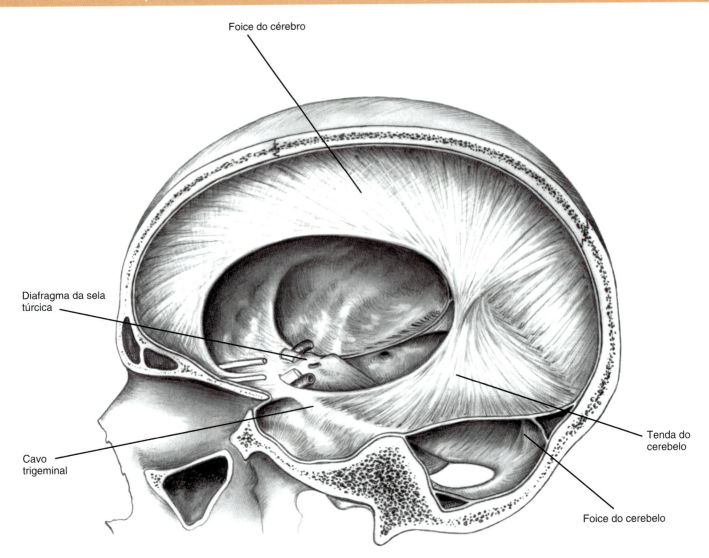

FIGURA 7.7 Pregas da dura-máter.

APLICAÇÃO CLÍNICA

As meninges têm importante função de proteção mecânica do sistema nervoso central. Como existe liquor ou líquido cérebro-espinhal no espaço subaracnóideo, uma ruptura meníngea, seja por etiologia traumática, seja por outras causas, provoca a **fístula liquórica**. Nesse caso há saída de liquor e, ao mesmo tempo, contaminação com possibilidade de infecção (**meningite**). Frequentemente, a ruptura meníngea faz comunicação com um seio da face, possibilitando que o liquor saia pela cavidade nasal (rinorreia). As infecções das meninges podem ocorrer também por via sanguínea ou mesmo por contiguidade, nos casos de infecções de áreas próximas. As meningites causam cefaleia, febre, náuseas, vômitos e rigidez de nuca. O diagnóstico é realizado por exame do liquor, que pode demonstrar a presença de bactérias, além de outras alterações. Esse exame afasta a possibilidade de outra doença com sinais e sintomas semelhantes, chamada **hemorragia subaracnóidea** e descrita no Capítulo 8,

Líquor, que ocorre por sangramento no espaço subaracnóideo após ruptura de um aneurisma em uma artéria localizada no círculo arterial do cérebro (polígono de Willis).

Os tumores que se originam das meninges são chamados **meningiomas**, com aspecto homogêneo e plano e diferenciados nitidamente do tecido nervoso (Figura 7.8). Com o crescimento progressivo, os meningiomas podem causar sinais e sintomas muito variáveis e compatíveis com as áreas do sistema nervoso comprometidas. Raramente esses tumores são malignos, e a remoção cirúrgica total, quando possível, leva à cura da doença.

Atualmente, o traumatismo cranioencefálico vem se tornando cada vez mais frequente devido aos acidentes automobilísticos. As meninges e o liquor diminuem as possibilidades de lesões encefálicas. Nos casos mais graves, ocorrem contusões e sangramentos ou hemorragias, que, localizados, são chamados "hematomas", podendo ocorrer no nível das meninges.

O **hematoma subdural**, como o próprio nome indica, localiza-se entre a dura-máter e a aracnoide e, nos casos

Capítulo 7 • Meninges 67

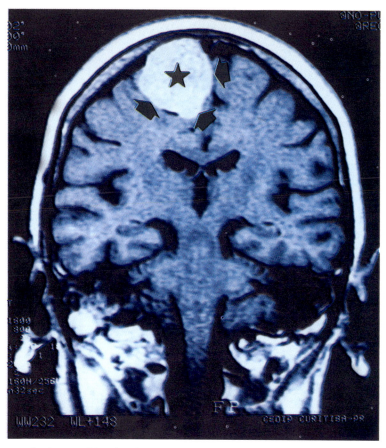

FIGURA 7.8 Exame de ressonância magnética de crânio em corte coronal mostrando um meningioma (★) e seus limites (setas).

de formação aguda, apresenta prognóstico grave, pois geralmente se associa a lesão encefálica. Os hematomas subdurais crônicos, que ocorrem principalmente em pessoas de idade avançada, aumentam progressivamente e, ao contrário dos agudos, têm consistência mais líquida. A remoção por neurocirurgia desses hematomas possibilita, geralmente, uma evolução favorável.

O **hematoma extradural** merece atenção especial, pois o erro em seu diagnóstico pode ser fatal. Como, em geral, não há lesão encefálica associada, o paciente com perda de consciência inicial pode chegar ao hospital perfeitamente consciente e orientado. Deve-se ter muito cuidado na avaliação, pois o hematoma extradural evolui muito rapidamente e pode levar o paciente a óbito em poucas horas. A artéria meníngea média e seus ramos, após a passagem pelo forame espinhoso, transitam por sulcos no crânio, sendo facilmente lesionados em fraturas de crânio na região temporal. O exame radiológico simples de crânio pode demonstrar a fratura, mas é o exame de tomografia computadorizada que evidencia o hematoma (Figura 7.9). O tratamento cirúrgico, realizado a tempo, permite uma recuperação total.

As pregas da dura-máter formam verdadeiros septos na região intracraniana e determinam diferentes compartimentos. Em casos de patologias que provocam efeito de massa, isto é, causam aumento de pressão, ao empurrar as estruturas intracranianas, podem ocorrer as **hérnias intracranianas**. Nos casos em que há aumento da pressão lateralmente na região supratentorial, isto é, com efeito de massa de um lado para o outro, podem ocorrer as hérnias subfalcina e do úncus.

Na **hérnia subfalcina**, há passagem de tecido do giro do cíngulo e de estruturas do diencéfalo de um lado para o outro por baixo da foice do cérebro. Esse tipo de desvio acontece em diversas situações, como nos tumores cerebrais hemisféricos, situação em que é facilmente visualizado nos exames de tomografia computadorizada e de ressonância magnética.

A **hérnia do úncus** ocorre em situações graves, como nos hematomas sub e extradurais, com passagem de parte do lobo temporal no nível do úncus pela borda livre do tentório, provocando compressão do mesencéfalo. De forma rapidamente progressiva, instala-se um estado de coma, que se aprofunda por alteração das vias reticulocorticais que fazem a ativação cerebral. A compressão do nervo oculomotor causa dilatação pupilar homolateral, provocando anisocoria (assimetria das pupilas) unilateral, com a pupila tornando-se arreativa à luz (ausência de reflexo fotomotor). Esse quadro clínico, com estado de coma e midríase arreativa, é um sinal de extrema gravidade, revelando possível evolução para morte encefálica.

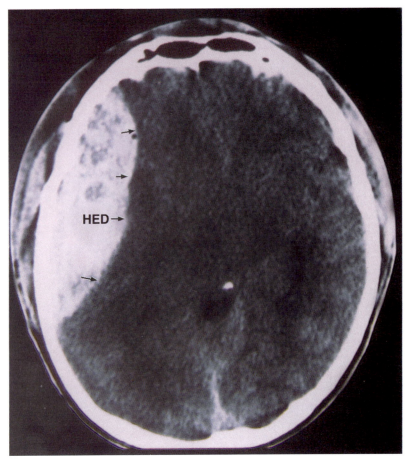

FIGURA 7.9 Exame de tomografia computadorizada de crânio mostrando um hematoma extradural (HED) comprimindo o cérebro (*setas*).

A **hérnia das tonsilas** (amígdalas) do cerebelo causa compressão na porção inferior do bulbo, com o deslocamento para o forame magno do osso occipital. Nos quadros de hipertensão intracraniana, há tendência de ocorrer esse tipo de hérnia, sendo totalmente contraindicada a punção lombar. A retirada de liquor da cisterna lombar, diminuindo a pressão no espaço subaracnóideo do canal vertebral, facilita o deslocamento das estruturas intracranianas inferiormente pelo forame magno. A hérnia das tonsilas é causa frequente de morte súbita por parada respiratória, devido à compressão do centro respiratório no bulbo.

BIBLIOGRAFIA COMPLEMENTAR

Baka JJ, Spickler EM. Normal imaging anatomy of the suprasellar cistern and floor of the third ventricle. **Semin Ultrasound CT MR** 1993, 14(3):195-205.

Bevacqua BK, Haas T, Brand F. A clinical measure of the posterior epidural space depth. **Reg Anesth** 1996, 21(5):456-460.

Brasil AV, Schneider FL. Anatomy of Liliequist's membrane. **Neurosurgery** 1993, 32(6):956-960.

Brunori A, Vagnozzi R, Giuffre R. Antonio Pacchioni (1665-1726): early studies of the dura mater. **J Neurosurg** 1993, 78(3):515-518.

Ferreri AJ, Garrido SA, Markarian MG, Yanez A. Relationship between the development of diaphragma sellae and the morphology of the sella turcica and its content. **Surg Radiol Anat** 1992, 14(3):233-239.

Fox RJ, Walji AH, Mielke B *et al*. Anatomic details of intradural channels in the parasagittal dura: a possible pathway for flow of cerebrospinal fluid. **Neurosurgery** 1996, 39(1):84-90.

Greenberg RW, Lane EL, Cinnamon J *et al*. The cranial meninges. Anatomic considerations. **Semin Ultrasound CT MR** 1994, 15(16):454-465.

Groen GJ. The innervation of the spinal dura mater: anatomy and clinical implications. **Acta Neurochir** (Wien) 1988, 92:39-46.

Mawera G, Asala SA. The function of arachnoid villi/granulations revisited. **Cent Afr J Med** 1996, 42(9):281-284.

Meltzer CC, Fukui MB, Kanal E *et al*. MR imaging of the meninges. Part 1. Normal anatomic features and nonneoplastic disease. **Radiology** 1996, 201(2):297-308.

Mollgard K, Beinlich FRM, Kusk P *et al*. A mesothelium divides the subaracnoid space into funcional compartments. **Science** 2023, 379:84-88

Plaisant O, Sarrazin JL, Cosnard G *et al*. The lumbar anterior epidural cavity: the longitudinal ligament, the anterior ligament of the dura mater and the anterior internal vertebral venous plexus. **Acta Anat Basel** 1996, 155(4):274-281.

Ramina R, Coelho MN, Fernandes YB *et al*. Meningiomas of the jugular foramen. **Neurosurgical Review** 2006, 29:55-60.

Wiltse LL, Fonseca AS, Amster J *et al*. Relationship of the dura, Hofmann's ligaments, Batson's plexus, and a fibrovascular membrane lying on the posterior surface of the vertebral bodies and attaching to the deep layer of the posterior longitudinal ligament. An anatomical radiologic, and clinical study. **Spine** 1993, 18(8):1030-1043.

Liquor

Murilo S. Meneses • Ana Paula Bacchi de Meneses

INTRODUÇÃO

O liquor, também chamado "líquido cefalorraquidiano" ou "líquido cérebro-espinhal", apresenta classicamente o aspecto de água de rocha, isto é, incolor, límpido e translúcido. Esse líquido está presente nas cavidades ventriculares do encéfalo e no espaço subaracnóideo em volta da medula espinal e do encéfalo. É produzido pelos plexos coroides nas cavidades ventriculares e absorvido pelas granulações aracnoides para os seios da dura-máter e, consequentemente, para a corrente sanguínea. Sua produção média é de 0,35 mℓ/minuto em um adulto, ou 500 mℓ/dia. As cavidades ventriculares e o espaço subaracnóideo contêm cerca de 150 mℓ de liquor, que se renovam 3 ou 4 vezes/dia.

O liquor apresenta várias funções. O fluxo existente dos ventrículos para o sangue promove a remoção de diferentes metabólitos. Como o liquor do espaço subaracnóideo envolve o sistema nervoso central, o encéfalo flutua nesse meio, formando uma proteção mecânica contra os traumatismos cranianos. Devido a esse mecanismo, o peso efetivo do encéfalo é reduzido a aproximadamente 50 g. O liquor contém anticorpos e leucócitos, o que auxilia a defesa contra agentes e microrganismos externos.

A constituição do liquor é diferente da do soro. A quantidade de proteínas do liquor é muito menor, em média 35 mg/dℓ, ao passo que a do soro é de 7.000 mg/dℓ. A glicose média do liquor é de 60 mg/dℓ, e a do soro, de 90 mg/dℓ. A concentração média de cloretos no liquor é de 119 mEq/ℓ e, no soro, de 102 mEq/ℓ. O pH do liquor é ligeiramente inferior (7,33) que o do soro (7,41). Entretanto, a osmolaridade (295 mOsm/ℓ) e a concentração de sódio (138 mEq/ℓ) são semelhantes. A pressão normal do liquor varia entre 5 e 15 mmHg, ou 70 e 200 cmH$_2$O.

Uma variação anatômica com cavidade no nível do septo pelúcido (*cavum vergae*) é considerada por alguns autores como o quinto ventrículo.

VENTRÍCULOS

Existem quatro cavidades no encéfalo revestidas de tecido ependimário, que contêm liquor e são chamadas "ventrículos" (Figura 8.1). Os dois **ventrículos laterais** encontram-se nos hemisférios cerebrais e têm forma de ferradura. O ventrículo lateral (Figura 8.2) apresenta uma parte central (corpo) e três cornos: anterior ou frontal, posterior ou occipital e inferior ou temporal. O corno frontal é mais volumoso e situa-se anteriormente ao forame interventricular, inferiormente ao corpo caloso, lateralmente ao septo pelúcido, posteriormente ao joelho do corpo caloso e medial e superiormente à cabeça do núcleo caudado. A parte central do ventrículo lateral situa-se posteriormente ao forame interventricular, anteriormente ao esplênio do corpo caloso, superior e medialmente ao núcleo caudado, à estria terminal e ao tálamo, lateralmente ao fórnix e ao septo pelúcido e inferiormente ao corpo caloso. O corno occipital é afilado, com aproximadamente 1,45 cm de extensão, e termina em fundo de saco, passando pelas fibras do corpo caloso. Apresenta duas elevações medialmente: o bulbo e o *calcar avis*. Lateralmente, passam as radiações talâmicas visuais. O corno temporal dirige-se inferior e anteriormente, situando-se abaixo da cauda do núcleo caudado, de parte do complexo amigdaloide e da substância branca do lobo temporal, e acima da eminência colateral (elevação longitudinal sobre o sulco colateral), do hipocampo e da fímbria do hipocampo. A ponta do corno temporal termina 8 a 12 mm atrás do polo temporal. Átrio do ventrículo lateral é a área de transição entre a parte central e os cornos occipital e temporal.

Os ventrículos laterais esquerdo e direito, considerados o primeiro e o segundo ventrículos respectivamente, comunicam-se com o terceiro ventrículo pelos **forames interventriculares**, antigamente chamados "forames de Monro" (Figura 8.3). O tamanho dos ventrículos laterais tem sido tema de vários estudos. O ventrículo lateral esquerdo é, na maioria das vezes, ligeiramente maior que

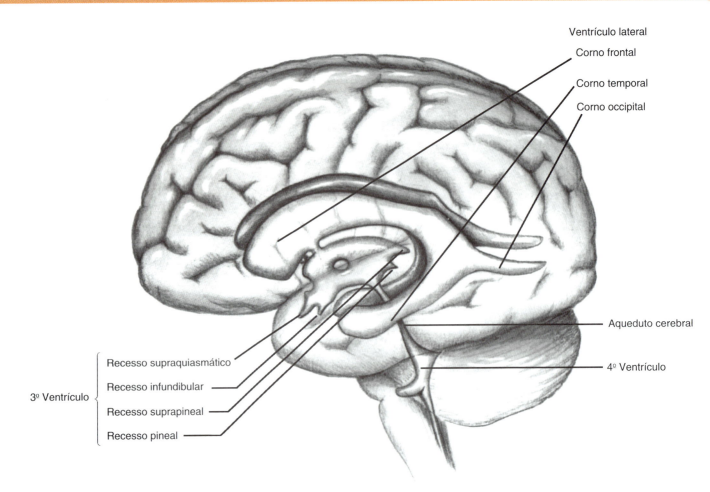

FIGURA 8.1 Ventrículos.

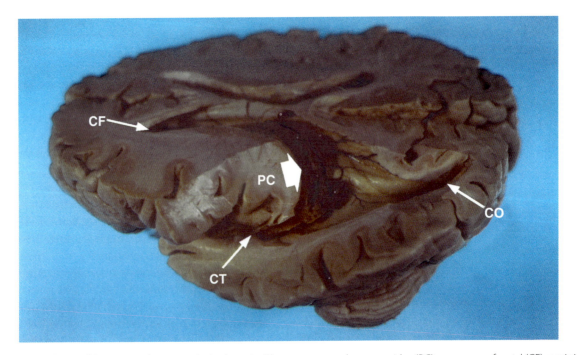

FIGURA 8.2 Corte de encéfalo mostrando os ventrículos laterais. Observam-se os plexos coroides (PC) e os cornos frontal (CF), occipital (CO) e temporal (CT).

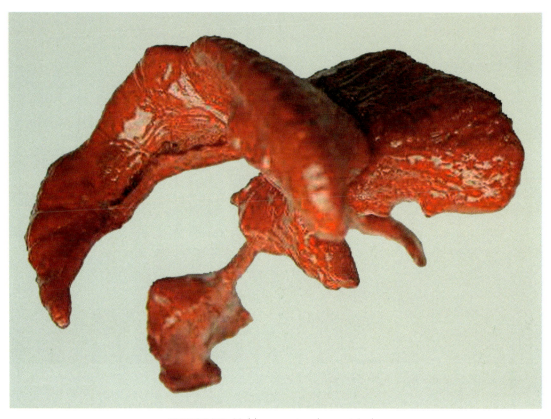

FIGURA 8.3 Molde em resina dos ventrículos.

o direito, sobretudo nos cornos occipitais. Assimetrias mais evidentes são encontradas em 5% das pessoas consideradas normais, com um ventrículo apresentando tamanho evidentemente maior que o outro.

Os forames interventriculares são limitados, anterior e superiormente, pelas colunas do fórnix e, lateral e posteriormente, pelo tubérculo anterior do tálamo. Apresentam uma variação média entre 3 e 5 mm de diâmetro. A região posterior do forame interventricular é o local de drenagem das veias septal, coróidea e talamoestriada para formação da veia cerebral interna que passa sobre o teto do terceiro ventrículo. A veia talamoestriada dirige-se anteriormente no sulco entre o núcleo caudado e o tálamo, no assoalho do ventrículo lateral.

O **terceiro ventrículo** é uma cavidade ímpar e mediana (Figura 8.4), com dimensões nos eixos anteroposterior e vertical maiores que no eixo lateral. Comunica-se, superiormente, com os ventrículos laterais pelos forames interventriculares e, inferiormente, com o quarto ventrículo pelo aqueduto cerebral. O teto é formado pela tela coroide, com inserções laterais nas estrias medulares do tálamo, situadas entre os forames interventriculares e a comissura das habênulas. O assoalho é formado pelo quiasma óptico, túber cinéreo e infundíbulo, corpos mamilares, substância perfurada posterior e parte superior do tegmento do mesencéfalo. A parede anterior é formada pela lâmina terminal, fina membrana situada entre o quiasma óptico e a comissura anterior. A parede posterior é formada pelo corpo pineal, comissura das habênulas e comissura posterior. As paredes laterais são formadas, acima, pelo tálamo e, abaixo, pelo hipotálamo. O sulco hipotalâmico faz a divisão entre essas duas estruturas e passa do forame interventricular ao aqueduto cerebral. Entre os dois tálamos existe uma pequena ponte, a aderência intertalâmica, sem significado funcional. Existem quatro recessos no terceiro ventrículo (Figura 8.5): dois anteriores, recessos supraóptico e infundibular, e dois posteriores, recessos pineal e suprapineal.

O **aqueduto cerebral** (ver Figura 15.2) comunica o terceiro ventrículo com o quarto, passando pelo mesencéfalo, com um trajeto médio de 16,1 mm. Seu diâmetro, no nível do terceiro ventrículo, é de aproximadamente 1 mm e dirige-se inferiormente, passando anteriormente ao teto mesencefálico.

O **quarto ventrículo** (fossa romboide) (ver Figura 10.5) é uma cavidade situada posteriormente à ponte e à porção alta do bulbo e anteriormente ao cerebelo. Apresenta dois recessos laterais, que fazem comunicação com o espaço subaracnóideo pelas aberturas laterais (forames de Luschka), e uma abertura mediana (forame de Magendie), que comunica o quarto ventrículo à cisterna magna e, consequentemente, ao espaço subaracnóideo. Inferiormente, um espaço virtual, chamado "canal central do bulbo", é a continuação embriológica do quarto ventrículo. O teto do quarto ventrículo é formado pelo véu medular superior, pela tela coroide do quarto ventrículo e pelo véu medular inferior, encontrando-se posteriormente às estruturas do cerebelo.

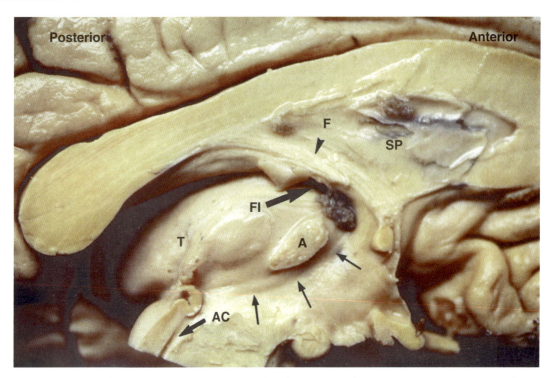

FIGURA 8.4 Corte sagital do encéfalo mostrando o terceiro ventrículo. Observam-se o fórnix (F), o septo pelúcido (SP), o forame interventricular (FI), a aderência intertalâmica (A), o tálamo (T), o sulco hipotalâmico (setas) e o aqueduto cerebral (AC).

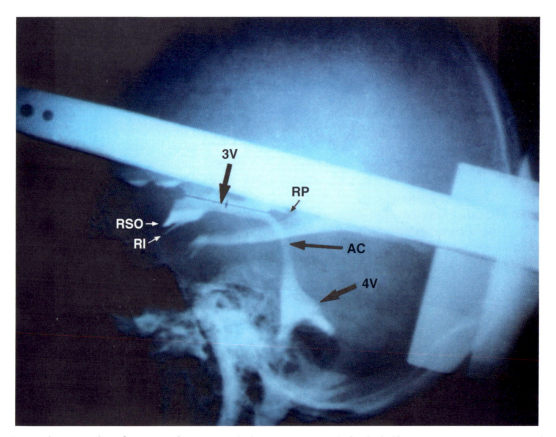

FIGURA 8.5 Exame de ventriculografia mostrando o terceiro (3V) e o quarto ventrículos (4V). Observam-se os recessos supraóptico (RSO), infundibular (RI) e pineal (RP), e o aqueduto cerebral (AC).

O assoalho do quarto ventrículo é formado pela parte posterior da ponte e porção alta do bulbo, apresentando uma série de elementos anatômicos, que serão descritos no Capítulo 10, *Tronco do Encéfalo*.

PLEXO COROIDE

O liquor é produzido principalmente pelos plexos coroides existentes nos ventrículos, e em menor quantidade no espaço subaracnóideo, e pelos espaços perivasculares. O plexo coroide é formado por capilares da pia-máter, envolvidos em epitélio cuboide ou colunar no nível da parede ependimária dos ventrículos. O plexo coroide também é responsável pelo transporte ativo de metabólitos para fora do sistema nervoso em direção à corrente sanguínea.

Na fissura transversa do cérebro, a pia-máter passa entre o fórnix e o tálamo, e forma, com o epêndima, o plexo coroide no nível da parte central do ventrículo lateral. Há um prolongamento em direção ao forame interventricular para o terceiro ventrículo e, posteriormente, para o corno temporal. No nível do átrio do ventrículo lateral, o plexo coroide é mais volumoso, sendo chamado "glomo coróideo", e, no adulto, frequentemente se calcifica.

Os plexos coroides seguem posteriormente de cada forame interventricular até o recesso suprapineal, ocupando toda a extensão do teto do terceiro ventrículo.

O plexo coroide do quarto ventrículo não tem relação direta com o dos outros ventrículos. Pode ser subdividido em duas estruturas longitudinais superiores e inferiores e duas transversas, que se dirigem cada uma para os recessos laterais.

ESPAÇO SUBARACNÓIDEO

O liquor produzido nas cavidades ventriculares passa para o espaço subaracnóideo pela abertura mediana e pelas aberturas laterais do quarto ventrículo em direção à cisterna magna. Dessa cisterna, o liquor circula em volta da medula espinal e do encéfalo até ser absorvido no nível das granulações aracnoides existentes nos seios da dura-máter, passando à circulação sanguínea. Aproximadamente 75 mℓ de liquor circulam no espaço subaracnóideo do canal vertebral, e 25 mℓ, na região intracraniana.

Em várias regiões do espaço subaracnóideo, formam-se locais que contêm uma quantidade maior de liquor, pelo afastamento existente entre a pia-máter e a aracnoide, chamados **cisternas** (Figura 8.6). Entre outras, como a hipofisária, da fissura transversa, da lâmina terminal, do sulco lateral e a pericalosa, são as seguintes as principais cisternas:

a) cisterna lombar;
b) cisterna cerebelomedular ou magna;
c) cisterna cerebelopontina ou do ângulo pontocerebelar;
d) cisterna pontina;
e) cisterna interpeduncular;
f) cisterna *ambiens* ou superior; e
g) cisterna optoquiasmática.

A cisterna lombar localiza-se abaixo da medula espinal, entre o nível intervertebral L1 a L2 e S2, contém a cauda equina e grande quantidade de liquor. É frequentemente usada para punções lombares por apresentar pouco risco de lesão nervosa.

A cisterna cerebelomedular ou magna limita-se anteriormente pelo bulbo e abertura mediana do quarto ventrículo, superiormente pelo verme cerebelar e pelas porções medianas das tonsilas e, posteriormente, pela dura-máter do osso occipital. Mede, em média, 21 mm no eixo anteroposterior. É utilizada para punção quando a cisterna lombar apresenta alguma contraindicação. A artéria cerebelar posteroinferior e seus ramos passam pela cisterna cerebelomedular.

A cisterna cerebelopontina ou o ângulo pontocerebelar contém em seu interior os nervos facial e vestibulococlear e a artéria cerebelar anteroinferior, limitando-se posteriormente pelo flóculo do cerebelo.

A cisterna pontina e a cisterna interpeduncular são anteriores, respectivamente, à ponte e à fossa interpeduncular.

A cisterna *ambiens* ou superior contém a veia cerebral magna e seus ramos, e encontra-se em posição superior ao verme cerebelar, posterior ao mesencéfalo e inferior ao esplênio do corpo caloso.

A cisterna optoquiasmática situa-se em torno do quiasma óptico.

BARREIRA HEMATENCEFÁLICA

Certas substâncias, quando injetadas na corrente sanguínea, penetram nos tecidos de vários órgãos, mas respeitam o sistema nervoso central. Essa barreira é benéfica para a proteção contra diferentes agressões, mas, ao mesmo tempo, impede que vários medicamentos administrados por via sanguínea sejam eficazes. Existem três compartimentos a considerar: sangue, liquor e sistema nervoso central.

A **barreira hematencefálica** existe no nível das células endoteliais especializadas dos capilares do encéfalo. Projeções dos astrócitos, chamadas "pés astrocitários", mantêm contato com esses capilares. As células endoteliais desses capilares atuam como barreira, impedindo a passagem de certas moléculas e mesmo de íons, principalmente por apresentarem uma união intercelular bem mais intensa e uma alta resistência elétrica, se comparadas com as células endoteliais periféricas. Além disso, nessas células existe um bom transporte transcelular de componentes, enquanto, nas do sistema nervoso, esse mecanismo não existe. Em algumas regiões do encéfalo,

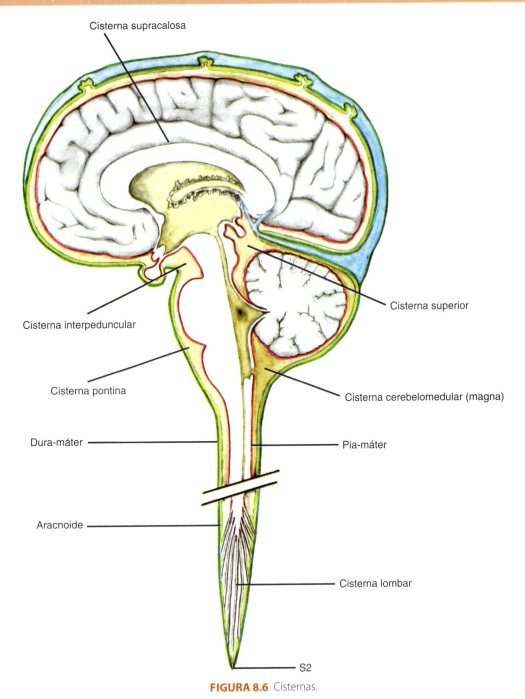

FIGURA 8.6 Cisternas.

como a neuro-hipófise, essa barreira não existe, mas é compensada por outros sistemas.

A formação de liquor pelos plexos coroides ocorre por filtração capilar e uma secreção epitelial ativa. A **barreira hematoliquórica** existe no nível das células epiteliais que compõem os plexos coroides, utilizando um transporte ativo. Como demonstrado na introdução deste capítulo, existem diferenças na constituição do plasma sanguíneo e do liquor devido à barreira hematoliquórica, havendo, porém, um equilíbrio osmótico.

O liquor permanece em equilíbrio com o líquido extracelular do sistema nervoso central, com mesmo pH e uma constituição química semelhante.

APLICAÇÃO CLÍNICA

Os aneurismas intracranianos são malformações arteriais que ocorrem pela existência, geralmente congênita, de um defeito na parede do vaso. Com o passar do tempo, uma dilatação localizada se desenvolve, em geral nas bifurcações das artérias do círculo arterial do cérebro. Pela localização desses vasos, a ruptura de um aneurisma provoca uma **hemorragia subaracnóidea**, isto é, um sangramento nas cisternas e espaço que contêm liquor. O quadro clínico é súbito e apresenta classicamente cefaleia, náuseas, vômitos e rigidez de nuca. O diagnóstico diferencial deve ser feito com **meningite**. Em geral, a hemorragia tem início mais súbito, e a meningite causa maior alteração do estado geral, com febre alta.

Um exame de imagem, como a tomografia computadorizada, demonstra a existência de sangue nas cisternas subaracnoides e afasta outros diagnósticos, como hematomas e tumores. O exame do liquor pode demonstrar uma infecção (meningite) pelo aspecto purulento, a presença de microrganismos e alterações na constituição, como aumento das proteínas e dos leucócitos ou diminuição da glicose. A presença de sangue, se não houve acidente na remoção do liquor, confirma a hemorragia subaracnoide e indica a realização de uma arteriografia para diagnóstico e localização do aneurisma e tratamento por microcirurgia ou embolização.

Em diferentes situações, pode ser necessário proceder ao exame do liquor ou aplicar a injeção de substâncias como contraste para exame radiológico, nas mielografias, medicamentos para o tratamento de diferentes doenças e substâncias para as anestesias raquidianas. Com esses objetivos, é realizada a **punção lombar**. Uma agulha é introduzida na linha mediana da região lombar, entre os processos espinhosos das vértebras situadas entre L2 e o sacro, com cuidados de assepsia para evitar contaminação. A cisterna lombar contém grande quantidade de liquor, e não há risco de lesão medular se a punção for realizada abaixo do cone medular. Nos casos de dificuldade ou impossibilidade de punção, pode-se optar pela **punção suboccipital**, na cisterna magna. Deve-se ponderar a necessidade e os riscos desse procedimento pela possibilidade de lesão do bulbo ou de vasos arteriais. A hipertensão intracraniana é uma contraindicação da punção lombar.

A produção do liquor é constante e, em certos casos, pode ocorrer dificuldade de absorção nas granulações aracnoides decorrentes, por exemplo, de uma meningite ou hemorragia subaracnoide. Em outras circunstâncias, há absorção normal, mas uma obstrução da circulação por tumor, cisto ou outras doenças provoca acúmulo de liquor e dilatação dos ventrículos (Figura 8.7). Nesses casos ocorre uma **hidrocefalia**, chamada "comunicante", no primeiro caso, e não comunicante, no segundo. A hidrocefalia causa, em crianças que não apresentam fechamento das suturas cranianas, um aumento da pressão intracraniana e do perímetro cefálico. Quando já houve o fechamento dessas suturas, o aumento da pressão intracraniana é mais rápido, com sinais e sintomas de cefaleia, náuseas, vômitos e edema da papila do nervo óptico no exame de fundo de olho (síndrome de hipertensão intracraniana). Esse quadro, se não tratado, evolui para sonolência, estado de coma e óbito por parada respiratória devido a uma hérnia das tonsilas cerebelares no forame magno e compressão do centro respiratório do bulbo. Em pacientes mais idosos, pode ocorrer um tipo de dilatação ventricular crônica, chamada "hidrocefalia de pressão normal" (síndrome de Hakim-Adams), que evolui para dificuldade da marcha, incontinência urinária e demência. A hidrocefalia é tratada

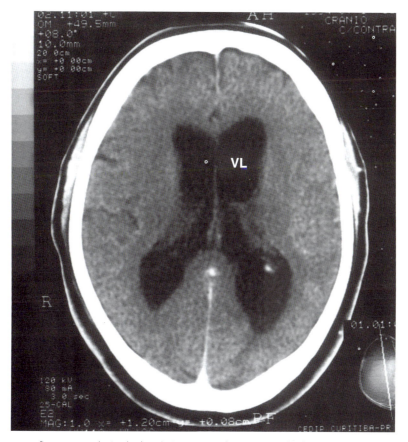

FIGURA 8.7 Exame de tomografia computadorizada de crânio mostrando os ventrículos laterais dilatados (VL) em um caso de hidrocefalia.

por uma cirurgia de derivação do liquor dos ventrículos para a cavidade peritoneal ou átrio cardíaco, com interposição de uma válvula que regula a pressão acima da qual o liquor deve passar.

BIBLIOGRAFIA COMPLEMENTAR

Baka JJ, Spickler EM. Normal imaging anatomy of the suprasellar cistern and floor of the third ventricle. **Semin Ultrasound CT MRI** 1993, 14(3):195-205.

Creissard P, Meneses MS, Van der Linden H. Indicações operatórias dos aneurismas intracranianos após rotura. **Neurobiol** (Recife) 1985, 48(1):39-58.

Grosman H, Stein M, Perrin RC et al. Computed tomography and lateral ventricular asymetry: clinical and brain structural correlates. **Can Assoc Radiol J** 1990, 41(6):342-346.

Heckers S, Heisen H, Heinsen YC et al. Limbic structures and lateral ventricle in schizophrenia. A quantitative postmortem study. **Arch Gen Psychiatry** 1990, 47(11):1016-1022.

Johnson LA, Pearlman JD, Miller CA et al. MR quantification of cerebral ventricular volume using a semiautomated algorithm. **AJNR Am J Neuroradiol** 1993, 14(6):1373-1378.

Lang J. Topographic anatomy of preformed intracranial spaces. **Acta Neurochir Suppl (Wien)** 1992, 54:1-10.

Lang J Jr, Ohmachi N, Lang Sr J. Anatomical landmarks of the rhomboid fossa (floor of the 4th ventricle), its length and its width. **Acta Neurochir (Wien)** 1991, 113(1-2):84-90.

Meneses MS, Kelly PJ. Microcirurgia estereotáxica para remoção radical de cistos coloides do terceiro ventrículo. **Arq Bras Neurocirurg** 1992, 11(2):69-75.

Meneses MS, Ramina R, Prestes AC et al. Morfina intraventricular para dores de neoplasias malignas. **Rev Med Paraná** 1991, 48(1-4):8-10.

Saliba E, Bertrand P, Gold F et al. Area of lateral ventricles measured on cranial ultrasonography in preterm infants: reference range. **Arch Dis Child** 1990, 65(10):1029-1032.

Vinas FG, Fandino R, Dujovny M et al. Microsurgical anatomy of the supratentorial arachnoidal trabecular membranes and cisterns. **Neurol Res** 1994, 16(6):417-424.

9 Medula Espinal

Jerônimo Buzetti Milano • Murilo S. Meneses

INTRODUÇÃO

A medula espinal (ME) faz parte do sistema nervoso central e corresponde à porção caudal do tubo neural, apresentando poucas modificações no seu desenvolvimento embriológico. O canal central com células ependimárias é virtual. As raízes medulares, assim como os nervos espinais, fazem parte do sistema nervoso periférico. A ME está alojada dentro do canal vertebral, que tem a função de protegê-la. Entretanto, lesões medulares podem ocorrer nos traumatismos da coluna vertebral, como em acidentes automobilísticos. O termo "medula" origina-se de "miolo", devido à sua localização no interior das vértebras.

MACROSCOPIA

A ME é um órgão cilíndrico e longo (Figuras 9.1 e 9.2), situado abaixo do forame magno do osso occipital, onde tem continuidade com o tronco do encéfalo. Não existe uma separação anatômica entre a ME e o tronco do encéfalo, sendo uma linha na altura do forame magno a referência para se determinar o início da ME. Inferiormente ao forame magno, encontram-se as primeiras raízes medulares cervicais, com trajeto horizontal.

Em toda a extensão da ME, existem sulcos no eixo vertical. Na face anterior, a ME apresenta um sulco mais profundo na linha mediana, com cerca de 3 mm, chamado **fissura mediana anterior**. Lateralmente, existem dois **sulcos laterais anteriores**, por onde saem as **raízes medulares anteriores**. Na face posterior, o **sulco mediano posterior**, menos profundo que o anterior, continua com o septo mediano posterior. Os **sulcos laterais posteriores**, localizados de cada lado, são facilmente visualizados no nível da entrada das **raízes medulares posteriores**. Nas regiões cervical e torácica alta, os sulcos intermédios posteriores, entre o sulco mediano posterior e os sulcos laterais posteriores, continuam internamente com os septos intermédios posteriores. Um número variável de radículas, ou filamentos radiculares, forma uma raiz medular anterior ou posterior.

A união de duas raízes medulares, uma anterior e outra posterior, origina o nervo espinal. Existem 31 pares de nervos espinais: oito cervicais, doze torácicos ou dorsais, cinco lombares, cinco sacrais e um coccígeo. Cada par de nervos espinais cervicais passa pelos forames intervertebrais acima da vértebra correspondente, ou seja, do forame intervertebral C2-C3 emerge o nervo espinal C3. O oitavo par de nervos espinais cervicais passa abaixo da sétima vértebra cervical no forame intervertebral C7-T1. Inferiormente, a partir desse nível, os nervos espinais passam sempre abaixo da vértebra correspondente. Com exceção das raízes medulares, a ME não apresenta segmentação interna.

A raiz medular posterior é formada por fibras aferentes que fazem conexão no **gânglio sensorial** (Figura 9.3), o qual é formado pela crista neural e contém neurônios especiais chamados "pseudounipolares".

O desenvolvimento em comprimento da ME é semelhante ao da coluna vertebral até o terceiro mês de vida intrauterina, ocupando toda a extensão do canal vertebral. As raízes medulares apresentam um trajeto horizontal para formarem os nervos espinais e passarem pelos seus forames intervertebrais. A partir desse período, a coluna vertebral apresenta um crescimento mais rápido que a ME, havendo uma **ascensão aparente**, isto é, apesar de a ME continuar crescendo, a sua posição dentro do canal vertebral é cada vez mais superior. Na época do nascimento, a porção inferior da ME situa-se no nível da terceira vértebra lombar e, na idade adulta, no nível do disco intervertebral, entre a primeira e a segunda vértebras lombares. O comprimento médio da ME em adultos é de 45 cm no sexo masculino e de 43 cm no sexo feminino. As raízes medulares, que, no início, eram horizontais, passam, após o desenvolvimento embriológico, a dirigir-se inferiormente de modo mais oblíquo, para atingirem os respectivos forames intervertebrais. Um conjunto de raízes localizadas abaixo da ME apresenta um aspecto de rabo de cavalo, e é chamado **cauda equina** (Figuras 9.4 e 9.5). Devido à ascensão aparente da ME, perde-se a correspondência entre os segmentos medulares e vertebrais. O quarto segmento

FIGURA 9.1 Visão posterior da medula espinal após abertura da dura-máter.

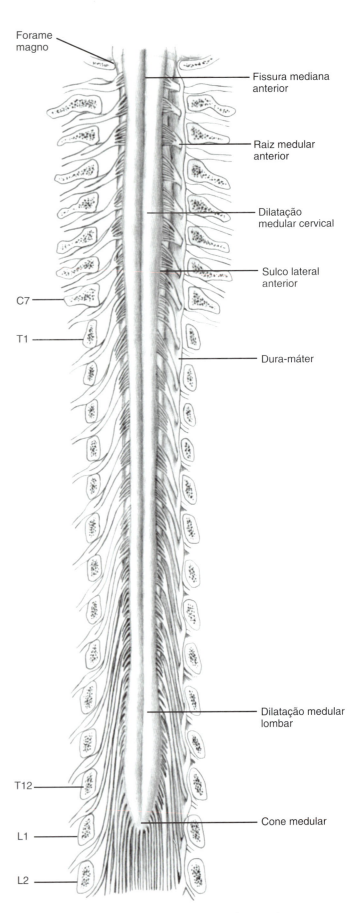

FIGURA 9.2 Visão anterior da medula espinal.

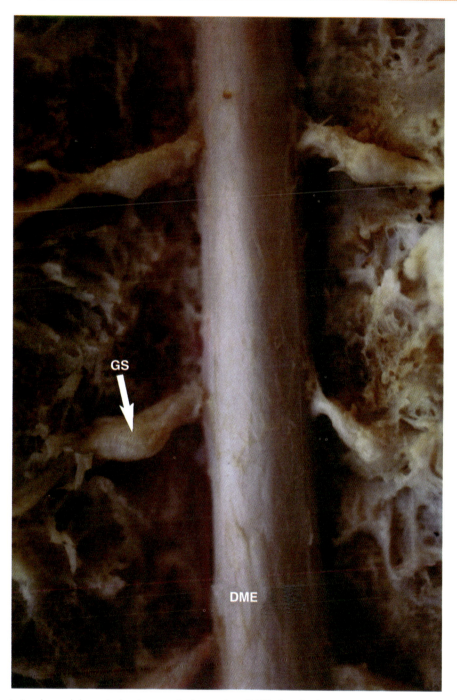

FIGURA 9.3 Visão posterior da medula espinal coberta pela dura-máter (DME). Os gânglios sensoriais (GS) localizam-se na emergência dos nervos espinais.

lombar vertebral, por exemplo, situa-se abaixo da ME, no nível da cauda equina. Uma regra prática para determinar essa relação é descrita em "Aplicação clínica".

O **cone medular** corresponde à porção inferior e terminal da ME, apresentando aspecto afilado. A pia-máter que recobre a ME se prolonga inferiormente, abaixo do cone medular, formando o **filamento terminal**, que é uma estrutura de fixação com aspecto esbranquiçado. No nível da segunda porção do osso sacro (S2), quando termina o saco dural, o filamento terminal penetra na aracnoide e, com a dura-máter, forma o **ligamento da dura-máter**; este, ao se inserir no cóccix, é chamado **ligamento coccígeo** (ver Figura 7.2). Lateralmente, a ME também apresenta estruturas de fixação formadas pela pia-máter, localizadas entre as raízes medulares com aspecto triangular e transparente, que são os **ligamentos denticulados** (Figura 7.3).

Devido à inervação dos membros superiores e inferiores e, consequentemente, à existência de um maior número de neurônios e fibras nervosas nessas áreas, o diâmetro da ME é maior em duas regiões. A dilatação cervical, situada na região cervical (segmentos C5, 6, 7 e 8) e na torácica alta (segmento T1), corresponde à inervação dos membros superiores, com a formação do plexo braquial.

FIGURA 9.4 Visão posterior da parte inferior da medula espinal e da cauda equina, após a abertura da dura-máter.

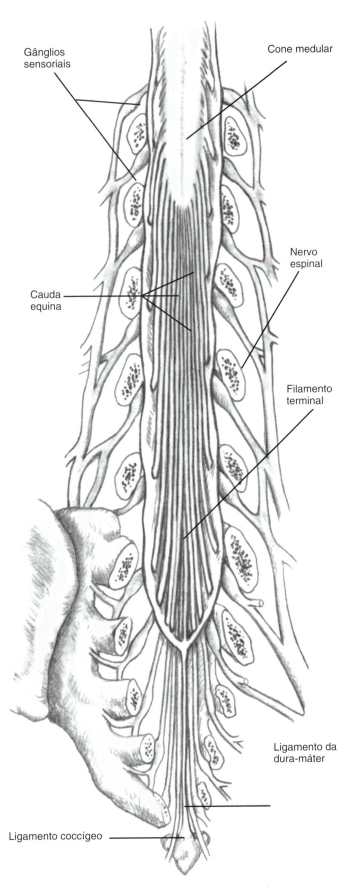

FIGURA 9.5 Região inferior da medula espinal e cauda equina.

A inervação dos membros inferiores é responsável pela existência da dilatação lombar, localizada na região lombossacra (segmentos L1, 2, 3, 4 e 5 e S1 e 2), de onde se origina o plexo lombossacro. O diâmetro médio, no eixo anteroposterior da ME, na região torácica, é de 8 mm e, no eixo laterolateral, de 10 mm. Nas dilatações cervical e lombar, essas medidas são, respectivamente, no eixo anteroposterior, de 9 e 8,5 mm e, no eixo laterolateral, de 13 e 12 mm.

Ao contrário da região intracraniana, a dura-máter espinal não está aderida ao canal vertebral. No **espaço epidural**, ou extradural, existe um tecido adiposo que facilita bastante a manipulação e permite sem dificuldade a dissecção da dura-máter e seu conteúdo do periósteo do canal vertebral. Nesse espaço, além de gordura, encontra-se o **plexo venoso vertebral interno**. As numerosas veias que formam esse plexo comunicam-se com as veias posteriores da pelve, abdome, tórax e do sistema ázigos, e têm grande importância clínica. No **espaço subdural**, entre a dura-máter e a aracnoide, existe pouca quantidade de líquido. No espaço subaracnóideo, entre a aracnoide e a pia-máter, encontra-se grande quantidade de liquor, ou líquido cérebro-espinhal. Como o cone medular encontra-se acima da segunda vértebra lombar e abaixo só existem raízes medulares da cauda equina e o filamento terminal, a cisterna lombar é um local muito utilizado para as punções lombares, como foi descrito no Capítulo 8, *Liquor*.

VIAS E CONEXÕES

A ME é formada por substância branca, externamente, e substância cinzenta, internamente. A substância branca é composta, basicamente, dos axônios dos neurônios situados na substância cinzenta, que vão formar as vias de associação entre diferentes níveis da ME, e as de projeção ascendente e descendente, que fazem a comunicação com o encéfalo.

Em seções horizontais (Figura 9.6), notamos que o aspecto é variável, pois a substância branca vai aumentando nos níveis mais superiores. Além desse fator, a coluna lateral da substância cinzenta da ME existe somente nas regiões torácica e lombar alta.

Substância branca

A substância branca da ME é dividida em toda a sua extensão em três funículos de cada lado, ou seja, anterior, lateral e posterior (Figura 9.7). O **funículo anterior** situa-se entre a fissura mediana anterior e o sulco lateral anterior, local de saída das raízes medulares anteriores. O **funículo lateral** está localizado entre os sulcos laterais anterior e posterior, sendo este último reconhecido pela entrada das raízes medulares posteriores. O **funículo posterior** é limitado pelos sulcos lateral posterior e mediano posterior.

Formam o **fascículo próprio** as vias associativas da ME responsáveis pela associação entre os diferentes

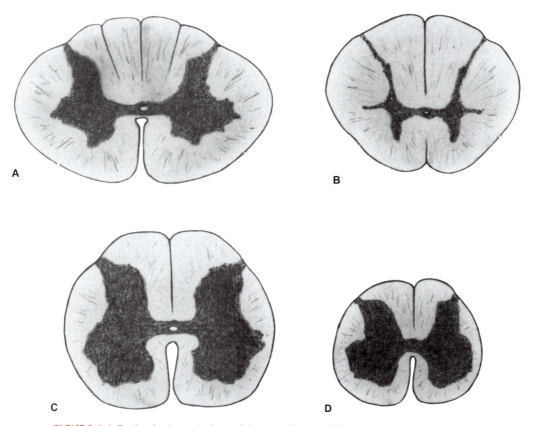

FIGURA 9.6 Seções horizontais da medula espinal cervical (**A**), torácica (**B**), lombar (**C**) e sacra (**D**).

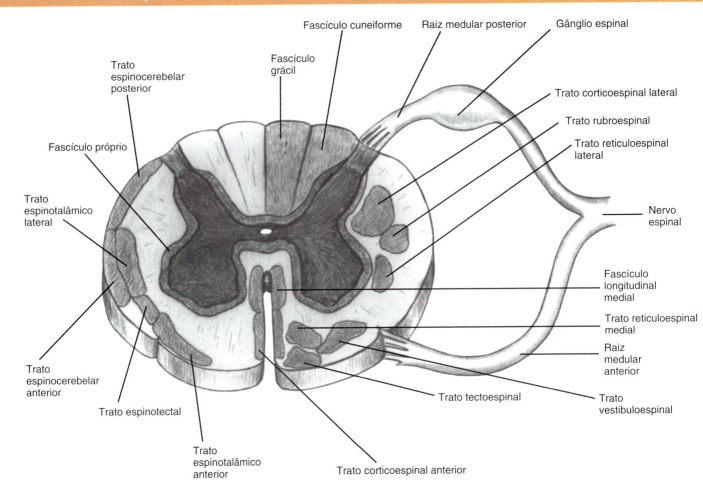

FIGURA 9.7 Substância branca da medula espinal.

segmentos medulares. Como diversas vias longas ocupam os funículos, o fascículo próprio localiza-se em uma pequena faixa em volta da substância cinzenta, no interior da substância branca.

As fibras originadas nos gânglios sensoriais espinais entram pela raiz medular posterior e bifurcam-se em ramos descendentes curtos e ramos ascendentes longos. Os ramos descendentes curtos situam-se próximo à coluna posterior e formam o trato dorsolateral (de Lissauer), fazendo sinapse em neurônios da coluna posterior; os ramos ascendentes longos vão dar origem às vias ascendentes.

São as seguintes as principais vias longas ascendentes:

FUNÍCULO ANTERIOR
a) **trato espinotalâmico anterior**

FUNÍCULO LATERAL
b) **trato espinotalâmico lateral**
c) **trato espinocerebelar anterior**
d) **trato espinocerebelar posterior**

FUNÍCULO POSTERIOR
e) **fascículo grácil**
f) **fascículo cuneiforme**

O trato espinotalâmico anterior é uma via responsável pela condução da sensibilidade tátil grosseira, ou protopática, e da pressão. Fibras oriundas do **gânglio sensorial** formam a raiz medular posterior, que faz conexão com os neurônios da substância cinzenta da **coluna posterior** da ME. A via cruza a linha média pela comissura branca anterior e, ocupando o funículo anterior contralateral, passa a apresentar um trajeto ascendente. Essa via dirige-se ao **tálamo**, no núcleo ventral posterolateral, e, com o trato espinotalâmico lateral, forma o lemnisco espinal, no nível do tronco do encéfalo.

O trato espinotalâmico lateral relaciona-se com a sensibilidade térmica e dolorosa e tem trajeto semelhante ao anterior, mas se localiza no funículo lateral para dirigir-se de modo ascendente ao tálamo (Figura 9.8).

A sensibilidade dolorosa tem grande importância em clínica médica e merece uma atenção especial por se tratar de um fenômeno mais amplo que transcende as alterações do sistema nervoso. A dor é uma percepção sensorial e emocional desagradável, interpretada como uma lesão real ou potencial. A dor tem finalidade biológica, pois avisa sobre riscos potenciais à saúde, criando a necessidade de uma solução. Podemos separar as vias relacionadas com a dor, seguindo uma classificação filogenética, em neoespinotalâmica, a mais recente, e em paleoespinotalâmica, a mais antiga. O trato espinotalâmico lateral é a via mais recente filogeneticamente, tendo

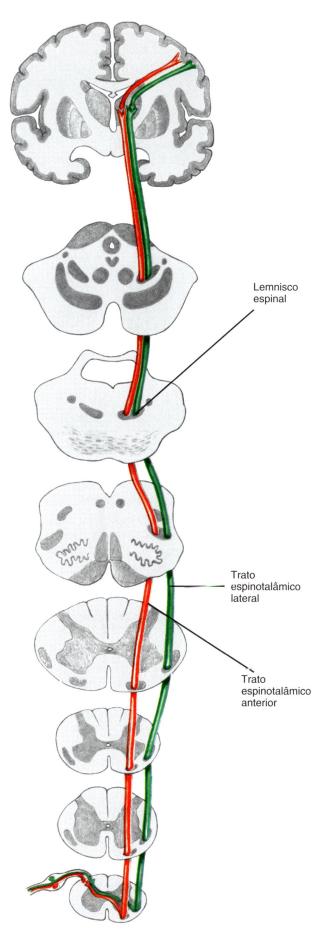

FIGURA 9.8 Tratos espinotalâmicos.

origem nos neurônios pseudounipolares do **gânglio sensorial** espinal. O prolongamento distal desses neurônios tem conexão com as terminações nervosas livres, responsáveis pela recepção das sensibilidades térmica e dolorosa. O prolongamento proximal faz conexão com a substância cinzenta da **coluna posterior** da ME, no nível das lâminas I e V de Rexed (descritas adiante). As fibras cruzam a linha média, em 95% dos casos, pela comissura branca, seguindo pelo funículo lateral de forma ascendente. Essa via une-se ao trato espinotalâmico anterior no nível do tronco do encéfalo, formando o lemnisco espinal, que se dirige ao núcleo ventral posterolateral do **tálamo**. Deste, pelas radiações talâmicas, os impulsos chegam até a área somestésica do **córtex** do giro parietal pós-central, permitindo que as sensibilidades térmica e dolorosa tornem-se conscientes.

A via paleoespinotalâmica, filogeneticamente mais antiga, inicia-se no **gânglio sensorial**, dirigindo-se à substância cinzenta da ME, em um nível situado entre as lâminas VI e IX de Rexed. Após essa conexão, um contingente de cerca de 10% das fibras permanece homolateral, e os 90% restantes cruzam a linha média pela comissura branca. Ambos têm trajeto ascendente medialmente à via neoespinotalâmica, formando o trato paleoespinotalâmico no funículo lateral e fazendo conexão na formação reticular do tronco do encéfalo. A via dirige-se aos núcleos mediais, principalmente dorsomedial, e intralaminares do tálamo, tornando-se consciente a esse nível. Esses núcleos talâmicos têm conexões amplas e difusas com o córtex cerebral, mas não está claro se essas projeções relacionam-se com a sensibilidade dolorosa ou com a ativação cortical pela formação reticular. O tipo de dor relacionado com essa via difere daquele da via neoespinotalâmica, pois é do tipo em queimação, sem topografia bem determinada, correspondendo, em geral, a processos crônicos.

Uma via, com origem nas lâminas VII e VIII e fibras cruzadas e homolaterais em proporções semelhantes, dirige-se à formação reticular do bulbo e ponte. Essa via, chamada trato espinorreticular, parte, após essa conexão, para a formação reticular do mesencéfalo, o hipotálamo, o sistema límbico e os núcleos intralaminares do tálamo. A via espinorreticular relaciona-se com a dor de aspecto afetivo-motivacional.

A propriocepção, isto é, a noção de movimento e da posição no espaço de partes do corpo como as articulações, é levada ao cerebelo, sem tornar-se consciente, para a manutenção do tônus e da postura. Impulsos originados nos fusos neuromusculares, receptores táteis e órgãos tendinosos de Golgi são conduzidos até os neurônios do **gânglio sensorial** e, pelo prolongamento proximal, dirigem-se à substância cinzenta da **coluna posterior** da ME. O trato espinocerebelar anterior, após essa conexão, cruza a linha média e tem trajeto ascendente pelo funículo lateral até o tronco do encéfalo, onde passa pelo pedúnculo cerebelar superior cruzando novamente a linha média para atingir o **córtex cerebelar**. O trato espinocerebelar posterior é formado após a conexão das fibras do gânglio sensorial na substância cinzenta da ME, no nível do núcleo torácico, permanecendo homolateral. Seu trajeto é ascendente pelo funículo lateral, logo posteriormente ao anterior, dirigindo-se ao cerebelo, após passar pelo pedúnculo cerebelar inferior sem cruzar a linha média. Finalmente, ambas as vias são homolaterais, pois a posterior é direta e a anterior cruza duas vezes a linha média, permanecendo do mesmo lado (Figura 9.9).

Os fascículos grácil e cuneiforme têm funções semelhantes, relacionando-se com as sensibilidades tátil fina, ou epicrítica, vibratória (verificada com um diapasão), propriocepção consciente e estereognosia (capacidade de reconhecer objetos pelo tato). Essas vias, originadas nos **gânglios sensoriais** pelas raízes medulares posteriores, penetram pelo funículo posterior sem conexão na substância cinzenta da ME e têm trajeto ascendente até o bulbo. O fascículo grácil tem origem inferior nos níveis sacral, lombar e torácico baixo, e ocupa a parte medial do funículo posterior. O fascículo cuneiforme inicia-se na ME torácica alta e cervical, ocupando a parte lateral do funículo posterior. Essas duas vias vão fazer conexão no bulbo, nos **tubérculos do núcleo grácil e do núcleo cuneiforme**. A via prossegue pelas fibras arqueadas internas, que, cruzando a linha média para localizar-se mais anteriormente, vão formar o lemnisco medial, e este vai até o núcleo ventral posterolateral do tálamo (Figura 9.10).

Existe somatotopia nas vias de substância branca da medula espinal, demonstrada na Figura 9.11.

As vias longas descendentes serão descritas nos Capítulos 19, *Sistema Piramidal*, e 20, *Núcleos da Base, Estruturas Correlatas e Vias Extrapiramidais*.

Substância cinzenta

No interior da ME, encontra-se a substância cinzenta, que apresenta uma forma de H ou de borboleta, com duas colunas posteriores e duas anteriores em toda a sua extensão. Nos níveis torácico e lombar alto, encontram-se as colunas laterais, relacionadas com o sistema nervoso autônomo, onde se originam os neurônios pré-ganglionares simpáticos. Os sulcos laterais anteriores correspondem à saída das raízes medulares anteriores das colunas anteriores, ou ventrais, assim como os sulcos laterais posteriores correspondem à entrada das raízes medulares posteriores, ou dorsais, na coluna posterior. Essas colunas são mais desenvolvidas nas dilatações cervical e lombar, devido à inervação dos membros superiores e inferiores. Nos cortes transversais, as colunas são chamadas cornos anterior, posterior e lateral. O corno posterior é mais estreito e alongado, e pode ser dividido em três partes: a base, que apresenta continuidade com a comissura cinzenta posterior; o colo; e a cabeça, mais afilada. O corno anterior, mais largo, é dividido em duas partes:

a base, unida à comissura cinzenta anterior; e a cabeça, larga, irregular e com contornos desiguais, de onde sai a raiz medular anterior. O canal central do epêndima localiza-se no interior da substância cinzenta.

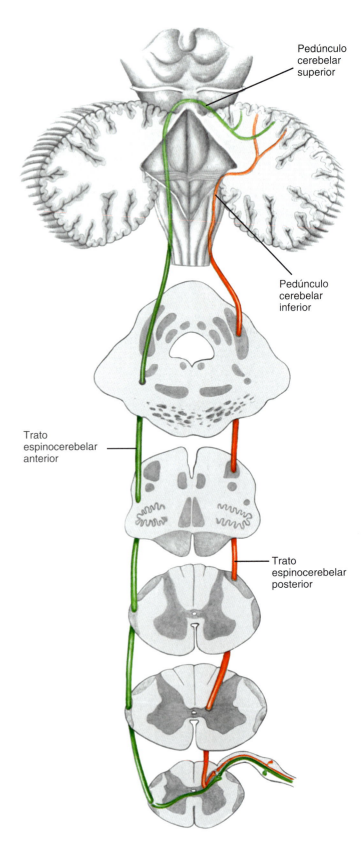

FIGURA 9.9 Vias proprioceptivas inconscientes.

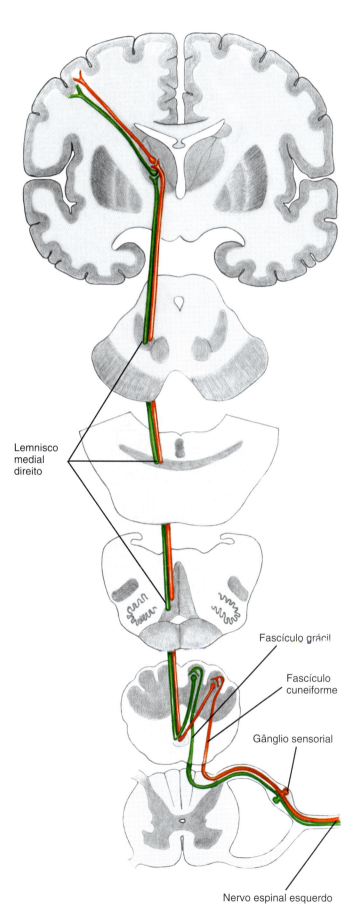

FIGURA 9.10 Vias proprioceptivas conscientes.

Para o estudo da substância cinzenta da ME, utiliza-se uma divisão em dez áreas, conhecidas como **lâminas de Rexed** (Figura 9.12). Essa classificação foi inicialmente proposta com base em trabalhos realizados em gatos. Porém, sua utilização em anatomia humana tem se mostrado muito útil. A lâmina I é o local de entrada das fibras da raiz medular dorsal. A lâmina II corresponde à substância gelatinosa (de Rolando), que recebe fibras relacionadas com a nocicepção (dor). As lâminas III e IV correspondem aos núcleos em que fazem conexão as fibras do trato espinotalâmico lateral. A lâmina V contém núcleos reticulares e é marcada pela passagem das fibras do trato corticoespinal em direção à lâmina IX, na coluna anterior. A lâmina VI tem neurônios de associação da ME. A lâmina VII corresponde ao núcleo torácico (de Clarke), localizado entre C8 e L3 e representando a primeira conexão da via proprioceptiva inconsciente do trato espinocerebelar posterior, e aos núcleos vegetativos da coluna lateral. Essa lâmina é mais desenvolvida na região torácica. Apresenta motoneurônios gama, para o tônus muscular, e neurônios relacionados com os reflexos proprioceptivos. A lâmina VIII é o local de chegada das fibras das vias extrapiramidais, sendo mais desenvolvida nas regiões cervical e lombar. A lâmina IX é o centro motor da coluna anterior e contém motoneurônios alfa para contração rápida dos músculos esqueléticos. A lâmina X localiza-se em torno do canal central do epêndima e tem função vegetativa.

Existe uma somatotopia evidente na coluna anterior (Figura 9.13). Considerando um corte transversal da ME, os núcleos do corno anterior mais mediais relacionam-se com os músculos perivertebrais. Os núcleos laterais são responsáveis pela musculatura dos membros, sendo os músculos mais distais correspondentes aos núcleos situados mais lateralmente no corno anterior. Além disso, os centros dos músculos flexores e adutores situam-se posteriormente aos responsáveis pelos músculos extensores e abdutores.

APLICAÇÃO CLÍNICA

Compressão medular

Diferentes patologias podem comprometer a ME, e, em razão da sua localização em um canal ósseo, a síndrome de compressão medular ocorre com maior frequência. Essa síndrome se caracteriza pelo aparecimento progressivo de disfunção motora e sensorial abaixo do nível da compressão. A diminuição da força muscular (paresia) é decorrente do comprometimento da via piramidal (tratos corticoespinal anterior e lateral), sendo acompanhada de rigidez espástica, aumento de reflexos profundos (hiper-reflexia) e reflexo cutâneo plantar em extensão (sinal de Babinski). A diminuição da sensibilidade (hipoestesia) aparece nos dermátomos abaixo da compressão por comprometimento das vias ascendentes, apresentando, em geral, um limite claro, chamado "nível sensorial".

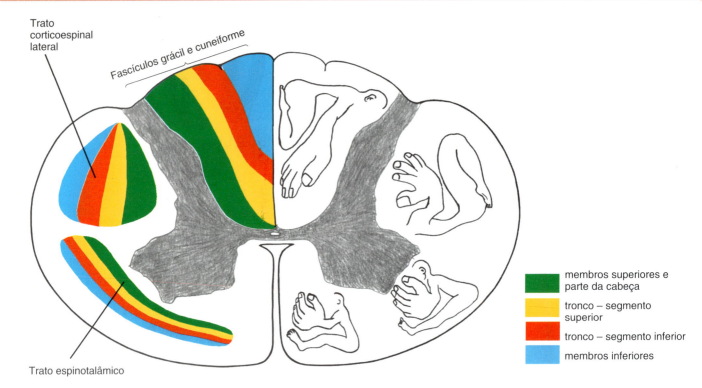

FIGURA 9.11 Somatotopia nas vias de substância branca da medula espinal.

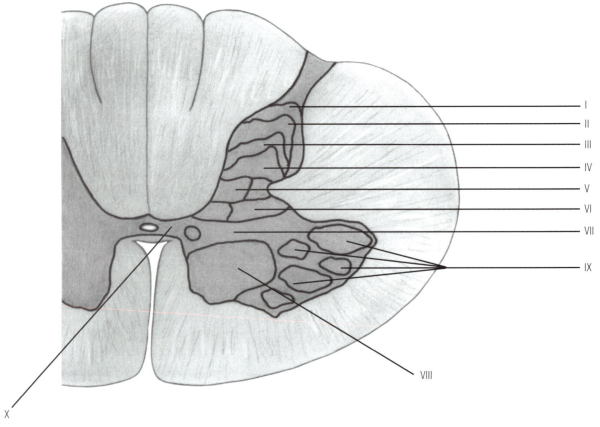

FIGURA 9.12 Lâminas de Rexed.

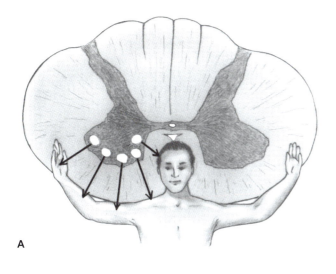

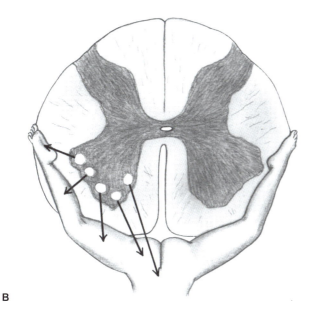

FIGURA 9.13 Somatotopia da coluna anterior da medula espinal cervical (**A**) e lombar (**B**).

Os **tumores raquimedulares** são processos expansivos que crescem progressivamente, comprimindo a ME (Figuras 9.14 a 9.16). Em um terço dos casos, esses tumores são intramedulares e, no restante, extramedulares intra ou extradurais. Quando o tumor é intramedular, seu crescimento pode provocar lesão do trato espinotalâmico lateral, como na siringomielia, descrita mais adiante. Como nessa via ascendente os segmentos superiores do corpo são representados medialmente, a lesão pode provocar inicialmente perda sensorial relacionada com os membros superiores, preservando os segmentos mais inferiores.

O plexo venoso vertebral interno tem comunicação direta com o sistema venoso da pelve, abdome e tórax. Não apresentando válvulas, possibilita a disseminação de patologias infecciosas ou tumorais (neoplásicas) para o espaço epidural espinal. A compressão medular pela localização secundária de tumores malignos, ou metástases, é relativamente frequente e necessita de um tratamento rápido para evitar uma paralisia dos membros inferiores (paraplegia) definitiva. É interessante notar que a dura-máter é uma barreira importante contra as neoplasias e que esses tumores metastáticos provocam compressão sem, na maioria das vezes, invadir a região intradural.

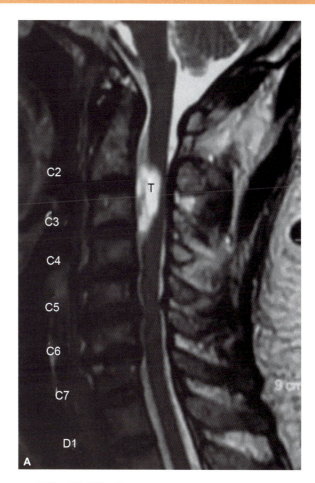

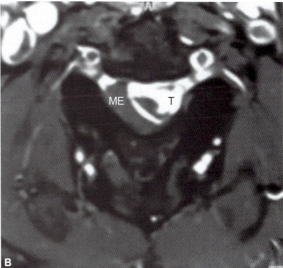

FIGURA 9.14 Exame de ressonância magnética de coluna cervical mostrando um tumor intradural extramedular (T) comprimindo e que desloca a medular espinal (ME). **A.** Plano sagital. **B.** Plano transversal.

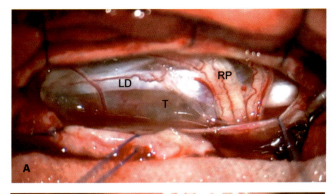
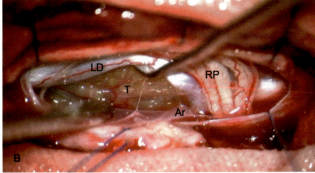
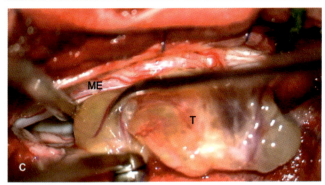
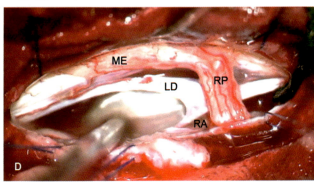

FIGURA 9.15 A. Visão ao microscópio operatório do tumor da Figura 9.14 (T) após a abertura da dura-máter. **B.** Após a secção da membrana aracnoide (Ar). **C.** Remoção do tumor com descompressão da medula espinal (ME). **D.** Após a ressecção do tumor, são vistas a medula espinal descomprimida e a raiz anterior (RA). LD: ligamento denticulado; RP: raiz posterior.

A compressão medular pode ocorrer por outras causas, como **patologias da coluna vertebral**. Hérnias ou protrusões de disco intervertebral produzem compressões medulares anteriores, assim como das raízes medulares. Processos degenerativos como os osteófitos, conhecidos pelos leigos como bicos de papagaio, podem provocar compressões semelhantes às hérnias discais (Figura 9.17).

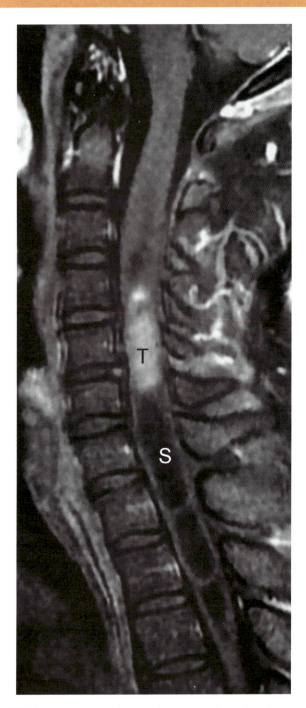

FIGURA 9.16 Exame de ressonância magnética de coluna cervical mostrando um tumor intramedular (T) que causa obstrução do canal do epêndima com consequente dilatação dele. S: siringomielia.

Transeção medular

Os **traumatismos** da coluna vertebral podem provocar fraturas e luxações com lesão medular. Fraturas da segunda vértebra cervical (áxis) no nível do odontoide, como pode ocorrer em um mergulho de cabeça em

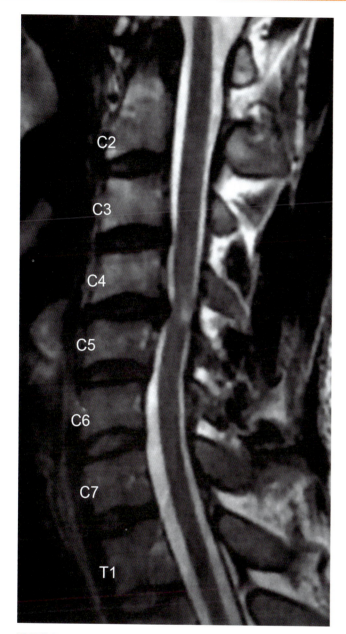

FIGURA 9.17 Exame de ressonância magnética da coluna cervical mostrando compressão da medula espinal por uma hérnia de disco no espaço entre a quarta e a quinta vértebra cervical

água rasa, pode causar compressão medular cervical alta e quadro de tetraplegia ou óbito por parada respiratória. A síndrome de transeção medular ocorre quando há uma lesão transversal total da ME. Inicialmente há um quadro de **choque medular**, com ausência total de sensibilidade nos dermátomos inferiores ao processo, assim como da motricidade voluntária dos grupos musculares inervados por nervos espinais situados caudalmente. Posteriormente, em um tempo que varia entre dias e algumas semanas, inicia-se uma evolução para um quadro de liberação piramidal, com espasticidade, hiper-reflexia, sinal de Babinski, sem haver, entretanto, recuperação dos movimentos voluntários ou da sensibilidade. É possível uma recuperação do controle esfincteriano fecal e urinário. O quadro de choque medular pode ocorrer em certos traumatismos raquimedulares sem transeção medular. Nesses casos, após o período inicial, o paciente apresenta uma recuperação das alterações clínicas. O exame neurológico é capaz de identificar clinicamente o nível medular onde ocorreu a lesão, pelo conhecimento dos dermátomos medulares e pela inervação muscular de cada segmento. A maioria do músculos dos membros superiores e inferiores recebe inervação de mais de um nível medular, porém costuma haver uma predominância na inervação de um nível para os chamados "músculos-chave", usados para se determinar o nível medular onde ocorreu uma lesão. Uma padronização na avaliação de um paciente com lesão medular foi proposta pela American Spinal Injury Association e tem sido mundialmente utilizada tanto para melhor comunicação entre os avaliadores como para avaliação de melhora ou piora no seguimento clínico (Figura 9.18).

Lesões parciais da ME podem apresentar um quadro clínico peculiar, como na síndrome de hemissecção da ME, ou **síndrome de Brown-Séquard**. A seção da metade (lateral) da ME provoca alterações homo e contralaterais. As vias que não apresentam cruzamento abaixo da lesão terão alterações homolaterais, como os fascículos grácil e cuneiforme e o trato corticoespinal lateral. As vias que apresentam cruzamento abaixo da lesão terão alterações contralaterais, como os tratos espinotalâmicos anterior e lateral. Ao examinarmos um paciente com essa síndrome, notamos que há paralisia por lesão do trato corticoespinal lateral e anestesia à sensibilidade tátil epicrítica e outras funções relacionadas com os fascículos grácil e cuneiforme no membro inferior do mesmo lado da seção. No membro do lado oposto à lesão, encontramos anestesia à dor, temperatura, tato protopático e pressão, devido à interrupção das vias espinotalâmicas.

Com a ascensão aparente da ME, os diferentes níveis vertebrais não têm relação direta com os respectivos níveis medulares. Uma regra prática, apesar de não ser muito precisa, permite que, com a localização dos processos espinhosos das vértebras, seja possível a determinação provável do segmento medular. No atendimento a pacientes com traumatismos raquimedulares, essa regra pode ser muito útil. Em relação aos processos espinhosos entre C2 e T10, adicionam-se dois níveis para se obterem os segmentos medulares. Assim, por exemplo, o processo espinhoso de T4 se relaciona com o segmento medular T6. Os processos espinhosos de T11 e T12 relacionam-se com os cinco segmentos lombares, e o de L1, com os cinco segmentos sacrais.

Os traumatismos raquimedulares também podem provocar sangramentos, ou **hematomas**, que, conforme a localização, são chamados "epidural", "subdural", "subaracnóideo" ou "intradural".

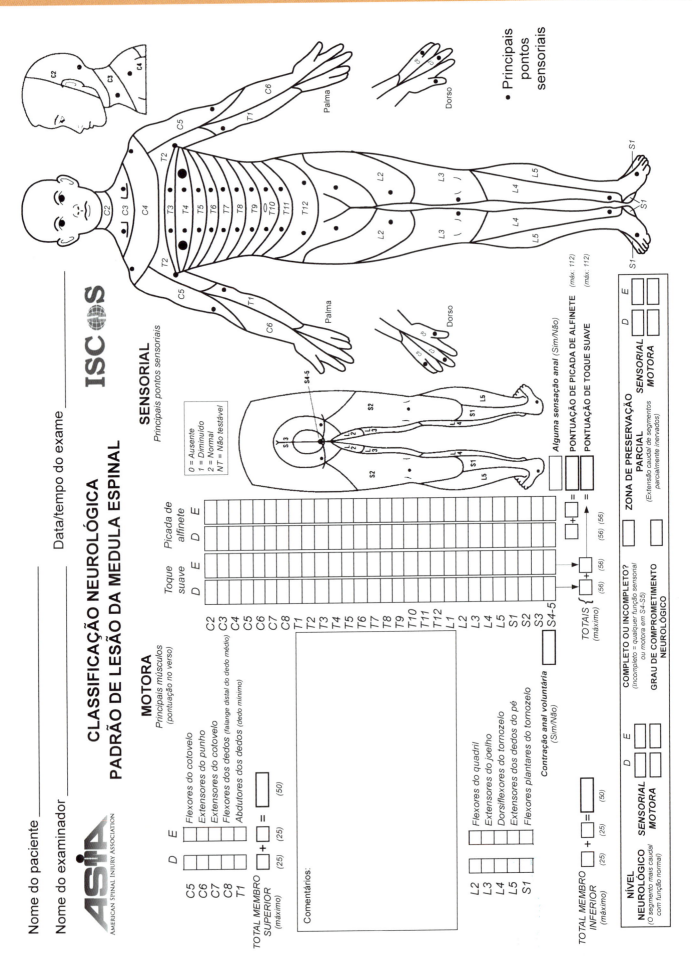

CLASSIFICAÇÃO MUSCULAR

0   Paralisia total

1   Contração palpável ou visível

2   Movimentos ativos, gama completa de movimentos, gravidade eliminada

3   Movimentos ativos, gama completa de movimentos contra a gravidade

4   Movimentos ativos, gama completa de movimentos contra a gravidade e fornece alguma resistência

5   Movimentos ativos, gama completa de movimentos contra a gravidade e fornece resistência normal

5* Músculo capaz de ser examinado pelo profissional; resistência suficiente para ser considerado normal (se for identificável); fatores inibidores não estavam presentes;

NT Não testável. Paciente incapaz de ser confiável, de exercer esforço, ou músculo indisponível para teste devido a fatores como imobilização, dor ao esforço ou contratura

ETAPAS DA CLASSIFICAÇÃO

A seguinte ordem é recomendada para determinar a classificação de indivíduos com lesão da medula espinal (LME).

1. Determine os níveis sensoriais dos lados direito e esquerdo.

2. Determine os níveis motores para os lados direito e esquerdo. (Nota: em regiões onde não há miótomo para testar, presume-se que o nível motor seja igual ao nível sensorial.)

3. Determine o nível neurológico único.
Este é o segmento mais baixo onde as funções motora e sensorial são normais em ambos os lados, e é o mais cefálico do sensorial e de níveis motores determinados nas etapas 1 e 2.

4. Determine se a lesão é completa ou incompleta (preservação sacral). Se não há contração anal voluntária e todas as pontuações sensoriais, S4-S5 = 0.
Se não há qualquer sensação anal, então a lesão é COMPLETA. Caso contrário, a lesão será incompleta.

5. Determine o grau de comprometimento neurológico (GCP).

A lesão é completa?   Se **NÃO**, GCN = B
                           (Sim = contração anal voluntária OU motora
   NÃO   funcionar mais de três níveis abaixo do nível
                           motor, em um determinado lado.)

A lesão motora   Se **SIM**, GCN = A
é incompleta?   Registra zona de preservação parcial (ZPP)
   SIM   (Para ZPP registre o dermátomo ou miótomo
                           mais baixo em cada lado com alguma preservação
                           [pontuação diferente de zero])

Ao menos metade dos principais músculos estão abaixo do (único) nível neurológico classificado como 3 ou melhor?

   NÃO ↓   SIM ↓

   EAI=C   EAI=D

Se a sensação e a função motora estiverem normais em todos os segmentos, GCN

Nota: o GCN é utilizado em testes de acompanhamento quando um indivíduo com LME documentado recuperou a função normal. Se no teste inicial não são encontrados déficits, o indivíduo está neurologicamente intacto; o grau de comprometimento neurológico não se aplica.

GRAU DE COMPROMETIMENTO NEUROLÓGICO (GCN)

☐ **A = Completa:** sem função motora ou sensorial. É preservada nos segmentos sacrais S4-S5.

☐ **B = Incompleta:** função sensorial, mas não motora. É preservada abaixo do nível neurológico e inclui os segmentos sacrais S4-S5.

☐ **C = Incompleta:** função motora preservada abaixo do nível neurológico e mais da metade dos principais músculos abaixo do nível neurológico têm um grau muscular inferior a 3.

☐ **D = Incompleta:** função motora preservada abaixo do nível neurológico e pelo menos metade dos músculos principais abaixo do nível neurológico tem um grau muscular de 3 ou mais.

☐ **E = Normal:** função motora e sensorial normais.

SÍNDROMES CLÍNICAS (OPCIONAL)

☐ Cordão central
☐ Brown-Séquard
☐ Cordão anterior
☐ Cone medular
☐ Cauda equina

FIGURA 9.18 Cartão ASIA para graduação do déficit neurológico em paciente com lesão medular traumática. (Disponível em: https://asia-spinalinjury.org)

Siringomielia

O canal central do epêndima é uma cavidade virtual na ME. Porém, em diferentes circunstâncias, entretanto, uma cavidade com liquor pode ser formada, progressivamente, no interior da ME. Essa patologia, chamada "siringomielia", ocorre principalmente na ME cervical e interrompe as vias ascendentes que cruzam a linha média (Figuras 9.19 e 9.20). O trato espinotalâmico pode ser lesado a esse nível, causando um quadro clínico interessante de perda da sensibilidade térmica e dolorosa de forma seletiva. Esses pacientes podem manusear objetos como panelas quentes ou sofrer traumatismos sem apresentar dor. Com o aumento da cavidade, há comprometimento das outras vias também.

Lesão do neurônio motor inferior

As **doenças do neurônio motor inferior** comprometem a ME no nível da coluna anterior e provocam paralisias com atrofia muscular. Quando a lesão compromete somente o neurônio motor periférico, ou inferior, que forma a raiz medular anterior, há diminuição do tônus (hipotonia) e dos reflexos profundos (hiporreflexia). O vírus da poliomielite pode provocar um quadro semelhante, assim como as atrofias espinais progressivas de caráter heredodegenerativo.

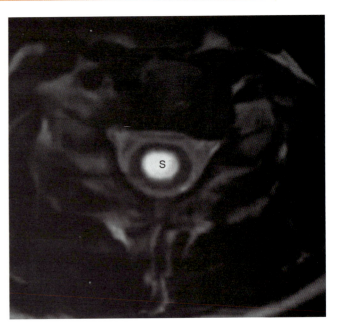

FIGURA 9.20 Exame de ressonância magnética mostrando a siringomielia (S) da Figura 9.19 no plano transversal.

Lesão do funículo posterior

As doenças que afetam o funículo posterior da ME provocam a perda da propriocepção consciente. Nesses casos, o paciente, ao fechar os olhos, desequilibra-se por perda da noção da sua posição no espaço, podendo cair (sinal de Romberg). A ***tabes dorsalis*** corresponde ao comprometimento do funículo posterior da ME na evolução da sífilis para o sistema nervoso. Outro exemplo de patologia que afeta o funículo posterior é a ataxia de Friedreich, doença hereditária autossômica recessiva.

Doença isquêmica medular

A vascularização arterial da ME tem características especiais, descritas no Capítulo 24, *Vascularização do Sistema Nervoso Central*. A **síndrome da artéria espinal anterior** corresponde a uma isquemia e infarto medular devido à obliteração dessa artéria. Seu território de irrigação corresponde aos funículos anteriores e laterais. Os pacientes acometidos dessa síndrome apresentam uma paralisia correspondente ao nível da patologia, assim como perda sensorial pela lesão das vias ascendentes nessa topografia. O funículo posterior, porém, não é comprometido nesse caso, havendo preservação do tato epicrítico (Figura 9.21).

Tratamento cirúrgico da dor

A dor é uma sensação que ocorre em diferentes situações que correspondem a uma patologia existente ou a um risco potencial de lesão. A sensibilidade dolorosa é muito importante para determinar a necessidade do

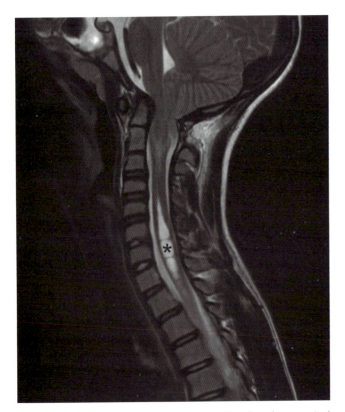

FIGURA 9.19 Exame de ressonância magnética de coluna cervical no plano sagital mostrando uma volumosa siringomielia (*) em decorrência de obstrução do fluxo liquórico por malformação na junção craniovertebral.

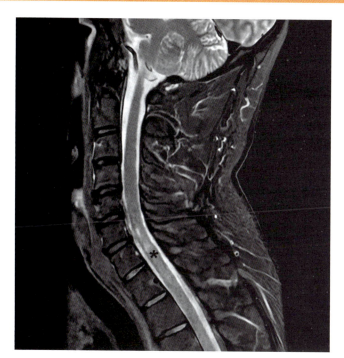

FIGURA 9.21 Exame de ressonância magnética da coluna cervical mostrando área de infarto (*) correspondente ao território de irrigação da artéria espinal anterior.

tratamento da patologia primária. O melhor tratamento da dor é a eliminação da causa, o que, infelizmente, nem sempre é possível.

Em casos de neoplasias malignas, frequentemente existe uma associação a fenômenos dolorosos crônicos, que podem não responder aos medicamentos analgésicos mais potentes, como a morfina. Nesses pacientes em fase terminal, isto é, que apresentam uma possibilidade de sobrevida curta, pode ser indicado um tratamento contra a dor mais agressivo, para dar, ao menos, mais conforto. A seção das vias da dor (tratos espinotalâmico lateral e espinorreticular), chamada "cordotomia", é um procedimento cirúrgico que foi muito utilizado para tratar pacientes com câncer em fase terminal. O risco existente é a lesão da via corticoespinal lateral com consequente paralisia.

Diferentes pesquisas levaram à descoberta de receptores de substâncias endógenas (endorfinas) em áreas periventriculares, como o assoalho do quarto ventrículo e substância cinzenta periaquedutal, que provocam uma potente analgesia. Esses trabalhos levaram à utilização clínica da injeção intermitente de pequenas quantidades de morfina no espaço intraventricular e subaracnóideo espinal. Cirurgicamente, um reservatório no plano subcutâneo é conectado a esses espaços, permitindo que as injeções sejam realizadas com poucos riscos. Esses procedimentos têm sido utilizados em pacientes com dores de difícil controle associadas a neoplasias malignas.

Estudos mais recentes demonstraram que estímulos sensoriais em outras vias podem minimizar a sensibilidade dolorosa. Esses trabalhos, desenvolvidos a partir de 1965, foram chamados "Teoria da Comporta" (de Melzack e Wall). Interneurônios inibitórios da substância gelatinosa, estimulados, poderiam bloquear as aferências nociceptivas. Baseada nesses conhecimentos, a estimulação medular crônica tem sido utilizada com bons resultados em diferentes tipos de processos dolorosos. A colocação de eletrodos no espaço epidural correspondente à patologia permite uma estimulação das vias do funículo posterior e uma inibição da dor.

Seções de nervos periféricos podem provocar dores chamadas "deaferentação". Por essa razão, não são indicadas no tratamento da dor. Pacientes submetidos a amputação de um membro podem apresentar as chamadas dores do membro fantasma. A inervação proximal à seção envia estímulos aferentes, e o paciente pode relatar uma sensação dolorosa em regiões distais, tendo a impressão de que o membro amputado está presente.

A lesão da zona de entrada da raiz dorsal, conhecida pela sigla DREZ, em inglês, possibilita o desaparecimento de dores de difícil controle, como as avulsões por traumatismos do plexo braquial. A destruição, geralmente realizada por aparelho de radiofrequência, é feita no nível da substância gelatinosa, ou lâmina II de Rexed, responsável pela regulação de estímulos dolorosos, que chegam pela raiz medular posterior.

BIBLIOGRAFIA COMPLEMENTAR

Apkarian AV, Hodge CJ. Primate spinothalamic pathways: III. Thalamic terminations of the dorsolateral and ventral spinothalamic pathways. **J Comp Neurol** 1989, 288(3):493-511.

Barson AJ. The vertebral level of termination of the spinal cord during normal and abnormal development. **J Anat** 1970, 106(Pt 3):489-497.

Bculs E, Gelan J, Vandersteen M et al. Microanatomy of the excised human spinal cord and the cervicomedullary junction examined with hight resolution MR at 9.4 tesla. **Am J Neuroradiol** 1993, 14(3):699-707.

Cliffer KD, Willis WD. Distribution of the postsynaptic dorsal column projection in the cuneate nucleus of monkeys. **J Comp Neurol** 1994, 345(1):84-93.

Davidoff RA. **Handbook of the Spinal Cord**. New York Marcel Dekker Inc. 1984.

Freger P, Meneses MS, Creissard P et al. L'hématome épidural intrarrachidien chez l'hémophile. **Neurochirurgie** 1986, 32(6):486-489.

Holsheimer J, Den-Boer JA, Struijk JJ, Rozeboom AR. MR assessment of the normal position of the spinal cord in the spinal canal. **Am J Neuroradiol** 1994, 15(5):951-959.

Holstege JC, Kuypers HGJM. Brainstem projections to spinal motoneurons: an update. **Neuroscience** 1987, 23(3):809-821.

Hughes JT. The new neuroanatomy of the spinal cord. **Paraplegia** 1989, 27(2):90-98.

Kuypers HGJM, Martin GF. Anatomy of descending pathways to the spinal cord. **Prog Brain Res** 1982, 57:404.

Lindvall O, Bjoerklung A, Skagerberg G. Dopamine-containing neurons in the spinal cord: anatomy and some functional aspects. **Ann Neurol** 1983, 14(3):255-260.

Lu GW, Bennet GJ, Nishikawa N, Dubner R. Spinal neurons with branched axons traveling in both the dorsal and dorsolateral funiculi. **Exp Neurol** 1985, 87(3):571-577.

Mattei TA, Meneses MS, Milano JB, Ramina R. "Free-hand" technique for thoracolumbar pedicle screw instrumentation: critical appraisal of current "state-of-art". **Neurology India** 2009, 57(6):715-721.

Meneses MS, Leal AG, Periotto LB *et al.* Primary filum terminale ependymoma: a series of 16 cases. **Arq Bras Neuropsiquiatr** 2008, 66(03-A):529-533.

Meneses MS, Ramina R, Clemente R *et al.* Microcirurgia dos tumores da medula espinhal. **Arq Bras Neurocirurg** 1991, 10:137-142.

Meneses MS, Ramina R, Prestes AC *et al.* Fixação com metilmetacrilato no tratamento microcirúrgico da hérnia de disco cervical. **Arq Bras Neurocirurg** 1989, 8(3):157-161.

Meneses MS, Tadié M, Clavier E *et al.* Compression de la queue de cheval par un pseudo-spondylolisthesis arthrosique, avec signes déficitaires sus-jacents. **Neurochirurgie** 1987, 33:391-394.

Milano JB, de Aragão AH, da Silva Jr EB. Exame físico aplicado às doenças da coluna vertebral. In: Figueiredo EC, Rabelo NN, Welling LC, de Melo PMP. **Condutas em neurocirurgia**: fundamentos práticos – coluna. Rio de Janeiro: Thieme Revinter, 2022.

Milano JB, Nikosky JG, Meneses MS, Ramina R. Experiência com "cages" em titânio para artrodese cervical via anterior: resultados de 30 implantes em 24 pacientes. **Conuna/Columna** 2008, 7(1):14-16.

Rexed B. Some aspects of the cytoarchitectonics and synaptology of the spinal cord. **Progr Brain Res** 1964, 2:58-92.

Scott EW, Haid RW Jr, Peace D. Type I fractures of the odontoid process: implications for atlanto-occipital instability. Case report. **J Neurosurg** 1990, 72(3):488-492.

Smith MC, Deacon P. Topographic anatomy of the posterior columns of the spinal cord in man: the long ascending fibres. **Brain** 1984, 107(3):671-698.

Smith MV, Apkarian AV. Thalamically projecting cells of the lateral cervical nucleus in monkey. **Brain Res** 1991, 555(1):10-18.

Vilela OF. Dor: anatomia funcional, classificação e fisiopatologia. **Neurocirurg Cont Bras** 1996, 2/6:1-6.

Wall PD. The sensory and motor role of impulses travelling in the dorsal columns towards cerebral cortex. **Brain** 1970, 93(3):505-524.

Walmsley B. Central synaptic transmission: studies at the connection between primary afferent fibres and dorsal spinocerebellar tract (DSCT) neurons in Clarke's colums of the spinal cord. **Prog Neurobiol** 1991, 36(5):391-423.

Zhang D, Carlton SM, Sorkin LS, Willis WD. Collaterals of primate spinothalamic tract neurons to the periaqueductal gray. **J Comp Neurol** 1990, 296(2):277-290.

10 Tronco do Encéfalo

Henrique Mitchels Filho • Leila Elizabeth Ferraz • Jerônimo Buzetti Milano

O tronco do encéfalo (TE), também chamado "tronco cerebral", situa-se sobre a parte basal do osso occipital (clivo), ocupando o espaço mais anterior da fossa intracraniana posterior, e estende-se desde a medula espinal até o diencéfalo. Está localizado inferiormente ao cérebro e anteriormente ao cerebelo, recobrindo-o em grande parte. Caudalmente, o bulbo continua-se com a medula espinal no nível do forame magno, não havendo limite anatômico claro. Cranialmente, apresenta como limite com o diencéfalo os tratos ópticos. Do sentido caudal para o rostral, o TE apresenta três subdivisões principais: **bulbo** (bulbo raquidiano, ou medula oblonga), **ponte** e **mesencéfalo**. No plano transversal, apresenta três divisões internas: o **teto** (exclusivamente no mesencéfalo), o **tegmento** e a **base**, do sentido dorsal para o ventral.

O TE consiste em uma unidade definida topográfica e embriologicamente, mas não representa um sistema funcional uniforme. Grupos neuronais do TE tomam parte em praticamente todas as tarefas do sistema nervoso central.

O TE contém muitos tratos ascendentes e descendentes de fibras. Alguns deles passam por toda a sua extensão, tendo origem na medula espinal ou no hemisfério cerebral, respectivamente. Outros têm sua origem ou término em núcleos do próprio TE. Alguns núcleos recebem ou enviam fibras para os nervos cranianos, e dez pares (do III ao XII) prendem-se à superfície do TE. Esses núcleos são denominados **núcleos dos nervos cranianos**. Além deles, o TE contém uma matriz de neurônios, chamada **formação reticular**, dentro da qual existem diversos núcleos identificados individualmente.

Apesar de exercer funções muito importantes, o TE representa apenas 4,4% do peso total do encéfalo.

MACROSCOPIA
Bulbo

O bulbo é derivado do mielencéfalo embrionário e tem a forma de um cone. Corresponde à parte menor e mais caudal do TE e pode ser dividido em uma porção caudal (**porção fechada**) e uma porção rostral (**porção aberta**), com base na ausência ou presença do quarto ventrículo. Essa estrutura forma uma zona transicional, conectando a região menos diferenciada do sistema nervoso central, que é a medula espinal, com as regiões mais diferenciadas do encéfalo. Assim, o bulbo continua-se, em sua porção inferior, com a medula espinal e com a ponte, em sua porção superior. A organização interna das porções caudais do bulbo é bastante semelhante à da medula espinal. Os sulcos e as fissuras na superfície da medula espinal cervical, bem como muitas das colunas nucleares e as vias de fibras presentes no seu interior, prolongam-se por distâncias variáveis até o bulbo. À medida que vai se tornando mais rostral, o bulbo vai diferenciando-se cada vez mais da medula espinal. Não existe uma linha de demarcação nítida entre a medula espinal e o bulbo; logo, considera-se que o limite entre eles esteja em um plano horizontal que passa imediatamente acima do filamento radicular mais cranial do primeiro nervo cervical, o que corresponde ao nível do forame magno do osso occipital.

Na face anterior, o limite superior do bulbo é determinado por um sulco horizontal, o **sulco bulbopontino** ou pontino inferior, que corresponde à margem inferior da ponte (Figuras 10.1 e 10.2). A superfície do bulbo apresenta longitudinalmente sulcos mais ou menos paralelos, que se continuam com os sulcos da medula espinal. Esses sulcos delimitam as áreas anterior (ventral), lateral e posterior (dorsal) do bulbo, que, vistas pela superfície, aparecem como uma continuação direta dos funículos da medula espinal. A **fissura mediana anterior** termina cranialmente em uma depressão denominada **forame cego**. De cada lado da fissura mediana anterior, existe uma coluna longitudinal proeminente, a **pirâmide bulbar**, limitada lateralmente pelo **sulco lateral anterior**. Essa estrutura é formada por um feixe compacto de fibras nervosas que liga as áreas motoras do cérebro aos neurônios motores da medula espinal e será descrito como

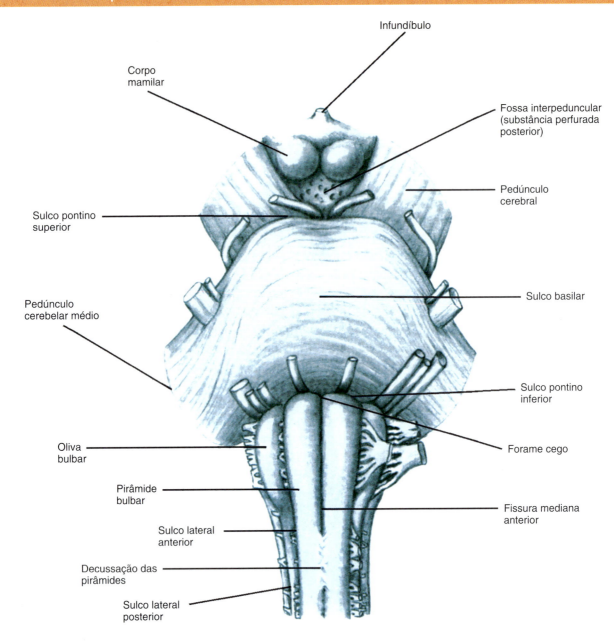

FIGURA 10.1 Visão anterior do tronco do encéfalo.

trato piramidal ou corticoespinal, formado por fibras descendentes que se originam no córtex cerebral ipsilateral. Na porção caudal do bulbo, 75 a 90% dessas fibras cruzam obliquamente o plano mediano em feixes interdigitados que constituem a **decussação das pirâmides**. Com esse cruzamento, as fibras recobrem parcialmente a fissura mediana anterior, passando a formar o trato corticoespinal lateral da medula espinal.

Lateralmente às pirâmides e estendendo-se até 2 cm abaixo da ponte, existem duas proeminências ovoides, as **olivas** (olivas bulbares ou eminências olivares), cada uma formada por uma grande massa de substância cinzenta, que reflete a presença, em posição subjacente, dos **núcleos olivares inferiores**. Ventralmente à oliva, emergem do sulco lateral anterior as radículas (filamentos radiculares) do **nervo hipoglosso** (XII par craniano). Do **sulco lateral posterior**, emergem as radículas que se unem para formar os **nervos glossofaríngeo** (IX par) e **vago** (X par). As radículas que constituem a raiz craniana ou bulbar do **nervo acessório** (XI par) encontram-se caudalmente às radículas do nervo vago. No entanto, elas situam-se ao longo de uma linha contínua com essas radículas, estendendo-se até a medula espinal cervical superior, onde irão unir-se à raiz espinal.

A metade caudal, ou **porção fechada do bulbo**, é percorrida por um estreito canal, continuação direta do canal central da medula espinal. Esse canal abre-se posteriormente para formar o **quarto ventrículo**, cujo

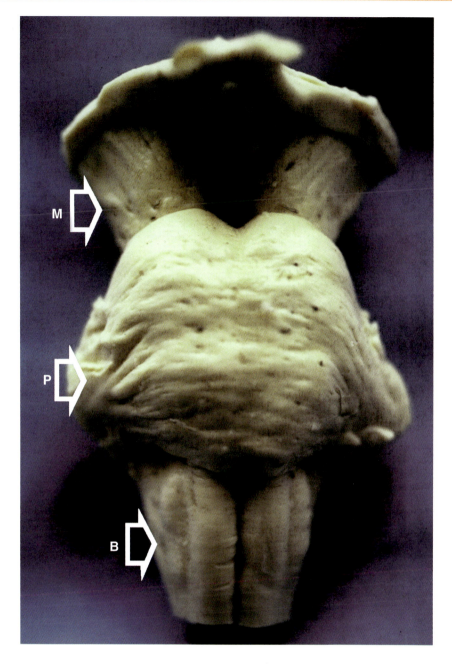

FIGURA 10.2 Face anterior do tronco do encéfalo com o bulbo (B), a ponte (P) e o mesencéfalo (M).

assoalho é, em parte, constituído pela metade rostral, ou porção aberta do bulbo. No **óbex**, a margem inferior do quarto ventrículo, o **sulco mediano posterior**, divide-se para formar os limites inferiores desse ventrículo (Figuras 10.3 e 10.4).

Entre os sulcos mediano posterior e lateral posterior, está situada a **área posterior do bulbo**, continuação do funículo posterior da medula espinal e, como este, dividida em **fascículos grácil** e **cuneiforme** pelo **sulco intermédio posterior**. Esses fascículos são constituídos por fibras nervosas ascendentes, vindas da medula espinal, que se estendem em direção rostral pelo bulbo. Com a abertura do quarto ventrículo, os fascículos grácil e cuneiforme são deslocados lateralmente. Os núcleos grácil e cuneiforme, situados na parte mais cranial dos respectivos fascículos, formam pequenas proeminências na superfície dorsolateral do bulbo, denominadas **tubérculo grácil**, situado medialmente, e **tubérculo cuneiforme**, lateralmente.

Devido ao aparecimento do quarto ventrículo, os tubérculos dos núcleos grácil e cuneiforme afastam-se como os dois ramos de um "V". Acima, encontram-se os **pedúnculos cerebelares inferiores**, que contêm os **corpos restiformes** nas superfícies dorsolaterais do bulbo, formados, em grande parte, pela confluência de fibras do trato espinocerebelar posterior, de fibras olivocerebelares

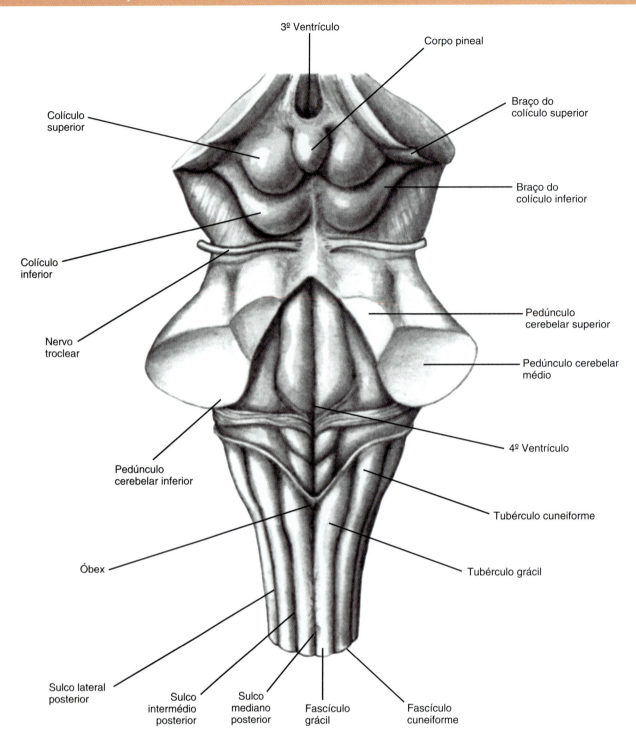

FIGURA 10.3 Visão posterior do tronco do encéfalo.

e fibras reticulocerebelares, juntamente às fibras cuneocerebelares, originadas do núcleo cuneiforme acessório. Essas fibras voltam em direção posterior, chegando às partes centrais do cerebelo. O corpo restiforme recebe um contingente de fibras vestibulocerebelares e fibras cerebelovestibulares, o **corpo justarrestiforme**, na base do cerebelo para formar o pedúnculo cerebelar inferior. No entanto, muitas vezes o termo "pedúnculo cerebelar inferior" é utilizado como sinônimo de corpo restiforme.

Ponte

A face anterior da ponte é separada do bulbo pelo sulco bulbopontino. Três nervos cranianos têm origem aparente em cada lado do TE no nível do sulco bulbopontino: o **nervo abducente** (VI nervo craniano), que emerge entre a pirâmide do bulbo e a ponte; o **nervo facial** (VII nervo craniano), que emerge entre a oliva e a ponte, mantendo relação íntima com o VIII nervo situado lateralmente; o

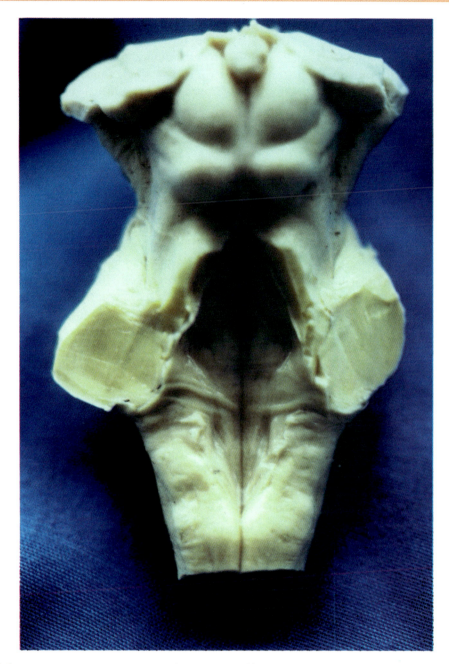

FIGURA 10.4 Face posterior do tronco do encéfalo com os pedúnculos cerebelares secionados e o cerebelo removido.

nervo vestibulococlear (VIII nervo craniano), que penetra no TE pelo ângulo bulbopontino (seu componente coclear passa pela superfície dorsolateral do corpo restiforme e seu componente vestibular, pelo bulbo abaixo do corpo restiforme). Entre os nervos facial e vestibulococlear, emerge o nervo intermédio, que é a raiz sensorial do VII nervo, muitas vezes de difícil identificação nas peças de rotina.

A ponte consiste em uma grande elevação na superfície anterior do TE e situa-se entre o bulbo e o mesencéfalo. Localiza-se anteriormente ao cerebelo e repousa sobre a parte basilar do osso occipital e o dorso da sela túrcica do osso esfenoide. É formada por uma parte ventral, ou **base da ponte**, e uma parte dorsal, ou **tegmento da ponte**, que tem estrutura bastante semelhante à do bulbo e do tegmento do mesencéfalo. A base da ponte, no entanto, tem estrutura muito diferente das outras áreas do TE. Ela apresenta estriação transversal devido à presença de numerosos feixes de fibras transversais que a percorrem. No limite entre o tegmento e a base da ponte, observa-se um conjunto de fibras mielínicas de direção transversal, o **corpo trapezoide**, que será estudado como parte integrante do tegmento.

A base da ponte é uma área sem correspondentes em outros níveis do TE. Ela é derivada da parte basal do metencéfalo embrionário e surgiu durante a filogênese com o neocerebelo e o neocórtex, mantendo íntimas conexões com essas duas áreas do sistema nervoso. O tamanho da base da ponte varia entre as espécies animais, sendo proporcional ao desenvolvimento neocortical. Atinge seu máximo desenvolvimento no ser humano, onde é maior que o tegmento. Os **núcleos pontinos** da ponte basal transmitem informação proveniente do neocórtex para o cerebelo. As fibras corticopontinas terminam nesses núcleos pontinos, enquanto as fibras pontocerebelares, originadas nesses núcleos, chegam ao cerebelo pelo **pedúnculo cerebelar médio** (ou braço da ponte), que penetra no hemisfério cerebelar correspondente. A região do TE compreendida entre a base da ponte e o assoalho do quarto ventrículo é chamada **tegmento pontino**, que continua rostralmente com o tegmento mesencefálico e, na direção caudal, com a parte central ou formação reticular do bulbo.

Embora diversos núcleos associados a vários nervos cranianos localizem-se no tegmento pontino, o **nervo trigêmeo** (V par craniano) é o único nervo a apresentar origem aparente na ponte, situada na face anterolateral, fazendo-o medialmente ao pedúnculo cerebelar médio. Considera-se como limite entre a ponte e o braço da ponte o ponto de emergência do nervo trigêmeo. Esse nervo tem dois componentes: uma grande raiz sensorial, a *portio major*, e uma raiz motora, menor, a *portio minor*. Ambas são vistas como raízes distintas na superfície medial do pedúnculo cerebelar médio.

Percorrendo longitudinalmente a superfície ventral da ponte, as fibras transversais que se cruzam na linha média formam um sulco, o **sulco basilar**, no qual geralmente a **artéria basilar** se aloja.

A parte dorsal ou tegmento da ponte tem estrutura semelhante ao bulbo e ao tegmento do mesencéfalo com os quais continua, não existindo linha de demarcação com a parte dorsal da porção aberta do bulbo, de forma que ambas constituem o assoalho do quarto ventrículo.

Mesencéfalo

O mesencéfalo representa o menor e menos diferenciado segmento do TE infratentorial e localiza-se rostralmente à ponte, estendendo-se superiormente até o diencéfalo e o terceiro ventrículo. Separa-se da ponte pelo **sulco pontomesencefálico**, ou pontino superior, e do cérebro por um plano que liga os corpos mamilares, pertencentes ao diencéfalo, à comissura posterior. No sentido transversal, é constituído por três partes:

a) porção dorsal ou **teto do mesencéfalo** ou lâmina quadrigeminal, dorsal ao aqueduto cerebral;
b) porção central ou **tegmento do mesencéfalo**, representando a continuação do tegmento pontino;
c) porção ventral, que é bem maior, denominada **base do mesencéfalo**, formada pelos pedúnculos cerebrais ou cruz do cérebro, contém fibras de origem neocortical, correspondentes a projeções corticais descendentes.

O **aqueduto cerebral** (de Sylvius) situa-se ventralmente ao teto do mesencéfalo e conecta o terceiro ventrículo, do diencéfalo, com o quarto ventrículo, do rombencéfalo. O aqueduto cerebral percorre longitudinalmente o mesencéfalo e é circundado por uma espessa camada de substância cinzenta, a substância cinzenta periaquedutal. Ventral ao aqueduto cerebral, contínuo com o tegmento pontino, estendendo-se rostralmente até o terceiro ventrículo, fica o tegmento mesencefálico. Em uma visão anterior, os **pedúnculos cerebrais** aparecem como dois grandes feixes de fibras ou duas elevações muito proeminentes, que surgem na borda superior da ponte e divergem cranialmente para penetrar profundamente no cérebro. Delimitam, assim, uma profunda depressão triangular na linha média, a **fossa interpeduncular**, formando a parte mais ventral do mesencéfalo. A fossa interpeduncular é limitada anteriormente por duas eminências pertencentes ao diencéfalo, os **corpos mamilares**. O fundo da fossa interpeduncular apresenta pequenos orifícios para a passagem de vasos e é chamada **substância perfurada posterior**. A **substância negra** é uma lâmina cinzenta pigmentada, de cor bem mais escura, formada por neurônios contendo melanina, que separa, de cada lado, o tegmento do mesencéfalo do pedúnculo cerebral em uma seção transversal. Correspondendo à substância negra na superfície do mesencéfalo, existem dois sulcos longitudinais, um lateral, o **sulco lateral do mesencéfalo**, e outro medial, o **sulco medial do pedúnculo cerebral**. Esses sulcos marcam na superfície o limite entre a base e o tegmento do mesencéfalo. Do sulco medial, emerge o **nervo oculomotor** (III par craniano).

O teto do mesencéfalo é constituído por quatro eminências: dois **colículos inferiores**, relacionados com a audição, e dois **colículos superiores**, relacionados com os órgãos da visão, além da **área pré-tectal**. Os colículos inferiores e os superiores também são conhecidos como corpos quadrigeminais e são separados por dois sulcos perpendiculares em forma de cruz. Na parte superior do ramo longitudinal dessa cruz, aloja-se o **corpo pineal**, que pertence ao diencéfalo. Caudalmente a cada colículo inferior, emerge o **nervo troclear** (IV nervo craniano), muito delgado. Caracteriza-se por ser o único dos pares cranianos que emerge dorsalmente, contornando o mesencéfalo para surgir ventralmente entre a ponte e o mesencéfalo. Cada colículo liga-se a uma pequena eminência oval do diencéfalo, o corpo geniculado, por meio de um feixe superficial de fibras nervosas que constitui o seu braço. Dessa forma, o colículo inferior liga-se ao **corpo geniculado medial** por meio do **braço do colículo inferior**, e o colículo superior se relaciona com o **corpo geniculado lateral** por meio do **braço do colículo superior**, que tem parte do seu trajeto escondido entre o **pulvinar** do tálamo e o corpo geniculado medial. O corpo geniculado lateral pode ser encontrado na extremidade do trato óptico.

O cerebelo ocupa posição dorsal e está conectado ao TE por três pares de pedúnculos:

a) pedúnculos cerebelares inferiores (corpos restiformes e justarrestiformes): conectam as vias cerebelares ao bulbo;
b) pedúnculos cerebelares médios (braços da ponte): ligam o cerebelo à ponte;
c) pedúnculos cerebelares superiores (braços conjuntivos): fazem a conexão das vias cerebelares ao mesencéfalo.

Quarto ventrículo

O **quarto ventrículo** é a cavidade do rombencéfalo situada entre a porção superior do bulbo e a ponte, anteriormente, e o cerebelo, posteriormente (Figura 10.5). Continua caudalmente com o canal central do bulbo e cranialmente com o aqueduto cerebral, por meio do qual o IV ventrículo comunica-se com o III ventrículo. A cavidade do IV ventrículo prolonga-se de cada lado para formar os **recessos laterais**, situados na superfície posterior do pedúnculo cerebelar inferior (Figura 10.5). Esses recessos comunicam-se de cada lado com o espaço subaracnóideo por meio das **aberturas laterais** do IV ventrículo (forames de Luschka). Além disso, existe uma **abertura mediana** do IV ventrículo (forame de Magendie), situada centralmente na metade caudal do teto do ventrículo. Por essas aberturas, o líquido cérebro-espinhal (liquor), que enche a cavidade ventricular, passa para o espaço subaracnóideo.

O **assoalho do IV ventrículo**, ou fossa romboide, tem a forma de um losango. Essa fossa pode ser dividida em dois triângulos de tamanhos diferentes. O triângulo superior (maior) situa-se atrás da ponte, e o triângulo inferior (menor), atrás do bulbo. A estrutura que separa o

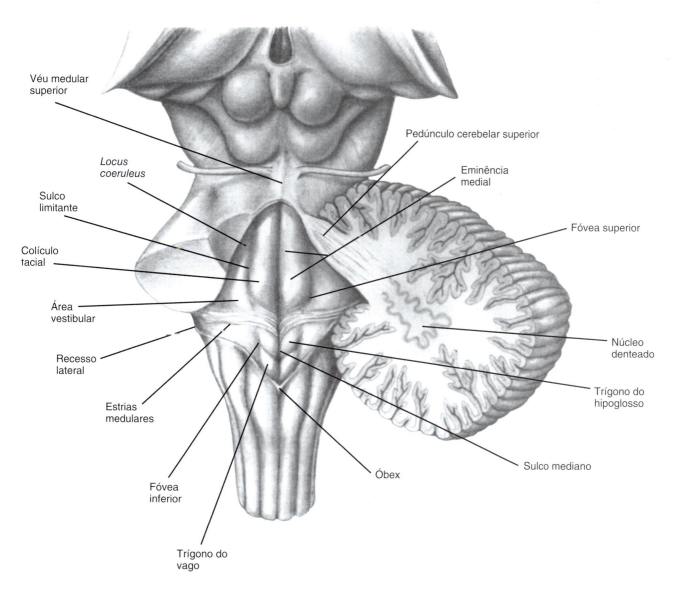

FIGURA 10.5 Visão do assoalho do IV ventrículo.

assoalho em dois triângulos corresponde às **estrias medulares do IV ventrículo**, finas cordas de fibras nervosas que cruzam transversalmente a área vestibular até o sulco mediano, relacionadas com vias auditivas. Limita-se inferolateralmente pelos pedúnculos cerebelares inferiores e pelos tubérculos dos núcleos grácil e cuneiforme. Na porção superolateral, limita-se pelos pedúnculos cerebelares superiores, que são feixes compactos de fibras nervosas que saem de cada hemisfério cerebelar e fletem-se cranialmente, convergindo para penetrar no mesencéfalo. Em toda a sua extensão, o assoalho do IV ventrículo é percorrido pelo **sulco mediano**, que desaparece, cranialmente, no aqueduto cerebral e, caudalmente, no canal central do bulbo. De cada lado do sulco mediano existe uma **eminência medial**, limitada lateralmente pelo **sulco limitante**. Esse sulco separa os núcleos motores, derivados da lâmina basal e situados medialmente, dos núcleos sensoriais, derivados da lâmina alar e situados lateralmente. De cada lado, o sulco limitante alarga-se para formar duas depressões, a **fóvea superior** e a **fóvea inferior**, situadas, respectivamente, nas metades cranial e caudal da fossa romboide. Medialmente à fóvea superior, a eminência medial dilata-se para constituir, de cada lado, uma elevação arredondada, o **colículo facial**, formado por fibras do nervo facial, que, nesse nível, contornam o núcleo do nervo abducente. Na parte caudal da eminência medial, observa-se, de cada lado, uma pequena área triangular de vértice para baixo, o **trígono do nervo hipoglosso**, que corresponde ao núcleo do XII nervo craniano. Lateralmente ao trígono do nervo hipoglosso e caudalmente à fóvea inferior, existe uma área triangular de coloração ligeiramente acinzentada, o **trígono do nervo vago**, que corresponde ao núcleo dorsal do X nervo craniano. Lateralmente ao sulco limitante e estendendo-se de cada lado em direção aos recessos laterais, pode-se observar uma grande área triangular, a **área vestibular**, que corresponde aos núcleos vestibulares do nervo vestibulococlear. Estendendo-se da fóvea superior em direção ao aqueduto cerebral, lateralmente à eminência medial, situa-se o *locus coeruleus*, de coloração ligeiramente escura, relacionado com o mecanismo do sono, mais especificamente com a fase de sono paradoxal.

A metade cranial do **teto do IV ventrículo** é constituída por uma lâmina fina de substância branca, o **véu medular superior**, que se estende entre os dois pedúnculos cerebelares superiores. A metade caudal do teto do IV ventrículo é constituída por três formações principais: o **nódulo do cerebelo**, uma pequena parte da substância branca; o **véu medular inferior**, formação bilateral constituída por uma fina lâmina branca presa medialmente às bordas laterais do nódulo do cerebelo; e a **tela coroide do IV ventrículo**, que une as duas formações anteriores às bordas da metade caudal do assoalho do IV ventrículo. A tela coroide é formada pela união do **epitélio ependimário**, que reveste internamente o ventrículo, com a pia-máter, e reforça externamente esse epitélio. A tela coroide envia fibras irregulares e muito vascularizadas, que se invaginam na cavidade ventricular para formar o **plexo coroide** do IV ventrículo, situado no véu medular inferior. A invaginação ocorre ao longo de duas linhas verticais situadas próximo ao plano mediano, que se encontram perpendicularmente com uma linha horizontal, que se dirige, de cada lado, para os recessos laterais. O plexo coroide do IV ventrículo tem a forma de um T, cujo braço vertical é duplo.

Os plexos coroides produzem o líquido cérebro-espinhal (liquor) que se acumula na cavidade ventricular e passa para uma dilatação do espaço subaracnóideo, denominada **cisterna magna**, pelas aberturas laterais e mediana do IV ventrículo. Essas três aberturas permitem que o liquor passe do sistema ventricular para o espaço subaracnóideo, isto é, por fora do sistema nervoso central. Pelas aberturas laterais próximas ao flóculo do cerebelo, exterioriza-se uma pequena porção do plexo coroide do IV ventrículo.

Imediatamente rostral ao óbex, em cada lado do quarto ventrículo, existe uma eminência arredondada, a **área postrema**. Essa área é uma das várias regiões ependimárias especializadas que não apresentam barreira hematencefálica, referidas como **órgãos circunventriculares**.

VIAS E ESTRUTURAS INTERNAS

O interior do TE é formado por três tipos de estruturas nervosas: **substância cinzenta**, **substância branca** e **formação reticular** (substância reticular).

Embora o TE seja uma estrutura de dimensões relativamente pequenas, contém grande parte do que é indispensável para a coordenação da função normal do organismo como um todo. Os principais componentes estruturais internos incluem os seguintes:

a) **núcleos dos nervos cranianos**;
b) **núcleos próprios do TE**;
c) **tratos descendentes, ascendentes e de associação**;
d) **formação reticular**.

Os núcleos dos nervos cranianos são formados pela substância cinzenta homóloga à da medula espinal. Com exceção dos dois primeiros pares cranianos, que são evaginações do próprio cérebro, os demais localizam-se no TE. Os núcleos eferentes (motores) localizam-se medialmente no TE, ao passo que os núcleos aferentes (sensoriais) situam-se lateralmente. Esses núcleos são descritos no Capítulo 12, *Nervos Cranianos*.

Os núcleos próprios do TE correspondem à substância cinzenta própria, sem relação com a da medula espinal. Muitos dos núcleos próprios são visíveis em cortes transversais do TE. Sua disposição segue o plano geral do sistema nervoso, ou seja, os núcleos relacionados com as atividades motoras situam-se mais anteriormente aos núcleos relacionados com a sensibilidade.

Todos os tratos descendentes que terminam na medula espinal passam pelo TE. Além disso, vários sistemas de fibras descendentes terminam ou originam-se no TE. Vários tratos ascendentes se originam ou terminam no TE ou passam por ele. Logo, o TE é uma estação de retransmissão importante para muitas vias longitudinais, tanto descendentes como ascendentes.

A formação reticular, localizada no tegmento do TE, está envolvida no controle da respiração, das funções do sistema cardiovascular e do estado da consciência, do sono e da vigília. Descrição pormenorizada encontra-se no Capítulo 11, *Formação Reticular*.

Núcleos próprios do tronco encefálico

Bulbo

Os **núcleos grácil** e **cuneiforme** são massas nucleares relativamente grandes localizadas superiormente aos funículos posteriores (Figura 10.6). Constituem o local da primeira sinapse das vias sensoriais que percorrem os fascículos de mesmo nome na medula espinal e porção caudal do bulbo. O núcleo grácil apresenta-se como coleções de células, sendo posterior à substância cinzenta central e anterior às fibras dos fascículos gráceis. O núcleo cuneiforme desenvolve-se em níveis mais rostrais como agregados de células em forma triangular na parte mais anterior do fascículo cuneiforme.

Os núcleos grácil e cuneiforme transmitem as sensibilidades tátil, propriocepção consciente e vibratória para o córtex cerebral passando pelo tálamo.

O **núcleo cuneiforme acessório** também pertence à substância cinzenta própria do bulbo e situa-se lateralmente à porção cranial do núcleo cuneiforme. Esse núcleo liga-se ao cerebelo pelo **trato cuneocerebelar**, que, em uma parte de seu trajeto, constitui as fibras arqueadas externas dorsais.

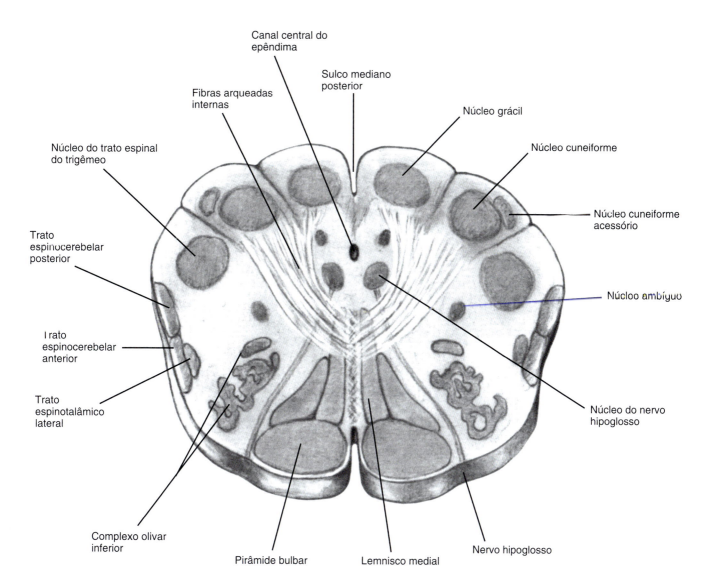

FIGURA 10.6 Corte transversal da porção inferior do bulbo (fechada).

O **complexo nuclear olivar inferior** consiste no núcleo olivar inferior principal, no núcleo olivar acessório medial e no núcleo olivar acessório dorsal.

O núcleo olivar inferior principal é uma grande massa de substância cinzenta que corresponde à formação macroscópica já descrita como oliva. Em cortes transversais, aparece como uma lâmina de substância cinzenta bastante pregueada e encurvada sobre si mesma com uma abertura principal dirigida medialmente (Figura 10.7).

O núcleo olivar acessório medial localiza-se ao longo da borda lateral do lemnisco medial.

O núcleo olivar acessório dorsal localiza-se dorsalmente ao núcleo olivar inferior principal.

Esses núcleos recebem fibras do córtex cerebral, da medula espinal e do núcleo rubro. Axônios das células do complexo olivar inferior cruzam a rafe mediana, curvam-se posterolateralmente e entram no cerebelo via pedúnculo cerebelar inferior contralateral. As **fibras olivocerebelares** cruzadas, que constituem o maior componente isolado do pedúnculo cerebelar inferior, projetam-se para todas as partes do córtex cerebelar e para os núcleos cerebelares profundos. Fibras da volumosa projeção terminam como fibras ascendentes no córtex cerebelar, as quais exercem uma ação excitatória poderosa sobre as células de Purkinje individuais. As conexões olivocerebelares estão envolvidas na aprendizagem motora, fenômeno que nos permite realizar determinada tarefa com velocidade e eficiência cada vez maiores quando ela se repete várias vezes.

O núcleo olivar acessório e a parte mais medial do núcleo olivar principal projetam fibras para o verme (*vermis*) cerebelar. A parte lateral maior do núcleo olivar principal projeta fibras para o hemisfério cerebelar contralateral.

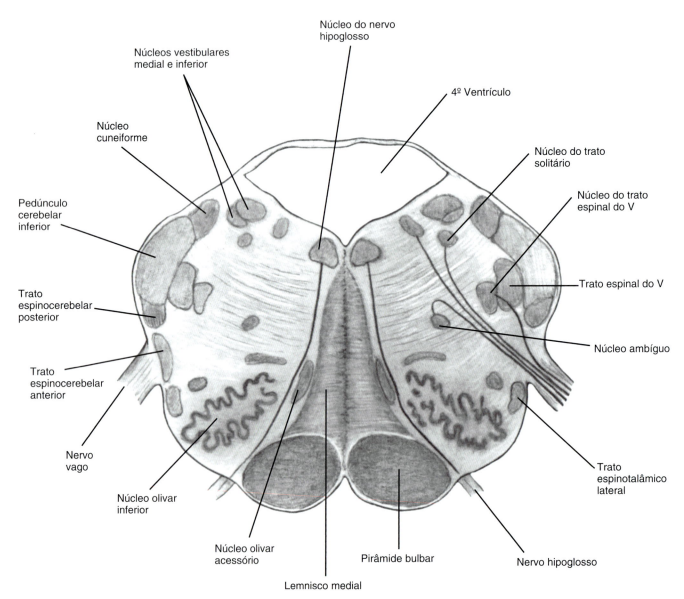

FIGURA 10.7 Corte transversal da porção superior (aberta) do bulbo.

Ponte

Os **núcleos pontinos** são pequenos aglomerados de neurônios dispersos em toda a base da ponte (Figura 10.8). Esses núcleos recebem projeções do córtex cerebral pelas fibras do **trato corticopontino**, que terminam nesses núcleos fazendo sinapse. Os axônios dos neurônios dos núcleos pontinos constituem as **fibras transversais da ponte** ou fibras pontocerebelares. Essas fibras, de direção transversal, cruzam o plano mediano e penetram no cerebelo pelo pedúnculo cerebelar médio ou braço da ponte. Forma-se, assim, a importante **via córtico-ponto-cerebelar**.

O **núcleo olivar superior**, o **núcleo do corpo trapezoide** e o **núcleo do lemnisco lateral** (Figura 10.8) pertencem às vias auditivas, descritas no Capítulo 23, *Vias da Sensibilidade Especial*. A maior parte das fibras originadas nos núcleos cocleares dorsal e ventral cruza para o lado oposto, constituindo o corpo trapezoide. A seguir, essas fibras contornam o núcleo olivar superior e dirigem-se cranialmente para constituir o lemnisco lateral, terminando no colículo inferior, de onde os impulsos nervosos seguem para o corpo geniculado medial. No entanto, um grande número de fibras dos núcleos cocleares termina no núcleo olivar superior, do mesmo lado ou do lado oposto, de onde os impulsos nervosos seguem pelo lemnisco lateral. Além dos núcleos olivares superiores, os núcleos do corpo trapezoide e do lemnisco lateral também recebem fibras da via auditiva. Esses núcleos têm função relacionada com mecanismos de proteção contra sons muito altos.

Mesencéfalo

O **núcleo rubro** caracteriza-se por sua coloração róseo-amarelada, em sua posição central, e por sua "cápsula" formada por fibras do pedúnculo cerebelar superior (Figura 10.9). O núcleo é uma coluna oval de células estendendo-se da margem caudal do colículo superior até o diencéfalo caudal. Em cortes transversais, como se pode observar na figura a seguir, ele tem uma configuração circular (ver Figura 10.9). Citologicamente, o núcleo consiste em uma parte caudal magnocelular e uma parte rostral parvicelular. Entre as células do núcleo, existem pequenos feixes de fibras mielinizadas do pedúnculo cerebelar superior. As fibras do nervo oculomotor atravessam parcialmente o núcleo rubro no seu trajeto para a fossa interpeduncular.

Fibras aferentes que se projetam para o núcleo rubro são derivadas de duas principais estruturas, que são os núcleos cerebelares profundos e o córtex cerebral. Fibras de ambas as origens terminam fazendo sinapse dentro do núcleo rubro, trafegando pelo pedúnculo cerebelar

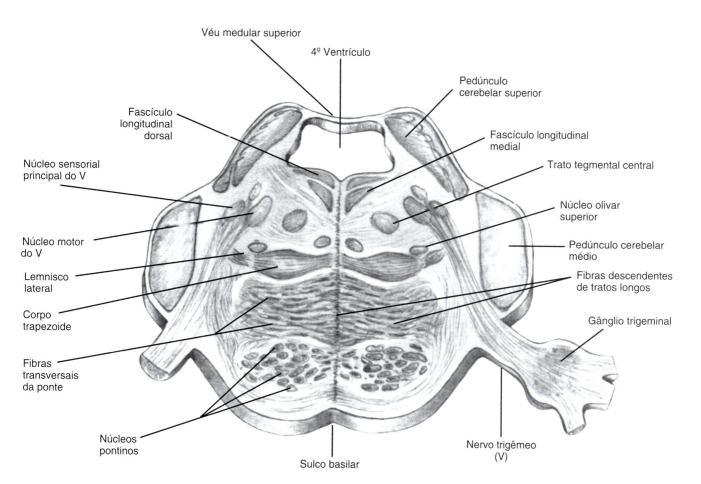

FIGURA 10.8 Corte transversal da ponte.

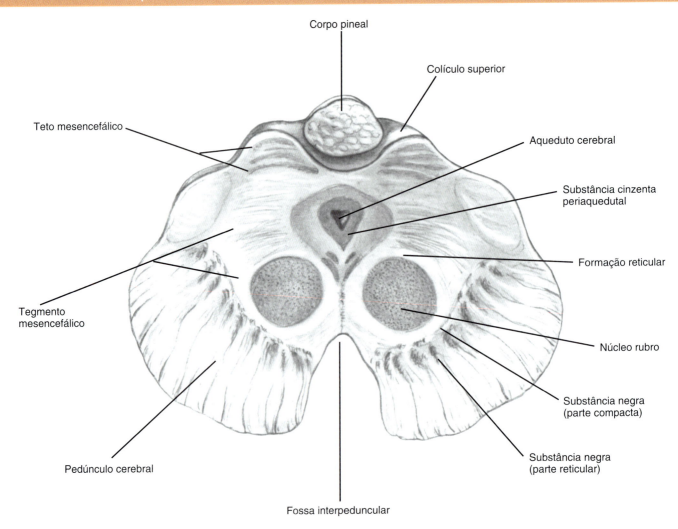

FIGURA 10.9 Corte transversal do mesencéfalo.

superior e fazendo uma decussação completa no mesencéfalo caudal, penetrando e envolvendo o núcleo rubro contralateral.

Projeções corticorrubrais emergem do córtex pré-central e pré-motor, projetando-se somatotopicamente sobre células no núcleo rubro.

As fibras eferentes rubrais cruzam na **decussação ventral do tegmento** e projetam-se principalmente para a medula espinal.

Pesquisas em animais sugerem que o trato rubroespinal transmite impulsos que facilitam o tônus muscular flexor. O núcleo rubro tem funções motoras e é estudado nos Capítulos 15, *Cerebelo*, e 20, *Núcleos da Base, Estruturas Correlatas e Vias Extrapiramidais*.

A **substância negra** situa-se dorsal ao pedúnculo cerebral e ventralmente ao tegmento, estendendo-se longitudinalmente no mesencéfalo. É facilmente identificada pelo seu aspecto escuro, devido à concentração de melanina. É dividida em duas partes: (1) parte compacta, uma região rica em células, composta de células grandes, pigmentadas; e (2) parte reticular, uma região pobre em células, próxima ao pedúnculo cerebral.

Os neurônios da parte compacta contêm altas concentrações de dopamina – ou seja, são neurônios dopaminérgicos – e são reconhecidos como a principal fonte de dopamina estriatal (*i.e.*, núcleo caudado e putame). As conexões da substância negra são muito complexas.

As fibras aferentes nigrais emergem do neoestriado (núcleo caudado e putame), do segmento lateral do globo pálido, do núcleo subtalâmico, do núcleo dorsal da rafe e do núcleo pedúnculo-pontino. O maior número de fibras aferentes provém do núcleo caudado e do putame, sendo conhecidas como **fibras estriatonigrais**.

As fibras eferentes nigrais emergem da parte compacta e da parte reticular da substância negra e têm neurotransmissores e projeções distintas: fibras **nigroestriatais** (neurônios dopaminérgicos), fibras **nigrotalâmicas** e **nigrotegmentares** (neurônios GABAérgicos).

Do ponto de vista funcional, as mais importantes são as conexões com o corpo estriado (fibras nigroestriatais e estriatonigrais), sendo as primeiras dopaminérgicas. Degenerações dos neurônios dopaminérgicos da substância negra causam uma diminuição de dopamina no corpo estriado, provocando graves perturbações motoras que caracterizam a chamada "síndrome de Parkinson".

O **núcleo do colículo inferior** é constituído de massa ovoide bem delimitada de substância cinzenta e localiza-se na porção caudal do teto mesencefálico. Pode ser dividido em núcleo central, núcleo pericentral e núcleo externo.

O colículo inferior serve como o maior núcleo auditivo retransmissor do TE, transmitindo sinais recebidos do lemnisco lateral para o corpo geniculado medial. Fibras auditivas ascendentes no lemnisco lateral projetam-se para o núcleo central do colículo inferior. A porção dorsomedial do núcleo central estabelece conexões com o colículo contralateral por meio da **comissura do colículo inferior**, recebendo ainda projeções bilaterais do córtex auditivo. A porção ventrolateral do núcleo central recebe fibras exclusivas do lemnisco lateral e projeta eferências para a parte ventral do corpo geniculado medial, pelo braço do colículo inferior; daí as fibras se projetam tonotopicamente para o córtex auditivo primário por meio da radiação auditiva. A porção dorsomedial do núcleo central e o núcleo pericentral do colículo inferior, que recebem projeções bilaterais do córtex auditivo primário, enviam fibras para a parte dorsal do corpo geniculado medial, enviando sinais de volta ao córtex auditivo secundário. O núcleo externo parece não ser um núcleo retransmissor auditivo, estando relacionado primariamente com os reflexos acústico-motores.

Os **colículos superiores** consistem em eminências achatadas e laminadas que formam a metade rostral do teto do mesencéfalo. Cada colículo apresenta camadas alternadas de substância cinzenta e substância branca.

As camadas superficiais do colículo superior, que recebem a maior parte de seus aferentes da retina e córtex visual, são responsáveis pela detecção dos movimentos dos objetos nos campos visuais. As camadas profundas do colículo superior, que recebem aferentes de múltiplas origens, como os sistemas somestésico e auditivo, neurônios relacionados com atividades motoras, e várias regiões da formação reticular, apresentam características anatômicas e fisiológicas da formação reticular do TE.

O colículo superior recebe aferentes da retina, córtex cerebral, núcleos do TE e da medula espinal. Suas conexões são complexas, destacando-se, entre elas:

a) fibras provenientes da retina, que atingem o colículo pelo trato óptico e braço do colículo superior;
b) fibras provenientes do córtex occipital, que chegam ao colículo pela radiação óptica e pelo braço do colículo superior;
c) fibras que formam o trato tectoespinal e terminam fazendo sinapse com neurônios motores da medula espinal cervical.

O colículo superior é importante para certos reflexos que regulam os movimentos dos olhos no sentido vertical. Para essa função, existem fibras ligando o colículo superior ao núcleo do nervo oculomotor, situado ventralmente no tegmento do mesencéfalo. Lesões dos colículos superiores podem causar a perda da capacidade de mover os olhos no sentido vertical, voluntária ou reflexamente. Esse fenômeno é conhecido como síndrome de Parinaud e pode ocorrer, por exemplo, em casos de hidrocefalia pela dilatação do terceiro ventrículo, bem como em certos tumores do corpo pineal, comprimindo os colículos.

O **núcleo pré-tectal**, também conhecido como área pré-tectal, é uma região de limites pouco definidos. Localiza-se imediatamente rostral ao colículo superior, nas proximidades da comissura posterior. Vários grupos distintos de células são encontrados nessa região, e todos parecem relacionados com o sistema visual. Alguns desses núcleos, mas não todos, recebem fibras do trato óptico, do córtex visual e do corpo geniculado lateral. O **núcleo do trato óptico** consiste em uma base de células grandes ao longo do bordo dorsolateral da área pré-tectal em sua junção com a pulvinar. O **núcleo olivar pré-tectal**, que forma um grupo de células precisamente delimitado no nível das partes caudais da comissura posterior, recebe fibras cruzadas e não cruzadas do trato óptico e projeta fibras bilateralmente para os núcleos viscerais do complexo oculomotor. Essas fibras estão envolvidas nos reflexos fotomotor direto e consensual.

Vias ascendentes, descendentes e de associação

Vias ascendentes

As **vias ascendentes** são constituídas pelos tratos e fascículos ascendentes provenientes da medula espinal, que terminam no TE ou passam por ele e por aqueles que se iniciam no TE e se dirigem ao cerebelo ou ao cérebro.

O **trato espinotalâmico anterior** está localizado no funículo anterior da medula espinal e é formado por axônios de neurônios cordonais de projeção, situados na coluna posterior de substância cinzenta da medula espinal. As fibras sobem entre a oliva bulbar e o pedúnculo cerebelar inferior até o tálamo, levando impulsos de pressão e tato grosseiro ou protopático. Esse tipo de tato é pouco discriminativo, ao contrário do tato epicrítico.

O **trato espinotalâmico lateral** está situado no funículo lateral da medula espinal e, no TE, localiza-se na área lateral do bulbo, medialmente ao trato espinocerebelar anterior. Responsável pela sensibilidade térmica e dolorosa, une-se ao trato espinotalâmico anterior para formar o lemnisco espinal.

O **lemnisco espinal** corresponde aos tratos espinotalâmicos anterior e lateral que se unem e formam essencialmente uma entidade única na área retro-olivar. Esses tratos parecem menores no TE do que nos níveis espinais, porque um número grande de fibras termina no núcleo reticular lateral e outras passam medialmente para o interior do núcleo gigantocelular. O lemnisco espinal conduz impulsos de pressão, tato protopático, dor e temperatura dos membros, tronco e pescoço.

O **trato espinocerebelar anterior** é formado por neurônios cordonais de projeção situados na coluna posterior e na substância cinzenta intermédia da medula espinal que enviam axônios que chegam ao funículo lateral do lado oposto. Esse trato situa-se superficialmente na área lateral do bulbo entre o núcleo olivar e o trato espinocerebelar posterior, mantendo uma posição retro-olivar. Continua na ponte e entra no cerebelo após um trajeto ao longo da superfície do pedúnculo cerebelar superior. Por esse trato, o cerebelo recebe informações por impulsos da medula espinal para controle da motricidade somática.

O **trato espinocerebelar posterior** é formado por neurônios cordonais de projeção situados no núcleo torácico da coluna posterior que enviam axônios até o funículo lateral do mesmo lado, fletindo-se cranialmente. Esse trato desloca-se posteriormente em níveis bulbares, situando-se superficialmente na área lateral do bulbo, entre o trato espinocerebelar anterior e o pedúnculo cerebelar inferior, ao qual vai incorporando-se gradativamente. Leva impulsos de propriocepção inconsciente originados em fusos neuromusculares e órgãos neurotendinosos.

O **pedúnculo cerebelar inferior** (ou corpo restiforme) é um feixe proeminente de fibras ascendentes provenientes de grupos celulares da medula espinal e do bulbo, que percorrem as bordas laterais da metade inferior do quarto ventrículo até o nível dos recessos laterais, onde se flete dorsalmente para penetrar no cerebelo. As fibras que entram nesse pedúnculo alojam-se ao longo da margem posterior do bulbo, dorsalmente ao trato espinal do trigêmeo e lateralmente ao núcleo cuneiforme acessório. Esse feixe rapidamente cresce em volume e penetra no cerebelo. Fibras olivocerebelares cruzadas constituem o maior componente do pedúnculo cerebelar inferior. Outros núcleos bulbares que se projetam para o cerebelo por meio desse pedúnculo são: (a) núcleos reticular lateral e paramediano do bulbo; (b) núcleo cuneiforme acessório; (c) núcleo arqueado; (d) núcleos peri-hipoglossais; e (e) núcleos vestibulares. Projeções dos núcleos reticular lateral e cuneiforme acessório não cruzam a linha mediana, mas as fibras dos núcleos bulbares tanto cruzam como não. O trato espinocerebelar posterior também envia fibras para o cerebelo por meio desse pedúnculo.

As fibras mielinizadas que se originam nos núcleos grácil e cuneiforme contornam anteromedialmente a substância cinzenta central, formando o feixe de fibras arqueadas internas. Essas fibras decussam completamente e formam um feixe ascendente bem definido, que é o **lemnisco medial**. Suas fibras formam um feixe compacto em forma de "L", adjacente à rafe mediana posteriormente à pirâmide e medial ao complexo olivar inferior em níveis bulbares mais altos. Projeções originárias do núcleo grácil localizam-se ventralmente no lemnisco medial, e aquelas provenientes do núcleo cuneiforme são dorsais. As fibras do lemnisco medial não enviam colaterais, em seu curso pelo TE, antes do núcleo ventral posterolateral do tálamo, ao contrário da maior parte dos outros sistemas ascendentes. No bulbo, os lemniscos mediais são vistos como um par de tratos de fibras densamente mielinizadas, com orientação vertical, situados adjacentes à linha média, entre os núcleos olivares inferiores. No nível da ponte, o lemnisco medial situa-se na parte ventral do tegmento pontino. A partir daí, sua direção passa a ser horizontal, ou seja, suas fibras passam a ter uma disposição transversal e deslocam-se gradualmente para a posição mais lateral e dorsolateral, cruzando perpendicularmente as fibras do corpo trapezoide. Na base do diencéfalo, ele ocupa posição imediatamente abaixo do núcleo ventral posterolateral do tálamo, seu núcleo terminal. A decussação do lemnisco medial fornece parte da base anatômica para a representação sensorial da metade do corpo no córtex cerebral contralateral, ou seja, conduz impulsos da propriocepção consciente ou sentido de posição e de movimento, permitindo que se percebam partes do corpo em movimento sem auxílio da visão.

O **lemnisco lateral** consiste em um feixe de fibras bem definido, próximo à superfície lateral do mesencéfalo, e a maior parte de suas fibras termina no colículo inferior. Interpostos no lemnisco lateral nos níveis do istmo rombencefálico, encontram-se os núcleos do lemnisco lateral. Lateralmente, a maior parte das fibras do corpo trapezoide entra no lemnisco lateral, transmitindo impulsos auditivos.

O nervo trigêmeo relaciona-se com os núcleos do trato espinal, sensorial principal e do trato mesencefálico. Nesses núcleos, que recebem impulsos relacionados com a sensibilidade somestésica geral de grande parte da cabeça, originam fibras ascendentes, que se reúnem para construir o **lemnisco trigeminal**; este termina no tálamo, no nível do núcleo ventral posteromedial.

O **pedúnculo cerebelar superior** contém fibras eferentes do núcleo denteado do cerebelo para o núcleo rubro do lado oposto, o sistema denteado rubrotalâmico, e o trato espinocerebelar anterior. Emerge do cerebelo, constituindo a parede dorsolateral da metade cranial do quarto ventrículo. A seguir, aprofunda-se no tegmento nas proximidades do limite com o mesencéfalo, e, logo abaixo dos núcleos rubros, suas fibras começam a se cruzar com as do lado oposto, formando a **decussação dos pedúnculos cerebelares superiores**, o mais importante sistema de fibras eferentes do cerebelo.

Pelo **braço do colículo superior**, fibras provenientes da retina e do córtex occipital chegam ao colículo superior.

O colículo inferior recebe as fibras auditivas que sobem pelo lemnisco lateral e envia fibras ao corpo geniculado medial do tálamo pelo **braço do colículo inferior**.

Vias descendentes

O **trato corticoespinal**, constituído por fibras originadas no córtex cerebral, atravessa o bulbo em direção aos neurônios motores da medula espinal, ocupando as pirâmides bulbares. É também denominado "trato piramidal", termo atualmente em desuso. Suas fibras terminam na coluna anterior da medula espinal, relacionando-se com esses neurônios diretamente ou por meio de neurônios internunciais.

No trajeto do córtex até o bulbo, as fibras vão constituir um só feixe, o trato corticoespinal. No nível da decussação das pirâmides, uma parte desse trato cruza a linha mediana para constituir o trato corticoespinal lateral no lado oposto da medula espinal. Cerca de 10 a 25% das fibras não se cruzam, continuando em sua posição anterior e constituindo o trato corticoespinal anterior. O trato corticoespinal lateral localiza-se no funículo lateral da medula espinal, e o corticoespinal anterior, no funículo anterior, próximo à fissura mediana anterior. Essas vias são descritas no Capítulo 19, *Sistema Piramidal*, incluindo o trato corticonuclear, apresentado a seguir.

As fibras do **trato corticonuclear** originam-se nas áreas motoras do córtex cerebral e dirigem-se aos neurônios motores situados em núcleos motores dos nervos cranianos. As fibras destacam-se do trato à medida que vão se aproximando de cada neurônio motor, podendo terminar em núcleos do mesmo lado e do lado oposto.

O **trato tetoespinal** origina-se no teto do mesencéfalo (colículo superior) e termina na medula espinal em neurônios internunciais, por meio dos quais se ligam aos neurônios motores situados medialmente na coluna anterior, controlando a musculatura axial, ou seja, o tronco, assim como a musculatura proximal dos membros. Essa via, assim como as três seguintes, são descritas no Capítulo 20, *Núcleos da Base, Estruturas Correlatas e Vias Extrapiramidais*.

As fibras do **trato rubroespinal** originam-se no núcleo rubro localizado no mesencéfalo e terminam na medula espinal em neurônios internunciais, por meio dos quais se ligam aos neurônios motores situados lateralmente na coluna anterior. Estes controlam os músculos responsáveis pela motricidade da parte distal dos membros (músculos intrínsecos e extrínsecos da mão e do pé).

Existem, na verdade, dois **tratos vestibuloespinais**: o **medial** e o **lateral**. Suas fibras originam-se nos núcleos vestibulares, situados na área vestibular do quarto ventrículo, e irão ligar-se aos neurônios motores situados na parte medial da coluna anterior da medula espinal, controlando a musculatura axial, ou seja, o tronco, assim como a musculatura proximal dos membros.

O **trato reticuloespinal anterior**, de origem pontina, situa-se no funículo anterior da medula espinal; e o **lateral**, de origem bulbar, no funículo lateral. Suas fibras originam-se na formação reticular e terminam nos neurônios motores situados na parte medial da coluna anterior da medula espinal, com funções semelhantes ao trato vestibuloespinal.

O **trato solitário** é formado por fibras aferentes viscerais e por fibras gustativas, que penetram no TE por meio dos nervos facial, glossofaríngeo e vago e tomam trajeto descendente ao longo do núcleo do trato solitário do bulbo, no qual vão terminando progressivamente.

As fibras do **trato corticopontino** originam-se em várias áreas do córtex cerebral e descem para fazer sinapse com os núcleos pontinos na base da ponte. Esse trato corresponde a uma importante via aferente do cerebelo.

O **trato espinal do trigêmeo** representa as fibras do nervo trigêmeo que transmitem principalmente a sensibilidade dolorosa e térmica da face para a estação de transmissão do núcleo espinal do V par ou porção caudal. A divisão mandibular é representada dorsalmente no núcleo, e a divisão oftálmica, em sua parte ventral.

Vias transversais

As fibras transversais de associação do bulbo são também denominadas **fibras arqueadas** e podem ser divididas em internas e externas.

As **fibras arqueadas internas** apresentam dois grupos principais de significado diferente. Um grupo é constituído pelos axônios dos neurônios dos núcleos grácil e cuneiforme no trajeto entre esses núcleos e o lemnisco medial. O outro grupo é formado pelas fibras olivocerebelares, que, do complexo olivar inferior, cruzam o plano mediano, penetrando no cerebelo do lado oposto pelo pedúnculo cerebelar inferior.

As **fibras arqueadas externas** têm seu trajeto próximo à superfície do bulbo e penetram no cerebelo por meio do pedúnculo cerebelar inferior. As fibras dorsais originam-se no núcleo cuneiforme acessório, e as ventrais, na formação reticular e nos núcleos arqueados.

A transição do bulbo para a ponte é nitidamente delimitada na superfície anterior. A porção anterior da ponte é dominada por um sistema transverso de fibras, as **fibras transversais** ou fibras pontocerebelares, que se originam nos núcleos pontinos, passando pelo pedúnculo cerebelar médio contralateral para atingir o hemisfério cerebelar. Os núcleos pontinos recebem as fibras corticopontinas, com origem no córtex cerebral. Esse sistema de fibras pontinas transversais recobre o trato corticoespinal subjacente.

As fibras transversais do mesencéfalo são a decussação do pedúnculo cerebelar superior e a comissura do colículo inferior, também descritas anteriormente.

Vias de associação

O **fascículo longitudinal medial** é formado por fibras que unem os núcleos vestibulares e os núcleos da motricidade ocular, permitindo que haja coordenação entre os movimentos da cabeça e dos olhos. Percorre todo o TE próximo à linha mediana. No mesencéfalo, encontra-se anterior ao aqueduto cerebral e ao núcleo do nervo oculomotor e, no bulbo, situa-se anterior ao núcleo do nervo hipoglosso. Na porção dorsal da ponte, os fascículos longitudinais mediais localizam-se no assoalho do quarto ventrículo de cada lado da rafe mediana.

Fibras ascendentes do fascículo longitudinal medial emergem principalmente de partes dos núcleos vestibulares medial e superior, são cruzadas e não cruzadas e projetam-se primariamente para os núcleos dos músculos extraoculares (abducente, troclear e oculomotor). Fibras ascendentes vindas do núcleo vestibular medial são, em sua maioria, cruzadas e projetam-se bilateralmente até os núcleos abducentes e, assimetricamente, até porções dos núcleos oculomotores. As projeções para o núcleo troclear são cruzadas. Grandes células nas partes centrais do núcleo vestibular superior dão origem a fibras ascendentes não cruzadas no fascículo longitudinal medial, distribuídas para os núcleos do troclear e do oculomotor. Células menores nas partes periféricas do núcleo vestibular superior projetam fibras para o núcleo oculomotor por meio de uma via tegmentar ventral cruzada (fora do fascículo longitudinal medial), a qual tem uma grande influência sobre as células que inervam o músculo reto superior oposto. Projeções vestibulares ascendentes cruzadas para os núcleos dos músculos extraoculares têm efeitos excitatórios, ao passo que fibras não cruzadas exercem inibição.

O fascículo longitudinal medial contém uma grande projeção cruzada ascendente originada dos neurônios internucleares abducentes que terminam nas células da divisão correspondente ao músculo reto medial do complexo nuclear oculomotor. Essa projeção inter-relaciona atividades do núcleo abducente de um lado com neurônios do núcleo oculomotor, o qual inerva o músculo reto medial do lado oposto. Essa via proporciona um mecanismo neural para contrações simultâneas do músculo reto lateral, de um lado, e o músculo reto medial, do lado oposto, necessárias para o movimento ocular conjugado lateral. Lesões no fascículo longitudinal medial (p. ex., por placas de esclerose múltipla ou derrames) causam um quadro conhecido como oftalmoplegia internuclear, com o paciente apresentando diplopia quando solicitado a olhar lateralmente, embora com preservação da movimentação ocular extrínseca.

APLICAÇÃO CLÍNICA

O TE é uma estrutura anatomicamente compacta, funcionalmente diversa e de grande importância clínica. Mesmo uma lesão única e relativamente pequena pode afetar vários núcleos, centros reflexos, tratos ou vias. Essas lesões são frequentemente de natureza vascular, porém tumores, traumatismos e processos degenerativos também podem lesar o TE. Devido às funções vitais do TE, em geral as lesões que acometem essa estrutura levam o paciente à morte ou a estados graves de coma. Nos casos de lesões mais caprichosamente localizadas, encontram-se quadros clínicos muito característicos que devem ser reconhecidos.

O comprometimento de núcleos dos nervos cranianos leva à perda de suas funções, descritas no Capítulo 12, *Nervos Cranianos*. Essa alteração clínica ocorre do mesmo lado da lesão anatômica, sendo homo ou ipsilateral. Lesão da via corticoespinal no TE provoca perda da força muscular, no lado oposto do corpo, por situar-se acima da decussação das pirâmides, e, quando é parcial, chama-se "hemiparesia"; quando total, "hemiplegia". A lesão da via corticonuclear do TE causa perda da força muscular relacionada com os nervos cranianos envolvidos, podendo ser do lado oposto (contra ou heterolateral) ou dos dois lados (bilateral). Essas sintomatologias são descritas no Capítulo 19, *Sistema Piramidal*. A perda da sensibilidade por alteração nas vias ascendentes do TE é contralateral por situar-se acima do cruzamento das fibras, e, quando é total, chama-se anestesia; quando parcial, hipoestesia. A destruição de fibras das vias cerebelares provoca sintomatologia cerebelar, descrita em detalhes no Capítulo 15, *Cerebelo*. As lesões da formação reticular causam, entre outros sinais, alteração da consciência, levando o paciente ao estado de coma. Finalmente, o comprometimento de núcleos próprios tem consequências específicas, dependendo de suas funções, e, quando os núcleos próprios fazem parte das vias extrapiramidais, podem provocar movimentos involuntários anormais, descritos no Capítulo 20, *Núcleos da Base, Estruturas Correlatas e Vias Extrapiramidais*.

Serão descritas a seguir síndromes típicas produzidas por lesões intrínsecas (intra-axiais) do TE (Figura 10.10). As síndromes mais interessantes são as lesões focais do TE.

A **síndrome de Déjérine**, ou da porção medial do bulbo, geralmente ocorre por oclusão dos ramos paramedianos da artéria vertebral ou da artéria basilar, podendo ser uni ou bilateral. Atinge, na maioria das vezes, a pirâmide, parcial ou totalmente o lemnisco medial e o nervo hipoglosso. A lesão da pirâmide compromete o trato corticoespinal, e, como este cruza abaixo do nível da lesão, causa hemiplegia do lado oposto à lesão.

A sintomatologia mais comum inclui paralisia flácida do nervo hipoglosso ipsilateral, hemiplegia com sinal de Babinski contralaterais, hipoestesia tátil e diminuição da sensibilidade vibratória e postural, além de nistagmo. Quando a lesão é unilateral, também é conhecida como hemiplegia cruzada com lesão do hipoglosso ou hemiplegia hipoglossa alternante. O termo refere-se ao achado de paralisia da musculatura da metade da língua situada do lado lesionado, com hipotrofia da metade da língua ipsilateral à lesão e desvio dela, para o lado da lesão, quando está protrusa, somado aos achados contralaterais mencionados.

A **síndrome de Wallenberg**, da artéria cerebelar posteroinferior ou bulbar dorsolateral, ocorre geralmente

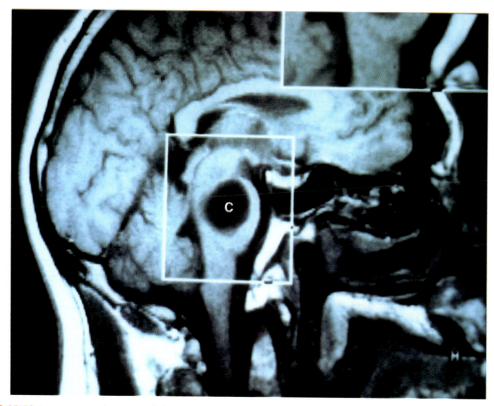

FIGURA 10.10 Imagem no plano sagital de ressonância magnética mostrando um volumoso cisto (C) no nível da ponte.

por oclusão da artéria cerebelar posteroinferior, ramo da artéria vertebral que irriga a parte dorsolateral do bulbo, em geral decorrente de trombose da artéria, podendo comprometer várias estruturas isolada ou conjuntamente.

Os sintomas mais comuns são a instalação súbita de vertigens, nistagmo, náuseas e vômitos, disartria, disfonia e, eventualmente, soluços. Os sintomas dependem da extensão da lesão, podendo ocorrer ataxia, perda da sensibilidade térmica e dolorosa na metade da face ipsilateral à lesão, perda da sensibilidade térmica e dolorosa na metade do corpo contralateral à lesão, hipoacusia ipsilateral e, frequentemente, síndrome de Horner ipsilateral.

As estruturas envolvidas são o pedúnculo cerebelar inferior, o trato espinal do trigêmeo e seu núcleo, o trato espinotalâmico lateral, os núcleos ambíguo, vestibular inferior, dorsal do vago, do trato solitário e do nervo coclear, a via central do sistema simpático (vias descendentes que saem do hipotálamo e se dirigem para os neurônios pré-ganglionares relacionados com a inervação da pupila) e o trato espinocerebelar anterior.

A **síndrome de Millard-Gubler**, de Foville ou da porção ventral inferior da ponte, tem como sintomas paralisia ipsilateral dos nervos abducente (paralisia periférica) e facial (paralisia nuclear), hemiplegia, analgesia, anestesia térmica e diminuição das sensibilidades tátil, postural e vibratória contralaterais.

As principais estruturas envolvidas são o lemnisco medial, o núcleo do nervo facial, o trato espinotalâmico lateral, o trato corticoespinal e o nervo abducente.

As **síndromes da porção caudal do tegmento da ponte** apresentam os seguintes sintomas principais: paralisia nuclear ipsilateral dos nervos abducente e facial, nistagmo, incapacidade para desviar o olhar para o lado da lesão, hemiataxia e assinergia ipsilaterais, analgesia e termoanestesia contralaterais, diminuição das sensibilidades tátil, vibratória e postural.

As principais estruturas envolvidas são o fascículo longitudinal medial, o núcleo do nervo abducente, o pedúnculo cerebelar médio, os núcleos vestibulares, a via central do sistema simpático, o núcleo do trato espinal do trigêmeo, o núcleo do nervo facial, o trato espinocerebelar anterior, o lemnisco medial e o lemnisco lateral.

As **síndromes da porção rostral superior do tegmento da ponte** têm como sintomatologia principal abolição da sensibilidade na hemiface ipsilateral, paralisia ipsilateral dos músculos da mastigação, hemiataxia, tremores intencionais, disdiadococinesia e abolição de todas as modalidades sensoriais no dimídio oposto, com exceção da face.

As principais estruturas envolvidas são o pedúnculo cerebelar superior, o núcleo sensorial principal do trigêmeo, o núcleo do trato espinal do trigêmeo, o trato espinotalâmico lateral, o lemnisco lateral, o lemnisco medial e o trato corticonuclear.

As **síndromes da base do terço médio da ponte** têm sintomatologia que inclui paralisia ipsilateral flácida dos músculos da mastigação, hipoestesia, analgesia e anestesia térmica da hemiface ipsilateral, hemiataxia e assinergia ipsilaterais e hemiplegia espástica contralateral.

As principais estruturas envolvidas são os núcleos do nervo trigêmeo, o pedúnculo cerebelar médio, o trato corticoespinal e os núcleos pontinos.

A **síndrome de Benedikt** ou do núcleo rubro tem como sintomas principais paralisia ipsilateral do nervo oculomotor, acompanhada de midríase, diminuição contralateral da sensibilidade tátil, vibratória, postural e discriminatória, movimentos involuntários e rigidez contralaterais.

As principais estruturas envolvidas são o lemnisco medial, o núcleo rubro, a substância negra e o nervo oculomotor.

A **síndrome de Weber**, ou do pedúnculo cerebral, apresenta como principais sintomas paralisia ipsilateral do nervo oculomotor, hemiplegia espástica contralateral, rigidez contralateral, ataxia contralateral, eventual comprometimento de pares cranianos, em virtude da interrupção das vias supranucleares dos nervos facial, glossofaríngeo, vago e hipoglosso.

As principais estruturas envolvidas são a substância negra, o trato corticoespinal, as fibras corticonucleares, o trato corticopontino e o nervo oculomotor.

As principais causas da **síndrome de Parinaud**, do aqueduto cerebral (de Sylvius) ou da lâmina quadrigeminal do aqueduto, são os processos expansivos do corpo pineal comprimindo os colículos superiores do mesencéfalo ou uma alteração da região pré-tectal próxima do aqueduto cerebral.

O principal sintoma é a paralisia do movimento conjugado vertical dos globos oculares, na ausência de paralisia da convergência.

BIBLIOGRAFIA COMPLEMENTAR

Lang J. Anatomy of the brainstem and the lower cranial nerves, vessels and surrounding structures. **Am J Otol** 1985, (Suppl):1-19.

Lang J. Surgical anatomy of the brainstem. **Neurosurg Clin N Am** 1993, 4(3):367-403.

Lang Jr, Ohmachi N, Lang Sr J. Anatomical landmarks of the rhomboid fossa (floor of the 4th ventricle), its length and its width. **Acta Neurochir (Wien)** 1991, 113(1-2):84-90.

Matsushima T, Rhoton AL Jr, Lenkey C. Microsurgery of the fourth ventricle: Part 1. Microsurgical anatomy. **Neurosurgery** 1982, 11(5):631-667.

Meneses MS, De Paola LGF. Tronco cerebral. In: Petroianu A. **Anatomia cirúrgica**. Rio de Janeiro: Guanabara Koogan, 1999.

Morota N, Deletis V, Epstein FJ *et al*. Brainstem mapping: neurophysiological localization of motor nuclei on the floor of the fourth ventricle. **Neurosurgery** 1995, 37(5):922-929.

Rawlings CE, Rossitch E Jr. Franz Josef Gall and his contribution to neuroanatomy with emphasis on the brainstem. **Surg Neurol** 1994, 42(3):272-275.

Sastry S, Arendash GW. Time-dependent changes in iron levels and associated neuronal loss within the substantia nigra following lesions of the neostriatum/globus pallidus complex. **Neuroscience** 1995, 67(3):649-666.

11 Formação Reticular

Adelmar Afonso de Amorim Júnior

INTRODUÇÃO

Do mesmo modo que os centros medulares são ligados entre si, morfofuncionalmente, por um sistema de conexões intersegmentares, os núcleos dos nervos cranianos também o são por um sistema parecido, porém mais complexo que o descrito no nível da medula espinal. Além disso, a filogênese nos mostra que, ligando centros de importância maior, o tronco do encéfalo representa em todos os vertebrados, dos mais simples aos mais evoluídos, uma organização primitiva fundamental, assegurando a atividade básica da totalidade do sistema nervoso central (SNC).

A esse sistema difuso, de terminologia variada na literatura, que recebe e distribui seus influxos, dá-se o nome de sistema reticular, formação reticular ou substância reticular (*formatio reticularis*). Em virtude do conhecimento superficial de algumas conexões e devido às especulações sobre suas funções, era reconhecido apenas como uma parte separada do SNC pelos neuroanatomistas clássicos.

Além disso, nem os anatomistas, nem os fisiologistas, nem os clínicos devotavam-lhe especial atenção, até meados do século passado. Somente após a publicação do artigo de Moruzzi e Magoun (1949), intitulado *Brain system reticular formation and activation of the EEG*, essa desatenção foi radicalmente alterada, principalmente pelo conhecimento do seu envolvimento na consciência.

CONCEITO

No tronco do encéfalo, fibras nervosas ascendem e descendem para conectar o córtex cerebral à medula espinal e ao cerebelo, adicionando ainda as fibras transversais (associação). Assim, a presença dessas fibras longitudinais e transversais que se entrelaçam no nível do tronco do encéfalo forma pequenas lacunas que são preenchidas por pequenos núcleos de neurônios isolados ou agrupamentos nucleares com funções específicas da manutenção da atividade cortical e comportamental. A aparência, quando vista no microscópio em cortes transversais, é de uma pequena "rede", daí a origem da palavra **retículo** – do latim *reticulum* ou *reticulus*, "rede de malhas miúdas, redezinha". O conjunto dessas estruturas de localização específica (medula espinal cervical alta, bulbo, ponte, mesencéfalo e tálamo), é chamada "formação reticular", "substância reticular" e, ainda, "sistema reticulado do tronco do encéfalo".

Kolb e Whishaw definem a formação reticular como uma mistura de neurônios e fibras nervosas que conferem a essa estrutura a aparência mosqueada da qual se originou esse nome, à semelhança de uma pilha de fichas de jogo vista de lado, com cada uma tendo uma função especial no estímulo do cérebro, como o despertar do sono e a estimulação comportamental. Para outros autores, a formação reticular recebe também a denominação de sistema ativador reticular ascendente (SARA). Discordamos dessa sinonímia, visto que essa denominação está diretamente relacionada com a função, e não com o seu aspecto anatômico, isto é, o "**sistema ativador**" é um conceito funcional, enquanto a "**formação reticular**" é um conceito morfológico, e já foi demonstrado, há anos, que eles não se correspondem. Outrossim, ao

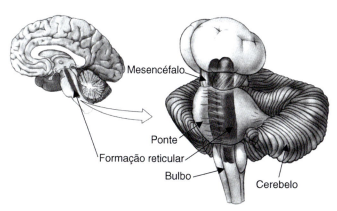

FIGURA 11.1 Vias do sistema reticular.

manter o termo "**ascendente**", pode-se do mesmo modo incorrer também em erro, desde que se saiba que regiões relacionadas com ativação ascendente têm uma ação correspondente sobre a medula espinal, portanto ativação descendente; ao relacioná-lo com o "sistema ativador", é também aconselhável suprimir o termo do "tronco do encéfalo".

Ainda que certas regiões do neuroeixo tenham uma assim chamada "estrutura reticular" e, em consequência, possam ser referidas como formação reticular, por exemplo, na medula espinal e no tálamo, nós aqui vamos tratar apenas da formação reticular do tronco do encéfalo (bulbo, ponte, mesencéfalo).

Essas regiões representam uma parte filogeneticamente antiga do encéfalo. Essa parte é nomeada pelos antigos anatomistas e geralmente é aceita como compreendendo as áreas do tronco do encéfalo caracterizadas estruturalmente como compostas de agregados difusos de células de diferentes tipos e tamanhos, separadas por uma profusão de fibras trafegando em todas as direções. Grupos celulares circunscritos, tais como o núcleo rubro e a oliva superior ou núcleos de nervos cranianos, não são incluídos. Algumas estruturas "excluídas", entretanto, como o lemnisco medial e o núcleo ambíguo, estão localizadas dentro da região da formação reticular. Assim, o principal critério para considerar uma área celular do tronco do encéfalo como parte da formação reticular é a sua estrutura, isto é, os neurônios dos núcleos reticulares, surpreendentemente, apresentam longos dendritos que se estendem para partes do tronco do encéfalo distantes dos corpos celulares. Assim, sua estrutura permite receber e integrar influxos sinápticos da maioria de todos os axônios que atravessam o tronco do encéfalo ou que se projetam para este.

Na exposição que se segue, a expressão "formação reticular" será empregada como um denominador comum para as áreas do tronco do encéfalo que têm uma estrutura reticular.

Muitos autores elaboraram conceitos referentes à formação reticular nos meados do século XX, após as pesquisas de Moruzzi e Magoun (1949), que procuraram estabelecer uma relação entre formação reticular e ativação do córtex cerebral, levando assim outros neurofisiologistas a investigações fisiológicas que confirmaram e ampliaram as observações desses pesquisadores. Conclui-se que a formação reticular:

1. É uma rede complexa de núcleos e fibras nervosas, no interior do tronco do encéfalo, que funciona como sistema ativador reticular ascendente (SARA), estimulando o cérebro.
2. É uma complexa interpenetração de núcleos e de tratos, mal definidos, que se estende pela parte central do bulbo, da ponte e do mesencéfalo, e que, devido a essa posição, associa-se intimamente às vias ascendentes e descendentes e aos nervos cranianos. Formações de aspecto reticular (redes neuronais mais dispersas) que não correspondem precisamente aos núcleos anatomicamente identificados, os chamados centros "respiratório" e "cardiovascular", situados na formação reticular do bulbo e da ponte caudal, controlam os movimentos respiratórios e o funcionamento cardiovascular. Em termos filogenéticos, correspondem à parte antiga do tronco do encéfalo, em que seus neurônios executam funções necessárias à sobrevivência.
3. Estende-se da medula espinal ao diencéfalo e ocupa, no tegmento do tronco do encéfalo, a maior porção do espaço entre os núcleos dos nervos cranianos e as grandes vias ascendentes e descendentes. Foi por sua estrutura característica que recebeu o nome de reticulado. Na realidade, um retículo é uma rede densa de fibras, orientadas longitudinal e transversalmente, que encerra grupos celulares como um arrastão aprisiona peixes em suas malhas. É a grande quantidade de sinapses que explica o caráter difuso da atividade desse sistema e sua importância para o sistema nervoso central (SNC). Executando função "não específica", não transmite mensagens particulares, sensoriais, motoras nem vegetativas; apenas recebe incontáveis informações, congrega-as, associa-as numa informação geral e difusa e procura, no SNC, o que se poderia chamar de "condição fundamental", graças à qual se exercem, sem choques, as atividades mais precisas, cabíveis às estruturas segmentares específicas ou suprassegmentares de recepção e de comando superior. Ainda coordena funções isoladas, isto é, implicadas na produção de mecanismos complexos, tais como deglutição, salivação, respiração etc., que, separadamente, os centros segmentares não poderiam realizar.

CONEXÕES DA FORMAÇÃO RETICULAR

A formação reticular é o receptor de uma corrente contínua de estímulos "sensoriais" multimodais, e suas respostas se expressam por meio de impulsos que modulam o movimento, a própria sensibilidade, atividades automáticas, ciclo sono-vigília, respiração e circulação, entre outros.

Eferências

A formação reticular envia fibras para cinco regiões principais: córtex cerebral, tálamo, núcleos do tronco do encéfalo, cerebelo e medula espinal.

As projeções eferentes podem ser estudadas provocando-se lesões na formação reticular e traçando as degenerações resultantes de fibras ascendentes ou descendentes.

É possível identificar as seguintes eferências da formação reticular:

a) Medula espinal:
- fibras reticuloespinais que terminam em interneurônios, os quais irão influenciar os motoneurônios; são compostas de fibras cruzadas e não cruzadas, com efeitos tanto inibitórios quanto excitatórios. Esse trato é importante para os mecanismos posturais, orientação da cabeça e do corpo, em relação a estímulos externos, e para movimentos voluntários das partes corporais proximais
- fibras rafe-espinais são mais conhecidas pela implicação de seus neurônios serotoninérgicos na modulação da sensação da dor, mas há evidência de que projeções desse trato também podem modular atividades de neurônios motores, mais estimulados pela serotonina
- fibras ceruleoespinais.

b) Córtex cerebral: as fibras ascendentes da formação reticular terminam em várias áreas do córtex cerebral, por vias talâmica e extratalâmica. Algumas fibras terminam no hipotálamo. A importância dessas fibras se explica pelas atividades corticais cerebrais relacionadas principalmente com a consciência e a atenção.

c) Cerebelo: corresponde às fibras reticulocerebelares, que se projetam principalmente sobre o *vermis* cerebelar.

d) Tronco do encéfalo:
- Integração da atividade dos nervos cranianos:

1) III, IV e VI (movimentos oculares).
2) V (mastigação).
3) VII (expressão facial, salivação e lacrimejamento).
4) IX (salivação, deglutição e espirro).
5) X (respiração e circulação).
6) XII (movimentos da língua).

e) Tálamo: fibras que terminam nos núcleos intralaminares.

Aferências

As aferências da formação reticular provêm da:

a) Medula espinal:
- trato espinorreticular: fibras que terminam em partes da formação reticular, distribuindo axônios longos ascendentes para o tálamo. Algumas fibras terminam em áreas nas quais os neurônios enviam seus axônios de volta para a medula espinal, estabelecendo assim circuito de *feedback* entre a formação reticular e a medula espinal
- trato espinotalâmico: algumas fibras desse trato transmitem estímulos nociceptivos e termoceptivos para a formação reticular.

b) Córtex cerebral: as aferências surgem principalmente das áreas corticais que originaram a via piramidal.

c) Tronco do encéfalo:
- colículo superior: envia fibras permitindo que sinais visuais influenciem a formação reticular, visto que os colículos superiores recebem informações visuais diretamente da retina e do córtex visual
- V: aferências do núcleo espinal do trigêmeo
- VIII: sinais auditivos e vestibulares
- IX: aferências sensoriais dos quimiorreceptores carotídeos (atuam no centro respiratório por meio do trato solitário) e barorreceptores (atuam no centro vasomotor, também por meio do trato solitário)
- X: impulsos sensoriais viscerais ascendentes do núcleo do trato solitário, com informações sobre o grau de distensão dos alvéolos pulmonares, com objetivo de atuarem no controle da respiração.

d) Cerebelo: aferências relacionadas com a função de regulação automática do equilíbrio, do tônus e da postura.

NÚCLEOS DA FORMAÇÃO RETICULAR

Apesar de adjetivos como "primitivo" e "difuso" terem sido aplicados à formação reticular, esta não é uma massa de neurônios aleatoriamente interconectados. As partes da formação reticular diferem entre si quanto a citoarquitetura, conexões e fisiologia, como explicado anteriormente. Por essa razão, grupos de neurônios são identificados e denominados núcleos, ainda que nem todos sejam claramente circunscritos como os núcleos de outras regiões. Assim, como ocorre em todo o sistema nervoso, as informações obtidas por meio de pesquisas continuam revelando graus cada vez mais altos de organização estrutural regular em relação ao que antes se pensava existir.

Do ponto de vista citoarquitetural, a formação reticular da ponte e do bulbo pode ser dividida em uma porção que ocupa os 2/3 mediais, composta de células grandes (gigantes) e também denominada zona magnocelular, que dará origem a fibras ascendentes e descendentes, sendo considerada uma zona eferente. O terço lateral é composto de pequenas células, sendo também denominado zona parvocelular e considerado via eferente.

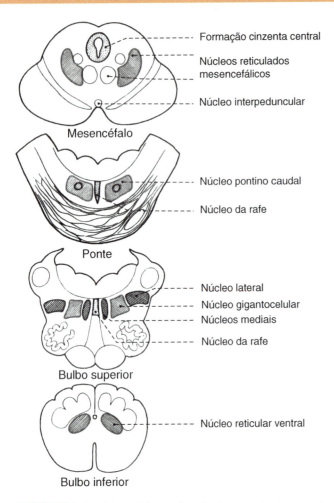

FIGURA 11.2 Os núcleos da formação reticular em cortes transversais nos diversos níveis do tronco do encéfalo vistos no conjunto.

Do ponto de vista funcional, a formação reticular pode ser dividida em:

- Núcleos da rafe (junção): constitui uma estreita placa de neurônios sagitalmente orientados na linha média do tronco do encéfalo. Recebem aferências do córtex cerebral, hipotálamo e formação reticular. Cada axônio se ramifica extensivamente e alcança uma grande proporção do SNC, enviando aferências para a medula espinal (provenientes dos núcleos caudais), córtex cerebral e demais regiões (provenientes dos núcleos rostrais)
- *Locus coeruleus*: constitui um pequeno grupo de células fortemente pigmentadas localizado no assoalho do IV ventrículo, abaixo da área de mesmo nome. É constituído por neurônios noradrenérgicos.

A formação reticular recebe aferências provavelmente do hipotálamo, núcleo amigdaloide, núcleos da rafe e substância negra.

As aferências são altamente ramificadas e chegam ao córtex cerebral, ao hipotálamo, ao hipocampo e a outras estruturas límbicas, bem como à medula espinal e ao tronco do encéfalo.

- Substância cinzenta periaquedutal: situada nas adjacências do aqueduto cerebral, constitui uma estrutura bastante compacta, importante na regulação da dor
- Área tegmental ventral: situada ventralmente ao tegmento mesencefálico, sendo constituída por neurônios

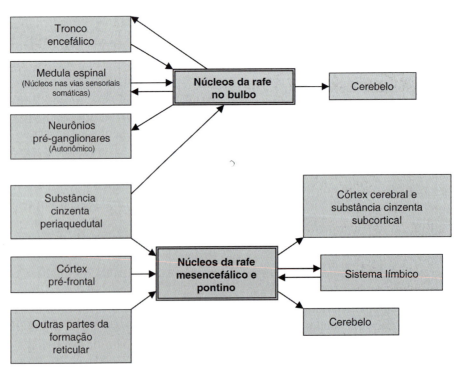

FIGURA 11.3 Conexões da formação reticular.

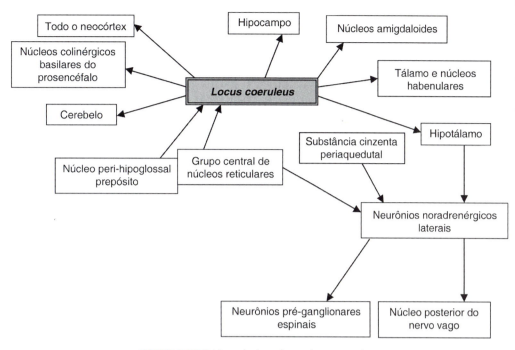

FIGURA 11.4 Vias relacionadas ao *locus coeruleus*.

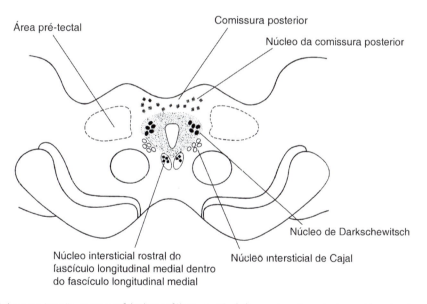

FIGURA 11.5 Alguns núcleos na junção mesencefalodiencefálica, no nível da comissura posterior, evidenciando os núcleos acessórios do III par de nervos cranianos (oculomotor) e mostrando a extensão da substância cinzenta periaquedutal, representada pela área pontilhada.

dopaminérgicos, dos quais se origina a via mesolímbica, com aferências para o corpo estriado ventral, sistema límbico e córtex frontal, com importância na regulação do comportamento emocional.

ASPECTOS FUNCIONAIS DA FORMAÇÃO RETICULAR

O mecanismo é ativo, envolvendo fibras eferentes ou centrífugas capazes de modular a passagem dos impulsos nervosos nas vias aferentes específicas, e isso se faz principalmente por fibras originadas na formação reticular. Entre elas, destacam-se, pela sua grande importância clínica, as fibras que inibem a penetração, no sistema nervoso central (SNC), de impulsos dolorosos, caracterizando as chamadas "vias de analgesia".

Devido ao grande número de conexões da formação reticular com todas as partes do sistema nervoso, a formação reticular apresenta inúmeras funções, entre as quais destacamos:

a) Controle do músculo esquelético

Pelos tratos reticuloespinal e reticulobulbar, a formação reticular influencia a atividade dos neurônios motores alfa e gama. Assim, a formação reticular pode modular o tônus muscular e a atividade reflexa, podendo causar também uma inibição recíproca. Por exemplo, quando os músculos flexores se contraem, os músculos extensores relaxam.

A formação reticular assistida pelo aparelho vestibular da orelha interna e pelo trato vestibuloespinal participa na manutenção do tônus muscular antigravitário, quando a pessoa fica em pé.

Existe ainda o controle dos músculos respiratórios, cujos centros se encontram no tronco do encéfalo como integrantes da formação reticular.

A formação reticular é importante também para o controle dos músculos da expressão facial, quando associados à emoção. Por exemplo, quando a pessoa sorri em resposta a uma piada, o controle motor é exercido pela formação reticular, agindo nos dois lados do encéfalo. Os tratos descendentes diferem daqueles que formam as fibras corticobulbares. Isso significa que a pessoa vitimada por um acidente vascular cerebral que atinja as fibras corticobulbares, apresentando paralisia facial na parte inferior da face, ainda é capaz de sorrir simetricamente.

b) Controle da sensibilidade somática e visceral

Em face de sua localização central no eixo cérebro-espinhal, a formação reticular pode influenciar, de maneira excitatória ou inibitória, os níveis supraespinais em todas as vias ascendentes. Destacamos em particular a sua participação no controle da percepção da dor.

c) Controle do sistema nervoso autônomo

O controle pelos centros superiores, como o córtex cerebral, o hipotálamo e outros núcleos subcorticais, pode ser exercido pelos tratos reticulobulbar e reticuloespinal, que se ligam aos neurônios pré-ganglionares do sistema nervoso autônomo, estabelecendo-se assim o principal mecanismo de controle da formação reticular sobre esse sistema.

d) Controle do sistema endócrino

Seja direta, seja indiretamente, por meio dos núcleos hipotalâmicos, a formação reticular pode influenciar a síntese ou a secreção de fatores de liberação ou inibição, controlando, assim, a atividade da glândula hipófise.

e) Influência sobre os relógios biológicos

Por meio de suas múltiplas aferências e eferências para o hipotálamo, a formação reticular, provavelmente, influencia os ritmos biológicos.

f) Sistema ativador reticular

Uma das descobertas mais importantes e, ao mesmo tempo, mais surpreendentes da Neurobiologia moderna é que a atividade elétrica do córtex cerebral, de que dependem os vários níveis de consciência, é regulada basicamente pela formação reticular do tronco do encéfalo. Graças aos trabalhos fundamentais de Bremer (1935 e 1937) e Moruzzi e Magoun (1949), descobriu-se que a formação reticular é capaz de ativar o córtex cerebral, a partir do que se criou o conceito de SARA, importante na regulação do sono e da vigília. Assim, o acordar e o nível da consciência são controlados pela formação reticular. Em face das múltiplas vias ascendentes condutoras de informação para os centros sensoriais, canalizadas pela formação reticular, que, por sua vez, projeta essa informação para partes diferentes do córtex cerebral, a pessoa adormecida acorda. Acredita-se, atualmente, que o estado da consciência seja dependente da projeção contínua, de informação sensorial, para o córtex cerebral, concluindo que diferentes graus de vigília parecem depender do grau de atividade da formação reticular.

g) Regulação do sono

Embora os estímulos da formação reticular resultem, na maioria das vezes, em ativação cortical, alguns estímulos de áreas específicas da formação reticular resultam em sono.

O sono, do ponto de vista eletrencefalográfico, não é um fenômeno uniforme, consistindo em duas fases distintas:

- Sono REM (de atividade rápida – paradoxal): durante o qual o indivíduo, embora adormecido, revela no eletrencefalograma atividade rápida e de baixa voltagem, similar aos padrões observados no estado de vigília, porém com perda total do tônus muscular em virtude da inibição de neurônios motores e respiração irregular. Há atividades musculares intermitentes configuradas nos movimentos oculares (movimento rápido dos olhos), que correspondem ao período de sonho. Acredita-se que essa fase do sono seja regulada pelos neurônios do *locus coeruleus*
- Sono não REM (de atividade lenta): é caracterizado pelo aparecimento de ondas lentas no eletroencefalograma, inicialmente intermitentes e agrupadas em fusos. Acredita-se que essa fase do sono seja regulada pelos neurônios dos núcleos da rafe.

Embora a formação reticular esteja envolvida nos mecanismos do sono, vale lembrar que outras estruturas cerebrais também estão, entre elas o hipotálamo.

h) Controle da respiração e da circulação

Informações sobre o grau de distensão dos alvéolos pulmonares continuamente são levadas ao núcleo do trato solitário pelas fibras aferentes viscerais gerais do nervo vago. Daí os impulsos nervosos passam ao centro respiratório, que se localiza na **formação reticular bulbar**. Esta possui uma **parte dorsal**, que controla a inspiração, e outra **ventral**, que controla a expiração. Alguns autores consideram o chamado "centro pneumotáxico", situado na formação reticular pontina e que transmite impulsos inibitórios, como pertencente ao centro respiratório.

Do centro respiratório emergem fibras reticuloespinais que terminam fazendo sinapse com os neurônios motores das porções cervical e torácica da medula espinal. Da porção cervical saem fibras que, pelo nervo frênico, atingem o diafragma, enquanto, da porção torácica, originam-se fibras que, pelos nervos intercostais, vão aos músculos intercostais. Essas vias são importantes para a manutenção reflexa ou automática dos movimentos respiratórios. Entretanto, os neurônios motores relacionados com esses nervos (frênico e intercostais) recebem também fibras do trato corticoespinal, o que permite o controle voluntário da respiração. Convém lembrar, ainda, que o funcionamento do centro respiratório é bem mais complexo, recebendo também influência do hipotálamo, o que explica as modificações do ritmo respiratório em certas situações emocionais.

Quanto ao controle vasomotor, o seu centro encontra-se na formação reticular do bulbo, coordenando os mecanismos que regulam o calibre vascular, do qual depende basicamente a pressão arterial, influenciando também o ritmo cardíaco. Informações sobre a pressão arterial chegam ao núcleo do trato solitário a partir de barorreceptores, situados principalmente no seio carotídeo, sendo levadas pelas fibras aferentes viscerais gerais do nervo glossofaríngeo. Do núcleo do trato solitário, os impulsos passam ao centro vasomotor, para coordenar a resposta eferente. Desse centro saem fibras para os neurônios pré-ganglionares do núcleo dorsal do vago, resultando impulsos parassimpáticos. Ao mesmo tempo, saem também fibras reticuloespinais para os neurônios pré-ganglionares da coluna lateral da medula espinal, resultando impulsos simpáticos. Na maioria dos vasos, o simpático é vasoconstritor, determinando assim aumento de pressão. Esse centro ainda está sob o controle do hipotálamo, responsável pelo aumento da pressão arterial resultante de situações emocionais.

Em resumo, podemos afirmar que a formação reticular do tronco do encéfalo assegura: (a) a coordenação dos núcleos dos nervos cranianos (centros da mastigação, deglutição, respiração etc.); (b) a vigilância dos centros superiores, exercendo, em razão dessa vigilância, um controle inibidor ou facilitador sobre os centros suprajacentes (núcleos centrais); (c) as relações e o controle do cerebelo (núcleo lateral e paramediano); (d) a ligação entre os centros hipotalâmicos, rinencefálicos e o tronco do encéfalo (núcleo da rafe e núcleos mesencefálicos); (e) o controle eferente da sensibilidade (substância cinzenta periaquedutal, núcleo magno da rafe e as fibras rafe-espinais); e (f) a atenção seletiva, pela qual elimina ou diminui algumas informações sensoriais que lhe chegam, concentrando-se em outras.

CONSIDERAÇÕES ANATOMOCLÍNICAS

Um dos conceitos mais importantes surgidos na pesquisa neurobiológica do século passado é que o córtex cerebral, apesar de sua elevada posição na hierarquia do sistema nervoso, é incapaz de funcionar por si próprio de maneira consciente. Para isso, depende de impulsos ativadores que recebe da formação reticular do tronco do encéfalo. Esse fato trouxe novos subsídios para a compreensão dos distúrbios da consciência, permitindo entender o que os antigos neurologistas já haviam constatado: os processos patológicos, mesmo localizados, que comprimem o mesencéfalo ou a transição deste com o diencéfalo, quase sempre levam a uma perda total da consciência, isto é, ao estado de coma. Sabe-se hoje que isso se deve à lesão da formação reticular com interrupção do SARA.

Os processos patológicos responsáveis por tal consequência são, em geral, infratentoriais. Entretanto, tumores ou hematomas que levem a um aumento da pressão no compartimento supratentorial podem causar uma hérnia do úncus que, ao insinuar-se entre a incisura da tenda e o mesencéfalo, comprime este último e produz um quadro de coma. Existem outras causas de coma em que ocorre um comprometimento direto e generalizado do próprio córtex cerebral. Assim, um dos problemas na avaliação clínica de um paciente em coma é saber se o quadro se deve a um envolvimento generalizado do córtex cerebral ou se decorre primariamente de um processo localizado no tronco do encéfalo.

ASPECTOS IMPORTANTES – RESUMO

1. A função mais importante é a regulação da atividade neural em todo o SNC. Assim, os neurônios de cada núcleo produzem um diferente neuromodulador, uma substância que altera a liberação dos neurotransmissores ou respostas dos receptores aos neurotransmissores, influenciando o próprio tronco do encéfalo, o cérebro, o cerebelo e a medula espinal;

2. A formação reticular contém inúmeros neurônios com longos dendritos circundados por feixes de fibras nervosas entrelaçadas;

3. Os núcleos da rafe, ricos em neurônios serotoninérgicos com axônios de projeção rostral, são ativos no sono; e os de projeção caudal que recebem influências da substância cinzenta periaquedutal modulam a sensação da dor;

4. O grupo central de núcleos inclui os de projeção caudal, que são as células de origem de fibras motoras reticuloespinais, e as de projeção rostral, que são relacionadas com os movimentos oculares e, provavelmente, com o estado de consciência;

5. Neurônios catecolaminérgicos no *locus coeruleus* apresentam axônios que se dirigem à maior parte do encéfalo e

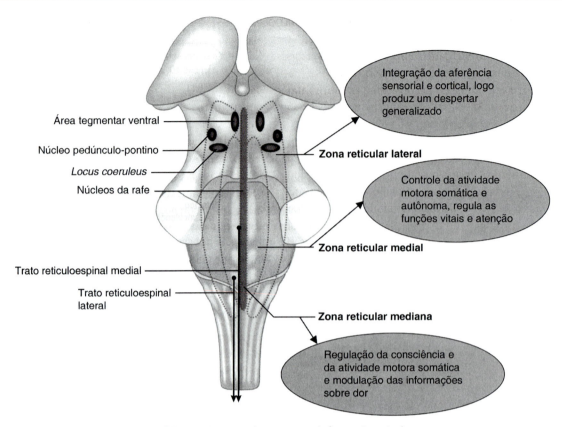

FIGURA 11.6 Funções de estruturas da formação reticular.

da medula espinal, provavelmente para aumentar a velocidade de respostas reflexas e o nível geral de alerta;

6. A formação reticular apresenta três zonas com funções distintas: lateral, medial e média. A **zona lateral** integra aferências sensoriais e corticais, produzindo um despertar generalizado. A **zona medial** regula as funções vitais, atividade motora somática e atenção; e a **zona média** ajusta a transmissão de informações dolorosas, da atividade motora somática e dos níveis de consciência;

7. As fibras ascendentes formam o SARA, que regula a atividade no córtex cerebral, enquanto as fibras descendentes ajustam o nível geral de atividade na medula espinal;

8. A área tegmentar ventral (mesencéfalo) fornece dopamina que se destina ao córtex cerebral e áreas límbicas;

9. Os núcleos da rafe (mesencéfalo, ponte e bulbo) fornecem serotonina, que se destina a tálamo, teto mesencefálico, corpo estriado, complexo amigdaloide, hipocampo, cerebelo, todo o córtex cerebral e medula espinal (rafe-espinal), influenciando os núcleos de despertar no cérebro.

BIBLIOGRAFIA COMPLEMENTAR

Brodal A. **Anatomia neurológica com correlações clínicas**. 3ª ed. São Paulo: Rocca, 1984, pp. 317-357.

Carlson NR. **Fisiologia do comportamento**. São Paulo: Manole, 2002, 699 p.

Delmas A. **Vias e centros neurais: introdução à neurologia**. 9ª ed. Rio de Janeiro: Guanabara Koogan, 1973, 230 p.

Kierman JA. **Neuroanatomia humana de Barr**. São Paulo: Manole, 1998, 518 p.

Kolb B, Whishaw IQ. **Neurociência do comportamento**. São Paulo: Manole, 2002, pp. 478-479.

Lent R. **Cem bilhões de neurônios: conceitos fundamentais de neurociência**. São Paulo: Atheneu, 2002, 698 p.

Lundy-Ekman L. **Neurociência: fundamentos para a reabilitação**. 2ª ed. Rio de Janeiro: Elsevier, 2004, 477 p.

Machado A. **Neuroanatomia funcional**. 2ª ed. São Paulo: Atheneu, 2002, 363 p.

Meneses MS. **Neuroanatomia aplicada**. 2ª ed. Rio de Janeiro: Guanabara Koogan, 2006.

Moruzzi G, Magoun HW. Brain stem reticular formation and activation of the EEG. **Electroencephalogr Clin Neurophysiol** 1949, 1(4):455-473.

Noback CR, Strominger NL, Demarest RJ. **Neuroanatomia: estrutura e função do sistema nervoso humano**. 5ª ed. São Paulo: Premier, 1999, 389 p.

Olszewski J. The cytoarchitecture of the human reticular formation. In: Delafresnaye J. **Brain mechanism and consciousness**. Oxford: Blackwell, 1954, pp. 54-80.

Olszewski J, Baxter D. **Cytoarchitecture of the human brain stem**. New York: S Karger, 1954.

Petrovick P. A comparative study of the reticular formation of the guinea pig. **J Comp Neurol** 1966, 128(1):85-108.

Snell RS. **Neuroanatomia clínica para estudantes de medicina**. 5ª ed. Rio de Janeiro: Guanabara Koogan, 2003, 526 p.

Taber E. The cytoarchitecture of the brain stem of the cat. **J Comp Neurol** 1961, 116:27-69.

Valverde F. Reticular formation of the albino rat's brain stem. Cytoarchitecture and corticofugal connections. **J Comp Neurol** 1962, 119:25-53.

Young AP, Young PH. **Bases da neuroanatomia clínica**. Rio de Janeiro: Guanabara Koogan, 1998, 285 p.

12 Nervos Cranianos

Carlos Alberto Parreira Goulart • Emilio José Scheer Neto

Os nervos cranianos foram estudados por Galeno (II século d.C.), que descreveu sete pares. Posteriormente, Thomas Willis (1664) enumerou nove pares e, finalmente, Soemmering (1778), como parte de sua tese de doutoramento, estabeleceu os doze pares de nervos cranianos.

Os doze pares de nervos cranianos têm conexões bilaterais no encéfalo e recebem uma nomenclatura específica, sendo numerados em algarismos romanos, de acordo com a sua origem aparente, no sentido rostrocaudal (Figuras 12.1 e 12.2). O primeiro nervo craniano, ou nervo olfatório, apresenta conexão com o telencéfalo, enquanto o segundo, ou nervo óptico, se relaciona com o diencéfalo. Esses dois nervos são verdadeiras extensões do sistema nervoso central e não apresentam características de nervos periféricos. Entretanto, são estudados com os outros dez nervos cranianos que apresentam conexão com o tronco do encéfalo.

A origem real dos nervos cranianos não corresponde às suas origens aparentes. Os nervos cranianos oriundos do tronco do encéfalo são formados por núcleos de substância cinzenta existentes no interior do bulbo, da ponte e do mesencéfalo. Esses núcleos apresentam substância cinzenta homóloga à da medula espinal, diferentemente dos núcleos próprios do tronco do encéfalo descritos no Capítulo 10, *Tronco do Encéfalo*.

NÚCLEOS DOS NERVOS CRANIANOS – VISÃO GERAL

A composição funcional dos dez pares de nervos cranianos inferiores pode ser analisada melhor fazendo-se referência ao desenvolvimento de seus núcleos. De modo geral, os nervos são identificados pelo nome ou por algarismos romanos.

Com o desenvolvimento embriológico do tubo neural, observa-se que o sulco limitante separa as lâminas alar e basal, as quais são responsáveis por funções sensoriais e motoras, respectivamente. Da mesma maneira, as estruturas que se desenvolvem nas proximidades do sulco limitante terão funções viscerais, enquanto aquelas situadas à distância serão somáticas.

No tronco do encéfalo, os núcleos de substância cinzenta têm duas origens diferentes. Os **núcleos próprios** do tronco do encéfalo, por exemplo, o complexo olivar inferior e o núcleo rubro, não têm correspondência com a substância cinzenta existente na medula espinal. Os núcleos que dão origem a dez dos doze pares de nervos cranianos situam-se em colunas verticais no tronco do encéfalo e correspondem à substância cinzenta da medula espinal. Os núcleos situados em cada coluna apresentam características semelhantes, e as colunas respeitam as posições adquiridas durante o desenvolvimento embriológico.

No tronco do encéfalo, encontram-se, de cada lado, três colunas motoras e três colunas sensoriais (Figuras 12.3 e 12.4).

Colunas motoras:

- a) **somítica**;
- b) **branquial**;
- c) **visceral**.

Colunas sensoriais:

- a) **visceral**;
- b) **somática geral**;
- c) **somática especial**.

Voltando a analisar o tubo neural, observa-se que, no tronco do encéfalo, existe a mesma disposição embriológica. Com a abertura do tubo neural posteriormente para a formação do quarto ventrículo, a posição das estruturas sensoriais passa a ser lateral ao sulco limitante, enquanto as motoras se dispõem medialmente.

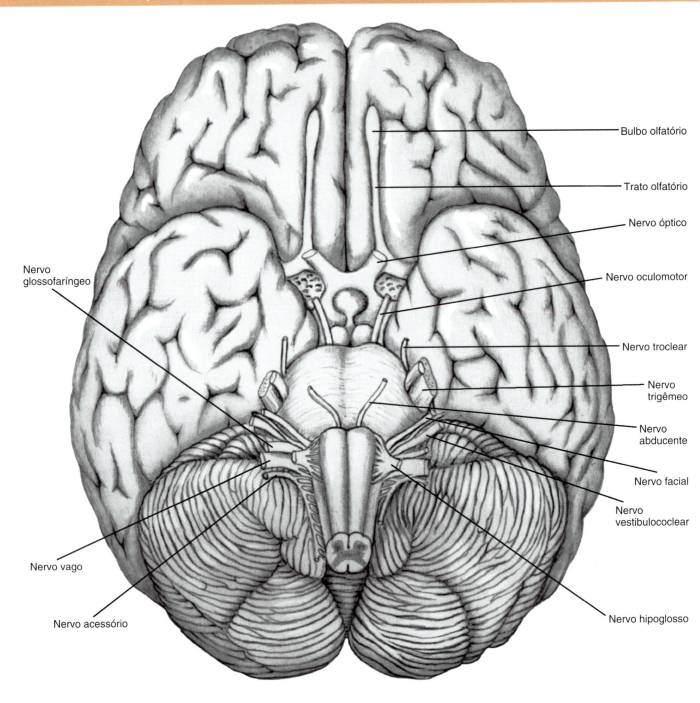

FIGURA 12.1 Nervos cranianos.

DESCRIÇÃO DOS NERVOS CRANIANOS

I – Nervo olfatório

A função do nervo olfatório (ver Figura 22.2) é o olfato, considerada como sensibilidade visceral especial. A mucosa olfatória, situada no epitélio olfativo da cavidade nasal, é formada por um conjunto de células nervosas ciliadas especializadas, denominadas "receptores olfativos". Seus axônios juntam-se em diversos filetes ou fascículos que penetram na cavidade craniana por pequenos orifícios do osso etmoide, denominado "conjunto lâmina crivosa" ou "cribriforme", fazendo conexão com o **bulbo olfatório**, localizado na superfície inferior do lobo frontal. Nessa estrutura ocorre o processamento preliminar da informação olfativa, pois aí existem os prolongamentos centrais das células olfatórias, que constituem o glomérulo olfatório, bem como as grandes células mitrais, cujos axônios emergem do bulbo pelo **trato olfatório**. Este cursa posteriormente pela superfície basal do lobo frontal. Pouco antes

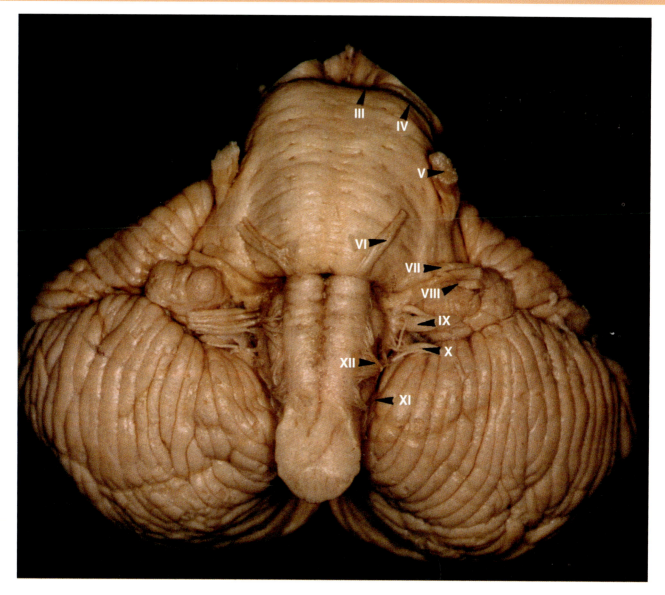

FIGURA 12.2 Visão anterior do tronco do encéfalo e do cerebelo com os nervos cranianos: III (oculomotor), IV (troclear), V (trigêmeo), VI (abducente), VII (facial), VIII (vestibulococlear), IX (glossofaríngeo), X (vago), XI (acessório) e XII (hipoglosso).

de atingir o nível do quiasma óptico, a maioria de suas fibras é deslocada medialmente, formando a **estria olfatória medial**. As fibras componentes da **estria olfatória lateral** cruzam a profundidade do sulco ou fissura lateral e vão atingir o lobo temporal, terminando no córtex olfatório primário do úncus e do giro para-hipocampal. As fibras da estria olfatória medial incorporam-se à comissura anterior e terminam no lado oposto.

As vias olfatórias são descritas no Capítulo 23, *Vias da Sensibilidade Especial*.

APLICAÇÃO CLÍNICA

Anosmia é a designação que se dá à ausência de olfato. Parosmia corresponde às alterações do odor, sendo a cacosmia, odor desagradável ou fétido, a forma mais comum.

As patologias que mais frequentemente cursam com alterações do odor são as rinites alérgicas ou infecciosas, os traumatismos cranioencefálicos com lesão da lâmina crivosa do etmoide, os tumores do lobo temporal, os processos infecciosos crônicos e as doenças psiquiátricas. Ocasionalmente, a anosmia ou hiposmia podem anteceder os sintomas e sinais típicos da doença de Parkinson e de outras doenças degenerativas.

II – Nervo óptico

O nervo óptico (ver figura 22.4) é o conjunto dos axônios provenientes das células ganglionares da **retina**, estrutura localizada no olho, órgão receptor do sistema visual. O olho é composto de uma lente autofocalizadora, o cristalino, um diafragma, a íris, e uma estrutura sensível à luz, a retina, formada por,

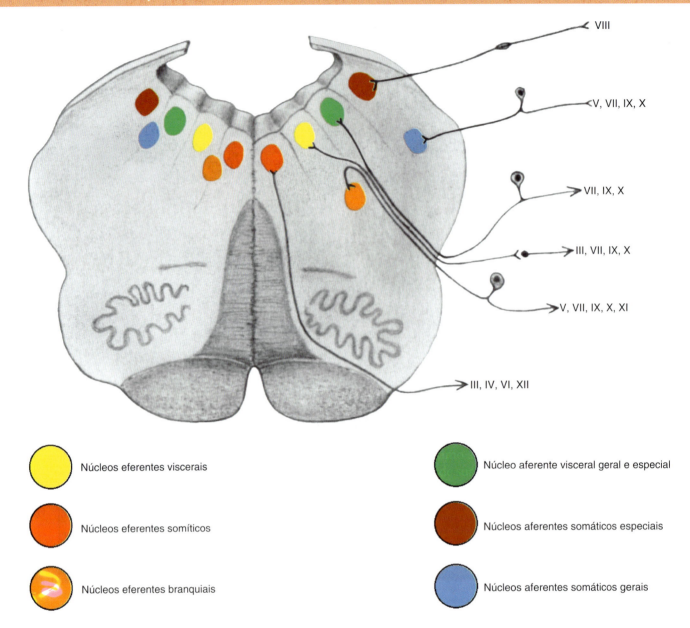

FIGURA 12.3 Corte horizontal das colunas dos núcleos de nervos cranianos.

pelo menos, dez camadas de células. A estimulação pela luz ativa produz sinais eletroquímicos na camada pigmentar, formada por células chamadas "cones" e "bastonetes". Esses sinais são processados e integrados pelas células das outras camadas retinianas até os axônios das células ganglionares da retina. A partir daí, esses sinais elétricos, sob a forma de potenciais de ação, são transmitidos, por meio dos nervos e dos tratos ópticos, para os núcleos geniculados laterais, colículos superiores e córtex visual primário (córtex calcarino, córtex estriado ou área 17 de Brodmann).

Para o campo visual de cada olho, existem dois hemicampos: um temporal e outro nasal. Os raios luminosos convergem para a hemirretina contralateral do respectivo olho. As fibras provenientes da retina nasal cruzam para o outro lado no **quiasma óptico**, enquanto as fibras provenientes da retina temporal seguem pelo mesmo lado, sem cruzamentos. O conjunto das fibras que se dirigem ao **corpo geniculado lateral**, após o quiasma óptico, constitui o **trato óptico**. Os axônios dos neurônios do corpo geniculado lateral constituem as **radiações ópticas**, que se dirigem para área cortical visual.

As vias visuais são descritas com detalhes no Capítulo 23, *Vias da Sensibilidade Especial*.

APLICAÇÃO CLÍNICA

As lesões das vias ópticas causam alterações visuais específicas, possibilitando uma localização da patologia de forma precisa. As lesões do nervo óptico causam diminuição ou ausência unilateral da visão do olho

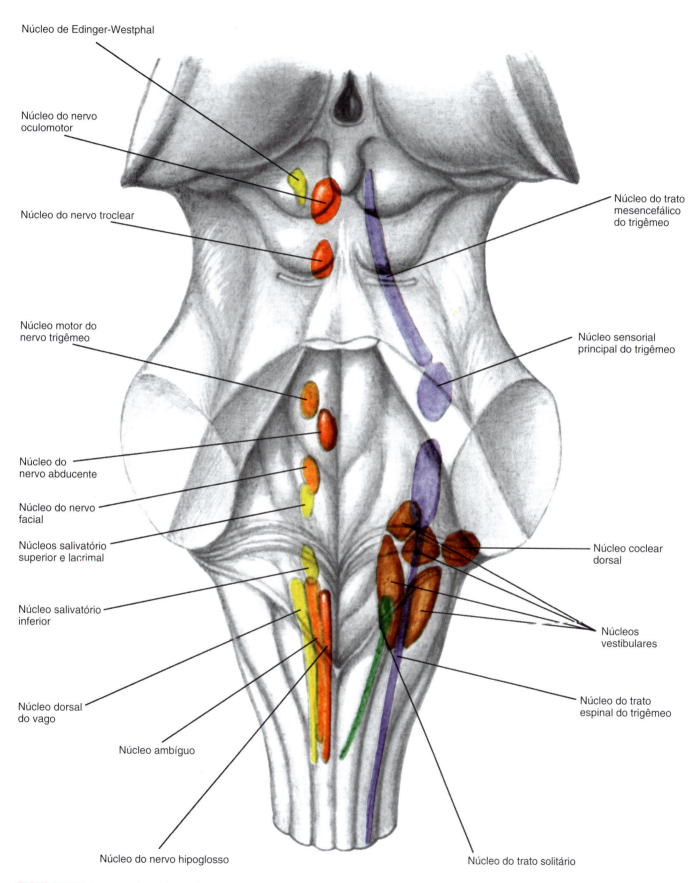

FIGURA 12.4 Esquema das colunas dos núcleos dos nervos cranianos na face posterior do tronco do encéfalo, à esquerda eferentes e, à direita, aferentes.

comprometido. Nesse caso, as principais patologias encontradas são: seção traumática do nervo óptico, neurite retrobulbar e tumores como os gliomas do nervo óptico. Lesões do quiasma óptico têm como sintomatologia a hemianopsia heterônima ou perda da visão nos campos temporais bilateralmente. As principais causas são os tumores da hipófise e os da região suprasselar, como os craniofaringiomas, os adenomas e os meningiomas, e dilatações do terceiro ventrículo que ocorrem em hidrocefalias. As lesões do trato óptico, do corpo geniculado lateral, das radiações ópticas ou do córtex cerebral visual produzem, quando completas, as hemianopsias homônimas, ou perda da visão em um lado dos dois campos visuais. As patologias mais comuns são os acidentes vasculares cerebrais isquêmicos ou hemorrágicos, os traumatismos cranianos e os tumores (processos expansivos).

III – Nervo oculomotor (Figura 12.5)

O **núcleo do nervo oculomotor** localiza-se no nível do colículo superior e aparece nos cortes transversais com a forma de trigêmeo, estando intimamente relacionado com o fascículo longitudinal medial. É um núcleo bastante complexo, constituído de várias partes, razão pela qual alguns autores preferem o termo **complexo nuclear oculomotor**. Este pode ser funcionalmente dividido em uma parte somática e outra visceral. A parte somática contém os neurônios motores responsáveis pela inervação dos músculos reto superior, reto inferior, reto medial, oblíquo inferior e levantador da pálpebra. A parte somática do complexo oculomotor é constituída por vários subnúcleos, cada um dos quais destina fibras motoras para inervação de um dos músculos anteriormente relacionados. Essas fibras, após um trajeto curvo em direção ventral, no qual muitas atravessam o **núcleo rubro**, emergem na fossa interpeduncular, constituindo o **nervo oculomotor**. A parte visceral do complexo oculomotor é chamada **núcleo de Edinger-Westphal**.

Os **núcleos oculomotores acessórios** consistem em três núcleos intimamente associados com o complexo nuclear oculomotor. São eles o **núcleo intersticial de Cajal**, o **núcleo de Darkschewitsch** e o **núcleo da comissura posterior**.

O **núcleo de Edinger-Westphal** pertence ao complexo oculomotor situado no mesencéfalo, no nível do colículo superior. Os núcleos viscerais do complexo oculomotor consistem em dois grupos nucleares distintos, que estão em continuidade rostralmente. O núcleo de Edinger-Westphal consiste em duas delgadas colunas de pequenas células dorsais aos 3/5 rostrais das células da coluna somática. Em seções transversais no terço médio do complexo, cada uma dessas colunas pareadas divide-se em duas colunas celulares menores, que vão diminuindo e gradativamente desaparecem. Rostralmente, a coluna de células do núcleo de Edinger-Westphal junta-se, na linha média, dorsalmente, tornando-se contínua com as células viscerais do **núcleo mediano anterior**. Células desse núcleo situam-se sobre a rafe entre porções das colunas celulares somáticas laterais rostrais. Tanto o núcleo de Edinger-Westphal como o núcleo mediano anterior dão origem a fibras pré-ganglionares parassimpáticas não cruzadas, que emergem com as fibras das raízes somáticas, projetam-se para o gânglio ciliar e fazem sinapse por meio do núcleo oculomotor. Essas fibras pertencem ao parassimpático craniano, estão relacionadas com a inervação do músculo ciliar e músculo esfíncter da pupila e são muito importantes para o controle reflexo do diâmetro da pupila em resposta a diferentes intensidades de luz e controle do cristalino. Embora os núcleos viscerais tenham sido considerados supridores de fibras pré-ganglionares parassimpáticas para o gânglio ciliar, estudos mais recentes demonstram que esses neurônios viscerais também se projetam para a porção inferior do tronco do encéfalo e para a medula espinal.

O nervo oculomotor é responsável pela inervação intrínseca, por meio de fibras motoras viscerais, e extrínseca, por meio de fibras motoras somíticas, do globo ocular, exceto dos músculos oblíquo superior e reto lateral.

O núcleo oculomotor, situado na base da substância cinzenta periaquedutal do mesencéfalo, origina as fibras para os músculos extraoculares. As fibras pré-ganglionares parassimpáticas emergem do núcleo de Edinger-Westphal, cursando em conjunto com as do núcleo oculomotor pelo tegmento mesencefálico até a **fossa interpeduncular**, a origem aparente do nervo oculomotor.

No seu trajeto em direção à órbita, o nervo oculomotor passa entre as artérias cerebelar superior e cerebral posterior, com o nervo troclear, e penetra no seio cavernoso, seguindo pela sua parede lateral. A saída do crânio para a cavidade orbitária se faz pela fissura orbital superior.

Na órbita, o nervo oculomotor inerva os **músculos** (estriados) **retos medial**, **superior** e **inferior**, **oblíquo inferior** e **elevador da pálpebra**. Os **músculos** (lisos) **esfíncter pupilar da íris**, que faz a miose, ou fechamento da pupila, e **ciliar**, que controla o cristalino, são inervados pela parte parassimpática do nervo oculomotor. A abertura da pupila, pelo músculo dilatador da pupila, é controlada pelo sistema simpático.

APLICAÇÃO CLÍNICA

A lesão completa do nervo oculomotor produz a lateralização do globo ocular, associada a uma ausência da elevação da pálpebra, chamada "ptose palpebral", e midríase, ou dilatação da pupila. Esse conjunto de sinais é conhecido como oftalmoplegia. As causas mais comuns são as compressões por aneurismas, ou dilatações localizadas, das artérias carótida interna e comunicante posterior, e por tumores. As doenças desmielinizantes e os acidentes vasculares mesencefálicos podem lesionar os núcleos ou fibras do nervo oculomotor. Nos casos

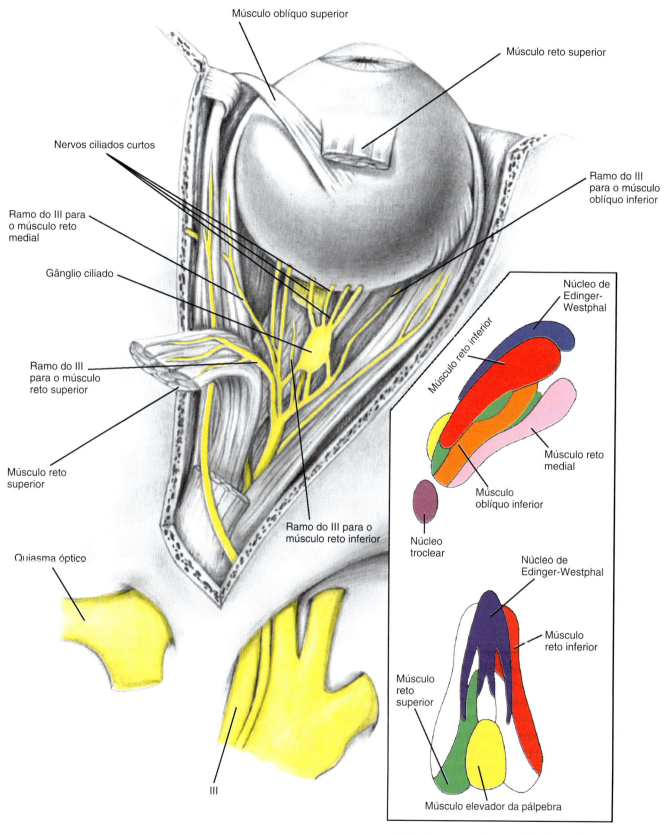

FIGURA 12.5 Nervo oculomotor (III).

de hipertensão intracraniana, que pode ser causada por diferentes fatores, existe a possibilidade de ocorrer uma hérnia cerebral pela borda livre do tentório e compressão do nervo oculomotor, provocando a midríase. Esse sinal é pesquisado em pacientes em estado de coma, por exemplo, nos traumatismos cranianos, pois corresponde a um sinal de gravidade. Esse processo é descrito no Capítulo 7, *Meninges*.

O **reflexo fotomotor** ocorre quando a luz incide sobre o olho e, da retina, um estímulo pelo nervo óptico passa pelo quiasma e trato ópticos, dirigindo-se, sem fazer sinapse, ao corpo geniculado lateral, pelo braço do colículo superior à área pré-tectal. A via eferente desse reflexo se origina da conexão no núcleo de Edinger-Westphal, que envia fibras pelo nervo oculomotor, as quais, após sinapse no gânglio ciliar, vão provocar a contração do músculo esfíncter pupilar da íris, causando **miose**. Esse reflexo é muito importante para a regulação da intensidade de luz que penetra pela pupila. Quando há muita claridade, ocorre miose, e, ao contrário, no escuro, ocorre midríase.

O **reflexo consensual** corresponde ao reflexo fotomotor de forma bilateral. É pesquisado ao se estimular com luz um olho para a obtenção da resposta (miose) no olho contralateral. O estímulo cruza a linha média pelo quiasma óptico e pela comissura posterior, local de associação entre a área tectal, de um lado, e o núcleo de Edinger-Westphal, do outro.

IV – Nervo troclear (Figura 12.6)

O **núcleo do nervo troclear** refere-se a grupos de pequenas células compactadas na borda ventral da substância cinzenta periaquedutal, nas proximidades do colículo inferior. O núcleo (eferente somático geral) é um pequeno apêndice do complexo oculomotor que se entremeia à margem dorsal do fascículo longitudinal medial. Fibras radiculares do núcleo curvam-se dorsolateral e caudalmente próximo à margem da substância cinzenta central, decussam completamente no véu medular superior e emergem da superfície dorsal do tronco do encéfalo caudalmente ao colículo inferior. Perifericamente, a raiz nervosa curva-se ao redor da superfície lateral do mesencéfalo, passa entre a artéria cerebelar superior e a artéria cerebral posterior, assim como as fibras do nervo oculomotor, e entram no seio cavernoso. O nervo troclear, que inerva o músculo oblíquo superior, apresenta duas particularidades: suas fibras são as únicas que saem da face dorsal do encéfalo e trata-se do único nervo cujas fibras decussam antes de emergirem do sistema nervoso central.

As fibras motoras somíticas do nervo troclear são responsáveis pela inervação do **músculo oblíquo superior**, que desloca e gira o globo ocular medialmente para baixo. Os axônios originados do núcleo troclear, situados no mesencéfalo, emergem da face dorsal do tronco do encéfalo, no nível do **véu medular superior**, abaixo dos colículos inferiores. Dessa forma, esse é o único nervo craniano com origem aparente posterior ou dorsal.

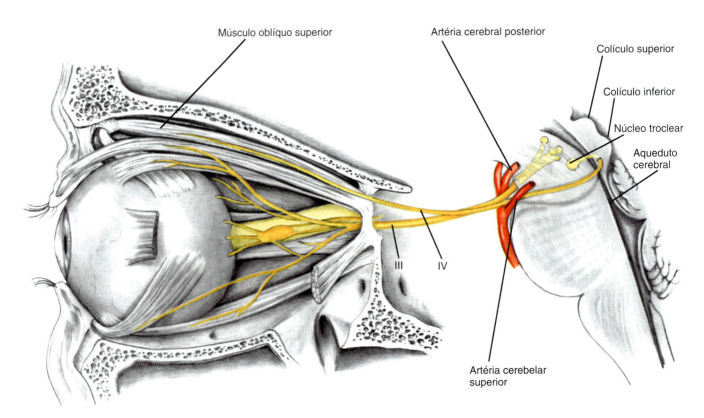

FIGURA 12.6 Nervo troclear.

O nervo troclear apresenta um trajeto lateral ao mesencéfalo, sob a borda livre do tentório, dirigindo-se anteriormente para passar pela parede lateral do seio cavernoso e pela fissura orbital superior até a órbita.

APLICAÇÃO CLÍNICA

As lesões do nervo troclear podem ocorrer nos processos isquêmicos ou hemorrágicos dos pedúnculos cerebrais. A sintomatologia atém-se apenas a uma diplopia, isto é, visão dupla, de objetos situados medial e inferiormente. Dificuldades para descer escadas pela diplopia causada no olhar inferior e medial são sinais frequentes das lesões do nervo troclear.

V – Nervo trigêmeo (Figura 12.7)

O **núcleo mastigatório** é o núcleo motor do trigêmeo. Situado na ponte, ele forma uma coluna oval de típicos neurônios motores grandes medialmente à raiz motora e ao núcleo sensorial principal. Fibras eferentes branquiais desse núcleo emergem do tronco do encéfalo medialmente à entrada da raiz sensorial, passam sob o gânglio trigeminal e tornam-se incorporadas à divisão mandibular do nervo trigêmeo. Essas fibras inervam os músculos derivados do primeiro arco branquial, ou seja, os músculos mastigadores (temporal, masseter e pterigóideos lateral e medial), o músculo milo-hióideo e o ventre anterior do músculo digástrico, além do músculo tensor do tímpano do ouvido médio. O núcleo motor recebe colaterais vindas da raiz mesencefálica, a qual forma um arco reflexo de dois neurônios. Fibras trigeminais secundárias, tanto cruzadas como não cruzadas, estabelecem conexões reflexas entre os músculos da mastigação e regiões cutâneas, assim como com as membranas mucosas orais e da língua. Algumas fibras corticobulbares terminam direta e bilateralmente sobre os neurônios motores trigeminais, enquanto outras passam para os neurônios da formação reticular, os quais vão projetar fibras para o núcleo motor.

As três divisões do nervo trigêmeo projetam-se para o tronco do encéfalo. A função do tato epicrítico ou delicado é retransmitida pelo **núcleo sensorial principal**, a dor e a temperatura são retransmitidas pelo **núcleo do trato espinal do trigêmeo** e as fibras proprioceptivas formam o **núcleo do trato mesencefálico do trigêmeo**.

O **núcleo sensorial principal** situa-se lateralmente à entrada das raízes das fibras trigeminais sensoriais na porção superior da ponte. As fibras radiculares, que levam pressão e impulsos para a sensibilidade tátil, entram no núcleo sensorial principal e são distribuídas de forma similar àquela descrita para o núcleo do trato espinal do trigêmeo. Fibras da divisão oftálmica terminam ventralmente, fibras da divisão maxilar são intermediárias e fibras da divisão mandibular são mais dorsais. Células do núcleo sensorial principal têm grandes campos receptores, mostram alta atividade espontânea e respondem a uma grande variação de estímulos pressóricos com pouca adaptação. O núcleo sensorial principal continua caudalmente com o núcleo do trato espinal.

O **núcleo do trato espinal do trigêmeo** estende-se desde a ponte, passando pelo bulbo até a parte alta da medula espinal, onde se continua com a substância gelatinosa. É um núcleo bastante longo. Grande parte das fibras que penetram pela raiz sensorial do trigêmeo tem um trajeto descendente longo, antes de terminar em sua porção caudal. Elas agrupam-se em um trato, o **trato espinal do trigêmeo**, o qual acompanha o núcleo em toda a sua extensão, tornando-se cada vez mais afilado em direção caudal, à medida que as fibras vão terminando. O mesmo ocorre com o núcleo do trato mesencefálico, o qual é acompanhado de fibras ascendentes que se reúnem no trato mesencefálico do trigêmeo.

O **núcleo do trato mesencefálico do trigêmeo** estende-se ao longo de todo o mesencéfalo e a parte mais cranial da ponte. Recebe impulsos proprioceptivos originados em receptores situados nos músculos da mastigação e, provavelmente, também dos músculos extrínsecos do bulbo ocular. No núcleo mesencefálico chegam fibras originadas em receptores dos dentes e do periodonto, que são importantes para a regulação reflexa da mordedura.

Os neurônios do núcleo do trato mesencefálico são muito grandes e são na realidade neurônios sensoriais. Esse núcleo é uma exceção à regra de que os corpos dos neurônios sensoriais localizam-se sempre fora do sistema nervoso central.

O nervo trigêmeo tem sua origem aparente na **face ventrolateral da ponte** por meio de duas raízes adjacentes, sendo uma maior, sensorial, e uma menor, motora. Entre 1 e 2 cm da emergência das raízes na ponte, está o gânglio trigeminal (gânglio de Gasser, gânglio semilunar). As fibras que formam o gânglio trigeminal apresentam três divisões primárias:

a) **nervo oftálmico**, que atravessa a fissura orbital superior e penetra no seio cavernoso, inerva parte superior da face;
b) **nervo maxilar**, que passa pelo forame redondo e inerva a região facial média;
c) **nervo mandibular**, que atravessa o forame oval e inerva a porção inferior da face e os músculos da mastigação.

Além da face, as fibras sensoriais gerais do nervo trigêmeo são responsáveis também pela sensibilidade da região anterior do couro cabeludo, da córnea, da mucosa das cavidades nasal, bucal e dos seios da face, das arcadas dentárias superior e inferior, dos 2/3 anteriores da língua e da maior parte da dura-máter craniana (Figura 12.8).

Todas as formas de sensibilidade passam pelo gânglio trigeminal, pela raiz sensorial e pelo tronco do encéfalo, mas a seguir apresentam trajetos diferentes.

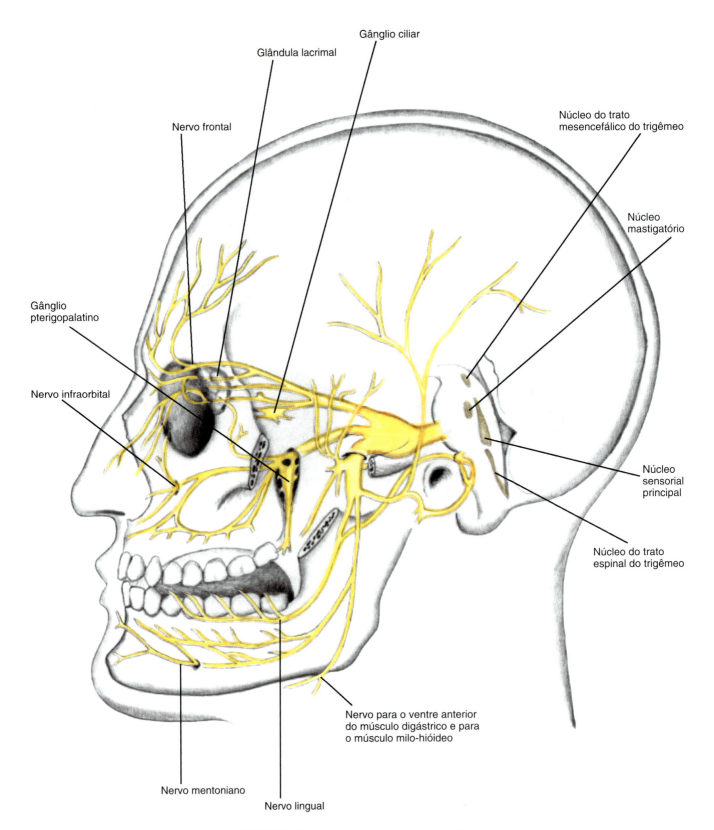

FIGURA 12.7 Nervo trigêmeo e estruturas vizinhas.

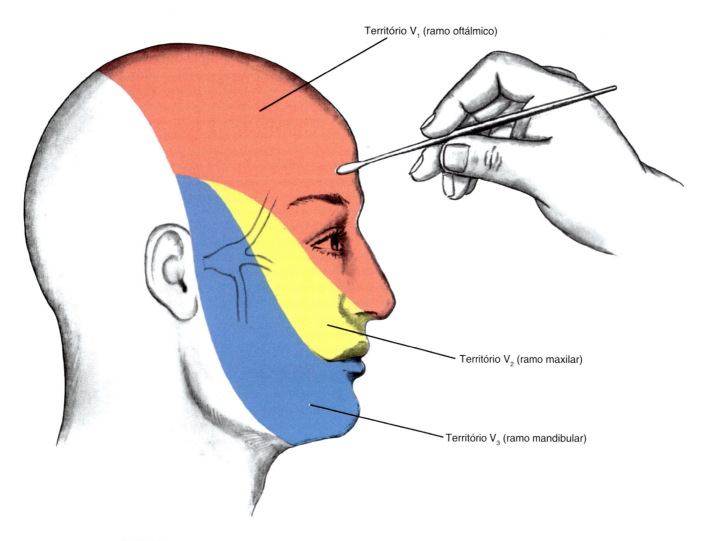

FIGURA 12.8 Avaliação clínica da sensibilidade da face. Territórios cutâneos do nervo trigêmeo

As fibras táteis preferencialmente atingem o núcleo sensorial principal na ponte, decussam e se dirigem ao tálamo. As fibras de dor e temperatura seguem trajeto descendente pelo trato espinal do trigêmeo no bulbo, penetrando no núcleo progressivamente, de tal maneira que as fibras provenientes do ramo oftálmico são as que atingem nível mais inferior. A partir daí, todas as fibras cruzam a linha mediana e voltam a subir junto ao trato espinotalâmico. As fibras da propriocepção seguem ao núcleo do trato mesencefálico do trigêmeo. Desse núcleo tomam direção ao tálamo do lado oposto. As fibras do nervo trigêmeo dirigem-se ao núcleo ventral posteromedial do tálamo contralateral, e alguns autores chamam esse conjunto de fibras com mesmo destino no tronco do encéfalo de lemnisco trigeminal.

As fibras motoras branquiais inervam os músculos derivados do primeiro arco branquial: temporal, masseter, pterigóideos medial e lateral e ventre anterior do músculo digástrico.

APLICAÇÃO CLÍNICA

As perdas de diferentes formas de sensibilidade, como tato, dor, pressão e temperatura, em todo o território de distribuição do nervo, indicam lesão anterior ao gânglio, do próprio gânglio ou da raiz sensorial. As principais causas são os traumatismos ou os tumores da base do crânio e as meningites crônicas. A perda de todas as formas de sensibilidade de um ou mais ramos principais indica lesão individualizada; como a compressão do ramo oftálmico no seio cavernoso por um aneurisma carotídeo ou na fissura orbitária por um tumor. Também pode indicar lesão parcial do gânglio trigeminal, como na neurite por herpes-zóster.

Cavidades existentes na medula espinal alta (siringomielia) e no bulbo (siringobulbia) podem provocar alterações da sensibilidade dolorosa e térmica por lesão no núcleo do trato espinal do trigêmeo.

Uma dor muito intensa no trajeto de um ou mais ramos do nervo trigêmeo, chamada "neuralgia do trigêmeo", pode ser confundida com dores de dente. A neuralgia do trigêmeo é unilateral, acomete a face e pode ser desencadeada por estímulos simples como se alimentar, fazer a barba ou até mesmo lavar o rosto. Os analgésicos comuns em geral não produzem efeito. A etiologia dessas dores pode ser um tumor, uma compressão vascular ou uma doença desmielinizante, como a esclerose múltipla, mas, na maioria das vezes, é considerada essencial ou idiopática, isto é, sem causa definida.

O **reflexo mentoniano** corresponde ao fechamento da boca ao se percutir com um martelo de reflexos o mento. A via aferente passa pelo ramo mandibular do nervo trigêmeo, até o núcleo do trato mesencefálico do trigêmeo. A via eferente se dirige também pelo ramo mandibular, com origem no núcleo motor (mastigatório) do trigêmeo, causando contração dos músculos da mastigação. É um reflexo importante durante o ato da mastigação e para que a boca se mantenha fechada.

Pesquisas recentes demonstram que a migrânea (enxaqueca) está relacionada com um defeito na modulação adequada dos neurotransmissores do sistema trigeminal, com base genética e fatores desencadeantes ambientais.

VI – Nervo abducente (Figura 12.9)

O **núcleo do nervo abducente** situa-se na ponte no colículo facial. É o único núcleo de nervos cranianos que contém duas populações de neurônios: (1) típicos neurônios motores que projetam fibras via raiz do nervo para inervar o músculo reto lateral; (2) neurônios internucleares cujos axônios (retidos no tronco do encéfalo) cruzam a linha média, sobem até o fascículo longitudinal medial e terminam sobre as células do complexo oculomotor que inerva o músculo reto medial do lado oposto. O núcleo do nervo abducente recebe fibras aferentes provenientes do núcleo vestibular medial, da formação reticular e do núcleo prepósito. Aferentes do núcleo vestibular medial são predominantemente ipsilaterais, e ambas as populações de neurônios abducentes recebem o mesmo tipo de excitação dissináptica e inibição do labirinto. Aferentes para o núcleo do abducente provenientes da formação reticular pontina paramediana e o núcleo prepósito do hipoglosso não cruzam. O nervo abducente emerge de uma coleção de células motoras no assoalho do IV ventrículo, as quais se encontram dentro de um complexo circuito formado por fibras do nervo facial. Esse nervo motor dá origem a fibras para o músculo reto lateral, que faz a abdução do olho. Ele será citado novamente quando for descrito o núcleo facial.

O nervo abducente é responsável pela inervação do **músculo reto lateral**, que produz a abdução do globo ocular. As fibras do nervo abducente têm origem aparente no **sulco bulbopontino**, próximo à pirâmide bulbar. A origem real localiza-se no núcleo abducente, situado caudalmente na ponte, no assoalho do quarto ventrículo. O nervo abducente penetra no seio cavernoso e passa junto à porção horizontal da artéria carótida interna, dirigindo-se à órbita pela fissura orbital superior.

APLICAÇÃO CLÍNICA

As lesões do nervo abducente impossibilitam a lateralização do olho, causando um estrabismo convergente e diplopia durante a mirada lateral do globo ocular lesionado. As principais causas dessa sintomatologia são os traumatismos, os tumores, a hipertensão intracraniana, entre várias outras patologias.

VII – Nervo facial (Figura 12.10)

O **núcleo facial** é o núcleo motor do sétimo nervo craniano que forma uma coluna de neurônios multipolares colinérgicos no tegmento ventromedial da ponte, dorsalmente ao núcleo olivar superior e ventromedialmente ao núcleo espinal do trigêmeo. Vários grupos celulares distintos que inervam músculos específicos são reconhecidos: (1) *dorsomedial*: músculos auricular e occipital; (2) *ventromedial*: músculo platisma; (3) *intermediário*: músculos orbicular do olho e músculos superiores da mímica facial; (4) *lateral*: músculos bucinador e bucolabial. Fibras eferentes, emergindo da superfície dorsal no núcleo do facial, projetam-se dorsomedialmente para dentro do assoalho do IV ventrículo. Essas fibras ascendem longitudinalmente mediais ao núcleo do abducente e dorsais ao fascículo longitudinal medial, mas, próximo ao polo rostral do núcleo abducente, fazem uma curvatura lateral e projetam-se ventrolateralmente. No seu curso emergente, essas fibras passam medialmente ao complexo trigeminal espinal e saem do tronco do encéfalo próximo à borda caudal da ponte, no ângulo pontocerebelar.

O **núcleo lacrimal** situa-se na ponte, próximo ao núcleo salivatório superior. Origina fibras pré-ganglionares que saem pelo VII par (nervo intermédio) e, após trajeto através dos nervos petroso maior e do canal pterigóideo, chegam ao gânglio pterigopalatino, onde nascem as fibras pós-ganglionares e se dirigem à glândula lacrimal.

O **núcleo salivatório superior** situa-se na parte caudal da ponte, já no limite com o bulbo, rostralmente ao núcleo dorsal do vago. Dá origem a fibras pré-ganglionares que saem pelo nervo intermédio e seguem pelo nervo petroso maior até o gânglio submandibular, de onde saem as fibras pós-ganglionares que inervam as glândulas submandibular e sublingual.

Fibras aferentes que transitam pelo nervo facial têm seus corpos celulares no gânglio do nervo facial (gânglio geniculado) e penetram no bulbo formando o trato solitário e o núcleo do trato solitário, que projeta axônios para o núcleo parabraquial e o tálamo. Esse sistema é responsável pela sensibilidade geral e gustação dos 2/3 anteriores da língua.

O nervo facial tem origem aparente no **sulco bulbopontino** e apresenta dois componentes: o nervo facial propriamente dito, responsável pela motricidade dos

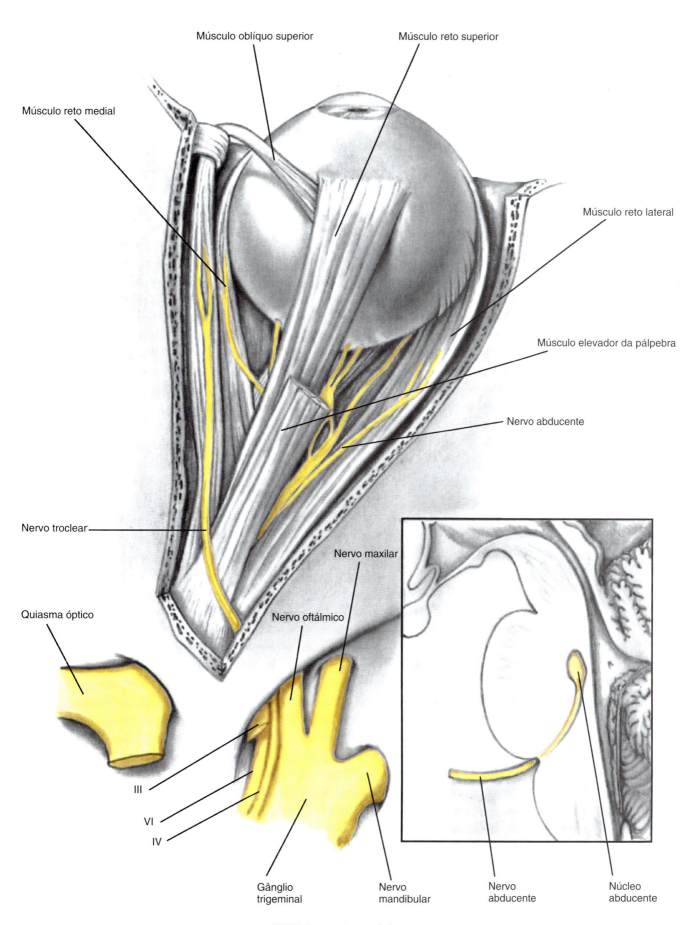

FIGURA 12.9 Nervo abducente.

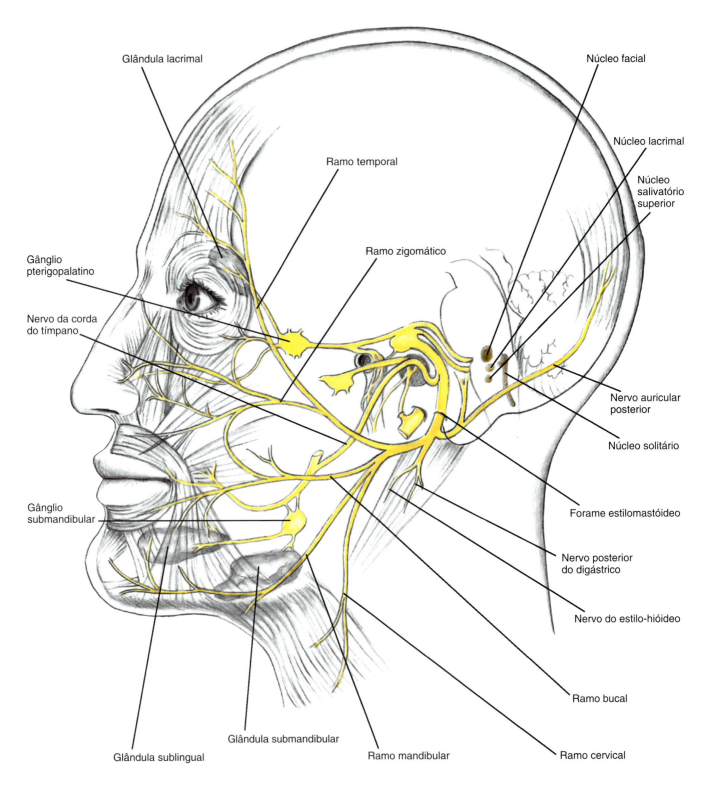

FIGURA 12.10 Nervo facial.

músculos da expressão facial, músculo estilo-hióideo, ventre posterior do digástrico, platisma e músculo estapédico da orelha média, e o nervo intermédio (de Wrisberg), responsável pela inervação das glândulas lacrimal, submandibular e sublingual e gustação dos 2/3 anteriores da língua.

O nervo facial e intermédio saem juntos do tronco do encéfalo, atravessam o meato acústico interno e penetram no canal facial (até o gânglio geniculado) na parte petrosa do osso temporal, no interior do qual o nervo intermédio perde a sua individualidade. No canal facial dá origem a três ramos: (a) o nervo petroso maior (nervo petroso superficial), que sai do canal facial, une-se ao nervo petroso profundo (fibras pós-ganglionares simpáticas do plexo carotídeo), dividindo-se em direção ao gânglio submandibular, de onde saem as fibras pós-ganglionares que se distribuem às glândulas submandibular e sublingual, e o gânglio pterigopalatino (nervo do canal pterigóideo), de onde saem as fibras pós-ganglionares para a glândula lacrimal; (b) o nervo da corda do tímpano, que, ao sair da orelha média, une-se ao nervo lingual e recebe as sensações gustativas dos 2/3 anteriores da língua; (c) o nervo para o músculo estapédico, que se destaca do nervo facial ainda dentro do canal facial em direção ao músculo estapédico.

O nervo facial propriamente dito, por sua vez, sai do crânio pelo forame estilomastóideo, atravessa o corpo da glândula parótida e forma vários ramos terminais para os músculos da expressão facial. Deve-se destacar que a glândula parótida não é inervada pelo nervo facial, e sim pelo nervo glossofaríngeo (fibras originadas no núcleo salivatório inferior), gânglio ótico e ramo auriculotemporal do nervo trigêmeo.

APLICAÇÃO CLÍNICA

Como o nervo facial é responsável pela inervação motora dos músculos da mímica, o principal sintoma de sua lesão, seja central, seja periférica, envolve uma paresia ou plegia desses músculos, cujo exame minucioso nos fornece a localização do ponto de lesão do nervo facial.

No trajeto do trato corticonuclear, apresentado no Capítulo 19, *Sistema Piramidal*, as fibras motoras para a face, originadas no giro pré-central, descem em direção aos núcleos do nervo facial no tronco do encéfalo e aí decussam. As projeções para os neurônios faciais que inervam os músculos superiores da expressão facial são tanto cruzadas como não cruzadas, ao passo que as fibras para os neurônios que inervam os músculos inferiores da expressão facial são todas cruzadas (Figura 12.11). Assim, as lesões situadas entre o córtex cerebral e o núcleo do nervo facial, este localizado na ponte, provocam uma paresia ou paralisia do andar inferior da hemiface contralateral à lesão, como é frequente observarmos nos acidentes vasculares cerebrais, processos expansivos intracranianos e doenças desmielinizantes. Nesses casos, essa situação é denominada "paralisia facial central" ou "paralisia do neurônio motor superior". Entretanto, se a lesão ocorrer no trajeto do nervo facial ou no seu núcleo, haverá uma paresia ou paralisia de toda a hemiface homolateral à lesão. Há incapacidade do fechamento da pálpebra, ausência do reflexo corneano, sensibilidade auditiva aumentada (hiperacusia) e perda da sensibilidade gustativa dos 2/3 anteriores da língua, no lado afetado. Tal situação é denominada "paralisia facial periférica" ou "paralisia do neurônio motor inferior", frequentemente encontrada na paralisia de Bell (neurite facial idiopática), traumatismo da mandíbula, da parótida e da parte petrosa do osso temporal, infecção e cirurgias da orelha média, patologias tumorais ou vasculares da ponte, tumores do ângulo pontocerebelar e da parótida. Em alguns casos especiais, como na síndrome de Guillain-Barré, atrofia muscular progressiva e lesões do tronco do encéfalo, pode ocorrer paralisia facial periférica bilateral ou, ainda, paralisia facial central bilateral (paralisia pseudobulbar), como nas doenças cerebrovasculares difusas.

Alguns reflexos relacionados com o nervo facial são importantes em clínica médica. O **reflexo corneopalpebral** ocorre pelo estímulo, com um algodão, por exemplo, na córnea do paciente, provocando como resposta o fechamento dos dois olhos. A via aferente depende do ramo oftálmico do nervo trigêmeo, e a via eferente, do nervo facial. Esse reflexo é necessário para proteção do olho contra corpos estranhos; e, com a sua abolição, pode ocorrer úlcera de córnea. Sendo um dos últimos reflexos a desaparecer antes da morte encefálica, é frequentemente utilizado no exame de pacientes em estado de coma. O **reflexo lacrimal** é semelhante, mas, como resposta, obtém-se o lacrimejamento. A via aferente é o ramo oftálmico do nervo trigêmeo, e a via eferente, o ramo intermédio do nervo facial, com origem no núcleo lacrimal e conexão no gânglio pterigopalatino. Sua função é limpar a córnea com lágrimas, para protegê-la contra corpos estranhos.

O **reflexo de piscar** corresponde ao fechamento palpebral quando algum objeto se dirige ao olho, sendo também um mecanismo de proteção contra corpos estranhos. As fibras aferentes passam pela via visual (nervo óptico até o colículo superior), e as fibras eferentes, pelo nervo facial.

VIII – Nervo vestibulococlear

O nervo vestibulococlear, ou esteatoacústico, tem origem aparente no **sulco bulbopontino**, no nível do ângulo pontocerebelar, e apresenta dois componentes: o nervo vestibular condutor das informações relacionadas com o posicionamento e a movimentação da cabeça, e o nervo coclear, condutor das informações auditivas. Esses dois componentes, que contêm os axônios dos neurônios sensoriais, e cujos dendritos fazem contato com as células receptoras ciliadas do aparelho vestibular (canais semicirculares, sáculo e utrículo) e do ducto coclear (órgão

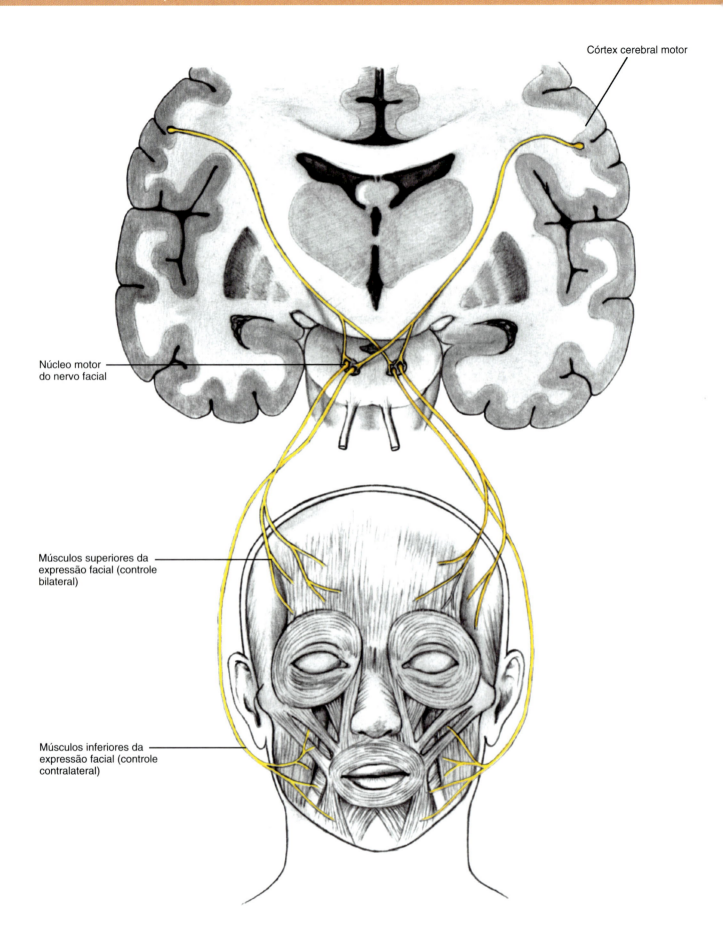

FIGURA 12.11 Nervo facial, inervação dos músculos da mímica facial.

receptor auditivo), passam juntos pelo meato acústico interno, unidos em um tronco comum, porém com origens, funções e conexões centrais diferentes (Figura 12.12).

Nervo coclear (ver Figura 22.7)

Situa-se na cóclea a parte auditiva da orelha interna e, no órgão de Corti, as células ciliadas, receptoras sensoriais responsáveis pela tradução dos sons da orelha interna. A cóclea é dividida pela membrana vestibular (de Reissner) em três compartimentos: ducto coclear, repleto de endolinfa, e as rampas timpânica e vestibular, repletas de perilinfa. Assim, o deslocamento da endolinfa pelo estímulo mecânico sonoro provoca a despolarização das células ciliadas e a liberação de neurotransmissores na sinapse entre essas células e as fibras aferentes do gânglio espiral (coclear), situado no interior do modíolo ósseo. A partir daí, os estímulos caminham nos prolongamentos axonais centrais, constituindo a porção coclear do nervo vestibulococlear, e terminam na ponte, no nível dos núcleos cocleares dorsal e ventral. Nessa situação, os axônios cruzam para o lado oposto, constituindo o corpo trapezoide, contornam o núcleo olivar superior e infletem-se cranialmente para formar o lemnisco lateral do lado oposto, que cursa pelo tegmento pontino para terminar no colículo inferior do mesencéfalo. Deve-se ressaltar que muitas fibras provenientes dos núcleos cocleares penetram no lemnisco lateral homolateral. A partir do colículo inferior, as fibras axonais estendem-se até o corpo geniculado medial, passando pelo braço do colículo inferior, e, daí, já como radiações auditivas, passam pela cápsula interna e chegam à área auditiva do córtex cerebral (áreas 41 e 42 de Brodmann), situada no giro temporal transverso anterior. Apesar de a representação descrita ser clássica, as vias auditivas apresentam impulsos com trajetos complicados, envolvendo um número variável de sensações em três núcleos situados ao longo das vias auditivas: núcleo do corpo trapezoide, núcleo olivar superior e núcleo do lemnisco lateral homolateral.

APLICAÇÃO CLÍNICA

As lesões das vias auditivas causam surdez ou alterações de percepção dos sons. Devemos lembrar que as doenças que acometem a orelha externa, a orelha média e a tuba auditiva (surdez de condução) não são neurológicas, podendo, no máximo, associar-se a infecções e tumores semelhantes de localização intracraniana. De modo diverso ocorre nas seguintes doenças: (a) que acometem a cóclea, como a doença de Ménière, trombose da artéria auditiva interna, otosclerose, exposição prolongada a ruídos intensos, surdez por fármacos ou medicamentos; (b) que acometem o nervo coclear, como as neurites infecciosas ou tóxicas,

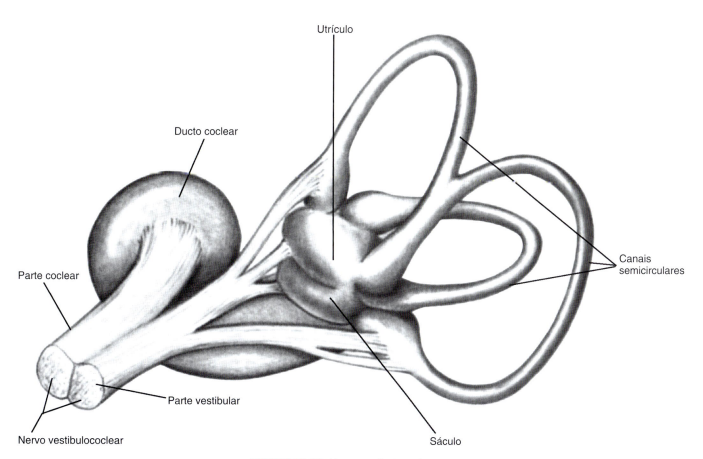

FIGURA 12.12 Nervo vestibulococlear.

processos degenerativos, meningites, traumatismos e tumores do ângulo pontocerebelar; e (c) que afetam o tronco do encéfalo, como as lesões vasculares ou tumorais pontinas e lesões desmielinizantes. Esses três tipos de afecções são responsáveis pela surdez de percepção.

Nervo vestibular (ver Figura 22.11)

Têm origem no aparelho vestibular (labirinto vestibular) os órgãos receptores do sistema vestibular. O deslocamento da endolinfa situada no interior das cristas dos canais semicirculares e nas máculas do sáculo e utrículo, pelos estímulos mecânicos originados da movimentação da cabeça, provoca a despolarização das células ciliadas e a liberação de neurotransmissores na sinapse entre essas células e as fibras aferentes do gânglio vestibular (de Scarpa). A partir daí, os estímulos caminham nos prolongamentos axonais centrais, constituindo a porção vestibular do nervo vestibulococlear, e terminam no bulbo rostral e na região caudal da ponte, adjacente ao assoalho do quarto ventrículo (área vestibular), nos quatro núcleos vestibulares; lateral, medial, inferior e superior. A partir dos núcleos vestibulares, as fibras de projeções vestibulares são inúmeras, tanto ascendentes ao cerebelo, aos núcleos da base e ao córtex cerebral, como descendentes ao tronco do encéfalo e à medula espinal. Entre todas essas formações nervosas, destacamos (a) fascículo vestibulocerebelar, formado por fibras aferentes primárias que vão diretamente ao cerebelo, em especial ao flóculo, ao nódulo, à úvula e ao núcleo fastigial (cerebelo vestibular), e daí voltando ao corpo justarrestiforme, no tronco do encéfalo, as fibras fastigiovestibulares; (b) fascículo longitudinal medial, que é originado, em sua maioria, de fibras provenientes dos núcleos vestibulares e está envolvido em reflexos que permitem ao olho ajustar-se aos movimentos da cabeça, projetando fibras axonais bilateralmente para os complexos nucleares oculomotor e abducente, e, contralateralmente, para o núcleo troclear e núcleo intersticial de Cajal (coordenação da rotação de pescoço e tronco com os movimentos oculares); (c) trato vestibuloespinal, principal conjunto de axônios descendentes ipsilaterais das vias vestibulares que fazem conexões sinápticas nas colunas ventrais da medula espinal, especialmente nos níveis cervical e lombar; (d) fibras vestibulotalâmicas, conjunto de fibras ascendentes das vias vestibulares que levam informações aos núcleos posterolateral e posteromedial do tálamo e, daí, às áreas corticais adjacentes ao córtex motor primário, produzindo, assim, uma apreciação consciente das sensações do movimento e da posição da cabeça no espaço.

APLICAÇÃO CLÍNICA

Os distúrbios vestibulares espontâneos (sensação nauseosa, síndrome vertiginosa, nistagmo, tonturas, desequilíbrio) têm várias causas determinantes. Nas lesões labirínticas, as mais frequentes são: a doença de Ménière, a síndrome vertiginosa aguda (labirintite aguda), a ação tóxica dos fármacos, medicamentos e substâncias nocivas e a sensação nauseosa do movimento. Nas lesões do nervo vestibular, repetem-se as causas da surdez de percepção e também a neuronite vestibular. Nas lesões do tronco do encéfalo, destacam-se a insuficiência vascular vertebrobasilar, processos expansivos do cerebelo e do quarto ventrículo e as doenças desmielinizantes agudas.

IX – Nervo glossofaríngeo (Figura 12.13)

O **núcleo ambíguo** é o núcleo motor para a musculatura estriada de origem branquial, que se situa profundamente no interior do bulbo. É uma coluna de células na formação reticular, situada a meia distância entre o núcleo trigeminal espinal e o complexo olivar superior. Esse núcleo estende-se do nível da decussação do lemnisco medial até o nível do terço rostral do complexo olivar inferior, é composto de neurônios motores inferiores, multipolares colinérgicos. Fibras desse núcleo fletem-se dorsalmente, unindo-se a fibras eferentes do núcleo dorsal do vago, e emergem da superfície lateral do bulbo. Partes caudais do núcleo ambíguo dão origem à parte cranial do nervo acessório espinal, ao passo que partes rostrais da coluna celular dão origem às fibras eferentes branquiais do glossofaríngeo, que inervam o músculo estilofaríngeo.

O **nervo glossofaríngeo** tem origem aparente no **sulco posterolateral** no terço superior do bulbo, numa série de cinco ou seis pequenas raízes nervosas imediatamente dorsais à oliva inferior, que se juntam e saem do crânio pelo forame jugular. A essa altura, observam-se os gânglios superior (jugular) e inferior (petroso). O nervo glossofaríngeo desce e ramifica-se na raiz da língua e da faringe em: (a) nervo do músculo estilofaríngeo, proveniente do núcleo ambíguo; (b) nervo para a glândula parótida, cujas fibras pré-ganglionares situam-se no núcleo salivatório inferior do bulbo, seguindo, em seguida, como nervo timpânico até o gânglio ótico, e daí com o nervo auriculotemporal, até a glândula parótida; (c) inervação da gustação do terço posterior da língua e faringe, cujos processos centrais desses neurônios chegam até o tronco do encéfalo com os outros componentes do nervo glossofaríngeo e terminam no núcleo do trato solitário; (d) inervação sensorial geral de grande parte da mucosa faríngea e terço posterior da língua, além dos receptores de pressão do seio carotídeo – as fibras centrais desses neurônios chegam até o tronco do encéfalo fazendo sinapse no núcleo solitário; (e) pequeno número de fibras nervosas sensoriais gerais ao pavilhão da orelha e ao meato auditivo externo.

APLICAÇÃO CLÍNICA

As afecções do nervo glossofaríngeo isoladas são raras, destacando-se as manifestações neurológicas, como distúrbios dolorosos na faringe, terço posterior da língua e irradiação para o ouvido. Observam-se, também, perda da sensação gustativa no terço posterior da língua

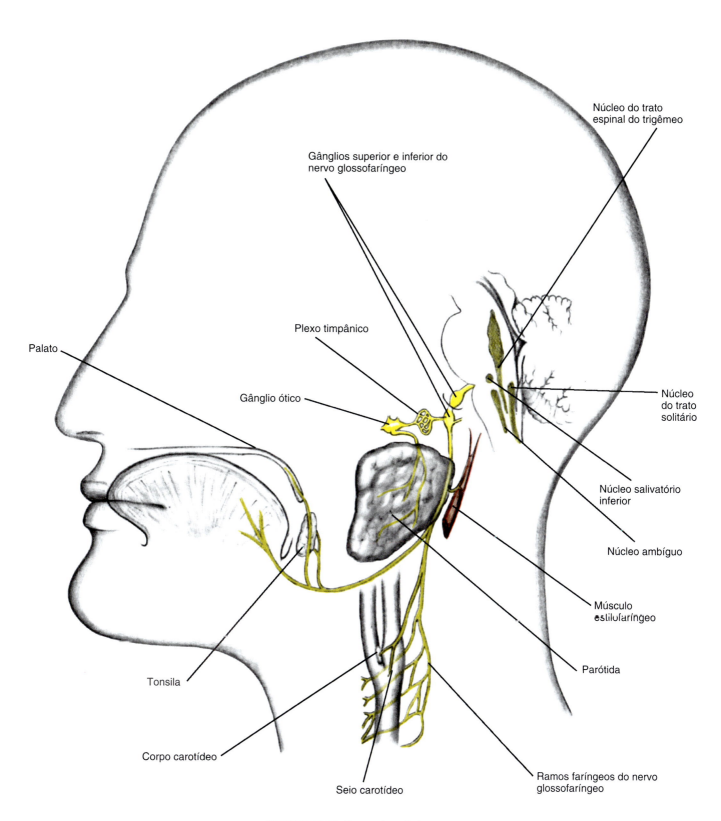

FIGURA 12.13 Nervo glossofaríngeo.

e perda ou redução do reflexo do engasgo. Citaremos posteriormente as principais complicações patológicas associadas às lesões do nervo vago.

X – Nervo vago (Figura 12.14)

Além das conexões aferentes ao trato solitário, por meio do gânglio do nervo vago (gânglio jugular) cujas fibras se projetam no trato solitário, o nervo vago apresenta fibras motoras branquiais, que têm origem no núcleo ambíguo, e fibras viscerais parassimpáticas, responsáveis pela inervação das vísceras torácicas e abdominais.

O **núcleo dorsal do vago** está situado no bulbo, no nível do trígono do vago no assoalho do quarto ventrículo, em posição posterolateral ao núcleo do hipoglosso. Essa coluna de células estende-se tanto rostral como caudalmente além do núcleo do hipoglosso, enviando fibras pré-ganglionares que fazem sinapse em gânglios das vísceras torácicas e abdominais. Células desse núcleo dão origem às fibras pré-ganglionares parassimpáticas. Axônios dessas células emergem da superfície lateral do bulbo, atravessando o trato espinal do trigêmeo e o respectivo núcleo.

A origem aparente do nervo vago ocorre no terço médio do **sulco posterolateral do bulbo**, com uma série de raízes nervosas imediatamente dorsais à oliva inferior, que se juntam e saem do crânio pelo forame jugular. A essa altura, observam-se os gânglios superior (jugular) e inferior (nodoso), após os quais se visualiza o tronco principal do nervo vago, descendo pelo pescoço na bainha carotídea, lateralmente às artérias carótidas interna e comum e medialmente à veia jugular interna, aí permanecendo até chegar à cavidade torácica e, posteriormente, na cavidade abdominal (ver Figura 12.16). O nervo vago apresenta vários ramos cervicais, como: (a) o nervo auricular, que fornece pequena inervação à parte do pavilhão da orelha e ao meato acústico externo; (b) nervo meníngeo, que inerva parte da dura-máter da fossa posterior; (c) nervos faríngeos, que emitem pequenos ramos terminais em direção à superfície anterior da faringe, formando o plexo faríngeo; (d) nervo laríngeo superior, que se divide em laríngeo interno, para inervação sensorial da mucosa da laringe e das cordas vocais, e laríngeo externo, que inerva o músculo constritor da faringe inferior e o músculo cricotireóideo da laringe; (e) os nervos laríngeos recorrentes, que, após terem um trajeto descendente até as artérias subclávias e arco aórtico, sobem e inervam toda a musculatura intrínseca da laringe (exceto o músculo cricotireóideo), a traqueia e o esôfago.

Cabe ressaltar que o núcleo ambíguo contém todos os neurônios motores que inervam todos os músculos da faringe e laringe, e que o nervo vago inerva toda essa musculatura, exceto os músculos estilofaríngeo (nervo glossofaríngeo) e tensor do véu do paladar (nervo trigêmeo). Assim, o núcleo ambíguo é de importância crucial para o controle da fala e da deglutição.

O nervo vago, com fibras do núcleo dorsal do vago, supre a inervação parassimpática das glândulas e mucosas da laringe, assim como de todas as vísceras torácicas e abdominais, exceto o cólon descendente e sigmoide, reto e ânus (Figura 12.15). Além disso, é o responsável pela sensibilidade gustativa da epiglote, sensibilidade geral para o revestimento mucoso da faringe, laringe e palato mole, além de inervação do corpo carotídeo, assim como a inervação dos quimiorreceptores dos corpúsculos aórticos e barorreceptores do arco aórtico, com fibras que se dirigem ao núcleo do trato solitário. O nervo vago, com o glossofaríngeo, é o responsável pela inervação do pavilhão da orelha e do canal auditivo externo, com fibras que se dirigem ao núcleo do trato espinal do trigêmeo.

APLICAÇÃO CLÍNICA

As lesões do nervo vago proporcionam mais comumente paresias e paralisias das musculaturas faríngea e laríngea. Assim, é comum observarem-se nessas lesões rouquidão (disfonia), dificuldade na deglutição (disfagia), queda do palato mole do lado afetado e desvio da úvula em direção oposta ao lado da lesão (sinal da cortina) e ausência do reflexo do vômito. Nas lesões do núcleo ambíguo, outras estruturas adjacentes podem ser afetadas, como na síndrome bulbar lateral (de Wallenberg), decorrente do infarto da artéria cerebelar posteroinferior. As lesões mais comuns dos nervos vago e glossofaríngeo são: (a) na paralisia motora unilateral com déficit sensorial – acidentes vasculares cerebrais bulbares, tumores da fossa posterior, siringobulbia e processos expansivos próximos ao forame jugular; (b) na paralisia motora pura – poliomielite e ação de toxinas; (c) na paralisia bilateral do neurônio motor superior – doença cerebrovascular bilateral (paralisia pseudobulbar), parkinsonismo avançado e esclerose lateral amiotrófica; (d) na paralisia bilateral do neurônio motor inferior – poliomielite, ação de toxinas e paralisia bulbar progressiva; (e) nos déficits motores por fadiga – miastenia *gravis*.

XI – Nervo acessório (Figura 12.16)

O nervo acessório é formado por duas raízes: uma craniana e outra espinal. A parte craniana tem origem aparente no terço inferior do bulbo, no nível do **sulco posterolateral**, como uma série de radículas nervosas originadas da parte caudal do núcleo ambíguo do bulbo. A parte espinal origina-se dos neurônios motores, situados na coluna ventral da substância cinzenta medular dos níveis C1 a C5, emergindo da **face lateral da medula espinal**, entre as raízes dorsais e ventrais, com trajeto ascendente para juntar-se gradualmente à raiz craniana após entrar na cavidade craniana pelo forame magno. Ao lado do bulbo, os componentes craniano e espinal se unem e saem do crânio pelo forame jugular, para novamente se separarem em ramos interno e externo. O ramo interno

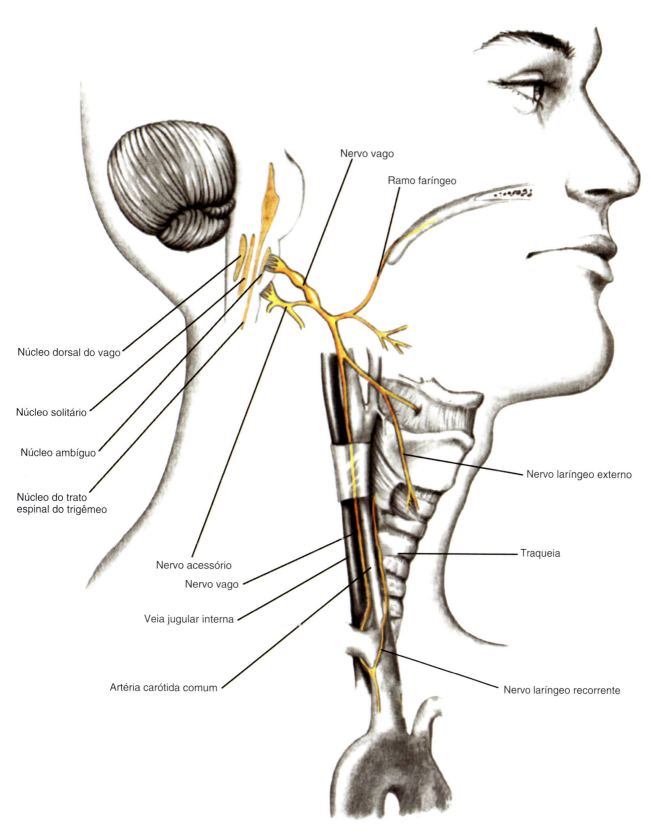

FIGURA 12.14 Nervo vago.

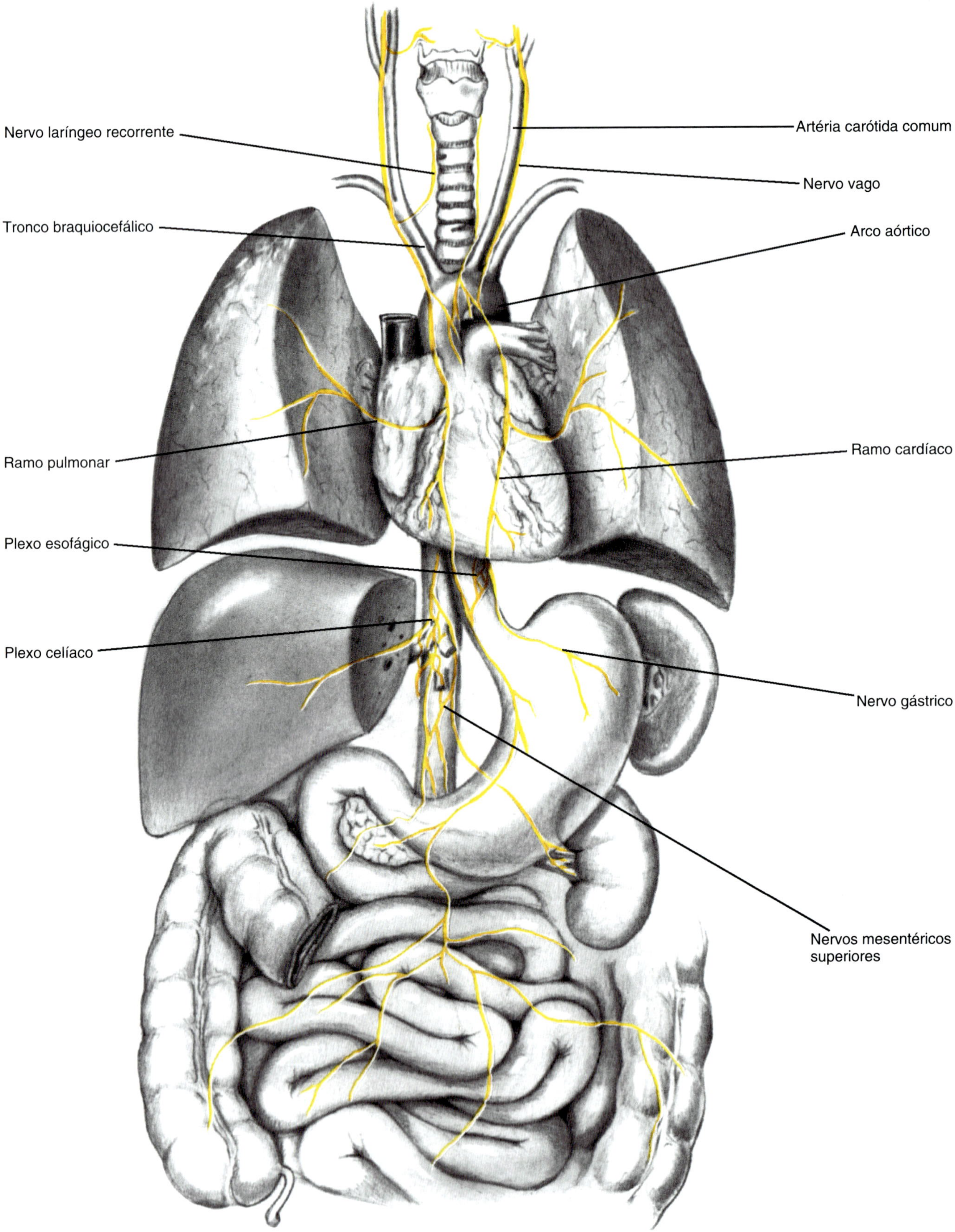

FIGURA 12.15 Inervação parassimpática das vísceras torácicas e abdominais.

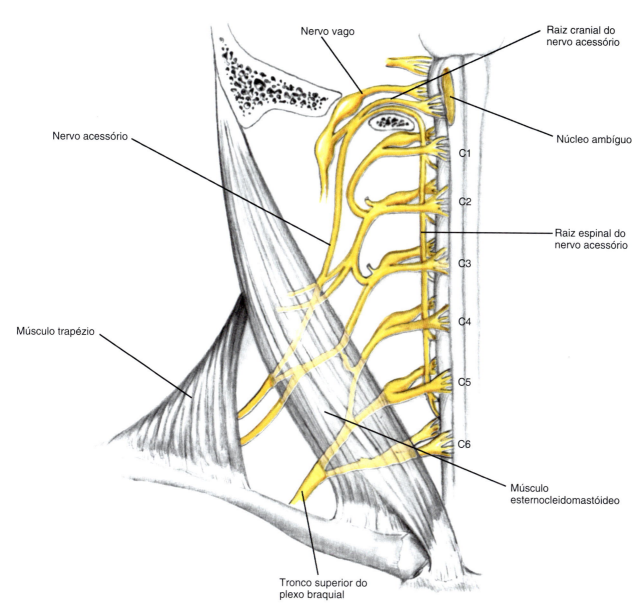

FIGURA 12.16 Nervo acessório.

junta-se ao nervo vago e acompanha-o aos músculos da faringe e laringe, ao passo que o ramo externo inerva os músculos esternocleidomastóideo e trapézio.

APLICAÇÃO CLÍNICA

As lesões que afetam comumente o XI par podem causar: (a) paralisia bilateral do músculo esternocleidomastóideo, como na distrofia muscular ou nas lesões nucleares (poliomielite e polineurite); (b) paralisia bilateral do trapézio, como nas doenças do neurônio motor inferior (poliomielite e polineurite); (c) lesões unilaterais, como na siringomielia, traumatismos do pescoço e/ou base do crânio, viroses (incluindo a poliomielite), processos expansivos na altura do forame jugular.

XII – Nervo hipoglosso (Figura 12.17)

O nervo hipoglosso origina-se do núcleo hipoglosso, situado imediatamente no assoalho do quarto ventrículo, próximo à linha média. Seus axônios cursam medialmente pelo bulbo e emergem com uma série linear de radículas nervosas distribuídas no **sulco anterolateral do bulbo**. Essas fibras juntam-se, formando o tronco do nervo, e saem do crânio pelo canal do hipoglosso, após o qual descem, dirigindo-se à base da língua, onde se ramificam na sua musculatura intrínseca, possibilitando desse modo os movimentos e as mudanças da posição da língua. Deve-se ressaltar que o núcleo hipoglosso recebe fibras aferentes do núcleo solitário e do núcleo sensorial do trigêmeo, além de fibras corticobulbares do córtex

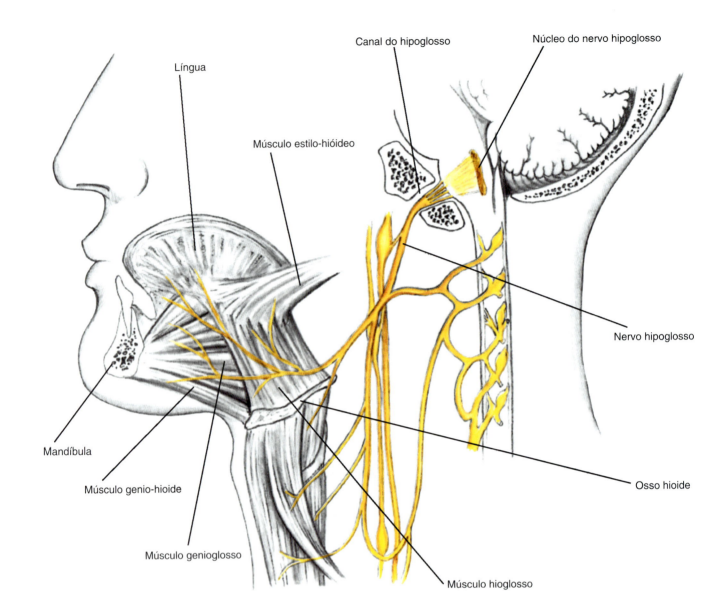

FIGURA 12.17 Nervo hipoglosso.

motor contralateral, o que provoca a participação de todas essas fibras nos movimentos reflexos da mastigação, sucção, deglutição e fala.

APLICAÇÃO CLÍNICA

Nas lesões do nervo hipoglosso, ou de seu núcleo, ocorre a paralisia da musculatura da hemilíngua, havendo, durante a protrusão da língua, desvio para o lado lesionado, devido à ação da musculatura íntegra. São várias as causas de lesão do XII nervo, como na siringomielia, poliomielite, processos expansivos e traumatismos da base do crânio, esclerose lateral amiotrófica, paralisia pseudobulbar, paralisia bulbar progressiva e anomalias do forame occipital.

APLICAÇÃO CLÍNICA
Paralisia de múltiplos nervos cranianos

Algumas doenças podem levar à paralisia de vários nervos cranianos, simultaneamente ou de maneira sequencial, sendo quase sempre um desafio diagnóstico. No nosso meio, devemos considerar a meningite tuberculosa, a carcinomatose de meninges, os linfomas, as infecções por *Mycoplasma*, a síndrome de Tolosa-Hunt e a mononucleose infecciosa. O diagnóstico correto depende dos achados clínicos e do auxílio de métodos complementares, como exames de imagem e análise bioquímica e citológica do líquido cérebro-espinhal.

Dois ou mais nervos cranianos podem estar muito próximos em alguns locais anatômicos, e um processo patológico focal pode envolvê-los por contiguidade. São mais comuns as lesões do seio cavernoso, do ângulo pontocerebelar e do forame jugular.

Lesões no tronco encefálico também podem ser a causa de paralisias múltiplas de nervos cranianos e geralmente são associadas às lesões de tratos longos, como o corticoespinal.

BIBLIOGRAFIA COMPLEMENTAR

Bertoli FMP, Koczicki VC, Meneses MS. A neuralgia do trigêmeo: um enfoque odontológico. **J Bras Oclus ATM Dor Orofac** 2003, 3(10):125-129.

Bianchi R, Gioia M. Accessory oculomotor nuclei of man: I. The Nucleus of Darkschewitsch: A Nissl and Golgi Study **Acta Anatomica** 1990, 139(4):349-356.

Büttner-Ennever JA, Jenkins C, Armin-Parsa H *et al*. A neuroanatomical analysis of lid-eye coordination in cases of ptosis and downgaze paralysis. **Clin Neuropathol** 1996, 15(6):313-318.

Cherniak C. Component placement optimization in the brain. **J Neurosci** 1994, 14(4):2418-2427.

Demski LS. Terminal nerve complex. **Acta Anat (Basel)** 1993, 148(2-3):81-95.

Etemati AA. The dorsal motor nucleus of the vagus. **Acta Anat (Basel)** 1961, 47:328-332.

Finger S. **Origins of Neuroscience:** A History of Explorations into Brain Function. Oxford University Press, 1994.

Goldstein DS, Sewell LT, Holmes C. Association of anosmia with autonomic failure in Parkinson disease. **Neurology** 2010, 74(3):245-251.

Keane JR. Multiple cranial nerves palsies: analysis of 979 cases. **Arch Neurol** 2005, 62(11):1714-1717.

Lang J. Anatomy of the brainstem and the lower cranial nerves, vessels, and surrounding structures. **Am J Otol** 1985 (Suppl):1-19.

Lanzieri CF. MR imaging of the cranial nerves. **AJR Am J Roentgenol** 1990, 154(6):1263-1267.

Marinković SV, Gibo H, Stimec B. The neurovascular relationships and the blood supply of the abducent nerve: surgical anatomy of its cisternal segment. **Neurosurgery** 1994, 34(6):1017-1026.

Meneses MS, Clemente R, Russ HHA *et al*. Microchirurgie de décompression neurovasculaire dans la névralgie du trijumeau. **Neurochirurgie** 1995, 41(5):349-352.

Meneses MS, Moreira AL, Bordignon KC *et al*. Surgical approaches to the petrous apex: distances and relations with cranial morphology. **Skull Base** 2004, 14(1):9-19.

Meneses MS, Ramina R, Pedrozo AA *et al*. Microcirurgia de descompressão neurovascular para neuralgia do trigêmeo. **Arq Neuropsiquiatr** 1993, 51(3):382-385.

Meneses MS, Rocha SFB, Simão CA *et al*. Vagus nerve stimulation may be a sound therapeutic option in the treatment of refractory epilepsy. **Arq Neuropsiquiatr** 2013, 71(1): 25-30.

Miyazaki S. Bilateral innervation of the superior oblique muscle by the trochlear nucleus. **Brain Res** 1985, 348(1):52-56.

Namking M, Boonruangsri P, Woraputtaporn W, Güldner FH *et al*. Communication between the facial and auriculotemporal nerves. **J Anat** 1994, 185(Pt 2):421-426.

Natori Y, Rhoton Jr AL. Microsurgical anatomy of the superior orbital fissure. **Neurosurgery** 1995, 36(4):762-775.

Shigenaga Y, Sera M, Nishimori T *et al*. The central projection of masticatory afferent fibers to the trigeminal sensory nuclear complex and upper cervical spinal cord. **J Comp Neurol** 1988, 268(4):489-507.

Silva Jr EB, Ramina R, Meneses MS *et al*. Bilateral oculomotor nerve palsies due to vascular conflict. **Arq Neuropsiquiatr** 2010, 68(5):819-821.

Takeshita BT, Oldoni C, Tacla RR *et al*. Vagus nerve stimulation in patients with refractory epilepsy: a case series. **J Bras Neurocirurg** 2017, 28(4):230-234.

Terr LI, Edgerton BJ. Three-dimensional reconstruction of the cochlear nuclear complex in humans. **Arch Otolaryngol** 1985, 111(8):495-501.

Tomasch J, Ebnessajjade D. The human nucleus ambiguus. A quantitative study. **Anat Rec** 1961, 141:247-252.

Sistema Nervoso Autônomo

Maurício Coelho Neto • Jerônimo Buzetti Milano

INTRODUÇÃO E CONCEITOS GERAIS

Do ponto de vista morfológico, o sistema nervoso é composto de sistema nervoso central (encéfalo e medula espinal) e sistema nervoso periférico (nervos e gânglios). Podemos, ainda, subdividir o sistema nervoso periférico em **sistema somático** e **sistema visceral**, cada um com suas aferências e eferências.

O **sistema nervoso somático** é formado pelas aferências sensoriais periféricas e eferências motoras que originam respostas motoras dos músculos esqueléticos, assim como do tônus e da postura. A parte eferente é formada, anatomofisiologicamente, pela unidade motora, com um neurônio motor para um feixe de fibras musculares esqueléticas.

O **sistema visceral** é responsável pelo controle homeostático do corpo por meio dos músculos lisos contidos nas vísceras e nos vasos, das glândulas e do músculo cardíaco. O seu sistema aferente é formado pelos osmorreceptores, viscerorreceptores e mecanorreceptores contidos nessas vísceras. As respostas trazidas dos receptores viscerais são elaboradas no sistema nervoso central pelo sistema límbico, pela área pré-frontal e pelo hipotálamo. A parte eferente é o que se convencionou chamar **sistema nervoso autônomo (SNA)**, levando estímulos inconscientes do sistema nervoso central para as vísceras. O Quadro 13.1 mostra essa divisão.

O SNA é dividido em duas porções com diferenças anatomofuncionais bem distintas: o **sistema simpático** e o **sistema parassimpático**. Além disso, esse sistema pode ainda enviar suas respostas mediante mecanismos humorais por hormônios produzidos pela glândula hipófise, que não será descrita aqui.

DIFERENÇAS ENTRE OS SISTEMAS SIMPÁTICO E PARASSIMPÁTICO

Para entender o funcionamento do SNA, é imprescindível conhecer a fisiologia, a morfologia e a farmacologia das suas subdivisões simpática e parassimpática. Enquanto o simpático prepara o organismo para situações de estresse e de aumento da exigência da taxa metabólica global (a norepinefrina é o neurotransmissor envolvido na sua atividade sináptica), o parassimpático encarrega-se de controlar as funções vitais quando o corpo se encontra em repouso (a acetilcolina é o neurotransmissor responsável por essa função). O sistema somático tem somente um neurônio localizado no corno anterior da medula espinal. O SNA tem dois neurônios entre o órgão efetor (músculo liso, glândulas, coração) e o sistema nervoso central. O primeiro neurônio tem seu corpo na medula espinal ou no tronco do encéfalo e é denominado **neurônio pré-ganglionar**. A sua projeção axonal dirige-se sempre até um **gânglio periférico**, no qual faz sinapses com o corpo de um segundo neurônio, ou **neurônio pós-ganglionar**. Esse neurônio envia seu axônio aos órgãos efetores respectivos. A Figura 13.1 mostra a anatomia e as diferenças entre os sistemas simpático e parassimpático quanto à disposição do gânglio periférico em relação ao órgão efetor, ficando determinado assim

QUADRO 13.1 Visão sumária das principais aferências e eferências do sistema nervoso visceral.

Vias aferentes
- Quimiorreceptores
- Barorreceptores
- Osmorreceptores
- Receptores da dor

Vias eferentes
- Sistema nervoso autônomo
- Via humoral (hipófise)

Estruturas centrais
- Córtex frontal
- Área olfativa
- Sistema límbico
- Hipocampo
- Núcleo do trato solitário

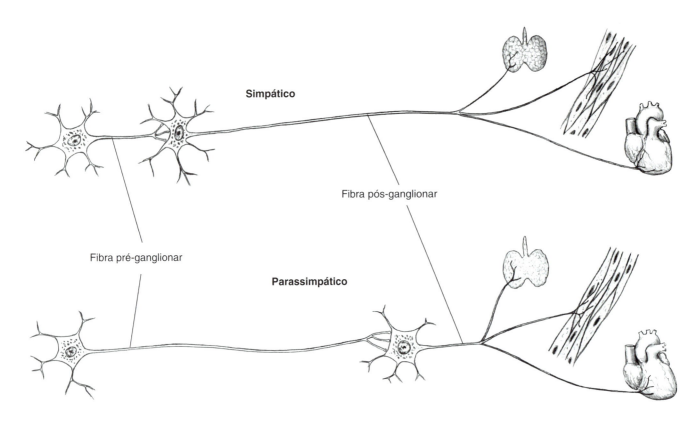

FIGURA 13.1 Diferenças entre as fibras pré e pós-ganglionares dos sistemas simpático e parassimpático.

o tamanho das fibras pré e pós-ganglionares. Na divisão parassimpática, o gânglio localiza-se muito próximo ou, até mesmo, dentro do órgão efetor. Neste, o axônio pré-ganglionar é longo, e o axônio pós-ganglionar, curto. Já na divisão simpática, o gânglio encontra-se distante do órgão efetor. O axônio pré-ganglionar é curto, e o pós-ganglionar, longo. O Quadro 13.2 sumariza as diferenças entre os sistemas simpático e parassimpático.

Os dois sistemas são ativados de acordo com a necessidade de cada órgão, atuando de forma simultânea e interdependente. Em determinadas situações, entretanto, pode ocorrer uma ativação exuberante do sistema nervoso simpático isoladamente, com aumento inclusive da norepinefrina circulante devido à ativação da glândula suprarrenal (medular), o que se denomina **descarga simpática**. Essa reação autonômica ocorre em situações de alarme (a chamada **síndrome de emergência de Cannon**), na qual há necessidade de uma reação imediata do indivíduo – lutar ou fugir. Como exemplo, podemos citar um indivíduo que anda calmamente por uma rua, com suas atividades autonômicas próximas do basal, e que, subitamente, é abordado por um assaltante. Imediatamente, os estímulos sensoriais (visão, audição) são interpretados pelo córtex cerebral correspondente, gerando uma interpretação emocional. Por meio, principalmente, do hipotálamo, como veremos a seguir, o sistema nervoso central suscita uma reação pelo tronco do encéfalo e pela medula espinal que culmina em ativação dos neurônios pré-ganglionares do sistema nervoso simpático, estimulando seus órgãos-alvo de forma a preparar o organismo para reação imediata (lutar ou fugir). Ocorre liberação de maior quantidade de glicose na corrente sanguínea, fonte de energia de aproveitamento imediato, a partir do glicogênio hepático. Os vasos sanguíneos dos músculos esqueléticos se dilatam, permitindo maior aporte de energia para si mesmos, em detrimento dos vasos cutâneos (gerando palidez) e do sistema digestório, menos importantes nessa situação.

QUADRO 13.2 Diferenças entre os sistemas simpático e parassimpático.

	Simpático	Parassimpático
Neurônio pré-ganglionar	Toracolombar (T1 a L2)	Craniossacral (tronco do encéfalo e S2 a S4)
Neurônio pós-ganglionar	Distante da víscera	Próximo da víscera
Axônio pré-ganglionar	Curto	Longo
Axônio pós-ganglionar	Longo	Curto
Neurotransmissor	Norepinefrina	Acetilcolina

A frequência cardíaca e a pressão arterial se elevam, e os brônquios exibem dilatação. No sistema digestório, além da diminuição do aporte sanguíneo, ocorre diminuição do peristaltismo e contração esfincteriana; as pupilas se dilatam e ocorre piloereção e sudorese fria. Aqui temos um resumo do efeito do sistema nervoso simpático sobre as vísceras. Como regra geral (mas não absoluta), o sistema parassimpático pode ser considerado atuando no sentido inverso, por exemplo, com redução da pressão arterial e frequência cardíaca, constrição brônquica, aumento do peristaltismo etc. O Quadro 13.3 serve como base para memorização da atuação dos sistemas sobre os diversos órgãos.

Divisão parassimpática

No sistema parassimpático, o neurônio pré-ganglionar situa-se na **porção craniossacral** do sistema nervoso central, sendo o componente craniano composto de tronco do encéfalo, e o componente medular, de porção sacral da medula espinal. O gânglio periférico do neurônio pós-ganglionar localiza-se próximo ao órgão efetor, ou até mesmo dentro deste.

O **componente craniano** é composto de neurônios, que dão origem aos axônios dos nervos cranianos com componente eferente visceral: nervos oculomotor (III) no mesencéfalo, facial (VII) na ponte e glossofaríngeo (IX) e vago (X) no bulbo (Figura 13.2).

Detalharemos a seguir cada um dos nervos e seus respectivos gânglios.

a) Nervo oculomotor: as fibras pré-ganglionares se originam no **núcleo de Edinger-Westphal**, no mesencéfalo. Têm trajeto intracraniano, passando pelo seio cavernoso ipsilateral e dirigindo-se ao **gânglio ciliar**, onde fazem sinapse com os neurônios pós-ganglionares. As fibras desses neurônios formam os nervos ciliares curtos, que vão ao bulbo ocular inervar a musculatura lisa do corpo ciliar e do esfíncter da pupila. A ativação desse circuito provoca miose pupilar e o fenômeno da acomodação do cristalino.

b) Nervo facial: as fibras pré-ganglionares originam-se nos **núcleos lacrimal** e **salivatório superior** da ponte. Essas fibras fazem parte do **nervo intermédio**, correspondendo à divisão autonômica e sensorial do nervo facial. As fibras pré-ganglionares podem seguir dois caminhos após a divisão do nervo facial no nível do gânglio geniculado: pelo nervo petroso maior ou pelo nervo corda do tímpano.

b1) através do trajeto junto ao **nervo petroso maior**, as fibras pré-ganglionares vão ao encontro do **gânglio pterigopalatino**, passando antes pelo canal pterigóideo ipsilateral. Daí, as fibras pós-ganglionares dirigem-se às glândulas lacrimais, acompanhando os nervos maxilar (divisão do trigêmeo) e lacrimal (divisão terminal do nervo oftálmico). Além disso, essas fibras também se dirigem para as glândulas mucosas da cavidade nasal, oral, palato, úvula e lábio superior.

b2) as fibras pré-ganglionares unem-se ao **nervo corda do tímpano** e, já fora do crânio, ao nervo lingual. Esses nervos vão ao encontro do **gânglio submandibular**, e as fibras pós-ganglionares originadas aí inervarão as glândulas submandibular e sublingual.

A ativação do circuito parassimpático pelo nervo facial leva a aumento da produção de saliva e de lágrimas.

QUADRO 13.3 Efeitos dos sistemas simpático e parassimpático sobre os órgãos.

Local	Simpático	Parassimpático
Sistema cardiovascular	Taquicardia, hipertensão, vasodilatação coronariana	Bradicardia, hipotensão, vasodilatação coronariana
Brônquios	Dilatação	Constrição
Sistema digestório	Diminuição do peristaltismo e contração esfincteriana	Aumento do peristaltismo e relaxamento esfincteriano
Bexiga	Ação mínima ou nenhuma	Contração do músculo detrusor — esvaziamento
Íris	Midríase (dilatação pupilar)	Miose (constrição pupilar)
Glândulas salivares	Secreção espessa	Secreção fluida e excessiva
Glândulas lacrimais	Ação mínima ou nenhuma	Aumento da secreção
Músculos piloeretores	Piloereção	Nenhuma ação
Glândulas sudoríparas	Aumento da secreção	Nenhuma ação
Vasos cutâneos	Vasoconstrição (palidez)	Nenhuma ação
Órgãos sexuais masculinos	Vasoconstrição e ejaculação	Vasodilatação e ereção

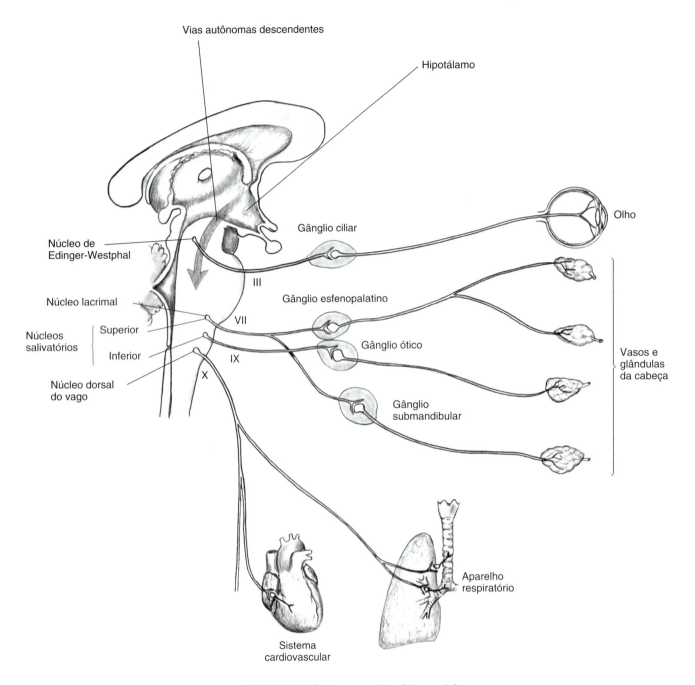

FIGURA 13.2 Sistema parassimpático cranial.

c) Nervo glossofaríngeo: as fibras pré-ganglionares se originam no **núcleo salivatório inferior**, localizado no bulbo. Essas fibras deixam o tronco principal e formam o nervo timpânico (de Jacobson) e o nervo petroso menor. Ambos dirigem-se para o **gânglio ótico**, formando as fibras pós-ganglionares para inervar a glândula parótida.

d) Nervo vago: as fibras pré-ganglionares se originam no **núcleo dorsal do vago**, localizado no bulbo. Elas acompanham o tronco principal do nervo e chegam à cavidade torácica acompanhando a bainha da artéria carótida comum, dirigindo-se a seguir ao abdome.

As fibras terminam nos gânglios situados na parede dos órgãos cervicais, torácicos e abdominais, fazendo com que as fibras pós-ganglionares sejam curtas e exerçam sua ação sem formarem outros nervos como nos casos anteriores. À exceção do cólon descendente, sigmoide e ânus, todas as demais vísceras torácicas e abdominais recebem inervação parassimpática do nervo vago. As fibras pré-ganglionares no coração dirigem-se para o nó sinoatrial e feixe atrioventricular. As fibras pré-ganglionares no trato digestório (duodeno, íleo, ceco, apêndice vermiforme, cólons ascendente e transverso) terminam nos plexos de Auerbach e Meissner, originando então as fibras pós-ganglionares para a musculatura lisa tanto da parede intestinal quanto das células mucosas. Também a vesícula biliar, o pâncreas e o estômago são comandados pelo nervo vago.

O **componente sacral** é composto de segundo, terceiro e quarto (S2, S3 e S4) segmentos da medula espinal sacral. As fibras pré-ganglionares seguem os nervos sacrais motores correspondentes. Os ramos desses nervos dirigem-se ao plexo pélvico, de onde as fibras pré-ganglionares se direcionam para os órgãos-alvo. Os órgãos pélvicos são: bexiga, próstata, vesícula seminal, corpos eréteis, útero e vagina. As fibras do plexo pélvico também acompanham os nervos hipogástricos e dirigem-se aos cólons descendente e sigmoide, bem como ao reto e ânus.

Alguns órgãos não foram citados por não apresentarem inervação parassimpática: glândulas sudoríparas e suprarrenais, musculatura eretora de pelos e vasos sanguíneos. Esses órgãos apresentam apenas inervação simpática.

Divisão simpática

O sistema simpático tem sua origem central, ou seja, seu primeiro neurônio ou neurônio pré-ganglionar, na coluna lateral toracolombar de T1 até L2 da medula espinal. Os axônios dessas fibras dirigem-se até a **cadeia ganglionar simpática paravertebral**, também denominada "tronco simpático" (Figura 13.3).

Esse tronco se dispõe em toda a extensão da coluna vertebral e é formado por um par de gânglios de cada lado da coluna, interligados ipsilateralmente por fibras interganglionares. Algumas vezes, dois ou mais gânglios se fundem formando um único gânglio. Pode ser dividido em quatro segmentos: cervical (gânglios cervicais superior, médio e inferior), toracolombar (12 gânglios; as fusões dos gânglios são frequentes, tornando o seu número bastante variável), sacral (4 a 5 gânglios) e coccígeo (gânglio ímpar). As fibras pré-ganglionares saem da coluna lateral da medula espinal (T1 a L2) através das raízes e entram na cadeia ganglionar paravertebral sob a forma dos ramos comunicantes brancos (nome dado devido à cobertura de mielina). Essas fibras pré-ganglionares podem seguir cranialmente pela cadeia paravertebral e fazer sinapse pela mesma cadeia para gânglios lombares ou sacrais. As fibras podem passar pela cadeia paravertebral sem fazer sinapse, para formarem os nervos esplâncnicos (torácicos, lombares e pélvicos), fazendo sinapse com os neurônios pós-ganglionares localizados na **cadeia ganglionar simpática pré-vertebral**.

As fibras pré-ganglionares podem chegar à cadeia paravertebral, fazer sinapse aí, e a fibra pós-ganglionar sair com a raiz nervosa correspondente pelo ramo comunicante cinzento (quase não apresenta mielina). Esses ramos se originam em todos os níveis da medula espinal e contribuem com a inervação de estruturas vasomotoras, piloeretoras e glândulas. Sumariamente, as fibras pré-ganglionares chegam à cadeia paravertebral por meio dos ramos comunicantes brancos que podem fazer sinapse nessa mesma cadeia, originando fibras pós-ganglionares que vão aos órgãos efetores, os ramos comunicantes cinzentos. Além disso, as fibras pré-ganglionares podem não fazer sinapse na cadeia paravertebral, e sim na cadeia pré-vertebral, por meio dos nervos esplâncnicos (Figura 13.4).

A descrição a partir desses conceitos será feita seguindo o tronco simpático paravertebral nível a nível.

a) Tronco cervical: é formado pelos gânglios cervical superior, médio e inferior.

– O **gânglio cervical superior** é o maior e o mais importante deles e está localizado no nível das segunda e terceira vértebras cervicais. Suas fibras pré-ganglionares se originam de ramos comunicantes brancos de T1 a T5. Suas fibras pós-ganglionares formam os nervos carotídeo interno e externo. O nervo carotídeo interno pode ser dividido em duas porções: lateral e medial. O ramo lateral forma o plexo carotídeo interno sobre a artéria carótida interna. O principal ramo desse plexo é o nervo petroso profundo maior, que se une ao nervo petroso maior para formar o nervo do canal pterigóideo (ou vidiano) e passa, sem fazer sinapse, pelo gânglio pterigopalatino para inervar glândulas e vasos da faringe, do nariz e do palato. O ramo medial forma o plexo cavernoso sobre a artéria carótida interna intracavernosa. O nervo carotídeo externo também forma plexos, e seus ramos seguem os ramos da respectiva artéria. Os ramos sobre a artéria facial vão até a glândula submandibular. Os ramos sobre a artéria meníngea média formam o nervo petroso profundo menor que chega até a glândula parótida. O plexo intercarotídeo também é formado por esses nervos e pela inervação para a região do bulbo carotídeo, que promove a função vasomotora. Também conduz ramos comunicantes cinzentos dos nervos espinais de C2 a C4, que promovem a piloereção, a secreção de suor e a vasomotricidade para a cabeça e o pescoço. Esse gânglio também dá origem ao nervo cardíaco cervical superior.

– O **gânglio cervical médio** localiza-se no nível da cartilagem cricoide ou no da sétima vértebra cervical. Suas fibras pré-ganglionares são derivadas de ramos comunicantes brancos do segundo e terceiro segmentos torácicos e dão origem ao nervo cardíaco cervical médio e nervos tireóideos, que inervam a glândula tireoide. Suas fibras pós-ganglionares formam ramos cinzentos que seguem o quinto e o sexto nervos cervicais.

– O **gânglio cervical inferior** localiza-se no nível da sétima vértebra cervical. Recebe suas fibras pré-ganglionares mediante comunicação com o primeiro gânglio torácico. Não apresenta ramos comunicantes brancos. As fibras pós-ganglionares formam ramos comunicantes cinzentos que acompanham os sexto, sétimo e oitavo nervos cervicais. Também origina o nervo cardíaco

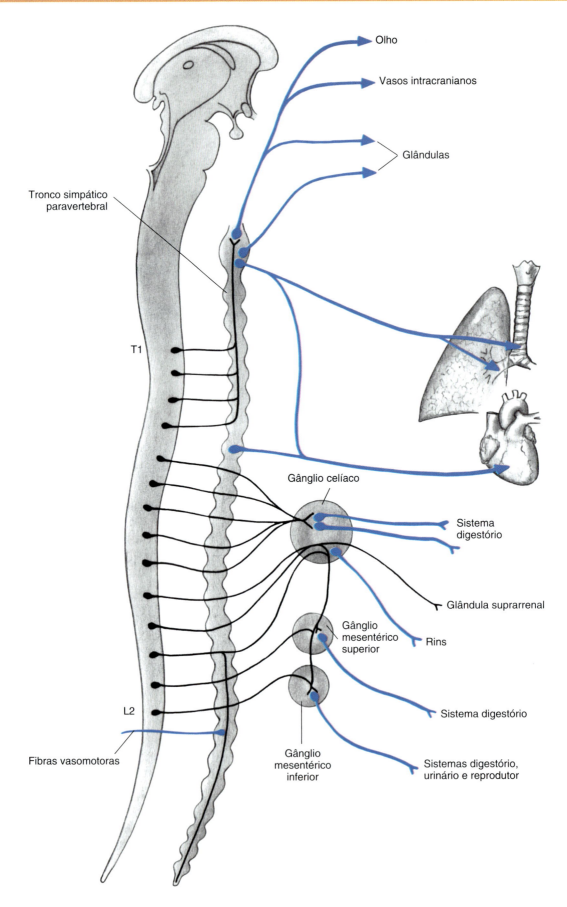

FIGURA 13.3 Sistema nervoso simpático e tronco simpático paravertebral. As fibras pré-ganglionares aparecem em preto, e as pós-ganglionares, em azul.

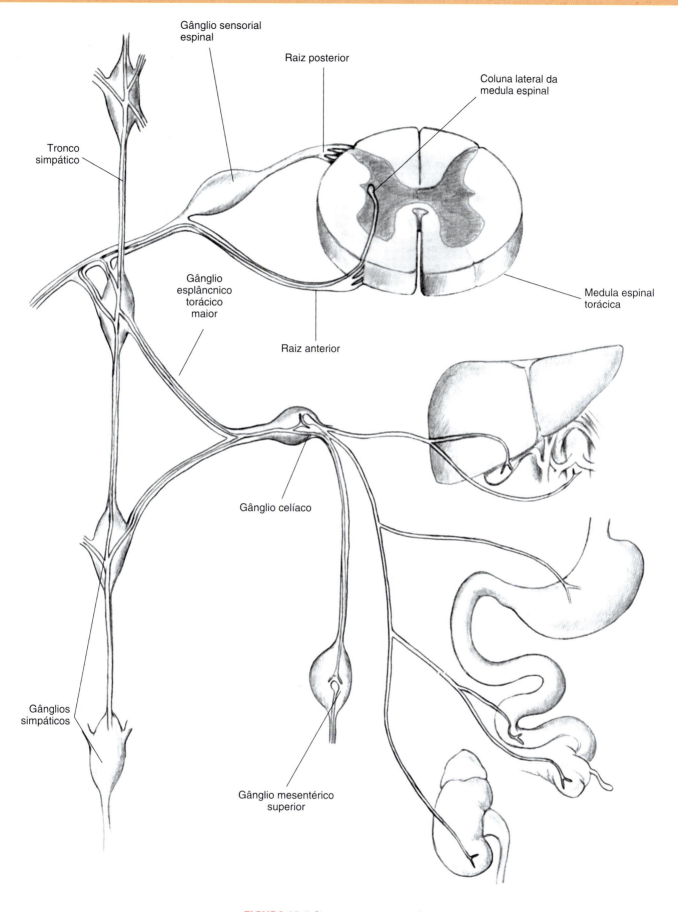

FIGURA 13.4 Sistema nervoso simpático.

cervical inferior e o nervo vertebral que acompanha as artérias vertebral e basilar, já dentro do crânio. Na maioria dos casos, esse gânglio apresenta fusão com o primeiro gânglio torácico, formando o gânglio cervicotorácico ou **gânglio estrelado**. Dá ramos comunicantes cinzentos para o primeiro e o segundo nervos torácicos, e ramos viscerais para os plexos cardíaco, pulmonar, esofágico e aórtico.

b) Tronco toracolombar: é formado por 12 (número não constante) gânglios localizados próximo ao colo das costelas. Todo o tronco recebe suas fibras pré-ganglionares da coluna lateral da medula espinal (T1 a L2/3). Existem, porém, aspectos peculiares: (1) de T1 a T5, as fibras pré-ganglionares não fazem sinapse nesses gânglios e dirigem-se cranialmente aos gânglios cervicais; (2) de T6 a T12, as fibras pré-ganglionares passam pelo tronco simpático sem fazer sinapse e tornam-se nervos esplâncnicos, que vão até a cadeia simpática pré-vertebral para formarem sinapse com o neurônio pós-ganglionar, e daí às vísceras; (3) de L1 a L2/3, as fibras pré-ganglionares descem até o tronco lombossacro para inervarem a pele e os órgãos genitais

– Fibras de T1 a T5: já comentadas no tronco cervical.

– Fibras de T6 a T12: desses níveis partem tanto fibras pré-ganglionares que formam os nervos esplâncnicos quanto as que formam os ramos comunicantes cinzentos. Os ramos comunicantes cinzentos se dirigem à pele e inervam o folículo piloso e as glândulas sebáceas, fornecendo o controle vasomotor para os vasos aí situados. Os nervos esplâncnicos são formados pela união de várias fibras pré-ganglionares e que vão em direção à cadeia pré-ganglionar pré-vertebral. Os nervos esplâncnicos são os seguintes:

1. Nervo esplâncnico torácico maior: formado pela união das fibras pré-ganglionares dos níveis de T5 a T9. Dentro do tórax, esse nervo emite pequenos ramos que inervam o esôfago, a aorta torácica e o ducto torácico. O nervo atravessa o diafragma e termina no **gânglio celíaco**, localizado no nível da primeira vértebra lombar. As fibras pós-ganglionares aí originadas formam o plexo celíaco, que inerva com seus fascículos o pâncreas, a vesícula biliar e o estômago. Algumas fibras pré-ganglionares passam pelo gânglio celíaco sem fazer sinapse e formam o plexo suprarrenal. Dentro da glândula suprarrenal, há sinapse com as células da porção medular dessa víscera, funcionalmente homólogas aos neurônios pós-ganglionares. Esse é o único exemplo, dentro do sistema nervoso simpático, de fibras curtas.

É interessante ressaltar a passagem de fibras do nervo vago (parassimpático) pelo plexo celíaco, sem fazer sinapse.

2. Nervo esplâncnico torácico menor: formado pela união de fibras pré-ganglionares dos níveis de T10 a T11. Esse nervo atravessa o pilar diafragmático com o nervo esplâncnico torácico maior e termina no **gânglio aorticorrenal**. Esse gânglio localiza-se na origem da artéria renal, e suas fibras pós-ganglionares dirigem-se para os rins e artéria aorta. Algumas fibras também terminam no **gânglio mesentérico superior**, localizado junto à artéria de mesmo nome, cujas fibras pós-ganglionares inervam o pâncreas e o intestino delgado.

3. Nervo esplâncnico imo (ímpar): pode ter sua origem como ramo do nervo esplâncnico menor ou ser formado pelas fibras pré-ganglionares vindas de T12. Passa pelo diafragma com os nervos já descritos e junta-se às fibras originadas no plexo celíaco e no gânglio aorticorrenal para formar o plexo renal.

– Fibras de L1 a L2/3: as fibras pré-ganglionares formam ramos comunicantes cinzentos e nervos esplâncnicos. Estes últimos são chamados "nervos esplâncnicos lombares", tendo número inconstante (2 ou 3). Eles têm dois destinos: (1) dirigem-se para o **gânglio mesentérico inferior**, localizado no nível da artéria de mesmo nome, cujas fibras pós-ganglionares inervam o cólon principalmente a partir da flexura esplênica até o reto (esse gânglio entra na formação do plexo hipogástrico superior); (2) unem-se no nível da bifurcação da aorta para formar os nervos hipogástricos, um deles de cada lado. Seu trajeto acompanha o dos ureteres e, ao seu término, esses nervos formam uma rede nervosa, o plexo hipogástrico inferior, situado no nível da pelve e levando a inervação para o reto, ductos deferentes, bexiga, próstata e ureter.

c) Tronco sacrococcígeo: é formado por cinco gânglios (número inconstante) localizados no nível do sacro e um gânglio coccígeo, o gânglio ímpar. As fibras pré-ganglionares têm origem de T12 a L1 e formam o plexo pélvico. Ramos do plexo hipogástrico também contribuem para sua formação. Esse plexo emite fibras para a bexiga, a próstata, os corpos cavernosos, a parede da vagina, o clitóris, o útero, a tuba uterina e o ovário. Os ramos comunicantes cinzentos também são responsáveis pelo controle vasomotor das artérias dos membros inferiores.

ESTRUTURAS CENTRAIS QUE ATUAM SOBRE O SNA

Basicamente cinco áreas do sistema nervoso central atuam sobre o SNA: o **sistema límbico**, a **área pré-frontal**, o **hipotálamo**, o **tronco do encéfalo** e a **medula espinal**. Sem dúvida, o principal centro controlador do sistema nervoso visceral é o **hipotálamo**. Ele exerce esse controle tanto por meio da regulação do sistema endócrino (sistema porta-hipofisário – Capítulo 18, *Hipotálamo*) como do SNA. A porção anterior do hipotálamo controla a eferência parassimpática, enquanto as porções posterior e lateral controlam a eferência simpática.

Vias aferentes do hipotálamo relacionadas com o SNA

Os impulsos que chegam ao hipotálamo que estão relacionados com o SNA são provenientes do sistema nervoso central, mediante percepções de memória e de receptores periféricos. Essas informações chegam ao hipotálamo por meio das seguintes vias:

a) Fascículo prosencefálico medial: importante conexão recíproca entre o sistema límbico e a formação reticular; estende-se do tegmento mesencefálico até a área septal. Durante esse trajeto, passa através da porção lateral do hipotálamo, onde muitas de suas fibras terminam. É responsável pelo controle das funções viscerolfativas (p. ex., salivação excessiva diante de odor agradável), traz informações sensoriais de mamilos e genitais e relaciona-se com o **núcleo do trato solitário**. Esse é o principal componente aferente do sistema nervoso visceral.

b) Estria terminal: conduz fibras do complexo amigdaloide, levando principalmente informações olfativas.

c) Fórnix: conecta o sistema límbico (hipocampo) com o hipotálamo. Assim, toda a relação de memória e de emoções que se refletem com reações viscerais está ligada a esse sistema.

d) Outras vias: informações visuais e auditivas, assim como dos núcleos da rafe e do *locus coeruleus*, localizados no tronco do encéfalo, também chegam ao hipotálamo para serem moduladas. Esses núcleos do tronco do encéfalo atuam na regulação do sono e devem estar integrados com o núcleo do trato solitário para o controle autonômico da respiração e da atividade cardiovascular durante o sono. Até mesmo o córtex cerebral, no nível do giro frontal superior, da ínsula e do córtex sensorimotor primário, alimenta o hipotálamo de informações por meio de vias do núcleo dorsomedial do tálamo. O controle do ciclo circadiano é feito pelas fibras retino-hipotalâmicas que chegam até o núcleo supraquiasmático e influenciam o controle do ciclo sono-vigília, os níveis de hormônios esteroides no sangue e a função sexual.

Vias eferentes do hipotálamo ao SNA

O trajeto entre o hipotálamo e o SNA (simpático e parassimpático) utiliza o sistema reticular descendente do mesencéfalo como relé intermediário e percorre as seguintes vias:

a) Fascículo longitudinal dorsal (de Schutz): corresponde à via pela qual os impulsos do hipotálamo dirigem-se aos núcleos parassimpáticos do tronco do encéfalo de Edinger-Westphal, salivatórios superior e inferior, lacrimal e o núcleo do trato solitário. As eferências deste último núcleo vão ao núcleo parabraquial, responsável pelo controle autonômico da respiração, e ao núcleo de Kölliker-Fuse, ambos na porção dorsal da ponte, e ao grupo de células noradrenérgicas A5 na porção ventral da ponte. Além disso, produzem fibras que vão até a formação intermediolateral da medula espinal, exercendo também controle sobre a respiração.

b) Trato reticuloespinal: conduz impulsos até os neurônios motores espinais. Controla a temperatura corporal. Provoca contrações involuntárias dos músculos, como no ato de tremor provocado por frio excessivo.

c) Trato mamilotegmentar: conecta o corpo mamilar com o tegmento e a formação reticular do mesencéfalo.

d) Trato mamilotalâmico (de Vicq d'Azyr): essa conexão entre hipotálamo, núcleo anterior do tálamo e giro do cíngulo é fundamental para a modulação do comportamento emocional (sistema límbico). Por exemplo, boca seca, náuseas e tremores, vistos em situações de estresse.

e) Tratos supraóptico-hipofisário e túbero-hipofisário: correspondem à interação humoral do sistema hormonal hipofisário com o SNA.

O SNA inerva células secretórias acessórias, chamadas **células mioepiteliais de Boll**, que se contraem para que hormônios ou secreções (saliva, colostro, suor) sejam liberados nos ductos secretores da glândula. As células de Boll contraem-se e comprimem as células glandulares.

Além disso, o **cerebelo** tem sido discutido como um componente influenciador da atividade autonômica, especialmente no que se refere ao controle do sistema cardiovascular. Alguns autores relacionam a hipotensão ortostática de algumas doenças degenerativas e neoplásicas com a das que afetam o cerebelo, mais especificamente o núcleo fastigial e suas projeções para o bulbo.

APLICAÇÃO CLÍNICA

As doenças que afetam o sistema nervoso autônomo podem ser divididas em centrais e periféricas. Elas podem afetar tanto as aferências (lesões hipotalâmicas ou de receptores periféricos) como as eferências (lesões bulbopontinas nucleares ou de nervos e plexos autonômicos) do sistema, levando a grande número de sinais e sintomas clínicos. As causas dessa gama de doenças são inúmeras: metabólicas (diabetes, intoxicação por chumbo, medicamentosa), degenerativas (idiopática, esclerose múltipla), neoplásicas (tumores do hipotálamo, tronco do encéfalo ou medulares), traumáticas (lesão axonal difusa, trauma local), infecciosas e inflamatórias (meningites, encefalites), epilepsia. Citaremos alguns quadros para exemplificar tais condições.

1. Neuropatia diabética: deriva da degeneração das fibras simpáticas e parassimpáticas pela presença de hiperglicemias nesses pacientes. A degeneração das fibras simpáticas pré e pós-ganglionares que suprem os nervos esplâncnicos do leito mesentérico é responsável pelo sintoma mais encontrado, que é a hipotensão ortostática. A incapacidade de controlar o tônus vasomotor em diferentes posições do corpo, principalmente em pé, leva a quedas frequentes. Além disso, o sistema digestório também fica comprometido devido ao retardo do esvaziamento gástrico e a episódios de diarreia. Porém, o primeiro sinal de comprometimento da função autonômica nesses pacientes é o da impotência sexual em homens. Saliente-se que a insuficiência autonômica diabética somente ocorre nas fases tardias da doença, ou em casos em que o tratamento adequado dos níveis glicêmicos é negligenciado.

2. Epilepsia: é comum o envolvimento de estruturas límbicas (amígdala, giro para-hipocampal e giro do cíngulo, córtex frontobasal) na gênese de alguns tipos de crises convulsivas. As crises convulsivas parciais complexas e parciais simples são as que exteriorizam sintomas autonômicos devido à grande relação com esse sistema. Alterações pupilares com midríase, do ritmo cardíaco com taquicardia, do aparelho digestório com desconforto epigástrio e náuseas, e até mesmo piloereção, são sintomas que acompanham essas crises.

3. Desordens hipotalâmicas: como o hipotálamo desempenha um papel centralizador de estímulos, merece atenção especial. Alterações da regulação térmica, levando mais comumente a hipotermia do que hipertermia, podem ser devidas a neoplasias, doenças inflamatórias ou degenerativas. Além disso, podem ocorrer desordens sexuais, controle da sede ou disfunções endócrinas.

4. Falência autonômica pura: é uma doença pura do sistema periférico autonômico, de etiologia desconhecida, que se apresenta com hipotensão ortostática, disfunção vesical e impotência sexual. Essa doença não apresenta degeneração de sistemas centrais de controle, como acontece predominantemente em doenças como a degeneração estriatonigral, atrofia olivopontocerebelar (Figura 13.5) e síndrome de Shy-Drager, caracterizadas por uma síndrome parkinsoniana acompanhada de sintomas autonômicos. A própria doença de Parkinson, em sua fase mais adiantada, apresenta tais sintomas.

5. Síndrome de Claude Bernard-Horner (síndrome de Horner): caracteriza-se por miose, ptose palpebral e anidrose ipsilateral à lesão. Ela é causada, na maioria das vezes, por lesão do plexo simpático sobre a artéria carótida ou por compressão do gânglio estrelado no tórax (p. ex., tumor de Pancoast). A miose se faz devido ao comprometimento de inervação simpática do músculo dilatador da pupila, e a ptose palpebral ocorre por paralisia do músculo tarsal (de Müller). Esse músculo auxilia o músculo elevador da pálpebra na sua função.

6. Controle pupilar: o controle autonômico das pupilas é realizado pelas duas divisões. O parassimpático realiza a miose mediante fibras do nervo oculomotor. O simpático é responsável pela midríase por meio de

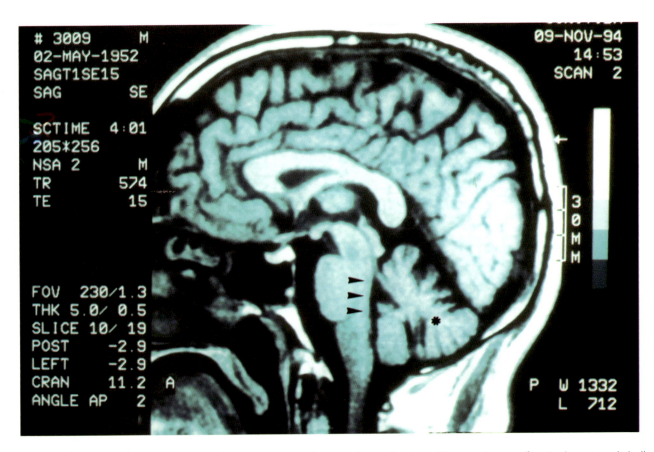

FIGURA 13.5 Ressonância magnética de encéfalo em corte sagital, sequência ponderada em T1, notando-se retificação da ponte e do bulbo (*pontas de seta*), além de atrofia cerebelar traduzida por acentuação das folhas cerebelares (*asterisco*). O paciente apresentava quadro clínico compatível com a atrofia olivopontocerebelar, que cursa com diversas disautonomias, síndrome piramidal, sinais cerebelares e síndrome parkinsoniana.

fibras pós-ganglionares do plexo carotídeo originadas dos gânglios cervicais superiores. Clinicamente, o exame das pupilas é de grande importância, pois pode demonstrar uma alteração grave. Especialmente em situações de emergência, como em traumatismos cranioencefálicos ou síndromes compressivas promovidas por hematomas intracerebrais ou tumores, a midríase pupilar indica o comprometimento do nervo oculomotor. Assim, a midríase unilateral indica lesão ipsilateral compressiva com aumento da pressão intracraniana, devendo-se tomar providências urgentes para evitar maiores consequências sobre o cérebro. O mecanismo de compressão sobre o nervo oculomotor é descrito no Capítulo 7, *Meninges*. Além disso, aneurismas da artéria comunicante posterior também podem promover midríase, pois o nervo oculomotor, logo após a sua origem no tronco do encéfalo, passa entre a artéria comunicante posterior e a artéria cerebral posterior. Distúrbios metabólicos, como o diabetes, podem provocar distúrbios nos nervos cranianos, sendo o III par um dos mais envolvidos, e a midríase, um sinal clínico muito característico.

7. **Síndrome complexa de dor regional (SCDR):** caracteriza-se por quadro de disfunções autonômicas, sensoriais e motoras, que se segue, na maioria das vezes, a um traumatismo local, cirurgia, infarto do miocárdio ou infarto cerebral. Classifica-se em tipo I, quando não há lesão completa de nervo periférico (anteriormente denominada **distrofia simpático-reflexa**), e tipo II, quando há lesão completa do nervo (ou **causalgia**). Ocorre em 5 a 10% após todos os casos de traumatismo de um membro ou nervo periférico. Na forma aguda, é caracterizada por dor, edema, hiperemia e aumento da temperatura local. Cronicamente, desenvolve-se alodinia (dor desencadeada pelo simples toque), atrofia, alteração da sudorese e perda de fâneros no membro envolvido. Acredita-se que o sistema nervoso simpático esteja diretamente envolvido tanto na gênese como na manutenção do quadro clínico, por vezes limitante e de difícil tratamento. Bloqueios de gânglios simpáticos são utilizados no alívio dos sintomas (p. ex., bloqueio do gânglio estrelado, quando membro superior é acometido, e bloqueios lombares, quando membro inferior). Ocasionalmente, simpatectomia pode ser usada nos casos mais refratários.

BIBLIOGRAFIA COMPLEMENTAR

Benarroch EE, Chang FL. Central autonomic disorders. **J Clin Neurophysiol** 1993, 10(1):39-50.

Chu CC, Tranel D, Damasio AR *et al*. The autonomic-related cortex: pathology in Alzheimer's disease. **Cereb Cortex** 1997, 7(1):86-95.

Low PA. **Clinical autonomic disorders:** evolution and management. Little Brown, 1993.

Polinsky RJ. Biochemical and pharmacologic assessment of autonomic function. **Adv Neurol** 1996, 69:373-376.

Sandroni P, Ahlskog JE, Fealey RD *et al*. Autonomic involvement in extrapyramidal and cerebellar disorders. **Clin Auton Res** 1991, 1(2):147-155.

Taylor AA. Autonomic control of cardiovascular function: clinical evolution in health and disease. **J Clin Pharmacol** 1994, 34(5):363-374.

Terao Y, Takeda K, Sakuta M *et al*. Pure progressive autonomic failure: a clinicopathological study. **Eur Neurol** 1993, 33(6):409-415.

Zochodne DW. Autonomic involvement in Guillain-Barré syndrome: a review. **Muscle Nerve** 1994, 17(10):1145-1155.

14 Sistema Nervoso Entérico

Djanira Aparecida da Luz Veronez

INTRODUÇÃO

O tubo gastrintestinal apresenta um controle neural predominantemente organizado pelos neurônios intrínsecos do sistema nervoso entérico (SNE) distribuídos em dois plexos: o mioentérico e o submucoso. Além disso, a função gastrintestinal pode ser modulada por neurônios extrínsecos provenientes do sistema nervoso simpático e do sistema nervoso parassimpático.

O SNE apresenta neurônios motores, neurônios sensitivos e a glia entérica distribuídos dentro das paredes do trato gastrintestinal, onde ficam abrigados gânglios e feixes de fibras nervosas interconectados com os tecidos adjacentes.

Esses neurônios que constituem o SNE são formados a partir das cristas neurais originalmente associadas às regiões occipitocervical e sacral.

Em termos quantitativos, o SNE é constituído por mais de 10 milhões de neurônios localizados integralmente na parede do esôfago, estendendo-se por todo o trajeto até o reto. Além disso, encontra-se presente no pâncreas e na vesícula biliar.

O SNE coordena, de modo independente do hipotálamo e das demais regiões do sistema nervoso central (SNC), as complexas funções que ocorrem ao longo do trato gastrintestinal.

CARACTERÍSTICAS FUNCIONAIS DO SISTEMA NERVOSO ENTÉRICO

O SNE possui conexões com o SNC para:

- Controlar a motricidade e as secreções gastrintestinais
- Manter padrões de movimento do trato gastrintestinal
- Controlar a secreção ácida
- Regular a ativação imunológica
- Controlar o reflexo entérico
- Regular o movimento dos fluidos por meio do epitélio de revestimento
- Manter a permeabilidade intestinal
- Interferir no mecanismo de absorção de nutrientes
- Manter a homeostase intestinal constante
- Manter a velocidade de proliferação das células do revestimento epitelial do trato gastrintestinal
- Promover a interação entre o sistema imunológico e o endócrino nos intestinos
- Mudar o fluxo sanguíneo local
- Fazer a secreção de hormônios como gastrina, motilina, secretina e neuropeptídio inibidor gástrico, pelas células cromafins do sistema endócrino entérico
- Contribuir com a integridade da barreira epitelial do trato gastrintestinal.

Ademais, o SNE possui controle da atividade reflexa que regula o peristaltismo, a atividade secretomotora de enzimas digestivas, o tônus muscular e o controle do fluxo sanguíneo, regulados pela rede intrínseca de gânglios entéricos. Essas atividades podem ocorrer independentemente do SNC e ser moduladas por fibras nervosas pré-ganglionares parassimpáticas e pós-ganglionares simpáticas.

CONSTITUIÇÃO DO SISTEMA NERVOSO ENTÉRICO

O SNE é formado por neurônios entéricos e glia entérica agrupados em redes neurais e gânglios, que se comunicam entre si para constituir o plexo mioentérico e o plexo submucoso (Figura 14.1).

Os neurônios entéricos podem ser classificados, a partir de critérios morfológicos e morfométricos, como: neurônios entéricos tipo I, que apresenta pequenos corpos celulares com medidas de 13 a 35 mm de comprimento e 9 a 22 mm de largura, contendo múltiplos curtos dendritos e com um único axônio; e neurônio entérico tipo II, que apresenta grandes corpos celulares com diâmetro de 22 a 47 mm e dois longos prolongamentos.

Para mais, os neurônios entéricos possuem trajetos reflexos complexos no SNE devido à presença de neurônios sensoriais, interneurônios e neurônios motores que formam trajetos reflexos, intrínsecos no intestino.

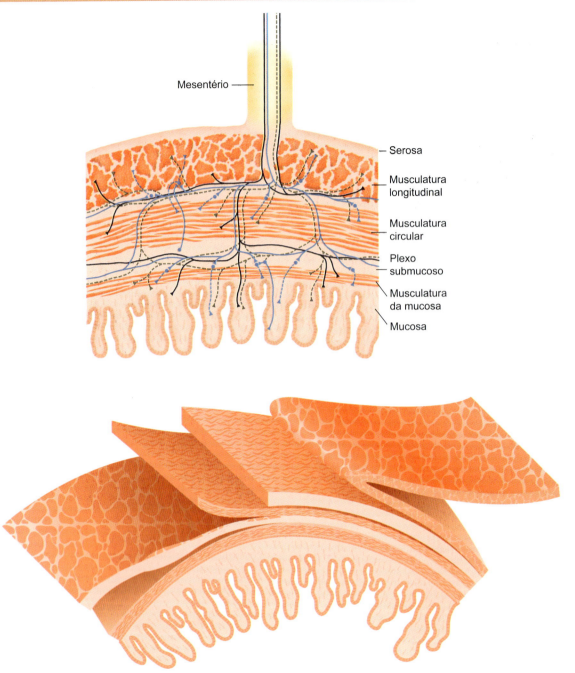

FIGURA 14.1 Sistema nervoso entérico.

Os gânglios entéricos se apresentam alongados. Os corpos dos neurônios ganglionares têm tamanhos homogêneos, em geral maiores, com menos heterocromatina e em menor número que as células da glia entérica. Seus axônios são prolongados e percorrem o intestino em direção circular.

As células da glia entérica têm citoplasma pouco volumoso, com pequena quantidade de organelas – das quais a mais prevalente são as mitocôndrias – e núcleo irregular. A cromatina é granular e há grande quantidade de heterocromatina aderida internamente à membrana nuclear.

Entre os plexos, mioentérico e submucoso, as células da glia entérica formam uma extensa rede dispersa ao longo de todo o trato gastrintestinal, onde, além de interagir com neurônios, parece manter uma comunicação multidirecional com outros tipos celulares, como as células epiteliais do intestino, as células mesenquimais e as células de defesa.

Plexo mioentérico

O plexo mioentérico, também chamado "plexo de Auerbach", é o mais externo e localiza-se entre a camada muscular longitudinal externa e a camada muscular circular interna. Como uma rede nervosa vegetativa, ele controla principalmente os movimentos gastrintestinais.

Os axônios dos neurônios do plexo mioentérico encontram-se integrados em circuitos de retroalimentação por meio de ramos que se projetam em direção aos gânglios pré-vertebrais (celíaco, superiores e inferiores), a partir dos quais retornam para o intestino. Essa complexa rede neural desempenha um papel fundamental para a manutenção da homeostase, por controlar a tonicidade dos vasos sanguíneos do intestino, sua motilidade, o transporte de líquidos e a secreção das células endócrinas entéricas.

Na agenesia congênita do plexo mioentérico, o peristaltismo, quando ocorre, é extremamente fraco.

Plexo mucoso e plexo submucoso

Nos intestinos, delgado e grosso, encontra-se um plexo mucoso, rede neural que se divide em um plexo submucoso interno (plexo de Meissner), localizado logo abaixo da mucosa, e um plexo submucoso externo (plexo de Henle), situado próximo da camada muscular circular interna.

O plexo submucoso é o mais interno, localizado junto à camada de submucosa. Ele inerva a camada muscular da mucosa e as glândulas, controla em grande parte a secreção gastrintestinal e o fluxo sanguíneo local, além de auxiliar no processo de absorção e contração da camada muscular junto à mucosa.

Neurônios sensitivos do sistema nervoso entérico

Os corpos celulares dos neurônios sensitivos situam-se sob a mucosa intestinal e também na camada muscular externa do intestino, e apresentam dendritos que se prolongam em direção à camada mucosa.

Os neurônios sensitivos do SNE respondem às alterações na tensão na parede do intestino e no meio químico de seu lúmen, podendo atuar nos reflexos peristálticos. Seus axônios interagem com interneurônios do plexo submucoso e do plexo mioentérico.

Além disso, a inibição da tonicidade e da motilidade intestinal produzida pela distensão de alguma parte do intestino pode desencadear um reflexo intestino-intestinal. De modo semelhante, na região anorretal ocorre o reflexo anointestinal, em decorrência da distensão pela chegada das fezes ao reto.

Para mais, a atividade contrátil dos músculos lisos do tubo gastrintestinal não se encontra centralizada apenas nos circuitos de retroalimentação constituídos por fibras nervosas aferentes que partem do intestino e se dirigem para os gânglios pré-vertebrais e por fibras nervosas eferentes que voltam para o intestino. A regulação depende ainda dos circuitos entéricos e de influências extrínsecas excitatórias provenientes da cadeia parassimpática e inibitórias da cadeia simpática provenientes do sistema nervoso autônomo. Assim, uma das principais funções desse importante sistema de controle e regulação é a coordenação da "lei do intestino", capaz de modular, por meio da inibição, a atividade contrátil rítmica e espontânea do trato gastrintestinal.

BIBLIOGRAFIA COMPLEMENTAR

Altman J. Autoradiographic and histological studies of postnatal neurogenesis IV. Cell proliferation and migration in anterior forebrain with special reference to persisting neurogenesis in olfactory bulb. **J Comp Neurol** 1969, 137(4):433-457.

Burns AJ, Pachnis V. **Desenvolvimento do sistema nervoso entérico**: reunindo células, sinais e genes. Disponível em: https://onlinelibrary.wiley.com/doi/full/10.1111/j.1365-2982.2008.01255.x. Acesso em: 14 nov. 2022.

Frauches A, Mizuno MS, Coelho J et al. O sistema nervoso entérico. In: Oriá RB, Brito GA. **Sistema digestório**: integração básico-clínica. São Paulo: Blucher, 2016.

Furness JB. The enteric nervous system and neurogastroenterology. **Nat Rev Gastroenterol Hepatol** 2012, 9(5):286-294.

Lomax AE, Fernández E, Sharkey KA. Plasticity of the enteric nervous system during intestinal inflammation. **Neurogastroenterol Motil** 2005, 17(1):4-15.

15 Cerebelo

Arlete Rita Penitente Barcelos • Djanira Aparecida da Luz Veronez

INTRODUÇÃO

O cerebelo, apesar de corresponder a apenas 10% do volume do encéfalo e de ter um peso médio de 150 gramas, conta com 69 bilhões de neurônios. Ele se encontra localizado na fossa posterior do crânio, inferiormente ao cérebro e posteriormente à ponte e ao bulbo.

Um grande sulco denominado "fissura transversa do cérebro", com o tentório do cerebelo, um folheto da dura-máter, separa o cérebro do cerebelo. O tentório do cerebelo faz uma divisão em região supra e infratentorial. Outro folheto da dura-máter é a foice do cerebelo, que divide parcialmente os dois hemisférios cerebelares

Ademais, o cérebro e o cerebelo são os dois órgãos que constituem o sistema nervoso suprassegmentar por apresentarem uma organização muito semelhante entre si e completamente diferente da dos órgãos do sistema nervoso segmentar. Além disso, o cerebelo e o cérebro apresentam um córtex que envolve um centro de substância branca onde se encontram massas de substância cinzenta, os núcleos centrais do cerebelo e os núcleos da base do cérebro. No entanto, a delgada camada do córtex cerebral é muito mais complexa que a do cerebelo, variando nas diversas áreas corticais do cérebro, ao passo que no cerebelo o manto cortical se apresenta uniforme.

Quanto às suas características funcionais, o cerebelo sempre foi visto na literatura relacionado com as funções motoras. Uma dessas funções mais conhecidas é o ajuste fino dos movimentos, por meio da sincronia entre os músculos agonistas, antagonistas, sinergistas e estabilizadores. Além disso, apresenta outras funções, como a manutenção do corpo em uma linha média, o equilíbrio, a marcha e coordenação motora. No entanto, ele não se limita apenas à modulação do planejamento motor. Pesquisas recentes vêm mostrando que o cerebelo está relacionado também com as funções cognitivas, emocionais, comportamentais, afetivas, sociais e linguísticas. Estudos mostram que o cerebelo tenta manter uma homeostase, amortecendo as oscilações, em processos tanto motores quanto cognitivos.

ESTRUTURAÇÃO ANATÔMICA DO CEREBELO

O cerebelo tem dois hemisférios cerebelares, direito e esquerdo, e uma porção ímpar, mediana, denominada "verme do cerebelo". O verme (*vermis*) é uma estrutura única, mediana, constituída por nove segmentos: a língula, o lóbulo central, o cúlmen, o declive, a folha do cerebelo (ou fólium), o túber, a pirâmide, a úvula e o nódulo. Com exceção da língula, os demais segmentos do verme têm lóbulos correspondentes localizados dentro dos hemisférios cerebelares. O lóbulo central apresenta como lóbulos correspondentes as asas do lóbulo central; o cúlmen possui os lóbulos quadrangulares anteriores; o declive apresenta os lóbulos quadrangulares posteriores; o fólium possui os lóbulos semilunares superiores; o túber tem os lóbulos semilunares inferiores; a pirâmide apresenta os lóbulos biventres; a úvula possui as tonsilas; e o nódulo possui os flóculos (Figuras 15.1 a 15.3).

Entre cada segmento do verme e seus lóbulos correspondentes, existem fissuras que os separam: 1) a fissura pré-central entre a língula e o lóbulo central; 2) a fissura pré culminar entre o lóbulo central e o cúlmen; 3) a fissura primária entre o cúlmen e o declive; 4) a fissura pós-clival entre o declive e o fólium; 5) a fissura horizontal entre o fólium e o túber; 6) a fissura pré-piramidal entre o túber e a pirâmide; 7) a fissura pós-clival entre a pirâmide e a úvula; e, por fim, 8) a fissura posterolateral ou fissura secundária entre a úvula e o nódulo.

A superfície do cerebelo apresenta muitos sulcos e depressões que lhe conferem um aspecto laminado, o qual se acentua por várias fissuras profundas que dividem o cerebelo em três lobos: lobo anterior, posterior e flóculo-nodular. Existem duas fissuras que realizam essa divisão: a fissura primária, que divide o lobo anterior e posterior, e a fissura posterolateral, também denominada "fissura secundária", que separa o lobo flóculo-nodular do lobo posterior. Os numerosos sulcos rasos de cada lobo cerebelar separam, umas das outras, as folhas do cerebelo (Figuras 15.4 a 15.6).

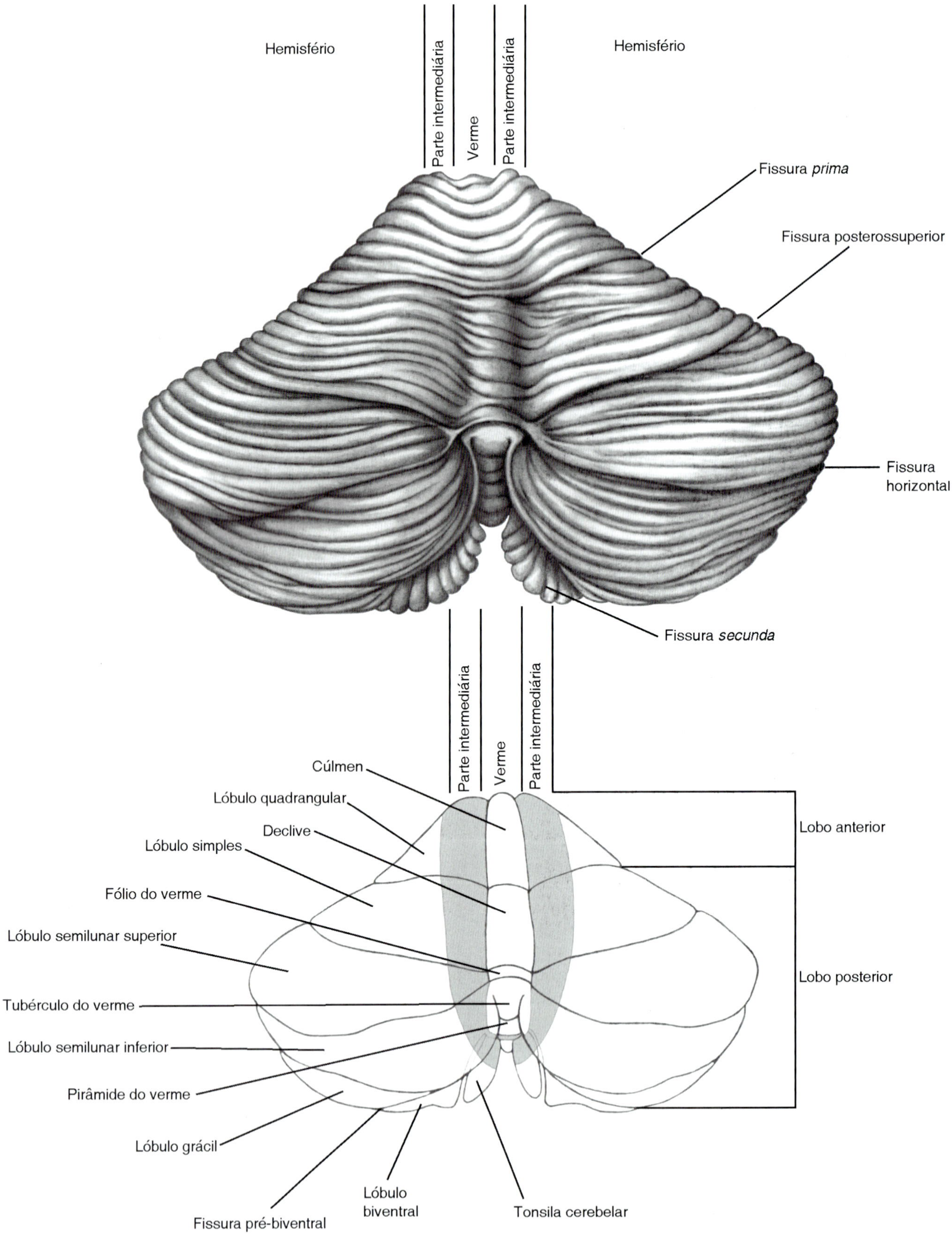

FIGURA 15.1 Cerebelo. Macroscopia. Visão posterior.

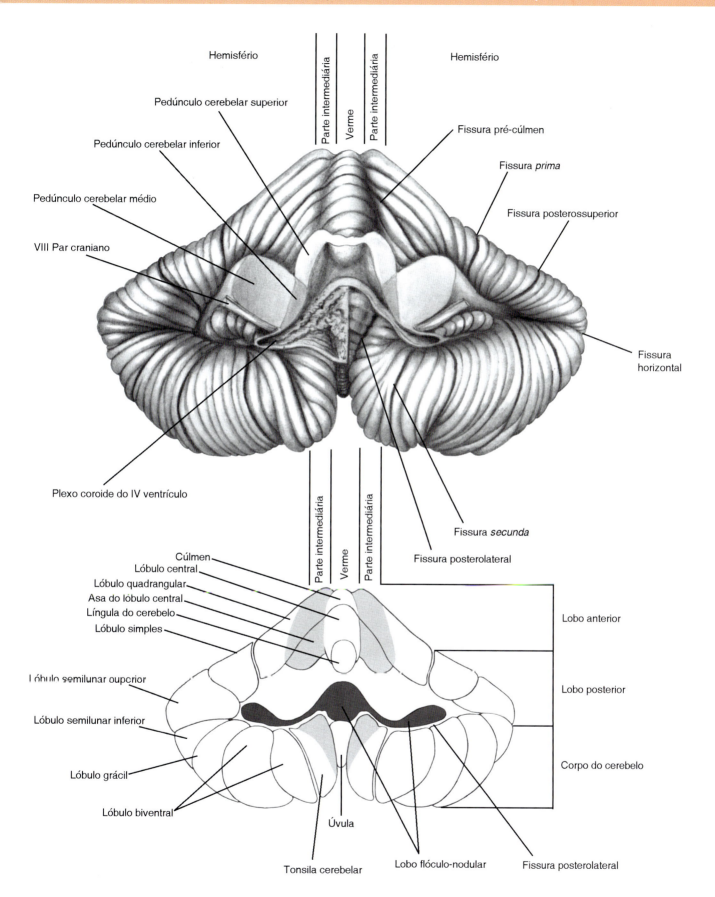

FIGURA 15.2 Cerebelo. Macroscopia. Visão anterior.

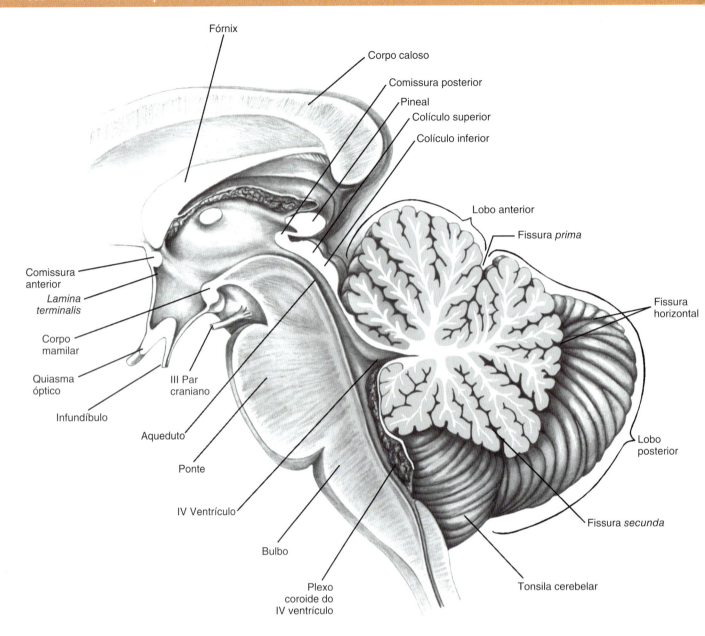

FIGURA 15.3 Cerebelo. Corte sagital.

O corpo do cerebelo é constituído pelo lobo anterior e lobo posterior do cerebelo, e encontra-se separado do lobo flóculo-nodular pela fissura posterolateral.

A língula, o lóbulo central e a asa do lóbulo central, o cúlmen e o lóbulo quadrangular anterior formam o lobo anterior do cerebelo.

O lobo posterior do cerebelo, encontrado entre a fissura primária e a fissura posterolateral, é formado pelo declive; seu lóbulo quadrangular posterior, pelo fólium; seu lóbulo semilunar superior, pelo túber; seu lóbulo semilunar inferior, pela pirâmide; e seu lóbulo biventre, pela úvula e a tonsila do cerebelo.

Internamente, o cerebelo tem um território de substância branca, denominado "corpo branco medular do cerebelo", no qual se encontram quatro pares de núcleos cerebelares: núcleo denteado (2); núcleo emboliforme (2); núcleo globoso (2); e núcleo do fastígio (2) (Figuras 15.7 e 15.8).

O núcleo denteado se encontra localizado em posição ligeiramente medial ao centro da substância branca de cada hemisfério cerebelar. Ele tem a forma de uma lâmina serrilhada, com um hilo anteromediano aberto, e recebe fibras nervosas da porção neocerebelar do lobo posterior e algumas do lobo anterior. Além disso, envia fibras nervosas por meio do pedúnculo cerebelar superior para o núcleo rubro e o núcleo ventrolateral do tálamo. Do núcleo denteado partem as informações para as áreas motoras e pré-motora do córtex cerebral que estão envolvidas com o planejamento motor.

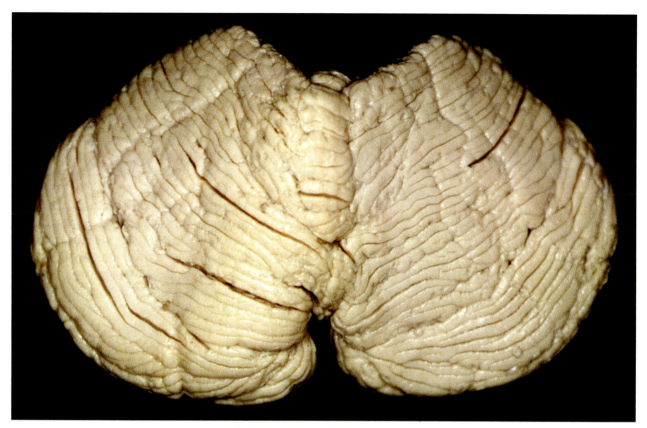

FIGURA 15.4 Cerebelo. Visão superior

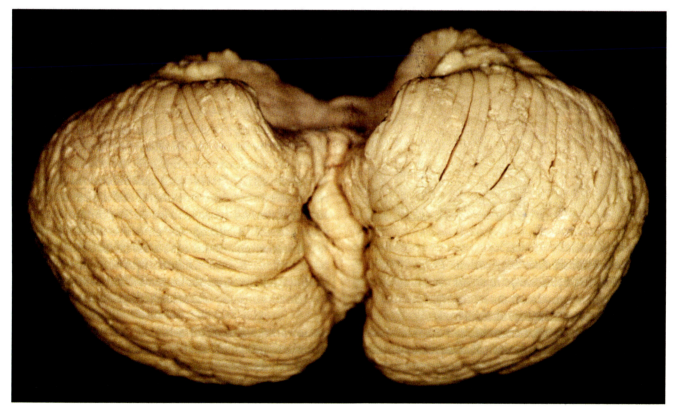

FIGURA 15.5 Cerebelo. Visão inferior.

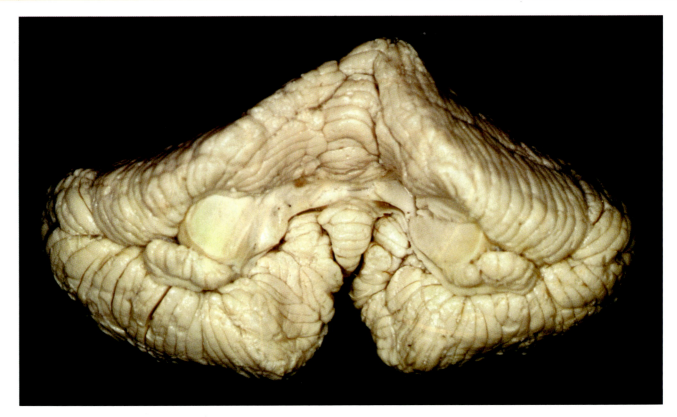

FIGURA 15.6 Cerebelo. Visão anterior.

Por sua vez, o núcleo emboliforme se apresenta como uma massa alongada em posição imediatamente anteromediana ao hilo do núcleo denteado. Recebe fibras do paleocerebelo e envia fibras nervosas por meio do pedúnculo cerebelar superior ao núcleo rubro.

Já o núcleo globoso é composto de pequenos grupos de neurônios entre os núcleos emboliforme e o núcleo do fastígio. Suas conexões são semelhantes às do núcleo emboliforme.

Os núcleos globoso e emboliforme originam o sistema descendente lateral que se encontra envolvido no controle da execução dos movimentos.

O núcleo do fastígio se localiza na linha média, superiormente ao teto do quarto ventrículo, na porção anterior do verme. Recebe fibras nervosas provenientes do lobo flóculo-nodular e envia fibras aos núcleos vestibulares por meio do fascículo uncinado que contorna do pedúnculo cerebelar superior para terminar no núcleo vestibular lateral.

Ademais, o núcleo do fastígio que forma o sistema descendente medial também está envolvido no controle da execução dos movimentos, principalmente os referentes ao equilíbrio corporal e à postura.

Ainda fazendo parte do território de substância branca do cerebelo, encontram-se três pares de feixes de projeção principais: os pedúnculos cerebelares superior, médio e inferior. O pedúnculo cerebelar superior provém da substância branca superior e medial do hemisfério cerebelar para adentrar a parede lateral do quarto ventrículo.

Em seguida, a maioria das fibras ascende, penetrando no tegmento e decussando completamente no mesencéfalo, inferiormente ao aqueduto cerebral, próximo dos colículos inferiores. É constituído por 1) fibras dentatorrubrais, do núcleo denteado para o núcleo rubro e tálamo opostos; 2) feixe espinocerebelar ventral, proveniente da medula espinal até o cerebelo, até chegar ao córtex da região do paleocerebelo; e 3) fascículo uncinado, que, por meio das fibras do núcleo do fastígio, contorna o pedúnculo cerebelar superior até o núcleo vestibular lateral. O pedúnculo cerebelar médio é o maior dos pedúnculos cerebelares. É constituído por fibras nervosas que partem dos núcleos pontinos e dirigem-se para o córtex da região do neocerebelo contralateral. O pedúnculo cerebelar inferior segue lateralmente a partir das paredes laterais do quarto ventrículo e entra no cerebelo entre os pedúnculos cerebelares, superior e médio. Ele contém 1) o feixe olivocerebelar, com fibras originadas em sua maior parte do núcleo olivar inferior contralateral, que se dirigem para o córtex do hemisfério cerebelar e verme; 2) o feixe espinocerebelar dorsal, que contém fibras provenientes da medula espinal que se dirigem para o córtex cerebelar do lobo anterior e da porção piramidal do paleocerebelo; 3) as fibras arqueadas externas dorsais, provenientes dos núcleos dos feixes grácil e cuneiforme; 4) as fibras arqueadas externas ventrais, dos núcleos arqueados e reticular lateral do bulbo; 5) o feixe vestibulocerebelar, que segue desde os núcleos vestibulares até o córtex do lobo flóculo-nodular.

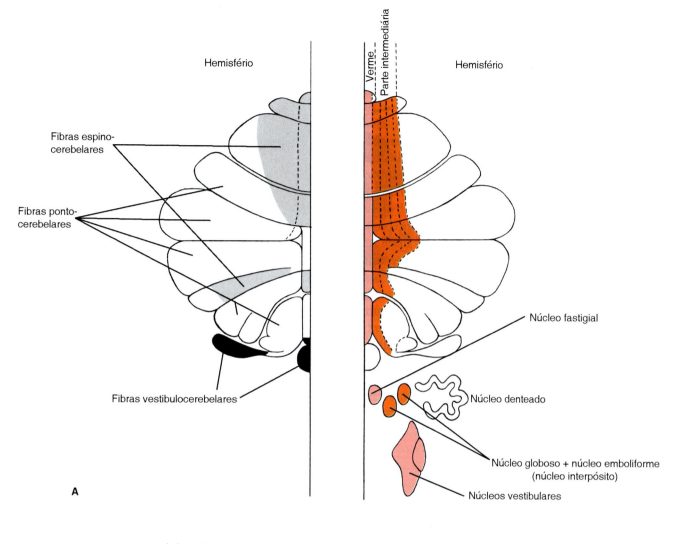
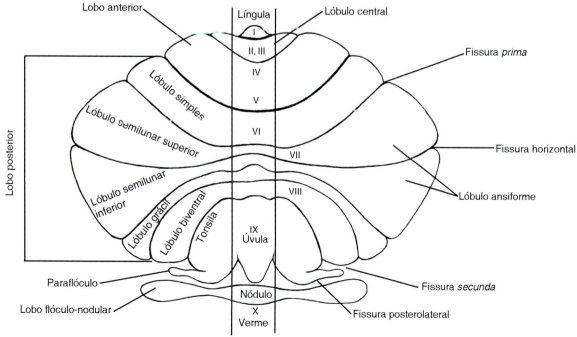

FIGURA 15.7 A. Áreas de terminação das fibras musgosas são demonstradas à esquerda. A organização das projeções corticonucleares e corticovestibulares é observada à direita. **B.** Diagrama esquemático das fissuras e lóbulos do cerebelo. Os números romanos indicam as porções do verme (*vermis*) cerebelar.

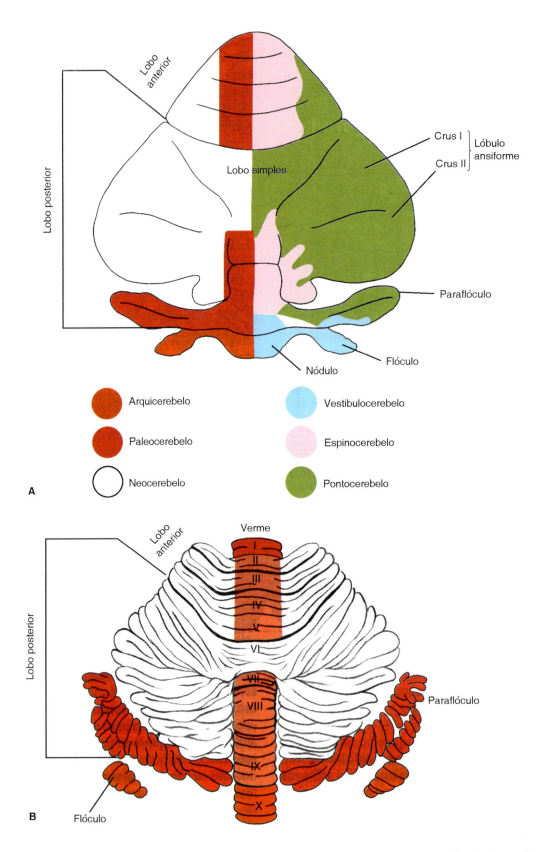

FIGURA 15.8 A. Divisão do cerebelo conforme filogênese (à esquerda) e relações funcionais (à direita). **B.** Além da divisão filogenética dos hemisférios cerebelares, observe a divisão filogenética do verme (*vermis*) cerebelar.

CÓRTEX CEREBELAR

Externamente, o cerebelo conta com a substância cinzenta periférica, formando o córtex cerebelar. Essa camada superficial do cerebelo é formada pela substância cinzenta disposta em uma série de dobras finas e paralelas denominadas "folhas do cerebelo". Profundamente à substância cinzenta, encontram-se tratos de substância branca que constituem a chamada "árvore da vida".

Microscopicamente, o córtex cerebelar apresenta-se dividido em três camadas formadas por diferentes tipos celulares: 1) camada molecular, 2) camada de células de Purkinje e 3) camada granular. A camada molecular, a mais externa, contém dois tipos de neurônios, as células em cesto (mais internas) e as células estreladas (mais externas). Além disso, apresenta inúmeros prolongamentos dos axônios das células granulares que formam as fibras paralelas. Os axônios das células estreladas estabelecem conexões sinápticas com os dendritos das células de Purkinje, ao passo que os axônios das células em cesto chegam a estabelecer conexões sinápticas com o corpo celular de cerca de 10 células de Purkinje localizadas na camada média. Nessa camada se localizam as células de Purkinje, via de saída das informações processadas no córtex cerebelar. Essas células são as que recebem o maior número de informações, devido a seus inúmeros dendritos. As informações que chegam até elas são retransmitidas para os neurônios dos núcleos profundos do cerebelo e por ramos colaterais para as células de Golgi da camada granular e as células em cesto. Para mais, na camada granular são encontrados dois tipos de células: células granulares e células de Golgi tipo II. Cada célula granular possui axônios que se projetam para a camada molecular onde se bifurcam para formar as fibras paralelas que interagem com os dendritos das células estreladas, os dendritos das células em cesto e prolongamentos espinhosos das células de Purkinje. As células de Golgi tipo II têm seus corpos celulares localizados na camada granular, ao passo que seus inúmeros dendritos se projetam para a camada molecular (Figuras 15.9 a 15.11).

ESTRUTURAÇÃO FILOGENÉTICA DO CEREBELO

De acordo com o tempo de origem de suas partes na evolução animal, o córtex cerebelar apresenta-se dividido em: arquicerebelo, paleocerebelo e neocerebelo.

O arquicerebelo é o mais antigo, formado pelo nódulo e por flóculos, ou seja, pelo lobo flóculo-nodular. Ele faz conexões com os núcleos vestibulares do tronco do encéfalo, por meio do núcleo do fastígio, que também faz parte do arquicerebelo. Este tem por função manter o indivíduo orientado no espaço. Atua modulando inconscientemente o controle motor do equilíbrio, e isso ocorre de forma instantânea. Relaciona-se também aos movimentos oculares e à orientação macroscópica no espaço. Nessa função, o núcleo do fastígio tem importante papel, pois auxilia na conexão com os núcleos vestibulares.

O arquicerebelo recebe informações da posição da cabeça a partir de estímulos transmitidos pelo aparelho vestibular. Assim, a chegada imediata das informações provenientes dos receptores dos canais semicirculares permite ao cerebelo assegurar, em qualquer momento, a manutenção do reflexo postural independentemente da posição do corporal. Esse circuito controla basicamente a musculatura axial e proximal dos membros, sendo essencial para efetuar ajustes automáticos do equilíbrio e postura durante os movimentos e da marcha bípede (ver Figura 15.8).

O paleocerebelo é constituído pela parte superior e inferior do verme, ou seja, pela língula, pelo lóbulo central e por suas asas, pelo cúlmen e pelos lóbulos quadrangulares anteriores, pela pirâmide cerebelar, úvula e pelos núcleos emboliforme e globoso. O paleocerebelo busca controlar os músculos posturais. Relaciona-se à modulação do movimento pela propriocepção inconsciente. O verme se relaciona intensamente com as vias nervosas medulares espinais, recebendo assim sinais da propriocepção inconsciente por meio dos feixes espinocerebelares, os quais, ao fazerem sinapse no córtex cerebelar da região do paleocerebelo, enviam fibras nervosas aos núcleos emboliforme e globoso. O paleocerebelo está envolvido nas funções de postura, tônus muscular, controle dos músculos axiais e locomoção, na regulação dos movimentos em que estão envolvidas as informações que passam pelo núcleo rubro que regula os neurônios motores do tronco do encéfalo e da medula espinal. Além disso, as informações provenientes do córtex cerebral que chegam ao cerebelo são ipsilaterais; entretanto, se relacionadas com o núcleo rubro, são contralaterais.

Outrossim, a ação combinada entre o arquicerebelo e o paleocerebelo assegura o controle sobre o tônus muscular, bem como a coordenação sinérgica de músculos agonistas a antagonistas que contribuem com a manutenção do equilíbrio e da postura quando o indivíduo se encontra em pé ou durante a marcha bípede.

Por fim, a porção mais recente do cerebelo, o neocerebelo, é formada pela maior parte do córtex cerebelar e pelo núcleo denteado, estando envolvida em conexões com o córtex cerebral, pré-motor e motor. Fazem parte do neocerebelo o declive e os lóbulos quadrangulares posteriores, a folha do verme [*folium* do *vermis*] e os lóbulos semilunares superiores, o túber e os lóbulos semilunares interiores, o lóbulo biventre e as tonsilas. O neocerebelo atua ajustando os movimentos voluntários por meio de integração com o córtex cerebral pré-motor (área 6) e motor (área 4) por meio da via córtico-ponto-cerebelar. Tais estímulos chegam ao cerebelo antes

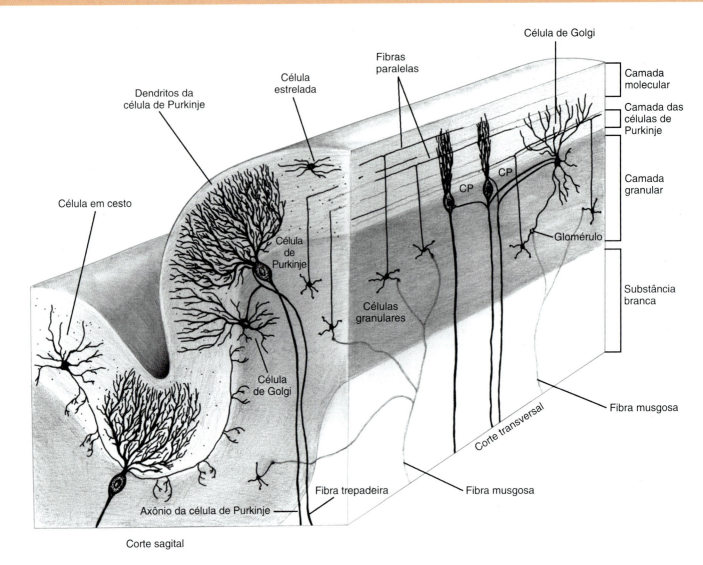

FIGURA 15.9 Córtex cerebelar, suas camadas e a disposição de seus componentes celulares.

mesmo que o movimento seja executado, permitindo que o cerebelo possa ajustá-los. Assim, devido à integração do neocerebelo e das informações transmitidas, via trato espinocerebelar, os movimentos tendem a ser executados de modo suave, preciso e exato. O núcleo denteado também atua nesse processo. Nessa integração, ocorre a formação de um circuito neural corticoponto-cerebelo-tálamo-cortical. O neocerebelo também atua por meio de outro circuito neural que passa do cerebelo ao núcleo rubro, ao núcleo olivar inferior e volta ao cerebelo durante o aprendizado motor.

CIRCUITOS CEREBELARES

Vias aferentes

Vias aferentes do cerebelo com origem na medula espinal (espinocerebelar)

O cerebelo recebe estímulos provenientes da medula espinal por meio do trato espinocerebelar anterior, do trato espinocerebelar posterior e do trato cuneocerebelar. Essas vias nervosas conduzem informações proprioceptivas inconscientes relacionadas com a posição e o estado de articulações, tendões e músculos estriados esqueléticos. As fibras nervosas que adentram o cerebelo pelo pedúnculo cerebelar superior conduzem estímulos proprioceptivos do tronco do encéfalo e dos membros superiores. Os axônios que adentram a medula espinal pelas raízes dorsais terminam fazendo sinapse com neurônios do núcleo dorsal, na base da coluna posterior. A maioria dos axônios cruza a linha média e sobe pelo trato espinocerebelar anterior contralateral; a minoria ascende pelo mesmo trato espinocerebelar anterior homolateral (Figura 15.12).

O trato espinocerebelar posterior conduz estímulos proprioceptivos da região inferior do tronco e dos membros inferiores, chegando ao cerebelo por meio do pedúnculo cerebelar inferior. Os axônios adentram a medula espinal pela raiz dorsal, chegam à coluna posterior fazendo sinapse com neurônios na base da coluna posterior, no núcleo dorsal. Os axônios desses neurônios

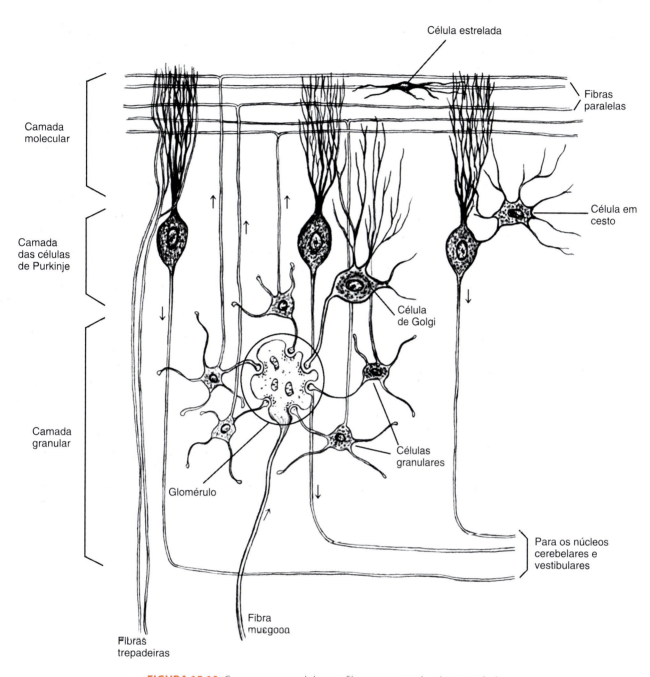

FIGURA 15.10 Componentes celulares e fibras nervosas do córtex cerebelar.

seguem pelo trato espinocerebelar posterior homolateral, localizados na coluna lateral até ao bulbo. Penetram no cerebelo pelo pedúnculo cerebelar inferior por meio das fibras musgosas. Estas são fibras nervosas aferentes do cerebelo que fazem sinapse com os corpos celulares dos neurônios dos núcleos cerebelares profundos e com os dendritos das células granulares.

O trato cuneocerebelar se origina do núcleo cuneiforme localizado no bulbo. Suas fibras nervosas penetram no hemisfério cerebelar do mesmo lado pelo pedúnculo cerebelar inferior (Figura 15.13), terminando com fibras musgosas que se dirigem para o córtex cerebelar. Além disso, tais fibras emitem ramos colaterais que terminam nos núcleos cerebelares profundos. Essa via transporta informações provenientes dos fusos musculares, dos órgãos tendinosos e dos receptores articulares da parte superior do tórax e dos membros superiores.

Vias aferentes do cerebelo com origem no ramo vestibular (espinocerebelar)

Fibras nervosas vestibulares conduzem informações sobre o estado de equilíbrio corporal, sobre as mudanças de posição da cabeça sobre o pescoço, sobre o controle da cabeça e dos movimentos dos olhos.

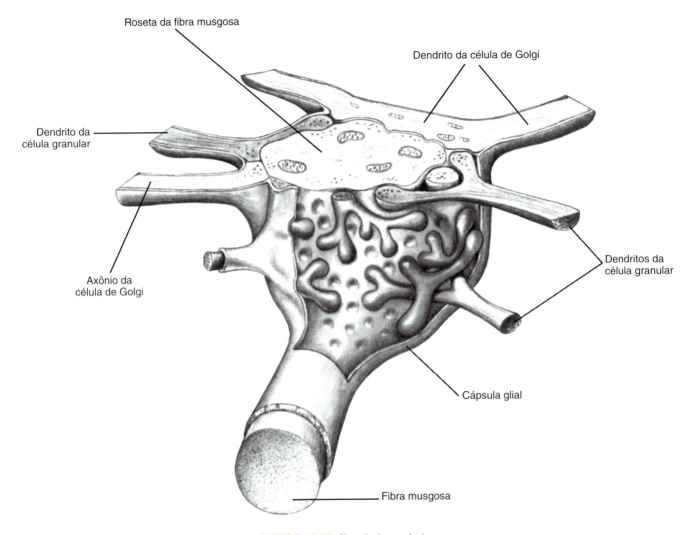

FIGURA 15.11 Glomérulo cerebelar.

Na via espinocerebelar, as fibras nervosas aferentes conduzem estímulos diretamente para o hemisfério cerebelar homolateral pelo pedúnculo cerebelar inferior. Outras fibras nervosas passam, primeiramente, pelos núcleos vestibulares do bulbo, onde fazem sinapses e retransmitem as informações para o cerebelo. Todas essas fibras nervosas são denominadas "fibras musgosas". Essas fibras aferentes do cerebelo fazem sinapse com os núcleos cerebelares profundos e com os dendritos das células granulares na região do lobo flóculo-nodular do cerebelo.

Vias aferentes do cerebelo com origem no córtex cerebral (corticocerebelar)

As vias aferentes indiretas do córtex cerebral transmitem estímulos nervosos por meio do trato córtico-ponto-cerebelar, trato córtico-olivo-cerebelar e trato córtico-retículo-cerebelar.

As fibras do trato córtico-ponto-cerebelar têm origem nos lobos frontal, parietal, temporal e occipital do córtex cerebral, descem pela coroa radiada e cápsula interna, terminando nos núcleos pontinos. Daí partem fibras nervosas transversas, que cruzam a linha média e entram no hemisfério cerebelar contralateral por meio dos pedúnculos cerebelares médios.

As fibras nervosas do trato córtico-olivo-cerebelar se originam nos lobos frontal, parietal, temporal e occipital do cérebro, descem pela coroa radiada e cápsula interna e terminam, bilateralmente, nos núcleos olivares inferiores. Desses núcleos saem fibras nervosas, denominadas "fibras trepadeiras", que cruzam a linha média e entram no córtex cerebelar contralateral pelos pedúnculos cerebelares inferiores. Trata-se de fibras aferentes do cerebelo, que fazem sinapse com os neurônios cerebelares profundos e com os dendritos e o corpo celular das células de Purkinje.

No trato córtico-retículo-cerebelar (Figura 15.14), as fibras nervosas têm origem nas áreas cerebrais somestésica e motora, principalmente. Elas descem e terminam na formação reticular do bulbo, bilateralmente. A formação reticular dá origens às fibras reticulocerebelares que entram no córtex cerebelar homolateral, por meio do pedúnculo cerebelar inferior. Tal conexão promove o controle dos movimentos voluntários.

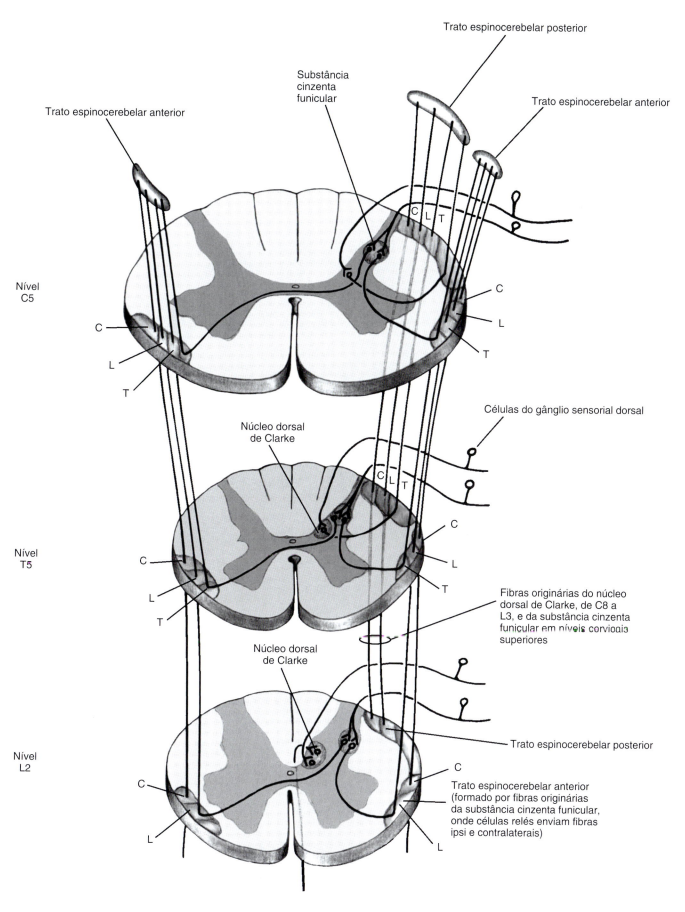

FIGURA 15.12 Vias espinocerebelares. Observe a distribuição somatotópica das fibras. C: cervical; L: lombar; T: torácica.

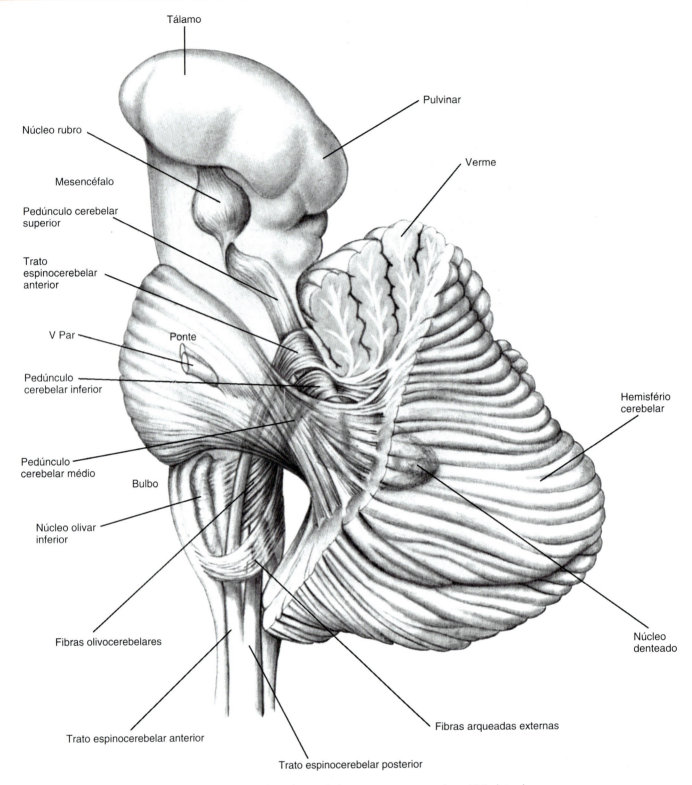

FIGURA 15.13 Pedúnculos cerebelares e estruturas correlatas. Visão lateral.

Vias eferentes

A eferência do cerebelo é focalizada na via descendente de controle motor. O cerebelo promove a principal aferência ao núcleo rubro, sendo uma das principais fontes de aferência para o córtex motor primário (área 4) e o pré-frontal, via tálamo.

As vias eferentes cerebelares originam-se nos neurônios dos núcleos cerebelares profundos. Elas conduzem impulsos nervosos que saem pelo pedúnculo cerebelar inferior e abrangem 1) fibras fastigiobulbares que partem dos núcleos do fastígio e se dirigem para os núcleos vestibulares e reticulares da ponte e do bulbo; 2) fibras nervosas que fazem sinapse com neurônios motores localizados na parte

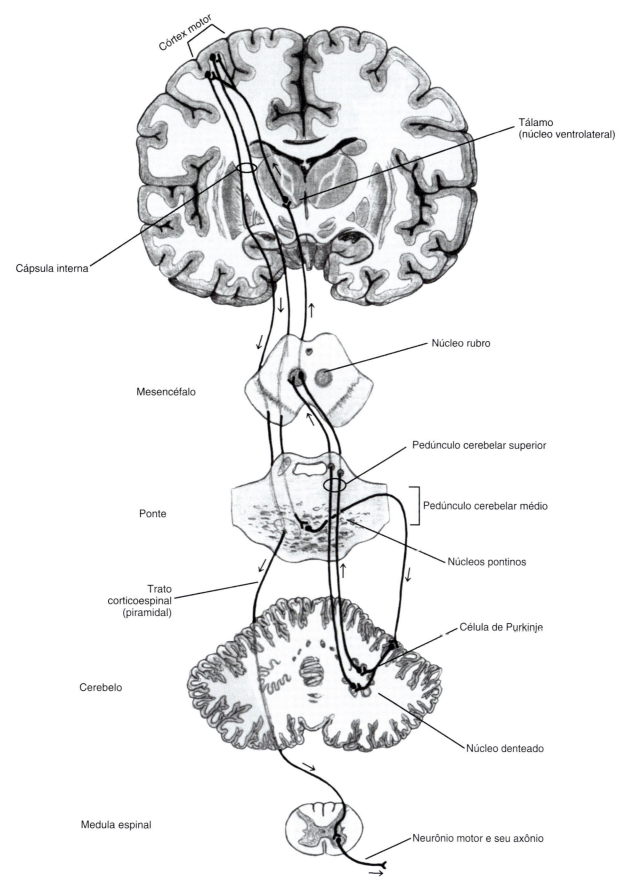

FIGURA 15.14 Circuito corticoponto-cerebelo-dentatorrubro-tálamo-corticopiramidal.

cervical superior contralateral da medula espinal; 3) fibras nervosas oriundas do córtex cerebelar da região do lobo flóculo-nodular e se dirigem para os núcleos vestibulares.

O pedúnculo cerebelar superior é constituído, principalmente, por fibras eferentes provenientes do núcleo emboliforme, globoso e denteado. Deste último partem os tratos denteado-rubro, denteado-talâmico e denteado-reticular. As fibras desses tratos se projetam superiormente para os núcleos ventrolateral e intralaminar do tálamo, e deste para o córtex motor primário (área 4) e o pré-frontal.

BIBLIOGRAFIA COMPLEMENTAR

Aires MM (org.). **Fisiologia**. 4ª ed. Rio de Janeiro: Guanabara Koogan, 2013.
Blumenfeld H. **Neuroanatomy through clinical case**. 2nd ed. Sinauer Associate, Yale University School of Medicine, 2010.
Boron WE, Boulpaep EL. **Fisiologia médica**. 2ª ed. Rio de Janeiro: Elsevier, 2015.
D'Angelo E, Casali S. Seeking a unified framework for cerebellar function and dysfunction: from circuit operations to cognition. **Front Neural Circuits** 2012, 6(116):1-23.
Kandel ER, Schwartz JH, Jessel TM. **Principles of neural sciente**. 4th ed. New York: McGraw-Hill, 2000.
Koeppen BM, Stanton BA (ed). **Berne & Levy**: fisiologia. 6ª ed. Rio de Janeiro: Elsevier, 2009.
Manto M, Mariën P. Schmahmann's syndrome – identification of the third cornerstone of clinical ataxiology. **Cerebellum Ataxias** 2015, 2(2):2.
Riby DM, Hancock PJB. Viewing it differently: social scene perception in Williams syndrome and autism. **Neuropsychologia** 2008, 46(11):2855-2860.
Schutter DJLG, van Honk J. The cerebellum on the rise in human emotion. **Cerebellum** 2005, 4(4):290-294.
Siegel A, Sapru HN. **Essential Neuroscience**. 3rd ed. Philadelphia: Lippincott Williams & Wilkins, 2015.
Voogd J. Cerebellar zones: a personal history. **Cerebellum** 2011, 10(3):334-350.
Voogd J. The human cerebellum. **J Chem Neuroanat** 2003, 26(4):243-252.

16 Diencéfalo: Epitálamo e Subtálamo

Daniel Benzecry Almeida • Marcela F. Cordellini

INTRODUÇÃO

Conforme foi descrito nos capítulos anteriores, embriologicamente o tubo neural em sua fase precoce produz três dilatações, que serão a base das diversas estruturas encefálicas futuras. A primeira delas é o prosencéfalo, que, por sua vez, posteriormente será subdividido em uma porção mais superior e lateral, conhecido como "telencéfalo", e uma estrutura mais próxima da linha média, denominada "diencéfalo".

Apesar de sua pequena dimensão, correspondendo a apenas 2% de todo o encéfalo, o diencéfalo cumpre um papel primordial na organização das diversas funções cerebrais, sendo, portanto, de grande importância anatômica e funcional para os diversos profissionais de saúde. Trata-se de verdadeira área de transição entre o tronco do encéfalo mais inferiormente com os hemisférios cerebrais localizados mais cranial e lateralmente.

O diencéfalo corresponde a duas estruturas simétricas, localizadas na maior parte em cada um dos lados do terceiro ventrículo. Os dois lados guardam pouca comunicação entre si. Em geral, o diencéfalo é dividido em quatro partes principais: o tálamo, o epitálamo, o hipotálamo e o subtálamo. Pequenas estruturas posteriores conhecidas como corpos geniculados medial e lateral são frequentemente referidas como uma quinta parte do diencéfalo, denominado "metatálamo".

O tálamo corresponde a duas massas ovais de substância cinzenta do tamanho aproximado de uma noz, com cerca de 3 a 4 cm de comprimento, 2,5 cm de largura e 2 cm de altura, com cerca de 60 núcleos diferentes. O tálamo é considerado um dos principais centros de retransmissão de diversos impulsos e, por isso mesmo, é frequentemente definido como um relé de funções importantíssimas, tais como: 1) centro de retransmissão de estímulos sensitivos e sensoriais (excluindo apenas a olfação); 2) centro integrador motor do sistema extrapiramidal, com contato próximo com os gânglios da base; 3) emoções (em conjunto com o sistema límbico); 4) controle do nível de alerta (em conjunto com o sistema reticular); e até mesmo 5) memória.

O hipotálamo, como o próprio nome sugere, fica abaixo do tálamo, mais especificamente em sua porção medial. Apesar de seu pequeno tamanho (aproximadamente 17 × 4 mm), tem funções vitais importantíssimas, como o controle da fome e da sede, da temperatura corporal, da resposta ao estresse e do ritmo circadiano.

Em decorrência da enorme importância do tálamo e hipotálamo, estes serão discutidos em detalhe em capítulos posteriores.

EPITÁLAMO

O epitálamo limita posteriormente o III ventrículo, estando acima do sulco hipotalâmico e na transição com o mesencéfalo.

A glândula pineal é a estrutura mais saliente dessa região. Tem forma piriforme e sua base se prende anteriormente a dois feixes de fibras transversais: a comissura posterior e a comissura das habênulas. A comissura posterior marca o limite diencéfalo-mesencéfalo e situa-se no ponto em que o aqueduto cerebral se comunica com o III ventrículo. A comissura das habênulas fica entre duas estruturas conhecidas como trígonos das habênulas – local onde termina a estria medular do tálamo.

Abaixo da superfície do trígono das habênulas, encontram-se os núcleos habenulares medial e lateral.

A glândula pineal ou epífise, de função endócrina, é a estrutura mais evidente do epitálamo. Tem em sua formação tecido conjuntivo frouxo rico em mastócitos e micróglia e sua célula mais importante com função secretora é o pinealócito. Ela é rica em serotonina, essencial para síntese do hormônio da pineal, a **melatonina**. A inervação da glândula é feita por fibras simpáticas pós-ganglionares oriundas do gânglio cervical superior, cujos axônios ascendem pelo plexo carotídeo. Estudos de microscopia eletrônica mostram que o citoplasma do pinealócito é

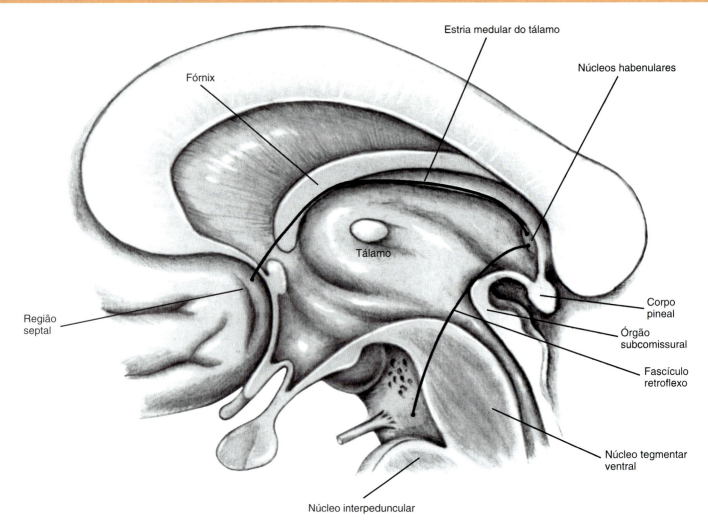

FIGURA 16.1 Corte sagital do diencéfalo.

rico em fitas sinápticas similares às encontradas nas células da retina. Por meio do trato retino-hipotalâmico, do sistema reticular e do sistema nervoso simpático, a glândula pineal recebe informações sobre a luminosidade do meio ambiente. Sabe-se então que a concentração da melatonina obedece ao ritmo circadiano, com seu maior pico durante a noite.

O órgão subcomissural (na altura da comissura posterior), visível apenas microscopicamente, também tem função secretora e está relacionado principalmente com o controle do volume plasmático por meio de receptores para angiotensina II.

SUBTÁLAMO

Trata-se de importante região do diencéfalo, localizada na região inferior ao tálamo, com importantes centros e conexões, fundamentais nos controles motor, cognitivo e comportamental.

A principal estrutura do subtálamo é o núcleo subtalâmico (NST), anteriormente denominado "núcleo subtalâmico de Luys" (não confundir com o núcleo de Luys do mesencéfalo), que corresponde a um aglomerado de neurônios de cerca de 12 × 5 × 3 mm, com formato de lente biconvexa, tendo, portanto, o volume aproximado de uma uva-passa. O NST tem projeções predominantemente dopaminérgicas e glutamatérgicas, com importantes conexões em suas proximidades, sendo, por isso, um local de confluência de fibras aferentes e eferentes. Anatomicamente, o NST segue uma disposição oblíqua, sendo sua porção anterior mais inferior e medial em relação à porção posterior que tem um curso lateral e levemente para cima. O NST faz parte do sistema dos núcleos (gânglios) da base do cérebro.

Por ser a porção mais inferior do diencéfalo, o núcleo subtalâmico localiza-se abaixo do tálamo, dos corpos geniculares e do trato habenulo-peduncular, próximo às estruturas mesencefálicas, tais como o núcleo rubro e a substância negra. Lateralmente, o NST está limitado pela cápsula interna.

Existem três sistemas de conexões entre o globo pálido em direção ao tálamo e à região subtalâmica. Esta região foi extensivamente estudada pelo neuroanatomista suíço Auguste-Henri Forel, em 1877.

O primeiro circuito, chamado "fascículo lenticular", corresponde a um conjunto de fibras originadas do globo pálido que cruza a cápsula interna, para logo após passar acima do NST. Nesse trecho, esse mesmo fascículo passa a ser denominado "campo H2 de Forel". Essas fibras fazem, então, uma alça em volta de uma área levemente arredondada, composta de neurônios e fibras, chamada "zona incerta" (assim denominada em razão da incerteza de seu real papel na conexão das diversas vias).

O segundo circuito é chamado "fascículo subtalâmico". Ele vem do globo pálido externo, passa pelo globo pálido interno, atravessa a cápsula interna e vai em direção à parte motora do núcleo subtalâmico, correspondendo funcionalmente àquilo que é denominado "via dopaminérgica indireta".

O terceiro circuito, denominado "ansa lenticular", vem do globo pálido interno, dá uma volta na parte anterior da cápsula interna e vai em direção cranial ao tálamo. A ansa lenticular se une com as fibras do fascículo lenticular e campo H2 de Forel, além do trato cerebelo-talâmico, passando então a se chamar "fascículo talâmico" (campo H1 de Forel).

Como citado anteriormente, apesar do seu pequeno tamanho, o NST tem distintas áreas funcionais e está envolvido com pelo menos três grandes funções. Sua porção anteromedial está relacionada com o sistema límbico. A porção superolateral é motora, ao passo que sua porção inferolateral é associativa. O NST recebe aferências de áreas distintas, tais como do córtex motor, do córtex pré-frontal, do NST contralateral e de núcleos do tronco encefálico. As vias eferentes da parte motora dirigem-se ao globo pálido, enquanto as da sua porção límbica dirigem-se ao núcleo *accumbens*.

APLICAÇÃO CLÍNICA

Em mamíferos hibernantes, o longo período escuro do inverno aumenta a produção de melatonina, que tem função antigonadotrópica, ou seja, de atrofiar as gônadas desses animais durante esse período. Nos seres humanos, essa função não está claramente estabelecida. Entretanto, sabe-se que a melatonina tem ação sincronizadora suplementar ao ritmo circadiano, atuando sobre o núcleo supraquimasmático do hipotálamo e auxiliando, por exemplo, em situações de mudanças bruscas de luminosidade. Com o avanço da idade, a glândula pineal pode

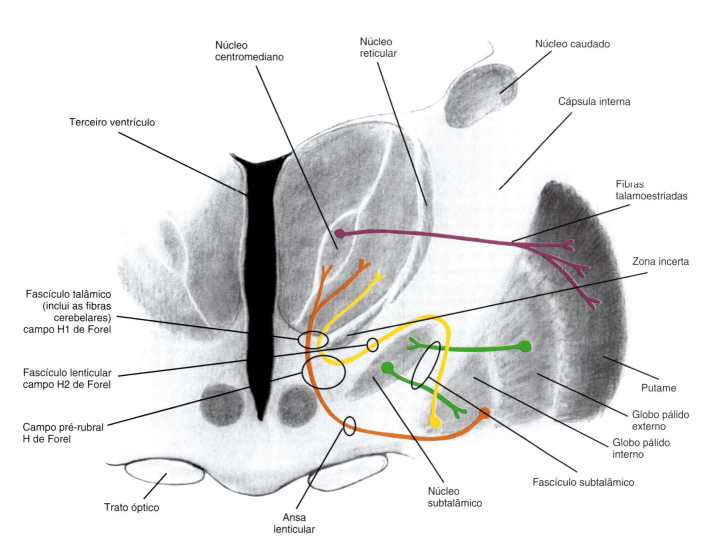

FIGURA 16.2 Corte coronal do diencéfalo.

apresentar calcificações e, em consequência, diminuir a produção da melatonina.

A melatonina também teria influência sobre o sistema imunológico, tanto por meio de mediadores quanto por ação direta sobre as células do sistema imune, além de função antioxidante, com a remoção de radicais livres.

Já a habênula participa da regulação dos níveis de dopamina na via mesolímbica, que pertence ao sistema límbico.

Os tumores da região pineal, que compõem cerca de 1 a 3% dos tumores intracranianos, podem ter diferentes origens histológicas, tendo como principal sintomatologia a hipertensão intracraniana, pelo crescimento da lesão e obstrução do fluxo liquórico através do aqueduto cerebral, causando uma hidrocefalia não comunicante (ou obstrutiva). Caso esse crescimento afete também a área pré-tectal mesencefálica, ocorre a síndrome de Parinaud, caracterizada por paralisia do olhar conjugado vertical para cima e nistagmo de convergência.

As lesões do NST classicamente podem provocar movimentos involuntários nos membros do lado oposto do corpo. Tipicamente são movimentos do tipo arremesso, chamados "balismo".

Por outro lado, o NST vem ganhando cada vez maior interesse nos tempos atuais, com o advento dos sistemas de estimulação cerebral para o tratamento de casos selecionados da doença de Parkinson. Basicamente, nessa técnica, um eletrodo com cerca de 4 a 8 polos elétricos é inserido com precisão submilimétrica no interior de tal núcleo, sendo conectado a um gerador de pulso (espécie de marca-passo) implantado na região subclavicular. Todo o sistema fica internalizado e conectado por meio de fios específicos que ficam no tecido subcutâneo. A estimulação do NST permite a melhora dos principiais sintomas parkinsonianos, como o tremor, rigidez e lentidão dos movimentos (bradicinesia), além de possibilitar, em uma grande parcela dos casos, a redução das doses dos medicamentos em uso. Essa técnica também é conhecida como DBS, sigla do inglês para *deep brain stimulation* (estimulação cerebral profunda).

BIBLIOGRAFIA COMPLEMENTAR

Alho EJL, Fonoff ET, Di Lorenzo Alho AT *et al.* Use of computational fluid dynamics for 3D fiber tract visualization on human high-thickness histological slices: histological mesh tractography. **Brain Struct Funct** 2021, 226(2):323-333.

Alkemade A, Schnitzler A, Forstmann BU. Topographic organization of the human and non-human primate subthalamic nucleus. **Brain Struct Funct** 2015, 220(6):3075-3086.

Carpenter MB. Diencéfalo. In: **Neuroanatomia humana**. 9ª ed. Rio de Janeiro: Elsevier, 2002, pp. 291-336.

Fakhoury M. The habenula in psychiatric disorders: more than three decades of translational investigation. **Neurosci Biobehav Rev** 2017, 83:721-735.

Hamani C, Florence G, Heinsen H *et al.* Subthalamic nucleus deep brain stimulation: basic concepts and novel perspectives. **eNeuro** 2017, 4(5):ENEURO.0140-17.2017.

Hoch MJ, Shepherd TM. MRI-visible anatomy of the basal ganglia and thalamus. **Neuroimaging Clin N Am** 2022, 32(3):529-541.

Massey LA, Yousry TA. Anatomy of the substantia nigra and subthalamic nucleus on MR imaging. **Neuroimaging Clin N Am** 2010, 20(1):7-27.

Meneses MS, Almeida DB, Duarte JS. Estimulação cerebral profunda (DBS) para doença de Parkinson. In: **Neurocirurgia funcional**. Curitiba: INC Publisher, 2022, pp. 157-173.

Meneses MS, Piedade GS, Veronez DAL *et al.* Anatomic study of subthalamus. **J Bras Neurocirurg** 2014, 25:53-58.

Rizelio V, Szawka RE, Xavier LL *et al.* Lesion of the subthalamic nucleus reverses motor deficits but not death of nigrostriatal dopaminergic neurons in a rat 6-hydroxydopamine-lesion model of Parkinson's disease. **Braz J Med Biol Res** 2010, 43(1):85-95.

17 Tálamo

Murilo S. Meneses

MACROSCOPIA

O tálamo é uma estrutura par, com aspecto ovoide, que faz parte do diencéfalo, formada por substância cinzenta e subdividida em vários núcleos. Localiza-se ao lado do terceiro ventrículo, inferior ao ventrículo lateral, medial à cápsula interna, importante feixe de fibras nervosas ascendentes e descendentes, e superior ao subtálamo e hipotálamo (Figura 17.1). O tálamo forma a maior parte da parede lateral do terceiro ventrículo e limita-se inferiormente com o hipotálamo, no nível do **sulco hipotalâmico**, que passa do forame interventricular até o aqueduto cerebral (Figuras 17.2 e 17.3). O assoalho do ventrículo lateral é formado medialmente pelo tálamo e lateralmente pelo núcleo caudado, separados pelo **sulco talamoestriado**. Por esse sulco, passa a veia talamoestriada, que se dirige ao forame interventricular, onde contribui para a formação da veia cerebral interna. As **estrias medulares do tálamo** são formadas por fibras nervosas que unem a área septal ao epitálamo. Elas representam o limite entre as faces medial e superior do tálamo e o local de inserção da tela corioide, que forma o teto do terceiro ventrículo. A **fissura transversa do cérebro** localiza-se acima da região superomedial do tálamo e abaixo do fórnix, sendo revestida pela pia-máter, que entra na formação da tela coroide.

A extremidade anterior, o **tubérculo anterior do tálamo**, que, com a coluna anterior do fórnix, delimita o forame interventricular, é mais estreita que a posterior, o **pulvinar**, volumosa massa visível posteriormente, acima do mesencéfalo (Figura 17.4). Na região posterior, inferiormente ao pulvinar, encontramos duas estruturas chamadas **corpos geniculados lateral** e **medial**, também denominados **metatálamo**, que, por meio dos **braços dos colículos superior** e **inferior**, se relacionam, respectivamente, com essas estruturas do mesencéfalo. Medialmente no nível do terceiro ventrículo, os dois tálamos apresentam uma união sem significado funcional, pois não existe passagem de fibras, chamada **aderência intertalâmica** (ver Figura 8.3).

A **lâmina medular externa** é uma camada de substância branca que limita lateralmente o tálamo, continuando acima com a denominação de extrato zonal do tálamo. A **lâmina medular interna**, em posição vertical e forma de Y com bifurcação anterior, delimita os grupos de núcleos das regiões *anterior, medial, mediana, lateral* e *posterior* (Figura 17.5), com subdivisões, conexões e funções distintas.

VIAS E ESTRUTURAS INTERNAS

Apesar de o tálamo ser frequentemente lembrado pelas funções sensoriais, cada grupo de núcleos apresenta conexões distintas. Assim, o tálamo se relaciona também com a emoção, a motricidade, a ativação cortical, entre outras funções.

Diferentes classificações dos núcleos talâmicos têm sido propostas. A divisão em cinco grupos, seguindo a topografia determinada pela lâmina medular interna, permite uma compreensão mais simples das conexões talâmicas. A seguir, serão descritos os grupos de núcleos das diferentes regiões com suas vias e conexões.

Região anterior

Os núcleos de substância cinzenta dessa região localizam-se anteriormente à bifurcação da lâmina medular interna, no nível do tubérculo anterior. As fibras aferentes têm origem no corpo mamilar, integrando o circuito de Papez, importante conexão do sistema límbico, que regula o comportamento emocional. As fibras eferentes dirigem-se ao giro do cíngulo.

Região medial

O núcleo dorsomedial situa-se entre os núcleos da região mediana e a lâmina medular interna. As fibras aferentes originam-se no hipotálamo, corpo amigdaloide

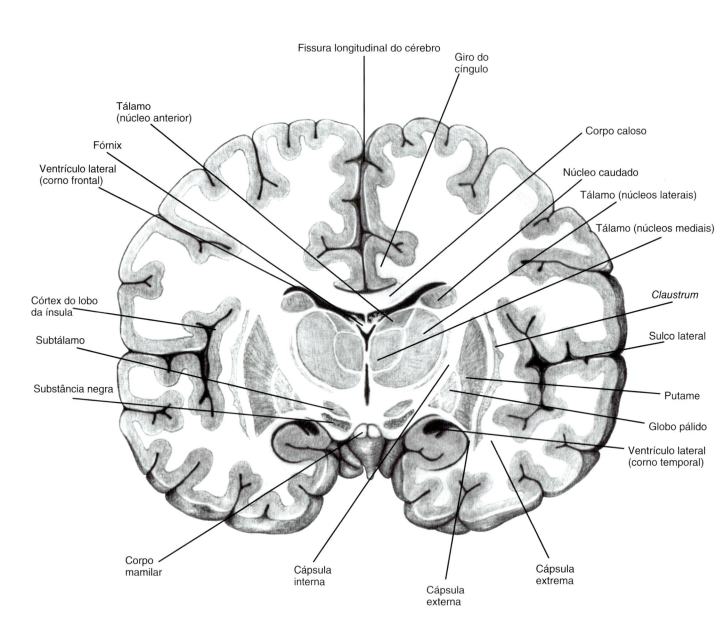

FIGURA 17.1 Corte coronal do cérebro no nível dos corpos mamilares.

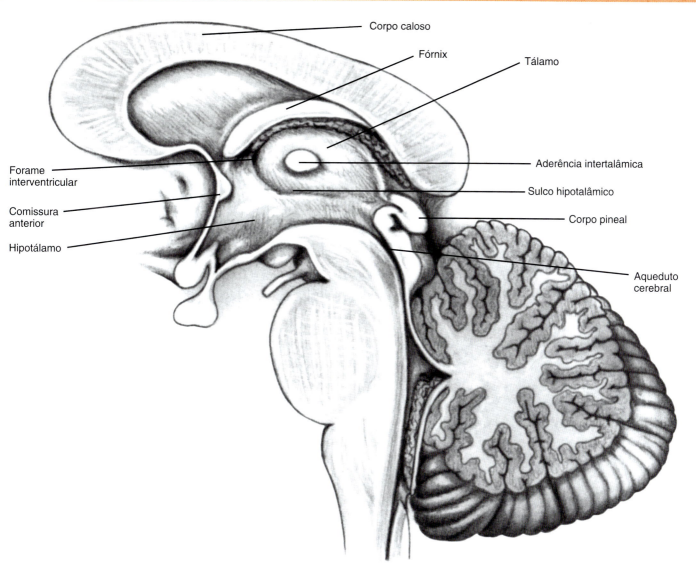

FIGURA 17.2 Corte sagital do terceiro ventrículo.

e córtex pré-frontal. As fibras eferentes dirigem-se ao córtex pré-frontal. As principais funções desse núcleo se relacionam com as emoções, a atenção e a iniciativa. Nos Capítulos 21, *Telencéfalo*, e 22, *Sistema Límbico*, são discutidas todas essas funções.

Dentro da lâmina medular interna, encontramos os núcleos intralaminares, sendo o núcleo centromediano o principal deles. As fibras aferentes têm origem na formação reticular, enquanto as eferentes dirigem-se ao córtex cerebral. O sistema ativador reticular ascendente, descrito no Capítulo 10, *Tronco do Encéfalo*, atua na manutenção da vigília por vias chamadas "extralemniscais diretas". Entretanto, essas vias podem fazer conexão com o tálamo no nível dos núcleos intralaminares. O núcleo reticular, situado entre a lâmina medular externa e a cápsula interna, parece não ter função de ativação cerebral. Suas conexões principais com a substância cinzenta periaquedutal indicam a existência de um papel no controle da dor.

Região mediana

Os núcleos de substância cinzenta dessa região localizam-se medialmente aos núcleos mediais, principalmente na aderência intertalâmica. As conexões mais importantes ocorrem com o hipotálamo e a substância cinzenta periaquedutal central. Acredita-se que se relacionem com funções viscerais.

Região lateral

Os núcleos situados lateralmente à lâmina medular interna têm uma importância anatomofisiológica muito grande. Essa região pode ser subdividida em duas: uma dorsal ou superior; outra ventral ou inferior.

Os núcleos lateral-dorsal e lateral-posterior compõem a subdivisão dorsal. São considerados núcleos associativos com conexões com o córtex parietal.

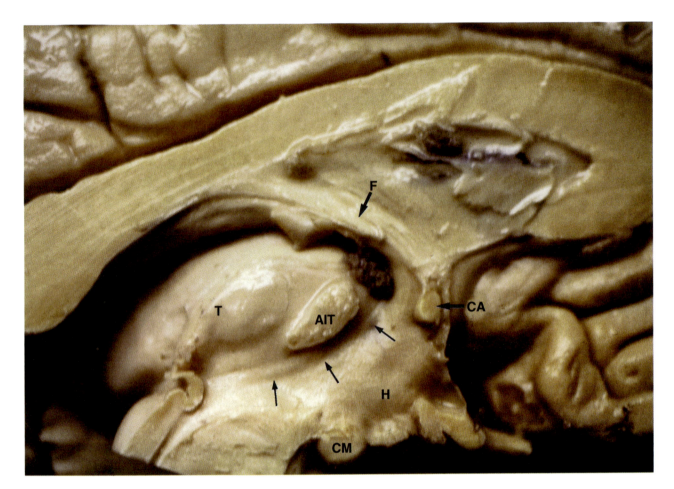

FIGURA 17.3 Corte sagital de encéfalo mostrando o tálamo (T), o hipotálamo (H), a comissura anterior (CA), a aderência intertalâmica (AIT), o fórnix (F) e o sulco hipotalâmico (*setas*).

A subdivisão ventral apresenta três componentes:

a) núcleo ventral anterior;
b) núcleo ventral lateral;
c) componente ventral posterior.

O núcleo ventral anterior relaciona-se com os núcleos da base. As fibras aferentes têm origem inicialmente no córtex cerebral, passam pelo núcleo lentiforme através do putame e do globo pálido externo, fazem conexão com o núcleo subtalâmico, vão ao globo pálido interno e dirigem-se ao tálamo no núcleo ventral anterior. As fibras eferentes dirigem-se novamente ao córtex cerebral, levando todas as informações modificadas no trajeto. O núcleo ventral anterior faz parte do sistema extrapiramidal e se relaciona com a motricidade. Essa via corticoestriado-tálamo cortical tem importante função no controle dos movimentos.

O núcleo ventral lateral subdivide-se em uma parte anterior e outra posterior, ou núcleo intermédio. A parte anterior tem as mesmas conexões que o núcleo ventral anterior, recebendo fibras do globo pálido e enviando-as ao córtex cerebral. O núcleo intermédio se relaciona com o cerebelo. As fibras originadas no núcleo denteado do neocerebelo, após conexão no núcleo rubro, dirigem-se ao tálamo no núcleo intermédio. As fibras eferentes vão ao córtex cerebral, fechando o circuito eferente do neocerebelo denteado-rubro-tálamo-cortical.

O componente ventral posterior divide-se em dois núcleos: o núcleo ventral posterolateral, na porção externa, e o núcleo ventral posteromedial, na porção interna. Ambos os núcleos se relacionam com a sensibilidade, enviando suas fibras para o córtex do giro pós-central. O núcleo ventral posterolateral recebe as fibras dos lemniscos espinal, formado pelas vias espinotalâmicas anterior e lateral, e medial, formado pelos fascículos grácil e cuneiforme, sendo responsável pela sensibilidade somática geral do hemicorpo contralateral. O núcleo ventral posteromedial recebe fibras do lemnisco trigeminal, relacionado com a sensibilidade somática geral, e do núcleo do trato

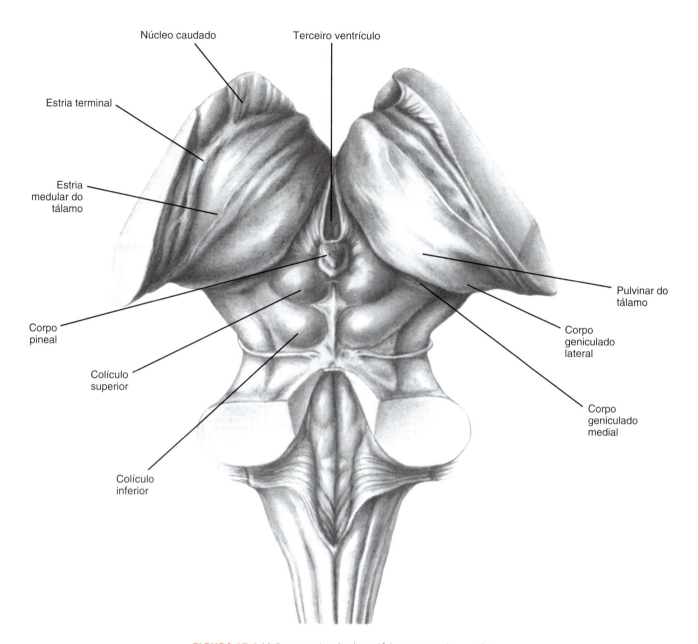

FIGURA 17.4 Visão posterior do diencéfalo e tronco do encéfalo.

solitário, relacionado com a gustação, representando a sensibilidade de parte da metade oposta da cabeça.

Existe uma somatotopia no nível dos núcleos da sensibilidade. Mais lateralmente, no núcleo posterolateral, encontramos a representação dos membros inferiores. Nesse núcleo, na porção mais medial, encontram-se os membros superiores. No núcleo posteromedial está representada a cabeça. As porções distais dos membros têm suas correspondências inferiormente, enquanto, mais acima, localizam-se as porções proximais dos membros e anterior da cabeça. Superiormente, situam-se o tronco e a porção posterior da cabeça.

Região posterior

O pulvinar é um volumoso núcleo situado na extremidade posterior do tálamo com funções ainda pouco conhecidas, mas consideradas associativas.

O metatálamo é constituído pelos corpos geniculados lateral e medial. O corpo geniculado lateral faz parte das vias ópticas. Do nervo óptico, a via passa pelo quiasma óptico, com cruzamento parcial das fibras, e dirige-se posteriormente pelo trato óptico até o corpo geniculado lateral. As fibras eferentes vão ao córtex visual da área 17 de Brodmann no sulco calcarino do lobo occipital pelas radiações ópticas. Pelo braço do colículo superior,

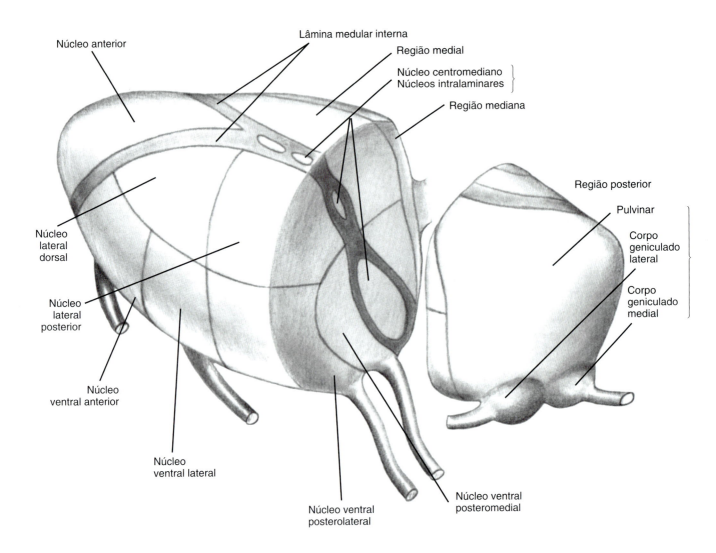

FIGURA 17.5 Tálamo – divisão em regiões e núcleos.

uma conexão secundária estabelecida no mesencéfalo leva informações importantes para os reflexos relacionados com a visão.

O corpo geniculado medial faz parte das vias auditivas. Do lemnisco lateral, a via aferente passa pelo colículo inferior e pelo braço do colículo inferior, até o corpo geniculado medial. A via eferente é representada pelas radiações auditivas com destino ao córtex cerebral do giro transverso anterior do lobo temporal, na área 41 de Brodmann.

APLICAÇÃO CLÍNICA

Devido às diferentes funções exercidas pelos núcleos talâmicos, as doenças que afetam o tálamo podem provocar efeitos clínicos diversos.

A irrigação arterial por pequenos vasos perfurantes contribui para o aparecimento das patologias vasculares, que são frequentes. As doenças isquêmicas ocorrem por falta da vascularização, geralmente por obliteração dos ramos arteriais, causada por êmbolos deslocados de outros locais, como o coração e a bifurcação da artéria carótida comum. As doenças hemorrágicas são causadas por sangramento e formação de um hematoma (Figura 17.6), como na ruptura de um microaneurisma por hipertensão arterial.

Os tumores (Figura 17.7), tanto benignos como malignos, podem localizar-se no tálamo e causar diferentes sintomas. Várias outras patologias podem ser encontradas nesse nível.

Conforme a localização da doença, diferentes vias e núcleos podem ser afetados, causando sinais clínicos correspondentes.

As lesões da região anterior do tálamo podem provocar alterações emocionais devido à conexão com o giro do cíngulo, parte integrante do sistema límbico.

Os núcleos ventrais anterior e lateral relacionam-se com o controle da motricidade. Os núcleos da base têm

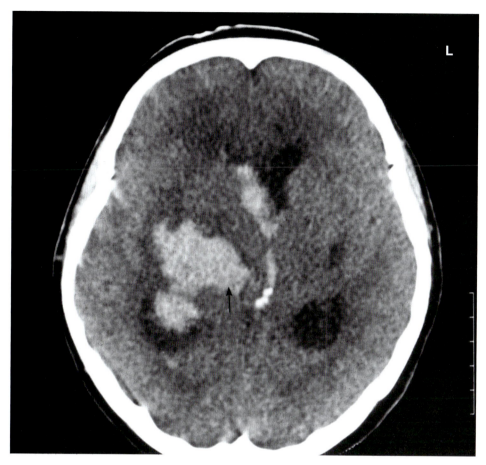

FIGURA 17.6 Exame de tomografia computadorizada de crânio mostrando um hematoma intracerebral com expansão para o tálamo (*seta*).

importante função para facilitar a motricidade voluntária, coordenando o funcionamento dos músculos agonistas e antagonistas. O cerebelo é um órgão puramente motor e, com suas conexões que passam pelo tálamo, possibilita a execução dos movimentos automáticos. O estudo de certas doenças relacionadas com os núcleos da base e que provocam movimentos anormais, como, por exemplo, a doença de Parkinson, permitiu melhor compreensão da anatomofisiologia dessas conexões. O tratamento cirúrgico dessas doenças, por uma técnica chamada "estereotaxia", demonstrou que lesões terapêuticas realizadas em certas estruturas cerebrais proporcionavam o desaparecimento dos movimentos anormais. A cirurgia estereotáxica é extremamente precisa, sendo possível a destruição do núcleo lateral do tálamo por uma pequena lesão de aproximadamente 3 mm, interrompendo a via eferente ao córtex cerebral. Com esse método, chamado "talamotomia estereotáxica", obtém-se a abolição dos tremores em pacientes com doença de Parkinson em mais de 80% dos casos. A estimulação cerebral profunda, conhecida como DBS (sigla do inglês *Deep Brain Stimulation*) passou a ser utilizada mundialmente como uma opção reversível e regulável para tratamento de tremores e outros sinais e sintomas do mal de Parkinson e diversas outras doenças. A cirurgia estereotáxica pode ser utilizada para atingir outros núcleos talâmicos no tratamento de alterações emocionais e da sensibilidade.

As vias dos diferentes tipos de sensibilidade fazem conexão no tálamo. A visão e a audição passam pelos corpos geniculados lateral e medial. As patologias que aí se instalam podem provocar alteração dessas funções. No caso da visão, ocorre a chamada "hemianopsia lateral homônima", que corresponde à perda de metade do campo visual contralateral, descrito em mais detalhes no Capítulo 23, *Vias da Sensibilidade Especial*. Como a audição apresenta vias cruzadas e não cruzadas em proporções comparáveis, para que haja perda auditiva importante é necessária uma alteração bilateral.

Os núcleos ventrais posterolateral e posteromedial recebem as vias sensoriais do hemicorpo contralateral, que são enviadas ao córtex cerebral do giro pós-central, onde essas informações tornam-se conscientes. Apesar de inconscientes, as estruturas subcorticais têm importante função na integração de reflexos. Doenças localizadas nesses núcleos provocam perda da sensibilidade do hemicorpo oposto. Um quadro clínico conhecido como

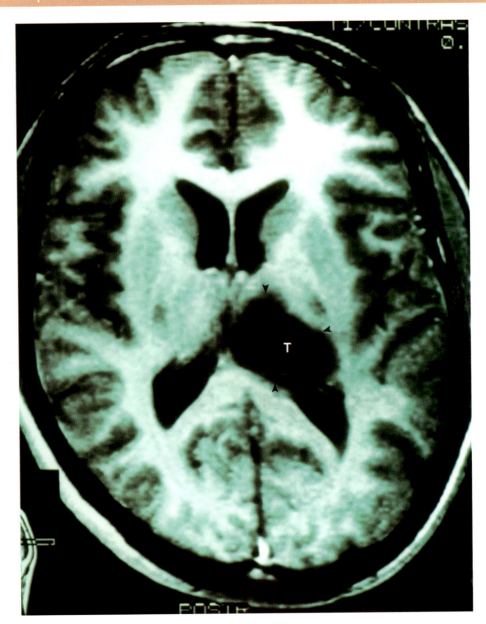

FIGURA 17.7 Exame de ressonância magnética de crânio mostrando um tumor (T) talâmico esquerdo volumoso (*pontas de seta*), cujo diagnóstico anatomopatológico é astrocitoma.

síndrome talâmica corresponde a uma alteração sensorial em pacientes com lesões no tálamo. Essa síndrome causa um tipo de dor intensa e de difícil controle com medicamentos, localizada no lado do corpo oposto à patologia, sem topografia bem determinada.

BIBLIOGRAFIA COMPLEMENTAR

Darian-Smith C, Darian-Smith I, Cheema SS. Thalamic projections to sensorimotor cortex in the macaque monkey: use of multiple retrograde fluorescent tracers. **J Comp Neurol** 1990, 299(1):17-46.

Fénelon G, François C, Percheron G et al. Topographic distribution of pallidal neurons projections to the thalamus in macaques. **Brain Res** 1990, 18(1-2):27-35.

Fukamachi A, Oye C, Narabayashi H. Delineation of the thalamic nuclei with a microelectrode in stereotaxic surgery for parkinsonism and cerebral palsy. **J Neurosurg** 1973, 39(2):214-225.

Groenewegen HJ, Berendse HW, Wolters JG et al. The anatomical relationship of the prefrontal cortex with the striatopallidal system, the thalamus and the amygdala: evidence for a parallel organization. **Prog Brain Res** 1990, 85:95-116.

Guridi J, Luquin MR, Herrero MT et al. The subthalamic nucleus: a possible target for stereotaxic surgery in Parkinson's disease. **Mov Disord** 1993, 8(4):421-429.

Holsapple JW, Preston JB, Strick PL. The origin of thalamic inputs to the "hand" representation in the primary motor cortex. **J Neurosci** 1991, 11(9):2644-2654.

Macchi G, Jones EG. Toward an agreement on terminology of nuclear and subnuclear divisions of motor thalamus. **J Neurosurg** 1997, 86(1):77-92.

Meneses MS, Hunhevicz SC, Almeida DB *et al.* Talamotomia estereotáxica. In: Meneses MS, Teive HAG. **Doença de Parkinson.** Rio de Janeiro: Guanabara Koogan, 2003, pp. 260-265.

Meneses MS, Hunhevicz SC, Pedrozo AA *et al.* Talamotomia estereotáxica. In: Meneses MS, Teive HAG. **Doença de Parkinson: aspectos clínicos e cirúrgicos.** Rio de Janeiro: Guanabara Koogan, 1996, pp. 142-152.

Meneses MS, Narata AP. Cirurgia estereotáxica guiada para tumores talâmicos. **Neuro News** 2001,3:2.

Nakano K, Hasegawa Y, Tokushige A *et al.* Topographical projections from the thalamus, subthalamic nucleus and pedunculopontine tegmental nucleus to the striatum in the japanese monkey; macaca fuscata. **Brain Res** 1990, 24(1-2): 54-68.

Niemann K, Naujokatj C, Pohl G *et al.* Verification of the Schaltenbrand and Wahren stereotactic atlas. **Acta Neurochir (Wien)** 1994, 129(1-2):72-81.

Rinvik E, Wiberg M. Demonstration of a reciprocal connection between the periaqueductal gray matter and the reticular nucleus of the thalamus. **Anat Embryol Berl** 1990, 181(6):577-584.

Rouiller EM, Liang F, Babalian A *et al.* Cerebellothalamocortical and pallidothalamocortical projections to the primary and supplementary motor cortical areas: a multiple tracing study in macaque monkeys. **J Comp Neurol** 1994, 345(2):185-213.

Shook BL, Schlag-Rey M, Schlag J. Primate supplementary eye field. II. Comparative aspects of connections with the thalamus, corpus striatum, and related forebrain nuclei. **J Comp Neurol** 1991, 307(4):562-583.

Tasker RR, Kiss ZHT. The role of the thalamus in functional neurosurgery. **Neurosurg Clin N Am** 1995, 6(1):73-104.

Tokuno H, Kimura M, Tanji J. Pallidal inputs to thalamocortical neurons projections to the supplementary motor area: an anterograde and retrograde double labeling study in the macaque monkey. **Exp Brain Res** 1992, 90(3):635-638.

Walker AE. Internal structure and afferent-efferent relations of the thalamus. In: Purpura DP, Yahr MD. **The thalamus.** New York: Columbia University Press, 1966, pp. 1-12.

18 Hipotálamo

Matheus Kahakura F. Pedro • Pedro André Kowacs

INTRODUÇÃO

O hipotálamo humano é uma pequena região localizada na base do cérebro, abaixo do tálamo e acima da hipófise, com massa de 5 gramas. Com o tálamo, o epitálamo e o subtálamo, ele forma o diencéfalo. O hipotálamo é composto de várias estruturas distintas, cada uma com funções específicas no controle e na regulação de várias funções corporais importantes. O equilíbrio dessas funções recebe o nome "homeostase", controlada pelo sistema nervoso autônomo, no qual o hipotálamo se inclui.

As principais estruturas do hipotálamo humano incluem o núcleo supraóptico, o núcleo paraventricular, o núcleo anterior, o núcleo ventromedial e o núcleo dorsomedial. Esses núcleos são responsáveis por controlar funções como a regulação da temperatura corporal, o apetite e a sede, o ritmo circadiano, a resposta ao estresse e a regulação do sistema nervoso autônomo. Além disso, o hipotálamo é responsável por controlar a liberação de hormônios pela glândula pituitária, que desempenham um papel fundamental na regulação do crescimento e no desenvolvimento, na reprodução e na resposta imunológica. Em resumo, o hipotálamo é uma região fundamental do cérebro humano, que desempenha um papel crucial no controle e na regulação de muitas funções corporais importantes.

MACROSCOPIA E VASCULARIZAÇÃO

O hipotálamo apresenta um formato grosseiramente losangular, estando situado inferiormente ao sulco hipotalâmico e delimitado lateralmente pelos tratos ópticos; seus limites anterior e posterior são o quiasma óptico e os corpos mamilares, respectivamente. Assim, constitui o assoalho e as paredes laterais do terceiro ventrículo (Figura 18.1). É possível traçar eixos ortogonais no hipotálamo para seu estudo anatômico: utilizando o quiasma óptico e os corpos mamilares como pontos de referência, encontra-se o túber cinéreo em posição intermédia, cuja eminência mediana conecta-se com a hipófise por meio do aspecto anterior do infundíbulo hipofisário. Assim, são delimitadas três regiões em eixo craniocaudal: anterior (também chamada "quiasmática" ou "supraóptica"), compreendendo ainda *lamina terminalis* e comissura anterior; tuberal, compreendendo o túber cinéreo e as estruturas adjacentes, como o infundíbulo e a eminência mediana; e posterior (ou mamilar) (Figura 18.2). Quando feitos cortes sagitais, o hipotálamo é dividido em zonas orientadas pelas colunas do fórnix, delimitando as zonas laterais e medial; frequentemente, a porção periventricular da zona medial é considerada uma zona independente (Figura 18.3).

Sua vascularização é oriunda do polígono de Willis, que circunda seu aspecto inferior, e é feita pelos ramos anteromediais das artérias cerebrais anteriores, ramos posteromediais das artérias comunicantes posteriores e ramos talamoperfurantes das artérias cerebrais anteriores. A drenagem venosa ocorre por meio dos seios intercavernosos, situados anterior e posteriormente ao hipotálamo; uma particularidade da drenagem venosa hipotalâmica é a presença de um sistema porta hipotálamo-neurohipofisário, que conta com um plexo capilar responsável pela difusão dos hormônios do núcleo arqueado do hipotálamo (ver a seguir) à porção anterior da hipófise.

VIAS E ESTRUTURAS INTERNAS

Núcleos hipotalâmicos e suas conexões

O hipotálamo é dividido em 11 núcleos, que serão detalhados adiante: paraventricular, supraóptico, pré-óptico, anterior, posterior, supraquiasmático, ventromedial, dorsomedial, arqueado, lateral e mamilar (Figura 18.4). A localização de cada núcleo em relação às regiões e zonas supracitadas está detalhada no Quadro 18.1.

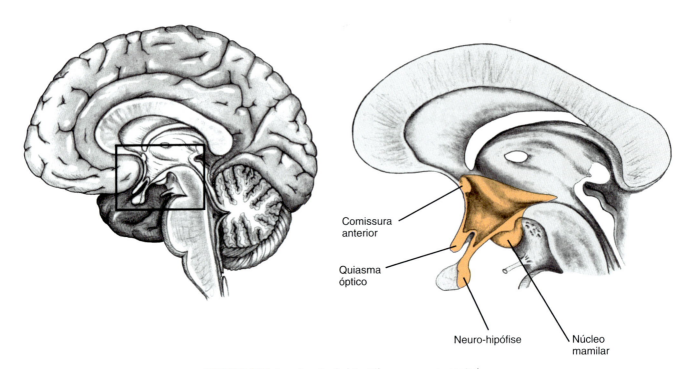

FIGURA 18.1 Localização do hipotálamo em corte sagital.

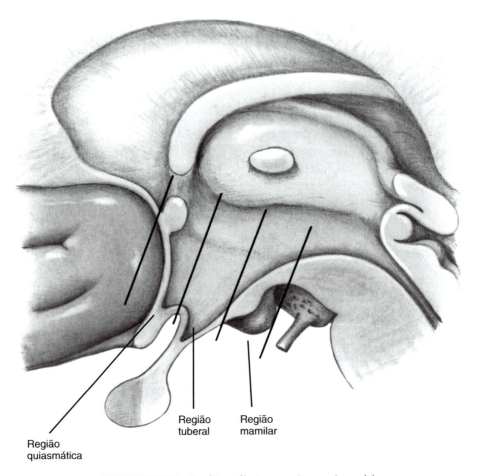

FIGURA 18.2 Regiões hipotalâmicas no eixo craniocaudal.

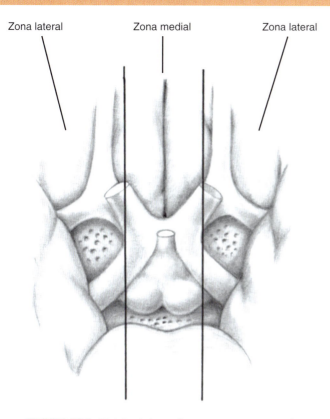

FIGURA 18.3 Divisão do hipotálamo no eixo transversal.

QUADRO 18.1 Núcleos hipotalâmicos classificados de acordo com zonas e regiões.

Núcleo	Região	Zona
Paraventricular	Anterior	Periventricular, medial
Pré-óptico	Anterior	Medial, lateral
Anterior	Anterior	Medial
Supraquiasmático	Anterior	Medial
Supraóptico	Anterior	Medial, lateral
Dorsomedial	Tuberal	Medial
Ventromedial	Tuberal	Medial
Arqueado	Tuberal	Medial, periventricular
Lateral	Tuberal	Lateral
Posterior	Posterior	Medial
Mamilar	Posterior	Medial

Além de suas populações neuronais específicas, muitas com atividade neurossecretora, os núcleos hipotalâmicos possuem neurônios GABAérgicos, inibitórios, que recebem aferências de outras estruturas do sistema nervoso central (SNC) e do próprio hipotálamo, em alças

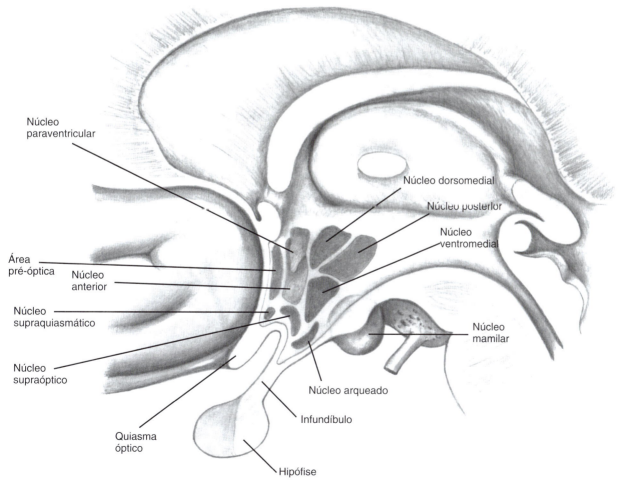

FIGURA 18.4 Núcleos do hipotálamo.

de retroalimentação que modulam a atividade dos neurônios neurossecretores. Eles apresentam também células gliais e microgliais, responsáveis pelo apoio físico e metabólico às células neurais de cada núcleo específico.

Núcleo paraventricular hipotalâmico

O núcleo paraventricular (NPV) hipotalâmico localiza-se na região medial do hipotálamo, adjacente ao terceiro ventrículo. É composto de populações heterogêneas de neurônios, cada uma com funções específicas na regulação da homeostase energética, da resposta ao estresse e da liberação de hormônios hipofisários

Os neurônios do NPV são principalmente neurossecretores, que produzem e liberam uma variedade de neuropeptídios na corrente sanguínea, incluindo o hormônio liberador de corticotrofina (CRH), a vasopressina e a ocitocina. Esses hormônios atuam na regulação do estresse, do balanço hídrico, da pressão arterial, da reprodução e do comportamento social. Além dos neurônios neurossecretores, o NPV também contém neurônios glutamatérgicos, GABAérgicos e nitrérgicos (que liberam óxido nítrico), os quais modulam os neurônios neurossecretores e a integração de informações aferentes e eferentes pelo hipotálamo.

Aferências do NPV. Incluem neurônios que se originam em outras áreas do hipotálamo, como o núcleo arqueado, o núcleo dorsomedial e o próprio NPV, bem como outras regiões do cérebro, incluindo o córtex pré-frontal, o tronco do encéfalo e a amígdala. Esses neurônios projetam fibras que se conectam aos neurônios do NPV e modulam sua atividade e função.

Eferências do NPV. Incluem as fibras nervosas que se projetam para a neuro-hipófise e a adeno-hipófise, onde liberam hormônios como a ocitocina, a vasopressina e o CRH. Além disso, o NPV também envia fibras para o tronco do encéfalo, o córtex pré-frontal e o núcleo do leito da estria terminal, onde desempenha um papel importante na regulação da resposta ao estresse.

Núcleo pré-óptico hipotalâmico

O núcleo pré-óptico (NPO) hipotalâmico é uma região do hipotálamo humano que modula a temperatura corporal, a regulação do ciclo sono-vigília, da alimentação e o comportamento sexual. No NPO encontramos neurônios GABAérgicos e neurônios dopaminérgicos.

Uma das principais funções do NPO é a regulação térmica pelos neurônios GABAérgicos, responsáveis por detectar alterações na temperatura do corpo e iniciar respostas corretivas, como a sudorese ou a contração dos vasos sanguíneos.

Aferências do NPO. Incluem conexões com o hipotálamo lateral (que regula a alimentação), o córtex cerebral (que regula a consciência e a cognição) e a amígdala (que regula as emoções).

Eferências do NPO. Estas compreendem conexões com o tronco do encéfalo (que controla funções vitais como a respiração e a frequência cardíaca), com o hipotálamo posterior (que regula a liberação de hormônios pela glândula pituitária) e com a medula espinal (efetoras).

Núcleo anterior do hipotálamo

O núcleo anterior (NA) do hipotálamo é composto de diversos grupos celulares envolvidos no controle da temperatura corporal, no controle do ciclo de sono-vigília e na regulação do comportamento alimentar e sexual.

Os neurônios do NA são principalmente GABAérgicos, inibitórios, mas, além deles, o NA também contém neurônios glutamatérgicos e neurônios que expressam neuropeptídios, como a neurotensina e a somatostatina. O conjunto desses neurônios modula a atividade do hipotálamo e de outras regiões do cérebro.

Aferências do NA. Incluem neurônios que se originam em outras áreas do hipotálamo, como o núcleo lateral, o núcleo dorsomedial e o próprio NA, bem como outras regiões do cérebro, como o córtex pré-frontal e a amígdala. Esses neurônios projetam fibras que se conectam aos neurônios do NA, modulando sua atividade e função.

Eferências do NA. Estas compreendem as fibras nervosas que se projetam para outras áreas do hipotálamo, como o núcleo lateral, o núcleo dorsomedial e o próprio NA, bem como para outras regiões do cérebro, como o córtex pré-frontal e o tronco do encéfalo. Além disso, o NA também envia fibras nervosas para outras zonas do SNC, como a medula espinal e a região periventricular do hipotálamo, tendo influência na regulação do comportamento sexual.

Núcleo supraquiasmático hipotalâmico

O núcleo supraquiasmático (NSQ) hipotalâmico participa da regulação do ritmo circadiano do organismo, que é de 24 horas e que controla diversas funções fisiológicas e comportamentais, como o sono e a vigília. No NSQ, além de neurônios GABAérgicos, existem neurônios especializados em gerar oscilações elétricas e hormonais que regulam o ritmo circadiano, com expressão de genes específicos, como o *period* (Per) e o *cryptochrome* (Cry).

Os neurônios do NSQ são conhecidos como células ganglionares retinianas, que são sensíveis à luz e possuem receptores para a melatonina, um dos hormônios que regulam o sono e são responsáveis por sincronizar o relógio biológico interno com o ciclo ambiental de luz e escuridão, pois recebem informações sobre a luminosidade do ambiente por meio da retina. Além disso, o NSQ tem conexões com o hipotálamo lateral, que regula a fome e a saciedade, e com a glândula pineal, que produz a melatonina.

Aferências do NSQ. Incluem conexões com o córtex cerebral, que é responsável pela cognição e consciência, e com a retina, que fornece informações sobre a luz ambiente, além do núcleo arqueado.

Eferências do NSQ. Estas são direcionadas para outras regiões do hipotálamo, como núcleo arqueado, e para o tronco do encéfalo, onde participam do controle de diversas funções fisiológicas, como a temperatura corporal e o ritmo cardíaco.

Núcleo supraóptico hipotalâmico

O núcleo supraóptico (NSO) é outra das principais estruturas do hipotálamo humano, localizado na região anterior do hipotálamo, próximo à parede do terceiro ventrículo. É composto de uma população heterogênea de neurônios neurossecretores, que produzem e liberam dois hormônios peptídicos – vasopressina (também conhecida como hormônio antidiurético, ou ADH) e ocitocina – na corrente sanguínea. Esses hormônios desempenham papéis importantes na regulação do balanço hídrico do corpo, na pressão arterial, na liberação de hormônios hipofisários, na reprodução e no comportamento social. Além dos neurônios neurossecretores, o NSO também contém neurônios glutamatérgicos e GABAérgicos, que desempenham papéis importantes na modulação da atividade dos neurônios neurossecretores.

Aferências do NSO. Incluem neurônios que se originam principalmente em duas áreas: o núcleo pré-óptico e o núcleo paraventricular do hipotálamo. Esses neurônios projetam fibras que se conectam aos neurônios do NSO, modulando sua atividade e função. Além disso, o NSO também recebe aferências de outras regiões do cérebro, incluindo o hipocampo, a amígdala, o córtex pré-frontal e o tálamo.

Eferências do NSO. Estas compreendem as fibras nervosas que se projetam para a neuro-hipófise, onde liberam hormônios como a vasopressina e a ocitocina na corrente sanguínea. A vasopressina é um hormônio que participa da regulação da homeostase hídrica, promovendo a reabsorção de água pelos rins e mantendo a pressão arterial. A ocitocina, por sua vez, está envolvida em diversas funções, incluindo a contração uterina durante o parto e a ejeção do leite durante a amamentação.

Núcleo dorsomedial do hipotálamo

O núcleo dorsomedial (NDM) do hipotálamo é uma região do hipotálamo humano que está envolvida no controle do comportamento alimentar, da termorregulação e do ciclo sono-vigília.

Os neurônios do NDM são principalmente neurônios GABAérgicos, que são inibitórios e que modulam a atividade de outras regiões do hipotálamo e do cérebro. Além dos neurônios GABAérgicos, o NDM também contém neurônios glutamatérgicos e neurônios que expressam neuropeptídios, como o neuropeptídio Y (NPY) e a proteína relacionada com a agouti (AgRP).

Aferências do NDM. Incluem neurônios que se originam em outras áreas do hipotálamo, como o núcleo arqueado e o núcleo paraventricular, bem como outras regiões encefálicas, como o córtex pré-frontal, a amígdala e o núcleo do trato solitário.

Eferências do NDM. Estas compreendem fibras nervosas que se projetam para outras áreas do hipotálamo, como o núcleo ventromedial, o núcleo lateral e o próprio NDM, bem como para outras regiões, como o córtex pré-frontal e a amígdala. Além disso, o NDM também envia fibras nervosas para outras áreas do corpo, incluindo o fígado e o pâncreas, onde desempenha um papel importante na regulação metabólica.

Núcleo ventromedial do hipotálamo

O núcleo ventromedial (NVM) do hipotálamo está envolvido em diversas funções importantes, como o controle do comportamento alimentar, a regulação da homeostase energética, a resposta ao estresse e o controle do comportamento sexual.

Os neurônios do NVM são principalmente neurônios GABAérgicos, que são inibitórios. Além dos neurônios GABAérgicos, o NVM também contém neurônios glutamatérgicos e neurônios que expressam neuropeptídios, como a leptina e a orexina, que estão mais envolvidos na regulação do comportamento alimentar e na homeostase energética.

Aferências do NVM. Incluem neurônios do próprio NVM e de outras áreas do hipotálamo, como o núcleo arqueado, e de outras regiões do cérebro, incluindo o córtex pré-frontal, a amígdala e o núcleo do trato solitário. Esses neurônios projetam fibras que se conectam aos neurônios do NVM, modulando sua atividade e função.

Eferências do NVM. Estas compreendem projeções para o próprio NVM e para outras áreas do hipotálamo, como o núcleo lateral, e para outras regiões do cérebro, como o córtex pré-frontal, a amígdala e o tronco do encéfalo. Além disso, o NVM envia fibras nervosas para outras áreas do corpo, incluindo o pâncreas e as glândulas adrenais, onde modula a regulação hormonal e a resposta ao estresse.

Núcleo arqueado do hipotálamo

O núcleo arqueado (NAR) do hipotálamo é uma região responsável pela liberação hormonal por meio do sistema porta hipotálamo-neuro-hipofisário para controle da porção anterior da hipófise. O hormônio liberador de corticotrofina, também secretado pelo núcleo paraventricular, leva à liberação de hormônio adrenocorticotrófico (ACTH), o qual estimula a zona reticular do córtex suprarrenal a produzir cortisol; o ciclo circadiano da liberação do cortisol é modulado pelas interconexões entre os núcleos arqueado e supraquiasmático.

O NAR do hipotálamo contém uma variedade de tipos celulares, incluindo: neurônios NPY/AgRP, que produzem neuropeptídios como o NPY e a AgRP, que desempenham um papel importante na estimulação da fome e na inibição da saciedade; neurônios

POMC/CART, que produzem neuropeptídios como a pró-opiomelanocortina (POMC) e a proteína estimulante de melanócitos (CART), que desempenham um papel importante na inibição da fome e na estimulação da saciedade; neurônios dopaminérgicos, que produzem dopamina e estão envolvidos em várias funções, incluindo a regulação da ingestão alimentar, do comportamento sexual e da motivação; neurônios de outros tipos, que incluem neurônios GABAérgicos e que estão envolvidos na inibição da atividade neuronal, e neurônios que produzem outros neuropeptídios, como a somatostatina e a neurotensina.

Aferências do NAR. Estas compreendem aferências para núcleo paraventricular, núcleo supraquiasmático, núcleo dorsomedial e área pré-óptica medial.

Eferências do NAR. Estas compreendem referências para regiões autonômicas do tronco do encéfalo, núcleo supraquiasmático e hipófise anterior, por meio do sistema porta hipotálamo-neurohipofisário.

Núcleo hipotalâmico lateral

O núcleo hipotalâmico lateral (NHL) está envolvido na regulação da alimentação, do comportamento de recompensa e do sono. Tem neurônios com diferentes neurotransmissores, como o GABA, a dopamina e a orexina (também conhecida como hipocretina, nome derivado de secretina hipofisária).

A principal função do NHL é regular a ingestão de alimentos, controlando a sensação de fome e saciedade. Os neurônios do NHL que liberam o neurotransmissor orexina são particularmente importantes para essa função, pois estão envolvidos no estímulo do apetite. Além disso, o NHL também participa do controle do comportamento de recompensa, mediado por neurônios que liberam dopamina. O NHL também contém neurônios importantes para a promoção da vigília, igualmente envolvidos na regulação do ciclo sono-vigília e na adaptação do sono ao ambiente.

Aferências do NHL. Incluem aferências retinianas, que trazem informações sobre a intensidade e o espectro de luz, e com o NSQ, envolvido no ritmo circadiano do corpo.

Eferências do NHL. Estas compreendem conexões com outras regiões do hipotálamo, como o núcleo paraventricular (envolvido na liberação de hormônios pela hipófise), com o córtex pré-frontal e com o sistema límbico.

Núcleo hipotalâmico posterior

O núcleo hipotalâmico posterior (NHP) está envolvido na regulação de funções autonômicas como a temperatura corporal, na regulação da ingestão de alimentos e do sono e na modulação da dor.

Os neurônios do NHP podem ser divididos em três tipos principais: gabaérgicos, glutamatérgicos e neuropeptidérgicos. Os neurônios gabaérgicos são os mais numerosos e liberam o neurotransmissor ácido gama-aminobutírico (GABA), que tem um efeito inibitório nas células-alvo. Os neurônios glutamatérgicos, por sua vez, liberam o neurotransmissor glutamato, que tem um efeito excitatório nas células-alvo. Já os neurônios neuropeptidérgicos liberam peptídios como o NPY e a galanina, que também têm efeitos inibitórios nas células-alvo.

Aferências do NHP. Incluem projeções de várias áreas encefálicas, incluindo a amígdala, o córtex pré-frontal, o hipocampo e o tronco do encéfalo. Essas aferências carregam informações sensoriais e emocionais importantes, que são integradas no NHP para modular a atividade neuronal e a resposta comportamental.

Eferências do NHP. Estas compreendem projeções para várias áreas cerebrais, como o tálamo, o hipocampo, o tronco do encéfalo e a medula espinal.

Núcleo mamilar do hipotálamo

O núcleo mamilar (NM) do hipotálamo está envolvido com a memória e com a aprendizagem espacial. Localiza-se na parte posterior do hipotálamo, próximo ao tálamo e ao giro do cíngulo.

É composto principalmente de neurônios glutamatérgicos, neurônios GABAérgicos e neurônios que contêm neuropeptídios como a substância P e a encefalina. Os neurônios glutamatérgicos são os mais numerosos e desempenham um papel importante na transmissão de sinais excitatórios entre os neurônios do núcleo mamilar e aqueles de outras regiões cerebrais. Os neurônios GABAérgicos, por sua vez, têm um efeito inibitório sobre os demais neurônios do NM, e a liberação dos neuropeptídios citados modula a atividade neuronal e as respostas comportamentais.

Aferências do NM. Incluem projeções de neurônios de regiões como o hipocampo, o córtex pré-frontal e o tálamo, que são integradas no núcleo mamilar e são importantes para a formação e consolidação da memória.

Eferências do NM. São projetadas sobre regiões como o tálamo anterior, o córtex pré-frontal e o hipocampo, também com a função de controlar a formação e a consolidação da memória.

Como se pode observar, são inúmeras as conexões dos núcleos hipotalâmicos. O Quadro 18.2 traz um resumo desses núcleos, com suas principais aferências e eferências. Lembramos que se trata de um resumo simplificado e que existem outras aferências e eferências além das mencionadas, e que as funções de cada núcleo hipotalâmico também são influenciadas por outras regiões cerebrais e pelo sistema endócrino. Similarmente, o Quadro 18.3 traz um resumo das funções principais de cada núcleo hipotalâmico.

QUADRO 18.2 Núcleos hipotalâmicos e suas conexões.

Núcleo hipotalâmico	Aferências principais	Eferências principais
Paraventricular	Órgão subfornical, núcleo arqueado, amígdala, área pré-óptica medial	Hipófise anterior, medula adrenal, sistema nervoso simpático
Pré-óptico	Núcleo lateral, córtex cerebral, amígdala	Tronco do encéfalo, núcleo posterior, medula espinal
Anterior	Órgão subfornical, amígdala, hipocampo, córtex pré-frontal	Hipófise anterior
Supraquiasmático	Córtex cerebral, retina, núcleo arqueado	Núcleo arqueado, tronco do encéfalo, glândula pineal
Supraóptico	Núcleo paraventricular, retina, órgão subfornical, área pré-óptica medial	Hipófise posterior
Dorsomedial	Núcleo paraventricular, núcleo arqueado, amígdala, córtex pré-frontal	Regiões autonômicas do tronco do encéfalo, hipófise anterior
Ventromedial	Núcleo paraventricular, núcleo arqueado, amígdala, córtex pré-frontal	Regiões autonômicas do tronco do encéfalo, hipófise anterior
Arqueado	Núcleo paraventricular, núcleo supraquiasmático, núcleo dorsomedial, área pré-óptica medial	Hipófise anterior, núcleo supraquiasmático, regiões autonômicas do tronco do encéfalo
Lateral	Retina, núcleo supraquiasmático	Núcleo paraventricular, córtex pré-frontal, sistema límbico
Posterior	Retina, núcleo supraquiasmático, colículos superiores	Regiões autonômicas do tronco do encéfalo, córtex somatossensorial
Mamilar	Hipocampo, córtex pré-frontal, tálamo	Tálamo anterior, córtex pré-frontal, hipocampo

QUADRO 18.3 Núcleos hipotalâmicos e suas funções principais.

Núcleo hipotalâmico	Funções principais
Paraventricular	Regulação da secreção de hormônios hipofisários, incluindo o hormônio liberador de corticotrofina (CRH) e a ocitocina, bem como da resposta do organismo ao estresse.
Pré-óptico	Regulação da temperatura corporal, do ciclo sono-vigília, da alimentação, do comportamento sexual. Modulação de respostas como vasoconstrição periférica e sudorese.
Anterior	Regulação da temperatura corporal, do comportamento sexual e da secreção de hormônios hipofisários, incluindo o hormônio liberador de gonadotrofina (GnRH) e o hormônio de crescimento (GH).
Supraquiasmático	Regulação do ciclo circadiano.
Supraóptico	Regulação da homeostase hídrica e do balanço eletrolítico do organismo, por meio da produção e da liberação do hormônio antidiurético (ADH).
Dorsomedial	Regulação do comportamento alimentar e da regulação do peso corporal, incluindo a estimulação da ingestão alimentar e a regulação do metabolismo energético.
Ventromedial	Regulação do comportamento alimentar e do metabolismo energético, incluindo a inibição da ingestão alimentar e a regulação do gasto energético.
Arqueado	Regulação do metabolismo energético e da ingestão alimentar, por meio da modulação da atividade dos neurônios orexigênicos e anorexigênicos e da regulação da secreção de hormônios, como a insulina e o glucagon, pelo pâncreas, além da modulação da secreção de cortisol.
Lateral	Regulação das sensações de fome e saciedade, do comportamento de recompensa e do sono.
Posterior	Regulação do ritmo circadiano e do controle da dor.
Mamilar	Regulação da memória episódica e do aprendizado.

APLICAÇÃO CLÍNICA

A seguir, no Quadro 18.4, delimitamos manifestações clínicas correspondentes a cada núcleo hipotalâmico, bem como outras entidades patológicas que afetam o hipotálamo como um todo. Lembramos que se trata apenas de um resumo simplificado e que cada região hipotalâmica tem funções mais complexas e interconectadas entre si, bem como que as condições clínicas mencionadas são apenas algumas das possíveis disfunções associadas a essas regiões.

QUADRO 18.4 Núcleos hipotalâmicos e suas disfunções principais.

Núcleo hipotalâmico	Condições clínicas secundárias a disfunções
Paraventricular	Obesidade, anorexia nervosa, transtorno de estresse pós-traumático.
Pré-óptico	Insônia, outros transtornos do ciclo sono-vigília.
Anterior	Hipersexualidade, agressividade, depressão.
Supraquiasmático	Insônia, outros transtornos do ciclo sono-vigília.
Supraóptico	Diabetes insípido.
Dorsomedial	Obesidade, transtornos alimentares, diabetes melito.
Ventromedial	Obesidade, transtornos alimentares, diabetes melito.
Arqueado	Diabetes melito, obesidade, alterações na regulação hormonal, síndrome de Prader-Willi.
Lateral	Obesidade, transtornos alimentares.
Posterior	Distúrbios do sono, cefaleia trigêmino-autonômica, dor crônica.
Mamilar	Amnésia anterógrada.

Doenças com disfunção hipotalâmica

As condições nosológicas com manifestações hipotalâmicas habitualmente não implicam disfunção de um núcleo apenas, e geralmente exigem uma compreensão mais integral da função do órgão. A título de exemplo, serão mencionadas algumas dessas condições.

Transtornos alimentares. Condições como anorexia nervosa e bulimia podem afetar o hipotálamo e causar alterações hormonais e de apetite. O tratamento pode envolver as terapias cognitivo-comportamental e ocupacional, bem como tratamento medicamentoso.

Transtornos do sono. Destes, a narcolepsia associada ou não à cataplexia é o mais comum, e é secundário à perda dos neurônios orexinérgicos (também chamados "hipocretinérgicos"). Já a síndrome de Kleine-Levin, de mecanismo desconhecido, ocorre predominantemente em adolescentes e causa episódios recorrentes de longos períodos de sono excessivo intercalados com despertar associado a hiperfagia e comportamento impulsivo, por vezes de natureza sexual. O tratamento é sintomático, ao qual deve ser associada terapia cognitivo-comportamental.

Cefaleias trigêmino-autonômicas (CTAs). Esse grupo compreende a cefaleia em salvas, a hemicrânia paroxística e as cefaleias neuralgiformes unilaterais de curta duração (SUNHAs, do inglês *short-lasting unilateral neuralgiform headache attacks*) em suas duas subformas – aquela com injeção conjuntival e lacrimejamento (SUNCT, do inglês *short-lasting unilateral neuralgiform headache attacks with conjunctival injection and tearing*) e aquela com sintomas autonômicos cranianos (SUNA, do inglês *short-lasting unilateral neuralgiform headache attacks with cranial autonomic symptoms*). Em todas, foi evidenciada ativação hipotalâmica durante as crises de cefaleia. Embora as entidades incluídas nos CTAs pareçam semelhantes, elas diferem na duração dos episódios, em sua frequência e na resposta aos diferentes tratamentos.

Epilepsia hipotalâmica. Tipo raro de epilepsia que se origina no hipotálamo e pode causar sintomas como convulsões, alterações de humor e comportamento e distúrbios do sono, e que com frequência está associada a hamartomas hipotalâmicos. O tratamento pode envolver medicamentos antiepilépticos e cirurgia para remover o tecido cerebral afetado.

Condições genéticas. Destas, as mais conhecidas são a síndrome de Prader-Willi e a síndrome de Kallmann, entre outras.

Condições inflamatórias. Apesar de pouco frequentes, podem ser mencionadas a sarcoidose, o granuloma eosinofílico, a histiocitose e a doença de Erdheim-Chester, entre outras.

Medicamentos e o hipotálamo

A maior parte das condições descritas necessita de abordagens terapêuticas específicas. No entanto, existem medicamentos que atuam no hipotálamo por meio de mecanismos de ação e indicações distintas. Alguns desses exemplos incluem:

- Agonistas ou antagonistas dos receptores de hormônios hipotalâmicos, como a somatostatina, a dopamina, a vasopressina e a ocitocina. Esses medicamentos podem ser utilizados no tratamento de distúrbios endócrinos, como acromegalia, hiperprolactinemia, diabetes insípido e síndrome de secreção inapropriada de hormônio antidiurético
- Inibidores da recaptação de serotonina e norepinefrina, como a venlafaxina e a duloxetina. Esses medicamentos são usados no tratamento de transtornos de ansiedade e depressão, que podem ter origem em desequilíbrios monoaminérgicos
- Moduladores da atividade GABAérgica, como o diazepam e o clonazepam. Esses medicamentos atuam como potencializadores dos efeitos inibitórios do neurotransmissor GABA no SNC, sendo utilizados no tratamento de distúrbios do sono, ansiedade e epilepsia
- Analgésicos opioides, como a morfina e a fentanila. Esses medicamentos atuam em receptores opioides presentes no hipotálamo, contribuindo para o alívio da dor
- Estimulantes do apetite, como a orexina-A e a orexina-B. Esses peptídios hipotalâmicos são responsáveis pela

regulação do apetite e do metabolismo energético, e podem ser utilizados no tratamento de distúrbios alimentares como a anorexia e a bulimia.

Neoplasias hipotalâmicas

Por vezes, tumores hipotalâmicos ou justa-hipotalâmicos podem levar a disfunções dessa parte do SNC, por comprometimento direto ou indireto, compressivo. Destes, os mais comuns que se originam no hipotálamo são os gliomas e hamartomas hipotalâmicos. Gliomas hipotalâmicos são tumores cerebrais que se originam nas células de suporte do tecido cerebral, conhecidas como células da glia. Eles são classificados como tumores de grau I ou II, indicando um crescimento lento e geralmente benigno. No entanto, como estão localizados em uma região crítica do cérebro, são capazes de causar sintomas graves, como alterações hormonais, problemas visuais, dor de cabeça e convulsões. À medida que crescem, podem exercer pressão sobre áreas cerebrais adjacentes, ocasionando sintomas neurológicos relacionados com as áreas comprometidas.

Os hamartomas hipotalâmicos, por outro lado, são tumores benignos que se formam a partir de células do próprio hipotálamo. Eles são frequentemente diagnosticados em crianças e adolescentes e podem causar sintomas semelhantes aos gliomas hipotalâmicos, incluindo alterações hormonais, sintomas relacionados com o apetite e o controle da temperatura corporal e problemas de visão. Algumas vezes os hamartomas hipotalâmicos estão associados a crises epilépticas de difícil controle, sendo comum estas apresentarem componente gelástico (riso ictal).

Outros tipos de tumores que podem se originar no hipotálamo incluem craniofaringiomas, tumores benignos derivados de células hipofisárias, que podem crescer em direção ao hipotálamo. Os sintomas incluem dor de cabeça, alterações hormonais, perda de visão e problemas cognitivos. Já os meningiomas são tumores que se desenvolvem a partir das células que revestem o cérebro e a medula espinal e que, por efeito compressivo, podem causar sintomas semelhantes aos gliomas e aos hamartomas hipotalâmicos.

O tratamento para tumores hipotalâmicos depende do tipo e da gravidade do tumor. Em muitos casos, a cirurgia é necessária para removê-lo e aliviar a pressão sobre outras áreas do cérebro. No entanto, considerando sua localização crítica, a cirurgia pode ser arriscada e pode levar a danos nos tecidos circundantes. Além disso, a rádio e a quimioterapia podem ser usadas para controlar o crescimento do tumor ou para tratar as áreas afetadas. O tratamento geralmente é conduzido por uma equipe multiprofissional de profissionais de saúde, incluindo neurocirurgiões, endocrinologistas, oncologistas e outros especialistas em cuidados de saúde.

Existem vários acessos cirúrgicos possíveis para se chegar ao hipotálamo humano. A escolha do acesso exige bom conhecimento da neuroanatomia e depende da localização do tumor ou da lesão inflamatória e do objetivo da cirurgia.

Entre os acessos cirúrgicos mais comuns para o hipotálamo, podemos mencionar os seguintes:

- Acesso transesfenoidal: realizado pelo nariz e seio esfenoidal, que é um espaço na base do crânio próximo ao hipotálamo. É frequentemente usado para cirurgias na região hipofisária, mas também pode ser utilizado para alcançar o hipotálamo. Trata-se de uma abordagem menos invasiva, com menos risco de danos ao cérebro circundante e menos tempo de recuperação
- Acesso transcraniano: é feito quando há necessidade de uma abertura do crânio por uma craniotomia ou uma trepanação para o cérebro. Dependendo da localização do tumor, pode ser necessário remover parte do osso temporal e/ou frontal para chegar ao hipotálamo. É uma abordagem mais invasiva, mas permite um acesso mais amplo ao hipotálamo. A neuroendoscopia utiliza um endoscópio para acessar o hipotálamo por meio de uma pequena incisão, uma trepanação e a passagem pelos ventrículos cerebrais, visto que o líquido cefalorraquidiano é translúcido, permitindo boa visualização. Essa técnica é menos invasiva que a craniotomia, e pode ser usada para remover tumores pequenos ou realizar biopsias. O acesso por estereotaxia também é pouco invasivo, pois demanda somente um furo de trépano. É uma técnica que utiliza um aro fixo ao crânio e cálculos matemáticos obtidos por um sistema de planejamento baseado em imagens de ressonância magnética para guiar a inserção de uma agulha no hipotálamo. É usado para biopsias ou para entrega de tratamentos como radioterapia.

BIBLIOGRAFIA COMPLEMENTAR

Bear MH, Reddy V, Bollu PC. **Neuroanatomy, hypothalamus**. In: StatPearls [Internet]. Treasure Island (FL): StatPearls Publishing, 2023.

Buijs FN, Guzmán-Ruiz M, León-Mercado L *et al.* Suprachiasmatic nucleus interaction with the arcuate nucleus; essential for organizing physiological rhythms. **eNeuro** 2017, 4(2):ENEURO.0028-17.2017.

Korf H-W. Signaling pathways to and from the hypophysial pars tuberalis, an important center for the control of seasonal rhythms. **Gen Comp Endocrinol** 2018, 258:236-243.

Korf H-W, Møller M. Arcuate nucleus, median eminence, and hypophysial pars tuberalis. **Handb Clin Neurol** 2021, 180:227-251.

Patton AP, Hastings MH. The suprachiasmatic nucleus. **Curr Biol** 2018, 28(15):R816-R822.

Qin C, Li J, Tang K. The paraventricular nucleus of the hypothalamus: development, function, and human diseases. **Endocrinology** 2018, 159(9):3458-3472.

19 Sistema Piramidal

Antonio Carlos Huf Marrone

A divisão do sistema nervoso motor em piramidal e extrapiramidal é baseada em experimentos e descrições clinicopatológicas antigas, sendo ainda usada por motivos didáticos.

Sabemos hoje que os dois sistemas atuam de modo paralelo, mas não independente, na atividade motora; por isso, modernamente, preferimos dividir as vias descendentes ou motoras nos sistemas anterolateral e anteromedial.

Permanece difundida, porém, a utilização, nas neurociências, dos termos piramidal e extrapiramidal, como também usamos constantemente, na prática neurológica e neurocirúrgica, a denominação "síndrome piramidal", conceituada com base em sinais e sintomas que decorreriam da lesão da via piramidal.

A terminologia via motora piramidal ou sistema piramidal era dada ao conjunto de fibras descendentes que transitam nas pirâmides bulbares, originando-se na área pré-central e dirigindo-se aos núcleos dos nervos cranianos motores e ao corno anterior da medula espinal.

Atualmente, sabemos que os tratos corticonuclear e corticoespinal originam-se em amplas áreas do córtex cerebral, e localizamos os tratos corticonuclear e corticoespinal cruzado dentro das vias descendentes anterolaterais, e o trato corticoespinal direto dentro das vias descendentes anteromediais.

Sabemos que parte dessas fibras origina-se no giro pré-central, e um número pequeno delas nos neurônios gigantes de Betz. Essas células, filogeneticamente mais recentes, podem unir diretamente o neurônio cortical com o motoneurônio espinal, o que, no passado, descrevia-se como ocorrendo para todas as fibras do trato piramidal.

A partir dessa definição clássica de que a via piramidal apresentava dois neurônios, na clínica passou-se a denominar as doenças das vias motoras como comprometendo o primeiro neurônio, o cortical, ou o segundo neurônio, o do núcleo motor do nervo craniano ou do corno anterior da medula espinal.

Mantemos ainda a terminologia de patologias do primeiro e do segundo neurônio, embora saibamos que primeiro e segundo neurônios são conceitos funcionais que englobam, cada um deles, vários neurônios e conexões sinápticas.

Outro aspecto que discutiremos é a síndrome piramidal, que, na sua conceituação clínica clássica, era baseada em patologias do sistema nervoso central, nas quais havia destruição de tratos motores outros, além dos tratos corticonuclear e corticoespinais da pirâmide bulbar.

Atualmente sabemos, com base em lesões experimentais com destruição da pirâmide bulbar em macacos e estudos funcionais em humanos, que alguns dos sinais e sintomas descritos na síndrome piramidal não se originam do comprometimento dos tratos corticoespinais.

Assim, a denominação atual de "sistema piramidal" não é baseada em aspectos morfofuncionais, e sim mantida por valores históricos e pelo uso clínico corrente.

VIAS PIRAMIDAIS

Os **tratos corticonucleares e corticoespinais** originam-se no córtex cerebral frontal e parietal, cerca de 60% deles nas áreas pré-central e anteriores, e cerca de 40% no córtex sensorimotor do lobo parietal. Existem descrições da contribuição de fibras para tratos também a partir de neurônios dos córtex temporal e occipital (Figura 19.1).

As áreas corticais motoras descritas como origem dos tratos corticoespinais são o córtex motor primário (M1) na área 4, o córtex pré-motor e a área motora suplementar (PMA e SMA) na área 6, a área motora do cíngulo e o córtex sensorial somático (áreas 3, 1 e 2 do lobo parietal). Também as áreas oculomotoras frontais (áreas 6 e 8) e do córtex parietal posterior (áreas 5 e 7) são incluídas por alguns autores nas áreas corticais motoras.

Na área motora primária (M1), área 4, que recebe a convergência da atividade motora cortical, existe uma

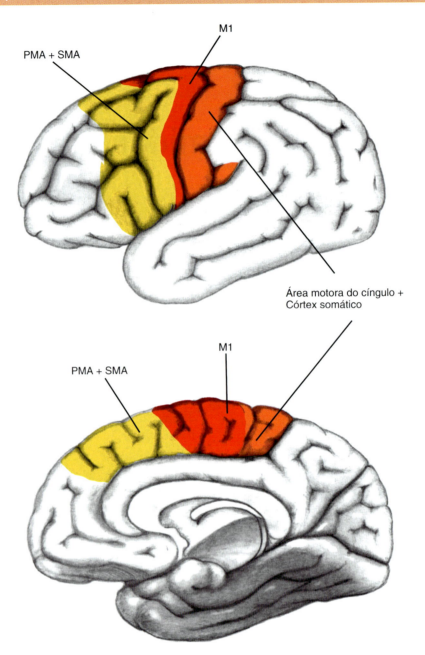

FIGURA 19.1 Sistema piramidal – áreas corticais.

disposição somatotópica com a representação da face inferiormente, junto ao sulco lateral, seguida, superiormente, da representação dos membros superiores, do tronco e, finalmente, dos membros inferiores na face medial do hemisfério, na área paracentral (homúnculo motor de Penfield e Rasmussen) (Figura 19.2).

Sabemos hoje, com as estimulações corticais humanas transoperatórias mais modernas e as imagens dos estudos funcionais *in vivo* em aparelhos como o tomógrafo de emissão e a ressonância magnética, que não encontramos um homúnculo tão bem definido e constante como nos esquemas clássicos de Penfield e Rasmussen.

Os neurônios que dão origem aos axônios dos tratos corticoespinais são as células piramidais das camadas III e V e algumas da camada II. Cerca de 2% das fibras do trato piramidal, as de maior diâmetro, originam-se dos neurônios piramidais gigantes de Betz.

A partir do córtex, as fibras atravessam a coroa radiada e vão transitar no joelho e braço posterior da cápsula interna.

No nível da cápsula interna, as fibras corticonucleares e corticoespinais situam-se com a seguinte somatotopia: as corticonucleares transitam no joelho da cápsula interna, e as corticoespinais, para os membros superiores, posicionando-se no braço posterior, anteriormente às que se dirigem para os membros inferiores. Essa disposição pode variar tanto no sentido anteroposterior como no lateromedial (Figura 19.3).

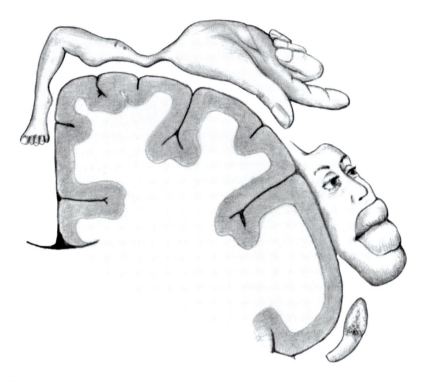

FIGURA 19.2 Somatotopia do córtex cerebral motor – sistema piramidal. (Segundo Penfield – modificado.)

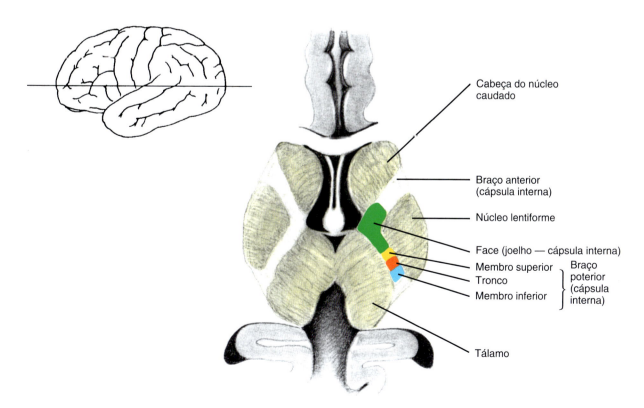

FIGURA 19.3 Sistema piramidal – cápsula interna.

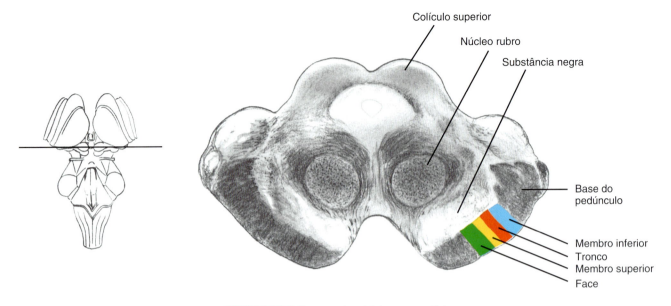

FIGURA 19.4 Sistema piramidal – mesencéfalo.

No nível do mesencéfalo, as fibras corticoespinais e corticonucleares posicionam-se na base do pedúnculo cerebral, numa posição intermediária com a mesma disposição somatotópica, limitadas de ambos os lados pelas fibras extrapiramidais (Figura 19.4).

No mesencéfalo, as fibras do trato corticonuclear para os nervos cranianos oculomotor e troclear abandonam o feixe, cruzando ou não a linha média.

Considera-se que somente cerca de 10% das fibras da base do pedúnculo façam parte dos tratos piramidais.

As fibras corticonucleoespinais, ao chegarem à ponte, encontram na base desta, como obstáculo, os núcleos pontinos. Passam entre os núcleos, divididas em vários tratos, e reúnem-se novamente abaixo, no bulbo (Figura 19.5).

No nível da ponte, abandonam o trato corticonuclear as fibras para os núcleos dos nervos trigêmeo, abducente e facial, sendo exclusivamente cruzadas as que se dirigem para o núcleo inferior do facial. A inervação cruzada e não cruzada para o núcleo superior

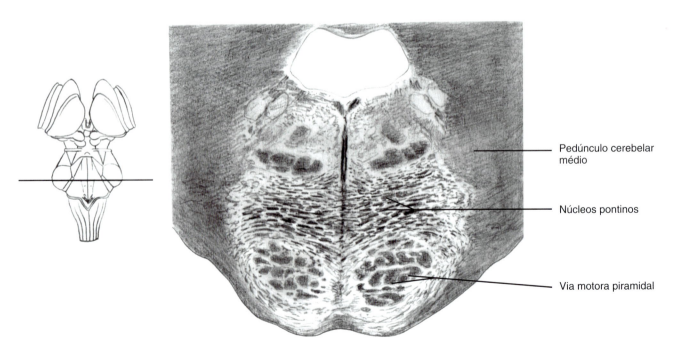

FIGURA 19.5 Sistema piramidal – ponte.

do facial é que faz com que, na paralisia facial central (por lesão acima do núcleo do facial), fiquem comprometidos somente os músculos superficiais da porção inferior da face.

No nível do bulbo, as fibras corticonucleoespinais concentram-se na superfície anterior, constituindo as pirâmides bulbares – também com disposição somatotópica (Figura 19.6).

As fibras corticonucleares restantes terminam no bulbo, dirigindo-se aos núcleos dos nervos cranianos motores glossofaríngeo, vago, acessório e hipoglosso, sendo as dos dois últimos exclusivamente cruzadas.

Na porção inferior das pirâmides, os tratos corticoespinais cruzam, em grande parte, a linha média, constituindo a decussação das pirâmides. Cerca de 90% das fibras corticoespinais cruzam a linha média, e 10% permanecem do mesmo lado.

Esse percentual de fibras que cruzam não é fixo e existem casos descritos, embora raros, sem cruzamento das fibras corticoespinais.

As fibras que cruzam na decussação piramidal vão colocar-se na porção posterior do funículo lateral da medula espinal e constituem o **trato corticoespinal cruzado** ou **lateral**. As fibras que não cruzam situam-se no funículo anterior da medula, constituindo o **trato corticoespinal direto** ou **anterior** (Figura 19.7).

Os tratos corticoespinais da medula espinal vão fazendo sinapses na substância cinzenta da medula espinal ao longo de toda a sua extensão, até se extinguirem no último segmento sacro.

As fibras do trato corticoespinal lateral fazem sinapse na porção lateral do corno anterior da medula espinal que inerva as extremidades, e as do trato corticoespinal direto na porção medial que inerva o tronco (Figura 19.8). Note-se que as fibras do trato corticoespinal direto cruzam para o lado oposto da medula espinal no nível dessa sinapse.

As fibras corticoespinais, em sua grande maioria, fazem sinapse em interneurônios (lâmina 7); somente aquelas que se originam nos neurônios gigantes de Betz fariam sinapse diretamente nos motoneurônios do corno anterior, relacionados com a motricidade fina dos dedos.

As fibras do trato corticoespinal que se originam no córtex parietal fazem sinapse na base do corno posterior da medula espinal para uma provável função de controle nas respostas sensorimotoras.

APLICAÇÃO CLÍNICA

Definia-se a síndrome piramidal ou do primeiro neurônio como resultante das lesões que comprometiam o córtex pré-central ou os tratos corticonucleoespinais que transitam nas pirâmides bulbares.

O "primeiro neurônio" do córtex cerebral, assim como o "segundo neurônio" dos núcleos motores dos nervos cranianos e o corno anterior da medula espinal, corresponde a um agrupamento de neurônios que, no caso do "primeiro neurônio", seriam responsáveis pela eferência da função motora do córtex cerebral. Da mesma maneira, o "segundo neurônio" englobaria, no caso do nervo craniano motor, neurônios da formação reticular e do núcleo, e, no caso do corno anterior da medula espinal, interneurônios da zona intermediária (lâmina 7) e os motoneurônios (lâminas 8 e 9).

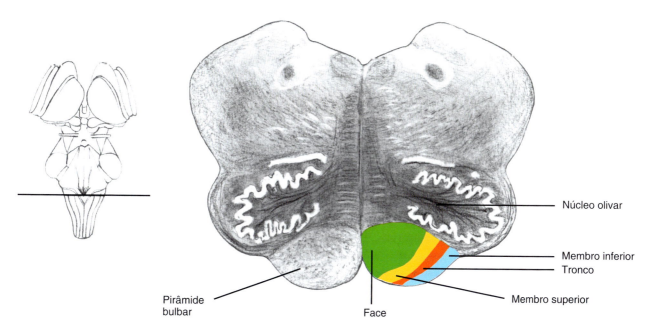

FIGURA 19.6 Sistema piramidal – bulbo.

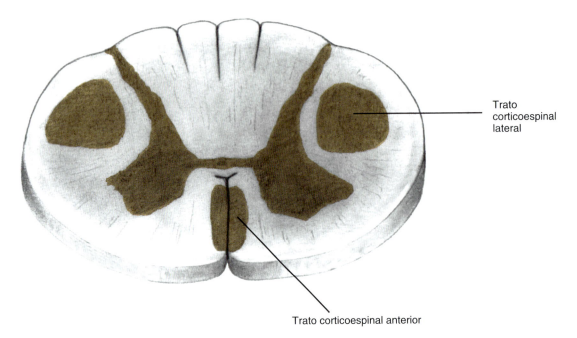

FIGURA 19.7 Sistema piramidal – medula espinal.

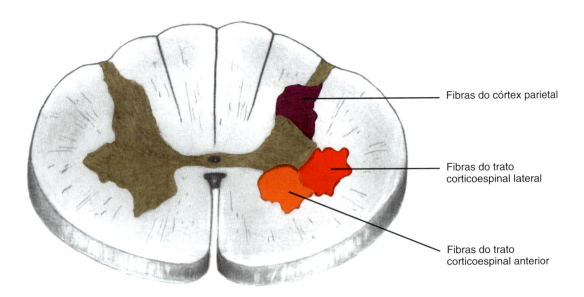

FIGURA 19.8 Sistema piramidal – medula espinal.

Sabemos também, com base em resultados de pesquisa em macacos que tiveram destruídas as pirâmides bulbares, que o quadro deficitário resultante é diferente do descrito na síndrome piramidal (p. ex., não há hipertonia).

Isso se deve ao fato de a síndrome piramidal ter sido descrita a partir da clínica e da patologia *post-mortem*, e de lesões isoladas dos tratos corticonucleoespinais ocorrerem rarissimamente.

Considera-se, com base em estudos mais recentes, com métodos neurofisiológicos e de neuroimagem modernos, que a síndrome piramidal, na realidade, comprometeria os feixes corticonucleoespinal, rubroespinal e reticuloespinais. Permanecemos descrevendo a síndrome piramidal clássica devido à sua grande aplicação na semiologia e clínica neurológica.

A síndrome piramidal apresenta um quadro deficitário diferente, de acordo com o nível em que o sistema nervoso central é afetado. Temos hemiplegia desproporcional (com grau de comprometimento diferente na face e nos membros superior e inferior) nas lesões corticais; hemiplegia proporcional nas lesões da cápsula interna; síndrome alternada (paralisia de nervos cranianos homolaterais opostos aos da hemiplegia) nas lesões do tronco cerebral; e hemiplegia sem comprometimento cefálico nas lesões medulares.

A hemiplegia na síndrome piramidal apresenta hipertonia com rigidez espástica e hiper-reflexia profunda, embora saibamos que, em macacos, a destruição experimental da área pré-central (área 4) e das pirâmides não produz hipertonia e que as lesões das áreas corticais anteriores à pré-central determinam hipertonia e hiper-reflexia.

Daí, presumiu-se que a síndrome piramidal, na realidade, não era só decorrente de lesão do trato corticonucleoespinal, mas também de lesão conjunta com os tratos rubroespinal e reticuloespinal.

Ainda na síndrome piramidal, encontramos diminuição ou abolição dos reflexos cutâneo-abdominais e cremastérico e a presença do sinal de Babinski (cutâneo-plantar em extensão) e de seus sucedâneos. Também aparecem no território paralisado movimentos involuntários quando da tentativa do paciente em mobilizar a extremidade paralisada, que são sincinesias. Esses sinais não aparecem imediatamente após as lesões do sistema nervoso central que atingem o sistema motor. Somente depois de algum tempo, surgem os sinais pela perda do controle do sistema piramidal sobre estruturas mais caudais do sistema nervoso; é a liberação piramidal.

Pensa-se que a lesão piramidal real em humanos, aquela que resultaria da destruição do trato corticoespinal, determina um quadro clínico primordial com déficit na realização e continuidade dos movimentos finos ou de precisão, principalmente os dos dedos das mãos.

BIBLIOGRAFIA COMPLEMENTAR

Davidoff RA. The pyramidal tract. **Neurology** 1990, 40(2):332-339.

Englander RN, Netsky MG, Adelman LS. Location of human pyramidal tract in the internal capsule: anatomic evidence. **Neurology** 1975, 25(9):823-826.

Hanaway J, Young R, Netsky M *et al*. Localization of the pyramidal tract in the internal capsule. **Neurology** 1981, 31(3):365-367.

Heimer Z. **The human brain and spinal cord.** 2nd ed. New York: Springer Verlag, 1995.

Kingsley RE. **Concise text of neuroscience**. Baltimore: Williams & Wilkins, 1996.

Kretschmann HJ. Location of the corticospinal fibers in the internal capsule in man. **J Anat** 1988, 160:219-225.

Kretschmann HJ, Weinrich W. **Cranial neuroimaging and clinical neuroanatomy**. 2nd ed. Stuttgart: Georg Thieme Verlag, 1992.

Lawrence DG, Kuypers HG. The functional organization of the motor system in the monkey. I. The effects of bilateral pyramidal lesions. **Brain** 1968, 91(1):1-14.

Lawrence DG, Kuypers HG. The functional organization of the motor system in the monkey. II. The effects of the descending brainstem pathways. **Brain** 1968, 91(1):15-36.

Martin JH. **Neuroanatomy text and atlas.** 2nd ed. Stansford: Appleton & Lange, 1996.

Nieuwenhuys R, Vooggd J, van Huijzen C. **The human central nervous system.** 3rd ed. Berlim: Springer Verlag, 1988.

Pujol J, Martí-Vilalta JL, Junqué C *et al*. Wallerian degeneration of the pyramidal tract in the capsular infarction studied by magnetic resonance imaging. **Stroke** 1990, 21(3):404-409.

E D Ross. Localization of the pyramidal tract in the internal capsule by whole brain dissection Neurology. 1980 Jan; 30(1):59-64.

Sweet WH. Percutaneous cordotomy. In: Schmidek HH, Sweet WH. **Current techniques in operative neurosurgery.** New York: Grune and Stratton, 1997, pp. 449-466.

Tredici G, Barajon I, Pizzini G *et al*. The organization of corticopontine fibers in man. **Acta Anat (Basel)** 1990, 137(4):320-323.

Zülch KJ, Creutzfeldt O, Galbraith GC. **Cerebral localization.** New York: Springer Verlag, 1975.

Núcleos da Base, Estruturas Correlatas e Vias Extrapiramidais

Hélio Afonso Ghizone Teive • Léo Coutinho

O termo *sistema extrapiramidal* foi criado por Samuel A. K. Wilson, em 1912, com a finalidade precípua de caracterizar um conjunto de estruturas anatômicas, representadas principalmente pelos gânglios da base, que estariam envolvidas no controle motor e, quando disfuncionais, provocariam distúrbios dos movimentos. A motricidade seria representada por dois sistemas descendentes eferentes: o sistema piramidal, cujas fibras passam pelas pirâmides bulbares, e o sistema extrapiramidal, cujas fibras não passam por essas estruturas. O termo *síndrome extrapiramidal* serviria para diferenciar esse grupo de distúrbios daqueles denominados síndromes piramidal e cerebelar.

Na atualidade, em face da evolução dos estudos neurofisiológicos, o conceito de síndrome extrapiramidal tornou-se cada vez mais obsoleto, pois o planejamento motor, o controle motor e a execução do movimento englobam uma série de estruturas, que funcionam de maneira interligada e interdependente, incluindo o córtex pré-motor, a área motora suplementar, o córtex motor, os gânglios da base, o cerebelo, o tronco encefálico e a medula espinal. O papel dos gânglios da base em outras funções cerebrais, além do controle motor, também tem sido mais bem definido com participação em funções cognitivas, comportamentais e emocionais.

No presente capítulo, discutiremos a anatomia e o funcionamento dos núcleos da base, de suas estruturas correlatas e das vias, chamadas "extrapiramidais", que fazem conexão com a medula espinal.

MACROSCOPIA

Os núcleos da base, também chamados "gânglios da base", são um conjunto de núcleos subcorticais localizado predominantemente no nível do telencéfalo. Até há alguns anos, os gânglios da base (GB) eram divididos em corpo estriado (formado pelo núcleo caudado, pelo putame e pelo globo pálido) e complexo do núcleo amigdaloide, chamado "arquiestriado" (formado pelo corpo amigdaloide e pelo *claustrum*).

Nos dias atuais, consideram-se como componentes dos GB as seguintes estruturas:

a) do telencéfalo: núcleo caudado, putame, globo pálido e núcleo *accumbens*;
b) do mesencéfalo: substância negra (partes compacta e reticular);
c) do diencéfalo: núcleo subtalâmico (Figura 20.1).

Como estruturas correlatas aos GB, existem: a área tegmentar ventral, o núcleo pedúnculo-pontino, os núcleos da rafe dorsal, a habênula, o *locus coeruleus* e a zona incerta.

O corpo estriado ou *striatum* compreende o núcleo caudado, o putame e o núcleo *accumbens*. O putame e o globo pálido são conhecidos como núcleo lentiforme. Na atualidade, o núcleo amigdaloide é considerado pertencente ao sistema límbico, e o *claustrum* tem função ainda pouco conhecida, porém com estudos recentes demonstrando um possível papel na regulação da atividade cortical no ciclo sono-vigília e em mecanismos relacionados com a atenção.

Do ponto de vista prático, podem-se definir os GB como o conjunto de núcleos motores subcorticais, constituídos por cinco estruturas, que são o núcleo caudado, o putame, o globo pálido, o núcleo subtalâmico e a substância negra (Figura 20.2). Os GB estão envolvidos diretamente com o sistema motor, por meio de uma função moduladora dos movimentos, participando sobremaneira nos processos de planejamento e controle dos movimentos.

Estudos recentes definem que o planejamento do movimento é realizado nas áreas motoras chamadas "córtex pré-motor" e "área motora suplementar". Após o planejamento do ato motor, existe a execução deste pelo córtex motor (área motora) com a participação do tronco do encéfalo e da medula espinal. Esse sistema gera três tipos de movimentos: as respostas reflexas, os padrões

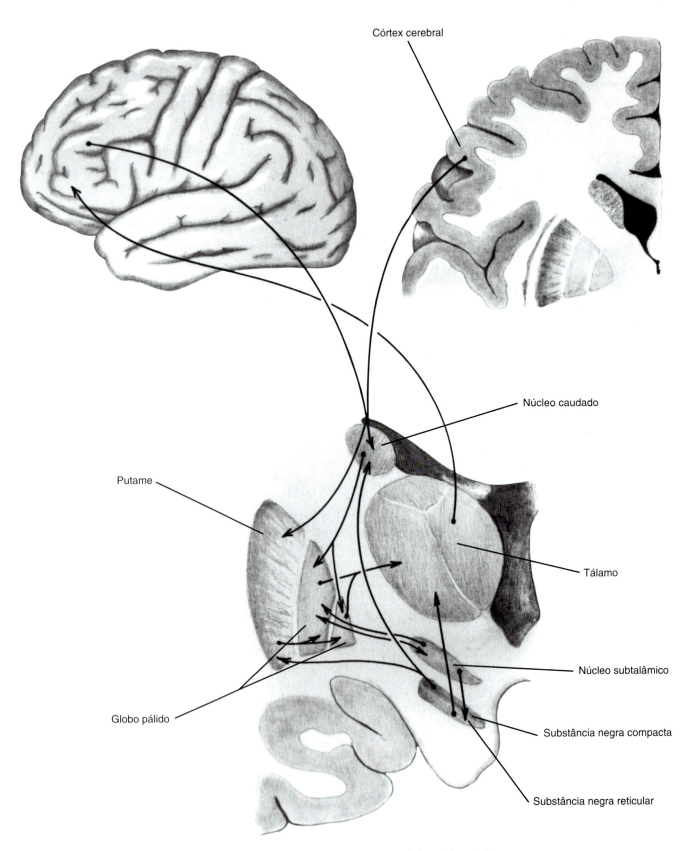

FIGURA 20.1 Corte coronal do cérebro no nível dos núcleos da base.

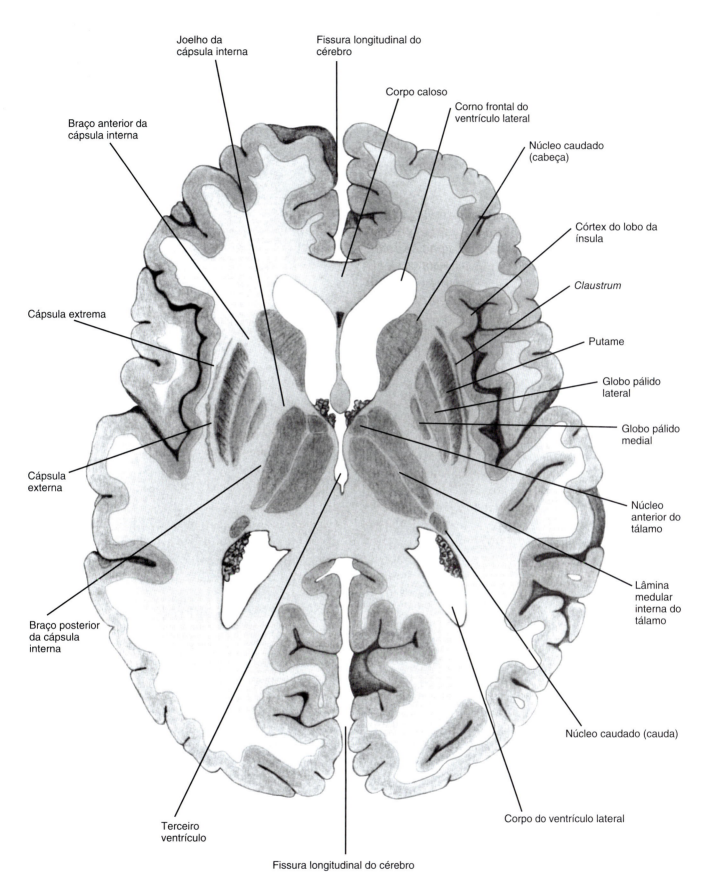

FIGURA 20.2 Corte horizontal do cérebro demonstrando os núcleos da base e suas correlações anatômicas.

motores rítmicos (movimentos automáticos) e os movimentos voluntários. Associadas ao córtex motor, ao tronco do encéfalo e à medula espinal, existem duas outras partes do encéfalo que regulam a função motora: o cerebelo (melhorando a acurácia do movimento, ou seja, a coordenação do movimento) e os GB (pelo planejamento e modulação do movimento).

Embora os GB pertençam ainda ao grupo das estruturas do encéfalo mais desconhecidas, as modernas técnicas neurobiológicas têm fornecido novas ideias sobre os seus circuitos, conexões e neurotransmissores. Desse modo, a misteriosa função motora dos GB, como foi definida por Marsden em l982, vai progressivamente tornando-se mais conhecida.

Contudo, nos dias atuais, a visão sobre os circuitos dos GB tem sofrido uma grande modificação, pois, além da função moduladora dos movimentos, tem-se acrescentado o papel dos GB em algumas doenças neuropsiquiátricas, como, por exemplo, o transtorno obsessivo-compulsivo e também a síndrome de Tourette, e, desse modo, o termo "desordens de circuitos" começou a ser utilizado mais recentemente.

Do ponto de vista funcional, pode-se analisar a anatomia dos GB separando-se os seus componentes em núcleos de entrada, de saída e núcleos intrínsecos. Os núcleos de entrada são representados pelo núcleo caudado, putame e núcleo *accumbens*. Os núcleos de saída são representados pelo globo pálido (segmento interno) e substância negra (parte reticular). Os núcleos intrínsecos são constituídos pelo globo pálido (segmento externo), núcleo subtalâmico, área tegmentar ventral e substância negra (parte compacta) (ver Figura 20.1).

Núcleo caudado

O núcleo caudado é uma estrutura do telencéfalo composta de substância cinzenta, em forma de C, localizada junto à parede lateral dos ventrículos laterais. Compõe-se de cabeça, corpo e cauda. A cabeça corresponde à sua porção mais anterior e faz uma protrusão para dentro do corno anterior do ventrículo lateral. Está separada do putame predominantemente pelo braço anterior da cápsula interna. O corpo do núcleo caudado situa-se no nível do assoalho da parte central do ventrículo lateral, estendendo-se dorsolateralmente sobre o tálamo. A cauda do núcleo caudado representa a porção mais delgada e posterior, e apresenta estreita relação com o corno inferior ou temporal do ventrículo lateral (ver Figura 20.2).

Putame

O putame, com o globo pálido, constitui o chamado "núcleo lentiforme", que se relaciona medialmente com a cápsula interna (que o limita com o núcleo caudado e com o tálamo), e lateralmente com a cápsula externa. Se analisarmos a anatomia regional, poderemos identificar as seguintes estruturas, iniciando-se lateralmente em direção à linha média:

a) córtex da ínsula: que contém parte da representação cortical para o gosto e para o processamento da dor;
b) cápsula extrema: fina lâmina de substância branca que contém fibras de associação corticocorticais;
c) *claustrum*: grupo de neurônios (constituídos de substância cinzenta) topograficamente conectados com o córtex cerebral;
d) cápsula externa: lâmina de substância branca que contém fibras de associação corticocorticais;
e) putame (ver Figura 20.2).

O putame é considerado o componente de maior tamanho dos GB e tem uma localização mais lateral em relação aos demais núcleos. O putame relaciona-se lateralmente com a cápsula externa e medialmente com a lâmina medular lateral do globo pálido. Essa estrutura contém axônios que separam o putame do segmento externo do globo pálido.

Podem-se identificar nesse nível as seguintes estruturas, orientando-se da região lateral à linha média (ver Figura 20.4):

a) lâmina medular lateral;
b) segmento externo do globo pálido;
c) lâmina medular medial: que separa os segmentos externos e internos do globo pálido;
   1) segmento interno do globo pálido: que se projeta para o tálamo;
   2) braço posterior da cápsula interna: que contém axônios descendentes corticoespinais e fibras ascendentes talamocorticais;
   3) tálamo: que contém núcleos sensoriais e motores para o córtex cerebral;
   4) aderência intertalâmica.

Globo pálido

O globo pálido constitui a porção do núcleo lentiforme de menor tamanho e situada mais medialmente. A lâmina medular medial separa o globo pálido em segmentos medial e lateral. O segmento medial do globo pálido é dividido, pela lâmina medular acessória, em duas porções: uma mais medial (globo pálido interno), relacionada com o fascículo lenticular, e outra mais lateral (globo pálido externo), relacionada com as fibras da *ansa lenticularis*. Pode-se acrescentar ainda uma terceira parte, chamada "globo pálido ventral", relacionada com o sistema límbico.

Os neurônios do segmento interno do globo pálido projetam-se através dos seus axônios ao tálamo, por duas vias separadas: o fascículo lenticular e a *ansa lenticularis*. Os axônios do fascículo lenticular têm um curso direto, através da cápsula interna. A cápsula interna representa uma barreira para as fibras da *ansa lenticularis*, as quais têm de contornar a cápsula para atingir o tálamo. A *ansa lenticularis* e o fascículo lenticular convergem ao tálamo e juntam-se com as fibras do trato cerebelotalâmico, formando assim o fascículo talâmico. O fascículo lenticular é também conhecido como **campo H2 de Forel**, e o fascículo talâmico, como **campo H1 de Forel**. Existe ainda um terceiro **campo de Forel**, chamado **H**, que está localizado em uma região ventromedial ao campo H1, junto ao tegmento do mesencéfalo.

O globo pálido é também conhecido, do ponto de vista filogenético, como paleoestriado.

Núcleo subtalâmico

O núcleo subtalâmico, situado no nível do diencéfalo, ventralmente ao tálamo, localiza-se como o próprio nome indica. Relaciona-se, lateralmente, com a cápsula interna e, medialmente, com o hipotálamo. O núcleo subtalâmico é somatotopicamente organizado (ou seja, tem áreas relacionadas com os membros superiores e inferiores).

As conexões do núcleo subtalâmico são complexas, recebendo aferências do segmento externo do globo pálido e do córtex motor e tendo eferências para os segmentos externo e interno do globo pálido (ver Capítulo 16, *Diencéfalo – Epitálamo e Subtálamo*, Figura 16.2).

Na atualidade, inúmeros estudos têm demonstrado que o núcleo subtalâmico tem conexões mais amplas, como, por exemplo, com o núcleo pedúnculo-pontino, no nível do mesencéfalo, e particularmente com o córtex cerebral. Desse modo, o núcleo subtalâmico tem sido considerado uma peça-chave, de entrada, dos circuitos dos núcleos da base, tão importante quanto o *striatum*.

Substância negra

A substância negra é uma estrutura de coloração escura, formada por neurônios contendo melanina, e que está localizada no mesencéfalo, entre o tegmento e a base do pedúnculo, que são componentes do pedúnculo cerebral.

É considerada a maior estrutura nuclear do mesencéfalo, estando interposta entre o núcleo subtalâmico e a base do pedúnculo. A substância negra é dividida em duas partes: a *pars compacta (SNc)* e a *pars reticulata (SNr)*.

A *pars compacta* localiza-se dorsalmente, e seus neurônios contêm grandes quantidades de dopamina. Essa divisão da substância negra apresenta as principais projeções eferentes, sobretudo através das fibras nigroestriatais, que fazem a conexão entre o corpo estriado e estão envolvidas com o controle dos movimentos. Existem também conexões entre a amígdala (envolvida com as emoções e motivação) e a formação reticular (envolvida com a vigília) com a *pars compacta* da substância negra.

A *pars compacta* não é a única estrutura do mesencéfalo que contém dopamina. A área tegmentar ventral, que está localizada dorsomedialmente à substância negra, junto à fossa interpeduncular, contém neurônios dopaminérgicos e apresenta conexões com o corpo estriado e também com o lobo frontal, por meio do feixe prosencefálico medial.

A *pars reticulata*, por sua vez, localizada ventralmente, recebe as principais projeções aferentes para a substância negra, oriundas principalmente do corpo estriado: fibras estriatonigrais e o neurotransmissor envolvido é o GABA. Existe uma projeção das *pars reticulata* aos colículos superiores, que, em macacos *Rhesus*, é considerada como tendo um papel no controle dos movimentos oculares sacádicos (ver Capítulo 10, *Tronco do Encéfalo*, Figura 10.7). A *pars reticulata* da substância negra é similar histologicamente ao globo pálido interno, fato observado mesmo em situações patológicas nas quais ocorre padrão semelhante de neurodegeneração entre essas duas estruturas.

VIAS E ESTRUTURAS INTERNAS

O corpo estriado (núcleo caudado e putame) é formado por neurônios conhecidos como espinhosos (devido ao fato de que seus dendritos são densamente cobertos com espinhos) e não espinhosos. A maior parte dos neurônios do putame é do tipo espinhoso médio, que são gabaérgicos (contêm ácido gama-aminobutírico = GABA), e geram projeções no globo pálido. Quanto aos neurônios não espinhosos, podem-se encontrar vários subtipos, alguns gabaérgicos, outros colinérgicos, e relacionados com a somatostatina e com o neuropeptídio Y. Existem ainda outros grupos de neurônios estriatais, conhecidos como interneurônios, ou neurônios de circuitos locais, que perfazem cerca de 4 a 23% do total de neurônios estriatais. Um tipo especial desses neurônios (que representa 2% do total) é o interneurônio gigante não espinhoso. Esses interneurônios gigantes são predominantemente colinérgicos e têm atividade autônoma espontânea, o que lhes confere o nome de "neurônios tonicamente ativos".

O corpo estriado apresenta uma divisão em compartimentos, alguns com baixa densidade celular, chamada "matricial", que representa cerca de 80%, e um compartimento com alta densidade celular, chamado "estriossomal" (20%). Os neurônios matriciais, por meio dos agrupamentos celulares conhecidos como matriossomos, recebem aferências do córtex cerebral, principalmente das camadas III e V das áreas motoras, motora suplementar, sensorial, e apresentam grandes quantidades de acetilcolina e GABA. Os neurônios estriossomais apresentam conexões com a *pars compacta* da substância negra (impulsos aferentes dopaminérgicos) e com as camadas corticais (IV, V e VI, com altas concentrações de substância P e encefalina).

A maior parte do globo pálido, que corresponde a 70% do total, é formada por neurônios predominantemente gabaérgicos. Existem neurônios colinérgicos (contendo acetilcolina) no nível das lâminas medular medial e lateral.

O núcleo subtalâmico apresenta neurônios que contêm glutamato e exerce uma ação excitatória sobre as estruturas do globo pálido e substância negra.

A substância negra apresenta, na sua *pars compacta*, grandes quantidades de dopamina e de colecistoquinina e substância P, e, na sua *pars reticulata*, grandes quantidades de GABA, além de serotonina.

O núcleo pedúnculo-pontino apresenta neurônios colinérgicos e não colinérgicos (provavelmente glutamatérgicos), ao passo que o núcleo *accumbens* apresenta predominantemente inervação dopaminérgica, a habênula, neurônios colinérgicos e também serotoninérgicos.

O ponto de maior importância relacionado com os GB é o correto entendimento do funcionamento dos seus circuitos fisiológicos. A princípio, pode-se relembrar que o planejamento do ato motor, ou seja, o plano motor é realizado nas áreas do córtex pré-motor, área motora suplementar, com a participação do córtex somatossensorial. Após, a execução do movimento é transmitida pelas vias corticais eferentes para o tronco encefálico e medula espinal, conhecidos como trato corticonuclear e corticoespinal (Figura 20.3), descritos no Capítulo 19, *Sistema Piramidal*.

Vias extrapiramidais

Deve-se relembrar que o sistema motor apresenta três tipos de movimentos: as respostas reflexas, o padrão motor rítmico e os movimentos voluntários. A medula espinal, o tronco do encéfalo e o córtex motor representam os três níveis do controle motor. A medula espinal representa o nível mais baixo da hierarquia e contém circuitos neuronais que vão mediar uma série de padrões motores automáticos, estereotipados e reflexos. Já o córtex cerebral, com as suas três áreas, córtex pré-motor, área motora suplementar e córtex motor primário, representa o nível mais alto do controle dos movimentos. Essas áreas projetam-se diretamente para a medula espinal por meio do trato corticoespinal, bem como indiretamente, por meio de sistemas motores do tronco do encéfalo, pelas vias chamadas "extrapiramidais".

O tronco do encéfalo contém dois sistemas neuronais, em paralelo, chamados sistemas "medial" e "lateral", cujos axônios projetam-se e regulam redes de interneurônios e neurônios motores da medula espinal, no nível dos núcleos motores mediais e laterais da substância cinzenta. O sistema medial é composto de tratos vestibuloespinal, reticuloespinal e tetoespinal. Esse sistema controla principalmente os músculos axiais e proximais, tendo importante papel no controle postural, integrando informações visuais, vestibulares e somatossensoriais. O sistema lateral é representado pelo sistema rubroespinal, que controla os músculos distais dos membros, tendo importância no controle dos movimentos direcionados aos alvos.

Esses tratos anteriormente citados, vestibuloespinal, reticuloespinal, tetoespinal, rubroespinal, além do chamado "olivoespinal", são definidos como vias extrapiramidais.

O trato vestibuloespinal tem origem no núcleo vestibular lateral no assoalho do quarto ventrículo da ponte. Os núcleos vestibulares recebem impulsos do nervo vestibulococlear e do cerebelo. O trajeto descendente do trato vestibuloespinal segue pela parte anterior do funículo lateral, tornando-se mais anterior na região lombossacra. Suas fibras estão presentes em toda a extensão da medula espinal e terminam em parte da lâmina VII e em toda a lâmina VIII de Rexed, na coluna anterior de substância cinzenta.

O trato reticuloespinal tem origem na formação reticular de forma distinta na ponte e no bulbo, podendo ser dividido, desse modo, em duas vias. O trato reticuloespinal pontino é praticamente todo ipsilateral, localiza-se na parte medial do funículo anterior e termina nas lâminas VII e VIII de Rexed. O trato reticuloespinal bulbar é direto e cruzado, e segue pela parte anterior do funículo lateral.

O trato tetoespinal tem origem no colículo superior, cuja principal função relaciona-se com a visão. Seu trajeto descendente passa pelo tronco cerebral cruzando a linha mediana, passando pela parte anterior do funículo anterior, próximo à fissura mediana anterior. Suas fibras terminam na região cervical.

O trato rubroespinal se origina no núcleo rubro no mesencéfalo. Suas fibras cruzam a linha mediana, descem pelo tronco do encéfalo e seguem na porção anterior do funículo lateral, terminando nas lâminas V, VI e VII de Rexed até a região torácica da medula espinal.

O trato olivoespinal é uma via que faz a conexão do complexo olivar inferior do bulbo com a medula espinal, sendo uma estrutura ainda pouco conhecida.

Podemos definir então que o córtex cerebral atua estimulando os GB (por meio dos neurotransmissores glutamato e aspartato), particularmente o corpo estriado (onde predomina o neurotransmissor GABA), o qual, por sua vez, atuará sobre os núcleos intrínsecos dos GB, principalmente o segmento externo do globo pálido, e este exerce uma ação sobre os núcleos de saída dos GB, no caso o segmento interno do globo pálido e a *pars reticulata* da substância negra. A partir dessa sequência de ações, existe um efeito de *feedback*, que é exercido pelo tálamo, o qual apresenta uma projeção de volta ao córtex do lobo frontal, fechando o circuito. Desse modo, os GB recebem aferências do córtex cerebral e projetam-se de volta ao córtex por meio do tálamo (que utiliza, como principal neurotransmissor, o glutamato), caracterizando o circuito corticogangliobasal-talamocortical (Figura 20.4).

Os GB estão envolvidos principalmente no processo de informação necessária para o planejamento e para o desencadeamento dos movimentos autoiniciados e para organizar os ajustes posturais associados.

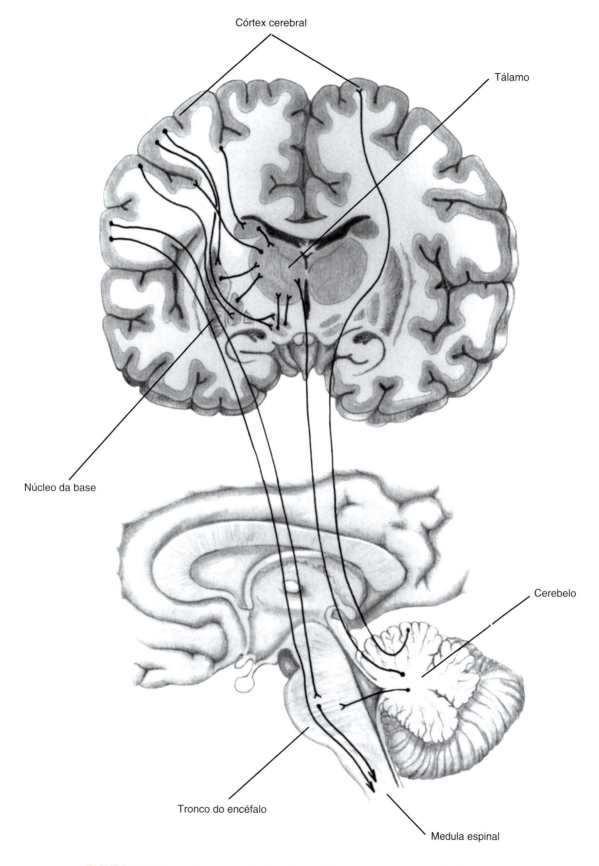

FIGURA 20.3 Esquema com as relações entre os diferentes componentes do sistema motor.

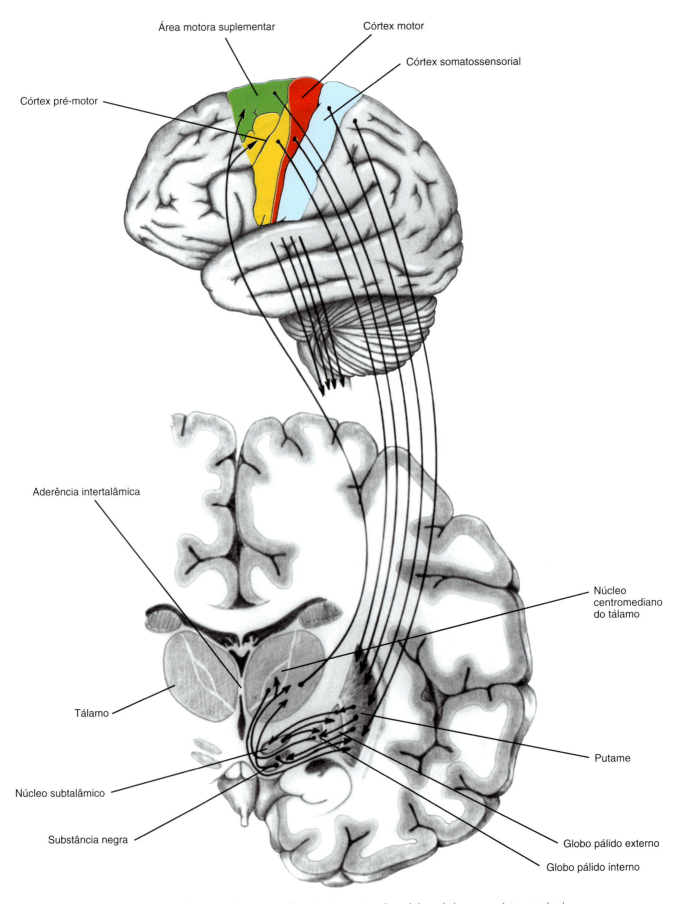

FIGURA 20.4 Esquema demonstrando o circuito motor dos núcleos da base e o córtex cerebral.

Tem-se definido que os gânglios da base facilitam seletivamente alguns movimentos e, ao mesmo tempo, atuam suprimindo outros.

Para que exista um perfeito entendimento do funcionamento dos GB, é necessário analisar a maneira de ação dos seus diferentes componentes, por meio das duas alças motoras conhecidas como vias de saída estriatal direta e indireta. Essas duas vias têm efeitos antagônicos sobre o tálamo (núcleos ventral anterior e ventral lateral), tendo a via direta um efeito excitatório sobre o tálamo, e a indireta, um efeito inibitório.

A via direta é formada por neurônios de projeções do putame aos neurônios localizados no segmento interno do globo pálido (GPI), contendo neurônios com GABA-substância P, que se projeta aos núcleos ventral lateral e ventral anterior do tálamo. Esse circuito contém dois neurônios inibitórios no putame e globo pálido. Assim, a excitação cortical ao putame é transformada em inibitória para o segmento interno do globo pálido. De outro modo, a projeção do segmento interno do globo pálido ao tálamo é também inibitória e, consequentemente, a ação inibitória do putame reduz a quantidade de inibição do tálamo, oriunda do segmento interno do globo pálido. Portanto, essa dupla ação inibitória tem como consequência uma ação excitatória do tálamo ao córtex, facilitando o início dos movimentos (Figura 20.5).

A via indireta tem o efeito oposto, no tálamo e no córtex cerebral, ao da via direta. A diferença de ação é determinada pela presença do núcleo subtalâmico (NST), que é excitatório. A princípio, existe a ação dos neurônios inibitórios do putame, os quais se projetam para o segmento externo do globo pálido (GPE), cuja ação é também inibitória (contém neurônios com GABA-encefalina). Entretanto, como existe uma conexão entre o segmento externo do globo pálido e o núcleo subtalâmico, o putame acaba por ter uma ação desinibitória sobre o núcleo subtalâmico. Essa ação desinibitória irá aumentar a ação excitatória do núcleo subtalâmico sobre o segmento interno do globo pálido e sobre a *pars reticulata* da substância negra, provocando, desse modo, uma forte ação inibitória sobre o tálamo, que, por sua vez, passa a atuar sobre o córtex cerebral (lobo frontal) de modo negativo, suprimindo os movimentos (ver Figura 20.5).

Há que considerar, ainda, o papel da dopamina dentro dos GB, que é complexo, pois a via nigroestriatal tem um efeito excitatório sobre os neurônios do corpo estriado (atuando nos receptores D1) na via direta e, ao mesmo tempo, um efeito inibitório sobre os neurônios estriatais (atuando nos receptores dopaminérgicos D2) pertencentes à via indireta. Assim, a influência da dopamina no corpo estriado pode reforçar a ação da via direta, facilitando os movimentos, e também pode atuar sobre a via indireta, inibindo-os (ver Figura 20.5).

Já foram identificados cinco tipos de receptores dopaminérgicos, localizados no corpo estriado, regiões

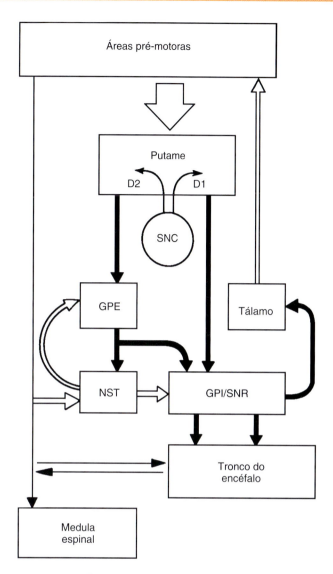

FIGURA 20.5 Diagrama esquemático de funcionamento dos gânglios da base, com as principais conexões dentro do sistema motor.

límbicas, córtex, tálamo e na substância negra, definidos como D1, D2, D3, D4 e D5. Do ponto de vista bioquímico, dividem-se os receptores dopaminérgicos em D1 e D2. Ou seja, os do tipo D1 estimulam a atividade da adenilciclase, e os do tipo D2 inibem a atividade da adenilciclase. Esses receptores existem em maior número no corpo estriado e na substância negra.

Mais recentemente, além das conhecidas vias direta e indireta, foi descoberta uma nova via entre o córtex motor e os GB; trata-se da via definida como "hiperdireta". A via "hiperdireta" representa uma conexão entre áreas do córtex cerebral (lobo frontal) e o núcleo subtalâmico e globo pálido, e tem importante ação no processo de seleção do programa motor (iniciação, execução e término), enquanto outros programas motores concorrentes são cancelados.

Esse sistema de circuitaria direta/indireta tem auxiliado na compreensão do funcionamento dos gânglios da base e tem proporcionado o advento de novas técnicas de neurocirurgia funcional para tratamento dos distúrbios de movimento desde sua proposição, no fim da década de 1980. Entretanto, há uma compreensão crescente de que esse modelo ainda não está completo e de que diversas vias não figuram nesse modelo clássico, hoje sendo considerado insuficiente para explicar todas as nuances do funcionamento dos gânglios da base.

A introdução da via hiperdireta estabeleceu o papel da via cortico-subtalâmica, mas há também das vias diretas cortico-talâmicas, importantes para a modulação do movimento, que não estão inclusas. O modelo clássico também não leva em consideração várias estruturas análogas aos gânglios da base, como o *locus coeruleus*, os núcleos da rafe mediana, a zona incerta, a habênula lateral e o núcleo pedúnculo-pontino.

Outro aspecto importante negligenciado pelo modelo clássico é a organização em paralelo das funções dos gânglios da base. Embora as vias destacadas descrevam o funcionamento dos mecanismos de controle motor, essas vias não correspondem aos circuitos relacionados com a cognição e a função executiva (córtex pré-frontal dorsolateral → globo pálido interno medial → núcleo ventral anterior e medial dorsal do tálamo → córtex) e relacionados com o sistema límbico, particularmente o sistema de recompensa (córtex cingulado anterior → estriado ventral → globo pálido ventral → núcleo ventral dorsal do tálamo → córtex), tarefas também executadas pelos gânglios da base. Apesar de essas vias correrem de maneira independente, têm certo grau de integração entre si.

APLICAÇÃO CLÍNICA

As síndromes relacionadas com os GB foram por muito tempo conhecidas como síndromes extrapiramidais, diferenciando-se de outras disfunções motoras, como as síndromes piramidais, cerebelares e do neurônio motor inferior.

Na atualidade, o termo *síndrome extrapiramidal* tem se tornado obsoleto, sendo substituído por um termo mais amplo e objetivo – *distúrbios dos movimentos*.

Os distúrbios dos movimentos compreendem dois grupos de disfunções neurológicas:

a) Síndromes caracterizadas predominantemente por uma paucidade de movimentos, geralmente associadas à presença de rigidez muscular, que são conhecidas como parkinsonismo, síndrome parkinsoniana ou mesmo síndrome rígido-acinética, tendo como principal exemplo a doença de Parkinson.

b) Síndromes caracterizadas pela presença de movimentos excessivos ou anormais, conhecidas como hipercinesias, discinesias ou como movimentos involuntários anormais.

A seguir, será apresentada de forma resumida uma série de correlações clinicopatológicas relacionadas com as disfunções dos GB. Contudo, antes de prosseguir, cumpre ressaltar uma série de conceitos, difundidos por Marsden, acerca de alguns dilemas dos GB. Existem alguns paradoxos a respeito das enfermidades patológicas produzidas no nível dos GB:

- Por que diferentes lesões patológicas localizadas em zonas similares dos GB produzem efeitos diversos? Um exemplo disso seria a ocorrência de lesões do corpo estriado, ora produzindo uma síndrome rígido-acinética, ora um quadro oposto de hipercinesia do tipo coreia (como a doença de Huntington) ou mesmo de distonia
- Por que lesões patológicas similares que ocorrem em diferentes áreas dos GB produzem o mesmo distúrbio do movimento? Por exemplo, distonia pode ser provocada por lesões do corpo estriado, do globo pálido e do tálamo
- Por que lesões patológicas similares que ocorrem na mesma parte dos GB algumas vezes provocam distúrbios do movimento e, outras, nada provocam? Um exemplo seria a ocorrência de infartos na região do globo pálido, podendo ou não provocar distúrbios do movimento (p. ex., distonia)
- Por que uma doença que afeta os GB pode causar uma variedade de distúrbios dos movimentos? Um exemplo seria a doença de Wilson, que pode provocar tremores, distonia e parkinsonismo.

Parkinsonismo

Define-se como parkinsonismo uma síndrome caracterizada pela presença de bradicinesia, rigidez muscular, instabilidade postural e presença de tremores (predominantemente de repouso). Existe um consenso de que a presença de dois desses sinais já é suficiente para estabelecer o diagnóstico de parkinsonismo.

A causa mais comum de parkinsonismo é a doença de Parkinson idiopática (DPI), que é uma enfermidade neurodegenerativa, causada pela perda neuronal progressiva no nível de diferentes estruturas do tronco encefálico e do cérebro, incluindo a *pars compacta* da substância negra do mesencéfalo, com disfunção dopaminérgica (relacionada com os chamados "sinais motores"), mas com disfunção de vários outros sistemas monoaminérgicos: serotoninérgicos, adrenérgicos, colinérgicos, relacionados com os chamados "sinais não motores" da doença de Parkinson, como a depressão, o distúrbio comportamental do sono REM e a disfunção cognitiva.

Ocorre uma disfunção da via nigroestriatal, com diminuição da concentração de dopamina no nível dos receptores dopaminérgicos situados no corpo estriado. Como resultado dessa disfunção dopaminérgica, observa-se uma síndrome rígido-acinética, geralmente associada à presença de tremores (caracteristicamente, de mãos, em repouso, do tipo "contar dinheiro") e com a presença de instabilidade postural.

Do ponto de vista de disfunção do circuito dos GB, observa-se perda de ação inibitória do segmento lateral do globo pálido sobre o núcleo subtalâmico, bem como existe uma ação hiperexcitatória do núcleo subtalâmico sobre o segmento medial do globo pálido, cujo resultado final é uma menor ação excitatória do tálamo sobre o córtex motor, determinando assim a síndrome rígido-acinética (Figura 20.6).

Essas anormalidades têm grande importância nos dias de hoje, com relação aos tratamentos clínico e cirúrgico da DPI. Em relação ao tratamento clínico, utiliza-se uma série de medicamentos que aumentam a concentração de dopamina no sistema nigroestriatal, como o uso de levodopa. Quanto aos tratamentos cirúrgicos, pode-se utilizar a talamotomia (descrita no Capítulo 17, *Tálamo*), provocando lesões estereotáxicas em núcleos talâmicos e normalizando o *feedback* entre os GB e o córtex cerebral motor, principalmente na abolição dos tremores e da rigidez. A palidotomia elimina a ação inibitória excessiva sobre o tálamo, atuando mais acentuadamente no tônus muscular e na bradicinesia. Mais recentemente, a utilização da estimulação cerebral profunda (DBS, do inglês *deep brain stimulation*) tem como alvos as mesmas estruturas: tálamo e globo pálido, ou mesmo o núcleo subtalâmico.

Na atualidade, deve-se considerar também os neurotransplantes, como a utilização de substância negra fetal no nível do corpo estriado, tentando-se refazer a via dopaminérgica disfuncional.

Quanto a outros tipos de parkinsonismos, como os chamados "parkinsonismos atípicos", em que a síndrome rígido-acinética associa-se à presença de outros distúrbios neurológicos, pode-se citar a paralisia supranuclear progressiva. A atrofia de múltiplos sistemas, a degeneração corticobasal e a demência com corpos de Lewy são outras enfermidades desse grupo. Ainda com relação ao parkinsonismo, existe um grupo especial chamado "secundário" ou "sintomático", geralmente decorrente da utilização de determinados fármacos, como os neurolépticos, a flunarizina e a cinarizina, além de casos de parkinsonismo de origem vascular.

Hipercinesias/Discinesias

Tremores, coreia, balismo, mioclonia, distonia e tiques são movimentos excessivos ou anormais chamados "hipercinesias".

Tremor é o movimento involuntário caracterizado pela presença de oscilações rítmicas de determinado segmento corporal, provocado por contrações alternadas de músculos agonistas e antagonistas. Esses tremores podem ser **de repouso, de ação, que pode ser do tipo postural e cinético**. O tremor de repouso ocorre na doença de Parkinson. Já o tremor postural verifica-se na enfermidade conhecida como *tremor essencial*, geralmente familiar (com herança genética), e acomete as mãos e a cabeça principalmente. O tremor cinético aparece nas disfunções dos circuitos cerebelares, nas chamadas "síndromes cerebelares". O tremor de Holmes (antes definido como rubral) apresenta os três componentes: de repouso, postural e intencional.

Coreia são movimentos involuntários, irregulares, sem finalidade, não rítmicos, abruptos, rápidos, não mantidos, erráticos, caracterizados por um fluxo de movimentos de uma parte do corpo para outra, que se repete com intensidade e topografia variáveis. Tem-se como exemplo clássico das coreias a doença de Huntington. Trata-se de uma enfermidade neurodegenerativa, de natureza genética, causada por uma mutação localizada no cromossomo 4, com o desenvolvimento de atrofia no nível do corpo estriado, particularmente da cabeça do núcleo caudado. Outro exemplo de coreia é a coreia de Sydenham, de origem autoimune. Nas coreias, ocorre a perda de função da via inibitória entre o putame e o segmento lateral do globo pálido, provocando uma excessiva atividade inibitória dessa estrutura sobre o núcleo

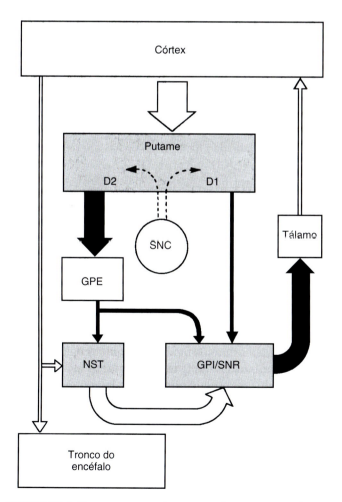

FIGURA 20.6 Diagrama com as alterações no funcionamento do circuito dos gânglios da base, tálamo e córtex cerebral no parkinsonismo.

subtalâmico; a consequência é uma redução do seu tônus excitatório sobre o segmento medial do globo pálido e a *pars reticulata* e, finalmente, uma redução da ação inibitória do tálamo sobre o córtex cerebral motor, provocando, assim, a ocorrência de movimentos involuntários anormais excessivos definidos como coreia.

Define-se **balismo** como um movimento involuntário do tipo coreico, de grande amplitude, afetando os membros, que ocorre sobretudo unilateralmente. O balismo, particularmente a sua forma lateralizada (que ocorre em um dimídio, conhecida como hemibalismo), é considerado o único distúrbio do movimento hipercinético que apresenta uma área específica de lesão nos GB, que é o núcleo subtalâmico. Desse modo, perde-se a ação excitatória do núcleo subtalâmico sobre o segmento medial do globo pálido e a *pars reticulata*, e, consequentemente, vai existir uma redução da ação talâmica sobre o córtex motor, facilitando a ocorrência do movimento involuntário anormal.

Mioclonia é um movimento involuntário súbito, breve, tipo "choque", causado por contrações musculares (mioclonia positiva) ou inibições musculares (mioclonia negativa). As mioclonias representam distúrbios do movimento hipercinéticos que não apresentam uma topografia específica no sistema nervoso, particularmente nos GB, podendo ser desencadeadas por lesões em diferentes regiões.

Distonia refere-se ao distúrbio do movimento caracterizado por contrações musculares mantidas e simultâneas de grupos agonistas e antagonistas, frequentemente causando torção e movimentos repetitivos e/ou posturas anormais. As distonias representam um extenso grupo de enfermidades de diferentes etiologias (doenças genéticas, secundárias a lesões de diferentes etiologias, localizadas em diferentes níveis dos GB), com evolução e prognóstico muito variáveis. Ainda que as formas de distonias idiopáticas (como o grupo das distonias generalizadas com herança genética) não estejam associadas a nenhuma lesão patológica consistente, as distonias secundárias frequentemente envolvem os GB, particularmente o putame.

O termo *atetose* foi durante muito tempo considerado um distúrbio do movimento classificado entre as coreias de ocorrência mais distal, nas mãos, com movimentos mais lentos, "vermiformes", mantidos, entretanto, pelos novos conhecimentos dos distúrbios do movimento. Esse distúrbio é reconhecido atualmente como uma forma de distonia, pela presença de torção e de postura anormal do membro afetado.

Tiques são distúrbios do movimento caracterizados por movimentos involuntários, rápidos, repetitivos e estereotipados de grupos musculares individualizados. Os tiques e, em particular, a síndrome de Tourette, que engloba pacientes com início da enfermidade antes dos 18 anos, com mais de 1 ano de duração, com a presença de tiques motores múltiplos associados a tiques vocais, têm no seu mecanismo etiopatogênico vários componentes: genético (ainda não definido especificamente), bioquímico (circuitos dopaminérgicos) e topográfico (interações entre os sistemas dos GB e límbico).

Existem ainda vários outros distúrbios do movimento, e podem-se exemplificar nesse grupo as ataxias, a discinesia tardia e as discinesias induzidas por fármacos, principalmente a levodopa, a acatisia e as estereotipias.

BIBLIOGRAFIA COMPLEMENTAR

Alexander GE. Anatomy of the basal ganglia and related motor structures. In: Watts RL, Koller WC. **Movement disorders: neurologic principles and practice**. New York: McGraw-Hill, 1997, pp. 73-85.

Alexander GE, Delong MR. Central mechanisms of initiation and control of movement. In: Asbury AK, McKhann GM, McDonald WI. **Diseases of the nervous system: clinical neurobiology**. 2nd ed. Philadelphia: WB Saunders Company, Vol. I, 1992, pp. 285-308.

Aron AR, Poldrack RA. Cortical and subcortical contributions to stop signal reponse inhibition: role of the subthalamic nucleous. **J Neurosci** 2006, 26(9):2424-2433.

Arruda WO, Meneses MS. Anatomofisiologia dos gânglios da base. In: Meneses MS, Teive HAG. **Doença de Parkinson: aspectos clínicos e cirúrgicos**. Rio de Janeiro: Guanabara Koogan, 1996, pp. 15-36.

Arruda WO, Meneses MS. Fisiologia dos núcleos da base e estruturas correlatas. In: Meneses MS, Teive HAG. **Doença de Parkinson**. Rio de Janeiro: Guanabara Koogan, 2003, pp. 22-31.

Barroso-Chinea P, Bezard E. Basal ganglia circuits underlying the pathophysiology of levodopa-induced dyskinesia. **Front Neuroanat** 2010, 4:131.

Benarroch EE. Habenula: recently recognized functions and potential clinical relevance. **Neurology** 2015, 85(11):992-1000.

Benarroch EE. What is the role of the claustrum in cortical function and neurologic disease? **Neurology** 2021, 96(3):110-113.

Bonnevie T, Zaghloul KA. The subthalamic nucleus: unravelling new roles and mechanisms in the control of action. **Neuroscientist** 2019, 25(1):48-64.

Brodal A, Rinvik E. Vias mediadoras de influências supraespinais sobre a medula espinhal: os núcleos da base. In: Brodal A. **Anatomia neurológica com correlações clínicas**. 3ª ed. São Paulo: Roca, 1984, pp. 145-234.

Ciliax BJ, Greenamyre JT, Levey AI. Functional biochemistry and molecular neuropharmacology of the basal ganglia and motor systems. In: Watts RL, Koller WC. **Movement disorders: neurologic principles and practice**. New York: McGraw Hill, 1997, pp. 99-116.

Cordelline MF, Almeida DB, Meneses MS. Epidemiological profile and satisfaction assessment of patients with Parkinson's disease after implantation of DBS. **J Bras Neurosurg** 2014, 25(2):113-115.

Degos B, Deniau J-M, Le Cam J *et al*. Evidence for a direct subthalamo-cortical loop circuit in the rat. **Eur J Neurosci** 2008, 27(10):2599-2610.

DeLong MR, Wichmann T. Circuits and circuit disorders of the basal ganglia. **Arch Neurol** 2007, 64(1):20-24.

DeLong MR, Wichmann T. Changing views of basal ganglia circuits and circuit disorders. **Clin EEG Neurosci** 2010, 41(2):61-67.

Fahn S. Parkinson's disease and other basal ganglion disorders. In: Asbury AK, McKhann GM, McDonald WI. **Diseases of the nervous system: clinical neurobiology**. 2nd ed. Philadelphia: WB Saunders Company, Vol. II, 1992, pp. 1144-1158.

Flaherty AW, Graybiel AM. Anatomy of the basal ganglia. In: Marsden CD, Fahn S. **Movement disorders 3**. Oxford: Butterworth, 1994, pp. 3-27.

Florio TM, Scarnati E, Rosa I et al. The basal ganglia: more than just a switching device. **CNS Neurosci Ther** 2018, 24(8):677-684.

Girasole AE, Nelson AB. Probing striatal microcircuitry to understand the functional role of cholinergic interneurons. **Mov Disord**. 2015, 30(10):1306-1318.

Ilinsky IA, Kultas-Ilinsky K. The basal ganglia and the thalamus. In: Conn PM. **Neuroscience in medicine**. Philadelphia: JB Lippincott Company, 1995, pp. 343-368.

Jamwal S, Kumar P. Insight into the emerging role of striatal neurotransmitters in the pathophysiology of Parkinson's disease and Huntington's disease: a review. **Curr Neuropharmacol** 2019, 17(2):165-175.

Jankovic J, Hallett M, Okun MS et al. Principles and practice of movement disorders. 3th ed. London: Elsevier, 2022.

Kandel ER, Schwartz JH, Jessell TM. Voluntary movement. In: Kandel ER, Schwartz JH, Jessell TM. **Essentials of neural science and behavior**. Connecticut: Appleton & Lange, 1995, pp. 529-550.

Lanciego JL, Luquin N, Obeso JA. Functional neuroanatomy of the basal ganglia. **Cold Spring Harb Perspect Med**. 2012, 1;2(12):a009621.

Marsden CD. Motor dysfunction and movement disorders. In: Asbury AK, McKhann AK, McDonald WI. **Diseases of the nervous system: clinical neurobiology**. 2nd ed. Philadelphia: WB Saunders Company, Vol. I, 1992, pp. 309-318.

Marsden CD. The mysterious motor function of the basal ganglia: the Robert Wartenberg Lecture. **Neurology** 1982, 32(5):514-539.

Martin JH. The basal ganglia. In: Martin JH. **Neuroanatomy. text and atlas**. Samford: Appleton & Lange, 1996, pp. 323-350.

Meneses MS, Hunhevicz SC, Almeida DB et al. Talamotomia estereotáxica. In: Meneses MS, Teive HAG. **Doença de Parkinson**. Rio de Janeiro: Guanabara Koogan, 2003, pp. 260-265.

Nambu A. Seven problems on the basal ganglia. **Curr Opin Neurobiol** 2008, 18(6): 595-604.

Nambu A, Tokuno H, Takada M. Functional significance of the cortico-subthalamo-pallidal "hyperdirect" pathway. **Neurosci Res** 2002, 43(2):111-117.

Nauta HJW. A proposed conceptual reorganization of the basal ganglia and telencephalon. **Neuroscience** 1979, 4:1875-1881.

Obeso JA, Rodrigues MC, Delong MR. Basal ganglia pathophysiology. A critical review. In: Obeso JA, Delong MR, Ohye C et al. The basal ganglia and new surgical aproaches for Parkinson's disease. **Advances in Neurology**. Filadélfia: Lippincott-Raven, Vol. 74, 1997, pp. 3-18.

Oldoni C, Veronez DAL, Piedade GS et al. Morphometric analysis of the nucleus accumbens using the Mulligan staining method. **World Neurosurg** 2018, 118:e223-e228.

Pineroli JCA, Campos DS, Wiemes GR et al. Avaliação auditiva central com BERA e P300 na doença de Parkinson. **Rev Bras Otorrinolaringol** 2002, 68(3):422-426.

Ruschel LG, Agnoletto GJ, Almeida DB et al. Image fusion of 3T and 1,5T for Parkinson's disease surgery: a new method. **J Bras Neurosurg** 2014, 25(2):116-119.

Santos EC, Veronez DAL, Almeida DB et al. Morphometric study of the internal globus pallidus using the Robert, Barnard, and Brown staining. **World Neurosurgery** 2019, 126:e371-e378.

Weiner WJ, Lang AE. An introduction to movement disorders and the basal ganglia. In: Weiner WJ, Lang AE. **Movement disorders: a comprehensive survey**. Mount Kisco: Futura Publishing Company, 1989, pp. 1-22.

Wichmann T, Delong MR. Physiology of the basal ganglia and pathophysiology of movement disorders of basal ganglia origin. In: Watts RL, Koller WC. **Movement disorders: neurologic principles and practice**. New York: McGraw-Hill, 1997, pp. 87-97.

Young AB, Penney JB. Biochemical and functional organization of the basal ganglia. In: Jankovic J, Tolosa E. **Parkinson's disease and movement disorders**. 2nd ed. Baltimore: Williams & Wilkins, 1993, pp. 1-11.

21 Telencéfalo

Guilherme Carvalhal

O telencéfalo é constituído pelos dois **hemisférios cerebrais** e pelas porções mais anteriores do III ventrículo, incluindo a própria lâmina terminal, dadas suas origens embriológicas.

Cada hemisfério cerebral, por sua vez, é constituído por uma camada externa de células nervosas (substância cinzenta cerebral, córtex cerebral), pelos núcleos ou gânglios da base (núcleo caudado, putame, globo pálido e *claustrum*), pelo complexo amigdaloide e demais núcleos límbicos justacorticais e pela substância branca subcortical composta de diferentes tipos de fibras nervosas (fibras de associação inter e intra-hemisféricas e fibras de projeção). Cada hemisfério cerebral ainda abriga a sua respectiva cavidade ventricular (ventrículos laterais), cujas paredes são constituídas pelas estruturas telencefálicas mais profundas.

O grande desenvolvimento dos hemisférios cerebrais ocorrido durante a evolução das espécies culminou com a caracterização do cérebro humano, cujas capacidades mais diferenciadas se devem particularmente ao surgimento e desenvolvimento do neocórtex, principal responsável pelo maior tamanho do sistema nervoso central (SNC) em relação ao corpo (grau de encefalização) e, sobretudo, pela sua complexa rede neural.

Este capítulo trata particularmente da anatomia do córtex e dos sistemas de fibras subcorticais, uma vez que as estruturas profundas dos hemisférios cerebrais se encontram descritas em capítulos específicos.

A proposição em que nos baseamos, de que a disposição topográfica das estruturas encefálicas deve ser estudada a partir das suas relações com os espaços naturais, no caso sulcos, fissuras e cavidades ventriculares laterais, fundamenta-se nas suas importantes contribuições clínicas, cirúrgicas e imagenológicas.

MACROSCOPIA
A superfície cerebral

Os hemisférios cerebrais constituem a maior parte do encéfalo e, quando visualizados em conjunto e superiormente, apresentam uma forma ovoide, de menores proporções anteriormente, sendo o seu maior diâmetro transverso aquele dado por uma linha que conecte as duas tuberosidades parietais, que correspondem às bossas parietais do crânio. Cada hemisfério apresenta um **polo frontal**, um **polo occipital** e um **polo temporal**.

Os hemisférios direito e esquerdo são incompletamente separados pela profunda **fissura longitudinal** ou inter-hemisférica, dada a presença do corpo caloso que une as suas porções mais medianas e que delimita os ventrículos laterais nos planos mais mediais.

Dessa forma, cada hemisfério cerebral apresenta três **superfícies**: (1) **superolateral**, (2) **medial** e (3) **inferior** ou basal, que por sua vez são separadas pelas **bordas superomedial**, **inferolateral**, **occipital medial** e **orbitária medial**. A borda inferolateral se continua anteriormente como borda supraciliar e separa a superfície superolateral da superfície orbitária do lobo frontal.

Enquanto as superfícies superolaterais dos hemisférios se dispõem sob a calota craniana, as superfícies mediais se confrontam, tendo entre si a foice do cérebro, e as superfícies inferiores ou basais repousam sobre a metade anterior da base do crânio (andar anterior e fossas médias) e sobre a tenda do cerebelo.

Os sulcos são extensões do espaço subaracnóideo que se dispõem sobre a superfície cerebral, de forma a separar e delimitar os seus giros. Quando pronunciados e anatomicamente constantes, recebem a denominação de fissuras.

Para a compreensão e identificação dos sulcos e, consequentemente, dos giros cerebrais, é fundamental considerar a noção conceitual de que a caracterização de um determinado sulco não implica que esse sulco seja obrigatoriamente constituído por um espaço único e contínuo. Os sulcos podem ser contínuos ou interrompidos e, portanto, podem ser constituídos por um ou por mais segmentos, que, inclusive, podem eventualmente se dispor em diferentes direções. Podem ainda ser longos ou curtos, isolados ou conectados com outros sulcos.

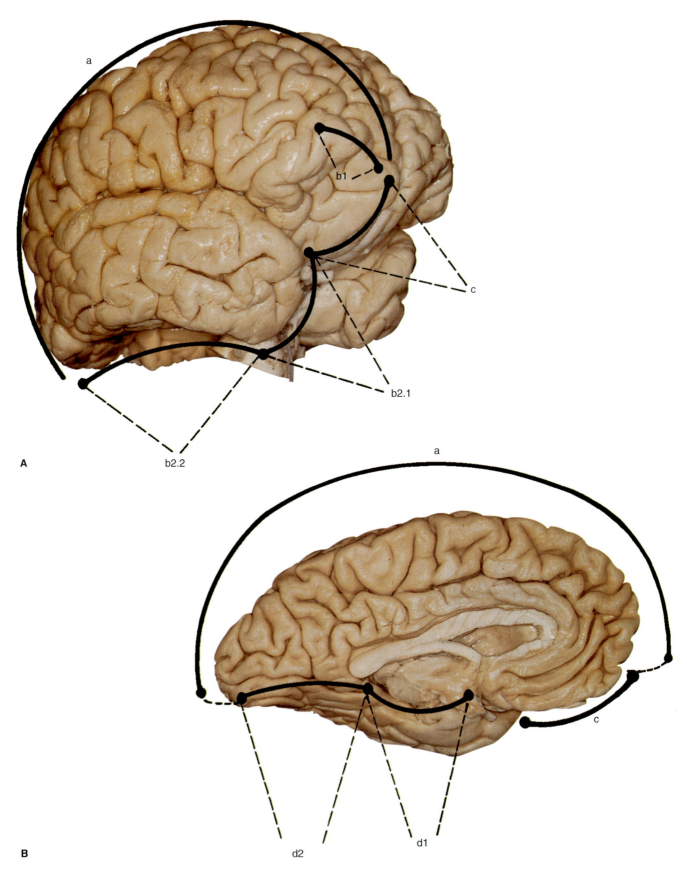

FIGURA 21.1 Bordas e superfícies dos hemisférios cerebrais. **A.** a. Borda superomedial; b. Borda inferolateral; b1. Segmento supraciliar; b2. Segmento temporal; b2.1. Parte esfenoidal; b2.2. Parte temporobasal; c. Borda orbitomedial; **B.** a. Borda superomedial; d. Borda occipitomedial; d1. Segmento perimesencefálico; d2. Segmento occipital.

É interessante ressaltar que o grau de variabilidade das suas formas e dimensões é diferente para cada sulco e que essa característica determina uma verdadeira hierarquia morfológica, cujo topo é ocupado pelas fissuras e pelos sulcos primários, dadas as suas constâncias e regularidade anatômicas. É também interessante observar que essa hierarquia morfológica tem uma relação direta com a importância funcional das áreas com que os sulcos se relacionam, uma vez que os sulcos mais constantes são justamente aqueles que se relacionam topograficamente com áreas mais especializadas.

Classicamente, os sulcos são classificados como podendo ser de quatro tipos: **limitantes**, **axiais**, **operculares** e **completos**.

Os sulcos axiais são os que se desenvolvem ao longo do eixo de uma área homogênea, como é o caso da porção posterior da fissura calcarina, que é, na realidade, uma dobra situada no centro da área estriada visual. A invaginação ou indentação feita por sulcos axiais acarreta, em qualquer giro, a formação de subgiros, cujas substâncias brancas, por sua vez, podem ser denominadas "setores subgirais do giro principal".

Os sulcos limitantes são aqueles que se situam entre áreas corticais funcionalmente diferentes, como o sulco central que separa as áreas motora e sensorial.

Os sulcos operculares também são situados entre áreas corticais estrutural e funcionalmente diferentes; porém, diferentemente dos sulcos limitantes, essa separação só existe ao longo das suas bordas e não na sua profundidade, o que possibilita que uma terceira área funcional esteja presente nas suas paredes e assoalho. Um exemplo de sulco opercular é o sulco *lunatus*, que separa as áreas estriada e periestriada na superfície cortical, e que contém a área paraestriada nas suas paredes.

Os sulcos denominados "completos" são aqueles cuja profundidade é tal que chegam a produzir elevações nas paredes dos ventrículos laterais, como o sulco colateral, que causa a eminência colateral no assoalho do corno inferior, e o sulco calcarino, que causa o *calcar avis* na parede medial do corno posterior. Tal ocorrência tem importância apenas morfológica e não se reverte de nenhum significado funcional.

Alguns autores apontam o fato de que os sulcos lateral e parieto-occipital são os únicos sulcos que não podem ser classificados de acordo com esses quatro tipos, devendo ser compreendidos conforme os seus desenvolvimentos.

O sulco lateral ou fissura silviana se deve à expansão mais lenta do córtex insular e à sua consequente submersão pelas áreas adjacentes, que, ao se encontrarem, delimitam a fissura silviana. Essa importante fissura é constituída por um ramo ou eixo anterior e por um ramo posterior, particularmente profundos, que abrigam a cisterna silviana. Tem, portanto, como parede superior os opérculos frontal e frontoparietal e, como assoalho, o córtex insular.

O sulco parieto-occipital, por sua vez, é formado subsequentemente ao desenvolvimento do corpo caloso, cuja porção mais posterior, ao carrear fibras originadas nos lobos occipitais e temporais, propicia o desenvolvimento e o agrupamento de sulcos axiais e limitantes menores, que acabam situando-se conjuntamente nas paredes do sulco parieto-occipital.

Os principais sulcos em geral têm uma profundidade que varia de 1 a 2 cm, e, dadas as suas disposições predominantemente perpendiculares em relação à convexidade cerebral, eles tendem a apontar para as cavidades ventriculares mais próximas, o que constitui uma característica com importantes implicações microneurocirúrgicas.

Giros e lobos cerebrais

Os **sulcos** e **fissuras** do cérebro separam e delimitam externamente os **giros** ou circunvoluções cerebrais, que são constituídos por suas superfícies externas, cujos aspectos mais proeminentes são denominados "cristas dos giros", e por suas morfologicamente complexas paredes internas ou intrassulcais, que se confrontam no interior dos sulcos, amoldam-se das mais variadas formas, continuam-se ao longo dos seus bojos, abrigam giros transversos e dão origem a braços que efetuam comunicações com outros giros.

Apesar dessa complexidade interna, superficialmente cada hemisfério se organiza grosseiramente a partir de três giros frontais e três giros temporais horizontalmente dispostos, dois giros centrais bem inclinados e quase perpendiculares, quatro a cinco giros insulares diagonais, dois a três lóbulos parieto-occipitais semicirculares, dois giros basais longitudinais e dois giros límbicos que, em conjunto, se dispõem como um círculo interno. Ao longo das suas superfícies externas e intrassulcais, esses giros constituem um labiríntico *continuum* em cada hemisfério cerebral.

A clássica divisão de cada hemisfério cerebral em cinco lobos (frontal, parietal, occipital, temporal e insular) toma como principais limites o sulco central, a fissura lateral ou silviana e uma linha imaginária que une a emergência superomedial do sulco parieto-occipital com a incisura pré-occipital, que por sua vez se situa na borda inferolateral, a cerca de 5 cm anteriormente ao polo occipital, e nomeia as diferentes regiões superficiais conforme o osso craniano com que se relaciona.

A mais recente concepção de considerar os giros pré e pós-central como um lobo (lobo central), e as estruturas corticais e nucleares que envolvem o diencéfalo como outro lobo isolado (lobo límbico), torna a divisão hemisférica menos arbitrária e mais justificada, uma vez que cada um dos lobos passa a agrupar áreas mais afins dos pontos de vista anatômico e funcional. Assim, cada hemisfério cerebral é constituído por sete lobos: frontal, central, parietal, occipital, temporal, insular e límbico.

O lobo frontal

O lobo frontal constitui a parte mais anterior e maior de cada hemisfério, sendo nessa conceituação delimitado posteriormente pelo oblíquo **sulco pré-central**, e é formado pelos **giros frontais superior**, **médio** e **inferior**, que se dispõem longitudinalmente e que se encontram separados pelos **sulcos frontais superior** e **inferior**, também horizontalmente dispostos. Esses giros são, em regra, denominados, respectivamente, F_1, F_2 e F_3.

O giro frontal superior em geral é subdividido em duas porções longitudinais pelo chamado "sulco frontal medial", e o seu aspecto medial é denominado "giro frontal medial". Anteriormente, pode ter conexões com o giro frontal médio, com giros orbitários e/ou com o giro reto, e, posteriormente, costuma conectar-se com o giro pré-central.

O giro frontal médio situa-se entre os sulcos frontais superior e inferior e apresenta forma predominantemente serpiginosa.

O giro frontal inferior é dividido por ramos da fissura silviana em três partes: (1) a **parte orbitária**, que anteriormente se curva para baixo e para o lado continuando-se assim com o giro orbitário lateral, sendo por vezes essa transição delimitada por um pequeno e raso sulco, denominado "frontorbitário", e posteriormente delimitada pelo ramo horizontal da fissura silviana; (2) a **parte triangular**, que apresenta a morfologia de um triângulo com vértice inferior ao ser delimitada pelos ramos horizontal e ascendente anterior, que em geral emergem conjuntamente da fissura silviana; e (3) a **parte opercular**, delimitada anteriormente pelo ramo ascendente anterior e que, posteriormente, se conecta com o giro pré-central, geralmente por sob a extremidade inferior do sulco pré-central. A porção opercular e parte da porção triangular constituem a área de Broca (**área motora da linguagem**) nos hemisférios dominantes.

Paralelamente à borda supraciliar, costuma dispor-se o sulco frontomarginal, com o qual, eventualmente, os sulcos frontal superior e inferior podem se conectar.

Na superfície frontobasal ou orbitária de cada lobo frontal, destaca-se, em situação paramediana, o profundo sulco olfatório que abriga o bulbo e o trato olfatórios. Posteriormente, o trato olfatório se divide nas estrias medial e lateral; estas delimitam o aspecto mais anterior do córtex piriforme e da substância perfurada anterior, e serão mais bem detalhadas adiante.

Medialmente ao sulco olfatório, dispõe-se o longo e estreito **giro reto**, que é considerado o giro anatomicamente mais constante do cérebro.

Lateralmente ao sulco olfatório, dispõem-se os **giros orbitários** que formam a maior parte da superfície frontobasal. O **sulco orbitário** (sulco cruciforme de Rolando), com a sua morfologia em H, caracteriza os giros orbitários anterior, posterior, medial e lateral. O giro orbitário posterior situa-se anteriormente à substância perfurada anterior e à estria olfatória lateral, e conecta-se com a porção anterior da ínsula por meio do fascículo uncinado. Os demais giros orbitários conectam-se com os giros frontais superior, médio e inferior, ao longo do polo frontal.

O lobo central

O lobo central é constituído pelos **giros pré-central** (giro motor) e **pós-central** (giro sensorial), dispostos na superfície superolateral, e pelo **giro paracentral**, na superfície medial.

Na superfície medial superolateral, o lobo central é delimitado, anteriormente, pelos sulcos **pré-central** e **subcentral** anterior e, posteriormente, pelos sulcos **pós-central** e subcentral posterior. Na superfície medial do hemisfério, o giro paracentral é delimitado, anteriormente, pelo **sulco paracentral** e, inferior e posteriormente, pelo **sulco do cíngulo**, que, ao ascender, caracteriza o chamado **ramo marginal** do sulco do cíngulo.

Os giros pré e pós-centrais dispõem-se perpendicular e obliquamente de forma menos serpiginosa que os demais giros da convexidade cerebral, e, pelas interrupções dos sulcos pré e pós-centrais, conectam-se com os giros adjacentes.

O **sulco central** que os separa em geral é contínuo, superiormente penetra no giro paracentral, ao cruzar a borda superomedial, e, inferiormente, não chega a atingir a fissura silviana, de forma a caracterizar as conexões superior e inferior entre os dois giros que na literatura anatômica francesa são elegantemente denominadas "pregas de passagem" (*plis de passage* de Gratiolet). Essa unidade morfológica e a conjunção funcional existente entre a motricidade e a sensibilidade justificam a caracterização desses giros como constituindo um lobo único.

O lobo temporal

O lobo temporal situa-se inferiormente à **fissura silviana** e, posteriormente, é delimitado pela linha arbitrária que une a extremidade superomedial do **sulco parieto-occipital** com a **incisura pré-occipital**.

A sua superfície lateral apresenta dois sulcos paralelos ao ramo posterior da fissura silviana: os **sulcos temporais superior** e **inferior**, que delimitam, respectivamente, os **giros temporais superior**, **médio** e **inferior** (T_1, T_2 e T_3). Ambos os sulcos temporais se iniciam nas proximidades do polo temporal e terminam posteriormente aos limites desse lobo. Porém, ao contrário do sulco temporal superior, o sulco temporal inferior é geralmente descontínuo e composto por dois ou mais segmentos.

Enquanto o ramo posterior da fissura silviana termina de forma curva ascendente, penetrando ou delimitando o aspecto posterior do giro supramarginal, o sulco temporal superior termina de forma paralela, porém no nível posterior ao término do ramo silviano posterior, penetrando no giro angular.

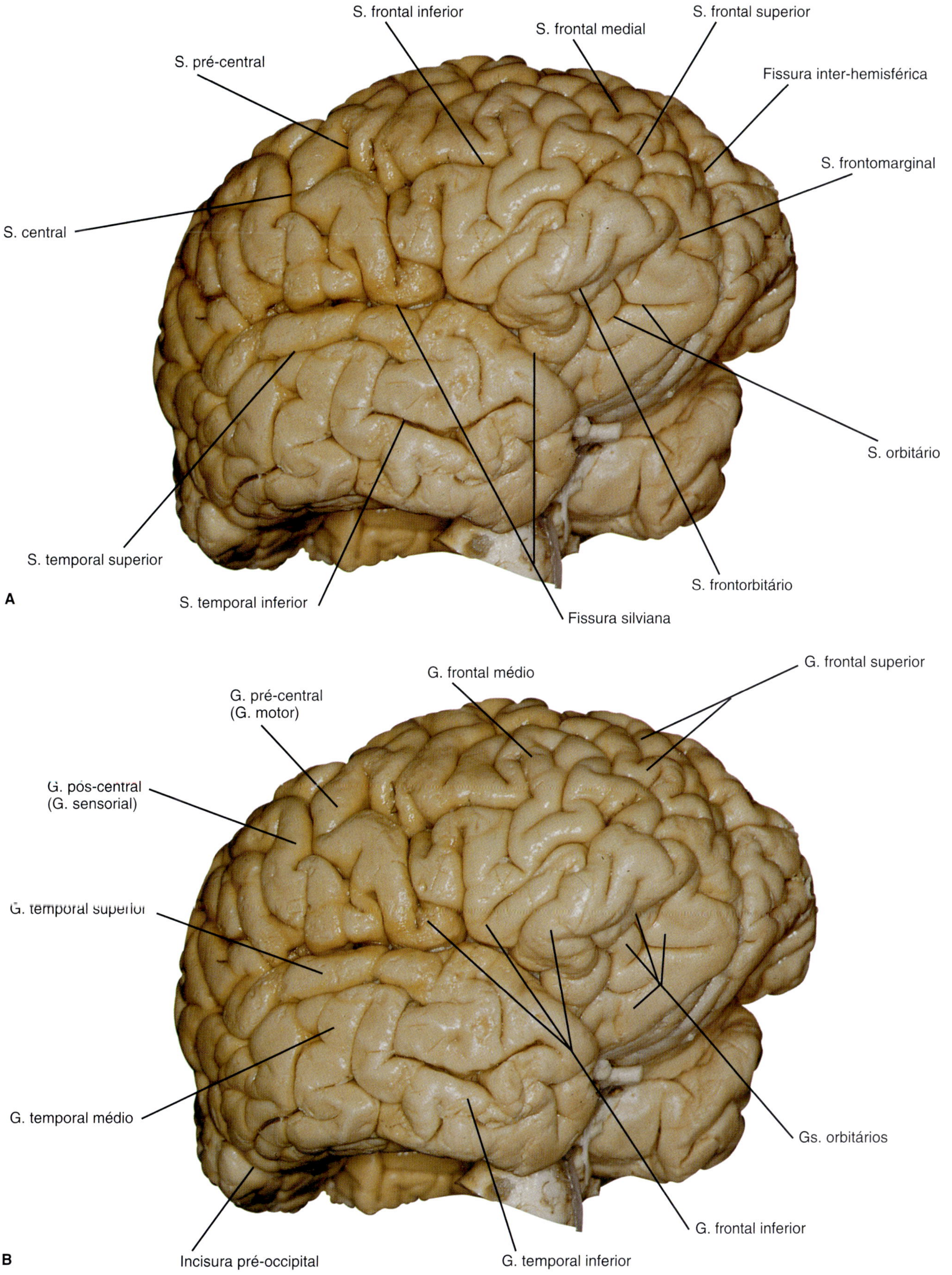

FIGURA 21.2 **A** e **B**. Visão da superfície superolateral do cérebro.

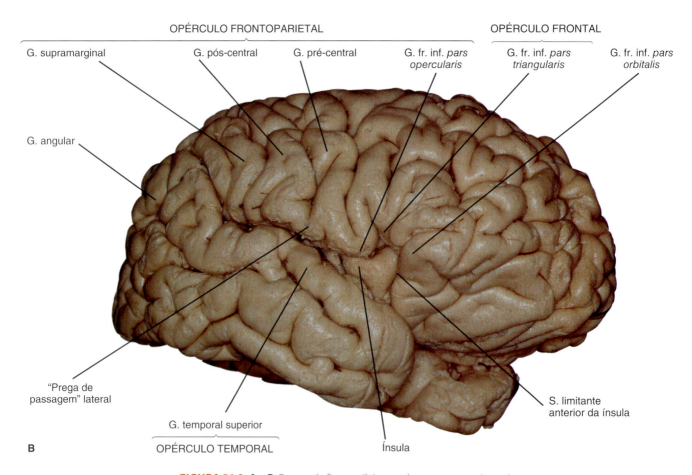

FIGURA 21.3 A e B. Ramos da fissura silviana e dos seus respectivos giros.

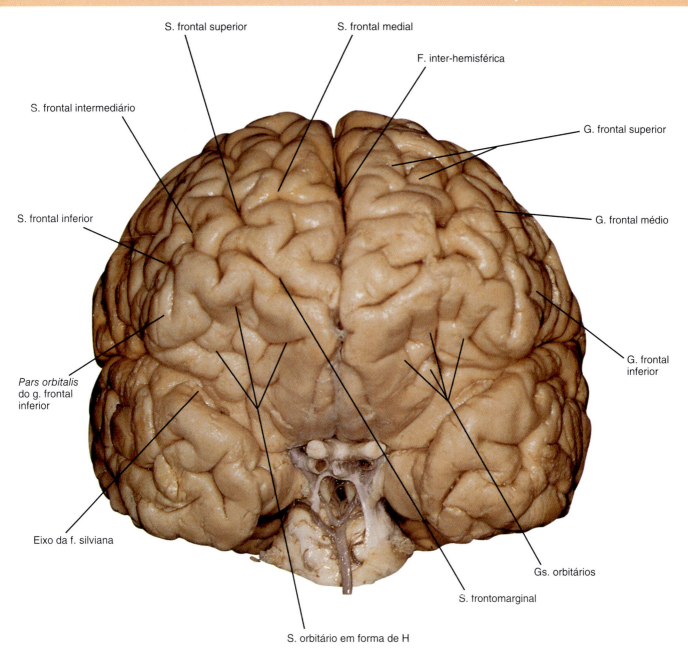

FIGURA 21.4 Visão anterior e basal do cérebro.

Dada a conformação terminal do ramo posterior da fissura silviana que termina de modo ascendente penetrando no giro supramarginal, o giro temporal superior que se situa sob a fissura silviana acaba continuando-se posteriormente com a porção mais posterior do giro supramarginal.

O giro temporal superior constitui ainda o opérculo temporal que encobre inferiormente a ínsula, e a sua superfície superior ou opercular, que se dispõe no interior da fissura silviana, é formada por vários giros transversos que emergem do giro temporal superior, indo obliquamente em direção ao segmento inferior do sulco circular da ínsula.

Entre esses giros operculares temporais, destaca-se um giro transverso, bem mais volumoso, que se origina nas porções mais posteriores do giro temporal superior, e que se dispõe diagonalmente em direção ao vértice posterior da profundidade da fissura silviana, denominado **giro transverso de Heschl**. Por vezes, esse giro é dividido por um ou dois sulcos, sendo então composto de dois ou três giros. Em conjunto com o aspecto mais posterior do giro temporal superior, constitui a área cortical auditiva primária.

O giro de Heschl tem particular importância topográfica por situar-se sob a superfície opercular do giro pós-central, ter o seu maior eixo apontando para o átrio

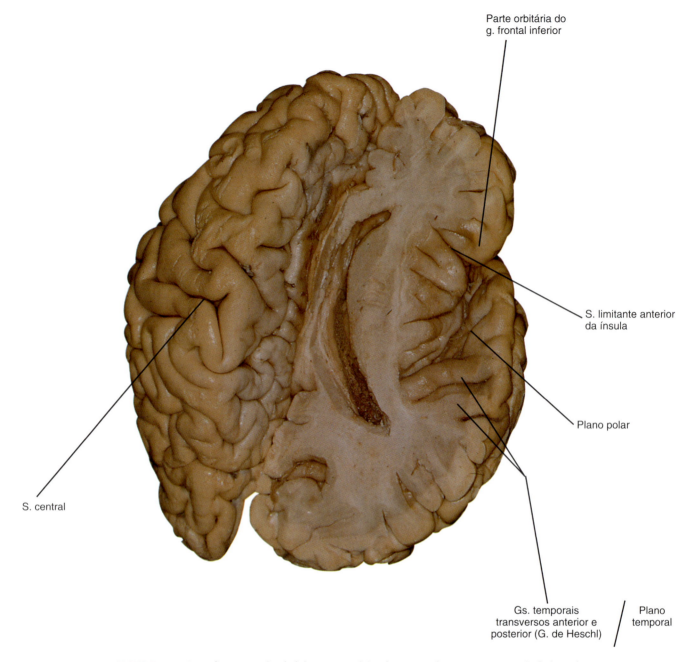

FIGURA 21.5 Superfície opercular do lobo temporal, ínsula e suas relações com o ventrículo lateral.

ventricular e dividir a superfície opercular temporal em dois planos: um plano anterior, denominado "polar", e um plano posterior, denominado "temporal".

O plano polar tem o seu assoalho constituído por giros transversos curtos, inclinação oblíqua a partir do giro temporal superior, e o seu limite inferior é dado pelo segmento inferior do sulco circular da ínsula que se dispõe na profundidade da fissura silviana.

O plano temporal, por sua vez, tem forma triangular com vértice interno que corresponde justamente ao vértice posterior da profundidade da fissura silviana, local em que o segmento superior do sulco circular da ínsula se encontra com o seu segmento ou porção inferior.

Dispõe-se horizontalmente e confronta a superfície inferior do giro supramarginal, como que sustentando a porção mais anterior desse giro.

A superfície basal do lobo temporal é contínua com a superfície basal do lobo occipital, porém ela se dispõe sobre o assoalho da fossa média, anteriormente à porção petrosa do osso temporal.

É composta, lateralmente, de superfície inferior do giro temporal inferior, de porção anterior do **giro occipitotemporal lateral**, ou giro fusiforme, e, medialmente, de superfície inferior do **giro para-hipocampal**.

O giro fusiforme que se dispõe lateralmente aos giros para-hipocampal e lingual, entre os **sulcos colateral**

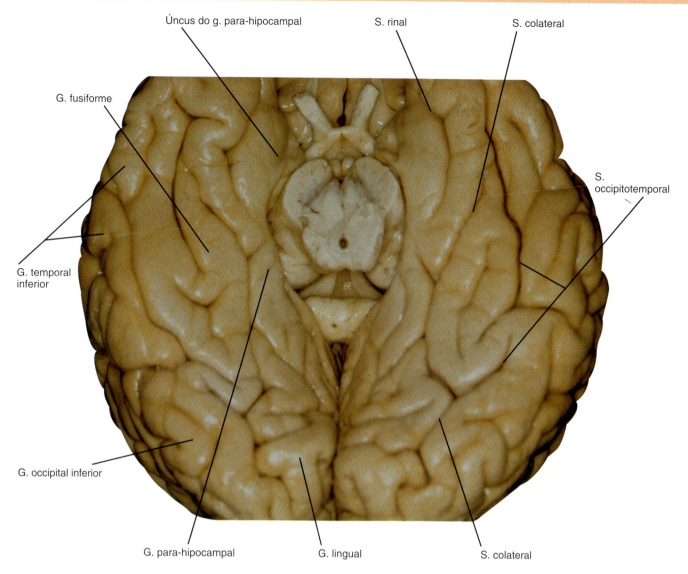

FIGURA 21.6 Superfície têmporo-occipital basal.

e **occipitotemporal**, na sua porção temporal apresenta discreto abaulamento basal consequente à sua adaptação à concavidade da fossa média. O limite anterior do giro fusiforme corresponde ao nível em que se situa o pedúnculo mesencefálico, medialmente, e a sua conformação anterior costuma ser curva ou em ponta, dada a frequente curvatura medial apresentada pela porção mais anterior do sulco occipitotemporal em direção ao sulco colateral.

O giro para-hipocampal e a porção anterior do sulco colateral encontram-se descritos como estruturas do lobo límbico.

O lobo da ínsula

A ínsula é constituída por uma superfície cortical invaginada sob os seus opérculos* frontal, frontoparietal e temporal, de modo a constituir o assoalho da fissura silviana, que se situa entre os mencionados opérculos. Essa situação topográfica se deve ao maior crescimento dessas áreas corticais subjacentes que acabaram por recobri-la durante os seus desenvolvimentos embriológicos.

O opérculo frontal dispõe-se entre os ramos horizontal e ascendente anterior do giro frontal inferior, correspondendo, portanto, à sua parte triangular e relacionando-se com o ramo anterior ou eixo da fissura silviana.

O opérculo frontoparietal dispõe-se entre o ramo ascendente anterior e o ramo ascendente posterior da fissura silviana, relacionando-se, portanto, com o ramo posterior dessa fissura. É constituído pela parte opercular do giro frontal inferior, pelas porções mais inferiores dos giros pré e pós-centrais e pela porção também mais inferior da parte anterior do giro supramarginal.

O opérculo temporal, já mencionado e descrito em conjunto com o lobo temporal, é constituído pelo giro temporal superior.

---
*Do latim *operculum*, que significa tampa, lábio; portanto, os opérculos frontal, frontoparietal e temporal são opérculos da ínsula, uma vez que a recobrem.

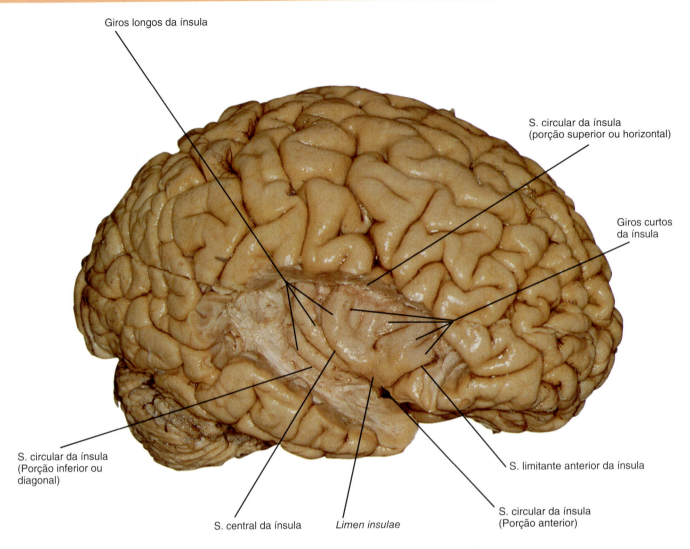

FIGURA 21.7 Principais sulcos e giros da superfície insular.

A superfície da ínsula tem a forma de uma pirâmide invertida, com o *limen insulae* formando o seu ápice e apontando para a substância perfurada anterior. Constitui a cobertura externa do *claustrum* e do putame.

A sua superfície é geralmente formada por cinco giros, sendo os três anteriores os **giros curtos da ínsula** e os dois posteriores os seus **giros longos**; esses últimos estão separados pelos sulcos pré-central, central e pós-central da ínsula.

É circundada pelo **sulco circular da ínsula**, que é formado por um segmento horizontal disposto sob os opérculos frontal e frontoparietal, por um segmento diagonal situado ao longo da porção mais inferior do opérculo temporal e por um segmento anterior que é interrompido pela presença do pequeno giro *ambiens* do *limen insulae*. O córtex insular se continua através do seu sulco circular com o córtex dos opérculos que o recobrem, e, anteriormente, a parte mais inferior da ínsula é particularmente contígua com a parte orbitária do giro frontal inferior.

O lobo parietal

O lobo parietal é constituído por giros particularmente serpiginosos, curvos, denominados "lóbulos".

Na superfície superolateral, o lobo parietal é delimitado, anteriormente, pelo sulco pós-central e, posteriormente, pela linha imaginária que une o ponto de emergência do **sulco parieto-occipital**, na borda superomedial, com a **incisura pré-occipital**, situada na borda inferolateral, a cerca de 5 cm anteriormente ao polo occipital.

Nessa superfície, destaca-se o **sulco intraparietal**, que geralmente se inicia a meia altura do sulco pós-central, dispõe-se predominantemente de forma longitudinal e, posteriormente, penetra no lobo occipital, onde costuma conectar-se em ângulo reto a um sulco occipital transverso.

O sulco intraparietal divide a superfície parietal superolateral nos **lóbulos parietais inferior** e **superior**.

O lóbulo parietal inferior é constituído, anteriormente, pelo **giro supramarginal**, que se dispõe de forma curva em torno da extremidade distal da fissura silviana; centralmente, pelo **giro angular**, que se dispõe semelhantemente em torno da extremidade distal do sulco temporal superior; e, posteriormente, por uma porção que se relaciona com o sulco temporal inferior e que se continua com o lobo occipital. Os giros supramarginal e angular caracterizam a tuberosidade ou bossa parietal.

O lóbulo parietal superior, situado acima do sulco intraparietal, anteriormente se conecta com o giro pós-central e, superiormente, continua-se com o **pré-cuneus** através da borda superomedial.

O lóbulo parietal superior, o giro supramarginal e o giro angular são denominados por alguns autores, respectivamente, P_1, P_2 e P_3.

Na superfície medial do hemisfério, o lóbulo denominado **pré-cuneus** tem forma quadrangular e é delimitado, anteriormente, pelo ramo marginal do sulco do cíngulo, posteriormente pelo sulco parieto-occipital e, inferiormente, pelo **sulco subparietal**, posteriormente ao qual se conecta com o istmo do giro do cíngulo e com o giro para-hipocampal.

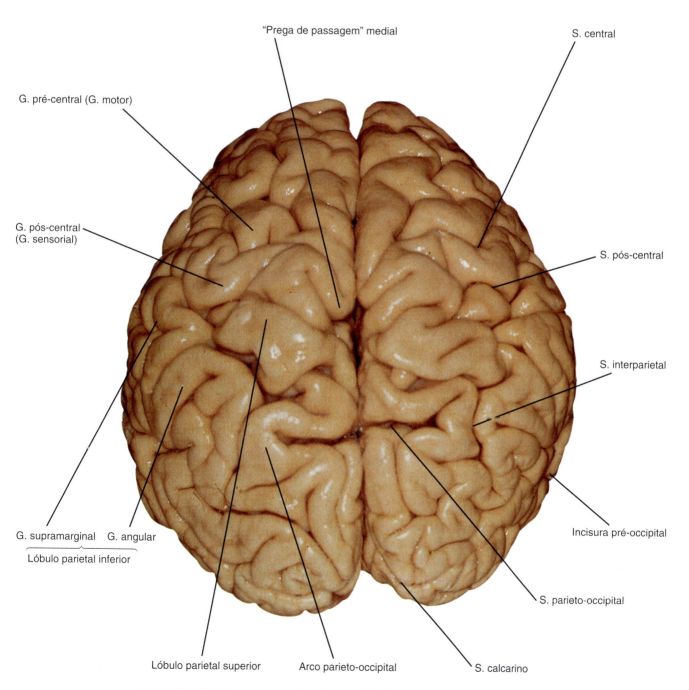

FIGURA 21.8 Visão superoposterior das superfícies laterais dos hemisférios cerebrais.

O lobo occipital

Na superfície superolateral, o lobo occipital se situa posteriormente à linha imaginária, já mencionada, que une a emergência do sulco parieto-occipital na borda superomedial do hemisfério à incisura pré-occipital, e apresenta sulcos e giros com maior variação anatômica.

Um sulco predominantemente vertical e pouco posterior a essa linha, denominado **sulco occipital anterior**, costuma delimitar a separação entre o lobo temporal e o lobo occipital, e um ou dois **sulcos laterais** com disposição horizontal em geral permitem a identificação dos **giros occipitais superior**, **médio** e **inferior** nessa superfície. O breve **sulco** *lunatus*, quando presente, dispõe-se verticalmente logo à frente do polo occipital.

Superiormente, pode ainda ser identificado o **sulco occipital transverso**, também predominantemente vertical ou oblíquo, que se situa posteriormente à extensão superolateral do sulco parieto-occipital de forma a delimitar o aspecto posterior do chamado "arco parieto-occipital", giro de conformação arqueada que circunda a extensão do sulco parieto-occipital na superfície superolateral. À altura aproximada do seu ponto médio, o sulco occipital transverso costuma ser atingido pela porção mais posterior do sulco intraparietal que se dispõe horizontalmente.

Na superfície medial do hemisfério, por sua vez, o lobo occipital é delimitado e definido por sulcos e giros bem definidos e constantes.

O seu sulco principal é a **fissura calcarina**, que se dispõe pouco acima da margem inferomedial do hemisfério. A fissura calcarina se inicia sob o esplênio do corpo caloso, delimitando inferiormente o istmo do giro do cíngulo, e se estende posteriormente, constituindo uma leve curvatura de convexidade superior de cujo ponto mais alto emerge, superiormente, o sulco parieto-occipital, que, por sua vez, delimita anteriormente o lobo occipital na face medial do hemisfério. Posteriormente, a fissura calcarina por vezes ultrapassa a margem superomedial, estendendo-se para a superfície superolateral do hemisfério cerebral.

O ponto de emergência do sulco parieto-occipital divide a fissura calcarina nos segmentos proximal e distal, e, entre esse último e o sulco parieto-occipital, dispõe-se o lóbulo cuneal ou *cuneus*, que recebe essa denominação

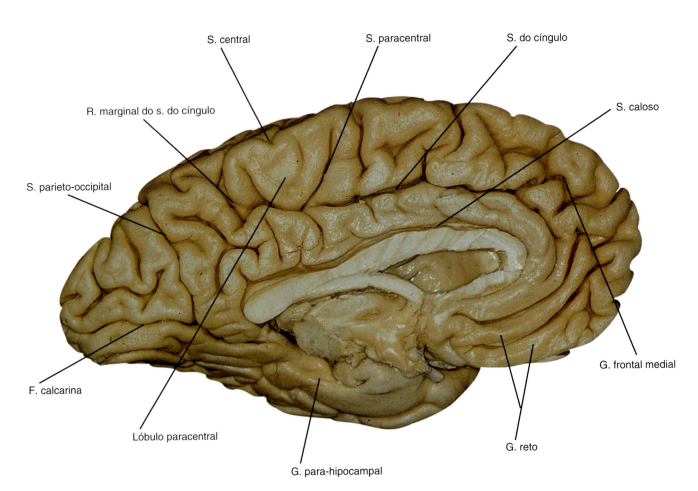

FIGURA 21.9 Principais sulcos e giros da superfície cerebral medial.

devido à sua forma de cunha. Superiormente ao segmento proximal da fissura calcarina e ao sulco parieto-occipital, encontra-se o pré-cuneus do lobo parietal.

Inferiormente e ao longo de toda a extensão da fissura calcarina, dispõe-se o **giro occipitotemporal medial** ou giro lingual, que anteriormente se continua com o giro para-hipocampal e que constitui a porção mediobasal do lobo occipital, já se apoiando sobre a tenda do cerebelo.

O giro lingual é, portanto, delimitado, superiormente, pela fissura calcarina e, inferiormente, pelo **sulco colateral**, sulco esse geralmente contínuo e profundo que se dispõe na base cerebral desde a proximidade do polo occipital até a metade anterior do lobo temporal, com curso paralelo ao da fissura calcarina.

Apesar de, aparentemente, o sulco parieto-occipital e a fissura calcarina parecerem contínuos na superfície, ao serem afastadas as suas bordas, pode-se observar a presença de um ou mais pequenos giros separando-os. Esses giros são constituídos por extensões do cuneus e são denominados "giros cuneolinguais".

O segmento proximal da fissura calcarina caracteriza um sulco classificado como completo, uma vez que a sua profundidade chega a produzir uma elevação, na parede medial do corno occipital do ventrículo lateral, denominada *calcar avis*, e o seu segmento distal caracteriza um sulco axial por ter o seu eixo disposto ao longo do córtex visual. Apenas o segmento distal, portanto, abriga em suas superfícies superior (cuneal) e inferior (lingual) áreas corticais visuais primárias. Na superfície basal do hemisfério, lateralmente ao giro lingual, situa-se o **giro occipitotemporal** lateral ou giro fusiforme, entre o sulco colateral e o sulco occipitotemporal. O **sulco occipitotemporal** é lateral e paralelo ao sulco colateral, mas não costuma estender-se até o polo occipital e, em geral, é dividido em dois ou mais segmentos.

O giro fusiforme, por sua vez, se estende à superfície basal do lobo temporal, e, lateralmente à sua porção posterior, dispõe-se o giro occipital inferior, cujo aspecto lateral já constitui a porção mais inferior da superfície lateral do lobo occipital.

O lobo límbico

O termo lobo límbico foi inicialmente utilizado por Pierre Paul Broca, neurologista francês do século XIX, ao observar que determinadas estruturas mediais que se dispunham em forma de C em torno da região diencefálica se relacionavam com a fisiologia das emoções. O termo límbico, que acabou por se consagrar definitivamente na literatura neuroanatômica, é de origem latina e significa borda, margem.

Estudos subsequentes culminaram com a noção do sistema límbico como um sistema composto de estruturas telencefálicas, diencefálicas e mesencefálicas, que, por sua vez, em conjunto, compõem o atual lobo límbico e que, apesar da sua diversidade anatômica e funcional, são particularmente responsáveis pela fisiologia das emoções, memória e aprendizado.

Os elementos principais do sistema límbico são a formação hipocampal e a amígdala, que participam basicamente de circuitos distintos com o resto do encéfalo. Enquanto a formação hipocampal se relaciona principalmente com estruturas telencefálicas e diencefálicas, por meio de circuitos que têm como finalidade básica a consolidação da memória breve em memória definitiva, os circuitos que envolvem a amígdala se relacionam mais propriamente com as emoções, e, como via final, atuam sobre os sistemas efetores autonômicos, neuroendócrinos e motores basicamente por meio do hipotálamo.

O sistema límbico, na sua totalidade, é composto de estruturas corticais e de estruturas subcorticais ou nucleares, que se conectam entre si e com outras áreas do SNC por meio de uma complexa rede de tratos, e encontra-se pormenorizadamente descrito em capítulo específico. Nesta seção, trataremos apenas das áreas corticais que compõem o chamado "lobo límbico".

Ao se observar a superfície medial de cada hemisfério cerebral, destaca-se o **giro do cíngulo** envolvendo o corpo caloso e continuando-se posterior e inferiormente com o **giro para-hipocampal** de forma a descrever um C em torno do diencéfalo.

O giro do cíngulo situa-se acima do sulco caloso e abaixo do sulco do cíngulo, inicia-se sob o rostro do corpo caloso, e, ao ascender em torno do joelho do corpo caloso, em geral apresenta uma conexão com o giro frontal medial; sob o tronco do corpo caloso, conecta-se com o lóbulo paracentral e, mais posteriormente, com o pré-cuneus. Essas conexões ocorrem em número variado, dispõem-se da frente para trás e de baixo para cima, e são

QUADRO 21.1 Principais áreas límbicas corticais.

Giro do cíngulo
Giro para-hipocampal

Formação hipocampal
  Hipocampo (Corno de Amon)
  Subiculum
  Giro denteado
  Rudimento pré-hipocampal/*Indusium griseum*

Área cortical frontal mediobasal
  Giro paraterminal
  Giro paraolfatório ou área subcalosa

Áreas corticais olfatórias

particularmente mais bem visualizadas após a remoção do seu aspecto mais cortical.

Conforme já mencionado, o ramo terminal ascendente do sulco do cíngulo delimita, posteriormente, o lóbulo paracentral e, anteriormente, o pré-cuneus, enquanto o sulco subparietal se dispõe inferiormente ao pré-cuneus, separando-o do giro do cíngulo e parecendo ser uma continuação posterior do sulco do cíngulo após breve interrupção desse último. As conexões do giro do cíngulo com o lóbulo pré-cuneal se fazem anterior e posteriormente ao segmento sulcal subparietal.

Ao se dispor posteriormente ao esplênio do corpo caloso, o giro sistematicamente se torna mais estreito, constituindo o **istmo do cíngulo**, que então se continua com o giro para-hipocampal. O local de transição entre esses dois giros é dado pela emergência do ramo anterior da fissura calcarina, que, portanto, se origina sob o istmo do giro do cíngulo.

O giro para-hipocampal, por sua vez, forma a metade inferior do C que envolve a região diencefálica. Posteriormente é constituído também como continuação anterior do giro lingual, que, por sua vez, se situa sob a fissura calcarina. O giro para-hipocampal dispõe-se no espaço incisural lateralmente ao pedúnculo mesencefálico e, anteriormente, dobra-se medialmente sob si mesmo, assumindo a forma de um gancho e constituindo o **úncus** do giro para-hipocampal, já situado anterolateralmente ao pedúnculo mesencefálico.

Lateralmente, o giro para-hipocampal é delimitado pelo sulco colateral, que o separa do giro fusiforme, e pelo sulco rinal, que eventualmente é contínuo com o sulco colateral e que separa o úncus do restante do polo temporal.

Medialmente ao sulco colateral, o córtex para-hipocampal se curva superiormente, continuando-se com o *subiculum*, que, por sua vez, se continua lateralmente com o **corno de Amon**. Ao se dobrar de dentro

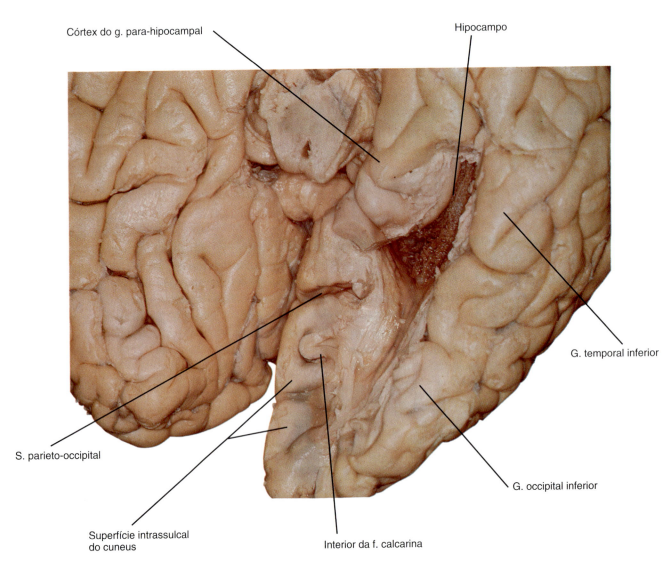

FIGURA 21.10 O giro para-hipocampal e o hipocampo.

para fora, o corno de Amon constitui a eminência hipocampal no assoalho do corno inferior do ventrículo lateral, e se continua com o **giro denteado**, que termina dobrando-se sobre si mesmo. No interior da cavidade ventricular, o corno de Amon é revertido pelo alveus, fina camada de fibras que dá origem à fímbria do fórnix, principal feixe de fibras eferentes do hipocampo. Essas estruturas são, em conjunto, denominadas "formação hipocampal".

A disposição morfológica dessas estruturas é tal que o **hipocampo** (corno de Amon), que aflora no corno inferior da cavidade ventricular, corresponde a uma dobradura interna do giro para-hipocampal, o que faz com que a delimitação medial do giro seja o **sulco hipocampal**, que se dispõe entre o giro para-hipocampal e as estruturas que compõem a formação hipocampal. Anteriormente, o sulco hipocampal termina no interior do úncus. Superiormente ao sulco hipocampal, dispõe-se o sulco fimbriodenteado, que separa o giro denteado da fímbria do fórnix.

Alguns autores também consideram como pertencentes à formação hipocampal o *indusium griseum* e as suas conexões. O *indusium griseum* ou giro supracaloso é constituído por uma fina camada de substância cinzenta que se dispõe sobre o corpo caloso e que, ao penetrar lateralmente no sulco caloso, confunde-se com o córtex do giro do cíngulo de cada lado. É acompanhado de cada lado por uma estria medial e por uma estria lateral, que cursam no interior do sulco caloso e que, em conjunto, constituem o resquício da substância branca do *indusium* vestigial.

Anteriormente, o *indusium griseum* conecta-se com o giro paraterminal pelo chamado "rudimento pré-hipocampal" e, posteriormente, divide-se de forma a atravessar o esplênio do corpo caloso e continuar-se de cada lado com o giro *fasciolaris* (ou giro esplenial), fina camada de substância cinzenta que acaba atingindo a extremidade posterior do giro denteado.

Dada a sua disposição, esse sistema, no passado, foi também denominado "fórnix supracaloso", e é interessante lembrar que, filogenética e embriologicamente, o hipocampo tem origem supracalosa, vindo depois a se deslocar posterior e inferiormente e acabar por se dispor ao longo do assoalho do corno inferior do ventrículo lateral.

A área cortical frontal mediobasal de cada hemisfério cerebral também é considerada área cortical límbica, sendo constituída particularmente pelo **giro paraterminal** e pelo **giro paraolfatório**. O giro paraterminal situa-se na parede medial de cada hemisfério, imediatamente à frente da lâmina *terminalis*, quase contínuo com esta, e é delimitado anteriormente por um sulco curto, vertical, denominado "sulco olfatório posterior". O giro paraterminal corresponde à superfície do chamado "septo pré-comissural" e abriga na sua profundidade os principais núcleos septais.*

Sua pequena curvatura anterior é denominada "rudimento pré-hipocampal" e continua-se superiormente com o *indusium griseum*, já descrito. Inferiormente, o giro paraterminal continua-se com a banda diagonal de Broca e com a estria olfatória medial.

Anteriormente ao giro paraterminal, dispõe-se o giro paraolfatório, entre o sulco paraolfatório posterior, já mencionado, e outro sulco paralelo àquele, denominado "sulco paraolfatório" anterior, que pode eventualmente não ser identificável.

Essa área entre os sulcos paraolfatórios anterior e posterior é também denominada "giro" ou "área subcalosa". Yasargil propõe denominar a área do giro paraterminal e a área subcalosa, em conjunto, de "polo cíngulo", observando que, além dos giros paraterminal e subcaloso, originam-se também nesse polo o giro do cíngulo, um ou dois braços inferiores do giro frontal medial e o giro reto.

A denominação genérica das áreas corticais olfatórias inclui, em cada hemisfério, os nervos, bulbo, trato, trígono e estrias olfatórias, a substância perfurada anterior, a banda diagonal de Broca e o lobo piriforme.

A área denominada **substância perfurada anterior**** constitui uma região topográfica particularmente importante da base cerebral. Macroscopicamente, é delimitada anteriormente pelo trígono olfatório e pelas estrias lateral e medial que dele emergem, medialmente pelas bordas do quiasma e trato ópticos e, lateralmente, pelo úncus do giro para-hipocampal, situando-se, portanto, logo acima da bifurcação da artéria carótida interna, como que constituindo o teto do espaço em que se encontram a porção distal dessa artéria e os segmentos proximais das artérias cerebrais anterior e média. Essa área recebe a denominação substância perfurada anterior, porque, de sua superfície, os ramos perfurantes emergem daqueles segmentos arteriais, que constituem as artérias lenticuloestriadas que penetram no parênquima frontobasal. Com a retirada da aracnoide e dos vasos em espécimes fixados, a superfície é facilmente identificada pelos seus múltiplos orifícios.

Lateralmente, a substância perfurada anterior alcança o *limen insulae*, onde se continua com o córtex pré-piriforme (área cortical que se dispõe lateralmente na estria olfatória lateral e que, por vezes, é também

---

*O *septum* ou área septal é dividida em duas porções em relação à comissura anterior: (1) a porção pré-comissural ou *septum verum*, situada anteriormente à comissura anterior, na parede medial de cada hemisfério, cuja superfície corresponde ao giro paraterminal, e que abriga os principais núcleos septais; e (2) a porção septal pós-comissural que, no ser humano, corresponde, em cada hemisfério, a uma das duas lâminas que formam o septo pelúcido, e que contém poucas células nervosas esparsas entre fibras de substância branca.
**Termo que se contrapõe à substância perfurada posterior, que por sua vez se dispõe posteriormente aos tratos ópticos e que se estende às superfícies da fossa interpeduncular, e que constitui a superfície por onde penetram as artérias talamoperfurantes.

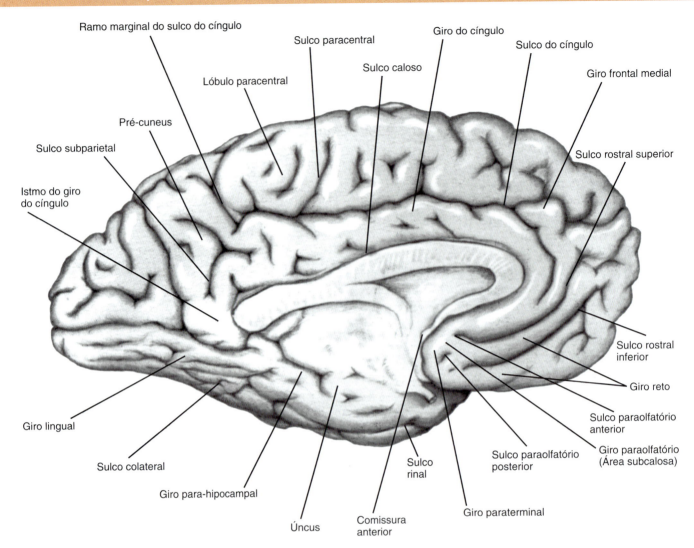

FIGURA 21.11 Área cortical límbica frontal mediobasal.

denominada "giro olfatório lateral"). Posteriormente, o mesmo acontece com a área periamigdaloide (giro semilunar, local onde termina a estria olfatória lateral e que abriga núcleos amigdaloides corticais da porção corticomedial do complexo amigdaloide).

Superiormente, a substância perfurada anterior continua-se com os agregados celulares e fibras nervosas que compõem a chamada "região da substância inominada",* medialmente continua-se por sobre o trato óptico com a substância cinzenta do túber cinéreo e, anteriormente, atinge o giro paraterminal.

Ainda no interior dessa região, pode-se observar o pequeno tubérculo olfatório conectado posteriormente ao trígono olfatório; por vezes se identificam as tênues estrias intermediárias que se irradiam através da sua superfície. A porção mais posterior da substância perfurada anterior é atravessada pela banda diagonal de Broca, feixe de fibras de superfície particularmente lisa que se dispõe imediatamente à frente do trato óptico.

O **lobo piriforme**, área cortical olfatória límbica, é formado: (1) pela área do córtex pré-piriforme, já descrita; (2) pela estria olfatória lateral que se continua com o giro semilunar, também já descrita; (3) pelo úncus do giro para-hipocampal e pelos pequenos giros que o compõem (giro uncinado, cauda do giro denteado ou banda de Giacomini e giro intralímbico); e (4) pela área entorrinal correspondente à área 28 de Brodmann, a área mais rostral do giro para-hipocampal, facilmente reconhecida por seu aspecto superficial salpicado, em consequência

---

*O local denominado *substantia innominata* pelo anatomista alemão Johann Christian Reil, em 1809, em virtude da sua dificuldade de entender a sua organização, diz respeito à parte da região frontal mediobasal situada entre o segmento lateral da comissura anterior e a superfície ventral do cérebro, situando-se, portanto, posteriormente à substância perfurada anterior. A substância inominada constitui uma região límbica particularmente importante, sendo constituída pelo sistema estriatopalidal ventral (*striatum* ventral), pela extensão ventral da amígdala centromedial e pelo núcleo basal de Meynert (também denominado "núcleo da substância inominada").

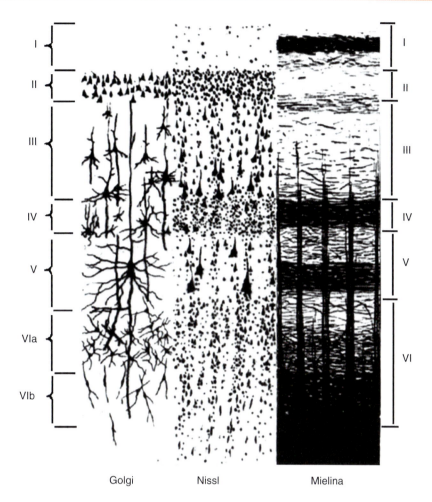

FIGURA 21.12 As diferentes camadas corticais, da esquerda para a direita, conforme as preparações de Golgi, Nissl e de mielina: I – molecular, II – granular externa, III – piramidal externa, IV – granular interna, V – piramidal interna ou ganglionar e VI – multiforme. (Adaptada de Brodal A, 1981.)

da descontinuidade de sua camada celular mais superficial, que se organiza formando ilhas de grandes neurônios multipolares.

É interessante observar que as áreas corticais frontais mediobasais (giro paraterminal e área subcalosa) e as áreas corticais olfatórias (área da substância perfurada anterior, componentes do lobo piriforme), consideradas límbicas, e os seus núcleos subjacentes, constituem um *continuum* corticossubcortical que se dispõe, na superfície ventral do cérebro, da porção medial do polo temporal à porção mediobasal posterior do lobo frontal e que tem como limite posterior, subcortical, a comissura anterior.

Em paralelo a essa observação, dadas as suas disposições particularmente superficiais, Mesulam propõe que as porções mais mediais do complexo amigdaloide, a substância inominada e os núcleos septais, que, em conjunto, constituem o cérebro basal anterior,* sejam consideradas partes do manto cortical.

Considerando que essas estruturas continuam-se na superfície medial do hemisfério com o giro do cíngulo e na superfície basal com o giro para-hipocampal, e que estes, por sua vez, continuam-se posteriormente, o lobo límbico morfologicamente acaba se caracterizando como um círculo levemente inclinado, com a sua porção superior mais medial e a inferior mais lateral em relação ao plano mediossagital, que envolve as estruturas diencefálicas.

É importante encerrar esta seção pertinente às áreas corticais límbicas enfatizando que as áreas aqui mencionadas constituem aquelas que, em conjunto, compõem a porção cortical do chamado "lobo límbico". A conceituação do sistema límbico como um todo, e sobretudo como uma unidade funcional, envolve também estruturas profundas que se encontram descritas em capítulo específico.

O CÓRTEX CEREBRAL

O córtex cerebral constitui a superfície de ambos os hemisférios cerebrais e é formado por cerca de $2,6 \times 10^9$ (2,6 bilhões) de células nervosas que se dispõem em camadas, fazendo com que a sua espessura varie de 2 a 4 mm.

---
*Do inglês *basal forebrain*.

Conforme já mencionado, cerca de 66% da superfície cortical se encontram dispostos no interior dos sulcos e das fissuras, e o seu volume total representa quase 50% do volume encefálico, o que o caracteriza como a maior das estruturas encefálicas.

As células nervosas que compõem o córtex cerebral se organizam em padrões caracterizados por diferentes arranjos laminares e colunares verticais, cujos prolongamentos e conexões caracterizam a intimidade da complexa circuitaria neural. É ao longo dessa rede que os impulsos sensitivos e sensoriais que atingem o córtex cerebral são processados e transformados de forma a originar as diferentes percepções e reações, e que as nossas variadas atividades cognitivas, intelectuais e afetivas se desenvolvem.

Cerca de 95% da extensão cortical são constituídos por seis camadas celulares (**molecular**, **granular externa**, **piramidal externa**, **granular interna**, **piramidal interna** ou ganglionar e **multiforme**), o que caracteriza o chamado **isocórtex**. Por ser o córtex filogeneticamente mais recente, o isocórtex é também denominado "neocórtex". O restante da superfície cortical é formado por padrões laminares mais variáveis, que têm entre três e cinco camadas. Esse tipo de córtex é denominado "alocórtex" ("o outro córtex"), e se subdivide em **palecórtex** (que constitui o córtex olfatório) e em **arquicórtex** (que constitui a formação hipocampal).

Apesar de as áreas corticais conterem os mesmos tipos de células e a mesma organização geral, áreas corticais diferentes apresentam variações de concentração das diferentes células e da espessura relativa das suas camadas. Essas variações em geral se correlacionam com determinado padrão de conexões aferentes e eferentes que revelam diferentes capacidades de processamento.

Tendo como base essas variações regionais da sua citoarquitetura, o córtex cerebral foi dividido e mais bem categorizado por vários autores. Von Economo, em 1927, classificou as diferentes áreas corticais em cinco grupos fundamentais. Os seus grupos ou tipos 2, 3 e 4 caracterizam-se por conter as seis camadas típicas e são denominados **homotípicos**. Os tipos 1 e 5, por não apresentarem as seis camadas bem definidas, são denominados **heterotípicos**.

O córtex heterotípico tipo 1 caracteriza-se pela pobreza das camadas granulares 2 e 4, e tem as camadas 3 e 5 particularmente bem desenvolvidas. Esse tipo é denominado **córtex agranular** e dispõe-se principalmente nas áreas mais posteriores dos lobos frontais anteriormente ao sulco central, englobando, portanto, as áreas motoras, e constitui a principal origem das projeções corticais eferentes. O córtex heterotípico tipo 5, por sua vez, é rico em células granulares e tem as camadas 3 e 5 pouco desenvolvidas, sendo denominado "tipo **granular**". As

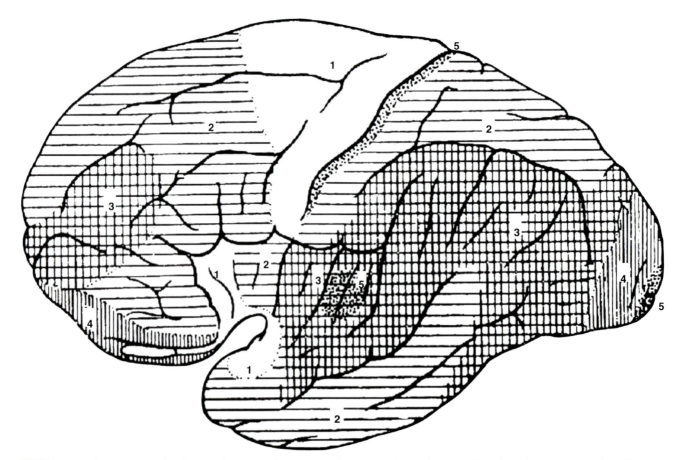

FIGURA 21.13 Os cinco tipos de córtex conforme von Economo: 1. córtex agranular, 2. córtex tipo frontal, 3. córtex tipo parietal, 4. córtex tipo polar, 5. córtex tipo granular (conforme Kornmüller e Janzen, 1939, *apud* Brodal A, 1981).

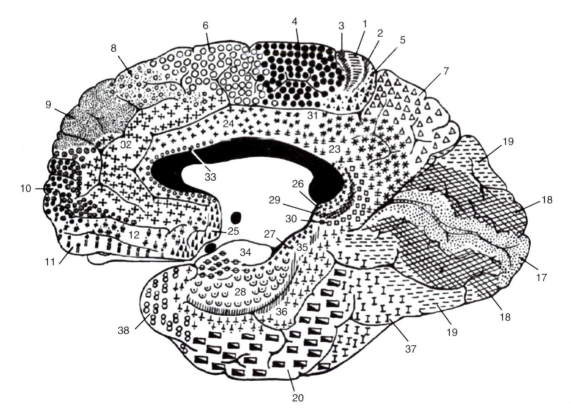

FIGURA 21.14 Mapa citoarquitetônico de Brodmann.

suas áreas constituem as principais áreas primárias de recepção de aferências sensitivas e sensoriais.

Apesar de mais antigo, o mapa citoarquitetônico mais conhecido é o do histologista alemão Korbinian Brodmann, feito em 1909. Esse autor identificou 52 regiões diferentes que foram numeradas conforme a sua ordem de estudo, classificação usada ainda hoje.

O córtex cerebral recebe informações predominantemente por meio das chamadas "projeções talamocorticais" ou "radiações talâmicas" de maneira topicamente organizada, ou seja, áreas corticais particulares recebem fibras de subdivisões particulares do tálamo. Entre as poucas fibras que atingem o córtex por vias extratalâmicas, destacam-se as fibras noradrenérgicas originadas em núcleos pontomesencefálicos (*locus coeruleus* e núcleos da rafe), que compõem parte do sistema reticular ativador ascendente e que se projetam de forma dispersa no córtex de ambos os hemisférios com curso subtalâmico. No córtex cerebral, originam-se fibras corticofugais de projeção, fibras de associação intra-hemisférica e comissurais.

Por meio das fibras corticofugais de projeção, o córtex atua sobre a quase totalidade dos centros nervosos subcorticais, destacando-se, entre as poucas exceções que não recebem fibras corticais, os globos pálidos e os núcleos vestibulares. Entre as fibras corticofugais, destacam-se o trato piramidal, as fibras corticoestriatais e as fibras corticotalâmicas, que se dispõem de forma somatotopicamente organizada.

O trato piramidal é composto de fibras corticoespinais e de fibras corticobulbares, que se originam não só mas principalmente no córtex pré e pós-central de cada hemisfério. As fibras corticoestriatais também se originam em áreas extensas do córtex e se destinam aos núcleos caudados e putames. As numerosas fibras corticotalâmicas se dispõem de maneira a fazer corresponder as eferências de cada área cortical com os núcleos talâmicos que originam as suas respectivas aferências.

Além destas, o córtex cerebral também origina fibras que se dirigem de cada lado ao núcleo rubro, a núcleos da formação reticular, ao núcleo subtalâmico, aos colículos e teto mesencefálico, à oliva inferior e também aos núcleos da coluna dorsal.

A SUBSTÂNCIA BRANCA SUBCORTICAL E AS COMISSURAS

Também denominada **centro branco medular do cérebro**, a substância branca subcortical é formada pelos diversos tipos de fibras que conectam os centros nervosos entre si e se dispõem entre os seus núcleos, compondo um verdadeiro emaranhado de circuitos neurais. É constituída pelas fibras de associação inter-hemisférica ou comissurais, pelas fibras de associação intra-hemisféricas, pelas fibras de projeção que compõem a cápsula interna e pelas cápsulas externa e extrema.

A – Fibras de associação inter-hemisférica ou comissurais

Essas fibras se dispõem transversalmente de forma a unir áreas homólogas dos dois hemisférios. As fibras comissurais do cérebro formam o **corpo caloso**, a **comissura anterior**, a **comissura do fórnix**, a comissura posterior e a comissura das habênulas, com as duas últimas já constituindo estruturas diencefálicas.

Corpo caloso e septo pelúcido

O corpo caloso destaca-se como a maior das comissuras cerebrais, sendo composto de cerca de 200 milhões de fibras que unem áreas especulares da quase totalidade do córtex dos dois hemisférios. Constituem exceções as porções anteriores dos lobos temporais que se encontram unidas pela comissura anterior, e as áreas visuais primárias (área 17 de Brodmann) e a maior parte das áreas somatossensoriais (áreas 3, 1 e 2 de Brodmann), que não se conectam inter-hemisfericamente. Visto lateralmente em corte sagital mediano, o corpo caloso assemelha-se grosseiramente a um anzol virado para a frente e para baixo em relação ao cérebro. A sua porção mais anterior é mais grossa e caracteriza uma curva de convexidade anterior denominada **joelho de corpo caloso**, que abriga o chamado "fórceps *minor*", contingente de fibras que une os polos e a porção mais anterior da convexidade frontal.

Inferiormente, o joelho continua-se com uma porção horizontal mais delgada, basal, que é o **rostro do corpo caloso**, que se dispõe até a comissura anterior e que conecta as superfícies frontorbitárias entre si. Posteriormente ao joelho, dispõe-se o **tronco do corpo caloso**, de forma quase horizontal e com discreta convexidade superior, que une a maior parte das convexidades frontais e parietais.

O tronco do corpo caloso, por sua vez, continua-se posteriormente com o **esplênio**, porção mais posterior e mais grossa do corpo caloso que abriga o fórceps *major*, conjunto de fibras que põe em conexão as superfícies parietal posterior e occipital.

Morfologicamente, o corpo caloso deve ser compreendido como um conjunto de fibras transversais, que, ao cruzarem a linha média, se abrem em leques, de forma a alcançar os diferentes pontos de toda a convexidade cerebral. As fibras do tronco do corpo caloso podem também ser compreendidas pela conformação assumida por uma borboleta batendo as asas, em que o corpo da borboleta corresponde à porção mediana do corpo caloso e o bater de cada asa à distribuição das suas fibras em cada hemisfério.

Dada a morfologia das fibras que o constituem, o corpo caloso se relaciona intimamente com as cinco regiões de cada cavidade ventricular lateral, formando grande parte das suas paredes, que, como as demais superfícies ventriculares, são também revestidas de epêndima.

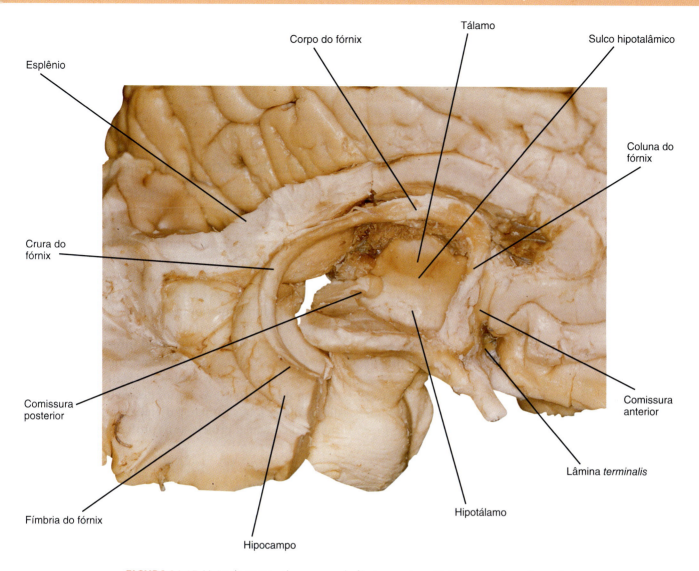

FIGURA 21.15 Visão do corpo caloso, corpo do fórnix e septo pelúcido em corte mediossagital.

Seu joelho constitui a parede anterior dos cornos frontais, e seu rostro, os seus assoalhos.

O tronco do corpo caloso forma o teto do corno anterior e do corpo do ventrículo. Ao continuar posteriormente, o esplênio do corpo caloso constitui o teto de cada átrio e de cada corno posterior. Ao se disporem lateral e inferiormente, as fibras esplênicas passam a formar, de cada lado, a parede lateral do átrio e também o teto e a parede lateral do corno inferior. Em relação ao corno posterior, suas fibras também se dispõem lateral e inferiormente, envolvendo-o ao longo de toda a sua extensão.

O **septo pelúcido*** é constituído por duas finas membranas de substância branca entremeadas por neurônios e células gliais esparsas que formam as paredes mediais dos cornos anteriores e corpos ventriculares. Em cada corno anterior, a respectiva membrana do septo pelúcido adere superiormente ao tronco do corpo caloso, anteriormente ao seu joelho e inferiormente ao longo do seu rostro.

Em cada um dos corpos ventriculares, cada membrana do septo pelúcido adere superiormente ao tronco do corpo caloso e, inferiormente, a cada um dos corpos dos fórnices que se dispõem unidos medialmente.

Dada a ascensão dos corpos dos fórnices, que, posteriormente, acabam unindo-se à superfície inferior do esplênio, o septo pelúcido diminui progressivamente em altura no sentido anteroposterior, terminando, portanto, em bisel. A extremidade posterior do septo pelúcido determina o limite posterior dos corpos ventriculares e o limite anterior dos átrios.

Comissura anterior

A comissura anterior é constituída por um feixe de fibras tranversais de forma oval, com o seu maior diâmetro

---

*Conforme já mencionado na seção "Lobo límbico", o septo pelúcido é denominado "septo pós-comissural" em contraposição à região septal que abriga os referidos núcleos e que se situa anteriormente à comissura anterior, recebendo a denominação "septo pré-comissural" ou *septum verum*.

tendo aproximadamente 2,5 mm, e, dispondo-se verticalmente, conecta principalmente os polos temporais. Situa-se sob o rostro do corpo caloso imediatamente à frente das colunas dos fórnices, e tem a porção superior da lâmina *terminalis* aderida ao seu segmento mais mediano, que forma uma proeminente indentação no interior do III ventrículo, logo abaixo dos forames interventriculares (de Monroe). A comissura anterior se estende de cada lado, dispondo-se de forma semelhante a um guidom de bicicleta.

Ao cruzar a linha média de cada lado, enquanto um pequeno contingente de fibras segue anteriormente em direção à substância perfurada anterior, o seu maior feixe curva-se inicialmente para a frente e passa por sob o braço anterior da cápsula interna. A seguir, dirige-se lateral e pouco posteriormente de forma a cruzar o aspecto anteroinferior do globo pálido, chegando a imprimir um sulco, onde se aloja. Mais lateralmente, dispõe-se já superiormente ao corpo amigdaloide e termina abrindo-se de forma radiada na substância branca temporal.

É interessante notar que a comissura anterior constitui, de cada lado, o limite posterior da região justacortical denominada "substância inominada", que, portanto, se situa entre a comissura anterior, internamente, e a superfície ventral da região frontobasal.

Comissura do fórnix

A comissura do fórnix, também denominada "comissura hipocampal", por conectar ambas as formações hipocampais, é constituída por uma fina camada de fibras que se dispõem entre as duas pernas ou crura dos fórnices e sob a superfície inferior do esplênio do corpo caloso, à qual se encontra aderida.

B – Fibras de associação intra-hemisférica

As fibras de associação intra-hemisférica conectam entre si as diferentes áreas de cada hemisfério, podendo ser curtas ou longas.

As **fibras de associação intra-hemisférica curtas**, denominadas "arqueadas" ou "em U", unem giros adjacentes.

As **fibras de associação intra-hemisférica longas**, por sua vez, unem-se constituindo fascículos. O **fascículo longitudinal superior** ou arqueado dispõe-se pouco abaixo da superfície cortical e conecta os lobos frontal, parietal e occipital; o **longitudinal inferior** une o lobo temporal ao occipital; o **unciforme** une o lobo frontal ao temporal, passando por sob o sulco lateral; o **fascículo do cíngulo** se dispõe no interior desse giro, unindo medialmente os lobos frontal, parietal e temporal. O fascículo perpendicular projeta-se na profundidade occipital.

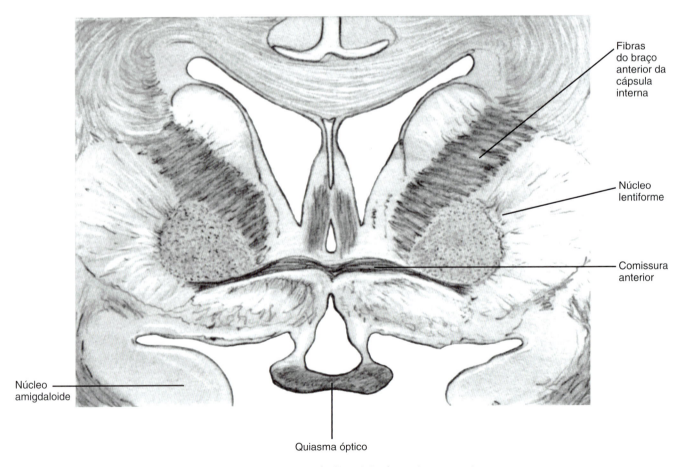

FIGURA 21.16 Esquema da disposição da comissura anterior.

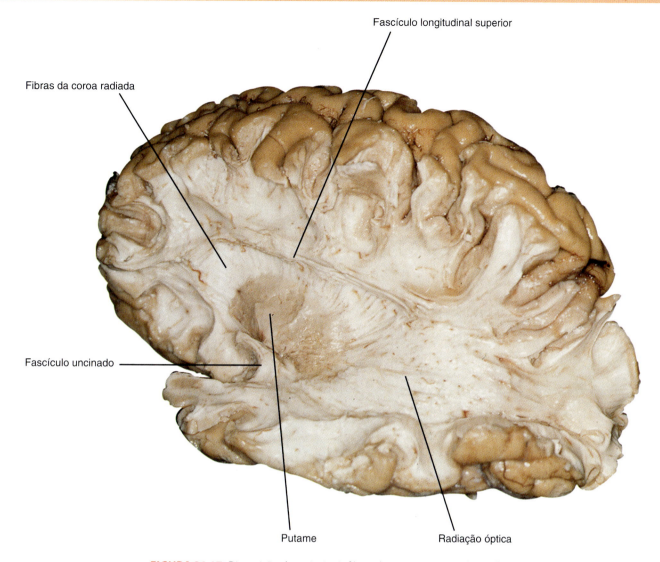

FIGURA 21.17 Disposição das principais fibras de associação intra-hemisférica.

QUADRO 21.2 Principais grupos de fibras de associação intra-hemisférica.

Fibras arqueadas ou em U
Fascículo longitudinal superior ou arqueado
Fascículo longitudinal inferior
Fascículo unciforme
Fascículo do cíngulo ou *cingulum*
Fascículo perpendicular ou occipital vertical

C – Fibras de projeção

Constituem fibras de projeção todas as fibras aferentes e eferentes ao córtex cerebral e que o conectam aos núcleos da base, ao tálamo e a outros núcleos centrais e da medula espinal.

Conforme essa definição, são fibras de projeção:

1) as fibras corticoestriatais, contingente eferente do sistema corticoestriado-pálido-talamocortical;
2) as radiações talâmicas constituídas pelos sistemas de fibras talamocorticais e pelos seus recíprocos sistemas de fibras corticotalâmicas;
3) as fibras corticopontinas, que se originam nas diferentes áreas corticais e se dirigem para os núcleos pontinos, de onde se projetam para o cerebelo;
4) as fibras corticonucleares e corticoespinais, que em conjunto são frequentemente denominadas "trato piramidal";
5) as fibras corticorreticulares, que se originam no córtex motor e somatossensorial e que se projetam em núcleos de formação reticular do tronco do encéfalo; e
6) o conjunto de fibras que constitui os fórnices, por alguns autores também considerado como um sistema de projeção, e que conecta cada hipocampo principalmente com o corpo mamilar ipsilateral.

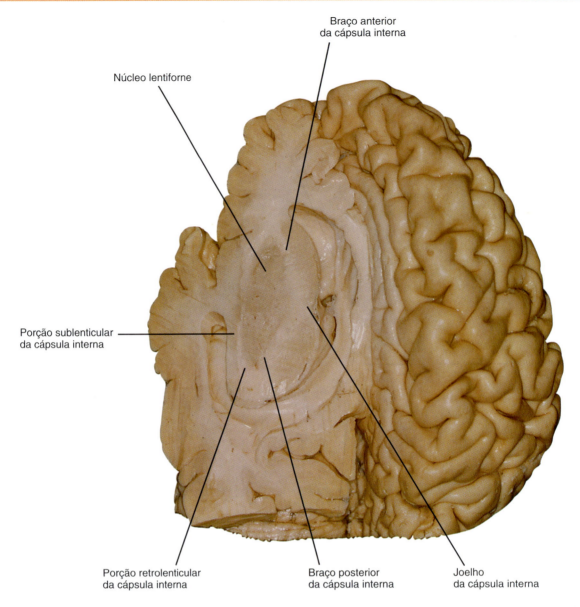

FIGURA 21.18 Relação da cápsula interna com o núcleo lenticular, cabeça do núcleo caudado, tálamo e ventrículo lateral.

Coroa radiada e cápsula interna

As fibras de projeção se dispõem de forma a convergir progressivamente a partir do córtex cerebral e, à altura do corpo estriado (putame e núcleo caudado), constituem a chamada **coroa radiada**. Inferiormente, o conjunto de fibras passa a constituir, em cada hemisfério, a **cápsula interna**, cujo desenvolvimento embriológico divide o corpo estriado de forma a deslocar o putame lateralmente, o núcleo caudado medialmente e situar-se entre essas duas estruturas.

Como resquício dessa separação, restam ninhos celulares dispostos entre as fibras da cápsula interna, principalmente na sua porção anterior, que se dispõem como pequenas estrias.

A cápsula interna é definida anatomicamente como a cápsula interna do núcleo lenticular, e sua morfologia é, portanto, consequente à morfologia desse núcleo. Cada cápsula interna é composta de cinco partes: (1) **braço anterior**, (2) **joelho**, (3) **braço posterior**, (4) **porção retrolenticular** e (5) **porção sublenticular**.

Ao serem visualizadas em cortes axiais, as primeiras três partes da cápsula interna se dispõem em forma de um "V" com o seu vértice disposto medialmente e correspondendo ao seu joelho, situado entre os dois braços. O braço anterior situa-se entre a cabeça do núcleo caudado e o núcleo lenticular, e o braço posterior, entre o tálamo e o núcleo lenticular. As porções retro e sublenticulares localizam-se posterior e inferiormente ao núcleo lenticular. Apesar de suas fibras não constituírem nenhuma parte da superfície ventricular dada a sua topografia, o joelho da cápsula interna se dispõe lateral e adjacentemente ao forame interventricular (de Monroe).

O braço anterior da cápsula interna abriga fibras frontopontinas e a radiação talâmica anterior.

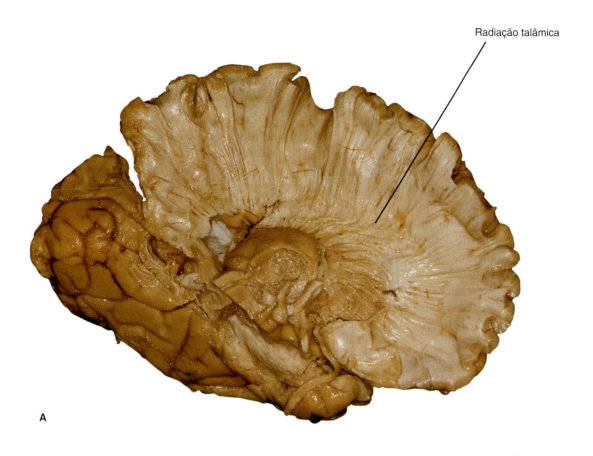

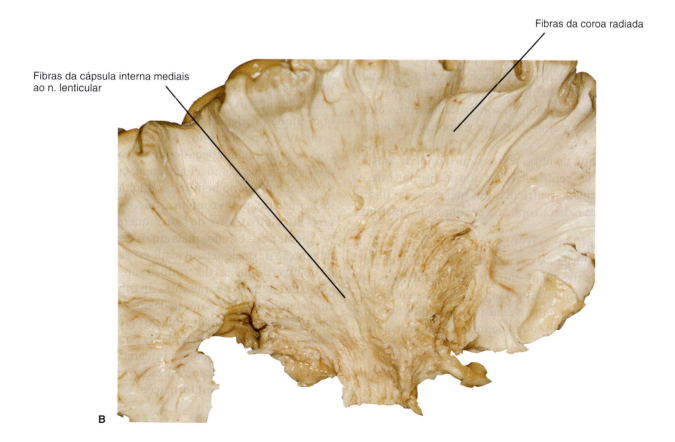

FIGURA 21.19 A e **B.** Disposição das principais fibras de projeção na cápsula interna.

Pelo joelho passam as fibras corticonucleares, que se originam principalmente no córtex motor e se destinam aos núcleos motores dos nervos cranianos. Pelo braço posterior da cápsula interna, passam o trato corticoespinal, fibras destinadas ao núcleo rubro, fibras do fascículo subtalâmico originadas no globo pálido e principalmente as fibras da radiação talâmica posterior; estas projetam no córtex do giro pós-central os impulsos talâmicos que veiculam a sensibilidade geral.

A porção retrolentiforme apresenta fibras parieto e occipitopontinas, fibras que, do córtex occipital, se dirigem ao colículo superior, à região pré-tectal à radiação talâmica posterior, que inclui a radiação óptica. A porção sublentiforme contém principalmente fibras temporopontinas e a radiação acústica, que do corpo geniculado medial se dirigem para o giro transverso anterior (de Heschl) e para a porção posterior do giro temporal superior.

As fibras de projeção corticoestriatais não fazem parte da cápsula interna por terminarem no nível do corpo estriado para onde se dirigem, portanto ainda à altura da coroa radiada.

Dadas a sua importância funcional e a sua particular disposição espacial em relação à cavidade ventricular, é importante destacar alguns aspectos da radiação óptica. As suas fibras são constituídas pelo trato geniculocalcarino, cuja origem é no corpo geniculado lateral do tálamo, que, em relação ao ventrículo lateral, situa-se à altura da transição do seu átrio e corno temporal. As fibras geniculocalcarinas inicialmente formam uma curva anterior denominada "alça de Meyer" e, a seguir, dirigem-se posteriormente de modo a constituir, ao longo do trajeto, o teto e a parede lateral do corno temporal, a parede lateral do átrio ventricular e do corno occipital. Envolvem esse último superior e inferiormente, para se projetarem posteriormente de fora para dentro no interior dos bordos superior e inferior da porção posterior da fissura calcarina.

O contingente de fibras calosas que também constitui essas paredes ventriculares, e que se dispõe entre o interior da cavidade ventricular e as mencionadas fibras que compõem a radiação óptica, é denominado **tapetum**.

Cápsulas externa e extrema

As cápsulas externa e extrema situam-se em cada hemisfério, respectivamente entre o núcleo lenticular e o *claustrum* (constituindo, portanto, a cápsula externa do núcleo lenticular), e entre o *claustrum* e a superfície insular. Ambas não têm fibras de importância funcional conhecida.

ÁREAS CORTICOSSUBCORTICAIS E APLICAÇÃO CLÍNICA

Observações clínicas minuciosas, estimulações corticais transoperatórias, mapeamentos do fluxo sanguíneo cerebral com radioisótopos e, mais recentemente, estudos com obtenção de imagens tomográficas com técnicas de emissão de pósitrons têm proporcionado, ao longo do tempo, conhecimentos sobre as funções corticais.

O conhecimento científico de localização cortical de determinadas funções cerebrais se iniciou com a contribuição do neurologista francês Pierre Paul Broca, que descreveu, em 1861, a área responsável pela expressão da linguagem falada, situada no giro frontal inferior esquerdo. Em 1876, o neurologista alemão Carl Wernicke o segue apontando, nas porções posteriores do lobo temporal esquerdo, a região responsável pela compreensão da linguagem.

Ao longo dos últimos anos da década de 1950, o neurocirurgião canadense Wilder Penfield, estimulando o córtex de pacientes parcialmente anestesiados (apenas com leve sedação e anestesia local do couro cabeludo) durante cirurgias para tratamento de epilepsias de difícil controle, descreveu minuciosamente as áreas corticais motoras e sensoriais, corroborou os achados de Broca e de Wernicke e demonstrou as relações principalmente dos lobos temporais com sensações e atividades mais complexas.

Diferentes autores estudaram e mapearam as áreas corticais, sendo os trabalhos de **Brodmann** os que permaneceram como referência. Seus trabalhos, numerando as diferentes regiões, foram usados para designar as áreas corticais e suas funções.

Os estudos mais recentemente realizados com tomografias obtidas por emissão de pósitrons,* que possibilitam a avaliação de mudanças regionais de fluxo sanguíneo e de metabolismo, não só confirmaram o papel das áreas corticais mais especializadas, como também demonstraram as suas relações com outras áreas cerebrais durante diferentes atividades nervosas. Essas contribuições demonstraram que, enquanto algumas das funções se relacionam com áreas mais específicas nos dois hemisférios, outras funções se relacionam apenas com áreas específicas de um dos hemisférios, como a linguagem, cujas áreas corticais só se encontram no hemisfério dito dominante, ou seja, no hemisfério que as contém, o que, em cerca de 95% dos seres humanos, ocorre do lado esquerdo.

Apesar de os estudos mais atuais demonstrarem que a integração de qualquer atividade específica não é realizada no nível de apenas determinada área cortical, e sim ao longo de circuitos neurais ditos distribuídos, permanece ainda também válida a noção de que existem áreas corticais primárias, principalmente de percepções sensoriais. Estas, por sua vez, são circundadas por áreas secundárias, e mesmo terciárias, em que a integração e associação do estímulo em questão são realizadas em conjunção com outros estímulos e/ou informações.

---

*Do inglês *Positron Emission Tomography (PET) Scanning*.

As lesões corticais e subcorticais de diferentes naturezas causam quadros clínicos conforme a sua topografia e podem ser devidas tanto a acometimentos de áreas corticais quanto a comprometimentos de fibras subjacentes, sendo a sua caracterização dependente das funções comprometidas. Enquanto o acometimento de áreas primárias causa quadros clínicos específicos, o comprometimento de áreas secundárias, terciárias e de associação pode causar desde quadros assintomáticos e oligossintomáticos até quadros de grande complexidade.

Para a compreensão dos quadros clínicos decorrentes de comprometimentos corticais, é também importante o conhecimento das noções de **afasia**, **agnosia** e **apraxia**. De maneira simplificada, podemos dizer que o termo afasia diz respeito a alterações da linguagem secundárias a comprometimentos cerebrais. Agnosia significa incapacidade de reconhecimento e apraxia se refere à incapacidade de executar determinados atos voluntários sem que exista déficit motor, sensitivo ou gnóstico.

O **córtex somatomotor** (área 4 de Brodmann) e o **córtex somatossensorial** (áreas 3, 2 e 1 de Brodmann) de cada hemisfério constituem áreas particularmente bem delimitadas, sendo respectivamente responsáveis predominantemente pela motricidade voluntária e pela sensibilidade geral do lado contralateral do corpo.

Todavia, sabe-se também que o córtex motor trabalha em conjunção íntima com as suas áreas mais anteriores (**córtex pré-motor**, na superfície hemisférica lateral, e **área motora suplementar**, na superfície medial, que correspondem à área 6 de Brodmann) e que o córtex sensorial o faz também sempre em conjunção com as suas áreas adjacentes (área sensorial suplementar, inferiormente, e lóbulo parietal superior, posteriormente, áreas, respectivamente, 43 e 7 de Brodmann), o que, em parte, exprime a não delimitação anatômica dessas funções.

Por outro lado, o conhecimento de que cerca de 20% das fibras do córtex somatomotor têm relação primária com núcleos sensoriais do tálamo e de que cerca de 20% das fibras originais do córtex somatossensorial se projetam como fibras eferentes motoras demonstra o entrelaçamento anatomofuncional que existe entre as funções motoras e as sensoriais e constitui forte justificativa de que os giros pré e pós-central possam ser agrupados como constituindo um lobo único, denominado por alguns autores **lobo central**.

As estimulações corticais transoperatórias realizadas por Penfield demonstraram que tanto o giro motor quanto o giro sensorial têm representações corticais específicas das diferentes partes do corpo.

Lesões relacionadas com o **giro pré-central** ou motor sabidamente causam déficits motores contralaterais (hemiparesias, hemiplegias), com distribuição e extensão dependentes da área cortical e/ou do contingente de fibras motoras acometidas.

As áreas corticais anteriores às áreas motoras, denominadas genericamente "áreas pré-frontais", são responsáveis por atividades comportamentais complexas, principalmente relacionadas com a elaboração de estratégias em geral, pensamento abstrato, previsibilidade, julgamento e adequação afetiva e comportamental. Os diferentes comprometimentos dessa extensa área cerebral podem, portanto, causar distúrbios variados e complexos, caracterizando principalmente apraxias e distúrbios variados de comportamento, que podem, inclusive, manifestar-se como perigosas atitudes antissociais.

O comprometimento do núcleo basal de Meynert, situado posteriormente à superfície frontobasal, relaciona-se particularmente com a doença de Alzheimer.

Lesões restritas às porções posteriores dos giros frontais superior e médio (área 8 de Brodmann), área em cada hemisfério denominada "centro frontal do olhar conjugado", resultam em dificuldade de mover voluntariamente o olhar conjugado para o lado oposto.

O córtex parietal anterior abriga as áreas somatossensorial primária (áreas 3a e 3b de Brodmann) e somatossensorial secundária (áreas 1 e 2 de Brodmann). Enquanto a primeira constitui a área de recepção cortical das variadas informações somatossensoriais e sensoriais provenientes do tálamo ipsilateral, a chamada "área somatossensorial secundária" funde as informações recebidas, possibilitando o reconhecimento da forma tridimensional de objetos e a execução de movimentos treinados.

Lesões da **área somatossensorial** (áreas 3, 1 e 2 de Brodmann) causam comprometimento contralateral do tato e da pressão, particularmente notados ao exame concomitantemente bilateral dessas modalidades sensoriais, observando-se assim o chamado "fenômeno de extinção" da estimulação pertinente ao hemicorpo contralateral à lesão, e também comprometimento da noção proprioceptiva contralateral. O comprometimento da percepção dolorosa, por sua vez, relaciona-se mais particularmente com o acometimento de áreas sensoriais secundárias.

Lesões frontoparietais podem causar as apraxias ideomotora e ideativa. Na **apraxia ideomotora**, o paciente é capaz de elaborar a ideia de um ato e de executá-lo automaticamente, mas não é capaz de realizá-lo voluntariamente. O paciente com **apraxia ideativa**, por sua vez, é capaz de imitar determinado ato, mas não é capaz de planificá-lo e realizá-lo sob comando.

A porção parietal mais posterior, situada entre o giro pós-central e a área visual de cada hemisfério, relaciona-se particularmente com a noção de **esquema corporal** ou conhecimento do próprio corpo (somatognosia), fruto da integração de experiências proprioceptivas, cinestésicas e sensoriais.

O comprometimento do giro supramarginal (área 40 de Brodmann) do hemisfério dominante, dada a sua maior proximidade com as áreas de representação somatossensorial, pode causar agnosias tácteis e proprioceptivas,

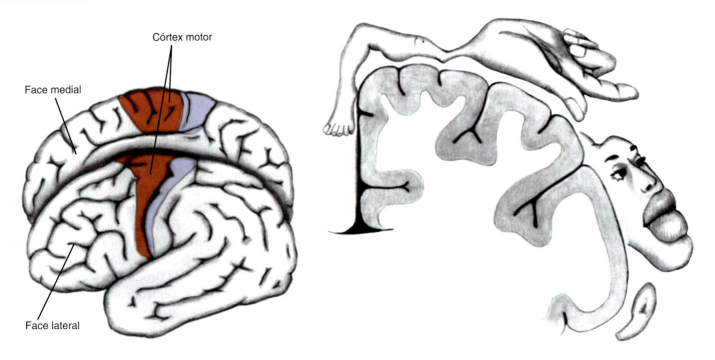

FIGURA 21.20 Principais áreas corticais relacionadas com a motricidade voluntária e a representação cortical motora dos segmentos somáticos (homúnculo motor de Penfield). (Adaptada de Heimer L, 1995.)

distúrbios de discriminação esquerda-direita, do próprio esquema corporal e, eventualmente, quadros apráxicos mais complexos.

Denomina-se "síndrome de Gerstmann" o distúrbio caracterizado pela incapacidade de distinguir e denominar os dedos da sua própria mão (agnosia digital), incapacidade de reconhecimento de direita e esquerda, agrafia e acalculia, secundário a lesões parietais posteriores do hemisfério dominante. Dificuldades com a escrita (grafia) e com a capacidade de dispor elementos no espaço (apraxia construtiva) frequentemente acompanham a síndrome de Gerstmann.

Lesões parietais posteriores, principalmente do hemisfério não dominante, podem levar o paciente a se comportar como se a metade contralateral do corpo estivesse ausente (negligência em relação ao hemicorpo), e/ou dificultar inclusive que ele se vista adequadamente (apraxia para vestir-se). Lesões parietais extensas do hemisfério não dominante podem ainda fazer com que o paciente ignore e mesmo desconheça a sua própria doença (anosognosia), inviabilizando-o de perceber a sua hemiplegia, defeito visual ou surdez.

A **linguagem**, função exclusiva dos seres humanos, é fruto de complexa circuitaria neural que se distribui ao longo da região frontotemporal do hemisfério dominante, geralmente o esquerdo.

Todavia, dentro dessa extensa área frontotemporal dominante relacionada com a linguagem, destacam-se duas áreas corticais mais delimitadas, que são particularmente responsáveis por dois aspectos importantes da função linguística.

A **área de Broca** é a responsável pelo aspecto motor ou de expressão da língua falada e, anatomicamente, corresponde a uma extensão do córtex somatomotor no giro frontal inferior, dispondo-se basicamente sobre a sua porção opercular e parte da porção triangular e correspondendo às áreas 44 e 45 de Brodmann.

A **área de Wernicke**, por sua vez, é responsável pela compreensão da linguagem falada e anatomicamente se dispõe principalmente sobre a porção posterior do giro temporal superior e do giro temporal transverso anterior (de Heschl), correspondendo à área 41 de Brodmann.

Assim, enquanto lesões que comprometem a área de Broca causam distúrbios da expressão da fala (**afasia de expressão**, motora ou de Broca), mantendo intacta a compreensão em geral, lesões da área de Wernicke causam distúrbios de compreensão que comprometem não só o entendimento do que o paciente ouve ou lê, mas também a organização da sua própria expressão verbal, que então se mostra confusa, desconexa (**afasia de compreensão**, recepção, sensorial ou de Wernicke). O comprometimento das fibras que unem as áreas de Broca e de Wernicke causa uma síndrome de desconexão, que se caracteriza principalmente pelo uso incorreto de palavras ou parafasias (omissão de partes das palavras, substituição por sons incorretos) com preservação do seu aspecto motor e da compreensão do que é ouvido ou visualizado (**afasia de condução**).

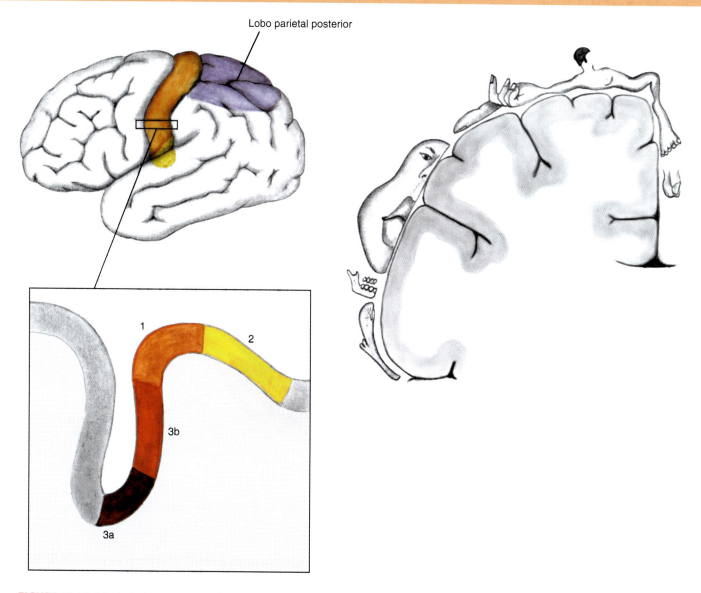

FIGURA 21.21 Principais áreas corticais relacionadas com a sensibilidade geral e a representação cortical sensorial dos segmentos somáticos (homúnculo sensorial de Penfield). (Adaptada de Heimer L, 1995.)

Lesões restritas ao giro angular (área 39 de Brodmann) do hemisfério esquerdo, por sua vez, causam dificuldades para ler e para escrever (**alexia** e **agrafia**), dada a sua topografia mais posterior e, portanto, mais relacionada com atividades que envolvem interpretações visuais.

Os estudos com tomografia por emissão de pósitrons vieram demonstrar que a produção e a compreensão da linguagem não são processadas por vias únicas. Michael Posner e colaboradores demonstraram recentemente que, enquanto a área de Wernicke é ativada quando uma palavra é ouvida, essa mesma área não é ativada pela simples leitura e que a conexão das áreas occipitais com a área de Broca pode ser feita diretamente, fatos que sugerem a descentralização de diferentes formas de compreensão. Os mesmos estudos demonstraram também que o ato de pensar no significado de palavras causa ativações mais difusas, que incluem principalmente a convexidade frontal, áreas temporais posteriores e áreas parietais inferiores do hemisfério dominante.

Lesões em áreas correspondentes às áreas de linguagem do hemisfério não dominante evidentemente não causam afasias, mas podem ser responsáveis por quadros de inatenção auditiva (lesões temporais posteriores), inatenção visual (lesões têmporo-occipitais) e eventual indiferença com o hemicorpo esquerdo, conforme já citado (lesões parietais).

Lesões unilaterais restritas ao giro temporal transverso anterior (de Heschl) e parte do giro temporal superior que abrigam a **área auditiva primária** (áreas 41 e 42 de Brodmann) não causam déficit auditivo significativo, dada a projeção cortical bilateral das vias auditivas. Porém, lesões bilaterais dessas áreas podem causar **agnosia auditiva**, também denominada "surdez verbal".

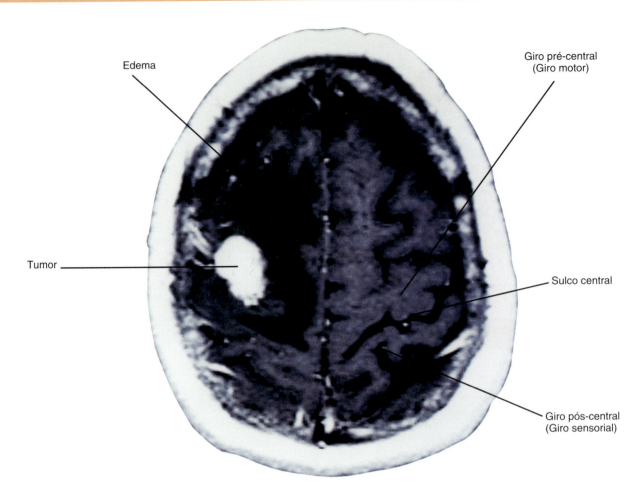

FIGURA 21.22 Imagem de ressonância magnética do caso de um processo expansivo localizado na área motora com consequente hemiplegia.

A **área visual primária** situa-se nas bordas da porção distal da fissura calcarina (área 17 de Brodmann) e se estende para o interior do cuneus e do giro lingual (áreas 18 e 19 de Brodmann) em cada hemisfério. Enquanto o comprometimento das áreas corticais visuais primárias causa agnosia visual, também denominada "cegueira" ou **amaurose cortical**, lesões occipitais mais anteriores podem ser responsáveis apenas por dificuldades de reconhecer e identificar objetos.

Paralelamente às funções relacionadas com aquisição de percepções e de conhecimentos (atividades cognitivas) até agora mencionadas e que se fazem por meio de áreas e circuitos relativamente localizados, as atividades mentais envolvem também componentes que requerem a atuação conjunta de múltiplas áreas e mesmo difusa do sistema nervoso central (SNC).

A **vigília** constitui requisito básico para o perfeito desenvolvimento de todas as atividades mentais, e é proporcionada pela ativação cortical efetuada pelo chamado **sistema reticular ativador ascendente**. As relações recíprocas que o córtex cerebral tem com os núcleos reticulares atuam também na modulação da atenção.

A importante "noção de si mesmo",* por sua vez, requer âncoras com o meio externo que situam o indivíduo no tempo e no espaço de forma contínua, e consigo mesmo, o que ocorre pela constante informação somática que alcança o SNC.

Enquanto a orientação global do indivíduo é proporcionada principalmente pela percepção do meio externo e atuação dos circuitos de memória de fixação, a sua noção física é dada pelo conjunto de informações sensoriais superficiais (tato, temperatura, dor, se presente), proprioceptivas (relação dos segmentos corporais entre si, posição no espaço), interoceptivas (provenientes dos diversos órgãos, do meio interno) e sensoriais (olfato,

QUADRO 21.3 Relação entre mão com que se escreve e hemisfério que abriga áreas de linguagem.

	Esquerdo	Direito	Ambos
Destros	96%	4%	0%
Canhotos e ambidestros	70%	15%	15%

Adaptado de Rasmussen T, Milner B, 1977, apud Kandel ER et al., 1995.

*Do inglês *self*.

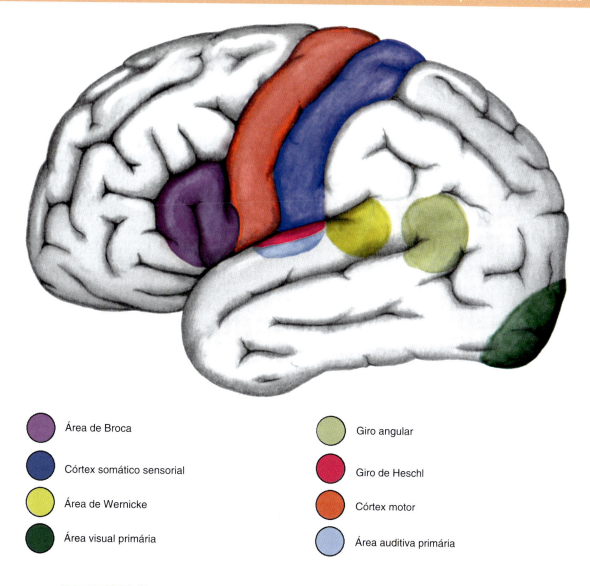

FIGURA 21.23 Disposição anatômica de áreas corticais especializadas do hemisfério esquerdo.

visão, gustação, audição), que, silenciosa e continuamente, atingem o córtex cerebral.

É interessante observar que as estruturas relacionadas com essas funções encontram-se abrigadas de maneira simétrica nos hemisférios cerebrais e que a perfeita e completa noção de si mesmo requer a atuação conjunta dos dois hemisférios, o que é possibilitado pelas comissuras cerebrais.

Observações feitas em pacientes submetidos à desconexão dos dois hemisférios mediante seções cirúrgicas do corpo caloso (calosotomias) e da comissura anterior para tratamento de determinadas epilepsias de difícil controle mostraram a relativa especificidade de cada um dos hemisférios cerebrais, demonstrando que cada hemisfério é responsável por diferentes e independentes conscientizações da noção de si mesmo de cada indivíduo.

Mediante manobras que permitem que determinados estímulos alcancem apenas cada um dos hemisférios cerebrais, por exemplo, requerer a identificação tátil de objetos com cada uma das mãos ou a identificação visual de pessoas por meio de cada hemicampo visual, observou-se que, enquanto atividades como identificações verbais, conscientização e análises passam a ser realizadas apenas pelo hemisfério dominante, este se mostra superior para lidar com questões que envolvem principalmente percepção espacial.

Por abrigar as áreas de linguagem, o **hemisfério dominante** é então predominantemente verbal e analítico, enquanto o **hemisfério não dominante** é predominantemente não verbal, pictórico e sintético.

Apesar de, quando desconectados, atuarem como duas mentes independentes, inclusive com ambos sendo capazes de dirigir comportamentos, com o hemisfério dominante fazendo-o conscientemente e o hemisfério não dominante fazendo-o predominantemente de forma automática, afirmar que, quando conectados, eles mantêm

QUADRO 21.4 Principais características hemisféricas observadas em pacientes submetidos a comissurotomias anterior e calosa.

H. dominante	H. não dominante
Ligação com a consciência	Sem essa ligação
Verbal	Predominantemente não verbal intuitivo
Descrição linguística	Musical
Ideativo	Pictórico, senso de padrões
Similaridades conceituais	Similaridades visuais
Analítico	Sintético
Análise de detalhes	Holístico-Imagenológico
Aritmético, "computadorizado"	Geométrico, espacial

tais características de forma independente pode constituir um exagero. Atualmente, sabe-se, inclusive, que a capacidade de um hemisfério executar uma determinada tarefa pode piorar após a realização das comissurotomias.

Em relação à **memória** de evocação ou de fatos antigos, sabe-se que as representações de objetos, pessoas e mesmo de situações vividas não são guardadas em nossos cérebros de forma conjunta, unificada, e sim de maneira subdividida em categorias distintas, em locais e ao longo de circuitos neurais particularmente relacionados com cada modalidade sensitiva e sensorial.

Dessa forma, ao pensarmos em determinada pessoa, por exemplo, a imagem global que nos ocorre é secundária à ativação de diferentes circuitos, que, a partir de áreas mais especializadas, carreiam informações específicas de diferentes tipos de memória e que então se comportam como diversos componentes de trilhos que se dirigem para um mesmo terminal, conforme a comparação de Kandel e colaboradores. O resultado final acaba, portanto, sendo o produto de fragmentos de memória visual, auditiva, olfativa e de outras circunstâncias relacionadas com a pessoa evocada.

Tendo em vista esse *modus operandi*, compreende-se por que determinadas lesões em áreas de associação podem causar quadros clínicos muito particulares, por exemplo, a perda da capacidade de dar nome a elementos vivos, principalmente pessoas, com preservação dos seus reconhecimentos visuais, como pode ocorrer secundariamente a lesões do lobo temporal esquerdo.

O componente afetivo sempre presente em conjunção com as diversas atividades mentais, por sua vez, é dado principalmente pela atuação das estruturas límbicas superficiais e profundas.

BIBLIOGRAFIA COMPLEMENTAR

Brodal A. **Neurological anatomy in relation to clinical medicine**. 3rd ed. New York: Oxford University Press, 1981.
Erhart EA. **Neuroanatomia**. 5ª ed. São Paulo: Atheneu, 1974.
Gardner E, Gray DJ, O'Rahilly R. **Anatomia**. 3ª ed. Rio de Janeiro: Guanabara Koogan, 1971.
Harkey HL, al-Mefty O, Haines DE et al. The surgical anatomy of the cerebral sulci. **Neurosurgery** 1989 24(5):651-654.
Heimer L. **The human brain and spinal cord**. 2nd ed. New York: Springer-Verlag, 1995.
Machado A. **Neuroanatomia funcional**. 2ª ed. São Paulo: Atheneu, 1993.
Martin JH. **Neuroanatomy, text and atlas**. 2nd ed. Stanford: Appleton and Lange, 1996.
Meneses MS, Kondageski C, Santos HNL et al. The usefulness of neuronavigation in functional hemispherectomy. **J Epilepsy Clin Neurophysiol** 2011, 17(3):93-99.
Meneses MS, Rocha SBF, Blood MRY et al. Ressonância magnética funcional na determinação da lateralização da área cerebral da linguagem. **Arq Bras Neuropsiquiatr** (São Paulo) 2004, 62;1: 61-67.
Mesulam MM. Patterns in behavioral neuroanatomy: association areas, the limbic system, and hemispheric specialization. In: Mesulam MM (ed). **Principles of behavioral Neurosurgery**. Filadélfia: F A Davis, 1987, pp. 1-70.
Nieuwenhuys R, Voogt J, Van Huijzen Chr. **The human central nervous system: a synopsis and atlas**. 3rd ed. Berlim: Springer-Verlag, 1988.
Ono M, Skubik CD. **Atlas of cerebral sulci**. Stuttgart: Thieme, 1990.
Pernkoff E. **Atlas of topographical and applied human anatomy**. Baltimore: Urban & Schwarzenberg, 1980.
Seeger W. **Atlas of topographical anatomy of the brain and surrounding structures**. Viena: Springer, 1978.
Seeger W. **Microsurgery of the brain, anatomical and technical principles**. Viena: Springer, 1980.
Testut L, Jacob O. **Tratado de anatomía topográfica**. 5ª ed. Barcelona: Salvat, 1932.
Testut L, Latarjet A. **Tratado de anatomía humana**. 8ª ed. Barcelona: Salvat, 1932.
Williams PL, Warwick R (eds). **Gray's anatomy**. 36th ed. Philadelphia: Saunders, 1980.
Yasargil MG. **Microneurosurgery**. Stuttgart: Georg Thieme, Col. IVA, 1994.

22 Sistema Límbico

Elisa Cristiana Winkelmann Duarte

INTRODUÇÃO

Ao longo da história da humanidade, observações feitas por físicos como Aristóteles (384–322 a.C.) e Galeno (130–200 d.C.), e por neuropatologistas como Broca, Papez e MacLean (em 1952), mostraram que existem áreas do cérebro (telencéfalo e diencéfalo) e do mesencéfalo que apresentam uma inter-relação morfofuncional e neuroquímica que atuam principalmente como centro das emoções, do comportamento e da memória e contribuem no controle de reações ao estresse, atenção e instintos sexuais. Essas estruturas formam o sistema límbico.

Em um corte sagital do encéfalo, para melhor visualização, podemos dividir o sistema límbico em três arcos. O arco externo e o médio se estendem do lobo temporal medial até a área septal, e o arco interno segue do lobo temporal medial até o corpo mamilar. O arco externo contém o úncus e o giro para-hipocampal, sendo contínuo posteroinferiormente com o giro do cíngulo, que, por sua vez, cursa anteroinferiormente na face anterior da área septal do lobo frontal, para se conectar com a área subcalosa, a qual se localiza abaixo do joelho do corpo caloso.

O arco médio compreende o hipocampo (corno de Amon e giro denteado), contínuo posterossuperiormente com o indúsio cinzento (*indusium griseum*), uma fina faixa supracalosa de substância cinzenta, também denominada "giro supracaloso", que segue anteroinferiormente na parte posterior da área septal, para se conectar com o giro paraterminal, abaixo do rostro do corpo caloso.

O arco interno é composto da substância branca que recobre o hipocampo (álveo e fímbria) e é contínuo posterossuperiormente com o pilar, o corpo e a coluna do fórnix, seguindo anteroinferiormente até o corpo mamilar do hipotálamo.

Apesar de esses arcos facilitarem a visualização das estruturas do sistema límbico, principalmente quando observadas em imagens de ressonância magnética, sabemos que eles são muito mais complexos e de compreensão difícil, bem como que suas estruturas formam diversas redes interneurais que atuam mediante diferentes tipos de receptores, sobretudo colinérgicos, dopaminérgicos e opioides endógenos.

HISTÓRIA DO SISTEMA LÍMBICO (CIRCUITO DE PAPEZ)

O termo "límbico" se origina do latim *limbus* e significa margem ou borda. A compreensão do que forma o sistema límbico (estruturas corticais e subcorticais) depende do conhecimento de sua história, principalmente do estudo das emoções.

Estudos marcantes da expressão das emoções tiveram início com Charles Darwin, em 1872. Darwin foi, provavelmente, o primeiro a estudar de modo sistemático a evolução das reações emocionais e expressões faciais e a reconhecer a importância das emoções para a adaptação do organismo a vários estímulos e situações ambientais.

Em 1878, o neurologista francês Pierre Paul Broca descreveu a existência de um grande sistema cerebral que circunda o limbo do hemisfério. Por considerar esse lobo muito complexo para simplesmente ser denominado "lobo límbico", ele acrescentou o termo "grande" e passou a denominá-lo "grande lobo límbico" (*grand lobe limbique*).

Broca considerava essencial o papel do lobo límbico no comportamento emocional. Porém, postulou uma estreita relação das estruturas do lobo límbico com a percepção olfatória. Atualmente, sabe-se que, em humanos, o cérebro olfatório (antigamente denominado "rinencéfalo") é bem menos desenvolvido do que em animais, o que diminuiu, por conseguinte, a importância dos estímulos olfatórios para o comportamento emocional. O lobo límbico é formado por estruturas corticais que fazem parte do sistema límbico e que se encontram nas superfícies mediais dos hemisférios cerebrais, formando uma margem em torno do corpo caloso (Figura 22.1).

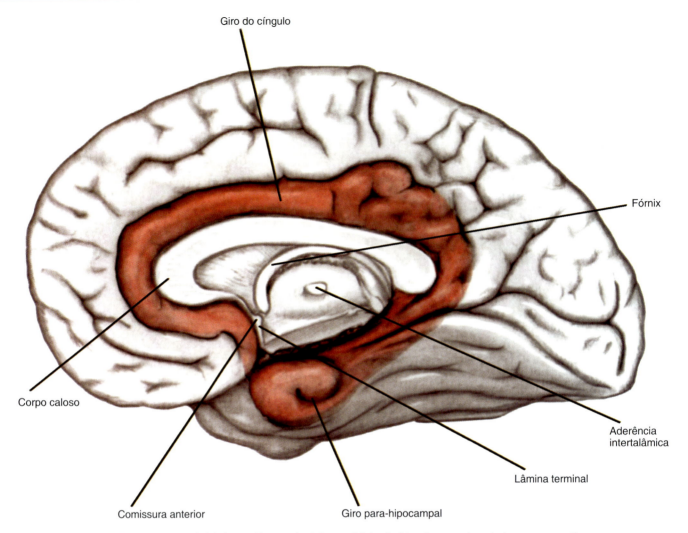

FIGURA 22.1 Face medial do hemisfério cerebral direito. O lobo límbico é mostrado pela área em vermelho.

Em 1885, uma importante teoria descrita por William James e Carl Georg Lange (teoria James-Lange) afirmava que as emoções eram desenvolvidas a partir de reações fisiológicas a estímulos e que estes geravam reações vasomotoras.

Outros pesquisadores, como Ivan Pavlov (em 1914), John Broadus Watson (em 1925) e Burrhus Frederic Skinner (em 1945), também formularam importantes teorias interligando leis de aprendizado, comportamento condicionado, reforço positivo e negativo com o comportamento emocional.

Porém, foi em 1937 que o neurocientista americano James Wenceslas Papez descreveu uma rede neural de estruturas relacionadas com as emoções, alegando que os condutores das emoções não seriam os centros cerebrais, e sim o hipotálamo, o tálamo, o giro do cíngulo e o hipocampo. Assim, essas estruturas, por meio de diversas redes neurais interligadas, formam o chamado "circuito de Papez", ou "circuito límbico" (Figura 22.2). Nele, o giro para-hipocampal se conecta ao hipocampo que, pelo fórnix, conecta-se ao núcleo mamilar do hipotálamo. As projeções seguem pelo trato mamilotalâmico (feixe de Vicq d'Azyr) para o núcleo anterior do tálamo e continuam, através da coroa radiada e das fibras talamocorticais, para o giro do cíngulo, que, pelo istmo do giro do cíngulo, voltam ao giro para-hipocampal.

Embora Papez tenha recebido praticamente todo o crédito, seu modelo teórico foi baseado em pesquisas anteriores do médico e filósofo alemão Christofredo Jakob, que, muitos anos antes, desenvolveu uma teoria sobre o sistema límbico e os mecanismos centrais do processamento emocional. Devido a essas contribuições, o circuito foi posteriormente renomeado "circuito Jakob-Papez".

Em 1952, Paul Donald MacLean, médico e neurocientista americano, ampliou o circuito de Jakob-Papez, incluindo no circuito o córtex límbico frontotemporal, o hipocampo, a amígdala, os núcleos septais, o hipotálamo, os núcleos da base (núcleo *accumbens*) e áreas olfatórias. Um dos conceitos que diferenciou as teorias de Papez das de MacLean foi a estrutura principal para a expressão dos sentimentos. Papez considerava o córtex do cíngulo como papel-chave neste processo, ao passo que MacLean acreditava que o hipocampo seria a estrutura principal relacionada com essa função.

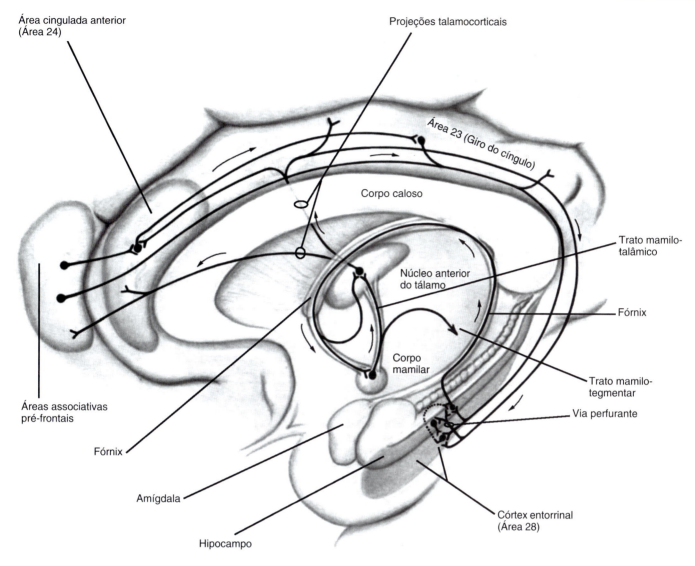

FIGURA 22.2 Circuito de Jakob-Papez.

De acordo com MacLean, estímulos provenientes do bulbo olfatório seguem pelo trato olfatório até as estrias olfatórias medial, intermédia e lateral. A estria olfatória intermédia se dirige ao tubérculo olfatório. A estria olfatória medial se conecta com os núcleos da área septal e, pelas fibras do indúsio cinzento e através das estrias longitudinais mediais e laterais, os impulsos se projetam para o giro denteado do hipocampo, o qual, pela fímbria e pelo fórnix, conecta-se com o núcleo mamilar do hipotálamo e, deste, pelo trato mamilotalâmico, dirige-se ao núcleo anterior do tálamo, voltando de lá, novamente, ao giro do cíngulo. A estria olfatória lateral é a mais espessa e se conecta com o complexo amigdaloide e o úncus.

MacLean também incluiu conexões dos núcleos habenulares do epitálamo por meio da estria medular do tálamo com a área septal e o hipotálamo. Os núcleos habenulares, pelo trato habênulo-interpeduncular, também se projetam para a área tegmental ventral do mesencéfalo. Essa área também recebe conexões do núcleo mamilar e de outras regiões como o hipotálamo lateral.

Foi com a evolução das pesquisas envolvendo os circuitos relacionados com diferentes comportamentos emocionais, estresse, medo, fuga, entre outros já descritos, que se propôs um sistema complexo de estruturas corticais e subcorticais que fazem parte do sistema límbico.

Fazem parte das estruturas corticais os giros do cíngulo, subcaloso e para-hipocampal, o córtex orbitofrontal medial, o córtex olfatório (córtex piriforme e periamigdaloide), o córtex pré-subicular, o córtex parassubicular, o córtex entorrinal, o córtex pró-rinal, o córtex perrinal, o córtex para-hipocampal, o córtex insular (porção anterior), o polo anterior do lobo temporal e a formação hipocampal.

Já as estruturas subcorticais correspondem à amígdala, ao bulbo olfatório, aos núcleos septais (lateral e medial), ao hipotálamo (área pré-óptica e corpos mamilares), aos núcleos do tálamo (anterior e dorsomedial), aos núcleos da base (estriado ventral – núcleo *accumbens* e o pálido ventral – núcleo basal de Meynert/substância inominata), aos núcleos habenulares, aos núcleos límbicos do mesencéfalo (núcleo interpeduncular, à área tegmentar ventral, ao *locus coeruleus* e aos núcleos da rafe, núcleo central do colículo inferior). Estudos recentes mostram que o cerebelo também tem conexões com a amígdala, fazendo parte do circuito das emoções.

As estruturas corticais e subcorticais fazem parte do encéfalo e, assim, também serão citadas no capítulo sobre telencéfalo. Destacaremos neste capítulo algumas características mais específicas de cada estrutura em relação aos mecanismos funcionais do sistema límbico.

COMPONENTES CORTICAIS

Giro do cíngulo e córtex cingulado

O giro do cíngulo (GC) é uma estrutura em forma de "C", visualizado na face medial dos hemisférios cerebrais, em torno do corpo caloso, e considerado por Broca uma área-chave para o funcionamento do sistema límbico. Esse giro se limita, inferiormente do corpo caloso, pelo sulco do corpo caloso e, superiormente, ele se separa do giro frontal médio e do lóbulo paracentral pelo sulco do cíngulo.

O istmo do giro do cíngulo conecta o GC ao giro para-hipocampal.

O cíngulo, situado profundamente ao GC, constitui uma das principais vias de conexão de várias estruturas límbicas. Ele é formado por um feixe de fibras associativas que interligam regiões do neocórtex (lobo frontal, parietal, temporal e a área septal), do estriado ventral e do pálido ventral com o giro para-hipocampal (Figura 22.3).

Levando em consideração as características histológicas, o GC é subdividido em córtex cingulado anterior, córtex cingulado posterior e córtex cingulado retroesplenial. Também existe uma subdivisão do GC que considera as aferências e eferências, incluindo-se uma quarta porção denominada "córtex cingulado médio". O córtex cingulado anterior recebe entradas do córtex orbitofrontal e da amígdala. O córtex cingulado posterior recebe estímulos do córtex parietal e faz conexões com o sistema de memória do hipocampo.

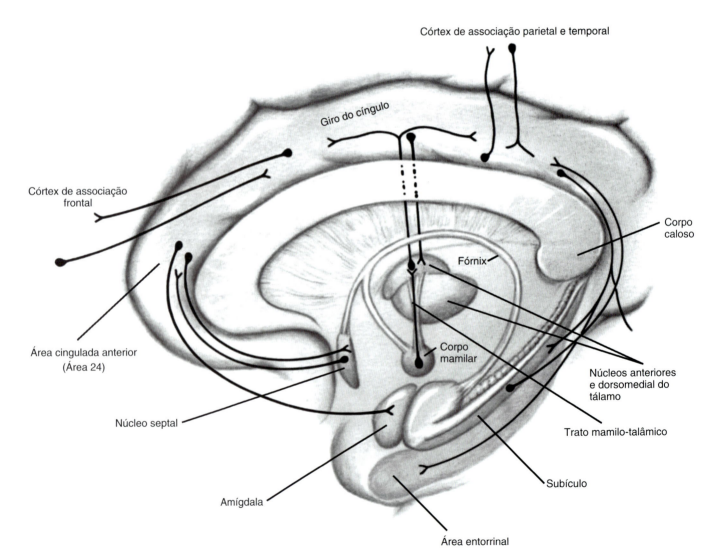

FIGURA 22.3 Principais conexões do cíngulo.

Há evidências de que o córtex cingulado atua no processo de aprendizagem relacionado com eventos de ação-efeito. Dependendo da ação aprendida, o resultado será uma recompensa ou uma punição.

Além de suas funções relacionadas com emoções, aprendizagem ação-resultado e memória, acredita-se que o córtex cingulado anterior (ACC) e suas projeções para o núcleo *accumbens* estejam envolvidos com a percepção da dor neuropática e com a nocicepção.

Giro subcaloso

O giro subcaloso (GSC) está localizado na frente da lâmina terminal (parede anterior do hipotálamo), atrás da área paraolfatória e abaixo do rostro do corpo caloso. Ao redor do joelho do corpo caloso, é contínuo com o indúsio cinzento. Alguns autores também consideram o GSC como uma subdivisão do córtex cingulado anterior.

Apesar de ser muito pequeno, o GSC é um importante ponto para interligar as redes neuronais que incluem estruturas corticais, sistema límbico, tálamo, hipotálamo e núcleos do tronco do encéfalo.

Funções específicas desse giro são pouco conhecidas, mas, devido à sua ampla conexão com diferentes estruturas encefálicas, está associado a funções de memória, emoção e motivação.

Giro para-hipocampal

O giro para-hipocampal (GPh) está localizado na superfície inferior do lobo temporal – medialmente ao sulco rinal e ao sulco colateral, lateralmente ao úncus e aos corpos geniculados (medial e lateral) e pulvinar do tálamo (Figura 22.4).

A parte anterior e a anteromedial do GPh são formadas por áreas que constituem o córtex olfatório primário (córtex piriforme e área periamigdaloide) e partes da amígdala que têm uma superfície pial e uma camada molecular. Imediatamente posterior e ventralmente a estes, o GPh é formado pelo córtex entorrinal, o maior de seus campos corticais. As áreas corticais laterais do GPh são formadas pelo córtex perirrinal, e sua porção mais medial carece da camada granular IV e sua parte mais lateral é caracterizada como incipiente. O córtex mais medial desse giro é formado pelo parassubículo e pelo pré-subículo. O córtex posterior do GPh, conhecido como córtex ectorrinal, apresenta camadas bem diferenciadas, limitando-se posteriormente pelo córtex de associação ventral do lobo occipital.

Uma via de comunicação entre o hipocampo e todas as áreas corticais de associação é formada pelo GPh, por meio da qual os impulsos aferentes entram no hipocampo. Sendo uma região cortical de ordem superior, esse giro se integra com várias outras regiões para executar tarefas relacionadas com o processamento de memórias mais complexas e visuoespaciais. O GPh contribui para a recuperação da memória cuja atividade está relacionada com representação e lembranças de informações.

Córtex piriforme e área periamigdaloide

O córtex piriforme está situado na intersecção dos lobos frontal e temporal, onde reveste as margens superior e inferior do sulco entorrinal. Em secção transversal, tem forma de U; em secções coronais, curva-se em torno da artéria cerebral média. É uma estrutura pequena em humanos, mas relativamente maior em outros mamíferos, nos quais tem o formato de pera; por esse motivo, é denominado "piriforme".

O córtex piriforme pode ser dividido em partes frontal (anterior) e temporal (posterior), cada uma com projeções anatômicas distintas e papéis funcionais especializados. O componente do lobo frontal do córtex piriforme situa-se lateralmente ao tubérculo olfatório e ao trato olfatório lateral, formando uma região triangular posterior ao córtex orbitofrontal e medial ao neocórtex insular. O componente do lobo temporal do córtex piriforme se espalha, a partir do límen da ínsula, na parte mais anterior do tronco temporal e, posteriormente, para cobrir os núcleos amigdaloides.

O córtex piriforme constitui a maior parte do córtex olfatório primário e apresenta amplas conexões que se estendem além das regiões olfatórias para as redes corticais límbicas e frontotemporais. É uma região cerebral distinta que desempenha um papel fundamental no sentido do olfato.

A área periamigdaloide é uma pequena região do córtex olfatório localizada anterodorsalmente ao complexo amigdaloide. Embora considerada um núcleo cortical desse complexo, a área periamigdalaloide é mais comumente associada ao córtex piriforme, devido à sua estrutura em camadas e da localização na superfície externa do cérebro.

As funções mais conhecidas da área periamigdaloide estão relacionadas com o olfato. Porém, estudos mais recentes mostram a relação dessa área com depressão, dependência de opiáceos, bocejo (especificamente o lado esquerdo) e emoções negativas.

Vimos, pela descrição das estruturas anteriormente citadas, que o sistema olfatório e o sistema límbico apresentam uma estreita relação anatômica. No Capítulo 23, *Vias da Sensibilidade Especial*, todas as estruturas do sistema nervoso central relacionadas com o olfato serão citadas e descritas com mais detalhes.

Córtex orbitofrontal

O córtex orbitofrontal (COF) é assim denominado pelo fato de estar localizado no teto da órbita, na fossa anterior do crânio, onde se encontra a superfície inferior do lobo frontal. O limite preciso desse córtex é incerto. Alguns anatomistas consideram o córtex do giro reto como parte do COF propriamente dito, assim como parte do córtex pré-frontal ventromedial (vmPFC), além do córtex orbitofrontal medial.

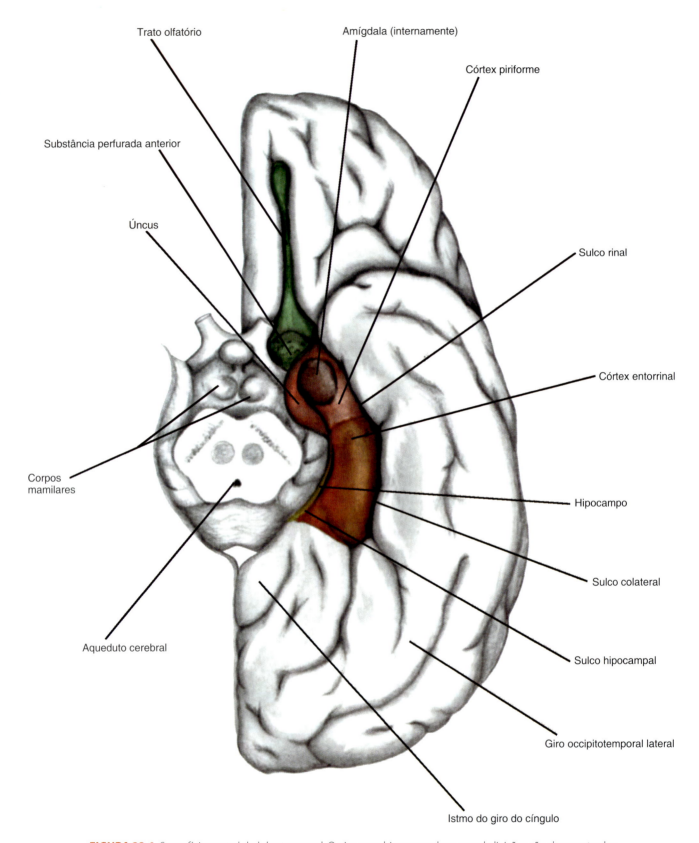

FIGURA 22.4 Superfície ventral do lobo temporal. O giro para-hipocampal e suas subdivisões são demonstrados.

Esse córtex está diretamente envolvido nas nossas tomadas de decisões. A facilidade que temos para escolher o que comer, o que comprar e aonde ir depende da integridade do córtex orbitofrontal. As pessoas com danos no COF em geral fazem escolhas de vida desastrosas. Além de tomarem decisões ruins, são frequentemente impulsivas e incapazes de ter uma vida social apropriada. Em casos mais graves, esse tipo de dano cerebral é conhecido como "sociopatia adquirida".

Em humanos, estímulos de recompensa e estímulos agradáveis de cheiro, sabor e tato ativam o córtex pré-frontal. Esses estímulos estão relacionados com o sistema límbico especialmente pela conexão do COF medial com o córtex cingulado anterior. Além disso, o COF atua na percepção do olfato, e também pode estar envolvido na formação de memórias, especialmente as relacionadas com estímulos olfatórios.

Ínsula

O lobo da ínsula localiza-se profundamente ao sulco lateral e pode ser visualizado, com facilidade, pela remoção das porções frontal e temporal em torno desse sulco.

A ínsula tem conexões bidirecionais com os lobos frontal, parietal e temporal, com o giro do cíngulo e estruturas subcorticais, como a amígdala, o tronco do encéfalo, o tálamo e núcleos da base. Essas conexões servem como base anatômica para a integração das funções autonômicas, viscerossensoriais, visceromotoras e límbicas.

O córtex insular tem sido apontado como um substrato neural crítico para percepções interoceptivas e emocionais. O córtex insular posterior tem sido comumente associado a representações somatotópicas de estados corporais, como coceira, dor e temperatura e toque. Já o anterior, além de atuar nas funções cardiovasculares, de dor, temperatura, entre outras, tem importante papel no sistema límbico, pela sua participação na consciência emocional.

Úncus

O úncus abriga a amígdala e localiza-se na superfície inferior do cérebro, posteromedialmente ao lobo temporal, lateral à superfície perfurada posterior e aos corpos mamilares, anterior ao corpo geniculado lateral e anterolateral ao mesencéfalo. Macroscopicamente, ele parece ser uma extensão anteromedial do giro para-hipocampal.

O úncus conta com três componentes principais. Posteriormente, existe o giro intralímbico; anteriormente, há o giro uncinado; e, entre eles, está a cauda do giro denteado. O úncus também está relacionado com dois outros giros que se relacionam superficialmente com a amígdala, conhecidos como "giro semilunar" e "giro *ambiens*". O primeiro está localizado medialmente e é contínuo com a estria olfatória lateral; o segundo está localizado lateralmente e é contínuo com o giro olfatório lateral (fina camada de substância cinzenta que cobre a estria olfatória lateral).

Formação hipocampal

"Formação hipocampal" é uma expressão abrangente, usada para designar a um grupo de estruturas responsáveis por processamento das memórias, aprendizagem, navegação espacial e emoção.

As três principais estruturas da formação hipocampal são: o hipocampo (ou corno de Amon), o giro denteado e o subículo. Porém, também são considerados componentes dessa formação o indúsio cinzento, a estria longitudinal (medial e lateral), o giro fasciolar, parte do úncus e o córtex entorrinal. Esses componentes também são conhecidos como "rudimentos hipocampais".

Córtex entorrinal

O córtex entorrinal é constituído pela extremidade anterior do giro para-hipocampal e pelo úncus, e é precedido pelo giro semilunar. Esse córtex estende-se rostro-caudalmente da amígdala anterior para partes da formação hipocampal. É um receptor direto da estimulação aferente do bulbo olfatório. As fibras da via perfurante se originam no córtex entorrinal e projetam-se por meio do subículo para a formação hipocampal.

COMPONENTES SUBCORTICAIS

Amígdala

O complexo amigdaloide (comumente denominado "amígdala") tem o formato de uma amêndoa. É considerado um complexo por ser formado por 13 núcleos. Está localizado na porção rostromedial do lobo temporal, internamente ao córtex do úncus, anterossuperiormente ao corno temporal (inferior) do ventrículo lateral e inferiormente ao núcleo lentiforme (putame e globo pálido). Mede em torno de 2 cm e pode formar uma pequena projeção arredondada no lobo temporal, visível macroscopicamente de forma sutil.

O complexo amigdaloide representa um grupo heterogêneo de núcleos e subnúcleos telencefálicos, estudados segundo suas características de redes interneurais, citoarquitetônicas, neuroquímicas e funcionais, formando uma complexa rede interneuronal de aferências intrínsecas e extrínsecas.

Algumas de suas conexões estão demonstradas nas Figuras 22.5 e 22.6.

Apesar de os limites exatos e subdivisões apresentarem controvérsias entre diferentes autores, consideraremos aqui as três subdivisões (grupos) funcionalmente distintas: basolateral (núcleos lateral, basal e acessório basal), central – também denominado "centromedial" (núcleos

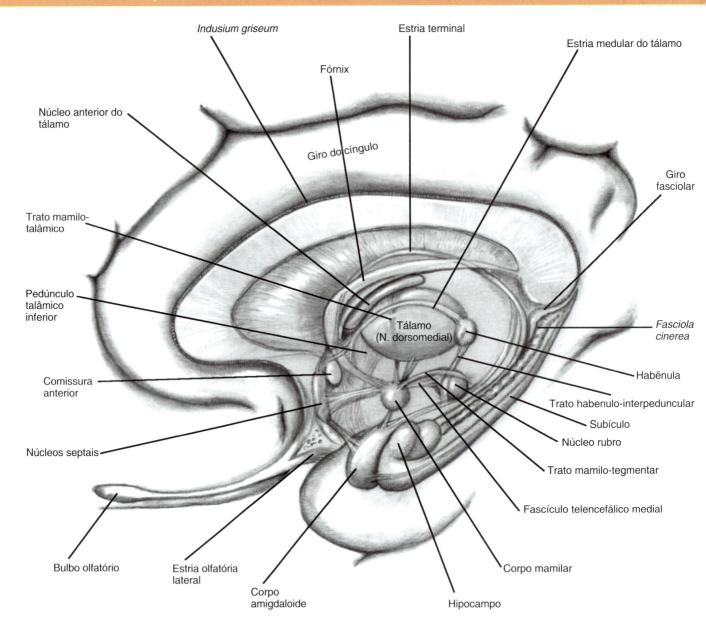

FIGURA 22.5 Conexões do corpo amigdaloide ou amígdala.

medial e central) – e corticomedial (núcleos corticais e o núcleo do trato olfatório lateral). O grupo basolateral (ou ventrolateral) da amígdala tem núcleos centrais e basolaterais que ligam os núcleos corticomediais ao córtex entorrinal. Os núcleos corticomediais recebem informação sensorial do bulbo olfatório e também têm relação com o comportamento sexual.

A amígdala regula o processamento de informações entre o córtex de associação pré-frontotemporal e o hipotálamo. Para essas conexões, três vias são importantes: a via amigdalofugal (via ventral), a estria terminal (via dorsal) e a comissura anterior.

A via amigdalofugal (também denominada "via amigdalofugal anterior") projeta-se do núcleo basolateral e núcleo central da amígdala aos núcleos septais, ao hipotálamo, ao núcleo dorsomedial do tálamo, ao prosencéfalo basal, ao tronco encéfalo e ao núcleo *accumbens*.

A amígdala estendida é formada pela estria terminal e por células da porção posterior dos núcleos central e medial da amígdala. A estria terminal é a maior eferência da amígdala, conectando o núcleo corticomedial do complexo amigdaloide aos núcleos septais e ao hipotálamo. Por meio do núcleo da base da estria terminal, a amígdala também modula (de forma indireta) o hipotálamo e a substância periaquedutal.

Posteriormente à amígdala, a estria terminal emerge e toma um trajeto côncavo. Ela se estende posteriormente ao longo da superfície ventral dos núcleos da base e do tálamo, depois segue superiormente em relação posterior ao tálamo, continua ao longo da superfície dorsal ou ventricular do tálamo, entre o tálamo e o núcleo caudado, e rostralmente às veias talamoestriadas. Segue então seu trajeto anteroinferiormente ao núcleo da base da estria terminal, à comissura anterior e aos núcleos

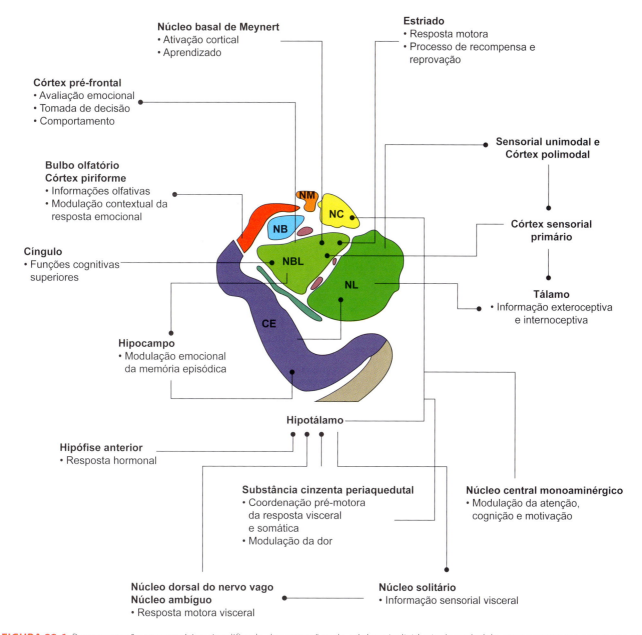

FIGURA 22.6 Representação esquemática simplificada das conexões de núcleos individuais da amígdala, com numerosas estruturas corticais e subcorticais e sua regra no processamento de tipos funcionalmente diferentes de informação. Os núcleos da amígdala estão marcados em cores. CE: córtex entorrinal; NB: núcleo basomedial (basal acessório); NBL: núcleo basolateral (basal); NC: núcleo central; NL: núcleo lateral; NM: núcleo medial.

septais, terminando na substância perfurada posterior (Figura 22.7).

A amígdala também se conecta aos núcleos da base (globo pálido e estriado ventral). As projeções para esses núcleos retornam ao córtex via núcleo dorsomedial do tálamo.

A lâmina terminal (*lamina terminalis*) é atravessada por um feixe de fibras que formam a comissura anterior. Essa comissura faz as interconexões entre bulbos olfatórios, núcleos amigdaloides, partes do giro para-hipocampal e lobos temporais.

Nos últimos 50 anos, as estruturas relacionadas com o comportamento emocional e a formação de memórias mais investigadas foram a amígdala e o hipocampo. A amígdala é especializada no processamento da emoção e o hipocampo, uma estrutura essencial à memória episódica. Portanto, a comunicação entre a amígdala e o hipocampo serve como um substrato neural para modificar nossas lembranças.

Estudando as inúmeras aferências e eferências dos núcleos do complexo amigdaloide (Figuras 22.8 e 22.9), podemos perceber que seus estímulos interferem no funcionamento de diferentes estruturas cerebrais.

Em termos gerais, as funções da amígdala são relevantes para perceber e elaborar informações visuais e auditivas, atribuir maior valência emocional a esses estímulos, modular novas memórias e habilidades cognitivas e para expandir o repertório comportamental para interações sociais complexas entre indivíduos, incluindo

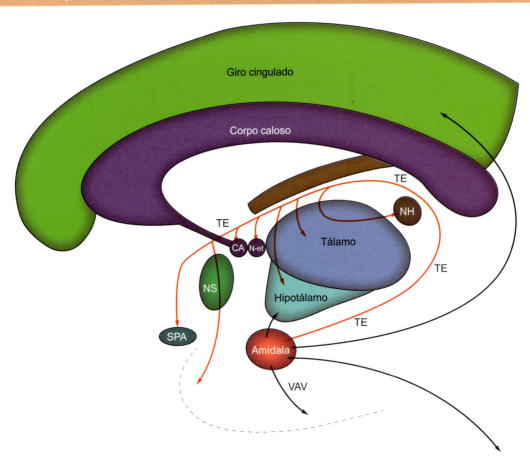

FIGURA 22.7 Representação gráfica sagital mostrando as importantes conexões na "terminação da estria" (TE, linha curva vermelha com setas), o que é difícil de avaliar na ressonância magnética clínica. A cauda do núcleo caudado termina na amígdala, e o maior eferente da amígdala é o TE, localizado medialmente à cauda caudada, acima do corno temporal do ventrículo lateral. Posterossuperiormente, a TE se arqueia no sulco entre o núcleo caudado, lateralmente, e o tálamo, medialmente. Ao longo de seu caminho, a TE envia conexões para o "núcleo habenular" (NH), que fica superior à região pineal na superfície medial do núcleo dorsomedial do tálamo, para o tálamo e o hipotálamo através da estria medular tálamo/estria habenular, vista ao longo da junção das superfícies talâmicas superior e medial. A TE continua a fluir anteroinferiormente, conectando-se com o núcleo da estria terminal (N-et), logo atrás da comissura anterior (CA), e também com os núcleos septais (NS) e a substância perfurada anterior (SPA). A "via da amígdala ventral" (VAV) conecta a amígdala ao núcleo olfatório anterior. SPA, córtex piriforme, córtices orbitofrontal e cingulado anterior e corpo estriado ventral, incluindo partes do caudado, putâmen e núcleo *accumbens*. A seta preta, posteroinferiormente não marcada, denota conexões amigdalares com a formação reticular do tronco cerebral.

julgamentos de expressões faciais e vocalização emocional. Os núcleos do grupo basolateral estão mais relacionados com reações de medo e fuga. A comunicação da amígdala com núcleos do hipotálamo regula as respostas de medo e ansiedade.

Hipocampo

O hipocampo tem o formato de um cavalo-marinho. A palavra "hipocampo" deriva das palavras gregas *hippos*, que significa cavalo, e *kampos*, que significa monstro marinho.

O hipocampo é um feixe de substância cinzenta (formado por arquicórtex,) localizada no assoalho do corno temporal do ventrículo lateral (Figura 22.10). Durante seu desenvolvimento, formam-se três camadas de células distintas: a camada molecular (mais externa), a camada de neurônios piramidais (tipo celular mais estudado) e a camada polimórfica (mais interna) (Figura 22.12).

No corte transversal do hipocampo, encontram-se quatro regiões denominadas CA (corno de Amon): CA1, CA2, CA3 e CA4. O CA4 também é denominado "hilo do giro denteado" (Figura 22.11).

O termo "corno de Amon" se deve ao fato de ser parecido com um chifre de carneiro e à homenagem a um deus da mitologia egípcia, Amon. Anteriormente, o corno de Amon é mais largo do que a sua extensão posterior e é moldado em um formato semelhante a uma pata.

O CA1 forma a principal eferência do hipocampo. Forma-se na transição com o subículo, fazendo uma curvatura de 180 graus, passando a situar-se sob o corno inferior do ventrículo lateral. Os axônios de seus neurônios piramidais se dirigem para a convexidade da curvatura do CA1 e reúnem-se para formar o álveo (uma lâmina de substância branca, visível macroscopicamente na face basal do corno inferior do ventrículo lateral). As fibras do álveo se dirigem para a fímbria,

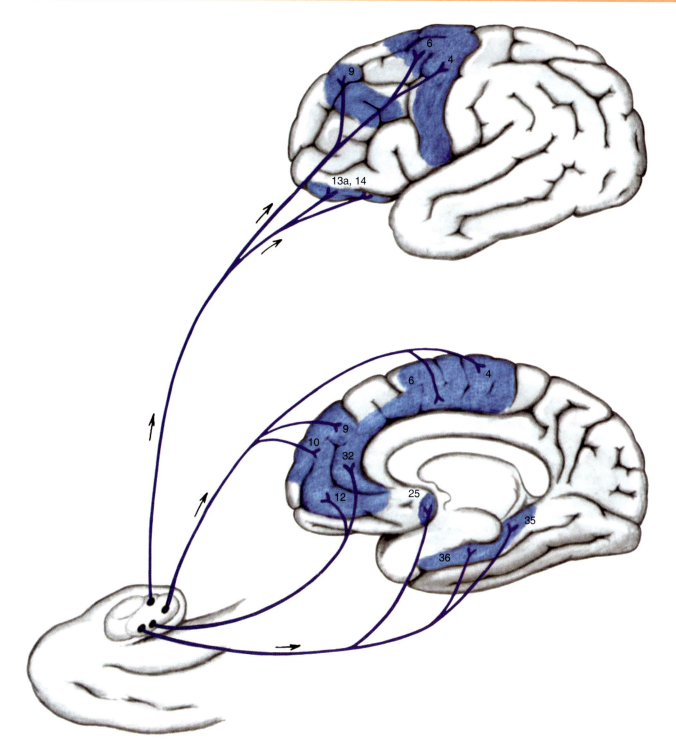

FIGURA 22.8 Vias eferentes corticais do complexo amigdaloide.

onde formam o início do fórnix. O CA1 dorsal (dCA1) se projeta para o subículo e o córtex entorrinal.

As principais eferências da formação hipocampal para o tálamo, o hipotálamo e a área septal são realizadas por meio do fórnix (Figura 22.13). Este é um feixe arqueado de substância branca mielinizada, localizado na face medial dos hemisférios cerebrais. O fórnix contém aproximadamente de 1,2 a 2,7 milhões de fibras em cada hemisfério e preenche um volume total de cerca de 1.000 a 1.800 mm^3.

À medida que as fímbrias aumentam em área de seção transversal coletando fibras adicionais, elas se tornam conhecidas como a "perna do fórnix". Essa perna forma um arco superoanteriormente sob o esplênio do corpo caloso e projeta-se contralateralmente através da comissura triangular do fórnix (*psalterium*), também conhecida como "comissura hipocampal dorsal". As pernas do fórnix se dirigem paracentralmente para formar o corpo do fórnix, que se arqueia sobre o tálamo e sob o septo pelúcido.

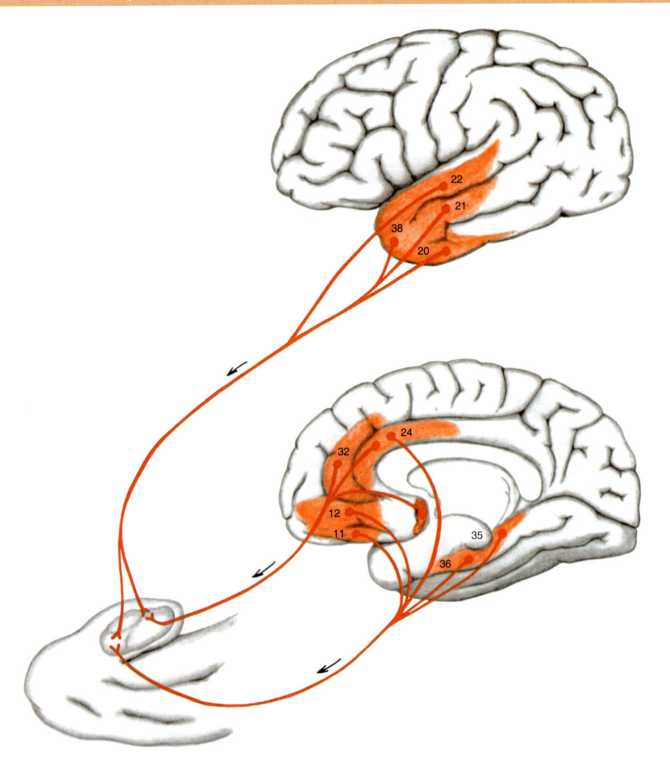

FIGURA 22.9 Vias aferentes corticais do complexo amigdaloide.

Rostralmente, o corpo do fórnix se bifurca em colunas que descem para o prosencéfalo basal anterior. As colunas do fórnix se dividem em fórnix pré-comissural, localizado anteriormente, e em fórnix pós-comissural (posteriormente). Essa divisão na estrutura reflete as duas principais vias funcionais do fórnix. A fibras pré-comissurais abrigam a via septo-hipocampal, que se projeta para o prosencéfalo basal. Já as fibras pós-comissurais se originam do subículo e projetam-se para o tálamo, formando uma via subículo-talâmica direta e uma indireta, que se conecta com os corpos mamilares.

As principais aferências da formação hipocampal incluem várias áreas corticais, complexo amigdaloide, núcleo septal medial, núcleo da banda diagonal, núcleos talâmicos, núcleos mesencefálicos da rafe e *locus coeruleus* (Figura 22.14).

Lesões do fórnix causam amnésia retrógrada e anterógrada, e déficits na memória verbal, demonstrando que

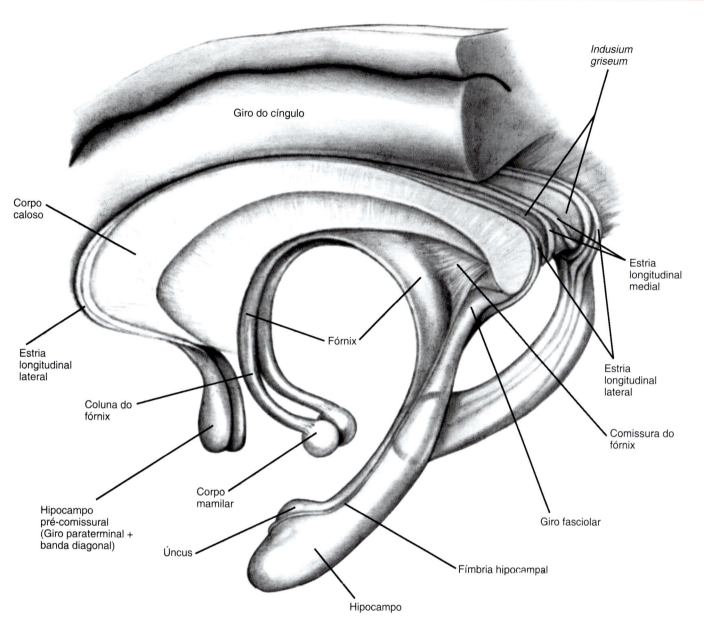

FIGURA 22.10 Hipocampo e algumas estruturas correlatas. As estrias longitudinais de Lancisi (lateral e medial) formam duas bandas de fibras mielinizadas que correm por cima do corpo caloso, dentro do *indusium griseum* ou giro supracaloso.

essa estrutura conecta diferentes partes do circuito límbico, desempenhando um papel fundamental na cognição e na recuperação da memória episódica.

Giro denteado

O giro denteado é uma estrutura de substância cinzenta, localizada ao longo do assoalho do corno temporal do ventrículo lateral, medialmente ao hipocampo. Anteriormente se estende até o úncus e continua superomedialmente com a fímbria do hipocampo que se funde com o indúsio cinzento.

O giro denteado, assim como o hipocampo, tem três camadas: a molecular, a granular e a camada polimórfica. Os neurônios granulares recebem informações do giro para-hipocampal (córtex entorrinal) por meio da via perfurante e enviam fibras musgosas para os dendritos apicais das células piramidais presentes no corno de Amon.

Complexo subicular

O complexo subicular é uma região do hipocampo (mais bem observada em uma secção coronal) composta, de superficial para profundo, do parassubículo, do pré-subículo e do subículo. Esse complexo contém neurônios piramidais que se projetam para o córtex entorrinal e para outras partes da formação hipocampal. Histologicamente, o subículo, que é adjacente a CA1, contém os dendritos apicais das células piramidais subiculares e uma camada polimórfica profunda. O pré-subículo se distingue do subículo pela presença de uma camada densamente compactada de células piramidais.

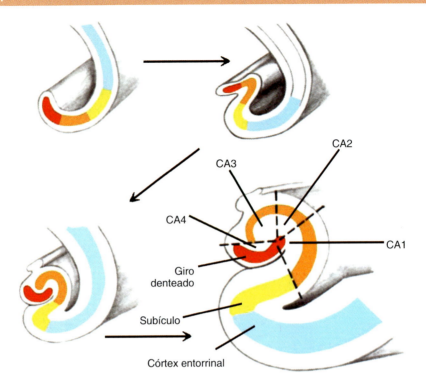

FIGURA 22.11 Desenvolvimento da formação hipocampal e do córtex do lobo temporal. Observa-se a maneira como o arquicórtex se dobra e leva o hipocampo e o giro denteado para a profundidade. O hipocampo é dividido nos campos CA1, CA2, CA3 e CA4.

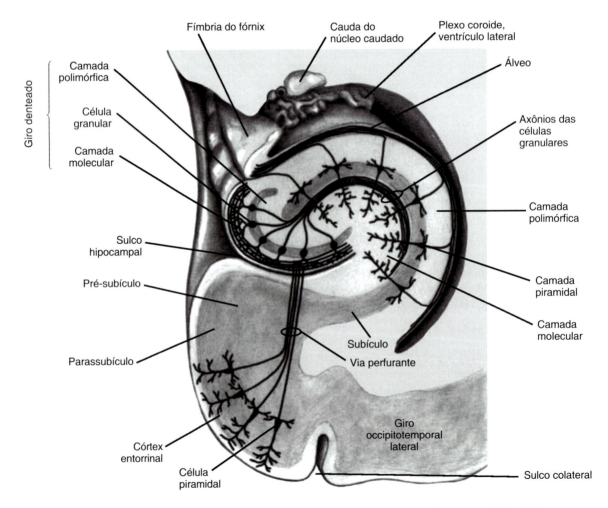

FIGURA 22.12 Formação hipocampal na fase final do seu desenvolvimento, com os elementos celulares básicos.

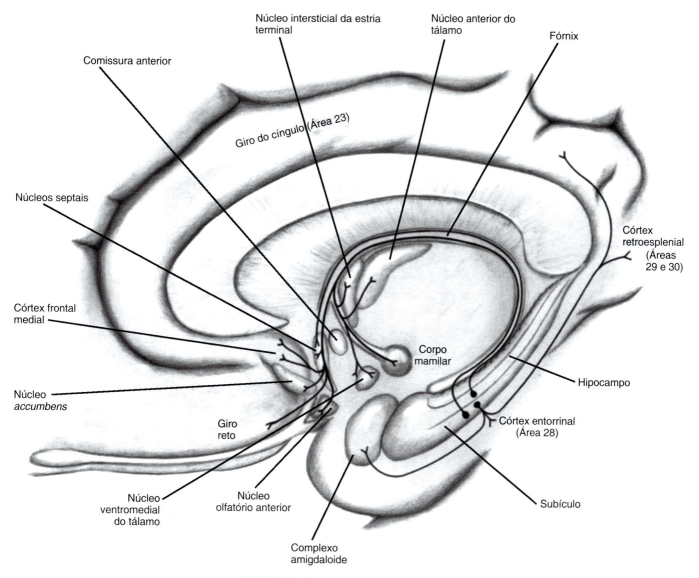

FIGURA 22.13 Vias eferentes do hipocampo.

Tálamo

O tálamo é conhecido por desempenhar um papel importante na comunicação com diferentes partes do sistema límbico humano, atuando como um modulador desse sistema. O tálamo modula a informação sensorial, comunica-se com amplas áreas do córtex cerebral e interage com o sistema límbico como parte das projeções do sistema talamolimbicocortical. Sabe-se que a conexão direta do tálamo com a amígdala, que tem papel central no sistema límbico, é feita pelo trato amigdalotalâmico ou tálamo-amigdaloide.

O grupo de núcleos do terço anterior do tálamo é considerado uma parte significativa do sistema límbico pois apresenta extensas interconexões hipocampo-tálamo anterior. Esse grupo é de fácil identificação, pois está separado do resto do tálamo dorsal pela lâmina medular interna. Consiste em quatro núcleos: os núcleos anterodorsal (AD), anteromedial (AM), anteroventral (AV) e o núcleo lateral dorsal adjacente (LD). O núcleo LD limita o grupo anterior posterolateralmente e ocupa o aspecto mais dorsal do tálamo. É envolto por uma fina cápsula de fibra que facilita sua identificação. O LD pertence ao grupo dos núcleos anteriores porque compartilha sua associação topográfica e muitas das conexões límbicas, além de apresentar propriedades eletrofisiológicas semelhantes às do núcleo talâmico dorsal anterior.

O núcleo AD é o menor núcleo do grupo anterior do tálamo. Situa-se mais medialmente e adjacente ao núcleo anteroventral. As principais vias desse núcleo revelam projeções para o hemisfério dominante. O AD se projeta para as seguintes estruturas: ao corpo mamilar diretamente pelo trato mamilotalâmico e indiretamente através da coluna anterior do fórnix; ao giro denteado e giro para-hipocampal através da comissura anterior; à amígdala (grupo superficial e laterobasal) através da alça peduncular. Esta, apesar de ainda pouco descrita, inclui vários feixes de fibras da substância branca que circundam o pedúnculo cerebral e podem ser agrupados

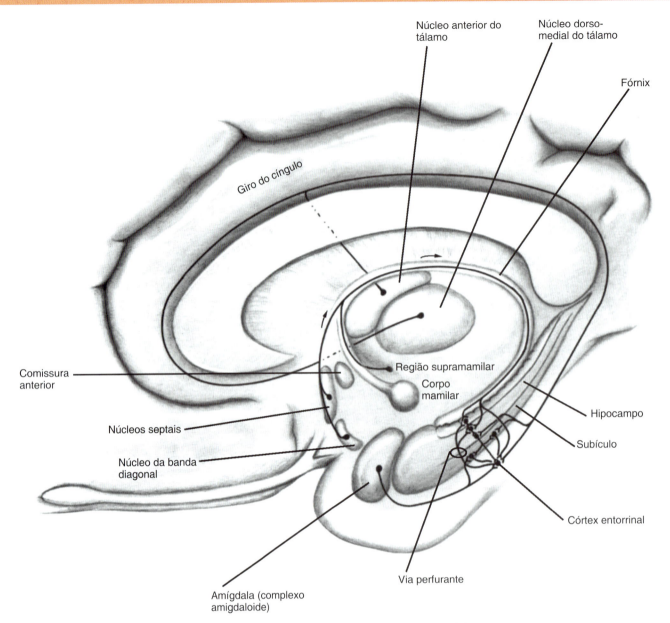

FIGURA 22.14 Algumas vias aferentes e conexões intrínsecas do hipocampo.

à medida que ocupam o espaço entre a substância perfurada anterior, inferiormente, e a comissura anterior, superior e posteriormente.

Os núcleos anteromedial e ventromedial do grupo anterior do tálamo também participam do circuito límbico por suas conexões via fórnix e trato mamilotalâmico com os núcleos mamilares, com todos os núcleos septais e com o núcleo *accumbens*. O núcleo ventromedial ainda se comunica com a área pré-óptica do hipotálamo e, por meio de radiações talâmicas anteriores e pelo fascículo uncinado, envia estímulos ao córtex orbitofrontal, ao ventromedial, ao pré-frontal e ao cingulado anterior.

Hipotálamo

O hipotálamo é a parte do diencéfalo localizada abaixo do tálamo. Encontra-se ao longo das paredes do terceiro ventrículo, abaixo do sulco hipotalâmico, e segue pelo assoalho do ventrículo. Apresenta inúmeros grupos de células especializadas que controlam os processos corporais vitais, incluindo regulação do sono, metabolismo, estresse, termorregulação, equilíbrio eletrolítico, regulação do apetite, comportamento sexual e respostas endócrinas e imunes. Todas essas funções estão relacionadas com o comportamento afetivo e emocional. Como já descrito anteriormente, as principais estruturas do hipotálamo relacionadas com o sistema límbico são os corpos mamilares e a área pré-óptica. Esta constitui a porção anterior do terceiro ventrículo e é subdividida em núcleo pré-óptico anterior, medial e lateral. Esses núcleos se ligam a diferentes estruturas do sistema límbico, atuando indiretamente em alguns comportamentos emocionais.

Os corpos mamilares são um par de estruturas arredondadas, encontradas inferiormente ao assoalho do terceiro ventrículo. Eles estão situados posteriormente à hipófise e ao túber cinéreo (assoalho do hipotálamo) e anteriormente à substância perfurada posterior e à fossa interpeduncular. Os corpos mamilares se comunicam com o sistema límbico por meio do fórnix pós-comissural (fibras posteriores do fórnix) e do fascículo mamilotalâmico (Figura 22.15).

O hipotálamo não só transmite informações ao sistema límbico, mas também serve como sua principal porta de saída. As fibras hipocampo-hipotalâmicas conectam o hipocampo aos corpos mamilares por meio do fórnix. Há também fibras amígdalo-hipotalâmicas que cursam do complexo amigdaloide, caudalmente, para o núcleo lentiforme pela estria terminal e entram no hipotálamo.

O hipotálamo lateral se conecta com áreas límbicas do mesencéfalo como os núcleos interpedunculares. O hipotálamo medial, pelo fascículo longitudinal dorsal (de Schutz), conecta-se com a substância periaquedutal e tem conexões diretas com núcleos pré-ganglionares simpáticos e parassimpáticos.

Núcleos da área septal

O septo pelúcido e a área septal (*septum verum*) formam o septo. A área septal localiza-se na parede medial dos hemisférios cerebrais. Apresenta como limites: lâmina terminal (anteriormente), corpo caloso (dorsalmente), porção pré-comissural do hipocampo (rostralmente), comissura anterior e área pré-óptica (posteriormente).

Apesar de a área septal estar funcionalmente relacionada com o prazer e o bem-estar, núcleos septais específicos estão envolvidos na mediação de diferentes comportamentos. O núcleo septal lateral está envolvido na modulação de comportamentos agressivos e também é conhecido por regular respostas ao medo. O núcleo septal posterior está associado a comportamentos relacionados com o medo e a ansiedade. Já o núcleo septo medial, que tem extensas conexões com o hipocampo, está implicado na aprendizagem e na memória.

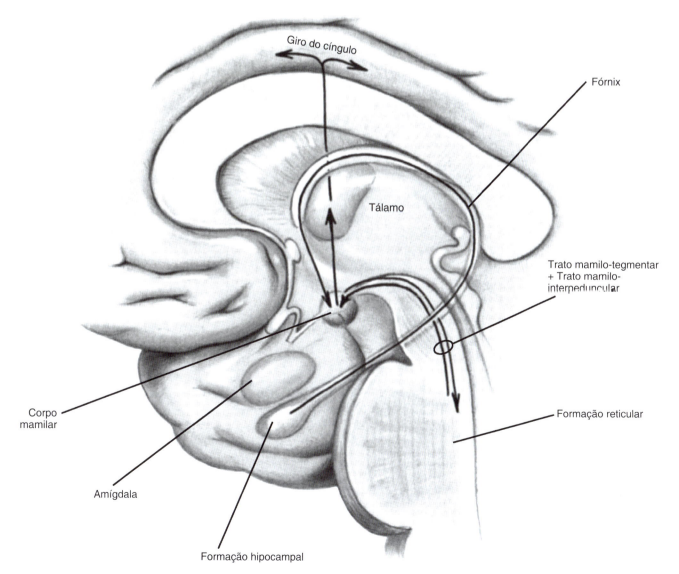

FIGURA 22.15 Principais conexões do corpo mamilar.

Núcleos da base

Os núcleos da base mais importantes para o circuito límbico são o núcleo estriado ventral (*accumbens*) e o núcleo pálido ventral (núcleo basal de Meynert/substância inonimada).

O núcleo *accumbens*, como o principal componente do estriado ventral, tem um papel-chave no sistema de recompensa mesolímbico (via dopamina) pelas suas conexões com a amígdala, tálamo dorsomedial, área tegmental ventral, hipocampo e neocórtex (córtex cingulado anterior, orbital e o córtex pré-frontal medial).

Por sua vez, o núcleo basal de Meynert (NBM) é uma estrutura plana, quase horizontal, estendendo-se do tubérculo olfatório ao úncus. Atinge seu maior diâmetro de seção transversal sob a comissura anterior, em uma região conhecida como "substância inominada". Em sua porção anterior, o núcleo é limitado inferiormente pelo núcleo da banda diagonal de Broca, superomedialmente pelo globo pálido ventral e superolateralmente pela comissura anterior. Na porção posterior, limita-se com a alça lenticular superiormente, com o putame lateralmente, com a região posterior da amígdala inferiormente e com o trato óptico medialmente.

Os neurônios do NBM e da formação reticular do tronco do encéfalo apresentam uma morfologia e funções muito semelhantes. Eles apresentam a enzima colina acetiltransferase, responsável pela produção de acetilcolina. Ambos atuam na ativação cortical e no estado de alerta; assim, sugere-se que o NBM seja uma extensão telencefálica da formação reticular.

As principais aferências corticais para o NBM provêm das regiões piriforme, orbitofrontal, insular, polotemporal, para-hipocampal, entorrinal e cingulado. Estruturas límbicas subcorticais, como amígdala, substância negra (*pars compacta*), área tegmental ventral, núcleos da rafe, área retrorrubra, *locus coeruleus*, pedúnculo pontino e formação reticular, fornecem informações adicionais. As principais eferências do NBM também se conectam com estruturas corticais e subcorticais. As corticais se referem aos córtex para-hipocampal, inferotemporal, periarqueado, periestriado, orbital ventrolateral, frontal, parietal, cingulado, giro temporal superior e polo temporal. As eferências subcorticais se dirigem para a amígdala, núcleo caudado, putame, tálamo e hipocampo.

As inúmeras aferências e eferências do NBM mostram a importância desse núcleo para as interconexões neurais dessa estrutura com diversas áreas do sistema límbico, atuando, dessa maneira, no funcionamento de suas atividades. Além de atuar na ativação cortical e no estado de alerta, sua eferência difusa para a formação hipocampal demonstra sua importância no processo de formação da memória.

Núcleos habenulares

A habênula e a glândula pineal formam o epitálamo, sendo a glândula uma estrutura não relevante ao funcionamento do sistema límbico. Os núcleos habenulares lateral e medial, que formam a habênula, são profundos à comissura habenular, localizada no espaço suprapineal (acima da glândula e recesso pineais), denominado "trígono das habênulas". A principal via aferente da habênula é a estria medular do tálamo (ao longo da linha média do teto do terceiro ventrículo), que traz informações dos núcleos septais e do núcleo pré-óptico do hipotálamo. O trato habênulo-interpeduncular (fascículo retroreflexo de Meynert) forma a principal via eferente dos núcleos habenulares, fazendo conexão com a área tegmental ventral, os núcleos da rafe e os núcleos interpedunculares.

O núcleo habenular lateral está associado a múltiplas alterações psiquiátricas, como a depressão maior. Esse núcleo tem uma função crítica na previsão de recompensa negativa (discrepância entre o real e o esperado).

TRONCO DO ENCÉFALO E SISTEMA LÍMBICO

Algumas estruturas do tronco do encéfalo têm conexões com o sistema límbico, atuando direta ou indiretamente no comportamento emocional (Figura 22.16).

O núcleo dorsal da rafe constitui uma importante entrada serotoninérgica para o prosencéfalo e modula diversas funções e estados cerebrais, incluindo humor, ansiedade e funções sensoriais e motoras. Apresenta projeções subcortical e cortical que atuam principalmente via neurônios serotoninérgicos. Eferências desse núcleo para a amígdala promovem um comportamento semelhante à ansiedade, ao passo que neurônios que se projetam no córtex frontal promovem atividades relacionadas com o enfrentamento de desafio.

A substância negra (*pars compacta*) e a área tegmental ventral também exibem conexões com o sistema límbico (núcleos estriatais e corticais), atuando no comportamento emocional. A área tegmental ventral origina uma via mesocorticolímbica que conecta neurônios do tegmento mesencefálico ao córtex pré-frontal e ao núcleo *accumbens*.

Outra estrutura mesencefálica também envolvida no circuito límbico é o núcleo central do colículo inferior. Esse núcleo participa na elaboração das emoções, podendo ativar reações de defesa/fuga mesmo sem a estimulação do telencéfalo. Tal núcleo recebe aferências auditivas do lemnisco lateral e envia, por meio do braço do colículo inferior, esses estímulos ao núcleo geniculado medial, o qual, pela via de radiações acústicas geniculotemporais, conecta-se ao giro temporal transverso.

Conectando o sistema límbico ao mesencéfalo, três vias são importantes: o fascículo mamilotegmentar (que

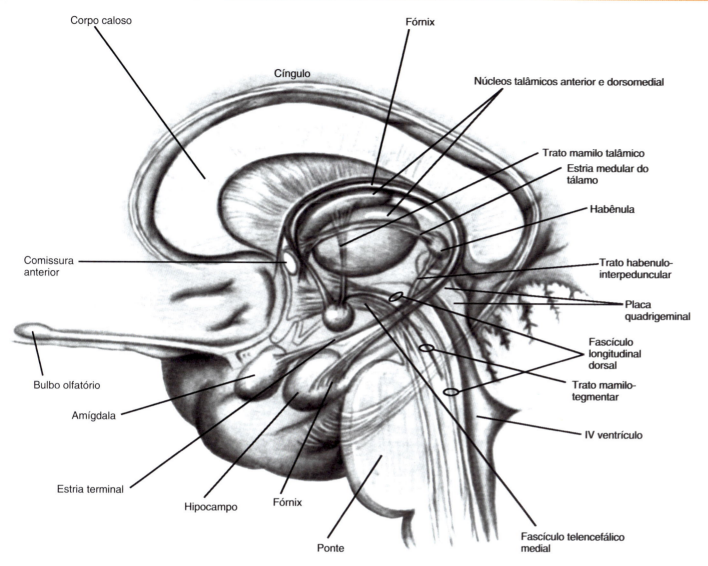

FIGURA 22.16 Sistema límbico-mesencefálico.

conecta os núcleos mamilares à formação reticular), o fascículo prosencefálico medial ou fascículo telencefálico medial (que conecta a área septal e a parte lateral do hipotálamo ao mesencéfalo) e a estria medular, já descrita anteriormente.

Neurônios da substância cinzenta periaquedutal (SCPa) integram as emoções negativas, com os sistemas autônomo, neuroendócrino e imunológico para facilitar as respostas à ameaça. As mesmas regiões da SCPa que dão origem à raiva, à luta, ao medo, ao pânico, à depressão, à dor e a comportamentos devastadores, em resposta a situações desafiadoras ou ameaças assustadoras, podem se tornar patologicamente ativadas, resultando em sintomas que se assemelham àqueles de transtornos psiquiátricos. A SCPa está localizada no mesencéfalo, medindo aproximadamente 14 mm × 5 mm. Tem conexões recíprocas com o córtex pré-frontal, a ínsula, o hipotálamo, o hipocampo, a amígdala e a medula espinal.

A zona incerta subtalâmica, considerada normalmente como uma projeção rostral da formação reticular, parece ter um papel crucial nas redes interneuronais que controlam o comportamento. É dividida em sub-regiões dorsal e ventral, sendo a ventral relacionada com projeções aferentes de áreas somestésicas, e a dorsal vinculada a projeções límbicas.

APLICAÇÃO CLÍNICA

Pelo fato de o sistema límbico ser formado por inúmeras estruturas do encéfalo e por estar envolvido com um complexo funcionamento relacionado com diferentes comportamentos formados por inúmeras interconexões sinápticas, é possível concluir que lesões em qualquer uma de suas estruturas pode resultar em prognósticos associados a diversas neuropatologias.

As características histopatológicas na doença de Alzheimer, que cursa com perda progressiva e grave da memória, mostram a formação de agregados extracelulares de placas beta-amiloides (βA) e agregações intracelulares de emaranhados neurofibrilares (ENFs), compostos de microtúbulos hiperfosforilados associados à proteína tau. As placas βA se desenvolvem inicialmente nas regiões do neocórtex basal, temporal e orbitofrontal do cérebro e, em estágios posteriores, progridem por todo o neocórtex, o hipocampo, a amígdala, o diencéfalo e núcleos da base. Em casos críticos, a βA é encontrada em todo o mesencéfalo, em parte inferior do tronco do encéfalo e também no córtex cerebelar. Essa concentração de βA desencadeia a formação de agregados de proteína tau, que é encontrada no *locus coeruleus* e nas áreas entorrinais do cérebro. Na fase crítica, ela se espalha para o hipocampo e o neocórtex. βA e ENFs são considerados os principais elementos na progressão da doença.

A doença de Alzheimer também apresenta uma perda da atividade colinérgica, principalmente em suas fases iniciais de desenvolvimento. O núcleo basal de Meynert apresenta uma perda significativa de neurônios colinérgicos, o que leva a uma redução da atividade desses neurônios em suas conexões com o córtex cerebral e estruturas da formação hipocampal relacionadas com a formação da memória. O estudo dos fármacos inibidores da acetilcolinesterase se baseou nessa teoria colinérgica, bloqueando sua atividade enzimática e aumentando, assim, o conteúdo de acetilcolina no cérebro.

Lesões hipocampais com perda significativa da memória também estão associadas a outras doenças, como esclerose mesial temporal, que provoca epilepsia refratária aos medicamentos de forma progressiva e requer diagnóstico e tratamento rápido e eficaz. Histologicamente apresenta atrofia e gliose do hipocampo. As crises epilépticas são características do lobo temporal, sendo anteriormente denominadas "parciais complexas"; atualmente, são chamadas "disperceptivas". As crises cursam com mal-estar epigástrico, medo, sensações de *déjàvu*, evoluindo com comprometimento da consciência, automatismos e postura distônica do membro superior contralateral.

Encefalite herpética e tumores cerebrais no hipocampo podem causar perda de memória recente, preservando as memórias remotas (antigas). A síndrome amnéstica confabulatória (síndrome de Korsakoff) também causa perda grave da memória; porém, nesse caso, as estruturas lesadas são os corpos mamilares e estruturas adjacentes.

O complexo amigdaloide tem papel crítico nas emoções, e lesões em seus núcleos estão envolvidas em diversas neuropatologias. Alterações na amígdala basolateral foram observadas em situações de estresse, alteração de comportamentos afetivo-aversivos decorrentes da dor, bem como nas doenças de Parkinson e Alzheimer. Alterações na regulação local da excitabilidade da amígdala basolateral estão vinculadas a distúrbios comportamentais característicos, incluindo síndrome de estresse pós-traumático (TEPT), autismo, transtorno de déficit de atenção e hiperatividade (TDAH) e recaída induzida por estresse no uso de drogas.

As disfunções da amígdala podem estar relacionadas com dois tipos de agressão. O primeiro é a agressão impulsiva (reativa), não planejada, causada pelo aumento da excitação a uma provocação ou ameaça, acompanhada de sentimento de raiva, tendo como intenção primária a destruição da vítima (geralmente o provocador). Ela pode ser cometida por pacientes com transtorno explosivo intermitente, autismo, tipo impulsivo de personalidade emocionalmente instável, transtornos pós-TCE (traumatismo cranioencefálico) e TEPT. O outro tipo se refere à agressão planejada com antecedência (proativa, instrumental), associada a um grau reduzido de compaixão (empatia), com a intenção de atingir um determinado objetivo (geralmente algum benefício pessoal), que pode ocorrer em casos de transtorno de personalidade antissocial.

Por sua vez, o transtorno de ansiedade generalizada (TAG) tem como principal característica a incapacidade de diferenciar estímulos ameaçadores de neutros. Tanto o volume quanto a atividade da amígdala aumentam em pessoas com esse distúrbio. As anormalidades mais consistentemente identificadas no TAG são uma amígdala hiperativa e o córtex pré-frontal hipoativo.

A amígdala é uma das áreas do cérebro envolvidas no desenvolvimento do TEPT, pois atua como ponto de partida para o processo de ativação do eixo hipotálamo-hipófise e a cascata de respostas fisiológicas ao estresse agudo. Uma resposta apropriada ao estresse agudo é um mecanismo adaptativo vital, mas seu prolongamento causa vários distúrbios biopsicossociais (anteriormente, psicossomáticos). Estresse crônico leva à maior expressão de hormônio liberador de corticotrofina (CRH) nos núcleos central (CeA) e basolateral da amígdala (BLA).

Estudos de casos envolvendo ablações de determinadas partes do encéfalo ajudaram na descrição de síndromes como a de Klüver-Bucy. Nessas pesquisas, a parte anterior dos lobos temporais de macacos *rhesus* foi removida, levando a alterações comportamentais, como a domesticação completa de animais que antes eram selvagens e agressivos, a perversão do apetite (animais que começaram a comer coisas inapropriadas ou que, antes da ablação, as rejeitavam), cegueira psíquica (perda do medo, com não reconhecimento de objetos ou animais perigosos, como cobras, por exemplo), hiperoralidade (tendência de levar à boca todos os objetos encontrados, inclusive animais perigosos) e hipersexualidade (frequente masturbação, prática contínua do ato sexual com animais do mesmo sexo ou outros animais).

Em alguns casos, como em tratamento de epilepsia de difícil controle e de pacientes psicóticos agressivos, a ablação pode resultar em alguns benefícios.

Egas Moniz (1936), famoso neurologista português, realizou, com o neurocirurgião Almeida-Lima, 20 leucotomias frontais em pacientes psiquiátricos e verificou bons resultados. A partir daí, diversos centros passaram a se interessar pela cirurgia de transtornos psiquiátricos. A cingulotomia, por exemplo, realizada pela secção ou destruição de parte do giro do cíngulo, interrompendo o circuito de Papez, pode levar a uma melhora de estados graves de depressão e ansiedade.

De 1936 até 1954, milhares de pacientes foram submetidos a procedimentos cirúrgicos para minimizar seus sintomas psiquiátricos. No entanto, após a descoberta dos fármacos antipsicóticos, esses procedimentos passaram a ser menos realizados. Mais recentemente, as cirurgias têm sido realizadas com técnicas bem menos invasivas, usando a estereotaxia, inclusive com o implante de eletrodos cerebrais para estimulação cerebral profunda (método DBS, do inglês *deep brain stimulation*).

BIBLIOGRAFIA COMPLEMENTAR

AbuHasan Q, Reddy V, Siddiqui W. **Neuroanatomy, amygdala**. StatPearls Publishing, 2023.

Aguiar AJ, Veronez DAL, Meneses MS. Estudo morfométrico dos acessos transsilviano, trans-giro temporal médio e subtemporal utilizados nas cirurgias de amigdalohipocampectomia seletiva do córtex cerebral ao centro do corpo amigdaloide. **J Bras Neurocirug** 2015, 26(1):40-46.

Baroncini M, Jissendi P, Balland E et al. MRI atlas of the human hypothalamus. **Neuroimage** 2012, 59(1):168-180.

George DT, Ameli R, Koob GF. Periaqueductal gray sheds light on dark areas of psychopathology. **Trends Neurosci** 2019, 42(5):349-360.

Gratwicke, J, Kahan J, Zrinzo L et al. The nucleus basalis of Meynert: a new target for deep brain stimulation in dementia? Neurosci. **Biobehav** 2013, 37(10 Pt 2):2676-2688.

Grodd W, Kumar1 VJ, Schüz A et al. The anterior and medial thalamic nuclei and the human limbic system: tracing the structural connectivity using difusion-weighted imaging. **Sci Rep** 2020, 10(1):10957.

Gu X, Hof PR, Friston KJ, Fan J. Anterior insular cortex and emotional awareness. **J Compar Neurol** 2013, 521(15):3371-3388.

Haładaj R. Anatomical variations of the dentate gyrus in normal adult brain. **Sur Radiol Anat** 2020, 42(2):193-199.

Hu H, Cui Y, Yang Y. Circuits and functions of the lateral habenula in health and in disease. **Nat Rev Neurosci** 2020, 21(5):277-295.

Iachinski RE, De Meneses MS, Simão CA et al. Patient satisfaction with temporal lobectomy/selective amygdalohippocampectomy for temporal lobe epilepsy and its relationship with Engel classification and side of lobectomy. **Epilepsy Behav** 2014, 31:377-380.

Iyer A, Tole S. Neuronal diversity and reciprocal connectivity between the vertebrate hippocampus and septum. **Wiley Interdiscip Rev Dev Biol** 2020, 9(4):e370.

Kamali A, Karbasian N, Sherbaf FG et al. Uncovering the dorsal thalamo-hypothalamic tract of the human limbic system. **Neuroscience** 2020, 432:55-62.

Lin Y-H, Dhanaraj Y, Mackenzie AE et al. Anatomy and white matter connections of the parahippocampal gyrus. **World Neurosur** 2021, 148:e218-e226.

McDonald AJ, Mott DD. Functional neuroanatomy of amygdalohippocampal interconnections and their role in learning and memory. **J Neurosci Res** 2017, 95(3):797-820.

Meneses MS, Arruda WO. Magnetic resonance image-guided stereotactic cingulotomy for intractable psychiatric disease. **Neurosurgery** 1998, 42(2):432-433.

Meneses MS, Arruda WO, Milano JB. Psicocirurgia: passado, presente e futuro. **Rev Bras Neurol** 1997, 33:189-193.

Novak Filho JL, Meneses APB, Meneses MS. Estimulação cerebral profunda. Perspectivas de neuromodulação em desordens neuropsiquiátricas. **J Bras Neurosurg** 2019, 30(34): 223-230.

Oldoni C, Veronez DAL, Piedade GS et al. Morphometric analysis of the nucleus accumbens using the Mulligan staining method. **World Neurosurg** 2019, 118:e223-e228.

Papez JW. A proposed mechanism of emotion. 1937. **J Neuropsychiatry Clin Neurosci** 1995, 7(1):103-112.

Pessoa L, Hof PR. From Paul Broca's great limbic lobe to the limbic system. **J Comp Neurol** 2015, 523(17):2495-2500.

Rasia-Filho AA, Guerra KTK, Vásquez CE et al. The subcortical-allocortical-neocortical continuum for the emergence and morphological heterogeneity of pyramidal neurons in the human brain. **Front Synaptic Neurosci** 2021, 13:616607.

Resende JM, Meneses MS, Veronez DAL. Estudo morfométrico dos acessos ao hipocampo em cortes de cérebro com coloração de Mulligan. **J Bras Neurosurg** 2015, 26(4):300-307.

Rolls ET. The cingulate cortex and limbic systems for emotion, action, and memory. **Brain Struct Funct**, 2019, 224(9):3001-3018.

Rolls ET, Wana Z, Cheng W, Feng J. Risk-taking in humans and the medial orbitofrontal cortex reward system. **Neuroimage** 2022, 249(2022):118893.

Rudebeck PH, Rich EL. Primer: the orbitofrontal cortex. **Curr Biol** 2018, 28(18):1083-1088.

Rusche1 T, Kaufmann J, Voges J. Nucleus accumbens projections: validity and reliability of fiber reconstructions based on high-resolution diffusion-weighted MRI. **Hum Brain Mapp** 2021, 15;42(18):5888-5910.

Šimić G, Tkalčić M, Vukić V et al. Understanding emotions: origins and roles of the amygdala. **Biomolecules** 2021, 11(6):823.

Senova S, Fomenko A, Gondard E, Lozano AM. Anatomy and function of the fornix in the context of its potential as a therapeutic target. **J Neurol Neurosurg Psychiatry** 2020, 91(5):547-559.

Tiwari S, Atluri V, Kaushik A et al. Alzheimer's disease: pathogenesis, diagnostics, and therapeutics. **Int J Nanomedicine** 2019, 14:5541-5554.

Trutti AC, Mulder MJ, Hommel B, Forstmann BU. Functional neuroanatomical review of the ventral tegmental area. **Neuroimage** 2019, 191:258-268.

Vattoth S, Mariya S. Practical microscopic neuroanatomy of the limbic system and basal forebrain identifiable on clinical 3T MRI. **Neuroradiol J** 2023, 36(5):506-514.

Vismer MS, Forcelli PA, Skopin MD et al. The piriform, perirhinal and entorhinal cortex in seizure generation. **Front Neural Circuits**, 2015, 9:27.

Vogt BA. Cingulate cortex in the three limbic subsystems. **Handb Clin Neurol** 2019, 166:39-51.

Younga JC, Vaughana DN, Nassera HM, Jackson GD. Anatomical imaging of the piriform cortex in epilepsy. **Exp Neurol** 2019, 320:113013.

23 Vias da Sensibilidade Especial

Antônio Carlos Huf Marrone • Mauro Guidotti Aquini • Murilo S. Meneses

OLFAÇÃO

O sistema olfatório, com maior desenvolvimento nos vertebrados superiores, é fundamental para sobrevivência em decorrência da importância do olfato na obtenção dos alimentos, na fuga dos predadores e na atividade sexual. O ser humano, considerado microsmático, não é incluído entre esses vertebrados tão dependentes do olfato.

O termo "rinencéfalo" é usado, por alguns autores, como sinônimo de todo o sistema olfatório e, por outros, na referência ao paleoencéfalo olfatório.

Receptores olfatórios

A membrana olfatória localiza-se na porção superior e posterior das conchas e do septo nasal, contendo os **neurônios olfatórios primários** que recebem diretamente, sem outros receptores, o estímulo olfatório, ao mesmo tempo que são os primeiros neurônios da via olfatória.

Os neurônios olfatórios primários transformam um estímulo químico, recebido num lado, em elétrico, transmitido no outro. Esses são neurônios bipolares situados no meio das células de suporte com extremidade voltada para a fossa nasal, contendo as vesículas olfatórias que recebem as partículas odoríferas contidas no ar, dando origem a axônios amielínicos, que penetram em feixes na cavidade craniana, os filamentos olfatórios, pelos orifícios da **lâmina crivosa** do etmoide (Figura 23.1).

Os axônios centrais do neurônio olfatório primário vão fazer sinapse dentro do **bulbo olfatório**, que se localiza sobre a lâmina crivosa, distinguindo-se do trato olfatório por maior espessura e aspecto ovalado. No seu interior, os axônios centrais dos neurônios olfatórios primários fazem sinapse com as células mitrais e em tufo, que fazem parte de uma estrutura glomerular complexa, associada a células granulares.

O bulbo olfatório constitui-se da primeira estação da via olfatória, apresentando uma organização laminar. De suas células mitrais e em tufo, originam-se os axônios do **trato olfatório**.

Trato e estrias olfatórias

Existe nos mamíferos uma correlação entre as áreas olfatórias da mucosa nasal e os grupos neuronais do bulbo olfatório, onde se originam as fibras do trato olfatório.

O trato olfatório situa-se no sulco reto ou olfatório do lóbulo orbitário do lobo frontal, que limita lateralmente o giro reto. Ao atingir o lobo temporal, divide-se nas **estrias olfatórias** medial e lateral, constituindo o trígono olfatório e limitando anteriormente a substância perfurada anterior.

Os axônios da estria olfatória lateral atingem as áreas corticais olfatórias sem fazer sinapse no nível do tálamo, sendo a sensibilidade olfatória a única sem estação talâmica. As fibras da estria olfatória medial têm axônios de regiões cerebrais que se projetam para o bulbo olfatório.

Córtex olfatório

O córtex olfatório primário localiza-se na região inferior do lobo temporal, medialmente aos sulcos rinal e colateral (Figura 23.2).

Trata-se de área de alocórtex, isto é, córtex com três camadas neuronais, ao contrário do neocórtex. O alocórtex olfatório faz parte do paleocórtex do encéfalo humano. Além do córtex olfatório primário, os axônios do trato olfatório terminam no núcleo olfatório anterior, no tubérculo olfatório, na amígdala e áreas corticais próximas. Os neurônios do núcleo olfatório estão localizados caudalmente no trato olfatório e ao longo deste e projetam-se de volta aos bulbos olfatórios, ipsi e contralateralmente.

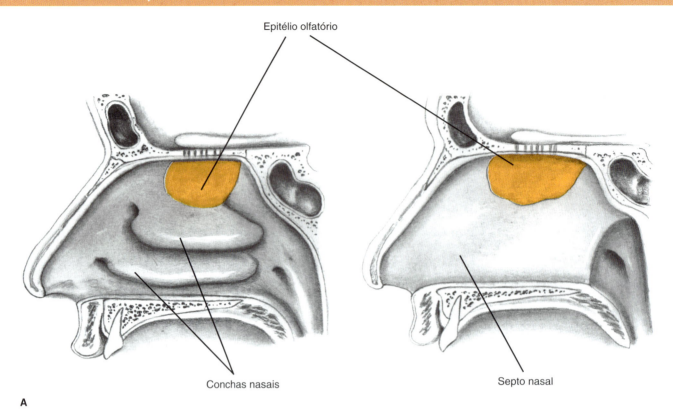

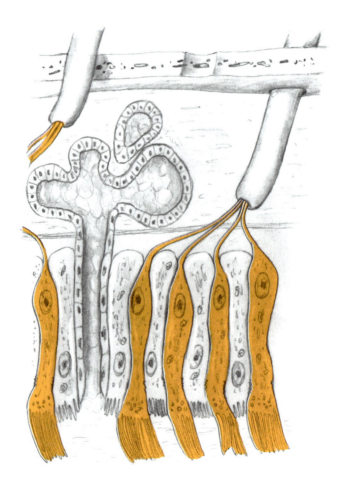

FIGURA 23.1 **A.** Superfície de recepção da sensibilidade olfatória na fossa nasal. **B.** Neurônios olfatórios no epitélio olfatório.

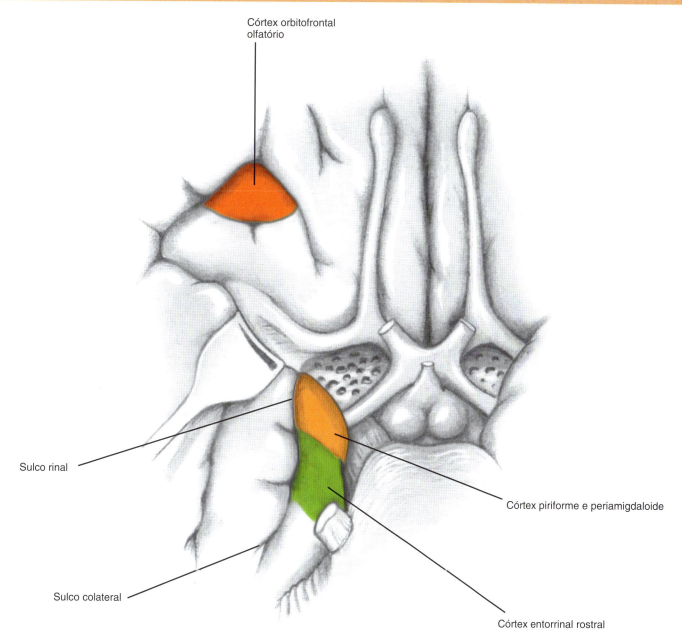

FIGURA 23.2 Áreas corticais olfatórias. Córtex piriforme e periamigdaloide (área olfatória primária), córtex entorrinal rostral (área olfatória secundária) e córtex orbitofrontal olfatório.

O tubérculo olfatório, localizado medialmente no trato olfatório, é pouco expressivo nos primatas e nos humanos, com função similar à da amígdala, que recebe axônios da via olfatória diretamente no grupo nuclear corticomedial. A amígdala é fundamental em relação ao olfato nos comportamentos humanos.

As fibras da via olfatória atingem o córtex rostromedial do lobo temporal e pequena área do lobo frontal basal caudolateral (área orbitofrontal olfatória).

O córtex olfatório do lobo temporal é dividido em córtex piriforme (nome derivado da aparência de pera em certas espécies), córtex periamigdaloide e córtex entorrinal rostral.

O córtex piriforme e o periamigdaloide constituem o córtex olfatório primário, área olfatória primária que se localiza no úncus do lobo temporal, fazendo a percepção olfatória e projetando-se para áreas do neocórtex.

O córtex entorrinal rostral, situado na região anterior do giro para-hipocampal, recebe fibras do córtex piriforme, constituindo o córtex olfatório secundário (área olfatória secundária), associando os odores às memórias e aos comportamentos.

A área orbitofrontal olfatória tem função provável na discriminação olfatória.

Note-se bem que a via olfatória é homolateral, projetando-se somente no córtex do mesmo lado e, como já referimos, sem fazer conexão com o tálamo.

APLICAÇÃO CLÍNICA

As patologias inflamatórias na mucosa nasal podem levar a déficits parciais ou totais do olfato (anosmia) transitórios ou definitivos (Figura 23.3).

As fraturas de crânio que comprometem a lâmina crivosa do etmoide ou locais próximos do andar superior da base craniana podem também lesar uni ou bilateralmente, parcial ou totalmente, os bulbos e tratos olfatórios, frequentemente de modo definitivo.

Os processos expansivos da região frontorbitária podem também comprometer o bulbo e trato olfatório, como os meningiomas do sulco olfatório e os meningiomas esfenoidais. Os tumores primitivos dos neurônios olfatórios da mucosa nasal são chamados **estesioneuroblastomas**, sendo considerados malignos.

A **síndrome de Foster-Kennedy** é comum nos meningiomas do sulco olfatório e da pequena asa esfenoide, sendo constituída de anosmia ipsilateral, atrofia óptica ipsilateral e papiledema contralateral.

O lobo temporal anteromedial pode ser sede de anomalias congênitas, sequelas dos mais variados traumatismos (inclusive parto), processos vasculares, tumorais etc., dando origem à epilepsia temporal, com sintomatologia olfatória, em geral alucinações olfatórias, quer na aura, quer na própria crise epiléptica temporal (crises parciais complexas).

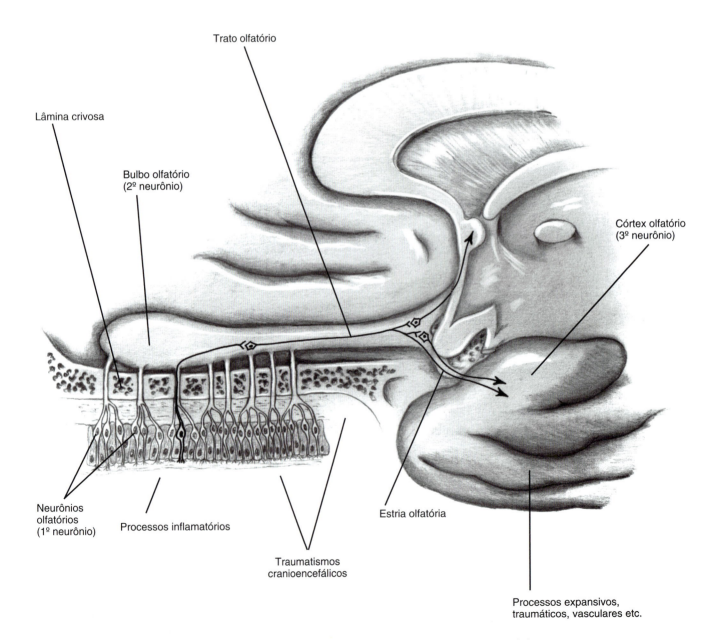

FIGURA 23.3 Esquema da via olfatória com seus principais mecanismos de lesão.

VISÃO

O aparelho sensorial da visão é constituído pelos órgãos receptores visuais da retina, estruturas de percepção e interpretação do córtex occipital, e pelo conjunto de fibras e centros sensoriais que realizam a conexão da retina com o córtex visual.

A esse complexo de estruturas, convencionou-se chamar **vias ópticas** ou **sistema visual**, compreendendo a retina, nervo óptico, trato óptico, corpo geniculado lateral, trato geniculocalcarino ou radiação óptica e córtex visual (lobo occipital).

O sistema visual apresenta-se com grande valor semiótico-neurológico, em função da abrangência de seu trajeto anatômico desde a retina ao lobo occipital, permitindo a seus conhecimentos de organização localizarem distúrbios da função encefálica com precisão. O chamado "nervo óptico" não é um verdadeiro nervo, apresentando características ontogenéticas, anatômicas e histológicas, que o assemelham ao cérebro. O nervo óptico seria um prolongamento do diencéfalo.

A percepção visual, semelhante a outras formas de sensibilidade, não é um processo passivo. Os olhos estão em posição estratégica para decompor o ambiente, controlar, atender seletivamente aos estímulos específicos e orientá-los.

O receptor visual I, ou primeiro neurônio, assim como o II e o III, ou segundo e terceiro neurônios da via óptica, localizam-se na **retina**, neuroepitélio que reveste internamente a cavidade do bulbo ocular (estrato interno). Embriologicamente, a retina forma-se a partir de uma evaginação do diencéfalo primitivo, a **vesícula óptica**, que, após uma introflexão, transforma-se no cálice óptico com dupla parede. A parede interna dá origem à camada nervosa da retina, contendo os três primeiros neurônios da via óptica. A parede externa forma a camada pigmentar da retina.

Os fotorreceptores são os **cones** e os **bastonetes** (I neurônio), sendo os cones adaptados para a percepção com maior intensidade luminosa e para as cores. Os bastonetes são adaptados para a visão em ambientes pouco iluminados. Sua distribuição na retina não é homogênea. Enquanto predominam em maior número na periferia, a população de cones aumenta gradualmente quando se aproximam da mácula lútea, região de maior concentração de cones, principalmente em seu epicentro, na fóvea central. Esse é o local de maior acuidade visual, onde a posição dos olhos assegura que a principal imagem se dirija para a fóvea de cada olho.

Medialmente à mácula, identificamos a papila do nervo óptico, a qual também é denominada "ponto cego", em função da ausência de fotorreceptores nessa região e onde transitam as fibras amielínicas do nervo óptico (axônios do receptor visual III) e vasos envolvidos com o metabolismo da retina e globo ocular.

Então temos os três primeiros neurônios da via visual na retina: (a) **fotorreceptores**; (b) **células bipolares**; e (c) **células ganglionares**. Os prolongamentos axônicos deste último neurônio agrupam-se para formar os nervos ópticos. Com objetivo didático, dividimos a retina em segmentos nasal e temporal, que captam a imagem de forma invertida. Assim, temos cada nervo óptico constituído por fibras de origem tanto na retina nasal como na temporal. No nível do quiasma óptico, temos a decussação parcial dos nervos ópticos, fibras originadas no nível das retinas nasais que se cruzam constituindo os tratos ópticos, que são formados com fibras retinianas temporais homolaterais. Esse cruzamento é fundamental para a compreensão de vários achados semióticos na via visual.

Cada trato óptico tem seu trajeto do quiasma ao corpo geniculado lateral, local onde se situa o IV neurônio da via visual. Desde a retina até o corpo geniculado lateral, temos quatro tipos de fibras, com diferentes funções: (a) fibras retino-hipotalâmicas; (b) retinotectais; (c) fibras retino-pré-tectais; e (d) fibras retinogeniculares.

As fibras retino-hipotalâmicas vão ao núcleo supraquiasmático (hipotálamo), envolvidas em ritmos biológicos.

As fibras retinotectais chegam ao colículo superior pelo braço do colículo superior e relacionam-se com reflexos do movimento ocular e pálpebras (reflexo do piscar).

As fibras retino-pré-tectais chegam à área pré-tectal pelo colículo superior e são responsáveis pelos reflexos fotomotor direto e indireto (consensual).

As fibras retinogeniculares são os prolongamentos envolvidos com a visão e fazem sinapse com o IV neurônio (**corpo geniculado lateral**).

Os axônios do IV neurônio constituem o trato geniculocalcarino (ou radiação óptica) e chegam até a área visual. No lobo occipital, no nível das margens do sulco calcarino, encontram-se as áreas visuais responsáveis desde a percepção da imagem até a sua elaboração e identificação. Do corpo geniculado lateral, as fibras mais posteriores têm trajeto mais retilíneo ao lobo occipital, ao passo que as anteriores dispõem-se em direção ao lobo temporal, envolvendo o corno temporal do ventrículo lateral como uma alça (**alça temporal** ou **de Meyer**).

Entre as fibras nas diferentes localizações na retina, no corpo geniculado lateral, na radiação óptica e no córtex visual (área 17 de Brodmann), existe uma correspondência, o que explicaria os achados neurológicos quando decorrem de lesões nesse trajeto.

Os constituintes da via visual podem ser avaliados por acuidade visual, campos visuais e fundoscopia.

A acuidade visual é verificada por oftalmologista. Superficialmente, entretanto, podemos testar os pacientes, induzindo-os a ler letras, números ou frases de tamanhos gradativos por nós apontados a distância.

A diminuição da acuidade visual (ambliopia) ou a sua abolição (amaurose) por patologias neurológicas decorrem, por vezes, de doenças degenerativas e/ou desmielinizantes do sistema nervoso, assim como hipertensão intracraniana.

Campos visuais

Ao observarmos nosso meio externo com o globo ocular, temos uma região de apreciação denominada "campo visual", cujo epicentro de maior percepção corresponde à fóvea central. Em função de nossa visão binocular, temos um cruzamento parcial em nossos campos visuais.

A determinação precisa do campo é realizada por aparelhos de campimetria ou de perimetria, embora no consultório possamos utilizar superficialmente o teste de confrontação.

As alterações nos campos visuais são representadas por falhas ou reduções denominadas "escotomas". Existe um escotoma fisiológico que corresponde à projeção espacial da papila óptica (ponto cego). Os escotomas patológicos podem ser classificados em função de sua percepção e localização. Segundo sua situação, podem ser central, comprometendo a mácula, ou periférico, determinando um estrangulamento do campo visual (visão tubular). Quando a falha se estende a 50% do campo visual dos olhos, denominamos "hemianopsia"; quando compreende 25% do campo visual, chamamos "quadrantanopsia". As hemianopsias são homônimas quando a falha atinge o campo temporal de um lado e o nasal contralateral, e heterônimas quando o defeito compromete ambos os campos temporais (hemianopsia bitemporal) ou ambos os nasais (hemianopsia binasal). As hemianopsias são denominadas em função das alterações nos campos visuais, e não dos setores retinianos lesionados (Figura 23.4).

Lesões das vias ópticas

As lesões das vias ópticas ocasionam sérios transtornos. A lesão do nervo óptico causa cegueira no lado da lesão, dependendo do grau de comprometimento. Ocorre, por exemplo, em traumatismos craniofaciais com envolvimento do canal óptico. Há perda do reflexo fotomotor e manutenção do reflexo consensual.

A lesão no nível da região centroquiasmática manifesta-se por hemianopsia bitemporal e decorre geralmente pelo crescimento de neoplasias da hipófise, após estas se expandirem acima do diafragma selar.

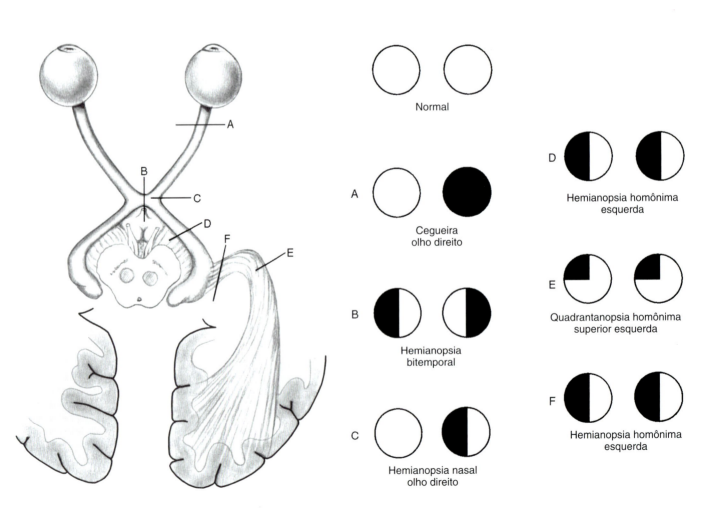

FIGURA 23.4 Distúrbios nos campos visuais.

A lesão da porção lateral do quiasma óptico resulta em hemianopsia nasal contralateral e ocorre frequentemente por dilatações aneurismáticas em artéria carótida interna parasselar, podendo ser bilateral (hemianopsia binasal).

A lesão do trato óptico resulta em hemianopsia homônina direita ou esquerda. Pode ocorrer por comprometimento do trato óptico, corpo geniculado lateral e radiação óptica, sendo menos frequente nesta última em função de seu trajeto mais disperso da radiação. Poderíamos utilizar como diferenciação diagnóstica a manutenção dos reflexos fotomotores em lesões pós-geniculadas.

As lesões da radiação óptica completa são raras, mas seu comprometimento parcial produz falhas que comprometem um quadrante do campo visual denominado "quadrantanopsias".

As lesões do córtex visual ocorrem com mais frequência no lobo inferior do sulco calcarino direito e resultam em quadrantanopsia homônima superior esquerda. É interessante notar que, devido à grande representação cortical da mácula nas lesões do córtex occipital, a visão macular é geralmente poupada. Lesões amplas que comprometem ambas as áreas visuais occipitais podem ocasionar cegueira cortical.

Fundoscopia

Denominamos "fundoscopia" o exame realizado no fundo de olho, no qual avaliamos retina, vasos retinianos, papila óptica e mácula lútea. Sua apreciação nos auxilia em avaliação de patologias sistêmicas, como hipertensão arterial sistêmica, diabetes melito etc. Sob o aspecto neurológico, a papila óptica assume grande importância na avaliação da hipertensão intracraniana, em função da continuidade do espaço subaracnóideo em volta do nervo óptico e da presença do papiledema (edema da papila).

Outro aspecto significativo seria a de apresentar-se como única região do nosso organismo em que poderíamos avaliar nossa estrutura vascular (oftalmoscopia), sem a necessidade de realização de procedimentos invasivos.

No exame do fundo do olho são verificados os seguintes aspectos:

a) cor da papila, geralmente rosa-pálida, sendo a metade temporal ligeiramente mais pálida que a nasal;
b) bordas do disco papilar, que normalmente são nítidas, sendo, às vezes, a borda nasal de limites menos nítidos; e
c) vasos (artérias e veias), que emergem do centro da papila, apresentando fluxos centrípeto e centrífugo, e irrigando toda a retina.

No exame dos vasos devem ser apreciados atentamente seu aspecto, brilho, calibre e cruzamento.

GUSTAÇÃO

Receptores e nervos da gustação

O gosto, assim como o olfato, apresenta quimiorreceptores que traduzem estímulo químico em elétrico. As células receptoras gustatórias estão localizadas nos botões gustatórios que se encontram na língua, palato mole, faringe e laringe, predominantemente nas papilas linguais (Figura 23.5).

A sensação gustatória é dividida em quatro tipos: doce, azedo, salgado e amargo. A ponta da língua é sensível aos quatro tipos, mas principalmente ao doce e salgado, e as porções laterais ao azedo (nesses locais encontramos as papilas foliáceas e fungiformes); na base da língua, temos predominância do amargo (papilas valadas).

As fibras aferentes dos nervos que recebem o estímulo gustatório inervam as células gustatórias, ponto de contato que lembram sinapses.

Os nervos que veiculam o gosto são o facial, o glossofaríngeo e o vago. A sensação gustatória dos dois terços anteriores da língua e palato é do nervo facial, pelo nervo intermédio (de Wrisberg); a do terço posterior da língua é do nervo glossofaríngeo; e a da epiglote e laringe é do nervo vago.

A sensibilidade dos dois terços anteriores da língua transita inicialmente nos ramos lingual e mandibular do nervo trigêmeo e, por meio do nervo corda do tímpano, alcança o nervo facial dentro do ouvido médio, de onde se dirige ao tronco do encéfalo, estando o corpo celular no gânglio geniculado do facial e as fibras fazendo parte do nervo intermédio (de Wrisberg) (Figura 23.5).

Os corpos celulares dos neurônios do glossofaríngeo (gustação do terço posterior da língua) e do vago (gustação da epiglote e da laringe) que recebem a sensibilidade gustatória estão situados, respectivamente, no gânglio inferior ou petroso do glossofaríngeo e no gânglio inferior ou nodoso do vago.

Trato e núcleo solitário

As fibras gustativas provenientes dos gânglios do VII, IX e X nervos cranianos, após penetrarem no tronco do encéfalo, reúnem-se no trato solitário e fazem sinapse na porção rostral do núcleo do trato solitário.

A partir dos neurônios do núcleo solitário, origina-se o trato tegmentar dorsal, que se dirige ao núcleo ventral posteromedial do tálamo (porção parvocelular), por meio de fibras cruzadas e não cruzadas.

Além do tálamo, recebem projeções gustatórias o hipotálamo, a região septal e a amígdala para mecanismos comportamentais.

O núcleo solitário conecta-se ao nível do tronco do encéfalo com os núcleos salivatórios e lacrimal para os mecanismos reflexos.

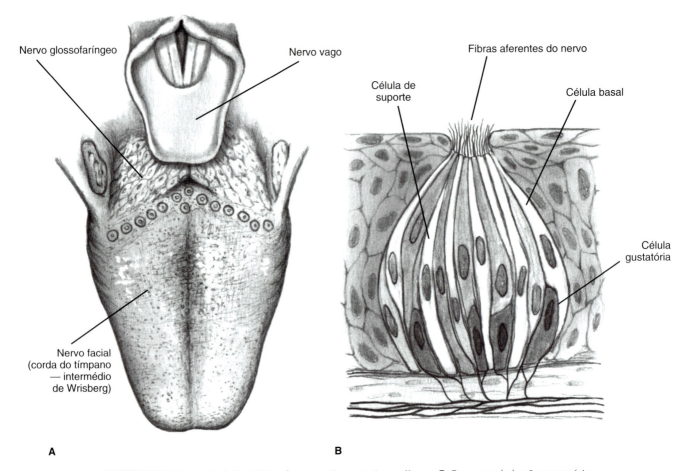

FIGURA 23.5 Gustação. **A.** Territórios de inervação gustativa na língua. **B.** Esquema do botão gustatório.

Córtex gustatório

A sensibilidade gustatória projeta-se no encéfalo humano no nível do opérculo frontal e córtex insular anterior, sendo área próxima, porém distinta, daquelas que recebem sensibilidade geral da língua, palato, faringe e laringe (Figura 23.6).

APLICAÇÃO CLÍNICA

Os déficits gustatórios podem ser originados por lesões da mucosa receptora ou por lesão nos nervos que conduzem essa sensibilidade ao encéfalo. O nervo mais comumente comprometido é o facial, sendo a gustação dos dois terços anteriores da hemilíngua perdida na paralisia facial periférica, que resulta de lesão antes da emergência do nervo corda do tímpano, independentemente da causa patológica. Tal déficit pode ser irreversível, como nas paralisias faciais periféricas traumáticas, com seção do nervo no osso temporal.

As patologias do lobo temporal podem originar epilepsia com crises parciais complexas, com alucinações gustativas ou olfativas e gustativas.

AUDIÇÃO

A função auditiva inicia-se quando o som é transmitido da orelha externa à orelha média, e desta à orelha interna, de onde a condução passa para o sistema nervoso.

Via auditiva

A orelha média funciona como um transformador de impedância que facilita a transmissão do som no ar em vibrações da cóclea. Da membrana timpânica, há transmissão aos ossículos martelo, bigorna e estribo (Figura 23.7). Os ossículos se unem por articulações e se prendem à parede da cavidade por meio de ligamentos suspensores. Eles atuam como uma alavanca transmitindo as vibrações da membrana timpânica à base do estribo. Este, localizado na janela oval, realiza movimentos semelhantes ao de um pistão, que são conduzidos ao fluido existente na cóclea. A cavidade da orelha média contém ar, e sua função depende da manutenção de uma pressão semelhante à da atmosfera, pela abertura da tuba auditiva naturalmente ao se engolir. A cóclea tem a forma de caracol e apresenta três compartimentos preenchidos

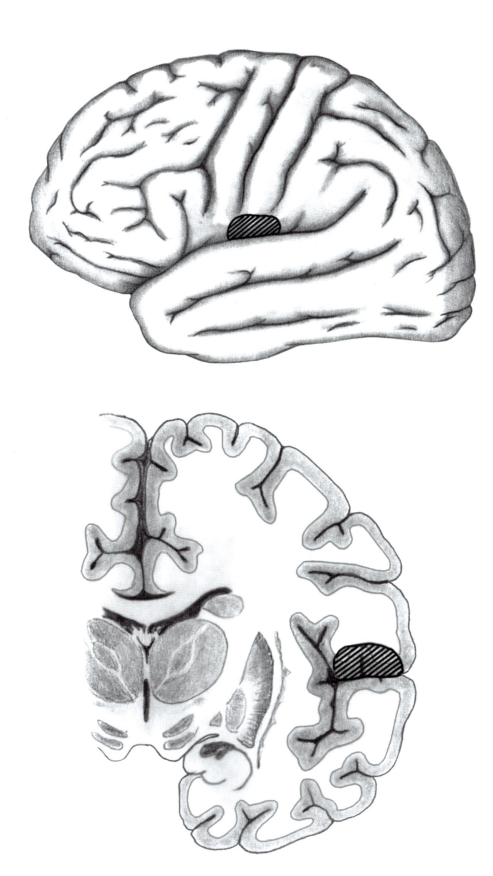

FIGURA 23.6 Córtex gustatório.

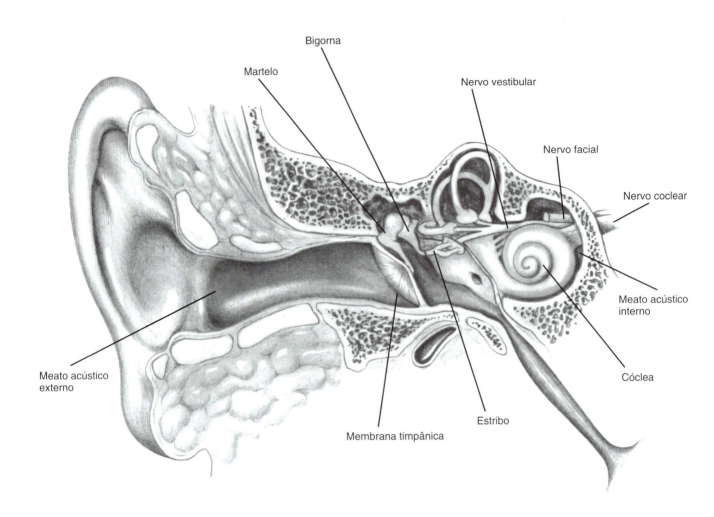

FIGURA 23.7 Orelha externa, média e interna.

por líquido, separados por duas membranas (basilar e de Reissner). Segundo o espectro, a cóclea transforma sons em código neural para as fibras da parte coclear do nervo vestibulococlear. A membrana basilar vibra pelo movimento do fluido da cóclea causado pelo estribo. Como uma onda, esse movimento se propaga da base para o ápice da cóclea. A distância que essa onda percorre é proporcional à frequência do som, sendo menor em alta frequência. Nos seres humanos, a frequência máxima audível é de 20.000 Hertz. O movimento da membrana basilar atua sobre os cílios das células ciliares, que têm função sensorial. Essas células estão localizadas ao longo da membrana basilar em colunas, uma interna e de três a cinco externas. Essas estruturas formam o **órgão espiral** (de Corti), onde se situa o primeiro neurônio da via auditiva. O órgão de Corti é constituído por aproximadamente 17.000 células ciliadas, sendo cerca de 4.500 internas e 12.500 externas.

As fibras da parte coclear do nervo vestibulococlear têm comunicação direta com as células ciliares e levam, de forma aferente, os estímulos auditivos ao tronco do encéfalo. Essas fibras entram na fossa posterior pelo meato acústico interno com a parte vestibular, formando o oitavo nervo craniano. A origem aparente do nervo vestibulococlear, isto é, seu ponto de entrada no tronco do encéfalo, localiza-se lateralmente no sulco pontino inferior, ou bulbopontino, dirigindo-se aos **núcleos cocleares** homolaterais no assoalho do quarto ventrículo. Todas as fibras cocleares fazem conexão nesses núcleos. Existem três núcleos cocleares: dorsal, ventral posterior e ventral anterior. Dos núcleos cocleares, a via auditiva cruza a linha média e segue para o colículo inferior utilizando três vias diferentes: a estria acústica dorsal, a estria acústica ventral e o corpo trapezoide (Figura 23.8). Um contingente variável das fibras permanece homolateral, sem cruzar a linha média. Uma parte das fibras faz conexão no **complexo olivar superior**, formado pelos núcleos olivares medial e lateral, ou nos **núcleos do corpo trapezoide**. As fibras originadas nesses núcleos ou vindas diretamente dos núcleos cocleares formam o **lemnisco lateral**, que apresenta um trajeto ascendente. Em alguns casos, há sinapse em **núcleos do lemnisco lateral**.

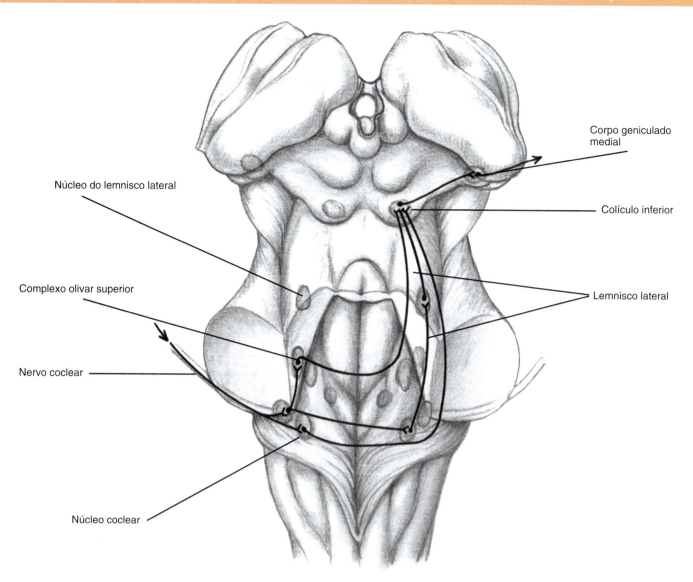

FIGURA 23.8 Via auditiva.

Todas as fibras fazem conexão no **colículo inferior**. A via eferente desse complexo parte, pelo **braço do colículo inferior**, em direção ao tálamo no **corpo geniculado medial**. Pelas radiações talâmicas auditivas, que passam inferiormente ao núcleo lentiforme, a via termina na **área cortical auditiva primária**, no lobo temporal, nos giros anteriores transversos (de Heschl), que correspondem às áreas 41 e 42 de Brodmann.

Resumindo, a via principal auditiva tem neurônios localizados no órgão espiral, nos núcleos cocleares, no colículo inferior, no corpo geniculado medial e no córtex cerebral. Algumas conexões são realizadas nos núcleos do corpo trapezoide, olivares superiores e do lemnisco lateral. Acredita-se que esses núcleos sejam responsáveis por mecanismos reflexos de proteção contra sons altos, por conexões com os nervos trigêmeo e facial, para controlar a tensão da membrana timpânica e do estapédio, respectivamente.

Existe um sistema auditivo descendente, com origem no complexo olivar superior e destino nas células ciliadas externas (via olivococlear), com fibras homo e heterolaterais, que transitam pelo componente vestibular do oitavo nervo craniano. A função dessa via não está elucidada, mas parece influenciar as células ciliadas externas por emissão otoacústica.

APLICAÇÃO CLÍNICA

Tendo em vista que a via auditiva tem um componente de fibras que permanece homolateral e outro que cruza a linha mediana, a destruição da área cortical no lobo temporal não leva o paciente à surdez. Somente lesões bilaterais produzem esse déficit.

Tumores benignos localizados na região do ângulo pontocerebelar, chamados "schwannomas vestibulares" ou "neurinomas do acústico", são processos expansivos com origem nas células de Schwann do nervo vestibulococlear (Figura 23.9). Geralmente esses tumores comprometem a parte vestibular do nervo, e, por compressão, provocam perda unilateral da audição. O diagnóstico precoce é muito importante para permitir um tratamento em melhores condições. Em casos mais avançados, há compressão de outros nervos cranianos (facial e trigêmeo) e do tronco do encéfalo, podendo inclusive levar o paciente à morte.

EQUILÍBRIO

Para a manutenção do equilíbrio no espaço, o aparelho vestibular informa ao sistema nervoso central a posição e os movimentos da cabeça. Outros tipos de sensibilidade também têm importância para preservar o equilíbrio, como a visão e a propriocepção. O aparelho vestibular, localizado na porção petrosa do osso temporal, é formado por três canais semicirculares e pelo vestíbulo, que contém o utrículo e o sáculo (Figura 23.10).

Os canais semicirculares abrem-se no vestíbulo por meio de cinco orifícios. No extremo de cada canal existe uma porção dilatada, denominada "ampola". Essas cavidades contêm endolinfa, cuja composição é semelhante aos líquidos intracelulares, isto é, rica em potássio e pobre em sódio. Os elementos sensoriais encontram-se nas ampolas dos **canais semicirculares** e em estruturas chamadas "máculas", localizadas no **sáculo** e no **utrículo**.

Via vestibular

A função do aparelho vestibular inicia-se com a excitação de receptores sensoriais sensíveis a variações hidráulicas da endolinfa, causadas pela posição ou pelos movimentos da cabeça no espaço. Os três canais semicirculares representam três planos perpendiculares no espaço e, dessa forma, pelo menos um deles apresentará movimento de endolinfa com qualquer modificação de posição da cabeça (Figura 23.11). O epitélio sensorial das ampolas dos canais semicirculares localiza-se em elevações denominadas "cristas ampulares" e contém células ciliares. Os receptores do **utrículo** e do **sáculo** localizam-se

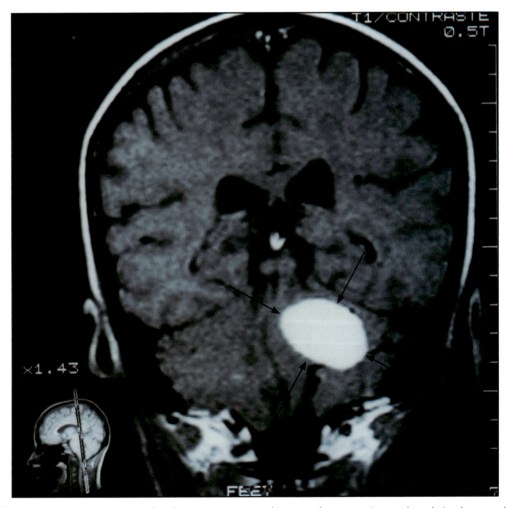

FIGURA 23.9 Ressonância magnética de crânio em corte coronal mostrando um neurinoma do acústico à esquerda (setas).

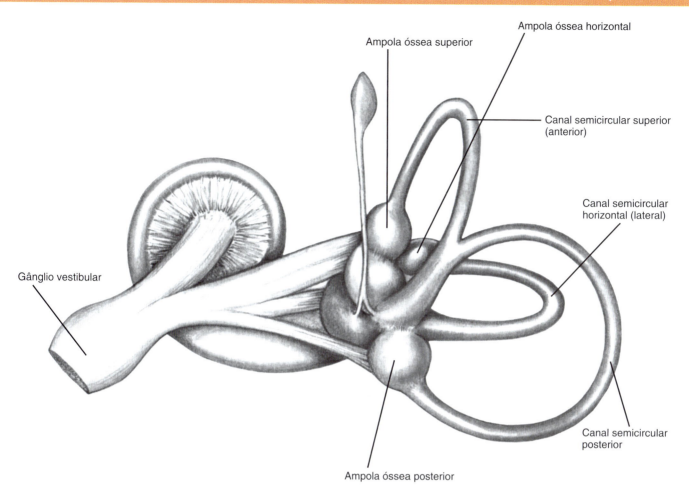

FIGURA 23.10 Canais semicirculares.

nas máculas, onde existem também células ciliadas recobertas por uma substância gelatinosa que contém, no seu interior, concreções sólidas de carbonato de cálcio: os otólitos. Os movimentos da endolinfa flexionam os cílios dessas células, desencadeando um estímulo bioelétrico que é encaminhado às terminações nervosas e ao sistema nervoso central. Os otólitos exercem diferentes pressões sobre os cílios do epitélio sensorial. O utrículo responde principalmente à gravidade, à aceleração linear e à força centrífuga, e relaciona-se especialmente com os movimentos de flexão e extensão da cabeça. O sáculo, considerado órgão de transição vestibulococlear, tem função ainda não perfeitamente elucidada. Recentemente, verificou-se que os canais semicirculares também podem responder a forças lineares constantes, como a gravidade e a força centrífuga.

Fibras vestibulares

As fibras vestibulares, provenientes dos canais semicirculares, utrículo e sáculo, vão ao **gânglio vestibular** (de Scarpa), onde existem células dipolares. Do gânglio vestibular, as fibras vestibulares formam dois ramos, vestibulares superior e inferior, que, com o ramo coclear, formam o nervo vestibulococlear, entrando na cavidade craniana pelo meato acústico interno. Nesse local, o nervo facial passa superior e anteriormente, o ramo coclear, inferior e anteriormente, e os ramos vestibulares, superior e inferior, posteriormente. O nervo vestibulococlear penetra no tronco do encéfalo no sulco pontino inferior, ou bulbopontino, lateralmente ao nervo facial. As fibras vestibulares dirigem-se aos **núcleos vestibulares** situados na área vestibular do assoalho do quarto ventrículo. Um pequeno contingente, porém, dirige-se diretamente ao cerebelo, pelo pedúnculo cerebelar inferior. Na área vestibular existem quatro núcleos vestibulares: lateral (de Deiters) e superior (de Bechterew) na ponte, e medial (de Schwalbe) e inferior (de Roller) no bulbo. O núcleo vestibular lateral recebe fibras do utrículo e do cerebelo, enviando-as ao fascículo longitudinal medial, com trajeto ascendente e descendente. As fibras ascendentes relacionam-se com a motricidade ocular e a produção de nistagmo. As descendentes formam as vias vestibuloespinais, do sistema extrapiramidal. O núcleo vestibular medial recebe fibras dos canais

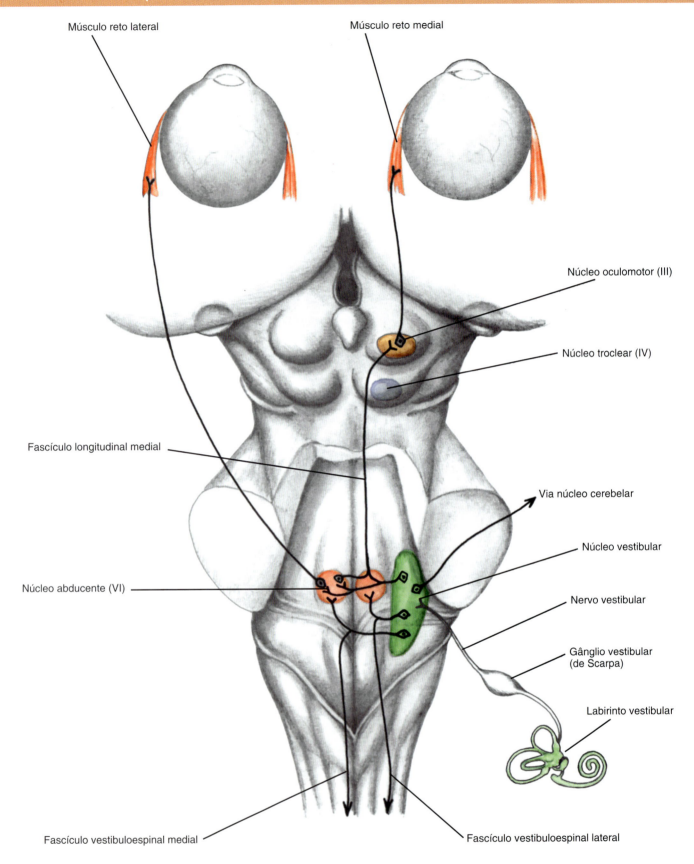

FIGURA 23.11 Vias vestibulares.

semicirculares e do cerebelo e tem função semelhante ao núcleo lateral. O núcleo vestibular superior recebe fibras dos canais semicirculares e do arquicerebelo, enviando fibras ascendentes pelo fascículo longitudinal medial. O núcleo vestibular inferior, que apresenta a mais importante relação com o **cerebelo**, recebe fibras das cristas ampulares, das máculas, do núcleo fastigial, do verme (*vermis*) cerebelar e da medula espinal. Esse núcleo envia fibras para o cerebelo, no nível do flóculo e do nódulo. A função arquicerebelar é de inter-relacionar e coordenar as aferências vestibulares e as eferências motoras. Os núcleos vestibulares de cada lado apresentam comunicações diretas ou pela formação reticular. A relação com a formação reticular e, consequentemente, com o hipotálamo e o sistema límbico explica o aparecimento de sintomas labirínticos em distúrbios psicoafetivos.

Existe controvérsia quanto à existência de uma via vestibular aferente ao córtex cerebral. Provavelmente, essa via passa pelo tálamo contralateral. Nos seres humanos, os conhecimentos sobre a representação cortical do sistema vestibular são limitados. Acredita-se que exista uma área vestibular no lobo temporal, próximo à área auditiva, e, recentemente, estudos eletrofisiológicos sugerem uma possível localização no lobo parietal, próximo à área somestésica correspondente à face.

O trato vestibuloespinal, parte do sistema extrapiramidal, tem um componente cruzado, que termina em níveis cervicais, e um direto, com trajeto em toda a extensão da medula espinal.

APLICAÇÃO CLÍNICA

A síndrome vestibular pode decorrer de diferentes causas, entre elas as doenças vasculares, infecciosas e psicoafetivas. A vertigem é o principal sintoma e corresponde à sensação errônea de deslocamento de objetos ou do próprio corpo no espaço. A vertigem verdadeira apresenta característica rotatória, com a impressão do ambiente girando em volta do paciente (vertigem objetiva), ou o paciente girando no ambiente que o cerca (vertigem subjetiva). As vertigens são quase sempre de origem vestibular, mas as tonturas não rotatórias, apesar de frequentemente terem outras causas, podem ter origem também vestibular.

A síndrome vestibular é acompanhada, em geral, de náuseas ou vômitos e de desequilíbrio. O desequilíbrio se manifesta na posição estática e principalmente durante a marcha, com tendência de desvio para o lado alterado. O nistagmo corresponde a movimentos oculares, rápidos num sentido e lentos no sentido oposto. Os nistagmos de posição e os induzidos pela estimulação calórica ou rotatória ocorrem sempre por alteração vestibular.

BIBLIOGRAFIA COMPLEMENTAR

Baloh RW, Honrubia V. Clinical neurophysiology of the vestibular system. **Contemp Neurol Ser** 1979, 18:1-21.

Barber HO, Sharpe JA. **Vestibular disorders**. Chicago: Year Book Publishers, 1988.

Chiappa KH, Gladstone KJ, Young RR. Brain stem auditory evoked responses: studies of waveform variations in 50 normal human subjects. **Arch Neurol** 1979, 36(2):81-87.

Cohen B. **Vestibular and oculomotor physiology**. New York: New York Academy of Sciences, 1981.

Colletti V, Fiorino FG. Electrophysiologic identification of the cochlear nerve fibers during cerebello-pontine angle surgery. **Acta Otolaryngol** 1993, 113(6):746-754.

Dallos P. The active cochlea. **J Neurosci** 1992, 12(12):4575-4585.

Hashimoto I, Ishiyama Y, Yoshimoto T *et al*. Brain-stem auditory-evoked potencials recorded directly from human brain-stem and thalamus. **Brain** 1981, 104(Pt 4):841-859.

Johnstone BM, Patuzzi R, Yates GK. Basilar membrane measurements and the travelling wave. **Hear Res** 1986, 22:147-153.

Lang J. Facial and vestibulocochlear nerve, topographic anatomy and variations. In: Sammii M, Jannetta PJ (eds). **The cranial nerves**. New York: Springer-Verlag, 1981, pp. 363-377.

Lopes OF, Cam CAH. **Tratado de otorrinolaringologia**. São Paulo: Roca, 1994.

Meneses MS, Creissard P, Freger P *et al*. Tuberculomas do quiasma óptico. **Neurobiol** 1988, 51(3):223-232.

Meneses MS, Mattei TA, Borges C. Neurocirurgia dos tumores encefálicos: indicação e técnica. **Arq Simbidor** 2009, 1:188-191.

Meneses MS, Moreira AL, Bordignon KC *et al*. Surgical approaches to the petrous apex: distances and relations with cranial morphology. **Skull Base** 2004, 14(1):9-19.

Meneses MS, Thurel C, Mikol J *et al*. Esthesioneuroblastoma with intracranial extension. **Neurosurgery** 1990, 27(5):813-819.

Møller AR, Jho HD. Responses from the brainstem at the entrance of the eight nerve in human to contralateral stimulation. **Hear Res** 1988, 37(1):47-52.

Ramina R, Maniglia JJ, Meneses MS *et al*. Acoustic neurinomas. Diagnosis and treatment. **Arq Neuropsiquitr** 1997, 55(3A):393-402.

Spoendlin H, Schrott A. Analysis of the human auditory nerve. **Hear Res** 1989, 43(1):25-38.

Swartz JD, Daniels DL, Harnsberger HR *et al*. Balance and equilibrium, II: the retrovestibular neural pathway. **AJNR Am J Neuroradiol** 1996, 17(6):1187-1190.

Terr LI, Edgerton BJ. Surface topography of the cochlear nuclei in humans: two- and three-dimensional analysis. **Hear Res** 1985, 17(1):51-59.

24 Vascularização do Sistema Nervoso Central

Murilo S. Meneses • Andrea Jackowski • André Giacomelli Leal

INTRODUÇÃO

O estudo da vascularização do sistema nervoso central é de grande importância, sobretudo pelo fato de as doenças vasculares encefálicas representarem atualmente uma das maiores causas de mortalidade em todo o mundo, além de, com frequência, causarem graves sequelas.

Apesar de o encéfalo corresponder a apenas 2% do peso corporal, ele exige 15% do débito sanguíneo cardíaco e 20% do oxigênio respirado em repouso. O encéfalo depende essencialmente do metabolismo oxidativo de glicose. De 50 a 55 mℓ de sangue por 100 g de tecido cerebral por minuto, em estado de repouso, passam pela circulação do cérebro para fornecer-lhe a quantidade necessária de glicose e oxigênio. O cérebro recebe metade do seu volume em sangue por minuto. O fluxo sanguíneo cerebral total permanece relativamente estável em diferentes atividades físicas do corpo. Entretanto, o fluxo sanguíneo regional depende do metabolismo e aumenta de modo considerável com a ativação de áreas em particular, como cálculo mental, atividade manual ou estimulação visual.

O tecido nervoso não tolera a interrupção de aporte sanguíneo. Poucos segundos após a interrupção da irrigação arterial, as funções neurológicas sofrem isquemia, e, caso não seja restabelecido rapidamente o abastecimento de sangue, o tecido nervoso entra em processo de infarto. O desenvolvimento de infarto depende do grau e da duração da isquemia. Em casos de ausência total de fluxo, esse processo ocorre em poucos minutos.

CIRCULAÇÃO ARTERIAL DO ENCÉFALO

O encéfalo recebe irrigação arterial por duas **artérias carótidas internas** e por duas artérias vertebrais, que formam o **sistema vertebrobasilar**.

Artéria carótida interna

As artérias carótidas internas (ACIs) são ramos das artérias carótidas comuns, esquerda e direita. Em 80% dos casos, do arco aórtico originam-se a artéria carótida comum esquerda e o tronco braquiocefálico direito. Este se bifurca em artéria subclávia direita e artéria carótida comum direita (Figuras 24.1 e 24.2). As artérias carótidas comuns se bifurcam, em geral, no nível da quarta vértebra cervical, em artérias carótidas externa e interna.

As ACIs direita e esquerda apresentam quatro segmentos com características diferentes: **cervical**, **petroso**, **cavernoso** e **intracraniano** (Figura 24.3).

O segmento cervical, localizado entre a bifurcação da artéria carótida comum até a entrada da ACI no crânio, tem trajeto ascendente junto a partes moles do pescoço. No seu início, existe o **seio carotídeo** (às vezes, mais inferior), dilatação localizada que contém nas suas paredes receptores da pressão arterial, e o **corpo carotídeo**, pequena estrutura sensível a variações da concentração de oxigênio. O nervo hipoglosso cruza anteriormente à ACI, que passa posteriormente ao músculo esternocleidomastoide e ao ventre posterior do músculo digástrico, situando-se medialmente ao nervo vago e à veia jugular interna. A ACI não dá origem a nenhum ramo nesse segmento e penetra na parte petrosa do osso temporal pelo canal carotídeo.

No segmento petroso, a ACI fica localizada dentro do osso temporal, apresentando inicialmente um trajeto ascendente vertical; depois de uma inclinação anterior, segue horizontalmente e, em seguida, com uma inclinação superior, de novo se torna ascendente. Dois ramos da ACI originam-se nesse segmento: a artéria carotido-timpânica, que irriga a cavidade timpânica, e a artéria pterigóidea, que passa por um canal com o mesmo nome.

Ao entrar na fossa média intracraniana, a ACI penetra no seio cavernoso, iniciando o segmento cavernoso (Figura 24.4). A ACI forma, dentro do seio cavernoso, o sifão carotídeo, que diminui o impacto causado pelas pulsações arteriais e apresenta três ramos principais: tronco meningo-hipofisário, tronco inferolateral e artérias capsulares (de McConnell). Nesse sifão, a ACI tem uma porção vertical, um joelho posterior, uma porção horizontal, um joelho anterior e, por fim, uma porção vertical, que, no nível dos processos clinóideos anteriores, sai do seio cavernoso superiormente.

296 Neuroanatomia Aplicada

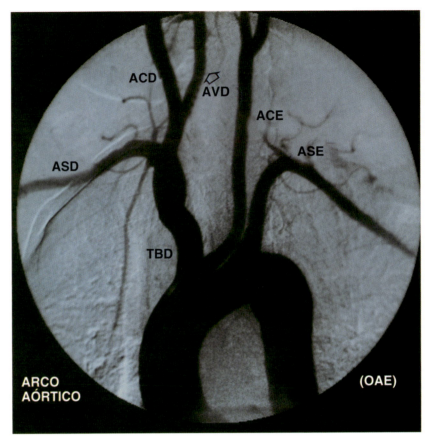

FIGURA 24.1 Arteriografia do arco aórtico mostrando o tronco braquiocefálico direito (TBD) e as artérias subclávia direita (ASD), carótida comum direita (ACD), vertebral direita (AVD), carótida comum esquerda (ACE) e subclávia esquerda (ASE).

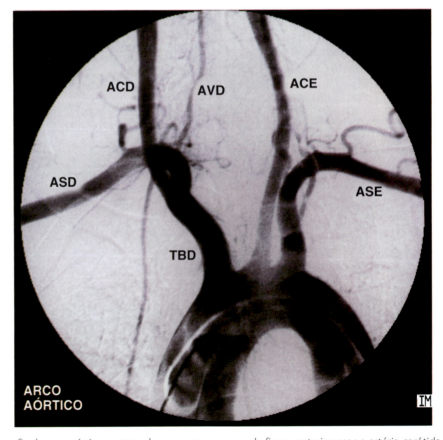

FIGURA 24.2 Arteriografia do arco aórtico mostrando os mesmos ramos da figura anterior, mas a artéria carótida comum esquerda tem origem direta da aorta.

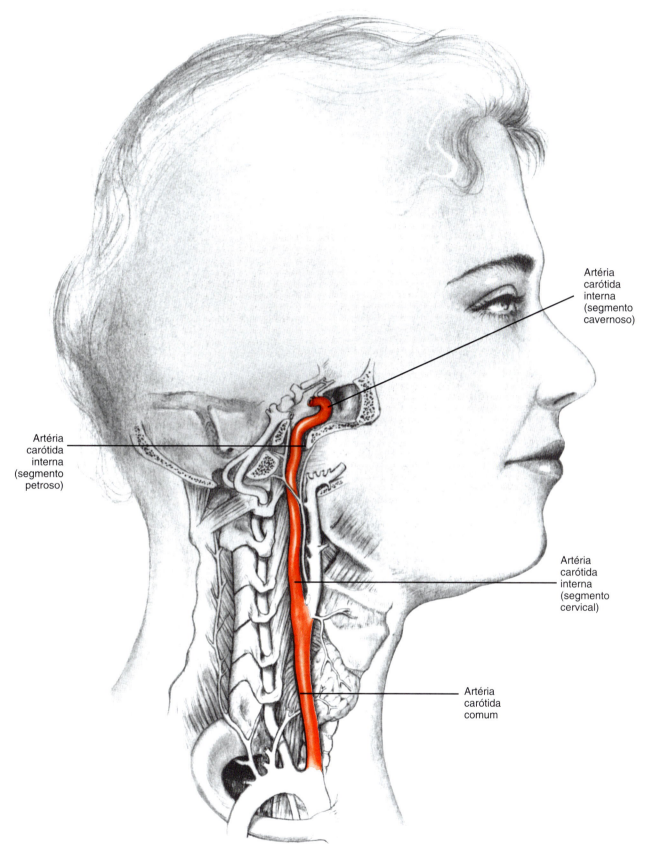

FIGURA 24.3 Artéria carótida interna.

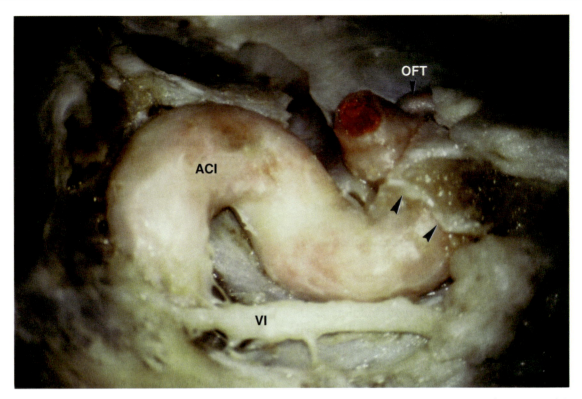

FIGURA 24.4 Visão lateral da artéria carótida interna (ACI) no seio cavernoso em preparação anatômica. Visualizam-se também a artéria oftálmica (OFT) e o nervo abducente (VI).

No segmento intracraniano propriamente dito, a ACI passa lateralmente ao nervo óptico e medialmente ao nervo oculomotor, dando origem aos seus ramos terminais.

A **artéria oftálmica** sai medialmente ao processo clinoide anterior, junto ao seio cavernoso, passando pelo canal óptico inferiormente ao nervo óptico, originando vários ramos dentro da órbita. A artéria central da retina, ramo da artéria oftálmica, divide-se nos ramos temporais e nasais superiores e inferiores, irrigando a retina. A artéria dorsal do nariz, ramo da artéria oftálmica, faz anastomose direta com ramos da artéria facial, representando importante comunicação com a artéria carótida externa, podendo, em certos casos de obliteração da ACI, permitir que a irrigação cerebral seja mantida pelo fluxo sanguíneo no sentido inverso.

A **artéria comunicante posterior** faz a anastomose da ACI com a artéria cerebral posterior homolateral, formando parte do círculo arterial do cérebro. A **artéria coróidea anterior**, com origem muito próxima da artéria comunicante posterior, dirige-se lateralmente ao trato óptico e penetra na fissura coroidal para irrigar o plexo coroide do corno inferior, ou temporal, do ventrículo lateral.

A ACI termina inferiormente à substância perfurada anterior e bifurca-se, formando as **artérias cerebrais anterior** e **média**. As artérias perfurantes anteriores originam-se da ACI e das artérias comunicante anterior e cerebrais anterior e média (Figura 24.5), penetrando no tecido cerebral pela substância perfurada anterior para irrigar os núcleos da base, a cápsula interna, o quiasma óptico e o hipotálamo.

A artéria cerebral anterior tem trajeto anterior e medial, dirigindo-se à fissura longitudinal do cérebro. Já a artéria cerebral média se dirige lateralmente ao sulco lateral e representa, pelo seu maior calibre, o verdadeiro ramo terminal da ACI.

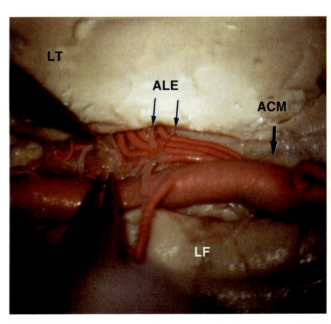

FIGURA 24.5 Preparação anatômica da artéria cerebral média (ACM) e seus ramos perfurantes anteriores, ou artérias lenticuloestriadas (ALE), entre os lobos temporal (LT) e frontal (LF).

Sistema vertebrobasilar

As artérias vertebrais têm origem na porção inicial das artérias subclávias esquerda e direita, medialmente ao músculo escaleno anterior. Na maioria dos casos, a artéria subclávia esquerda é ramo direto do arco da aorta, e a artéria subclávia direita é ramo do tronco braquiocefálico direito. A **artéria vertebral** pode ser subdividida em quatro segmentos (Figura 24.6): **cervical**, **vertebral**, **suboccipital** e **intracraniano**.

No segmento cervical, a artéria vertebral passa posteriormente à artéria carótida comum e à veia vertebral, entre os músculos escaleno anterior e longo do pescoço, relacionando-se com o gânglio cervical inferior. Nesse trajeto dá origem a vários ramos musculares.

O segmento vertebral se inicia quando a artéria vertebral penetra no forame transverso da sexta vértebra cervical e tem trajeto ascendente, passando pelos forames transversos das vértebras cervicais até o atlas. Ramos espinais passam junto às raízes dos nervos espinais em direção à medula espinal. Nesse segmento, a artéria é envolta por um plexo venoso.

No segmento suboccipital, a artéria vertebral faz uma curva, no nível do atlas, passando posteriormente à massa lateral e por uma goteira na face posterior do arco posterior, coberta pelo músculo semiespinal. Pela borda lateral da membrana atlanto-occipital, a artéria vertebral passa anteriormente e entra no canal vertebral, penetra a dura-máter e a aracnoide e entra no crânio pelo forame magno. Nesse trajeto, originam-se ramos musculares e meníngeos em direção à fossa intracraniana posterior.

No segmento intracraniano, a artéria vertebral passa anteriormente ao bulbo com direção superior e medial para se anastomosar à artéria vertebral contralateral e formar a artéria basilar (Figura 24.7). Geralmente há uma diferença de calibre entre as artérias vertebrais. Nesse segmento, origina-se a artéria espinal anterior, que desce medialmente para se anastomosar com a artéria contralateral e formar um ramo mediano que passa inferiormente pela fissura mediana anterior e vasculariza o bulbo e a medula espinal. A artéria cerebelar posteroinferior tem origem na porção distal da artéria vertebral e passa lateralmente ao bulbo e inferiormente à oliva bulbar, dirigindo-se no sentido posterior, próximo ao lóbulo biventre do cerebelo. Faz uma curva e passa a seguir superiormente, contornando a tonsila cerebelar, dando ramos laterais e mediais. Essa artéria é responsável pela irrigação da parte lateral e posterior do bulbo, assim como da porção inferior do cerebelo.

A **artéria basilar**, originada pela união das duas artérias vertebrais no nível do sulco bulbopontino (ou pontino inferior), bifurca-se nas artérias cerebrais posteriores, na cisterna interpeduncular. No seu trajeto pelo sulco basilar, várias artérias pontinas irrigam a face anterior da ponte (Figura 24.8). A artéria cerebelar anteroinferior, ramo da artéria basilar, passa horizontalmente na região anterior e inferior da ponte, vascularizando-a por meio de pequenos ramos, e, em seguida, dirige-se posteriormente ao ângulo pontocerebelar, com os nervos facial e vestibulococlear até o meato acústico interno. Nesse ponto nasce, em geral, a artéria do labirinto, que penetra no conduto auditivo interno. Em seguida, a artéria cerebelar anteroinferior faz uma curva e passa anteriormente à porção inferior do cerebelo, irrigando o pedúnculo cerebelar médio. A artéria cerebelar superior se origina na porção superior da artéria basilar, abaixo da artéria cerebral posterior. Os nervos oculomotor e troclear passam entre essas duas artérias. A artéria cerebelar superior contorna o pedúnculo cerebral posteriormente e divide-se em dois ramos cerebelares – um lateral ou hemisférico, outro medial ou vermiano.

As artérias cerebrais posteriores representam os ramos terminais da artéria basilar e dirigem-se lateral e posteriormente, contornando o pedúnculo cerebral acima do tentório para irrigar porções inferiores e posteriores do hemisfério cerebral. As **artérias talamoperfurantes posteriores** têm origem na bifurcação da artéria basilar em artérias cerebrais posteriores, dirigindo-se superior e posteriormente para passar pela substância perfurada posterior. Esses ramos irrigam a porção anterior do mesencéfalo, o subtálamo e partes do tálamo e do hipotálamo. As artérias comunicantes posteriores fazem a anastomose entre as artérias carótidas internas e cerebrais posteriores, participando do círculo arterial do cérebro.

Círculo arterial do cérebro

O círculo arterial do cérebro, também conhecido como polígono de Willis, é uma rede de anastomoses, situada inferiormente ao cérebro e formada por nove ramos arteriais, que pode compensar obstruções das principais artérias que se dirigem ao encéfalo (Figuras 24.9 e 24.10). Esses ramos são:

a) **artérias carótidas internas** (ACI) (2);
b) **artérias comunicantes posteriores** (AComP) (2);
c) **artérias cerebrais posteriores** (ACP) (2);
d) **artérias cerebrais anteriores** (ACA) (2); e
e) **artéria comunicante anterior** (AComA) (1).

As artérias carótidas internas, esquerda e direita, comunicam-se posteriormente com as respectivas artérias cerebrais posteriores pelas artérias comunicantes posteriores, esquerda e direita. Estas se originam da bifurcação da artéria basilar. A artéria comunicante anterior é um ramo curto que une as artérias cerebrais anteriores quando estas chegam à fissura longitudinal do cérebro. Consequentemente, as artérias carótidas internas se anastomosam entre si pelas artérias cerebrais anteriores.

Em casos de obstrução de uma artéria carótida interna, o paciente pode não apresentar consequências clínicas se o círculo arterial do cérebro estiver patente. O fluxo

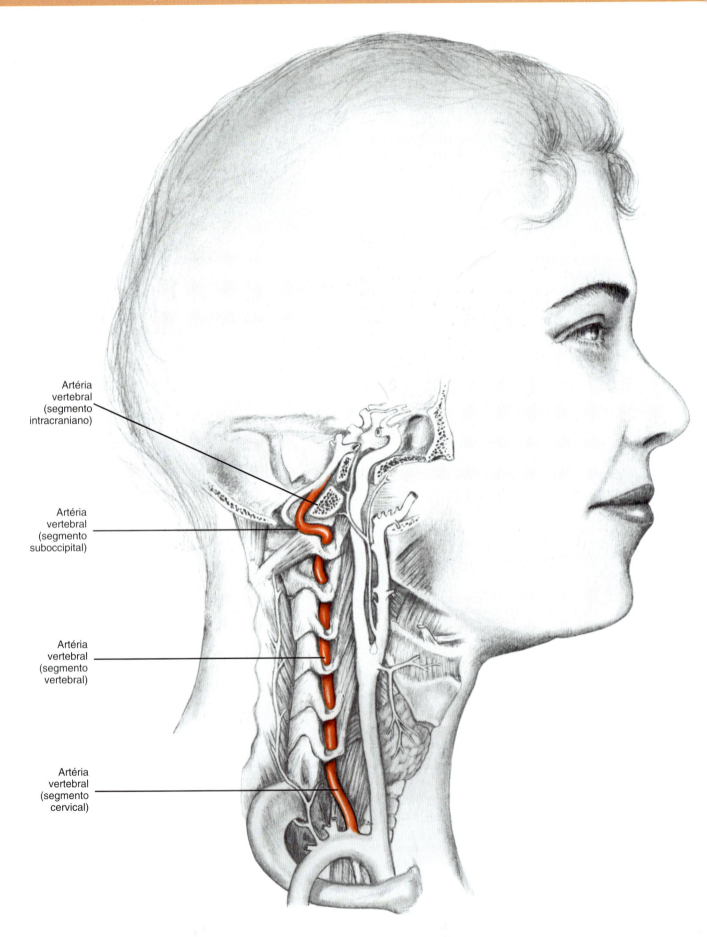

FIGURA 24.6 Artéria vertebral, da sua origem à região intracraniana.

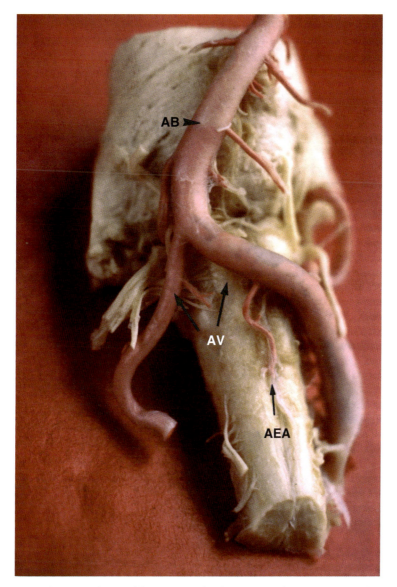

FIGURA 24.7 Preparação anatômica do tronco do encéfalo. As artérias basilar (AB), vertebrais (AV) e espinal anterior (AEA) são visualizadas na face anterior do tronco do encéfalo.

sanguíneo pode passar da artéria carótida interna contralateral para a artéria cerebral anterior contralateral e, pela artéria comunicante anterior, para a artéria cerebral anterior homolateral e, consequentemente, para todos os ramos do vaso ocluído. Outra possibilidade seria o fluxo sanguíneo seguir da artéria basilar para a artéria cerebral posterior e, pela artéria comunicante posterior, restabelecer a circulação para os ramos do vaso ocluído. Da mesma forma, obstruções em outros vasos podem também, eventualmente, ser compensadas por essas anastomoses.

Artérias cerebrais

A **ACA** tem origem no nível da bifurcação da artéria carótida interna, dirigindo-se medial e anteriormente até a fissura longitudinal do cérebro, onde faz anastomose com sua homóloga contralateral pela artéria comunicante anterior. Nesse trajeto horizontal, chamado **A1**, partem ramos perfurantes, as artérias lenticuloestriadas mediais, que penetram na substância perfurada anterior para irrigar a cabeça do núcleo caudado e o braço anterior da cápsula interna. Da artéria comunicante anterior saem ramos perfurantes, com frequentes variações anatômicas, que irrigam a lâmina terminal e o hipotálamo entre outras estruturas próximas. No segmento **A2**, a ACA passa da artéria comunicante anterior, anteriormente à cisterna da lâmina terminal, pela fissura longitudinal do cérebro, contornando o joelho do corpo caloso até sua bifurcação em artéria pericalosa e calosomarginal. A artéria recorrente (de Heubner) é um ramo lenticuloestriado que tem origem no segmento A2, em 50% dos casos, e no segmento A1, em 44% dos casos, ou na artéria comunicante anterior. Ainda do segmento A2 nascem vasos corticais, as artérias orbitofrontal e frontopolar. O território de vascularização da ACA corresponde ao segmento **A3**, isto é, seus ramos terminais:

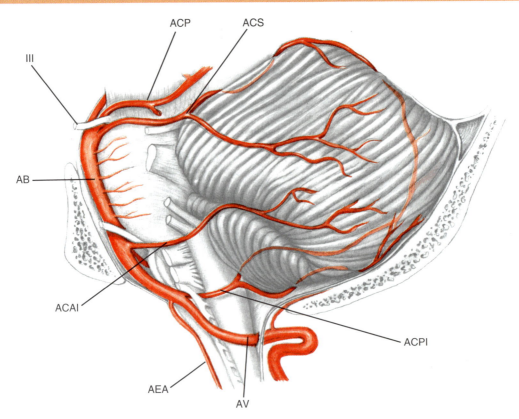

FIGURA 24.8 Sistema vertebrobasilar. Visualizam-se o nervo oculomotor (III) e as artérias cerebral posterior (ACP), cerebelar superior (ACS), basilar (AB), cerebelar anteroinferior (ACAI), cerebelar posteroinferior (ACPI), espinal anterior (AEA) e vertebral (AV).

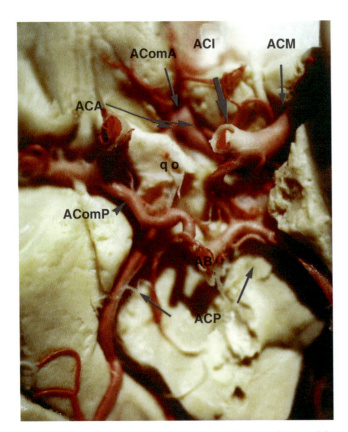

FIGURA 24.9 Preparação anatômica mostrando o círculo arterial do cérebro (polígono de Willis). AB: artéria basilar; ACA: artéria cerebral anterior; ACI: artéria carótida interna; ACM: artéria cerebral média; Acom A: artéria comunicante anterior; Acom P: artéria comunicante posterior; ACP: artéria cerebral posterior; qo: quiasma óptico.

a artéria pericalosa, que passa sobre o corpo caloso com sentido posterior, e a artéria calosomarginal, com trajeto mais superior na fissura longitudinal do cérebro. Outros ramos distais são: artérias frontais internas anterior, média e posterior, artéria paracentral e artérias parietais superior e inferior (Figura 24.11). Classicamente, o território vascular da ACA inclui os dois terços anteriores da face medial do hemisfério cerebral e uma faixa superior estreita na convexidade (ver Figura 24.13).

A **ACM** (Figura 24.12) é o ramo mais calibroso da bifurcação da artéria carótida interna, dirigindo-se lateralmente para o sulco lateral, onde se divide em dois troncos, em 85% dos casos, podendo apresentar ramificação em três troncos ou mesmo permanecer sem divisão.

Nesse segmento horizontal, chamado **M1**, a ACM origina vários ramos perfurantes profundos, as artérias lenticuloestriadas, que passam pela substância perfurada anterior para irrigar parte da cápsula interna e dos núcleos caudado e lentiforme (Figuras 24.13, 24.14 e 24.15). O segmento **M2**, ou insular, corresponde aos troncos superior e inferior, assim que penetram no sulco lateral, em contato íntimo ao lobo da ínsula. Ao alcançar o opérculo frontal, os ramos da ACM passam a compor o segmento **M3**, ou opercular, os quais, após alcançar a superfície cortical, darão origem às artérias corticais. Estas representam o segmento **M4**, ou cortical, e saem do sulco lateral para irrigar diferentes áreas corticais. As mais

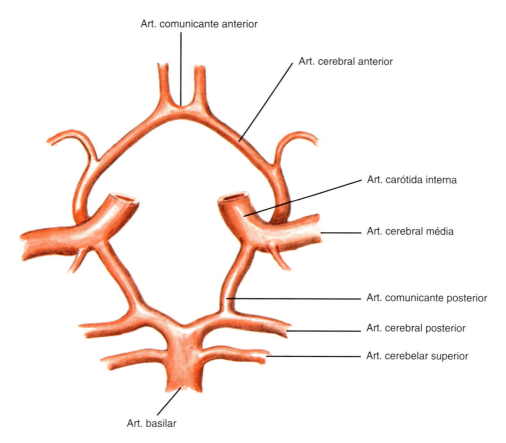

FIGURA 24.10 Círculo arterial do cérebro (polígono de Willis).

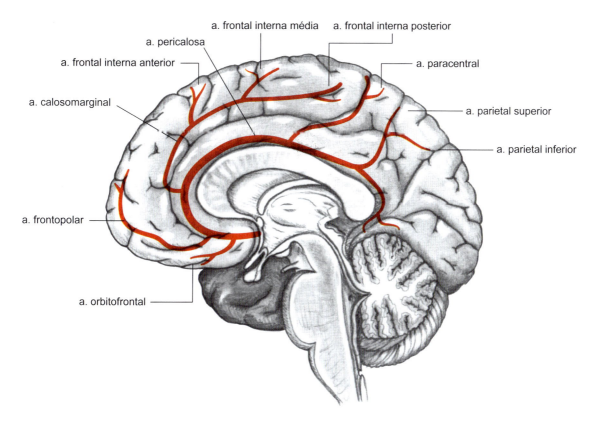

FIGURA 24.11 Ramos distais da artéria cerebral anterior. Visão lateral. (Fonte: Dr. Erasmo Barros da Silva Junior, Instituto de Neurologia de Curitiba.)

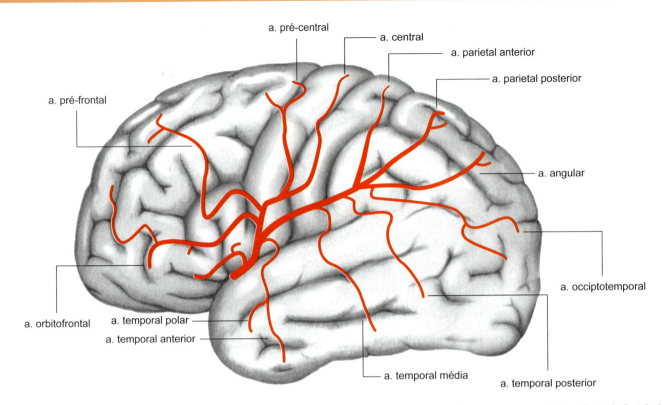

FIGURA 24.12 Ramos corticais da artéria cerebral média. Visão lateral. (Fonte: Dr. Erasmo Barros da Silva Junior, Instituto de Neurologia de Curitiba.)

importantes são: artéria orbitofrontal, artéria pré-frontal, artéria pré-central, artéria central, artérias parietais anterior e posterior, artéria angular, artéria occiptotemporal e artérias temporais posterior, média, anterior e polar (ver Figura 24.12). O território vascular da ACM pode ser dividido em profundo e superficial. O território profundo abrange os ramos perfurantes e, consequentemente, áreas cerebrais profundas, como a cápsula interna e os núcleos da base. O superficial corresponde às artérias corticais. Classicamente, o território vascular da ACM inclui praticamente toda a superfície superolateral do hemisfério cerebral e a parte anterior da face inferior do lobo temporal (ver Figura 24.13).

As **ACPs** são ramos terminais de bifurcação da artéria basilar que se dirigem lateralmente para contornar os pedúnculos cerebrais. O segmento **P1**, pré-comunicante ou peduncular, das ACPs tem trajeto curto à frente do pedúnculo cerebral e vai da origem até a artéria comunicante posterior. As artérias talamoperfurantes posteriores têm origem na bifurcação da artéria basilar e no segmento P1 da ACP (ver Figuras 24.14 e 24.15). A artéria coróidea posteromedial, saindo do segmento P1 ou P2, dirige-se anteromedialmente para irrigar o teto do mesencéfalo, a parte posterior do tálamo, a glândula pineal e a tela coróidea do terceiro ventrículo. O segmento **P2**, pós-comunicante ou *ambiens*, situa-se entre a artéria comunicante posterior e a parte posterior do mesencéfalo, originando a artéria coróidea posterolateral, que passa acima do pulvinar do tálamo e irriga parte do tálamo e o plexo coroide do ventrículo lateral. Ainda do segmento P2, nascem as artérias talamogeniculadas, que irrigam os corpos geniculados medial e lateral e o pulvinar do tálamo. O segmento P3, quadrigeminal, constitui uma pequena porção da ACP, posterior ao mesencéfalo até o limite anterior da fissura calcarina.

Os ramos terminais representam o segmento **P4**, cortical, e determinam o território vascular da ACP que, classicamente, corresponde ao terço posterior da face medial do hemisfério cerebral e, na face inferior, à parte posterior do lobo temporal e ao lobo occipital (ver Figura 24.13). Os principais ramos corticais são: artéria parieto-occipital e artéria calcarina.

Em até 20% dos casos, existe uma origem fetal da ACP, que sai da artéria carótida interna, e não da artéria basilar. Frequentemente, existem variações anatômicas nos territórios vasculares cerebrais em relação às descrições clássicas.

VASCULARIZAÇÃO DA MEDULA ESPINAL

O sistema arterial espinal anterior é responsável por cerca de dois terços anteriores da medula espinal, ao passo que o sistema posterior corresponde ao terço posterior.

A artéria vertebral origina um ramo espinal anterior, de cada lado, que se dirige inferior e medialmente para se anastomosar com seu homólogo contralateral anteriormente à fissura mediana anterior da porção alta da

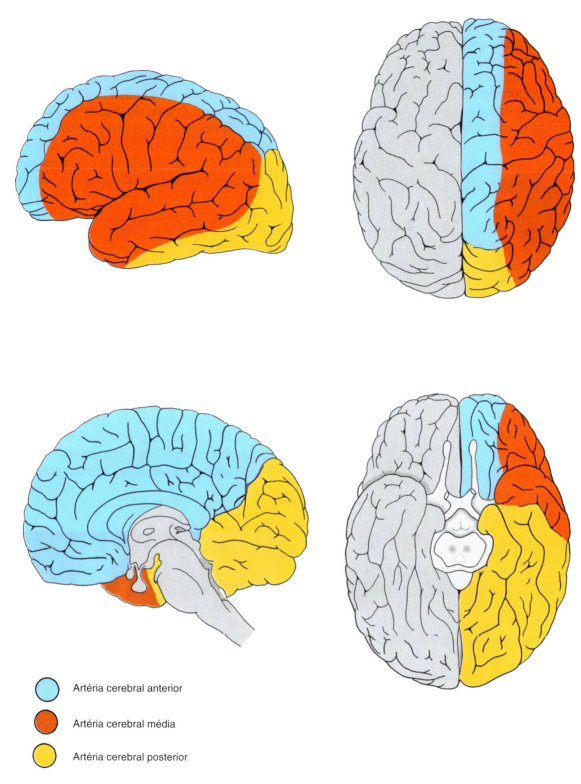

FIGURA 24.13 Territórios das artérias cerebrais anterior, média e posterior.

medula espinal cervical. A artéria espinal anterior tem fluxo descendente e irriga o tecido medular por ramos centrais e pelo plexo pial. As artérias radiculares penetram pelos forames intervertebrais correspondentes e fornecem um número variável de ramos (6 a 10), que vão unir-se à artéria espinal anterior em todo o seu trajeto.

Essas artérias que dão origem a ramos para irrigação da medula espinal são chamadas "radiculomedulares". Irrigam parte da medula espinal torácica alta e cervical e têm origem em ramos da artéria subclávia, principalmente das artérias vertebrais. Inferiormente, são as artérias intercostais que originam as artérias radiculomedulares.

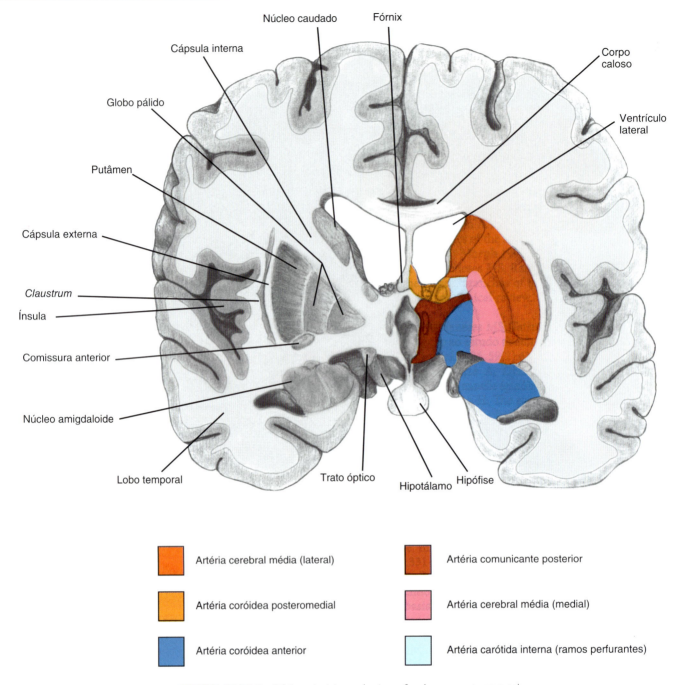

FIGURA 24.14 Territórios arteriais cerebrais profundos em corte coronal.

A medula espinal torácica inferior, a lombar e a sacral são irrigadas pela artéria da intumescência lombar (de Adamkiewicz), que se origina de uma artéria intercostal esquerda em nível variável geralmente próxima de T12.

A artéria espinal posterior é formada por um ramo de cada artéria vertebral e segue pelo sulco mediano posterior inferiormente, recebendo um número de ramos das artérias radiculares maior do que no sistema anterior.

A drenagem venosa da medula espinal se faz para as veias espinais anterior e posterior, com trajeto pela fissura mediana anterior e pelo sulco mediano posterior, respectivamente. Ramos dessas veias drenam para as veias radiculares anterior e posterior.

DRENAGEM VENOSA DO ENCÉFALO

A drenagem venosa do encéfalo é realizada por veias profundas e superficiais que, progressivamente, levam o sangue venoso até os seios da dura-máter, para finalmente desembocarem nas veias jugulares internas. As variações anatômicas nas veias do encéfalo, sobretudo nas superficiais, ocorrem com mais frequência do que no sistema arterial, e as anastomoses existentes são também muito importantes, possibilitando a drenagem em diferentes sentidos, nos casos de obliteração. Veias originárias da região extracraniana, chamadas "emissárias", também desembocam nos seios

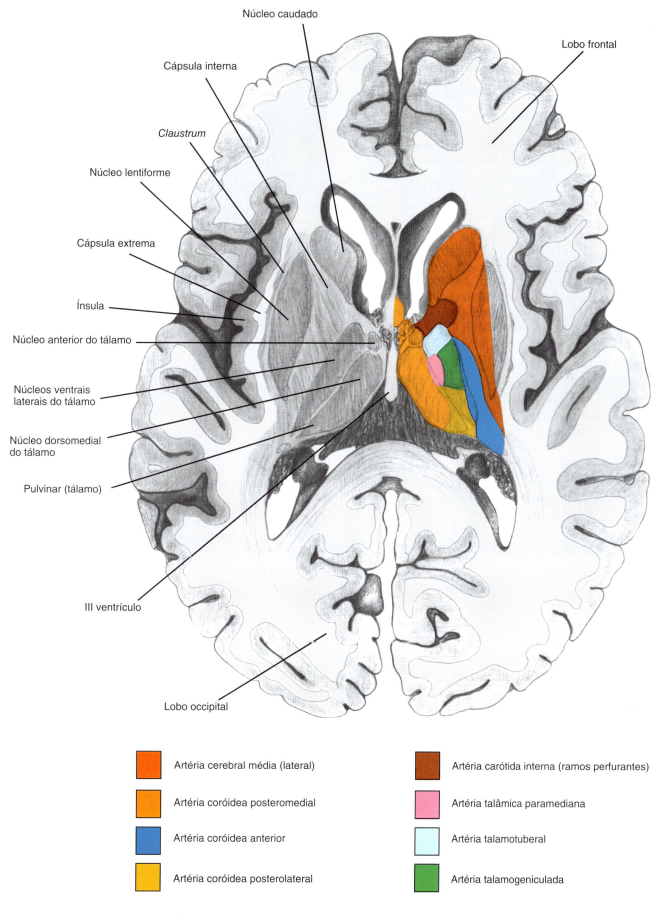

FIGURA 24.15 Territórios arteriais cerebrais profundos em corte horizontal.

da dura-máter e são responsáveis, em certos casos, pela disseminação de infecções para as estruturas intracranianas.

Veias cerebrais profundas

A drenagem venosa da substância branca e das estruturas cerebrais profundas se faz por pequenas veias que se dirigem aos ventrículos, desembocando nas veias subependimárias. Uma delas, a **veia talamoestriada**, dirige-se anteriormente, no sulco talamoestriado, entre o núcleo caudado e o tálamo no assoalho do ventrículo lateral, até o forame interventricular. Nesse local, denominado nas angiografias "ângulo venoso do cérebro", a **veia septal**, formada por alguns ramos vindos do septo pelúcido, e a **veia coróidea**, que drena o plexo coroide do ventrículo lateral, unem-se à veia talamoestriada para formar a **veia cerebral interna** (Figuras 24.16 e 24.17). Esta tem origem no forame interventricular e dirige-se posteriormente ao nível do teto do terceiro ventrículo. A **veia basal** (de Rosenthal), que faz anastomose com o sistema venoso superficial pelas veias cerebrais médias profunda e superficial, contorna o pedúnculo cerebral posteriormente, drenando a face medial do lobo temporal e, com a veia cerebral interna, desemboca na **veia cerebral magna** (de Galeno). Essa veia ímpar, formada por quatro vasos (dois cerebrais internos e dois basais), apresenta um calibre maior e situa-se na cisterna superior (*ambiens*). Seu trajeto superoposterior, contornando posteriormente o esplênio do corpo caloso, termina com o seio sagital inferior no seio reto.

Veias cerebrais superficiais (Figura 24.18)

Existe uma variabilidade muito grande com relação à formação e à localização das veias corticais. Essas veias, inicialmente pequenas, vão se agrupando e formando veias de maior calibre, que desembocam nos seios da dura-máter.

A **veia cerebral média superficial** é um vaso constante que recebe tributárias no seu trajeto pelo sulco lateral, desembocando pelo seio esfenoparietal no seio cavernoso (Figura 24.18). Uma veia de maior calibre, chamada **veia anastomótica superior** (de Trolard), comunica a veia cerebral média superficial com o seio sagital superior. A **veia anastomótica inferior** (de Labbé) faz a comunicação da veia cerebral média superficial com o seio transverso e, sendo constante, é uma importante referência anatômica para os neurocirurgiões quando abordam o lobo temporal do hemisfério cerebral dominante, determinando o limite posterior de ressecções, para evitar alteração da linguagem.

Veias infratentoriais

A veia pré-central do cerebelo drena a parte anterior e superior do verme (*vermis*) cerebelar para a veia magna.

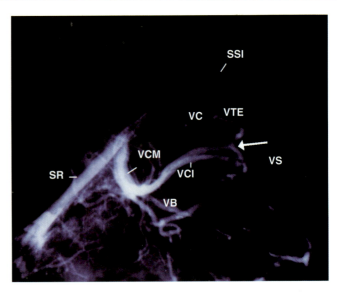

FIGURA 24.16 Flebografia realizada em cadáver por injeção de produto radiopaco no seio reto (SR). Visualizam-se as veias septal (VS), talamoestriada (VTE), coróidea (VC), cerebral interna (VCI), basal (VB) e cerebral magna (VCM) e o seio sagital inferior (SSI). A seta mostra o ângulo venoso do cérebro, que corresponde ao forame interventricular.

As veias superior e inferior do verme drenam o sangue venoso do verme cerebelar para o seio reto, ao passo que as veias hemisféricas drenam os hemisférios cerebelares para os seios transverso e reto. Pequenas veias da face anterior da ponte e do mesencéfalo formam o plexo e a **veia pontomesencefálica anterior**, que desemboca na veia basal. A veia petrosa drena parte do mesencéfalo e do hemisfério cerebelar, desembocando no seio petroso superior. A veia mesencefálica lateral tem a mesma denominação do sulco por onde passa e faz anastomose entre a veia basal superiormente e a veia petrosa ou a veia pré-central inferiormente.

Seios da dura-máter

Os seios da dura-máter são formados pelos folhetos interno e externo dessa meninge, sendo revestidos internamente por endotélio.

Os seios da dura-máter são os seguintes (Figura 24.19):

a) **seio sagital superior**
b) **seio sagital inferior**
c) **seio reto**
d) **seio occipital**
e) **seios transversos**
f) **seios sigmoides**
g) **seios cavernosos**
h) **seios petrosos superiores**
i) **seios petrosos inferiores**
j) **seios esfenoparietais**.

O seio sagital superior (SSS) origina-se no nível da *crista galli* do osso etmoide, recebendo pequenas veias da porção alta das fossas nasais. Dirige-se posteriormente

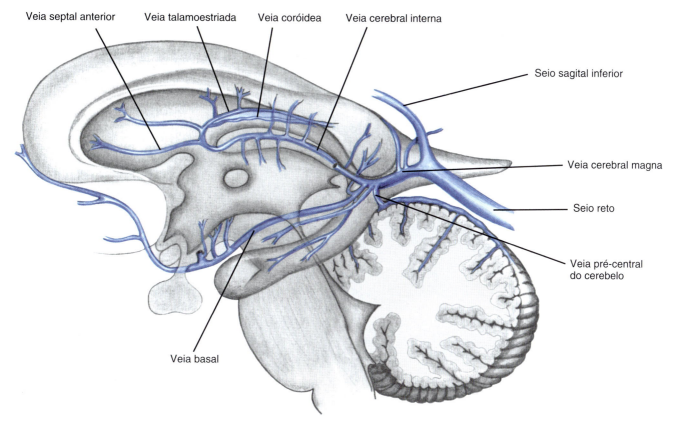

FIGURA 24.17 Circulação venosa cerebral profunda.

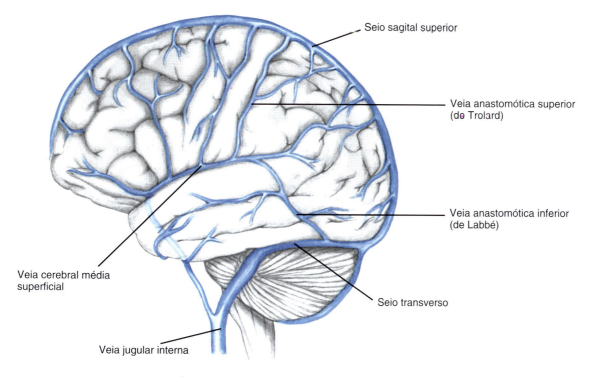

FIGURA 24.18 Circulação venosa cerebral superficial.

310 Neuroanatomia Aplicada

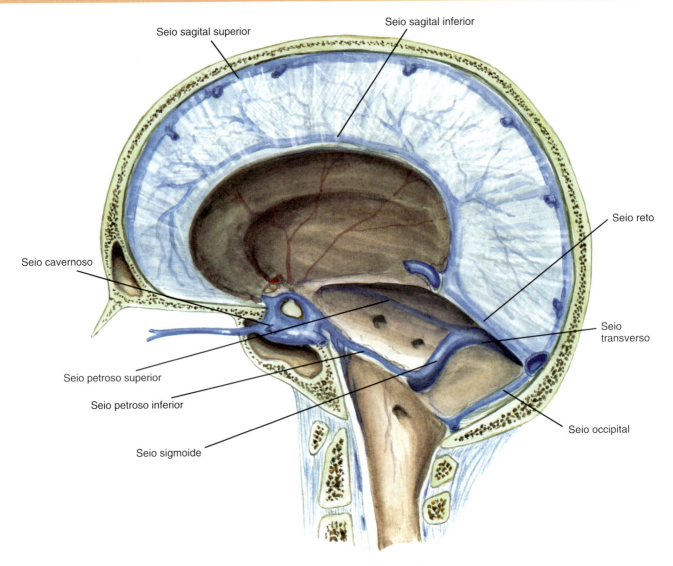

FIGURA 24.19 Seios da dura-máter.

pela linha mediana, abaixo da tábua interna do crânio, recebendo várias veias corticais que, progressivamente, vão tornando-o mais calibroso. A ligadura ou obstrução do SSS é bem tolerada, em geral, até o nível da sutura coronal. Ocorrendo mais posteriormente, a obstrução provoca infarto de origem venosa com consequências clínicas graves.

O SSS termina na **confluência dos seios** (de Herófilo), drenando nos seios transversos. O seio sagital inferior, ao contrário da maioria dos seios da dura-máter, não tem aspecto triangular em corte transversal, e sim arredondado. Localiza-se inferiormente à borda livre da foice do cérebro e tem calibre variável. Drena o sangue das estruturas cerebrais mediais e da foice do cérebro posteriormente para o seio reto, com a veia magna.

O seio reto situa-se sobre o tentório e abaixo da foice do cérebro, na linha mediana, e tem trajeto inclinado posterior e inferiormente, recebendo veias supra e infratentoriais. Esse seio termina na confluência dos seios. Um pequeno seio, chamado "occipital", situa-se posteriormente à foice do cerebelo, drenando superiormente também na confluência dos seios.

Os seios transversos, em geral assimétricos e com predominância à esquerda, têm origem na confluência dos seios e dirigem-se lateralmente, localizando-se posteriormente à inserção do tentório no crânio. Têm continuidade com os "seios sigmoides", assim chamados por apresentarem o formato semelhante da letra grega sigma. Estes se dirigem inferiormente para os forames jugulares correspondentes, onde se forma uma dilatação chamada "bulbo jugular", com tamanho e localização variáveis, correspondendo à origem das respectivas veias jugulares internas direita e esquerda.

Lateralmente à sela turca e ao seio esfenoide, localizam-se os seios cavernosos (SC). O SC drena as estruturas da órbita através da **veia oftálmica superior**, que passa pela fissura orbital superior. Essa veia apresenta anastomose com a veia angular do nariz, ramo da veia facial que, finalmente, desemboca na veia jugular externa. Assim, existe uma anastomose intraextracraniana que pode ser responsável pela disseminação de certas doenças para a região intracraniana. Por exemplo, o simples fato de se espremer acnes ("espinhas") na face pode estender a infecção ao seio cavernoso, causando uma complicação grave, como a tromboflebite. O plexo basilar, que se comunica com o plexo venoso epidural cervical inferiormente, localiza-se posteriormente à parte basilar do osso occipital e drena nos SCs. O SC comunica-se, de cada lado, com o início do seio sigmoide pelo seio petroso superior, que apresenta um trajeto sobre a porção petrosa do osso temporal. O seio petroso inferior faz a anastomose do SC com o bulbo da veia jugular interna no nível do seu forame, passando por um sulco lateralmente ao clivo. Anterior e posteriormente ao infundíbulo, existem duas comunicações dos SCs, denominadas "seios intercavernosos", formando um verdadeiro anel venoso no nível do diafragma selar.

A anatomia do SC apresenta um interesse especial, devido às estruturas que transitam no seu interior (Figuras 24.20 e 24.21). A artéria carótida interna apresenta duas porções verticais e uma horizontal, formando o sifão carotídeo no interior do SC. Os nervos cranianos oculomotor, troclear e oftálmico (primeiro ramo do nervo trigêmeo) dirigem-se do tronco do encéfalo para a fissura orbitária superior pela parede lateral do SC. O nervo abducente tem um trajeto semelhante, mas passando dentro do SC, junto à porção horizontal da artéria carótida interna.

Existe controvérsia quanto à estrutura interna do SC. Alguns autores acreditam que se trata de um lago venoso como os outros seios da dura-máter. Entretanto, diferentes estudos têm demonstrado que há um verdadeiro plexo venoso no interior do SC, sendo possível o controle de sangramentos por coagulação durante procedimentos neurocirúrgicos.

APLICAÇÃO CLÍNICA

A angiografia cerebral foi desenvolvida na década de 1930 por Egas Moniz, um médico português, e consiste na injeção de um contraste nos vasos intracranianos para visualização em exames radiológicos. Atualmente, utilizam-se técnicas digitais de angiografia, por cateterismo, geralmente pela artéria femoral, sendo possível o estudo das artérias, dos capilares e dos vasos venosos (Figura 24.22).

A doença vascular encefálica, também chamada "doença cerebrovascular", "acidente vascular cerebral" ou "derrame", é uma patologia frequente e pode ser classificada como **isquêmica**, quando existe falta de irrigação sanguínea por obliteração de um vaso ou diminuição (p. ex., hipotensão arterial) ou interrupção do fluxo sanguíneo cerebral (p. ex., parada cardíaca), ou **hemorrágica**, quando há ruptura vascular e sangramento intracraniano.

A hipertensão arterial, o tabagismo, o diabetes, a vida sedentária, o aumento de colesterol, o estresse, entre vários outros fatores comumente encontrados hoje em dia, aumentam consideravelmente o risco das doenças vasculares. A oclusão de um vaso, mais frequentemente

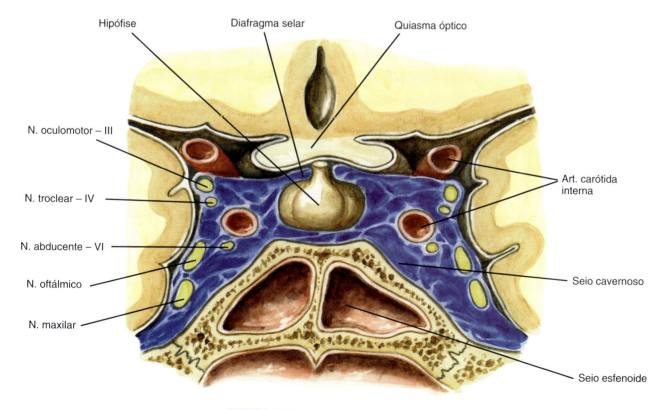

FIGURA 24.20 Seio cavernoso – corte coronal.

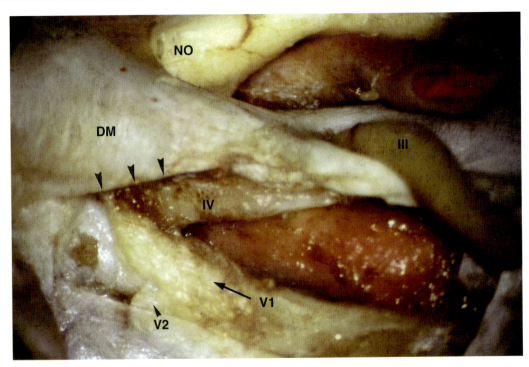

FIGURA 24.21 Preparação anatômica do seio cavernoso, com sua parede lateral aberta. Visualizam-se os nervos óptico (NO), oculomotor (III), troclear (IV), oftálmico (V1) e maxilar (V2) e a dura-máter (DM) incisada (*cabeças de seta*).

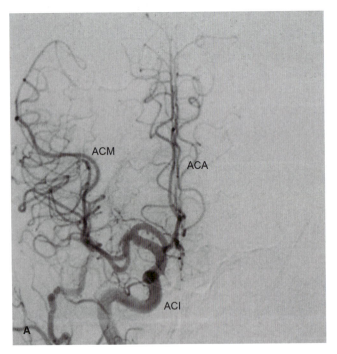
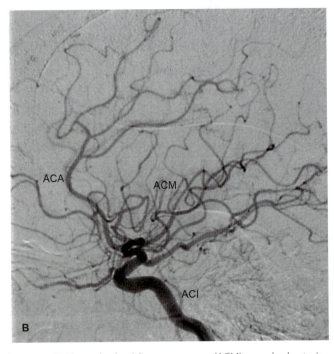

FIGURA 24.22 Angiografia cerebral direita mostrando as artérias carótida interna (ACI), cerebral média e seus ramos (ACM) e cerebral anterior e seus ramos (ACA). Visão anteroposterior (**A**) e visão em perfil (**B**).

arterial, pode levar a um processo de isquemia e rapidamente ao infarto da área de tecido nervoso correspondente. Esse infarto é responsável por alterações clínicas compatíveis com o território afetado. Diferentes vasos intracranianos podem sofrer obliteração, ou trombose, provocando déficits neurológicos característicos. Dessa maneira, ao se examinar um paciente, podemos determinar qual a área de infarto e quais vasos estão provavelmente envolvidos.

As duas causas diretas mais frequentes das doenças cerebrovasculares são as alterações cardíacas (p. ex., fibrilação atrial, infarto agudo do miocárdio, valvulopatias) responsáveis pelo envio de coágulos às artérias intracranianas, por tromboembolismo, e as estenoses por placas ateroscleróticas da artéria carótida, geralmente no nível da sua bifurcação (Figura 24.23). Em certos casos, pequenos êmbolos se dirigem a uma artéria intracraniana, obliterando-a temporariamente e causando os chamados "acidentes isquêmicos transitórios", com recuperação rápida. Como a artéria oftálmica é o primeiro ramo intracraniano da artéria carótida interna, com frequência o tromboembolismo ocorre nesse vaso, provocando uma amaurose fugaz, isto é, perda momentânea da visão. Esse sinal clínico tem grande importância por representar um **aviso**, indicando a necessidade da determinação rápida da etiologia para permitir o tratamento adequado e evitar que um novo êmbolo cause um infarto definitivo.

Certos pacientes desenvolvem oclusões dos vasos responsáveis pela irrigação intracraniana nas suas origens no nível do arco aórtico. A oclusão do tronco braquiocefálico direito (Figura 24.24) é responsável pela ausência de circulação pelos seus ramos, as artérias carótida comum e subclávia direitas. Nesse caso, é possível o aparecimento da síndrome do roubo subclávio (Figura 24.25), isto é, o sangue segue pela artéria subclávia esquerda, sobe pela artéria vertebral esquerda e, em vez de seguir pela artéria basilar, dirige-se inferiormente pela artéria vertebral direita, vascularizando o território do tronco braquiocefálico ocluído. Uma isquemia no território vertebrobasilar pode ocorrer por diminuição do fluxo sanguíneo quando, por exemplo, o paciente exercita o membro superior direito, exigindo maior aporte de sangue para tal região.

Processos de isquemia da medula espinal são mais raros, mas podem causar graves sequelas. A oclusão da artéria da intumescência lombar (de Adamkiewicz) provoca paraplegia com preservação do tato epicrítico e das outras funções do funículo posterior.

Das doenças vasculares hemorrágicas, o hematoma intracerebral espontâneo, frequentemente relacionado com a hipertensão arterial sistêmica, ocorre por ruptura

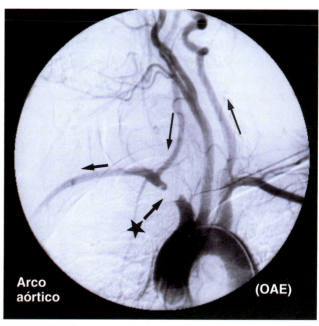

FIGURA 24.24 Arteriografia do arco aórtico mostrando obstrução (*estrela*) do tronco braquiocefálico direito. O fluxo sanguíneo segue pelas artérias subclávia, vertebral esquerda (ascendente), vertebral direita (descendente) e subclávia direita, configurando a síndrome do roubo subclávio. OAE: oblíqua anterior esquerda.

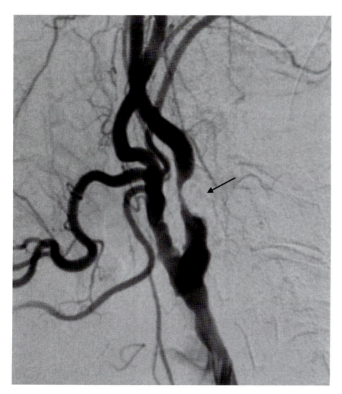

FIGURA 24.23 Arteriografia carotidiana esquerda mostrando imagem de estenose da artéria carótida interna próxima à bifurcação.

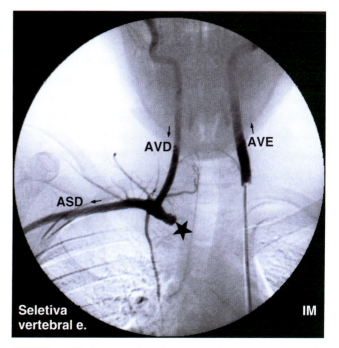

FIGURA 24.25 Arteriografia seletiva da artéria vertebral esquerda (AVE) mostrando a mesma patologia da Figura 24.24. ASD: artéria subclávia direita; AVD: artéria vertebral direita.

de pequenas artérias perfurantes, em geral localizando-se próximo aos núcleos da base e causando graves sequelas, ou mesmo o óbito do paciente.

Malformações vasculares podem ser responsáveis por um sangramento intracraniano. Os angiomas, ou malformações arteriovenosas, são formados por comunicação anômala entre as artérias e as veias e provocam, em geral, hemorragia intracerebral. Os aneurismas intracranianos (Figura 24.26) são dilatações localizadas nas artérias próximas ao círculo arterial do cérebro ou polígono de Willis. Essas malformações, as quais podem ser adquiridas ou congênitas, ocorrem em cerca de 2% da população e podem provocar uma hemorragia, geralmente no espaço subaracnóideo (hemorragia subaracnóidea). Clinicamente, a hemorragia subaracnóidea caracteriza-se por cefaleia intensa de início súbito e sinais de irritação meníngea (rigidez de nuca, sinais de Kernig e Brudzinski). É necessário um diagnóstico rápido e preciso, porque, apesar de o primeiro sangramento geralmente não ser muito grave, o risco de ressangramento é muito grande, podendo levar o paciente à morte em 45% dos casos.

As isquemias de origem venosa são menos frequentes, mas a oclusão de vasos venosos calibrosos, por exemplo, trombose de seios da dura-máter, pode causar infarto venoso com sérias consequências.

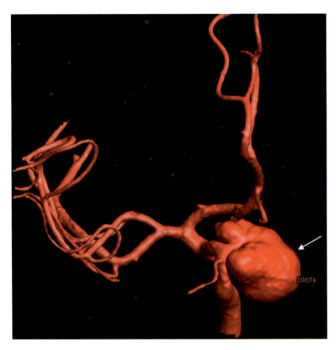

FIGURA 24.26 Arteriografia cerebral 3D, visão anteroposterior, mostrando um volumoso aneurisma (*seta*) da artéria carótida interna no nível da origem da artéria oftálmica.

BIBLIOGRAFIA COMPLEMENTAR

Aquini MG, Marrone ACH, Schneider FL. Intracavernous venous communications in the human skull base. **Skull Base Surg** 1994, 4(3):145-150.

Aragão AH, Merida KLB, Leal AG, Meneses MS. Fístula arteriovenosa dural intracraniana. Revisão da literatura e relato de casos. **J Bras Neurosurg** 2015, 26(4):300-307.

Dering LM, Leal AG, Meneses MS. Prevalência de anastomoses da circulação carótido-vertebrobasilar em um hospital de referência em neurologia na cidade de Curitiba. **J Bras Neurosurg** 2022, 33(1):106-110.

Gomes F, Dujovny M, Umansky F *et al.* Microanatomy of the anterior cerebral artery. **Surg Neurol** 1986, 26(2):129-141.

Guiotoku CM, Arruda WO, Ramina R *et al.* Malformações arteriovenosas do sistema nervoso central. Análise de 53 casos. **Arq Bras Neuropsiquiatr** 1999, 57(2-B):452-456.

Hussein S, Renella RR, Dietz H. Microsurgical anatomy of the anterior choroidal artery. **Acta Neurochir** 1988, 92(1-4):19-28.

Jackowski AP, D'Ávila AAS, Severino AG, Schneider FL. Perforating branches of the anterior communicating artery in humans. **Braz J Morph** 1997, 14:98.

Jackowski AP, Meneses MS, Ramina R *et al.* Perforating and leptomeningeal branches of the anterior communicating artery. An anatomical review. **Crit Rev Neurosurg** 1999, 9(5):287-294.

Jackowski AP, Meneses MS, Tatsui C, Narata AP, Floriani A. Contribuição ao estudo anatômico da artéria cerebral média. **Neurobiol** 1996, 59(2):61-68.

Lazorthes G, Gouazé A, Djindjian R. **Vascularisation et circulation de la moelle épinière**. Paris: Masson & Cie, 1973.

Marinkovic SV, Gibo H. The surgical anatomy of the perforating branches of the basilar artery. **Neurosurgery** 1993, 33(1):80-87.

Marinković SV, Gibo H, Milisavjević M. The surgical anatomy of the relationships between the perforating and the leptomeningeal arteries. **Neurosurgery** 1996, 39(1):72-83.

Marrone ACH, Lopes DK. Microsurgical study of the precentral, central and post-central arteries of the human brain cortex. **Func Develop Morph** 1993, 3:185-188.

Marrone ACH, Severino AG. Insular course of the branches of the middle cerebral artery. **Folia Morphol** 1988, 36(3):331-336.

Mattei TA, Rehman AA, Goulart CR *et al.* Successful outcome after endovascular thrombolysis for acute ischemic stroke with basis on perfusion-diffusion mismatch after 24 h of symptoms onset. **Surg Neurol Int** 2016, 7(Suppl 14): S421-S426.

Meneses MS, Coelho MN, Tsubouchi MH *et al.* Tratamento cirúrgico dos hematomas intraparenquimatosos espontâneos. In: Gagliardi RJ. **Doenças cerebrovasculares**: condutas. São Paulo: Geográfica, 1996.

Meneses MS, Creissard P, van der Linden H. Indicação operatória dos aneurismas assintomáticos. **Neurobiol** 1988, 51(2):121-134.

Meneses MS, Dallolmo VC, Kodageski C *et al.* Cirurgia estereotáxica guiada para angiomas cavernosos. **Arq Bras Neuropsiquiatr** 1998, 58(1):71-75.

Meneses MS, Hidden G, Laude M. Veias cerebrais profundas: anatomia normal e anastomoses. **Neurobiol** 1991, 54(3):141-146.

Meneses MS, Molinari D, Fortes M *et al.* Surgical considerations about the anterior syphon knee of the internal carotid artery. An anatomical study. **Arq Neuropsiquiatr** 1995, 53(1):34-37.

Meneses MS, Ramina R, Jackowski AP *et al.* Middle cerebral artery revascularization. Anatomical studies and considerations on the anastomosis site. **Arq Neuropsiquiatr** 1997, 55(1):16-23.

Milano JB, Arruda WO, Nikosky JG *et al.* Trombose de seio venoso cerebral e sistêmica associada à mutação do gene 20210 da protrombina. Relato de caso. **Arq Bras Neuropsiquiatr** 2003, 61(4):1042-1044.

Novak JL, Beilfuss L, Machado GAS *et al.* Fístula carótido-cavernosa espontânea: descrição de casos e revisão da literatura. **J Bras Neurosurg** 2017, 28(4):235-240.

Oliveira ASC, Leal AG, Meneses MS *et al.* Analysis of clinical and demographic variables in the treatment of carotid stenosis by endarterectomy and stent angioplasty. **J Bras Neurosurg** 2015, 26(4):269-273.

Oka K, Rhoton Jr AL, Barry M, Rodriguez R. Microsurgical anatomy of the superficial veins of the cerebrum. **Neurosurgery** 1985, 17(5):711-748.

Ono M, Rhoton Jr AL, Peace D, Rodriguez RJ. Microsurgical anatomy of the deep venous system of the brain. **Neurosurgery** 1984, 15(5):621-627.

Ramina R, Coelho MN, Fernandes YB *et al.* Meningiomas of the jugular forame. **Neurosurg Rev** 2006, 29(1):55-60.

Ramina R, Meneses MS, Pedrozo AA *et al.* Saphenous vein graft bypass in the treatment of giant cavernous sinus aneurysms. **Arq Bras Neuropsiquiatr** 2000, 58(1):162-168.

Santos PNL, Schuidt SM, Silva Jr LFM, Meneses MS. Arachnoid cyst and intracranial aneurysm: a review. **J Bras Neurosurg** 2014, 25(1):36-45.

Silva JFC, Veras AO, Correia AS *et al.* Dissecção de artéria vertebral com pseudoaneurisma após prática de surfe. **J Bras Neurosurg** 2017, 28(2):111-116.

Souza JVA, Leal AG, Pedro MKF, Meneses MS. Uso de milrinona endovenosa no tratamento do espasmo cerebral pós-HSA espontânea. Relato de caso. **J Bras Neurosurg** 2020, 31(3):239-344.

Sundt Jr TM. **Occlusive cerebrovascular disease**. Philadelphia: WB Saunders Comp, 1987.

Tschabitscher M, Fuss FK, Matula CH, Klimpel S. Course of the arteria vertebralis in its segment V1 from the origin to its entry into the forame processus transversi. **Acta Anat** 1991, 140(4):373-377.

Van der Zwan A, Hillen B, Tulleken CAF *et al.* Variability of the territories of the major cerebral arteries. **J Neurosurg** 1992, 77(6):927-940.

Wasen MP, Sequinel AP, Rheinheimer AC *et al.* Endovascular treatment of elderly intracranial aneurysms. **J Bras Neurosurg** 2013, 24(2):118-122.

25 Cortes de Cérebro (Técnica de Barnard, Robert & Brown)

Murilo S. Meneses • Juan Carlos Montano Pedroso • Rúbia Fátima Fuzza Abuabara

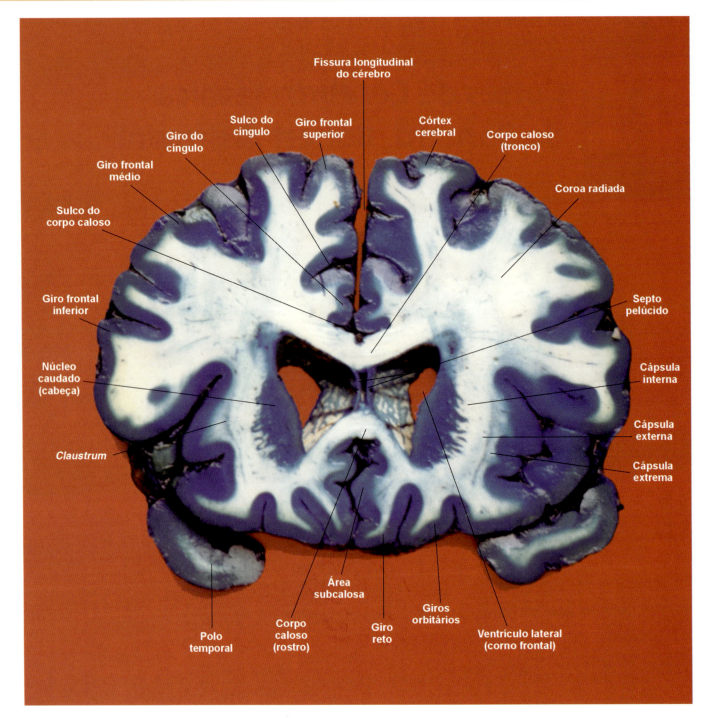

FIGURA 25.1 Corte coronal do cérebro – 1.

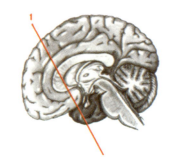

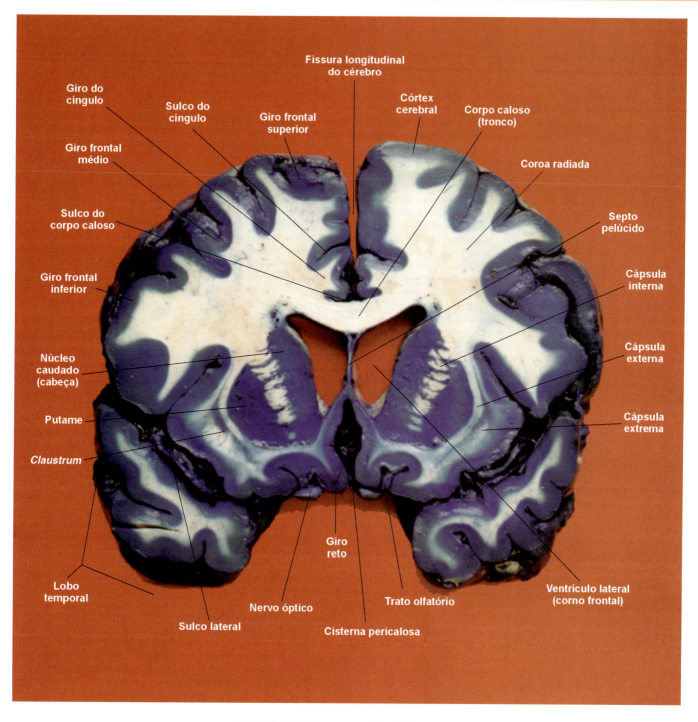
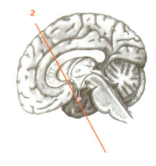

FIGURA 25.2 Corte coronal do cérebro – 2.

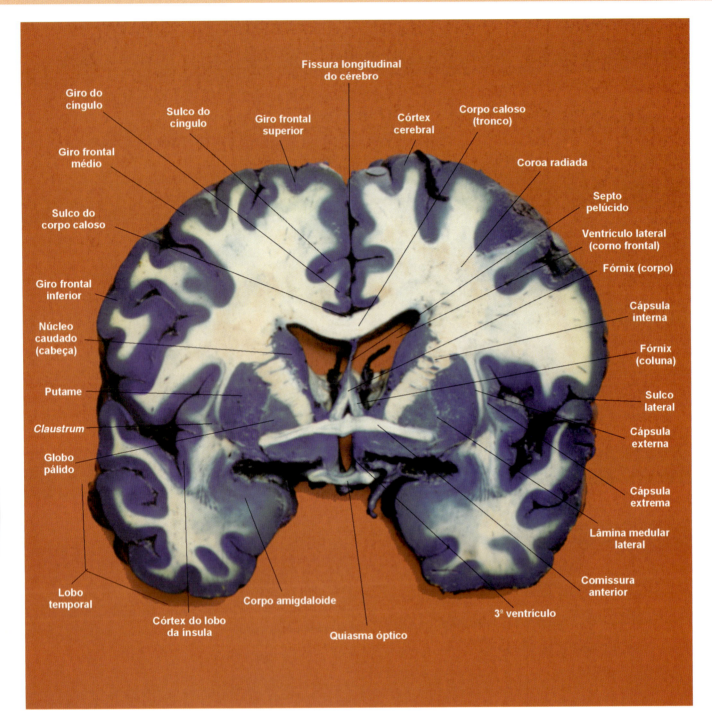
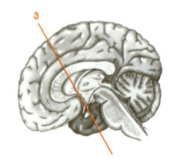

FIGURA 25.3 Corte coronal do cérebro – 3.

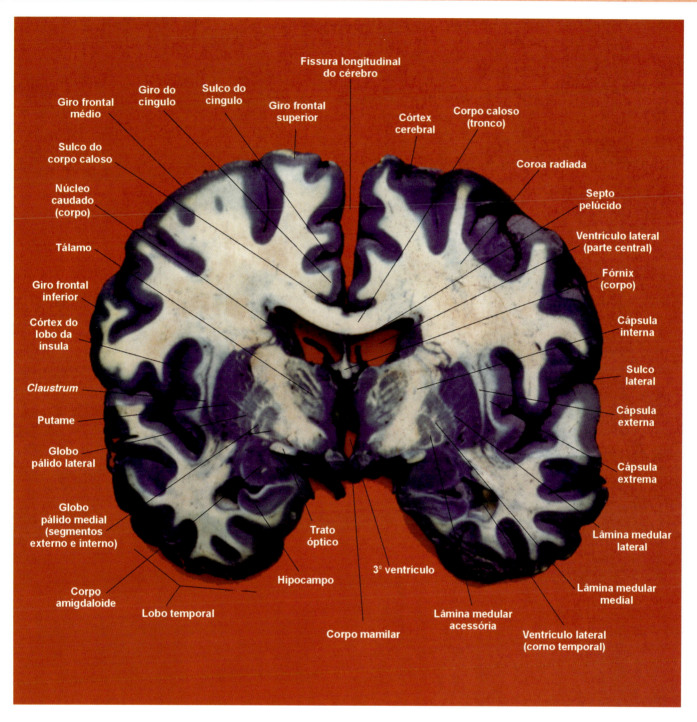
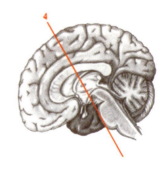

FIGURA 25.4 Corte coronal do cérebro – 4.

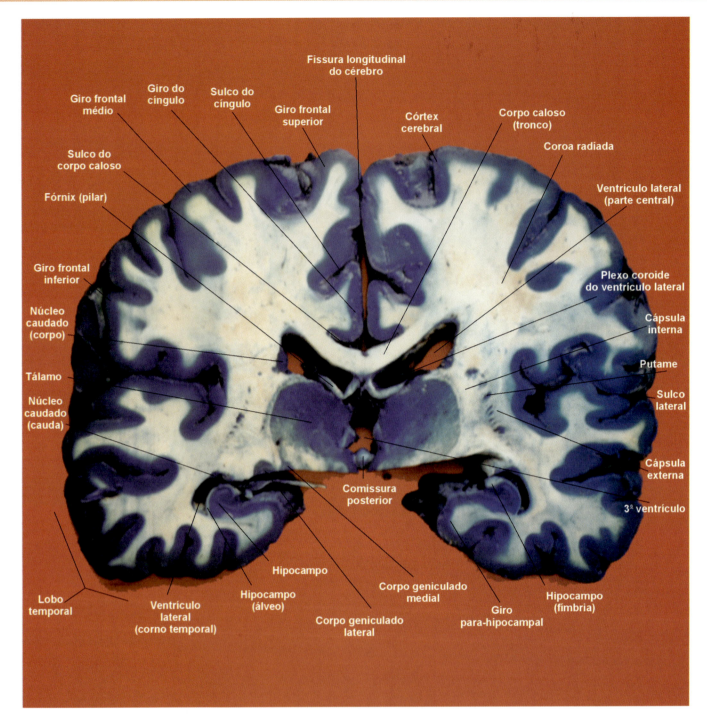

FIGURA 25.5 Corte coronal do cérebro – 5.

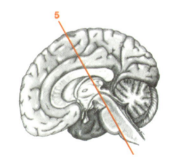

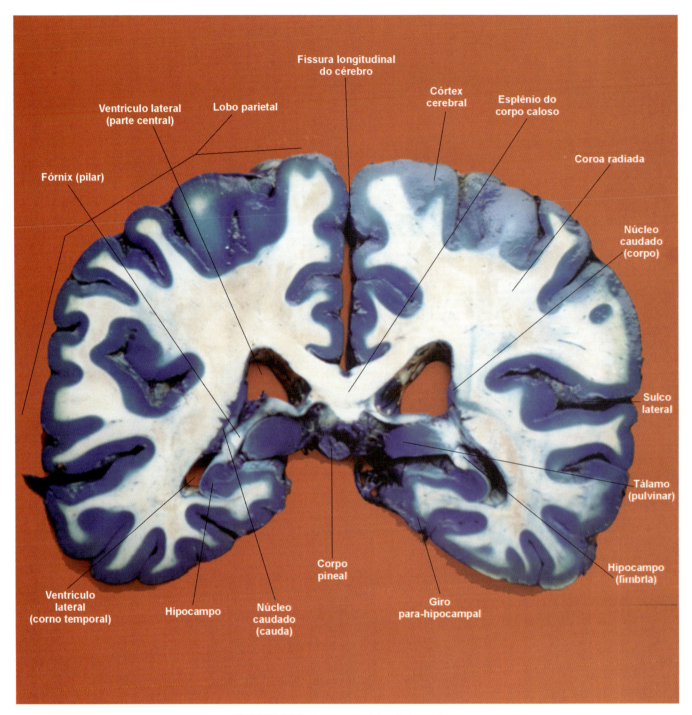

FIGURA 25.6 Corte coronal do cérebro – 6.

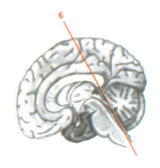

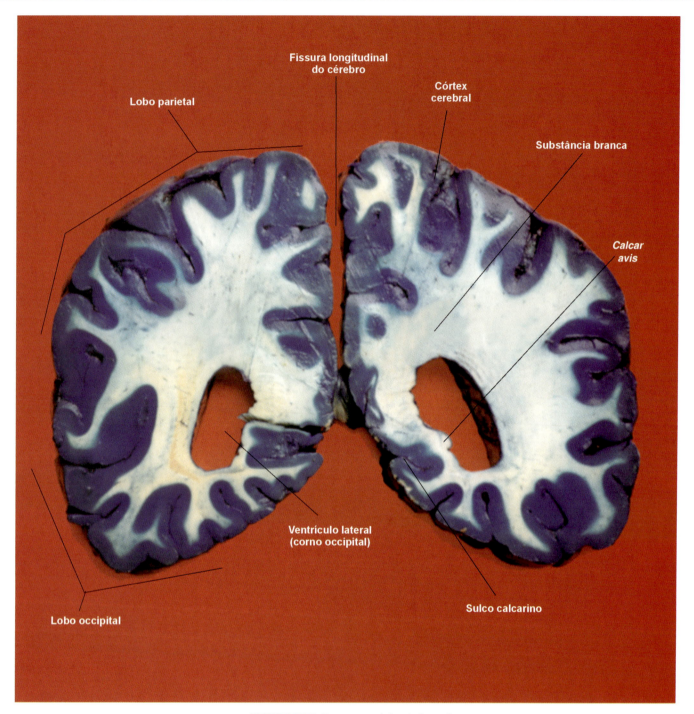
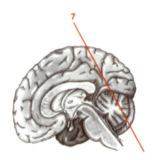

FIGURA 25.7 Corte coronal do cérebro – 7.

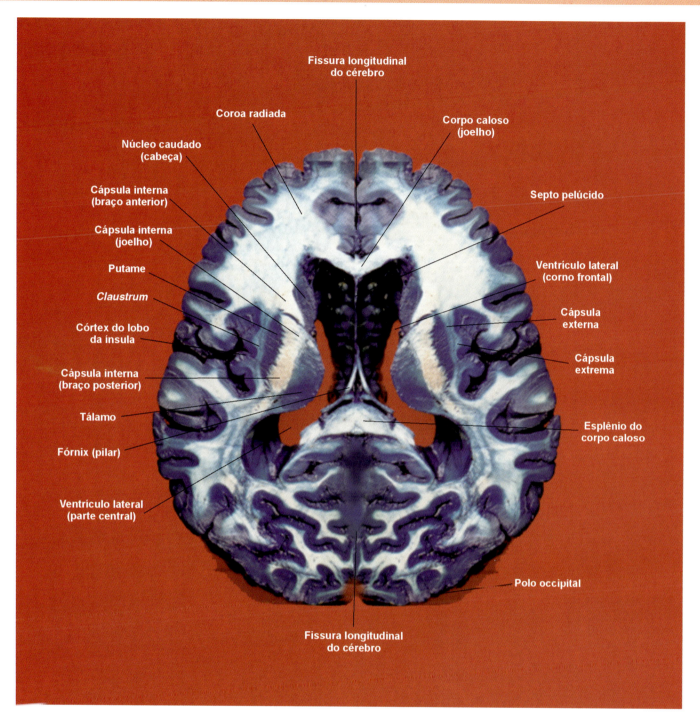
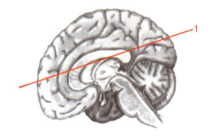

FIGURA 25.8 Corte horizontal do cérebro – 1.

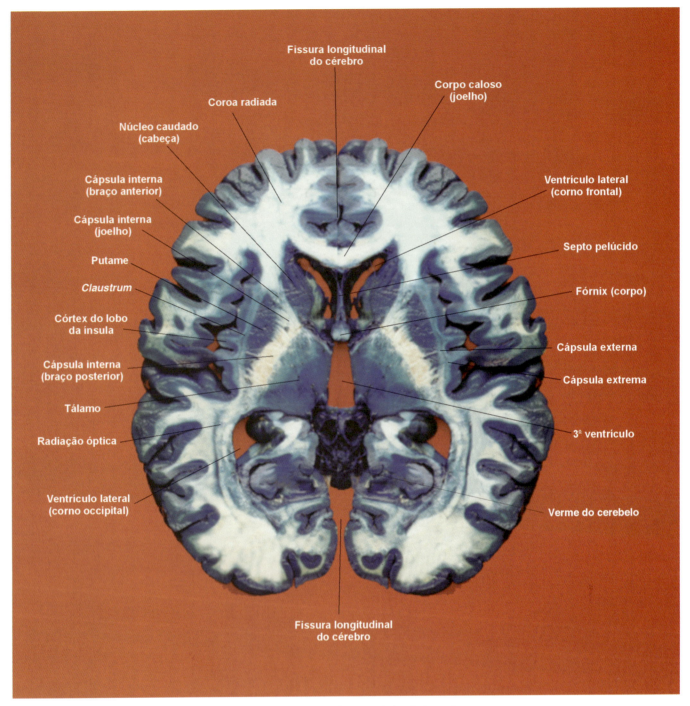
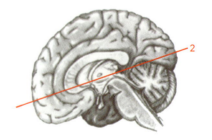

FIGURA 25.9 Corte horizontal do cérebro – 2.

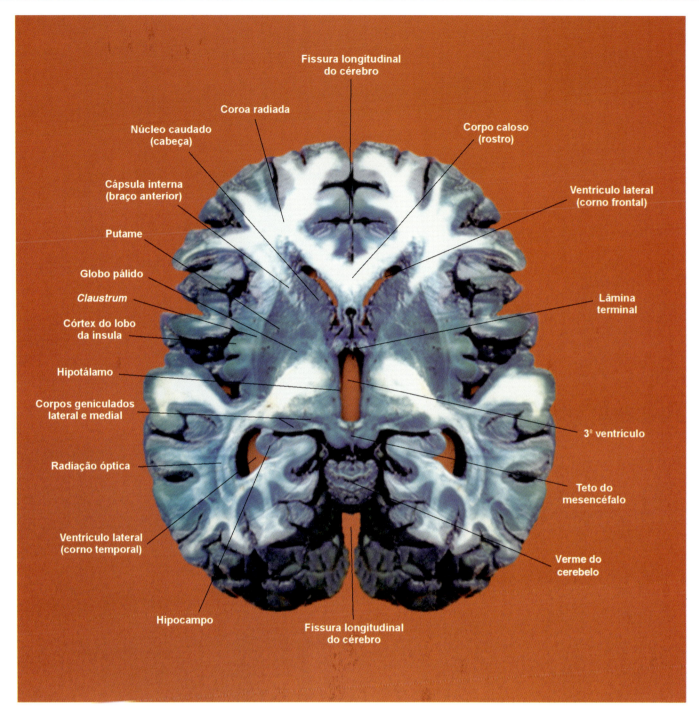

FIGURA 25.10 Corte horizontal do cérebro – 3.

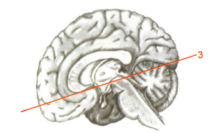

26 Imagens de Ressonância Magnética

Bernardo Corrêa de Almeida Teixeira • Bruno Augusto Telles • Leonardo Kami • João Victor de Oliveira Souza

INTRODUÇÃO

Com os avanços da tecnologia, os métodos de imagem têm evoluído a cada ano e aumentado cada vez mais seu potencial no estudo das enfermidades e da anatomia patológica *in vivo*, desempenhando papel importante nas decisões terapêuticas dos pacientes.

A neuroimagem está no dia a dia de vários médicos e, portanto, torna-se essencial que eles estejam familiarizados com os principais aspectos da anatomia normal do encéfalo. Apesar de diversos métodos de imagem serem utilizados para investigação do sistema nervoso central, a ressonância magnética é o método com a melhor resolução de contraste atualmente, sendo possível adquirir imagens volumétricas submilimétricas e identificar com precisão as estruturas anatômicas.

Além da visualização das estruturas macroscópicas, é possível, por meio de técnicas funcionais, como o estudo da difusão tensorial com tratografia, identificar os tratos da substância branca que transitam em diferentes direções, assim como realizar fusões de diversas imagens para melhor estudo e delimitação das estruturas que compõem o sistema nervoso central. A seguir, apresentamos uma série de diversas imagens de ressonância magnética indicando as principais estruturas encefálicas que podem ser visualizadas, assim como alguns exemplos de tratografia e de casos patológicos em que as imagens mostram com precisão o local envolvido. Por fim, imagens sem setas de nomenclatura são disponibilizadas para o leitor tentar identificar as estruturas previamente estudadas. Boa leitura!

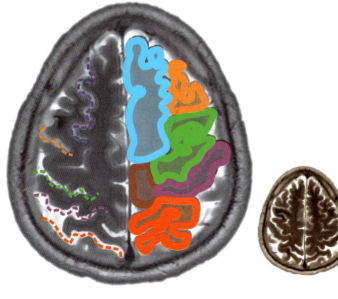

FIGURA 26.1 Corte axial ponderado em T2 da face superior cerebral.

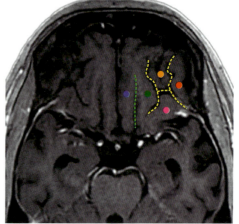

- Cabeça do núcleo caudado
- Cápsula externa
- Putâmen
- Fissura de Sylvius (sulco lateral)
- Globo pálido
- Cápsula interna
- Tálamo

FIGURA 26.2 Corte axial ponderado em T1 no nível dos núcleos da base.

Sulcos:
- - - - Sulco olfatório
- - - - Sulcos orbitais

Giros:
- Giro reto
- Giro orbital medial
- Giro orbital lateral
- Giro orbital posterior
- Giro orbital anterior

FIGURA 26.4 Corte axial ponderado em T1 da fossa craniana anterior.

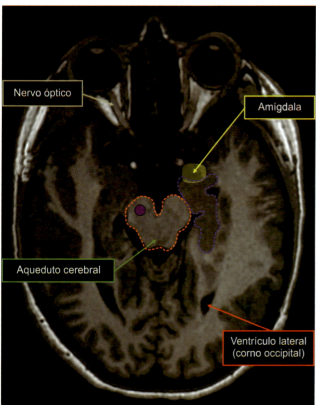
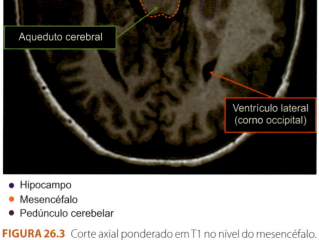

- Hipocampo
- Mesencéfalo
- Pedúnculo cerebelar

FIGURA 26.3 Corte axial ponderado em T1 no nível do mesencéfalo.

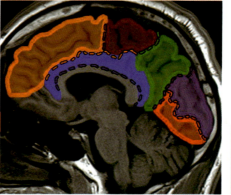

Sulcos:
- - - - Corpo caloso
- - - - Cíngulo
- - - - Ramo anterior
- - - - Ramo marginal
- - - - Parieto-occipital
- - - - Calcarino

Giros:
- Cíngulo
- Frontal superior
- Lóbulo paracentral
- Pré-cuneus
- Cuneus
- Lingual

FIGURA 26.5 Corte sagital ponderado em T1 na linha mediana do encéfalo.

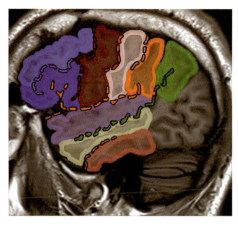

Sulcos:
---- Frontal inferior
---- Lateral
---- Pré-central
---- Central
---- Pós-central
---- Temporal superior
---- Temporal inferior

Giros:
• Frontal médio
• Frontal inferior
• Pré-central
• Pós-central
• Supramarginal
• Angular
• Temporal superior
• Temporal médio
• Temporal inferior

FIGURA 26.6 Corte sagital ponderado em T1 na superfície lateral do cérebro.

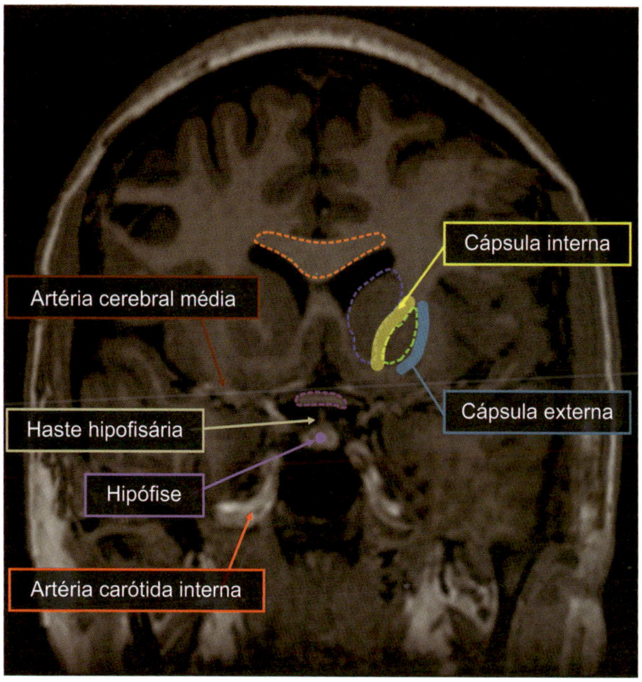

• Corpo caloso
• Núcleo caudado
• Putâmen
• Quiasma óptico

FIGURA 26.8 Corte coronal ponderado em T1 no nível da hipófise.

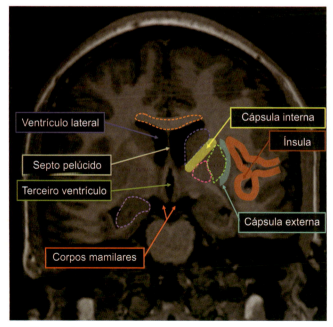

• Corpo caloso
• Hipocampo
• Núcleo caudado
• Putâmen
• Globo pálido

FIGURA 26.7 Corte coronal ponderado em T1 no nível dos núcleos da base.

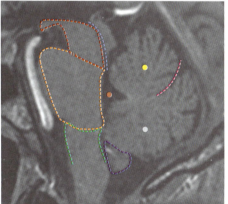

• Aqueduto cerebral
• Mesencéfalo
• Ponte
• Bulbo
• Fissura prima
• Amígdala

• 4º ventrículo
• Lobo anterior
• Lobo posterior

FIGURA 26.9 Corte axial ponderado em T1 na linha mediana com ênfase na fossa posterior.

332 Neuroanatomia Aplicada

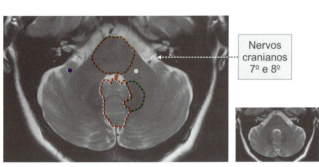

- Verme cerebelar
- Ponte
- Núcleo denteado
- Flóculo-nodular
- 4º ventrículo
- Pedúnculo cerebelar médio

FIGURA 26.10 Corte sagital ponderado em T1 na linha mediana com ênfase na fossa posterior.

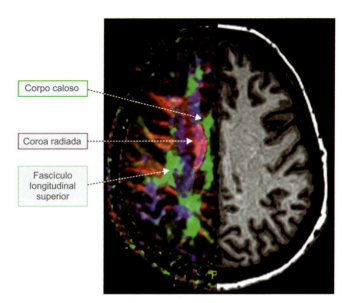

FIGURA 26.12 Corte axial de tratografia na alta convexidade cerebral.

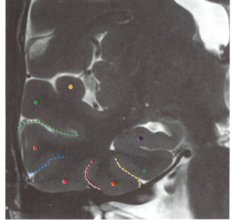

Sulcos:
- - - - Sulco colateral (ou sulco occipitotemporal medial)
- - - - Sulco occipitotemporal lateral
- - - - Sulco temporal inferior
- - - - Sulco temporal superior

Giros:
- Hipocampo
- Giro para-hipocampal
- Giro fusiforme
- Giro temporal inferior
- Giro temporal médio
- Giro temporal superior
- Giro temporal anterior

FIGURA 26.11 Corte coronal ponderado em T2 com ênfase nos giros temporais e hipocampais.

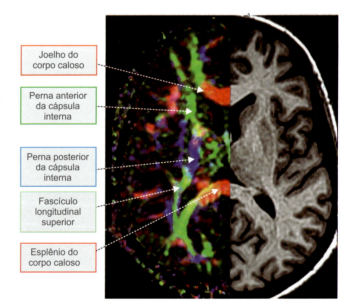

FIGURA 26.13 Corte axial de tratografia do nível dos núcleos da base.

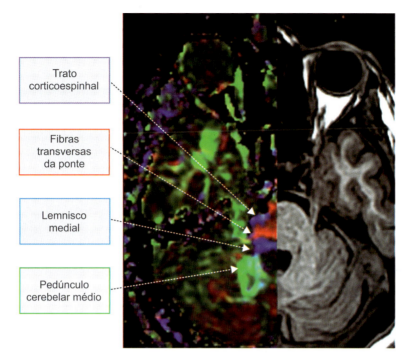

FIGURA 26.14 Corte axial de tratografia do nível da ponte.

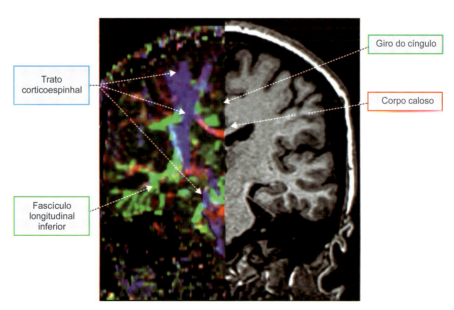

FIGURA 26.15 Corte coronal de tratografia evidenciando trato corticospinal.

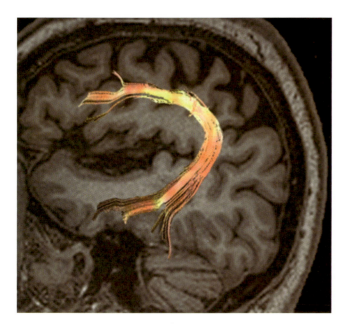

FIGURA 26.16 Reconstrução do fascículo arqueado. Esse importante feixe de substância branca conecta a área de Broca (giro frontal inferior) à área de Wernicke (lóbulo parietal inferior).

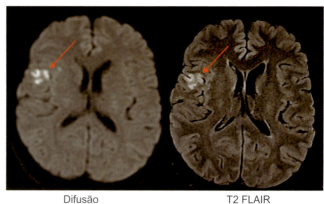

Difusão   T2 FLAIR

FIGURA 26.18 Caso clínico 2: paciente de 57 anos, ambidestro, com ateromatose da artéria carótida interna direita, apresentando quadro de afasia motora há 17 horas. Lesão hipóxico-isquêmica comprometendo a área de Broca (área motora de expressão) (*setas*). Diagnóstico de acidente vascular isquêmico de origem aterotrombótica. Lembrar que a lateralidade da linguagem em pacientes sinistros e ambidestros pode ser no hemisfério direito.

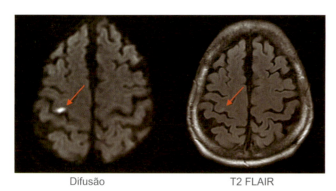

Difusão   T2 FLAIR

FIGURA 26.17 Caso clínico 1: paciente de 81 anos com fibrilação atrial apresentando perda de força na mão esquerda há 8 horas. No estudo da ressonância magnética, evidenciou-se lesão hiperintensa nas sequências difusão e T2 FLAIR no giro pré-central do hemisfério cerebral direito, região correspondente à área motora da mão (setas). Diagnóstico de acidente vascular isquêmico de origem cardioembólica.

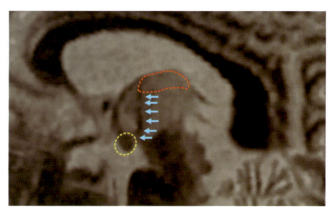

- Núcleo anterior do tálamo
- Trato mamilotalâmico
- Corpo mamilar

FIGURA 26.19 Imagem *Fast Gray Matter Acquisition T1 Inversion Recovery* (FGATIR) utilizada principalmente para melhor definição dos núcleos da base.

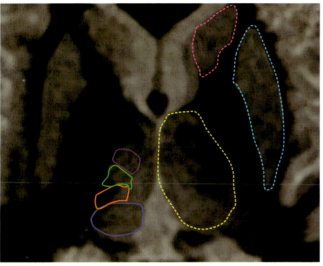

Núcleos talâmicos:
- Núcleo ventral oral
- Núcleo ventral intermediário
- Núcleo ventral caudal
- Pulvinar do tálamo

---- Núcleo caudado
---- Putâmen
---- Tálamo

FIGURA 26.20 Imagem *Fast Gray Matter Acquisition T1 Inversion Recovery* (FGATIR) utilizada principalmente para melhor definição dos núcleos da base.

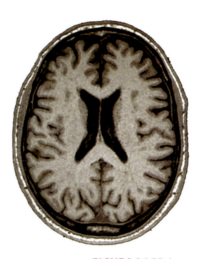

FIGURA 26.23 Imagem T1 axial.

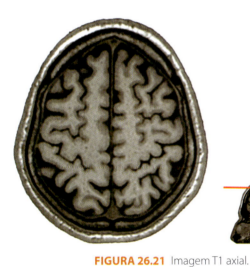
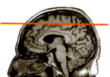

FIGURA 26.21 Imagem T1 axial.

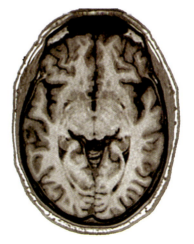
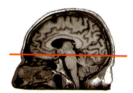

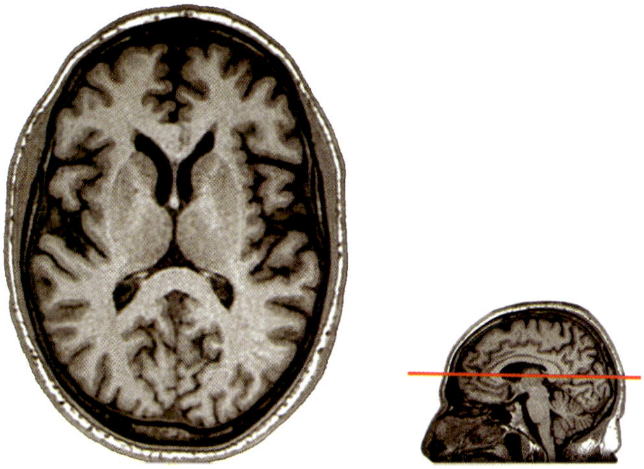

FIGURA 26.24 Imagem T1 axial.

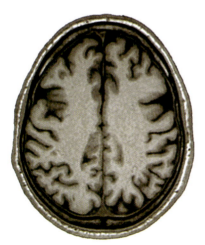

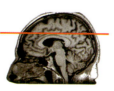

FIGURA 26.22 Imagem T1 axial.

FIGURA 26.25 Imagem T1 axial.

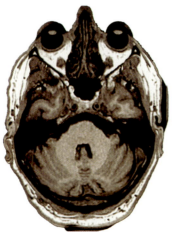 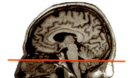

FIGURA 26.26 Imagem T1 axial.

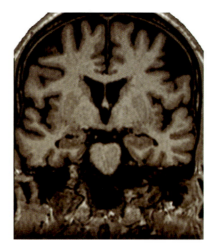 

FIGURA 26.29 Imagem T1 coronal.

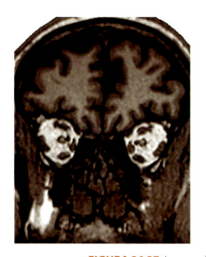 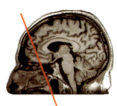

FIGURA 26.27 Imagem T1 coronal.

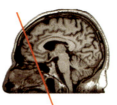 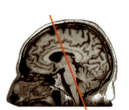

FIGURA 26.30 Imagem T1 coronal.

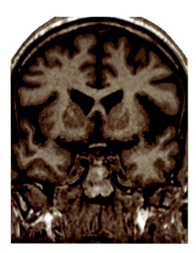 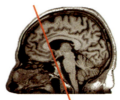

FIGURA 26.28 Imagem T1 coronal.

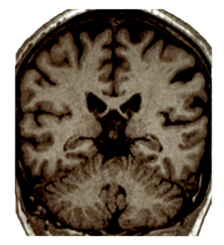 

FIGURA 26.31 Imagem T1 coronal.

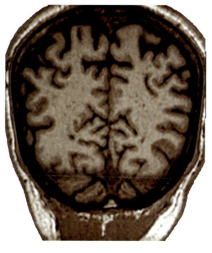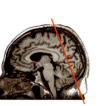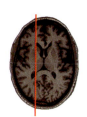

FIGURA 26.32 Imagem T1 coronal.

FIGURA 26.34 Imagem T1 sagital.

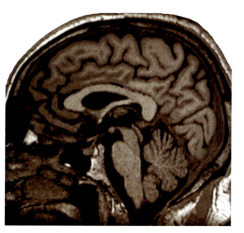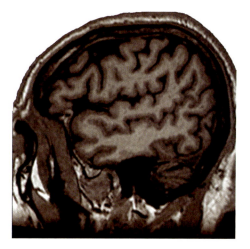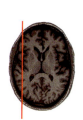

FIGURA 26.33 Imagem T1 sagital.

FIGURA 26.35 Imagem T1 sagital.

BIBLIOGRAFIA COMPLEMENTAR

Catani M, Thiebaut de Schotten M. A diffusion tensor imaging tractography atlas for virtual in vivo dissections. **Cortex** 2008, 44(8):1105-1132.

Machado A, Haertel LM. **Neuroanatomia funcional**. 3ª ed. São Paulo: Atheneu, 2014.

Martin JH. **Neuroanatomy**: text and atlas. [s.l.] New York: Mcgraw Hill Professional, 2012.

Netter FH. **Atlas of human anatomy**. 7th ed. Philadelphia: Elsevier, 2019.

Middlebrooks EH, Domingo RA, Vivas-Buitrago T et al. Neuroimaging advances in deep brain stimulation: review of indications, anatomy, and brain connectomics. **AJNR Am J Neuroradiol** 2020, 41(9):1558-1568.

Radwan AM, Sunaert S, Schilling K et al. An atlas of white matter anatomy, its variability, and reproducibility based on constrained spherical deconvolution of diffusion MRI. **Neuroimage** 2022, 254:119029.

27 Cirurgia do Sistema Nervoso

Gustavo Simiano Jung • Victor Frandoloso • Joel F. Sanabria Duarte

INTRODUÇÃO

A aplicação do estudo da Neuroanatomia, em Medicina, favorece o maior interesse pelas estruturas do sistema nervoso (SN), realçando a importância desses conhecimentos que são fundamentais para o diagnóstico e o tratamento de doenças neurológicas.

Para uma boa compreensão do SN, a revisão teórica necessita do estudo prático em preparações anatômicas, acompanhado de fotos e figuras ilustrativas. As peças de SN de cadáveres são a base do estudo prático; entretanto, o aspecto visual, quando comparado ao de seres vivos, é muito diferente.

Neste capítulo, são apresentados 10 vídeos de neurocirurgias realizadas em diferentes áreas do SN, com o objetivo de ilustrar o que foi estudado nos capítulos anteriores. Todas as cirurgias foram realizadas no Instituto de Neurologia de Curitiba.

Instruções práticas de como assistir aos vídeos de cirurgias do SN:

1. Utilize alguns minutos para compreender a posição cirúrgica e as referências cranial, caudal, medial e lateral.
2. Assista ao vídeo pausadamente e utilize seu livro, no capítulo relacionado, para poder fixar o aprendizado anatômico.
3. Retorne às cenas que desejar quantas vezes forem necessárias para o seu aprendizado.

ANEURISMA CEREBRAL/INTRACRANIANO

Condição: aneurismas são dilatações anormais de artérias. Podem ser saculares, dissecantes ou fusiformes.

Aneurismas saculares intracranianos geralmente estão presentes em bifurcações arteriais e caracterizam-se pela ruptura da lâmina elástica interna da parede vascular, resultando em hiperplasia miointimal, o que leva ao enfraquecimento da parede do vaso.

Tratamentos: clipagem de aneurisma, *wrapping* de aneurisma.

Clipagem de aneurisma

O objetivo da cirurgia de clipagem de aneurisma consiste em isolar a dilatação vascular anômala da circulação sanguínea normal.

Wrapping de aneurisma

A técnica de *wrapping* de um aneurisma está indicada em aneurismas nos quais a clipagem não pode ser realizada.

Consiste no reforço da parede vascular com um plugue muscular, a fim de promover espessamento da parede aneurismática e prevenir ou minimizar o risco de ruptura.

Clipagem de aneurisma de artéria cerebral média esquerda + *wrapping* de dois aneurismas de artéria carótida interna esquerda: segmentos comunicante e supraclinóideo.

Anatomia cirúrgica relevante:

1. Sulco lateral do cérebro (fissura de Sylvius).
2. Artéria cerebral média.
3. Artéria carótida interna.

EPILEPSIAS REFRATÁRIAS

Condição: a epilepsia é considerada refratária quando as crises epilépticas não são controladas pelos medicamentos. Existem diferentes tipos de crises epilépticas, mas, quando elas são generalizadas, como nas chamadas "atônicas", que provocam quedas e traumatismos craniofaciais, existe indicação da calosotomia.

Tratamento: calosotomia.

Calosotomia

Consiste na secção, parcial ou total, das fibras do corpo caloso para tratamento de epilepsias refratárias. Tem o objetivo de impedir a propagação da atividade epileptiforme entre os dois hemisférios. É indicada para pacientes com crises generalizadas do tipo *drop attack* e que não sejam candidatos à cirurgia de ressecção.

Anatomia cirúrgica relevante:

1. Foice do cérebro.
2. Fissura inter-hemisférica.
3. Corpo caloso.
4. Artérias calosomarginal e pericalosa.
5. Ventrículo lateral.
6. Forame interventricular.
7. Plexo coroide.

CISTO COLOIDE DO TERCEIRO VENTRÍCULO

Condição: cisto coloide é uma malformação intracraniana benigna, localizada frequentemente no terceiro ventrículo do encéfalo, junto ao forame interventricular (de Monro). É constituído de uma camada externa de tecido conectivo e de uma camada interna de epitélio ciliar secretor de mucina. Devido à secreção mucosa, o cisto coloide poderá aumentar de tamanho e gerar obstrução do forame interventricular, causando hidrocefalia.

Tratamento: cistos coloides pequenos e não associados à hidrocefalia podem ser elegíveis para conduta expectante, sendo realizado controle por meio de neuroimagem periódica. Cistos maiores ou em crescimento e cistos associados à dilatação do ventrículo lateral são tratados com remoção cirúrgica, que poderá ser realizada por via transcalosa através da fissura longitudinal do encéfalo ou através da via transcortical, sob visão microscópica ou endoscópica.

Anatomia relevante:

1. Giro frontal superior.
2. Fissura longitudinal do cérebro.
3. Giro do cíngulo.
4. Sulco do cíngulo.
5. Corpo caloso.
6. Sistema venoso intraventricular.
7. Forame interventricular (de Monro).
8. Fórnix.
9. Ventrículo lateral.
10. Artéria cerebral anterior e seus ramos.

DREZOTOMIA

Condição: lesões traumáticas do plexo braquial estão associadas à importante limitação funcional e são divididas, conforme o grau de lesão, em neuropraxia, axonotmese e neurotmese. A avulsão das raízes do plexo braquial é classificada como neurotmese e está associada a baixas taxas de recuperação funcional e ao alto risco de desenvolvimento de dor neuropática pós-trauma. A dor neuropática associada à avulsão do plexo braquial costuma ser intensa e de difícil controle por meio de medidas clínicas.

Tratamento: consiste na termocoagulação da zona de entrada da raiz dorsal, conhecida pela sigla DREZ (*dorsal root entry zone*). Possibilita o controle de dores de difícil controle, como a ocasionada pela avulsão do plexo braquial. A termocoagulação é realizada no nível da substância gelatinosa (lâmina II de Rexed), responsável pela transmissão medular de estímulos dolorosos a partir da raiz dorsal.

Anatomia relevante:

1. Raiz medular posterior.
2. Sulco mediano posterior.
3. Sulco lateral posterior.
4. Artéria espinhal posterior.
5. Ligamento denteado.

ESPASMO HEMIFACIAL

Condição: espasmos musculares rítmicos em hemiface secundários à compressão do nervo facial ipsilateral. O espasmo será considerado "essencial" quando a compressão ocorrer por conflito neurovascular, e "secundário" quando houver compreensão do nervo facial por lesões císticas ou tumorais.

Tratamento: depende da doença que levou à compressão do nervo facial. No caso de cistos ou tumores do ângulo pontocerebelar, a ressecção dessas lesões está indicada. O espasmo essencial é tratado por meio da descompressão neurovascular do nervo facial, que consiste na separação do vaso (artéria ou veia) do contato com o nervo facial e na interposição de enxerto autólogo ou sintético para evitar recorrência. Pacientes com comorbidades graves e alto risco cirúrgico podem ser manejados com tratamento sintomático temporário mediante a aplicação muscular de toxina botulínica.

Anatomia relevante:

1. Segmento cisternal e intrameatal do nervo facial.
2. Segmento cisternal e intrameatal do nervo vestíbulo-coclear.

3. Anatomia macroscópica do cerebelo.
4. Nervos glossofaríngeo, vago e acessório.
5. Artéria cerebelar anteroinferior.
6. Anatomia macroscópica da face lateral do tronco do encéfalo.

Posição: decúbito lateral direito.
Acesso cirúrgico: retrossigmoide.

EPILEPSIA REFRATÁRIA

Condição: epilepsia refratária, também chamada "epilepsia de difícil controle", é definida pela persistência de crises convulsivas com o uso de no mínimo dois fármacos antiepiléticos, estando na dose máxima tolerada, pelo período de 18 a 24 meses.

Até 30% dos pacientes com diagnóstico de epilepsia não têm controle adequado de suas crises.

Tratamento: implante de eletrodo para estimulação do nervo vago.

Estimulação do nervo vago

A estimulação do nervo vago (VNS, do inglês *vagal nerve stimulation*) pode prevenir ou diminuir as convulsões enviando pulsos regulares e suaves de energia elétrica para o cérebro através do nervo vago.

A terapia consiste em um dispositivo implantado sob a pele na região torácica esquerda. Um eletrodo é conectado ao dispositivo gerador e colocado sob a pele. O fio é fixado ao redor do nervo vago no pescoço.

Anatomia cirúrgica relevante:

1. Trígono cervical anterior.
2. Músculo esternocleidomastóideo.
3. Bainha carotídea e seus componentes: artéria carótida comum, veia jugular, nervo vago.

EPILEPSIA DO LOBO TEMPORAL

Condição: a epilepsia do lobo temporal é uma desordem neurológica caracterizada por crises convulsivas recorrentes, associadas a alterações neurocognitivas e à redução da qualidade de vida. Embora tenha sua origem focalmente no hipocampo e na amígdala, os pacientes acometidos por essa condição costumam apresentar alterações cognitivas que se estendem além das funções do lobo temporal, como declínio de funções executivas, alterações de linguagem e atenção, além de redução difusa do metabolismo neocortical e da função conectiva.

Tratamento: o tratamento da epilepsia do lobo temporal é realizado inicialmente de forma clínica, pela administração de medicações antiepilépticas. O tratamento cirúrgico da epilepsia do lobo temporal será reservado aos pacientes considerados refratários ao tratamento clínico, condição caracterizada para persistência de crises convulsivas após o uso de duas ou mais medicações antiepilépticas em dose adequada. Para epilepsia do lobo temporal, a terapia cirúrgica mais utilizada é a lobectomia temporal anterior, que consiste na ressecção da porção anterior do lobo temporal, do hipocampo e da amígdala, a fim de eliminar ou reduzir as crises epilépticas.

Lobectomia temporal anterior

A lobectomia temporal anterior com amigdalohipocampectomia é indicada para pacientes com diagnóstico de epilepsia do lobo temporal (esclerose medial temporal) refratária ao tratamento clínico.

Consiste na ressecção da porção anterior do lobo temporal, hipocampo e amígdala, a fim de eliminar ou reduzir as crises epilépticas.

Anatomia cirúrgica relevante:

1. Osso temporal.
2. Sulco lateral do cérebro.
3. Giros e sulcos temporais.
4 Ventrículo lateral.
5. Hipocampo.

MENINGIOMA DO TUBÉRCULO SELAR

Condição: meningiomas são tumores originados a partir de células da aracnoide, que corresponde a uma parte das meninges de revestimento encefálico e medular, por isso podem acometer o compartimento intracraniano ou o canal medular. Histologicamente são classificadas em três graus distintos. Os tumores mais comuns têm grau I e são considerados benignos. Os meningiomas do tubérculo selar se originam próximo aos nervos ópticos, podendo gerar perda visual. Com seu crescimento, poderá envolver também a artéria carótida interna, o seio cavernoso, a haste e a glândula hipofisária, além da artéria cerebral anterior e seus ramos.

Tratamento: meningiomas pequenos, assintomáticos, podem ser acompanhados de exames de neuroimagem seriados. Pacientes com meningiomas em crescimento, sintomáticos, localizados em regiões eloquentes do encéfalo ou com envolvimento arterial, venoso ou de nervos cranianos, devem ser submetidos ao tratamento. A ressecção microcirúrgica é a primeira opção. Pacientes com alto risco cirúrgico podem ser tratados por radiocirurgia.

Anatomia relevante:

1. Giro frontal inferior.
2. Giro temporal superior.
3. Sulco lateral do cérebro (fissura de Sylvius).

4. Artérias carótida, cerebral média e cerebral anterior.
5. Nervo óptico.
6. Nervo olfatório.

SUBEPENDINOMAS

Condição: são tumores classificados como grau I pela Organização Mundial da Saúde (OMS). Ocorrem tipicamente em adultos do sexo masculino. Em mais de 50% dos casos, localizam-se no IV ventrículo. Em geral, são assintomáticos e podem gerar sintomas devido à compressão do tronco do encéfalo ou por obstrução liquórica.

Tratamento: como lesões indolentes, os subependimomas devem ser tratados com remoção cirúrgica que, quando realizada de forma completa, apresenta baixas taxas de recorrência. Radiocirurgia será reservada para pacientes com tumores recorrentes, diferenciados ou com alto risco cirúrgico para desenvolvimento de complicações ou déficits neurológicos.

ESTENOSE DO AQUEDUTO CEREBRAL

Condição: é a oclusão da passagem liquórica através do aqueduto cerebral, em decorrência de aderências intrínsecas (espontâneas ou pós-inflamatórias) ou compressão extrínseca da lâmina quadrigeminal (tumores ou cistos).

Tratamento: terceiroventriculostomia endoscópica.

Terceiroventriculostomia endoscópica

Consiste na criação de orifício de passagem para o fluxo liquórico pelo tuber cinéreo, comunicando o terceiro ventrículo com a cisterna interpeduncular. É utilizada como uma alternativa de tratamento para pacientes com hidrocefalia do tipo obstrutiva, isto é, quando há uma obstrução para a passagem do líquido cefalorraquidiano no aqueduto cerebral ou no quarto ventrículo.

Índice Alfabético

A

Abertura(s)
- laterais do IV ventrículo, 101
- mediana do IV ventrículo, 101

Acesso
- transcraniano, 201
- transesfenoidal, 201

Acidente vascular cerebral, 311
Acuidade visual, 283
Aderência intertalâmica, 183, 218
Afasia, 251
- de compreensão, 252
- de condução, 252
- de expressão, 252

Aferências
- da formação reticular, 115
- do NA, 196
- do NAR, 198
- do NDM, 197
- do NHL, 198
- do NM, 198
- do NPH, 198
- do NPO, 196
- do NPV, 196
- do NSO, 197
- do NSQ, 196
- do NVM, 197

Agnosia, 251
- auditiva, 253

Agonistas ou antagonistas dos receptores de hormônios hipotalâmicos, 200
Agrafia, 253
Alça temporal ou de Meyer, 283
Alexia, 253
Amaurose cortical, 254
Amígdala, 263, 264
Analgésicos opioides, 200
Anatomia comparada do sistema nervoso, 27
Anencefalia, 23
Aneurisma cerebral/intracraniano, 339
Anfíbios, 29, 33
Anfioxos, 29, 32
Animais sem neurônios, 27
Ansa lenticular, 181
Aparelho de Golgi, 4
- neuromuscular, 28

Apraxia, 251
- ideativa, 251
- ideomotora, 251

Aqueduto cerebral, 23, 70, 71, 100
Aracnoide, 61, 63
Arco
- aórtico, 142
- reflexo, 6

Área(s)
- auditiva primária, 253
- cortical(is)
- - auditiva primária, 289
- - motoras, 203
- corticossubcorticais, 250
- de Broca, 252
- de Brodmann, 251
- de Wernicke, 252
- motora
- - da linguagem, 228
- - primária, 203
- - suplementar, 218, 251
- periamigdaloide, 261
- posterior do bulbo, 97
- postrema, 102
- pré-frontal(is), 154, 251
- pré-tectal, 100
- septal, 273
- somatossensorial, 251
- tegmental ventral, 116
- vestibular, 102
- visual primária, 254

Arquicerebelo, 34, 171
Arquicórtex, 242
Artéria(s)
- basilar, 100, 299
- carótida(s)
- - comum, 141, 142
- - internas, 295, 299
- cerebral(is), 301
- - anteriores, 298, 299
- - média, 298
- - posteriores, 299
- comunicante(s)
- - anterior, 299
- - posterior(es), 298, 299
- coróidea anterior, 298
- espinal anterior, 305
- oftálmica, 298
- talamoperfurantes posteriores, 299
- ulnar, 54

- vertebral, 299

Asa do lóbulo central, 166
Ascendente, 114
Ascensão aparente, 77
Aspartato, 216
Aspectos funcionais da formação reticular, 117
Assoalho do IV ventrículo, 101
Astrócito(s), 15
- fibrilar, 16
- protoplasmático(s), 16

Audição, 286
Aves, 29, 33
Axônio, 3, 4, 7
- da célula
- - de Golgi, 174
- - de Purkinje, 172
- pré-ganglionar, 148
- unipolares, 5

B

Bainha de mielina, 5, 11
- central, 4
- periférica, 4

Balismo, 182, 222
Barreira hematencefálica, 73, 74
Base, 95
- da ponte, 99
- do mesencéfalo, 100

Bastonetes, 283
Bordas
- inferolateral, 225
- occipital medial, 225
- orbitária medial, 225
- superomedial, 225

Braço
- anterior da cápsula interna, 213
- do colículo
- - inferior, 100, 108, 183, 289
- - superior, 100, 108, 183
- posterior da cápsula interna, 213

Bulbo, 14, 95, 103
- olfatório, 122, 279
- raquidiano, 95

C

Cadeia(s)
- ganglionar simpática
- - paravertebral, 151

- - pré-vertebral, 151
- neuronal, 3
Calosotomia, 340
Camada
- das células de Purkinje, 172, 173
- granular, 172, 173
- molecular, 173
Campo
- de Forel, 215
- H1 de Forel, 215
- H2 de Forel, 181, 215
- visuais, 284
Canal(is)
- central, 22
- - do bulbo, 71
- do hipoglosso, 144
- semicirculares, 290, 291
Cápsula
- externa, 213, 214, 250
- extrema, 213, 214, 250
- glial, 174
- interna, 14, 177, 248
Características funcionais do sistema nervoso entérico, 159
Cauda equina, 77, 80
Causalgia, 157
Cavidade central, 22
Cavo trigeminal, 65, 66
Cefaleia(s)
- cervicogênica, 51
- trigêmino-autonômicas, 200
Cefalização, 28
Célula(s)
- bipolares, 283
- da glia entérica, 160
- de Golgi, 172
- de Purkinje, 5, 172, 177
- de Schwann, 4, 11, 16, 21
- de sustentação, 14
- do gânglio sensorial dorsal, 175
- em cesto, 172, 173
- ependimárias, 17
- estrelada, 172, 173
- ganglionares, 283
- gliais, 3, 14
- granulares, 172, 173
- mioepiteliais de Boll, 155
- neuroendócrina, 5
- piramidal do córtex motor, 5
Centralização, 28
Centro
- branco medular do cérebro, 244
- pneumotáxico, 119
- respiratório, 119
Cerebelo, 14, 33, 115, 155, 163, 177, 293
Choque medular, 89
Ciclóstomos, 29, 33
Cíngulo, 260
Circuito(s)
- cerebelares, 172
- de Papez, 257
- neural(is), 3, 11
Circulação arterial do encéfalo, 295
Círculo arterial do cérebro, 299

Cirurgia do sistema nervoso, 339
Cisterna, 63, 73
- *ambiens* ou superior, 73
- cerebelomedular, 73
- cerebelopontina, 73
- interpeduncular, 73
- lombar, 73
- magna, 102
- optoquiasmática, 73
- pontina, 73
Cisto coloide do terceiro ventrículo, 340
Citoplasma, 6
Classificação
- das fibras nervosas, 43
- dos neurônios, 5
Claustrum, 14, 213, 214
Clipagem de aneurisma, 339
Clonazepam, 200
Colículo
- facial, 102
- inferior, 100, 289
- superior, 100, 107, 115
Coluna(s)
- motoras, 121
- posterior, 82
- - da ME, 83
- sensoriais, 121
Comissura, 244
- anterior, 240, 244, 245
- do colículo inferior, 107
- do fórnix, 244, 246
- hipocampal dorsal, 267
Complexo
- amigdaloide, 263
- de Golgi, 6
- nuclear olivar
- - inferior, 104
- - superior, 288
- nuclear oculomotor, 126
- subicular, 269
Componente(s)
- corticais, 260
- craniano, 149
- sacral, 151
- subcorticais, 263
- ventral posterior, 186
Compressão medular, 85
Comprometimento do núcleo basal de Meynert, 251
Cone, 283
- axonal, 3
- medular, 79, 80
Conexões, 81
- da formação reticular, 114
Confluência dos seios (de Herófilo), 310
Constituição do sistema nervoso entérico, 159
Controle
- da respiração e da circulação, 118
- da sensibilidade somática e visceral, 118
- do músculo esquelético, 118
- do sistema endócrino, 118
- do sistema nervoso autônomo, 118
- pupilar, 156
Convergência, 11, 15

Coreia, 221
- de Sydenham, 221
Corno
- de Amon, 237, 238, 239, 257, 258, 266, 269
- frontal, 70, 213
- occipital, 70
- temporal, 70
Corpo(s), 3
- branco medular do cerebelo, 166
- caloso, 14, 213, 244
- carotídeo, 295
- celular, 3
- de Pacchioni, 63
- do cerebelo, 166
- do ventrículo lateral, 213
- estriado, 14, 211, 215
- geniculado
- - lateral, 100, 124, 183, 283
- - medial, 100, 183, 188, 289
- justarrestiforme, 98
- mamilares, 100
- neuronal, 4
- pineal, 100, 180
- restiformes, 97
- trapezoide, 99
Coroa radiada, 248
Corpúsculo
- de Krause, 40
- de Mazzoni, 40
- de Meissner, 40
- de Merkel, 40
- de Pacini, 40, 48
- de Ruffini, 40, 48
Cortes de cérebro, 317
Córtex
- agranular, 242
- cerebelar, 11, 84, 171
- cerebral, 11, 14, 115, 212, 241, 244
- - motor, 136, 205
- cingulado, 260
- da ínsula, 214
- do giro parietal, 83
- do lobo da ínsula, 213
- entorrinal, 263
- - rostral, 281
- granular, 242
- gustatório, 286
- motor, 8, 218
- olfatório, 279
- - do lobo temporal, 281
- - secundário, 281
- orbitofrontal, 261
- parietal, 251
- periamigdaloide, 281
- piriforme, 261, 281
- pré-motor, 218, 251
- sensorial, 8
- somatomotor, 251
- somatossensorial, 218, 251
Crânio bífido, 23
Crista neural, 21

D

Decussação
- das fibras do nervo óptico, 37

- das pirâmides, 14, 96
- dos pedúnculos cerebelares superiores, 108
- ventral do tegmento, 106
Deformidades craniofaciais, 23
Dendrito, 3, 4, 7
- da célula
- - de Golgi, 174
- - de Purkinje, 172
- - granular, 174
Derrame, 311
Descarga simpática, 148
Desordens hipotalâmicas, 156
Diafragma da sela túrcica, 66
Diazepam, 200
Diencéfalo, 21, 34, 179
Discinesias, 221
Disfunções
- da amígdala, 276
- do nervo isquiático, 59
Dispersão, 11
Distonia, 222
Distribuição dos ramos terminais, 55
Distrofia simpático-reflexa, 157
Distúrbios
- dos movimentos, 220
- vestibulares espontâneos, 138
Divergência, 11
Divisão
- do tubo neural e cavidade central, 21
- parassimpática, 149
- simpática, 151
Doença(s)
- cerebrovascular, 311
- com disfunção hipotalâmica, 200
- de Alzheimer, 251, 275, 276
- de Huntington, 221
- de Ménière, 137
- de Parkinson, 189
- - idiopática, 220
- do neurônio motor inferior, 92
- isquêmica medular, 92
- vascular encefálica, 311
Dopamina, 200
Drenagem venosa do encéfalo, 306
Drezotomia, 340
Duloxetina, 200
Dura-máter, 61, 63

E
Eferências, 114
- do NA, 196
- do NAR, 198
- do NDM, 197
- do NHL, 198
- do NHP, 198
- do NM, 198
- do NPO, 196
- do NPV, 196
- do NSO, 197
- do NSQ, 197
- do NVM, 197
Embriologia do sistema nervoso, 19
Eminência medial, 102

Encefalite herpética, 276
Encéfalo, 32
- primitivo, 22
Endoneuro, 17
Epilepsia(s), 156
- do lobo temporal, 341
- hipotalâmica, 200
- refratária(s), 339, 341
Epineuro, 17
Episódios de dor, 51
Epitálamo, 179
Epitélio ependimário, 102
Equilíbrio, 290
Escotomas, 284
Espaço(s)
- epidural, 81
- perivasculares, 63
- subaracnóideo, 73
- subdural, 81
Espasmo hemifacial, 340
Especialização dos órgãos dos sentidos e do aparelho neuromuscular, 28
Espinha bífida oculta, 23
Esplênio, 244
Esquema corporal, 251
Estenose do aqueduto cerebral, 342
Estereotaxia, 189
Estesioneuroblastomas, 282
Estimulação
- cerebral profunda, 189
- do nervo vago, 341
Estimulantes do apetite, 200
Estria(s)
- medular(es)
- - do tálamo, 180, 183
- - do IV ventrículo, 102
- olfatória(s), 279
- - lateral, 123
- - medial, 123
- terminal, 155
Estrutura interna dos neurônios, 6
Estruturação
- anatômica do cerebelo, 163
- filogenética do cerebelo, 171

F
Face
- lateral da medula espinal, 140
- ventrolateral da ponte, 129
Falência autonômica pura, 156
Fascículo(s)
- cuneado, 14
- cuneiforme, 82, 84, 97
- do cíngulo, 246
- do plexo braquial, 52
- grácil, 14, 82, 84, 97
- lateral, 52, 53
- lenticular, 180
- longitudinal
- - dorsal (de Schutz), 155
- - medial, 109, 110
- - superior, 246
- medial, 52, 53, 54
- posterior, 52, 53, 54
- próprio, 81

- prosencefálico medial, 155
- retroflexo, 180
- retroreflexo de Meynert, 274
- subtalâmico, 181
- talâmico, 181
Fentanila, 200
Fibra(s)
- aferentes, 132
- Aβ, 45
- Aγ, 45
- arqueadas, 109
- - externas, 109, 176
- - internas, 14, 109
- ascendentes do fascículo longitudinal medial, 110
- B, 45
- C, 45
- corticoespinais, 207
- corticoestriatais, 247
- corticonucleares, 207, 247
- corticonucleoespinais, 206
- corticopontinas, 247
- corticorreticulares, 247
- da propriocepção, 131
- de associação
- - inter-hemisférica ou comissurais, 244
- - intra-hemisférica(s), 246
- - - curtas, 246
- - - longas, 246
- de projeção, 247
- do grupo Aα, 43
- do trato
- - córtico-ponto-cerebelar, 174
- - corticoespinal, 207
- eferentes somáticas, 45
- estriatonigrais, 106
- motoras branquiais, 131
- musgosa(s), 172, 173, 174
- nigroestriatais, 106
- nigrotalâmicas, 106
- nigrotegmentares, 106
- olivo-cerebelares, 104, 176
- paralelas, 172, 173
- ponto-cerebelares, 105
- pós-ganglionar(es), 148
- pré-ganglionar(es), 148
- rafe-espinais, 115
- reticuloespinais, 115
- táteis, 131
- transversais da ponte, 105, 109
- trepadeira(s), 172, 173, 174
- vestibulares, 291
Filamento terminal, 62, 79, 80
Fissura, 227
- calcarina, 236
- longitudinal, 225
- - do cérebro, 213
- mediana anterior, 77, 95
- silviana, 227
- transversa do cérebro, 183
Fístula liquórica, 66
Flexura
- cervical, 23
- do mesencéfalo, 23
- pontina, 23

Fluxo axoplásmico, 9
Foice
- do cerebelo, 64, 66
- do cérebro, 64, 66
Folículo piloso, 40
Forame(s)
- cego, 95
- de Luschka, 101
- de Magendie, 101
- de Monro, 69
- estilomastóideo, 134
- interventriculares, 69
Formação
- do tubo neural, 19
- hipocampal, 263
- reticular, 95, 102, 113
- reticular bulbar, 118
Fórnix, 155
- pré-comissural, 268
Fossa
- interpeduncular, 100, 126
- romboide, 71, 101
Fotorreceptores, 283
Fóvea
- inferior, 102
- superior, 102
Fundoscopia, 285
Funículo
- anterior, 81
- lateral, 81
- posterior, 81
Fuso muscular, 8

G

Gânglio(s)
- aorticorrenal, 154
- autonômico, 47
- celíaco, 154
- cervical
- - inferior, 151
- - médio, 151
- - superior, 151
- ciliado, 127
- ciliar, 130, 149, 150
- de Gasser, 65
- entéricos, 160
- esfenopalatino, 150
- estrelado, 154
- mesentérico
- - inferior, 154
- - superior, 154
- motor, 47
- nervosos, 46
- ótico, 150
- paravertebrais, 47
- periférico, 147
- pré-vertebrais, 47
- pterigopalatino, 130, 134, 149
- sensorial(is), 21, 77, 80, 82, 83, 84
- - do nervo trigêmeo, 65
- - dorsal, 14
- - espinal, 8, 83
- submandibular, 134, 149, 150
- terminais, 47

- trigeminal, 133
- vestibular, 291
- viscerais, 21
Giro(s), 227
- angular, 235
- curtos da ínsula, 234
- de Heschl, 231
- denteado, 239, 269
- do cíngulo, 237, 240, 260
- frontal
- - inferior, 228
- - medial, 240
- - médio, 228
- - superior, 228
- fusiforme, 237
- lingual, 240
- longos, 234
- motor, 228
- occipitais
- - inferior, 236
- - médio, 236
- - superior, 236
- occipitotemporal, 237
- - lateral, 232
- - medial, 237
- olfatório lateral, 240
- orbitários, 228
- para-hipocampal, 232, 237, 238, 240, 261
- paracentral, 228
- paraolfatório, 239, 240
- paraterminal, 239, 240
- pós-central, 228
- pré-central, 228, 251
- reto, 228, 240
- sensorial, 228
- subcaloso, 261
- supramarginal, 234
- temporais
- - inferior, 228
- - médio, 228
- - superior, 228, 231
Glândula
- lacrimal, 130, 134
- pineal, 179, 274
- sublingual, 134
- submandibular, 134
Globo pálido, 214, 219
- externo, 218
- interno, 218
- lateral, 213
- medial, 213
Glomérulo, 173
Glutamato, 216
Goteira neural, 19, 20
Granulação aracnoide, 61, 63
Grupos
- heterotípicos, 242
- homotípicos, 242
Gustação, 285

H

"H" medular, 11
Habênula, 274
Hamartomas hipotalâmicos, 201

Hematoma, 66, 89
- extradural, 67
- subdural, 66
Hemianopsia, 284
Hemiplegia, 209
Hemisfério(s)
- cerebelar, 176
- cerebrais, 225
- dominante, 255
- não dominante, 255
Hemorragia subaracnóidea, 66, 74
Hérnia(s)
- das tonsilas, 68
- do úncus, 67
- intracranianas, 67
- subfalcina, 67
Hidrocefalia, 75
- de pressão normal, 75
Hipercinesias, 221
Hipertensão arterial, 311
Hipocampo, 239, 266
Hipotálamo, 150, 154, 193, 272

I

Imagens de ressonância magnética, 329
Incisura(s)
- pré-occipital, 228, 234
- tentoriais, 64
Indusium griseum, 239
Inibidores da recaptação de serotonina
 e norepinefrina, 200
Ínsula, 233, 263
Interneurônio, 6, 7
- de projeção, 5
- inibitório, 8
- local, 5
Intumescência lombossacral, 31
Isocórtex, 242
Istmo
- do cíngulo, 238
- do giro do cíngulo, 240

J

Joelho
- da cápsula interna, 213
- de corpo caloso, 244
Junção neuromuscular, 4

L

Lâmina(s)
- alares, 19
- basais, 19
- crivosa, 279
- de Rexed, 85, 86
- do assoalho, 19
- do teto, 19
- medular
- - externa, 183
- - interna, 183, 213
- terminal, 265
Lemnisco
- espinal, 107
- lateral, 108, 288

Índice Alfabético 347

- medial, 14, 108
- trigeminal, 108
Leptomeninge, 61
Lesão(ões)
- da medula espinal e da cauda equina, 59
- da porção lateral do quiasma óptico, 285
- da radiação óptica, 285
- das vias
- - auditivas, 137
- - ópticas, 284
- do córtex visual, 285
- do fórnix, 268
- do funículo posterior, 92
- do neurônio motor inferior, 92
- do plexo
- - braquial, 55
- - cervical, 51
- - lombossacral, 59
- do trato óptico, 285
- dos nervos
- - genitofemoral, 59
- - ílio-hipogástrico, 59
- - ilioinguinal, 59
Ligamento(s)
- coccígeo, 62, 79, 80
- da dura-máter, 62, 79, 80
- denticulados, 62, 79
Limen insulae, 239
Língua, 144
Linguagem, 252
Língula, 166
Líquido
- cefalorraquidiano, 69
- cérebro-espinhal, 69
Liquor, 69
Lisossomos, 6
Lobectomia temporal anterior, 341
Lobo(s)
- central, 228, 251
- cerebrais, 227
- da ínsula, 233
- frontal, 228
- límbico, 237
- occipital, 236
- parietal, 234
- piriforme, 240
- posterior do cerebelo, 166
- temporal, 228
Lóbulo(s)
- central, 166
- cuneal ou *cuneus*, 236
- paracentral, 240
- parietais inferior e superior, 234
Locus coeruleus, 102, 116

M

Macróglia, 14
Mamíferos, 33
Mandíbula, 144
Mecanorreceptores, 48
Medicamentos e o hipotálamo, 200
Medula
- espinal, 29, 77, 115, 154, 177
- oblonga, 33, 95

Melatonina, 179, 182
Memória, 256
Meninges, 32, 61
Meningioma(s), 66
- do tubérculo selar, 341
Meningite, 66, 74
Meningocele, 23, 25
- craniana, 23
Meningoencefalocele, 23
Mesencéfalo, 21, 34, 95, 100, 105, 176, 177
Metatálamo, 183, 187
Metencéfalo, 21
Microgiria, 24
Micróglia, 15, 16
Microtúbulos, 6
Mielencéfalo, 21
Mielomeningocele, 23
Mioclonia, 222
Miose, 128
Mitocôndrias, 6
Moduladores da atividade GABAérgica, 200
Mononucleose infecciosa, 144
Morfina, 200
Movimentos voluntários, 216
Músculo(s)
- agonista, 8
- antagonista, 8
- elevador da pálpebra, 126, 127, 133
- esfíncter pupilar da íris, 126
- esternocleidomastóideo, 143
- estilo-hióideo, 144
- flexor(es)
- - do antebraço, 54
- - profundo dos dedos, 54
- genio-hioide, 144
- genioglosso, 144
- hioglosso, 144
- inferiores da expressão facial, 136
- oblíquo
- - inferior, 126, 127
- - superior, 127, 128, 133
- reto
- - inferior, 126, 127
   lateral, 132, 133
- - medial, 126, 127, 133
- - superior, 126, 127, 133
- superiores da expressão facial, 136
- trapézio, 143

N

Neocerebelo, 34, 171
Neoplasias hipotalâmicas, 201
Nervo(s), 17
- abducente, 40, 98, 132, 133
- acessório, 40, 96, 140, 143
- auricular
- - magno, 49
- - posterior, 134
- axilar, 53, 55
- cervical transverso, 50
- ciático, 58
- ciliados curtos, 127
- coclear, 137
- corda do tímpano, 149

- cranianos, 17, 121, 122
- cutâneo
- - femoral lateral, 56
- - lateral
- - - da coxa, 56
- - - do antebraço, 53
- - medial
- - - da sura, 58
- - - do antebraço, 54
- - - do braço, 53, 54
- - posterior da coxa, 58
- da corda do tímpano, 134
- do estilo-hióideo, 134
- espinal(is), 17, 41, 80
- esplâncnico
- - imo, 154
- - torácico
- - - maior, 154
- - - menor, 154
- facial, 40, 98, 132, 135, 149
- femoral, 56
- fibular comum, 58
- frênico acessório, 51
- frontal, 130
- gástrico, 142
- genitofemoral, 56
- glossofaríngeo, 40, 96, 138, 150
- glúteo
- - inferior, 58
- - superior, 57
- hipoglosso, 40, 96, 143, 144
- ílio-hipogástrico, 55, 56
- ilioinguinal, 55
- infraorbital, 130
- intermédio, 149
- isquiático, 58
- laríngeo
- - externo, 141
- - recorrente, 141, 142
- lingual, 130
- mandibular, 129, 133
- maxilar, 129, 133
- medial, 50
- mediano, 53, 54
- mentoniano, 130
- mesentéricos superiores, 142
- musculocutâneo, 53
- obturatório, 57, 59
- oculomotor, 40, 100, 126, 149
- oftálmico, 129, 133
- olfatório, 40, 122
- óptico, 36, 40, 123
- peitoral, 53
- - lateral, 52
- periféricos, 39
- petroso maior, 149
- posterior do digástrico, 134
- pudendo, 58
- radial, 53, 55
- supraclavicular, 50
- supraescapular, 53
- tibial, 58
- torácico longo, 53
- toracodorsal, 53

- trigêmeo, 40, 100, 129
- troclear, 40, 100, 128, 133
- ulnar, 53, 54
- vago, 40, 96, 140, 141, 142, 143, 150
- vestibular, 138
- vestibulococlear, 40, 99, 135
Neurinomas do acústico, 290
Neurofilamentos, 6
Neuróglia, 3, 14
- central, 14
- periférica, 14
Neurônio(s), 3, 27
- aferentes, 6
- bipolares, 5
- central do sistema nervoso autônomo, 5
- da área óptica, 5
- da substância cinzenta periaquedutal, 275
- de associação, 6
- ganglionar, 5
- motor(es), 6
- - anterior, 8
- - do corno anterior da medula, 5
- - e seu axônio, 177
- multipolares, 5
- olfatórios primários, 279
- pós-ganglionar, 147
- pré-ganglionar, 147
- pseudounipolares, 5
- secretor da hipófise, 5
- sensitivos do sistema nervoso entérico, 161
- sensoriais ou aferentes, 6
- sensorial, 5
Neuropatia diabética, 155
Neuróporos anterior e posterior, 19
Neurotransmissor GABA, 216
Neurulação, 19
Nó de Ranvier, 4, 11, 13
Nocicepção, 48
Nociceptor, 48
Nódulo do cerebelo, 102
Núcleo(s), 6, 11
- abducente, 133
- *accumbens*, 274
- ambíguo, 125, 138, 141, 143
- anterior
- - do hipotálamo, 196
- - do tálamo, 213
- arqueado do hipotálamo, 193, 197
- basal de Meynert, 274
- caudado, 14, 214
- - cabeça, 213
- - cauda, 213
- centromediano do tálamo, 218
- coclear(es), 288
- - dorsal, 125
- cuneado, 14
- cuneiforme, 103
- - acessório, 103
- da área septal, 273
- da base, 211, 274
- da comissura posterior, 126
- da formação reticular, 115
- da rafe, 116
- de Darkschewitsch, 126

- de Edinger-Westphal, 125, 126, 127, 149, 150
- denteado, 166, 176, 177
- do colículo inferior, 107
- do corpo trapezoide, 105, 288
- do fastígio, 166, 168
- do hipotálamo, 195
- do lemnisco lateral, 105, 288
- do nervo
- - abducente, 125, 132
- - facial, 125
- - hipoglosso, 125, 144
- - oculomotor, 125, 126
- - troclear, 125, 128
- do trato
- - espinal do trigêmeo, 125, 129, 130, 141
- - mesencefálico do trigêmeo, 125, 129, 130
- - óptico, 107
- - solitário, 125, 155
- dorsal
- - da rafe, 274
- - de Clarke, 175
- - do vago, 125, 140, 141, 150
- dorsomedial do hipotálamo, 197
- dos nervos cranianos, 95, 121
- emboliforme, 166, 168
- facial, 132, 134
- globoso, 166, 168
- grácil, 14, 103
- habenulares, 180, 274
- - lateral, 198
- - posterior, 198
- interpeduncular, 180
- intersticial de Cajal, 126, 138
- lacrimal, 125, 132, 134, 149, 150
- mamilar do hipotálamo, 198
- mastigatório, 130
- mediano anterior, 126
- motor
- - do nervo facial, 136
- - do nervo trigêmeo, 125
- oculomotores acessórios, 126
- olivar(es)
- - acessório
- - - dorsal, 104
- - - medial, 104
- - inferior(es), 96, 176
- - - principal, 104
- - pré-tectal, 107
- - superior, 105
- paraventricular hipotalâmico, 196
- pedúnculo-pontino, 216
- pontinos, 100, 105, 177
- pré-óptico hipotalâmico, 196
- pré-tectal, 107
- próprios, 121
- - do tronco encefálico, 103
- rubro, 105, 126, 176, 177
- salivatório, 150
- - inferior, 125, 150
- - superior, 125, 132, 134, 149
- sensorial principal, 129, 130

- - do trigêmeo, 125
- solitário, 134, 141, 285
- subtalâmico, 215, 216, 218, 219
- - de Luys, 180
- supraóptico hipotalâmico, 197
- supraquiasmático hipotalâmico, 196
- tegmentar ventral, 180
- troclear, 127, 138
- ventral
- - anterior, 186
- - lateral, 186
- ventromedial do hipotálamo, 197
- vestibulares, 125, 291

O

Óbex, 97
Ocitocina, 200
Olfação, 279
Olfato, 285
Oligodendrócito(s), 4, 11, 16
Olivas, 96
Opérculo
- frontal, 233
- frontoparietal, 233
- temporal, 233
Orexina-A, 200
Orexina-B, 200
Órgão(s)
- circunventriculares, 102
- dos sentidos, 28
- espiral (de Corti), 288
- subcomissural, 180
Osso hioide, 144

P

Padrão motor rítmico, 216
Palecórtex, 242
Paleocerebelo, 34, 171
Paquigiria, 24
Paralisia de múltiplos nervos cranianos, 144
Parestesia, 51
Parkinsonismo, 220
Pars
- *compacta*, 215
- *reticulata*, 215
Patologias da coluna vertebral, 88
Pedúnculo(s)
- cerebelar(es)
- - inferior(es), 97, 108, 176
- - médio, 100, 168, 176, 177
- - superior, 108, 176, 177, 178
- cerebrais, 100
Peixes, 29, 33
Percepção, 47
- visual, 283
Perineuro, 17
Perna do fórnix, 267
Phylum
- *annelida*, 28
- *arthropoda*, 28
- *coelenterata*, 27
Pia-máter, 61, 62
Pirâmide bulbar, 95

Placa neural, 19
Platyhelminthes, 28
Plexo(s), 27
- braquial, 51
- celíaco, 142
- cervical, 49
- coroide, 73, 102
- de Auerbach, 150, 160
- de Henle, 161
- de Meissner, 150, 161
- esofágico, 142
- lombar, 55
- lombossacral, 55
- mioentérico, 160
- mucoso, 161
- nervosos, 49
- sacral, 57
- submucoso, 161
- venoso vertebral interno, 81, 87
Polígono de Willis, 299
Polirribossomos livres, 6
Polo
- frontal, 225
- occipital, 225
- temporal, 225
Ponte, 95, 98, 105
Porção
- craniossacral, 149
- fechada do bulbo, 96
- medular da glândula suprarrenal, 21
- supraclavicular do plexo braquial, 51
Potencial de ação, 3, 11, 12
Pré-cuneus, 240
Pregas da dura-máter, 64, 66, 67
Primeiro neurônio, 207
Projeções talamocorticais, 244
Prolongamentos celulares, 3
Prosencéfalo, 21
Pulvinar, 176, 183, 187
- do tálamo, 100
Punção
- lombar, 75
- suboccipital, 75
Putame, 213, 214, 218

Q
Quadrantanopsias, 285
Quarto ventrículo, 23, 71, 96, 101
Quiasma óptico, 36, 124, 127, 133

R
Radiações
- ópticas, 124
- talâmicas, 247
Raiz(ízes)
- cranial do nervo acessório, 143
- do plexo braquial, 52
- espinal do nervo acessório, 143
- medulares
- - anteriores, 77
- - posteriores, 77
- motora de um nervo espinal, 41
- ventral de um nervo espinal, 41

Ramo(s)
- anterior, 50
- bucal, 134
- cardíaco, 142
- cervical, 134
- comunicantes do plexo cervical, 51
- cutâneos do plexo cervical, 49
- do III para o músculo
- - oblíquo inferior, 127
- - reto
- - - inferior, 127
- - - medial, 127
- - - superior, 127
- do nervo frênico, 51
- faríngeo, 141
- intermédio, 50
- laterais, 50
- mandibular, 134
- marginal do sulco do cíngulo, 228, 240
- mediais, 50
- musculares, 58
- - do plexo cervical, 50
- nervosos do plexo cervical, 49
- posterior, 49
- pulmonar, 142
- temporal, 134
- terminais do plexo braquial, 52
- zigomático, 134
Receptor(es), 48
- e nervos da gustação, 285
- e terminações nervosas livres, 47
- olfativos, 122
- olfatórios, 279
Recesso(s)
- infundibular, 70
- laterais, 101
- pineal, 70
- suprapineal, 70
- supraquiasmático, 70
Reflexo
- consensual, 128
- corneopalpebral, 135
- de piscar, 135
- fotomotor, 128
- lacrimal, 135
- mentoniano, 132
- patelar, 8
Região
- anterior, 183
- da substância inominada, 240
- lateral, 185
- medial, 183
- mediana, 185
- posterior, 187
- septal, 180
Regulação do sono, 118
Relógios biológicos, 118
Répteis, 29, 33
Respostas reflexas, 216
Retículo, 113
- endoplasmático, 4
- - agranular, 6
- - granular, 6
Retina, 123, 283

Rinencéfalo, 279
Rombencéfalo, 21
Roseta da fibra musgosa, 174
Rostro do corpo caloso, 244
Rudimento pré-hipocampal, 239

S
Sáculo, 290
Schwannomas vestibulares, 290
Segmentação e desenvolvimento dos reflexos, 28
Segmento
- cavernoso, 295
- cervical, 295, 299
- intracraniano, 298, 299
- petroso, 295
- suboccipital, 299
- vertebral, 299
Segundo neurônio, 207
Seio(s)
- carotídeo, 295
- cavernosos, 308
- da dura-máter, 308
- esfenoparietais, 308
- occipital, 308
- petrosos
- - inferiores, 308
- - superiores, 308
- reto, 308
- sagital
- - inferior, 308
- - superior, 308
- sigmoides, 308
- transversos, 308
Sela túrcica, 64
Sensação, 47
Septo pelúcido, 244, 245, 273
Sinal
- de Babinski, 85, 209
- de Romberg, 92
Sinapse(s), 3, 7
- axoaxônica(s), 7, 10
- axodendrítica(s), 7, 10
- axoespinhosa, 10
- axossomática(s), 7, 10
- do segmento inicial, 10
- elétrica(s), 7, 10
- em cadeia, 10
- não direcional, 10
- químicas, 11
Síndrome(s)
- complexa de dor regional, 157
- da artéria espinal anterior, 92
- da base do terço médio da ponte, 112
- da porção caudal do tegmento da ponte, 111
- da porção rostral superior do tegmento da ponte, 111
- de Benedikt, 112
- de Brown-Séquard, 89
- de Claude Bernard-Horner, 156
- de Déjérine, 110
- de emergência de Cannon, 148

- de Foster-Kennedy, 282
- de Gerstmann, 252
- de Hakim-Adams, 75
- de Horner, 156
- de Klüver-Bucy, 276
- de Korsakoff, 276
- de Millard-Gubler, 111
- de Parinaud, 112
- de Parkinson, 107
- de Tolosa-Hunt, 144
- de Wallenberg, 110
- de Weber, 112
- extrapiramidal, 211, 220
- piramidal, 209
- vestibular, 293
Siringomielia, 92
Sistema(s)
- ativador, 113
- - reticular, 118
- de convergência, 15
- de divergência, 15
- de transporte
- - lento, 7
- - rápido, 7
- extrapiramidal, 35
- lateral, 216
- límbico, 154, 257, 274
- medial, 216
- nervoso, 3
- - autônomo, 147
- - central, 3, 24
- - dos vertebrados, 29
- - entérico, 159
- - periférico, 3
- - somático, 3, 147
- - visceral, 3, 147
- parassimpático, 147
- piramidal, 35, 203
- - áreas corticais, 204
- - bulbo, 207
- - cápsula interna, 205
- - medula espinal, 208
- - ponte, 206
- reticular ativador ascendente, 254
- simpático, 147
- somático, 147
- vertebrobasilar, 295, 299
- visceral, 3, 147
- visual, 283
Somatostatina, 200
Sono
- não REM, 118
- REM, 118
Subependinomas, 342
Substância branca, 11, 14, 81, 102, 172
- subcortical, 244
- cinzenta, 11, 14, 84, 102
- - funicular, 175
- - periaquedutal, 116
- negra, 100, 106, 215, 216, 218, 274
- perfurada
- - anterior, 239
- - posterior, 100
- - reticular, 102

Subtálamo, 179, 180
Sulco(s), 227
- anterolateral do bulbo, 143
- basilar, 100
- bulbopontino, 95, 132, 135
- caloso, 240
- central, 228
- circular da ínsula, 234
- colateral, 232, 237, 240
- cruciforme de Rolando, 228
- do cíngulo, 228, 240
- frontais superior e inferior, 228
- hipocampal, 239
- hipotalâmico, 183
- intermédio posterior, 97
- intraparietal, 234
- lateral(is), 227, 236
- - anterior(es), 77, 95
- - do mesencéfalo, 100
- - posterior(es), 77, 96
- limitante, 19, 102
- *lunatus*, 236
- medial do pedúnculo cerebral, 100
- mediano, 102
- - posterior, 77, 97
- occipital
- - anterior, 236
- - transverso, 236
- occipitotemporal, 233, 237
- orbitário, 228
- paracentral, 228, 240
- paraolfatório
- - anterior, 240
- - posterior, 240
- parieto-occipital, 227, 228, 234
- pontomesencefálico, 100
- pós-central, 228
- posterolateral, 138, 140
- - do bulbo, 140
- pré-central, 228
- rinal, 240
- rostral
- - inferior, 240
- - superior, 240
- subcentral, 228
- subparietal, 235, 240
- talamoestriado, 183
- temporais superior e inferior, 228
Superfície
- cerebral, 225
- inferior, 225
- medial, 225
- superolateral, 225
Surdez verbal, 253

T

Tabes dorsalis, 92
Tálamo, 8, 14, 82, 83, 176, 177, 183, 218, 271
Talamotomia estereotáxica, 189
Tecido nervoso, 3
Técnica de Barnard, Robert & Brown, 317
Tegmento, 95
- da ponte, 99

- do mesencéfalo, 100
- pontino, 100
Tela coroide do IV ventrículo, 102
Telencéfalo, 21, 34, 225
Tenda do cerebelo, 64, 66
Tentório, 64
Terceiro ventrículo, 23, 71, 213
Terceiroventriculostomia endoscópica, 342
Terminações livres, 40
Termorreceptores, 48
Teto, 95
- do IV ventrículo, 102
- do mesencéfalo, 100
Tiques, 222
Transeção medular, 88
Transporte
- anterógrado, 7
- axoplasmático, 6, 7
- rápido
- - anterógrado, 7
- - retrógrado, 7
- retrógrado, 7
Transtorno(s)
- alimentares, 200
- de ansiedade generalizada, 276
- do sono, 200
Traqueia, 141
Tratamento cirúrgico da dor, 92
Trato(s)
- córtico-retículo-cerebelar, 174
- corticoespinal, 8, 14, 109, 177, 203
- - cruzado ou lateral, 207
- - direto ou anterior, 207
- - lateral, 14
- corticonuclear, 109, 203
- corticopontino, 105, 109
- cuneocerebelar, 103, 173
- espinal do trigêmeo, 109, 129
- espinocerebelar
- - anterior, 82, 108, 175, 176
- - posterior, 82, 108, 172, 175, 176
- espinorreticular, 115
- espinotalâmico, 83, 115
- - anterior, 82, 107
- - lateral, 82, 107
- mamilotalâmico (de Vicq d'Azyr), 155
- mamilotegmentar, 155
- olfatório, 122, 279
- olivoespinal, 216
- óptico, 124
- piramidal, 14
- reticuloespinal, 155, 216
- - anterior, 109
- rubroespinal, 109, 216
- solitário, 109, 285
- supraóptico-hipofisário, 155
- tetoespinal, 109, 216
- túbero-hipofisário, 155
- vestibuloespinal, 109, 216
Traumatismos da coluna vertebral, 88
Tremor, 221
- cinético, 221
- de Holmes, 221
- de repouso, 221
- essencial, 221

- postural, 221
Trígono
- das habênulas, 274
- do nervo
- - hipoglosso, 102
- - vago, 102
Tronco(s)
- braquiocefálico, 142
- cervical, 151
- do corpo caloso, 244
- do encéfalo, 95, 115, 154, 216, 274
- - porção caudal, 95
- - porção rostral, 95
- do plexo braquial, 52
- inferior, 53
- lombossacral, 57
- médio, 53
- sacrococcígeo, 154
- simpático, 151
- superior, 53
- - do plexo braquial, 143
- toracolombar, 154
Tubérculo(s)
- anterior do tálamo, 183
- cuneiforme, 97
- do núcelo cuneiforme, 84
- do núcleo grácil, 84
- grácil, 97
- olfatório, 281
Tubo neural, 19, 21, 22
Tumores
- cerebrais no hipocampo, 276
- da região pineal, 182
- hipotalâmicos, 201
- raquimedulares, 87

U

Úncus, 240, 263
- do giro para-hipocampal, 238
Utrículo, 290

V

Vascularização
- da medula espinal, 304
- do sistema nervoso central, 295
Vasopressina, 200
Veia(s)
- anastomótica
- - inferior, 308
- - superior, 308
- basal (de Rosenthal), 308
- cerebral(is)
- - interna, 308
- - magna (de Galeno), 308
- - média superficial, 308
- - profundas, 308
- - superficiais, 308
- coróidea, 308
- infratentoriais, 308
- jugular interna, 141
- oftálmica superior, 310
- pontomesencefálica anterior, 308
- septal, 308
- talamoestriada, 308
Venlafaxina, 200
Ventrículo(s), 69
- lateral(is), 23, 69, 70
Verme, 176
Vesícula
- óptica, 283
- sináptica, 4
Véu medular
- inferior, 102
- superior, 102, 128
Via(s), 81
- aferentes, 172
- - do cerebelo com origem
- - - na medula espinal
         (espinocerebelar), 172
- - - no córtex cerebral
         (corticocerebelar), 174
- - - no ramo vestibular
         (espinocerebelar), 173
- - do hipotálamo relacionadas com
     o SNA, 155
- amigdalofugal, 264
- ascendentes, 107
- auditiva, 286
- autônomas descendentes, 150
- córtico-ponto-cerebelar, 105
- da sensibilidade especial, 279
- de analgesia, 117
- de associação, 109
- descendentes, 109
- e estruturas internas, 102, 183
- eferentes, 176
- - do hipotálamo ao SNA, 155
- espinocerebelar, 174
- extrapiramidais, 211, 216
- ópticas, 283
- piramidais, 203
- sensorial ascendente, 8
- transversais, 109
- vestibular(es), 290, 292
Vigília, 254
Visão, 283

W

Wrapping de aneurisma, 339

Z

Zona
- lateral, 120
- média, 120
- medial, 120